U0211966

机器学习及其Python实践

微课视频版

阚道宏◎编著

清華大學出版社
北京

内 容 简 介

本书面向研究型开发与创新能力培养，重点讲解机器学习的基本原理和前沿思想。Python 是开展机器学习编程实践的主流语言，本书为常用的机器学习模型提供了完整的 Python 实现代码。本书在“学堂在线”网站同步开设配套慕课课程，供读者免费学习。

本书可作为高等学校相关专业“机器学习”“统计学习”等课程的教材，也可作为有一定基础的读者的自学参考书。

本书封面贴有清华大学出版社防伪标签，无标签者不得销售。
版权所有，侵权必究。举报：010-62782989，beiqinquan@tup.tsinghua.edu.cn。

图书在版编目(CIP)数据

机器学习及其 Python 实践：微课视频版/阚道宏编著. —北京：清华大学出版社，2022.7
(清华科技大讲堂丛书)
ISBN 978-7-302-60406-8

Ⅰ. ①机… Ⅱ. ①阚… Ⅲ. ①机器学习 ②软件工具－程序设计 Ⅳ. ①TP181 ②TP311.561

中国版本图书馆 CIP 数据核字(2022)第 048660 号

责任编辑：付弘宇　张爱华
封面设计：刘　键
责任校对：焦丽丽
责任印制：杨　艳

出版发行：清华大学出版社
网　　址：http://www.tup.com.cn，http://www.wqbook.com
地　　址：北京清华大学学研大厦 A 座　　**邮　　编**：100084
社 总 机：010-83470000　　**邮　　购**：010-62786544
投稿与读者服务：010-62776969，c-service@tup.tsinghua.edu.cn
质量反馈：010-62772015，zhiliang@tup.tsinghua.edu.cn
课件下载：http://www.tup.com.cn，010-83470236
印 装 者：三河市君旺印务有限公司
经　　销：全国新华书店
开　　本：185mm×260mm　　**印　　张**：25.5　　**字　　数**：618 千字
版　　次：2022 年 8 月第 1 版　　**印　　次**：2022 年 8 月第 1 次印刷
印　　数：1～1500
定　　价：89.00 元

产品编号：095115-01

前言

1. 关于本书

2006 年，我国在高等院校开展本科专业工程认证工作。其目的是更新教育观念，以产出为导向来重构课程体系，从根本上提升本科教学质量。中国工程教育专业认证协会修订的《工程教育认证标准》(2015 版)明确提出本科培养目标应具备将专业知识用于解决复杂工程问题的能力。这就要求本科课程体系应互相衔接，形成层次，共同服务于专业培养目标。同时还需加强实践教学，提升学生的动手能力。

本书是作者编写的程序设计能力培养系列教材中的最后一本，前两本分别是《C++语言程序设计(MOOC 版)》《Java 语言程序设计(MOOC 版)》。这三本教材针对计算机、软件工程、大数据、人工智能等本科专业工程认证，将程序设计能力培养划分为程序设计基础(初级)、应用程序开发(中级)和专业研究开发(高级)三个阶段，以 C/C++ 作为零基础入门语言，然后通过 Java 语言学习应用型编程开发，通过 Python 语言学习研究型编程开发。这三个阶段互相衔接，并在实践内容上逐层递进、加强，使本科生在毕业时具备较高的应用和研究开发能力。

这本《机器学习及其 Python 实践》面向专业研究与创新能力培养，重点讲解机器学习的基本原理和前沿思想，而 Python 语言则作为开展机器学习编程实践的重要辅助工具。

2. 本书特色

- **系统性**：在讲解机器学习的同时充分补充相关基础知识(特别是数学知识)，让机器学习的知识体系更加系统化，方便读者学习。
- **直观性**：通过背景介绍和动机分析，让机器学习的学术抽象重回问题本源，方便读者理解。
- **实用性**：在充分理解概念与原理的基础上开展 Python 编程实践(scikit-learn、TensorFlow 2)，让书本知识落地，提高读者的动手能力。

3. 内容摘要

本书共 8 章，按顺序可分为三部分：**机器学习基础**(第 1～3 章)、**统计学习**(第 4～6 章)、**神经网络与深度学习**(第 7～8 章)。全部内容均同步安排 Python 编程实践，并配有完整的示例代码(基于 scikit-learn 和 TensorFlow 2)。

第 1 章为机器学习导论。本章讲解机器学习及其编程的基本概念，并补充相关的数学基础知识，最后介绍机器学习教学的三个层面(即设计、编程与应用)。**学习要点**：数学模型及其编程、Python 语言、最小二乘法、极大似然估计、随机变量与随机模型、数学符号与数学语言、Jensen 不等式、可视化建模与数学建模、新冠疫情的 SIR 传染病模型、多元模型及其矩阵表示、函数向量/矩阵及其求导。

第2章为回归分析。本章以回归分析为主线，详细讲解机器学习过程中的基本概念、术语、算法步骤及Python编程实践。**学习要点**：Python编程环境与数据集、Anaconda/Jupyter集成开发环境的安装和使用、NumPy/Pandas/Matplotlib/scikit-learn库的使用、数据预处理、皮尔逊相关系数、one-hot编码、Min-Max和z-score标准化、训练集与测试集、梯度下降法、坐标下降法、均方误差、R方、模型评价与k折交叉验证、超参数与网格搜索法、正则化原理、岭回归与LASSO回归、换元法、人口增长模型与逻辑斯谛回归。

第3章为分类问题。本章讲解机器学习中的分类问题，并详细介绍几种经典的分类器模型，最后再进一步讲解机器学习中的特征降维。**学习要点**：贝叶斯分类器、朴素贝叶斯分类器、概率分布的参数估计、逻辑斯谛回归分类器、牛顿法、二分类与多分类、交叉熵、k近邻分类器与距离度量、线性判别分析、特征空间与向量投影、决策树及其学习算法(ID3/C4.5/CART)、信息熵与基尼指数、分类评价的正确率/精确率/召回率/F1值/P-R曲线/ROC曲线、特征降维、坐标变换及其矩阵表示、特征值分解、奇异值分解、PCA/KPCA/LDA/MDS/Isomap/LLE/SNE降维算法。

第4章为统计学习理论与支持向量机。本章重点讲解统计学习理论与支持向量机。**学习要点**：经验误差与泛化误差、ERM/SRM归纳原则、ERM归纳原则一致性的充要条件、假设空间及其复杂度、增长函数与VC维、泛化误差的上界、影响泛化误差的因素、设计具有泛化能力的学习模型、PAC可学习、机器学习模型的方差与偏差、线性可分、线性/非线性支持向量机、拉格朗日乘子法与对偶问题、序列最小优化算法。

第5章为聚类问题。本章讲解机器学习中的聚类问题及相关的模型与算法。**学习要点**：分类问题与聚类问题、混合概率模型及其参数估计、EM算法、高斯混合模型、三硬币模型、k均值聚类、密度聚类DBSCAN、向量量化等。

第6章为概率图模型与概率推理。本章介绍基于图的概率模型及其概率推理方法。**学习要点**：逻辑推理与概率推理、生成式与判别式模型、贝叶斯网及其精确推理、和-积消元算法、信念传播算法、蒙特卡罗仿真、马尔可夫链、轮盘赌采样算法、直接采样法、吉布斯采样、MH采样、平稳马尔可夫链及其充分条件、Metropolis准则、模拟退火算法、遗传算法、PageRank网页排名算法、概率向量与随机矩阵、隐马尔可夫模型(HMM)、前向算法与后向算法、Viterbi算法、Baum-Welch算法、马尔可夫随机场(MRF)、条件随机场(CRF)。

第7章为神经网络基础。本章讲解神经网络及其应用，以及TensorFlow 2机器学习框架(含Keras高层接口)。**学习要点**：生物神经元、M-P神经元模型、感知机与Hebb学习规则、常用激活函数sigmoid/ReLU/tanh/softmax、小批量梯度下降法、多层前馈神经网络、输入层/隐层/输出层的功能与设计、基于特征/基于数据的机器学习、深度学习、梯度爆炸/梯度消失、过拟合、前向计算与反向求导、反向传播算法(BP算法)、RMSProp算法、Adam算法、批次标准化、早停、Dropout、TensorFlow 2下载与安装、张量及其运算、计算图与自动微分、使用TensorFlow底层接口/ Keras高层接口搭建神经网络模型。

第8章为深度学习。本章重点讲解卷积神经网络(CNN)、循环神经网络(RNN)、自编码器(AE)、生成对抗网络(GAN)等经典深度学习模型。**学习要点**：滤波与卷积运算、局部连接与权值共享、池化、LeNet-5卷积神经网络、词向量、RNN神经元与RNN网络层、LSTM神经元与LSTM网络层、自编码器与变分自编码器、KL散度、变分法与变分推断、生成对抗网络、DCGAN、WGAN与Wesserstein距离。

4. 使用建议

开设“机器学习”“统计学习”或相关课程的教师可将本书作为授课教材，并可免费获得配套教学课件等资源。参加在线课程学习的读者可将本书作为配套教材阅读。因作者水平所限，书中难免存在疏漏之处。如您发现错误，烦请邮件告知(404905510@qq.com)，在此谨表衷心感谢。

如果将本书作为课堂教学用书，建议安排64学时(含8个实验学时)。如果只有48学时(含4个实验学时)，则建议统计学习部分只选讲第4章；如果只有32学时(无实验学时)，则建议统计学习、神经网络与深度学习这两部分分别只选讲第4章和第7章。

5. 教学资源说明

本书提供丰富的教学资源，包括完整的教学视频、PPT课件、教学大纲、习题答案(含编程实践题)和所有Python实现的源码。读者扫描封底“文泉课堂”涂层下的二维码、绑定微信账号之后，就可以观看教学视频。从清华大学出版社官方微信公众号“书圈”(见封底)可以下载其他资源。关于资源下载及使用中的问题，请联系404905510@qq.com。

6. 致谢

作者通过“学堂在线”“中国大学MOOC”等慕课平台积累了一些在线课程教学的经验，所开设的“C++语言程序设计”课程被教育部认定为第一批“国家级一流本科课程”。作者将在“学堂在线”平台同步开设与本书配套的“机器学习及其Python实践”在线课程，供读者免费学习。

在本书的出版过程中，得到了清华大学出版社编辑的热情帮助和悉心指导，在此表示衷心的感谢。

最后，感谢家人的理解和支持。

作 者

2022年4月于北京

目录

第1章

机器学习导论

本章学习要点

- 初步了解机器学习的基本原理和常见概念、术语，并将相关的数学和程序设计知识应用于机器学习问题。
- 加深对随机变量、随机模型的理解，初步了解其在机器学习中的应用。
- 加深对函数向量、函数矩阵的理解，掌握其求导法则，学会用向量、矩阵等数学语言来描述机器学习问题及其算法过程。
- 初步了解机器学习中确立模型函数形式的两种方法，即数据可视化和数学建模。
- 熟练掌握最小二乘法、极大似然估计这两种求解最优模型的方法。

什么是学习？从人类角度，学习就是从以往观测经验中发现客观世界的内在规律（即发现知识），然后预测其未来发展趋势（即运用知识）。信息化时代，信息都被记录下来，成为计算机中的数据，基于数据的机器学习方法正逐步成为一种重要的科学研究方法。

机器学习（Machine Learning，ML）就是从历史数据出发，利用计算机挖掘知识，发现规律，从而实现对客观世界的建模和预测。机器学习是**人工智能**（Artificial Intelligence，AI）研究的一个前沿领域，其目的是研究如何让机器通过学习来提升自身能力，从而承担更多以往必须由人从事的工作。

对计算机系统来说，什么是学习？“如果一个系统能够通过执行某个过程改进其性能，这就是学习”（H. A. Simon）。具体来说，“针对特定的任务 T 和性能度量 P，如果系统能够借助历史经验 E 提升性能，那么就可以说该系统具有从历史经验 E 中学习的能力”（T. M. Mitchell）。

从技术实现角度，机器学习的研究内容是：给定任务 T 和损失函数 L（即性能度量 P，或称作学习策略 R），如何借助样本数据集 D（历史数据）和学习算法 A，训练出最优（损失最小）模型（用函数 f 表示），然后使用模型对新样本进行预测。

1.1 测算房价的数学模型

考虑一个测算房价的问题，给定房屋面积 x，如何测算其房价 y 呢？如果有一个根据房屋面积测算房价的函数 $y=f(x)$，那么测算房价的问题就变得简单了。事实上，没有人知道测算房价的函数 $f(x)$ 是什么，这个时候可以对函数 $f(x)$ 的数学形式做出某种假设。假设房价 y 是房屋面积 x 的**函数**(function)，记作 $f(x)$ 或 f，且其数学形式为

$$f(x)=\omega x+b \tag{1-1}$$

式(1-1)是最简单的一种函数形式，其中自变量 x 只有一次项，没有二次以上的高次项，这类函数被称作**线性函数**(linear function)。函数 f 描述了房价 y 与房屋面积 x 之间的关系(或称映射)，也可以说函数 f 是一种描述房价 y 与房屋面积 x 之间关系的**数学模型**(mathematic model)。线性函数所描述的数学模型被称作**线性模型**(linear model)。从函数角度，x 是自变量，y 是因变量。从模型角度，x 通常被称作**输入**(input)，y 被称作**输出**(output)。注：初等数学将式(1-1)的 $f(x)$ 称作“线性函数”，而高等数学则称之为“仿射函数”，没有常数项 b 的才称为“线性函数”。在不影响理解的情况下，本书对此不做区分，一般都称为“线性函数”。

作为数学符号，$f(x)$ 一般有两种不同的含义：第一种，$f(x)$ 指的是运算(映射)规则，例如式(1-1)等号右边的代数式 $\omega x+b$；第二种，$f(x)$ 指的是函数值，即因变量 y(例如房价)，这时 $f(x)$ 与 y 就是两个等价的数学符号。式(1-1)也可写成如下几种不同的等价形式。

$$y=\omega x+b$$
$$y=f(x),\quad f(x)=\omega x+b$$
$$y\equiv f(x)=\omega x+b$$

式(1-1)的函数 $f(x)$ 中有两个待定**系数**(coefficient)，即 ω 和 b。换个说法，模型 $f(x)$ 中有两个待定**参数**(parameter)ω 和 b。在机器学习中，待定参数 ω、b 经常充当待求解的未知量角色，此时函数 $f(x)$ 可写作 $f(x;\omega,b)$，自变量和参数之间用分号隔开。

1.1.1 通过样本确定模型参数

可以实际采集两个房屋样本数据 (x_1,y_1) 和 (x_2,y_2)，代入式(1-1)，列出关于参数 ω、b 的线性方程组

$$\begin{cases}\omega x_1+b=y_1\\ \omega x_2+b=y_2\end{cases},\quad x_1\neq x_2$$

解得

$$\begin{cases}\omega=\dfrac{y_1-y_2}{x_1-x_2}\\ b=y_1-\left(\dfrac{y_1-y_2}{x_1-x_2}\right)x_1\end{cases},\quad x_1\neq x_2 \tag{1-2}$$

例如，采集两个不同的房屋样本(60m^2，50 万元)和(140m^2，114 万元)，代入式(1-2)解

得：$\omega=0.8$，$b=2$，从而式(1-1)的函数 $f(x)$ 被确定为

$$f(x)=0.8x+2 \tag{1-3}$$

已经确定参数 ω、b 之后的式(1-3)可被称作一个房价计算**公式**(formula)，它可以写成式(1-4)所示的等价形式。

$$y=0.8x+2 \tag{1-4}$$

其中，y 表示房价，x 表示面积。有了这个公式，任意给定面积 x，都可以按照公式计算出房价 y。

以几何形式展现数学模型可以帮助我们理解。将式(1-1)所描述的线性模型绘制成图形，如图 1-1 所示。从图 1-1 中可以看出，线性模型 $f(x)$ 在几何上呈现出一条直线，其中参数 ω 是斜率，b 是 y 轴上的截距。

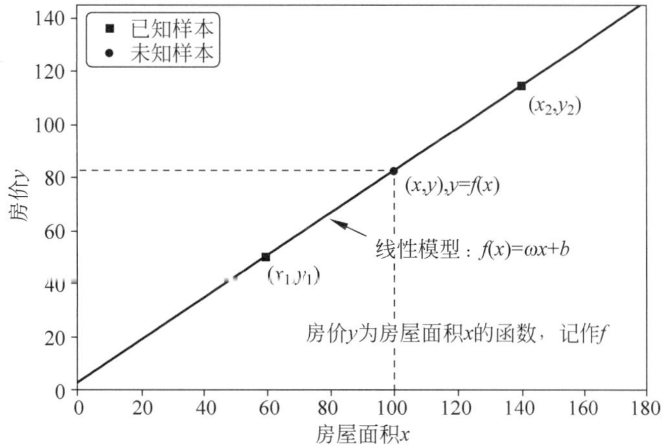

图 1-1　一个描述房价 y 与房屋面积 x 之间关系的线性模型

针对测算房价问题，首先假设房价与房屋面积之间的关系是形如式(1-1)的线性模型 $f(x)$，这一步被称作**模型假设**(model hypothesis)；然后通过实际样本数据确定出模型参数 ω、b(式(1-2))，得到式(1-4)所示的房价计算公式，这一步被称作**训练**(train)或**拟合**(fit)或**学习**(learn)；最后使用训练好的模型(式(1-4))测算房价，这一步被称作**预测**(prediction)。

编写程序，让计算机完成模型的训练和预测过程，这就是**机器学习**。目前机器学习非常热门，它是人工智能最前沿、最核心的研究领域之一。

1.1.2　为机器学习模型编写程序

机器学习模型主要包括描述模型的参数，还有相关的学习算法和预测算法。例如，式(1-1)的测算房价的线性模型主要包括如下内容。

参数：ω 和 b。程序设计需用变量来保存参数，例如定义变量 omega、b 来保存参数。

算法：学习算法和预测算法。程序设计使用函数来实现算法，例如定义函数 fit()来实现学习算法，定义函数 predict()来实现预测算法，另外还可以定义初始化模型所需的构造函数(或称构造方法)。

可以使用面向对象程序设计方法将式(1-1)的线性模型定义成一个**类**(class),将其命名为 LinearModel,然后使用 **UML**(Unified Modeling Language,统一建模语言)将其描述成类图(参见图 1-2)。注:面向对象程序设计方法通常使用 **UML** 类图来描述类的设计结果,然后再用计算机语言将其编写成程序代码。

LinearModel
+omega : double +b : double
+LinearModel () +fit (in x_train[] : double, in y_train[] : double) +predict (in x_test : double) : double

图 1-2 描述式(1-1)的线性模型的 UML 类图

1. 使用不同语言进行机器学习编程

为机器学习模型编写程序,可以使用不同的计算机语言,例如 C、C++、Java 或 Python 等,下面分别给出它们的示例程序。其中,面向对象程序设计语言(C++、Java、Python 等)是以类的语法形式来定义模型,然后用类定义对象来使用模型。

例 1-1 一个用 C 语言编写的线性模型程序(LinearModelDemo.c)。

```
#include <stdio.h>
struct LinearModel {      //C语言定义结构体来保存模型参数
    double omega;
    double b;
};
struct LinearModel lm = { 0, 0 };

void fit(double x_train[], double y_train[]) {      //定义函数来描述学习算法
    lm.omega = (y_train[0] - y_train[1]) / (x_train[0] - x_train[1]);
    Klm.b = y_train[0] - x_train[0] * lm.omega;
    return;
}

double predict(double x_test) {      //定义函数来描述预测算法
    double y_test;
    y_test = lm.omega * x_test + lm.b;
    return y_test;
}

int main() {
    double X[2], Y[2];
    printf("Input x1 y1 x2 y2: ");
    scanf("%lf %lf %lf %lf", &X[0], &Y[0], &X[1], &Y[1]);
    fit(X, Y);
    printf("Training result: omega = %lf, b = %lf\n\n", lm.omega, lm.b);

    double x, y;
    printf("Input x: ");
    scanf("%lf", &x);
```

```
30      y = predict(x);
31      printf("Predict result: x = % .2lf 平米, y = % .2lf 万元\n", x, y);
32      return 0;
33  }
```

例 1-1 线性模型程序的运行结果如图 1-3 所示。

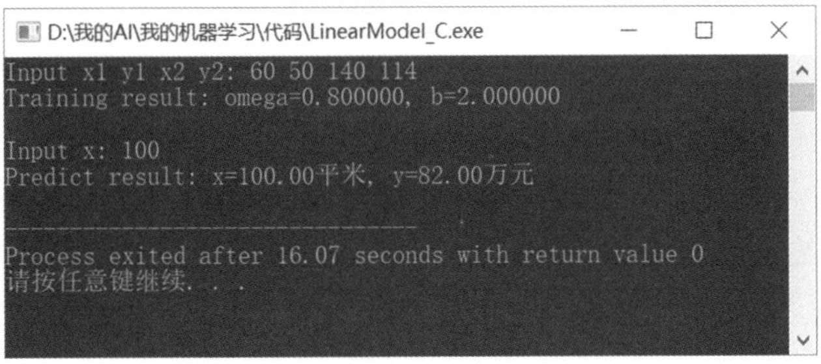

图 1-3　例 1-1 线性模型程序的运行结果

例 **1-2**　一个用 C++语言编写的线性模型程序(LinearModelDemo. cpp)。

```
1   # include < iostream >
2   using namespace std;
3
4   class LinearModel {      //C++语言定义类 LinearModel 来描述线性模型
5   public:
6       double omega, b;
7   public:
8       LinearModel() { omega = 0; b = 0; }
9       void fit(double x_train[], double y_train[]) {
10          omega = (y_train[0] − y_train[1]) / (x_train[0] − x_train[1]);
11          b = y_train[0] − x_train[0] * omega;
12          return;
13      }
14      double predict(double x_test) {
15          double y_test;
16          y_test = omega * x_test + b;
17          return y_test;
18      }
19  };
20
21  int main() {
22      LinearModel lm;
23      double X[2], Y[2];
24      cout << "Input x1 y1 x2 y2: ";
25      cin >> X[0] >> Y[0] >> X[1] >> Y[1];
26      lm.fit(X, Y);
27      cout << "Training result: omega = " << lm.omega << ", b = " << lm.b << "\n\n";
28
29      double x, y;
```

```
    cout << "Input x: ";
    cin >> x;
    y = lm.predict(x);
    cout << "Predict result: x = " << x << "平米, y = " << y << "万元\n";
    return 0;
}
```

例 1-3 一个用 Java 语言编写的线性模型程序(LinearModelDemo. java)。

```
import java.util.Scanner;

class LinearModel {     //定义线性模型类 LinearModel
    public double omega;
    public double b;
    public LinearModel() { omega = 0; b = 0; }
    public void fit(double x_train[], double y_train[]) {
        omega = (y_train[0] - y_train[1]) / (x_train[0] - x_train[1]);
        b = y_train[0] - x_train[0] * omega;
        return;
    }
    public double predict(double x_test) {
        double y_test;
        y_test = omega * x_test + b;
        return y_test;
    }
}

public class LinearModelDemo {
    public static void main(String[] args) {
        LinearModel lm = new LinearModel();
        double X[] = new double[2], Y[] = new double[2];
        Scanner sc = new Scanner(System.in);
        System.out.print("Input x1 y1 x2 y2: ");
        X[0] = sc.nextDouble(); Y[0] = sc.nextDouble();
        X[1] = sc.nextDouble(); Y[1] = sc.nextDouble();
        lm.fit(X, Y);
        System.out.print("Training result: omega = " + lm.omega + ", b = " + lm.b + "\n\n");

        double x, y;
        System.out.print("Input x: ");
        x = sc.nextDouble();
        y = lm.predict(x);
        System.out.print("Predict result: x = " + x + "平米, y = " + y + "万元\n");
        return;
    }
}
```

例 1-4 一个用 Python 语言编写的线性模型程序(LinearModelDemo. py)。

```
class LinearModel                            # 定义线性模型类 LinearModel
    def __init__(self):                      # 定义类的构造方法
        self.omega = 0                       # 定义类的数据成员
        self.b = 0
    def fit(self, x_train, y_train):         # 定义训练模型的方法
        self.omega = (y_train[0] - y_train[1]) / (x_train[0] - x_train[1])
        self.b = y_train[0] - x_train[0] * self.omega
        return
    def predict(self, x_test):               # 定义使用模型进行预测的方法
        y_test = self.omega * x_test + self.b
        return y_test

def main():                                  # 定义一个函数 main(),相当于程序的主函数
    s = input("Input x1 y1 x2 y2: ")         # 从键盘输入数据
    sList = s.split()                        # 将键盘输入的 4 个数据拆分成列表
    X = []; Y = [];
    X.append( eval(sList[0]) ); Y.append( eval(sList[1]) )
    X.append( eval(sList[2]) ); Y.append( eval(sList[3]) )

    lm = LinearModel()                       # 使用类创建一个线性模型对象 lm
    lm.fit(X, Y)                             # 调用对象 lm 的 fit()方法,训练模型
    print("Training result: omega = ", lm.omega, ", b = ", lm.b, "\n")

    x = eval( input("Input x: ") )           # 输入新的房屋面积
    y = lm.predict(x)                        # 调用对象 lm 的 predict()方法,预测房价
    print("Predict result: x = ", x, "平米, y = ", y, "万元")
    return

main()                                       # 调用主函数 main(),即运行主函数
```

例 1-2～例 1-4 的运行结果与例 1-1 类似(参见图 1-3)。

2. 使用 Python 语言进行机器学习编程

Python 语言是**解释型**编程语言,非常适合反复修改、试验的场合,因此在机器学习、数据分析等领域得到广泛应用。Python 语言具有如下特点。

- 即改即运行。Python 代码可单条执行,也可以多条同时执行；无须(显式)编译即可执行,修改非常快,因此非常适合探索性研究或反复试验等场合。
- 类库丰富。Python 语言除自带的标准库之外,还有许多第三方开发的类库或函数库,特别是与机器学习、数据分析相关的类库非常丰富,这为开展机器学习、数据分析研究提供了十分完善的编程生态圈。
- Python 语言功能强大,但功能间的关联性不强。初学者只要掌握其中很少一部分即可上手编程；编程经验丰富者则可以充分享受 Python 语言的高级功能。
- Python 语言是一种“胶水”语言。计算机编程分为两类：一类是使用别人编写的类库、函数库等程序“零件”来组装程序；另一类是专门编写类库、函数库等程序“零件”并提供给他人使用。Python 语言适用于组装程序(因此被称作“胶水”语言),但不太适合编写程序“零件”。Python 的类库、函数库主要是用 C 和 C++语言编写的。

- Python 与 C、C++、Java 等其他语言的区别。Python 语言通过赋值定义变量并自动推断数据类型；Python 基本数据类型有 int、float、bool 和 str(无字符类型，因此单引号和双引号是等价的)；Python 以“#”表示单行注释，以成对的三引号表示多行注释，例如"""…"""；Python 通过缩进(而不是大括号“{ }”)来表示代码层次，复合语句中的语句需统一缩进；Python 没有普通的 for 循环语句，但增加了一条“迭代循环”语句 for-in(或称作 foreach 语句、增强 for 语句)；Python 在类定义中将隐式指针 this 改成了显式指针 self。
- Python 类库的组织。Python 类库的组织方式与 Java 类似，将一个目录称作一个**包**；将目录下的子目录称作该包下的一个**子包**，将目录下的一个.py 文件称作该包中的一个**模块**；将.py 文件中定义的类(或函数)称作该模块中的一个**类**(或**函数**)。使用这些包、模块、类或函数需要先用 **import** 语句导入。

注：如需全面了解 Python 语言程序设计，可参阅相关教材或在线课程。

1.2 随机模型及其学习算法

现实世界中，像房屋面积、房价这样的数据需通过观测(或测量)才能得到。有观测就可能有误差，例如测量房屋面积就会有误差(尽管可能很小)。式(1-1)所定义的模型 $f(x)$ 不考虑任何误差，可将其称作一种**理想模型**(ideal model)。

如果样本数据存在随机观测误差 e，则带观测误差的房价模型可表示成

$$y \approx f(x)=\omega x+b \quad \text{或} \quad y=f(x)+e$$

这时该如何通过有误差的数据来学习理想模型 $f(x)$，确定出其中的未知参数 ω、b 呢？在求解未知参数 ω、b 时，可以将式(1-1)改写成

$$f(x;\omega,b)=\omega x+b \tag{1-5}$$

其中，房屋面积 x 是自变量，参数 ω、b 被看作一种待求解的未知量。

实际采集一组房屋数据，假设包含 m 套房屋，每套房屋的面积 x、价格 y 都为已知，这组房屋数据被称作一个**样本**(sample)或**样本集**(sample set)，m 称作**样本容量**(sample size，或称作样本大小、样本点个数)，记作 $D=\{(x_1,y_1),(x_2,y_2),\cdots,(x_m,y_m)\}$。如果有观测误差，则样本数据 (x_i,y_i) 不会严格满足式(1-5)的等式关系。假设第 i 个样本数据的观测误差为 e_i，则

$$\begin{cases} y_1 \approx f(x_1;\omega,b) \\ y_2 \approx f(x_2;\omega,b) \\ \cdots \\ y_m \approx f(x_m;\omega,b) \end{cases} \quad \text{或} \quad \begin{cases} y_1 = f(x_1;\omega,b)+e_1 \\ y_2 = f(x_2;\omega,b)+e_2 \\ \cdots \\ y_m = f(x_m;\omega,b)+e_m \end{cases} \tag{1-6}$$

将样本数据绘制成**散点图**(scatter diagram)，如图 1-4 所示。图 1-4 中的每个方形点都代表一个样本数据 (x_i,y_i)。理论上，这些样本点应位于同一直线上，但由于观测误差它们大多会沿着直线上下波动。

式(1-6)右边的式子是一个由 m 个等式组成的方程组，其中的 x_i、y_i 是已知量，而 m 个观测误差 e_i 再加上未知参数 ω、b，共有 $m+2$ 个未知量。方程组有 m 个方程，但有 $m+2$ 个未知量，因此有无穷多解。参数 ω、b 有无穷多解，这意味着有无穷多个模型 $f(x;\omega,b)$

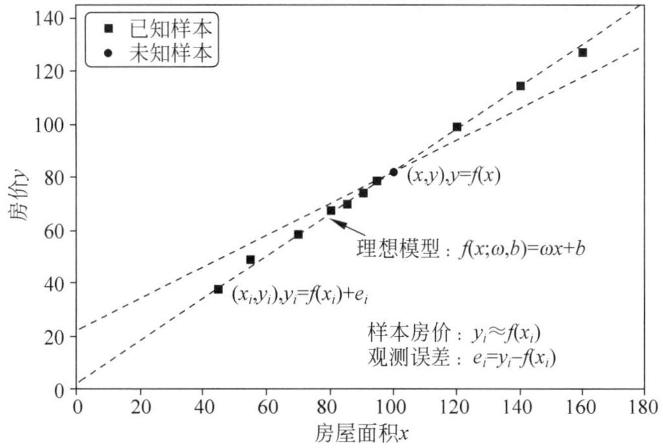

图 1-4 存在观测误差的线性房价模型

可供选择。从几何上看，我们的目标是要找到一条直线来拟合图 1-4 中的样本数据，这样的直线有无穷多个。是不是可以制定一个评价标准，选出其中**最优**(optimal)的那个模型 $f(x;\omega^*,b^*)$呢？此时的参数 ω^*、b^* 被称作**最优参数**。

选择最优模型有两种方法：一是最小二乘法；二是极大似然估计。本节首先讲解这两种方法的基本原理，然后介绍一种经典的数据分析方法——回归分析。

1.2.1 最小二乘法

最小二乘法(least squares)认为：

- 在函数 f 中，自变量 x 和因变量 y 之间是因果关系，自变量 x 是“因”，因变量 y 是“果”。给定一个因(x)，就能根据函数关系得到一个确定的果(y)。
- 客观世界会严格按照某种规律稳定运行，误差是观测造成的。描述客观规律的模型应当是一个确定性的、无误差的理想模型。模型的函数关系 f 可能是未知的，但它是客观存在的，是确定且精确的。

机器学习希望通过观测到的样本数据，反推出其背后的模型。观测到的样本数据有误差，如何消除误差，求得一个误差最小、最接近真实模型的最优模型呢？对于这个问题，最小二乘法是一种行之有效的求解方法。

最小二乘法是 19 世纪由德国科学家高斯、法国科学家勒让德各自独立提出的。其核心思想是：假设模型的函数形式 $f(x;\boldsymbol{\theta})$已知，参数$\boldsymbol{\theta}$ 未知(加粗的$\boldsymbol{\theta}$ 表示参数可能有多个)。最优模型的参数就是使模型理论值与样本观测值误差最小的那个参数，记作$\boldsymbol{\theta}^*$。

给定样本集 $D=\{(x_1,y_1),(x_2,y_2),\cdots,(x_m,y_m)\}$，机器学习将样本观测值与模型理论值之间的差异称作样本的**误差**(error)、**残差**(residual)或**损失**(loss)。可以使用两种不同的形式来度量误差：

$$l_i(\boldsymbol{\theta})=|y_i-f(x_i;\boldsymbol{\theta})| \tag{1-7}$$

$$l_i(\boldsymbol{\theta})=(y_i-f(x_i;\boldsymbol{\theta}))^2 \tag{1-8}$$

其中，$l_i(\boldsymbol{\theta})$表示第 i 个样本点的误差，$i=1,2,\cdots,m$。式(1-7)使用的是绝对值误差函数，式(1-8)使用的则是平方误差函数，它们的函数示意图如图 1-5 所示。

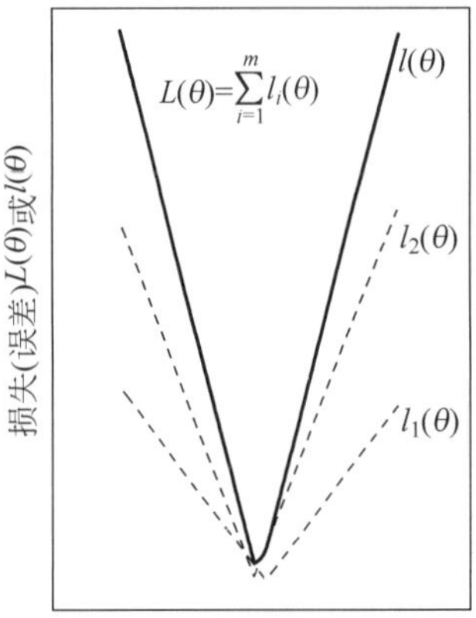

(a) 绝对值函数：$l_i(\theta)=|y_i-f(x_i;\theta)|$

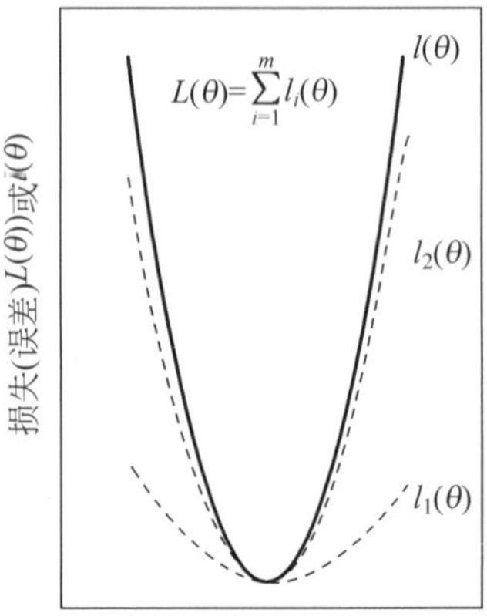

(b) 平方函数：$l_i(\theta)=(y_i-f(x_i;\theta))^2$

图 1-5 绝对值误差函数与平方误差函数的示意图

模型 $f(x;\boldsymbol{\theta})$在样本集 D 上的误差为样本集所有样本点误差之和，可表示成参数$\boldsymbol{\theta}$ 的函数。这个函数被称作模型 $f(x;\boldsymbol{\theta})$在样本集 D 上的**损失函数**(loss function)或**代价函数**(cost function)，记作 $L(\boldsymbol{\theta})$，其数学形式为

$$L(\boldsymbol{\theta})=\sum_{i=1}^{m}l_i(\boldsymbol{\theta}) \tag{1-9}$$

损失函数 $L(\boldsymbol{\theta})$的含义是：在给定样本集 D 的情况下，选择模型 $f(x;\boldsymbol{\theta})$所面临的损失或代价。损失或代价越小，模型就越好。机器学习需要设计**学习算法**(learning algorithm)，根据样本数据求出使 $L(\boldsymbol{\theta})$最小的参数$\boldsymbol{\theta}^*$，然后将其作为最优模型的参数。机器学习算法的核心思想可描述为：如果$\boldsymbol{\theta}^*=\underset{\boldsymbol{\theta}}{\operatorname{argmin}}\,L(\boldsymbol{\theta})$，则$\boldsymbol{\theta}^*$为最优参数，$f(x,\boldsymbol{\theta}^*)$为最优模型。

这是一个**最优化**问题，其中 $L(\boldsymbol{\theta})$又被称为最优化问题的**目标函数**，其最小值(或最大值)被称为**最优值**，取最优值时的解$\boldsymbol{\theta}^*$被称为**最优解**。

下面就以线性模型为例，讲解最小化损失函数 $L(\boldsymbol{\theta})$的算法过程。线性模型的函数形式为

$$y\equiv f(x;\omega,b)=\omega x+b$$

若选用式(1-8)平方形式的误差函数，则模型损失函数 $L(\omega,b)$为

$$L(\omega,b)=\sum_{i=1}^{m}l_i(\omega,b)=\sum_{i=1}^{m}(y_i-f(x_i;\omega,b))^2=\sum_{i=1}^{m}(y_i-(\omega x_i+b))^2 \tag{1-10}$$

其中，x_i、y_i 为已知量；ω、b 为待定参数。最优参数 ω^*、b^* 就是使模型损失函数 $L(\omega,b)$最小的参数，即

$$\omega^*,b^*=\underset{\omega,b}{\operatorname{argmin}}\,L(\omega,b)=\underset{\omega,b}{\operatorname{argmin}}\sum_{i=1}^{m}(y_i-(\omega x_i+b))^2 \tag{1-11}$$

求 $L(\omega,b)$对 ω、b 的偏导数，得

$$\frac{\partial L(\omega,b)}{\partial \omega}=-2\sum_{i=1}^{m}(y_i-(\omega x_i+b))x_i=-2\left(\sum_{i=1}^{m}(y_i-b)x_i-\omega\sum_{i=1}^{m}x_i^2\right) \quad (1\text{-}12)$$

$$\frac{\partial L(\omega,b)}{\partial b}=-2\sum_{i=1}^{m}(y_i-(\omega x_i+b))=-2\left(\sum_{i=1}^{m}(y_i-\omega x_i)-mb\right) \quad (1\text{-}13)$$

令式(1-12)、式(1-13)等于零,解方程可得

$$\omega=\frac{\sum_{i=1}^{m}x_i(y_i-\bar{y})}{\sum_{i=1}^{m}x_i^2-\frac{1}{m}\left(\sum_{i=1}^{m}x_i\right)^2},\quad b=\frac{1}{m}\sum_{i=1}^{m}(y_i-\omega x_i) \quad (1\text{-}14a)$$

或

$$\omega=\frac{\sum_{i=1}^{m}y_i(x_i-\bar{x})}{\sum_{i=1}^{m}x_i^2-\frac{1}{m}\left(\sum_{i=1}^{m}x_i\right)^2},\quad b=\frac{1}{m}\sum_{i=1}^{m}(y_i-\omega x_i) \quad (1\text{-}14b)$$

其中,$\bar{x}$ 为全体 x_i 的平均值,$\bar{y}$ 为全体 y_i 的平均值,即

$$\bar{x}=\frac{1}{m}\sum_{i=1}^{m}x_i,\quad \bar{y}=\frac{1}{m}\sum_{i=1}^{m}y_i$$

另外,因为

$$\sum_{i=1}^{m}x_i^2-\frac{1}{m}\left(\sum_{i=1}^{m}x_i\right)^2=\sum_{i=1}^{m}x_i^2-\bar{x}\left(\sum_{i=1}^{m}x_i\right)=\sum_{i=1}^{m}x_i^2-\sum_{i=1}^{m}x_i\bar{x}=\sum_{i=1}^{m}x_i(x_i-\bar{x})$$

所以式(1-14a)、式(1-14b)中参数 ω 的计算公式可简化为

$$\omega=\frac{\sum_{i=1}^{m}x_i(y_i-\bar{y})}{\sum_{i=1}^{m}x_i(x_i-\bar{x})},\quad \text{或} \quad \omega=\frac{\sum_{i=1}^{m}y_i(x_i-\bar{x})}{\sum_{i=1}^{m}x_i(x_i-\bar{x})}$$

式(1-14a)或式(1-14b)所求得的 ω、b 是损失函数 $L(\omega,b)$的最小值点,它们就是由样本集 D 学习到的最优参数 ω^*、b^*,函数 $f(x)=\omega^* x+b^*$ 则是训练出的最优模型。今后,使用该最优模型可以预测任何新样本 x 所对应的 y。

最小二乘法在选择误差函数时,选择的是式(1-8)平方形式的函数。最小二乘法中的"二乘"指的就是"平方"的意思。采用平方形式(参考图 1-5(b)),模型损失函数 $L(\omega,b)$为实数集上的凸函数(平方函数为凸函数,凸函数之和仍为凸函数)。凸函数存在唯一极值点,且该极值点为最小值点,因此可以用微积分中求极值的方法进行最小化求解。

1.2.2 极大似然估计

最小二乘法认为模型应该是确定性的并且是精确的,误差是观测造成的。而极大似然估计则从随机性和概率论的角度来深入解析观测误差。式(1-1)所定义的房价模型是一种理想模型,所研究的函数 $f(x)$是理想房价(例如房屋指导价)。实际生活中,我们可能会更关心房屋的市场价格。相同的房屋面积,不同房产中介公司会根据房屋的朝向、楼层、装修

程度、客户喜好等，给出不同的市场价。市场价通常围绕房屋指导价 $f(x)$ 上下浮动，其中存在一个误差 ε（参见图 1-6(a)）。

按照概率论的观点，造成房价浮动的因素有很多，它们是随机的。中心极限定理（概率论）指出，同时受到许多相互独立随机因素的影响，如果每个因素产生的影响都很小，则总的影响可看作一个近似服从正态分布的随机误差 ε。在没有固定偏差时，ε 近似服从均值为零的正态分布（参见图 1-6(b)），记作 $\varepsilon \sim N(0,\sigma^2)$，其中 σ^2 为方差。

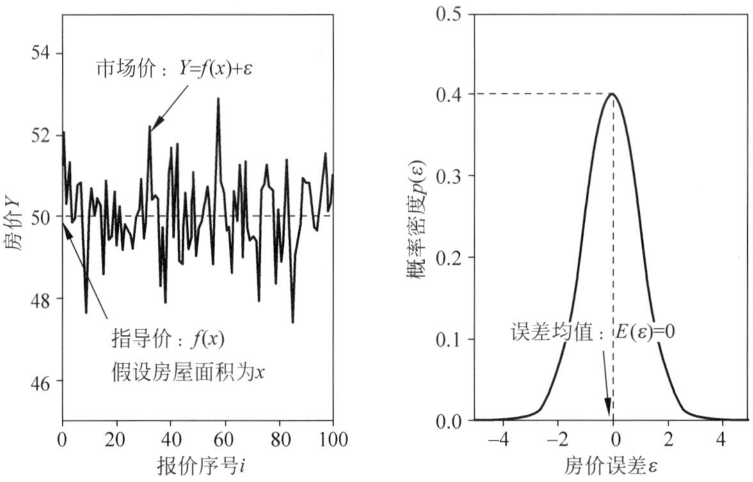

(a) 不同的市场报价 (b) 误差的分布

图 1-6 市场价围绕房屋指导价上下浮动

将式(1-1)看作房价的理想模型，则带随机误差的市场价模型就是一个随机模型，其数学形式可写为

$$Y = f(x) + \varepsilon \tag{1-15}$$

其中，x 是房屋面积，$f(x)$是指导价，ε 是随机误差，Y 是加入随机误差后得到的市场价。

可以使用多种形式，从不同角度呈现数学模型。例如，使用**数据流图**(data flow diagram)或**计算图**(computational graph)，可以从数据传递和处理的角度直观呈现式(1-15)所示数学模型的算法过程，图 1-7 分别给出了数据流图和计算图的示意图。

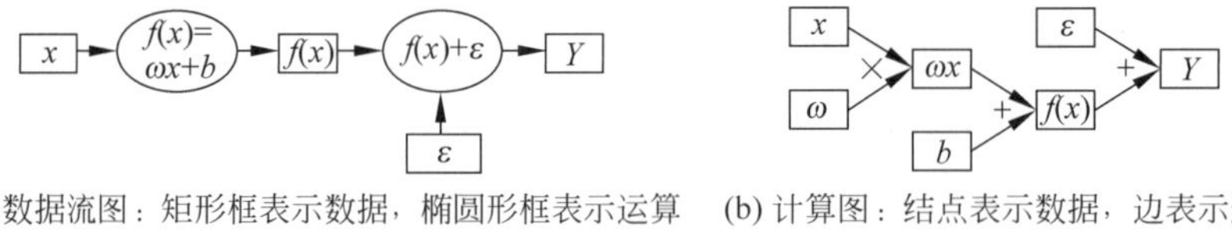

(a) 数据流图：矩形框表示数据，椭圆形框表示运算 (b) 计算图：结点表示数据，边表示运算

图 1-7 带随机误差房价模型的算法过程

式(1-15)中，x、$f(x)$是确定性变量，而 ε、Y 是随机变量。习惯上，随机变量用大写字母（例如 Y）或小写希腊字母（例如 ε）表示。式(1-15)所定义的市场价模型包含随机变量，因此被称作**随机模型**(stochastic model)。其中随机变量 Y（市场价）的均值（或称数学期望、期望）$E(Y)$和方差 $D(Y)$为

$$E(Y) = E[f(x)+\varepsilon] = E[f(x)] + E(\varepsilon) = E[f(x)] = f(x)$$

$$D(Y) = D[f(x)+\varepsilon] = D[f(x)] + D(\varepsilon) = D(\varepsilon) = \sigma^2$$

可以看出，虽然市场价 Y 是随机的，但整体上仍具有内在规律性可循。市场价 Y 会围绕均值 $E(Y)=f(x)$ 并在一定的方差 σ^2 范围内波动，所以 $f(x)$ 被称作式(1-15)随机模型的**期望模型**(expectation model)，或**均值模型**(mean model)。换个角度说，函数 $f(x)$ 是式(1-15)随机模型背后的那个理想模型。机器学习希望通过随机模型的样本数据，推算其背后的理想模型。理想模型是剔除随机性后的确定性模型(或称作非随机模型)。

假设理想模型的函数形式 $f(x;\boldsymbol{\theta})$ 已知，参数 $\boldsymbol{\theta}$ 未知。该如何通过样本数据确定出最优的模型参数 $\boldsymbol{\theta}^*$ 呢？**极大似然估计**(Maximum Likelihood Estimation，MLE)从概率论与数理统计角度出发，使用参数估计方法来求解最优模型参数 $\boldsymbol{\theta}^*$。

在讲解极大似然估计之前，这里先对式(1-15)的随机模型做一下扩展，将确定性变量 x 扩展成随机变量 X(参见图 1-8)。

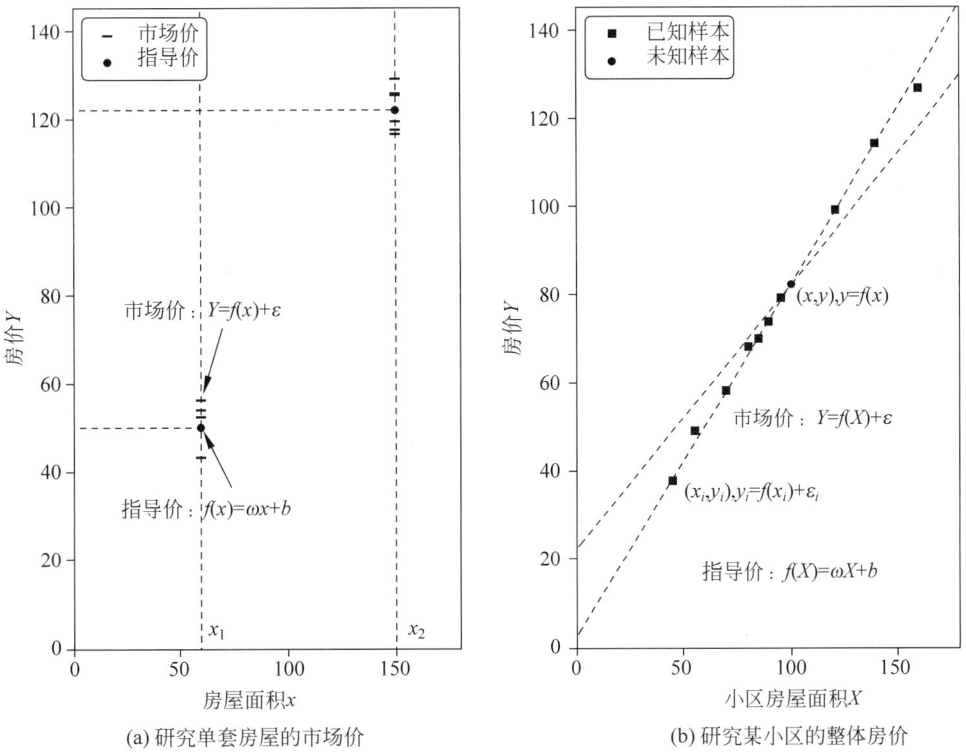

(a) 研究单套房屋的市场价　　(b) 研究某小区的整体房价

图 1-8　带随机误差的小区房价模型

式(1-15)所研究的是单套房屋市场价的模型(见图 1-8(a))，变量 x 表示某套房屋的面积，这是一个数值未知但确定的量。如果要研究某小区的整体房价(见图 1-8(b))，这时表示小区房屋面积的变量就应改成随机变量 X，因为小区房屋面积不是某个具体值，而是某个值域上的概率分布。当研究对象是总体(而不是个体)的时候，描述总体的变量应当是随机变量。将式(1-15)中的变量 x 改成随机变量 X，则

$$Y=f(X)+\varepsilon \tag{1-16}$$

式(1-16)所定义的随机模型更具有普遍意义，其中的 X、$f(X)$、ε、Y 都是随机变量。

式(1-16)中，随机误差 ε 服从均值为零的正态分布，$\varepsilon \sim N(0,\sigma^2)$。在给定面积 $X=x$ 的条件下，市场价 Y 服从均值为指导价 $f(x)$、方差为 σ^2 的正态分布。换句话说，条件概率

$P(Y|X)$服从均值为$f(X)$、方差为σ^2的正态分布，即$P(Y|X) \sim N(f(X),\sigma^2)$，其概率密度函数$p(y|x)$为

$$p(y \mid x) = \frac{1}{\sqrt{2\pi}\sigma} e^{-(y-f(x))^2/(2\sigma^2)}$$

函数$f(x)$中包含未知参数(假设为$\boldsymbol{\theta}$)，为强调这个参数，可以将上式改写为

$$p(y \mid x;\boldsymbol{\theta}) = \frac{1}{\sqrt{2\pi}\sigma} e^{-(y-f(x;\boldsymbol{\theta}))^2/(2\sigma^2)} \tag{1-17}$$

其中，$f(x;\boldsymbol{\theta})$、$p(y|x;\boldsymbol{\theta})$表示它们的代数式中含有未知参数$\boldsymbol{\theta}$。

假设采样得到一组观测数据$D=\{(x_1,y_1),(x_2,y_2),\cdots,(x_m,y_m)\}$，该样本集的联合条件概率密度应为

$$p(D;\boldsymbol{\theta}) = \prod_{i=1}^{m} p(y_i \mid x_i;\boldsymbol{\theta}) = \prod_{i=1}^{m} \frac{1}{\sqrt{2\pi}\sigma} e^{-(y_i-f(x_i;\boldsymbol{\theta}))^2/(2\sigma^2)} \tag{1-18}$$

式(1-18)的联合条件概率密度被称为参数$\boldsymbol{\theta}$相对于样本集D的**似然函数**(likelihood function)。最优参数$\boldsymbol{\theta}^*$应当是使似然函数$p(D;\boldsymbol{\theta})$最大的参数，这就是极大似然估计的基本思想。对似然函数$p(D;\boldsymbol{\theta})$取对数得

$$L(\boldsymbol{\theta}) = \ln p(D;\boldsymbol{\theta}) = -\left[\sum_{i=1}^{m} \ln(\sqrt{2\pi}\sigma) + \sum_{i=1}^{m} \frac{(y_i - f(x_i;\boldsymbol{\theta}))^2}{2\sigma^2}\right] \tag{1-19}$$

式(1-19)括号中第一项，以及第二项的分母都与参数$\boldsymbol{\theta}$无关，因此最优参数$\boldsymbol{\theta}^*$只与第二项的分子有关，即

$$\boldsymbol{\theta}^* = \underset{\boldsymbol{\theta}}{\operatorname{argmax}}\, L(\boldsymbol{\theta}) = \underset{\boldsymbol{\theta}}{\operatorname{argmin}} -L(\boldsymbol{\theta}) = \underset{\boldsymbol{\theta}}{\operatorname{argmin}} \sum_{i=1}^{m} (y_i - f(x_i;\boldsymbol{\theta}))^2 \tag{1-20}$$

如果$f(x;\boldsymbol{\theta})$为线性模型，其函数形式为$f(x;\omega,b)=\omega x+b$，代入式(1-20)，则最优参数为

$$\omega^*, b^* = \underset{\omega,b}{\operatorname{argmin}} \sum_{i=1}^{m} (y_i - (\omega x_i + b))^2 \tag{1-21}$$

可以看出，式(1-21)与最小二乘法得出的结论(式(1-11))是一致的，这也从概率论角度证实了最小二乘法的有效性。

研究带随机误差的房价模型，有最小二乘法和极大似然估计两种方法，这实际上代表了确定性和随机性两种不同的数学观点。

确定性观点认为，"万物皆有道"，世界万物皆有其内在客观规律。客观规律是确定的、可能未知但真实存在，只是等待人们去发现。事物"真相"无法直接观测，观测只能看到事物的某个"表象"。"表象"与"真相"不一致，这种误差是由外在因素造成的，例如观测误差。事物及其内在规律是精确无误的，事物之间具有确定的**因果**(causality)关系，可以用数学函数(或模型)精确表示出来。如何根据观测到的"表象"数据反推出其内在的数学模型呢？对客观规律进行研究分析(例如数学建模或数据可视化)，首先提出模型假设，然后选择与"表象"数据拟合误差最小的模型作为最优模型，这就是确定性观点的基本思想。最小二乘法是确定性观点的代表，它认为所拟合出的最优模型就是内在客观规律的真实模型，使用该模型可以预测"表象"背后的"真相"。

随机性观点认为，"万物本无道"，世界万物本没有什么唯一的、确定性的客观规律，或者

说这种客观规律本身就是不确定的或随机的。事物及事物间的相互关系可以观测，每次观测到的“表象”都是“真相”。这些“真相”是一个集合，服从特定的概率分布。可以将这些“真相”具体化到某个特定形象（例如均值或数学期望），但这个形象只是一个“幻象”，并不是真的客观存在。事物间的相互关系不是确定性的因果关系，而只是某种**相关**（correlation）关系，可以用联合概率或条件概率来描述这种关系。如何根据有限的“真相”样本数据反推出其总体概率分布，即概率模型呢？通常这很难。一个常用的折中方法就是极大似然估计，先假设概率分布的数学形式，然后构造似然函数，将使似然函数最大的参数作为最优概率分布的参数，这就是随机性观点的基本思想。

图 1-9 提出一个哲学问题“苹果是什么”。如果要为苹果建立模型，确定性观点认为图 1-9(a)就是苹果的模型，因为有观测误差，所以对模型进行观测会看到图 1-9(b)中不同苹果的样子；而随机性观点认为苹果模型就是图 1-9(b)中不同苹果的集合，它们服从特定的概率分布，而图 1-9(a)只是这些苹果的数学期望（或均值）。

(a) 确定性苹果a　　(b) 随机苹果A

图 1-9　苹果是什么

1.2.3　回归分析方法

19 世纪，英国科学家高尔顿在遗传学研究中发现，子女身高与父母身高存在某种相关性。高尔顿将所收集的样本数据绘制成散点图，做可视化分析（见图 1-10），发现这些样本

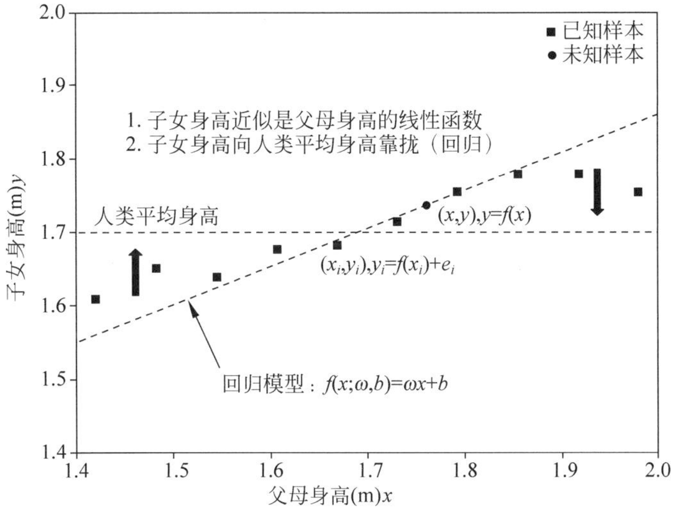

图 1-10　子女身高与父母身高存在相关性

点近似一条直线。是否可以建立一个线性模型,根据父母身高来预测子女的身高呢?

如果以父母平均身高作为自变量 x,取子女成年后的身高作为因变量 y,y 可近似看作 x 的一个线性函数。

$$y \approx f(x;\omega,b)=\omega x+b$$

其中,参数 ω、b 是待定系数。

使用之前所讲的最小二乘法,将函数预测值与真实样本值之间误差平方和最小的参数 ω^*、b^* 作为函数的最优系数。从几何上看,这个过程就是用一条直线去尽可能**拟合**(fit)所有样本点。高尔顿根据所收集到的样本数据,最终拟合出一个比较符合当时英国人口的身高预测模型,其函数形式为

$$y=0.516x+0.8567$$

其中 x、y 的单位是 m。

高尔顿的这项研究工作有两个重要发现:一是子女身高可近似看作父母身高的线性函数;二是子女身高会保持向人类平均身高靠拢的倾向,即子女的身高会比父母更接近于人类平均身高,而不是父母高的后代越来越高,父母矮的后代越来越矮,高尔顿将这种现象称作**回归**(regression),即"向平均数回归"。

高尔顿的研究方法是,首先采集样本数据,对数据进行可视化分析,在此基础上提出模型假设,然后通过最优化(即样本拟合度最好)方法确定出模型参数(线性模型称作系数),最后再使用新的样本数据对模型进行验证。

高尔顿是第一位系统运用统计学方法开展科学研究的人,这套方法已成为统计学乃至机器学习的经典方法,被称作**回归分析**(regression analysis)。"回归"一词也被广泛使用,例如,回归分析中的模型被称为"回归模型""回归方程""线性回归方程"等,线性模型中的系数被称作"回归系数"。这些术语中的"回归"一词已脱离了本意,现在特指高尔顿的这种研究方法。

目前,回归分析被广泛用于研究不同事物(自变量与因变量)之间的依赖关系。在机器学习中,回归分析所研究的问题特指哪些因变量为连续值的问题,或称作**预测**(prediction)问题,例如根据面积预测房价。机器学习将因变量为离散值的问题称作**分类**(classification)或**模式识别**(pattern recognition)问题,例如根据人口数量将城市划分成一线、二线、三线或四线城市。某些回归分析方法也可以做适当变化,用于处理分类问题,例如**逻辑斯谛回归**(logistic regression,或称作**对数几率回归**)。机器学习有时还会将分类问题完全交由机器,由计算机按照数据自身特性自动划分成不同的类别,这种问题被称为**聚类**(clustering)问题,例如根据同学的学习兴趣或学习习惯自动进行分组。

1.3 随机变量与数学语言

要真正领悟随机模型,还需要深入理解**随机变量**(random variable)这个概念。对某个未知量进行试验或观测,如果每次试验所得到的观测值都一样,或者说观测值是确定的,则这个未知量就属于**确定性变量**(deterministic variable),或称作**普通变量**,通常用小写字母表示(例如 x);如果每次试验所得到的观测值不完全一样,或者说观测值是不确定的(即随机的),则这个未知量就属于随机变量,通常用大写字母(例如 X)或希腊字母(例如 ε)表示。

随机变量和普通变量都有值域的概念。随机变量是按概率取值域中不同的值，而普通变量是以概率1取值域中某个确定的值。普通变量可看作随机变量的特例。

1.3.1 随机变量

定义 1-1(概率论) 给定一个随机试验，Ω 是它的样本空间。如果对 Ω 中的每个样本点 ω，都有一个实数 $X(\omega)$ 与之对应，那么就把这个定义域为 Ω 的单值实值函数：$X=X(\omega)$ 称作是一个(一维)随机变量，记作 X(大写)。随机变量 X 的值域记作 Ω_X，$\Omega_X \subset R$。

在定义 1-1 中，将单值实值函数 $X=X(\omega)$ 称作随机变量，这句话指的是将样本空间 Ω 中的每个样本点 ω 都数值化成一个实数(或整数)。

在机器学习中，从普通变量到随机变量，从理想模型到随机模型，其背后的原因主要有以下几种。

1. 观测过程存在误差

机器学习基于样本数据建立模型，而样本数据需通过试验或观测才能得到，其过程通常存在随机误差。

例如在测算房价问题中，房屋面积需经过测量才能得到。测量过程一般都存在随机误差，尽管它可能很小。如果考虑测量误差，则每次测量的面积是不确定的，这时房屋面积应当是一个随机变量，测算房价的模型就是一个随机模型。如果对模型进行简化，不考虑测量误差，则房屋面积就属于普通变量，测算房价模型也被简化成了一种理想模型，即理想情况下的模型。

机器学习通常会考虑观测误差，将随机性引入机器学习模型。

2. 合并次要因素以简化模型

建立机器学习模型可能要考虑很多因素，定义很多个变量，模型会很复杂。可以只考虑其中的主要因素，将其他不重要的因素合并成一个随机变量，这样可以简化模型。中心极限定理(概率论)指出，同时受到许多相互独立随机因素的影响，如果每个因素产生的影响都很小，则总的影响可看作一个近似服从正态分布的随机变量(可理解为随机误差)。

例如，在测算房价问题中，不同房产中介公司会根据房屋的面积、朝向、楼层、装修程度、客户喜好等，给出不同的市场价。假设房屋面积是影响房价的主要因素，则建模时可以只考虑房屋面积，而将朝向、楼层、装修程度、客户喜好等次要因素合并成一个报价误差。报价误差可看作一个近似服从正态分布的随机变量。

机器学习引入随机性的第二个原因是，建模时只考虑主要因素，将诸多次要因素合并成一个随机误差，以简化模型。

3. 研究总体的规律性需使用随机模型

机器学习通过有限的个体样本来研究总体的规律性。描述总体规律性最有效的方法是将总体看作随机变量，然后用概率分布来描述其统计规律性。随机变量及其概率分布就是为总体所建立的随机模型。除概率分布外，随机变量还有均值、方差等一些重要的附属概念。

随机模型可以包含多个随机变量，不同随机变量分别表示不同的总体，或表示同一总体的不同特征(或称作属性)。随机模型可以使用函数来描述随机变量间的因果关系,或使用联合概率分布来描述随机变量间的相关关系。

例如,在测算房价问题中,可以将整个小区的房屋作为总体,将房屋面积看作一个随机变量(记作 X),将房价也看作一个随机变量(记作 Y),则函数 $Y=f(X)$ 可以表示小区的房价(例如指导价)与面积之间存在确定性的因果关系;而联合概率分布 $P(X,Y)$ 则表示小区的房价(例如市场价)与面积之间存在相关关系。

1.3.2 随机变量应用举例

下面以测算房价问题为例,详细研究如何从不同角度出发,将随机性引入机器学习模型。

例 1-5 已知房屋面积 x,求指导价 y,如图 1-11 所示。

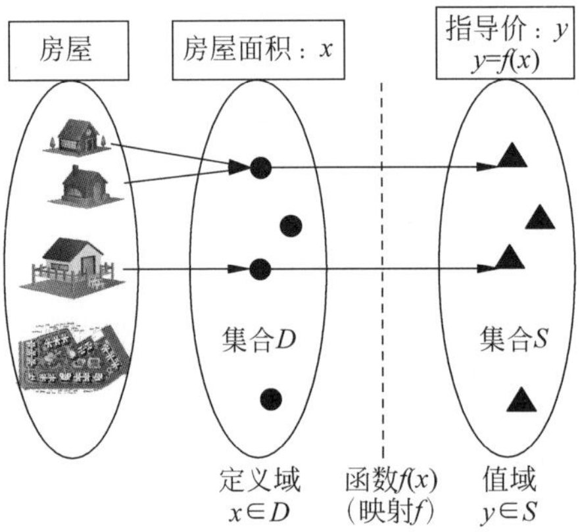

图 1-11 已知房屋面积 x,求指导价 y

图 1-11 解释如下。

- 模型假设:x、y 是确定性变量,两者之间具有未知但确定的函数关系,即 $y=f(x)$。这是一个理想模型,或称作确定性模型。
- 模型学习:给定样本集 $D=\{(x_1,y_1),(x_2,y_2),\cdots,(x_m,y_m)\}$,可列出方程组求解模型 $f(x)$ 中的待定系数(即参数)。确定性模型是唯一的,没有最优模型的概念。
- 模型应用:任意给定新房屋样本的房屋面积 x,可使用模型 $f(x)$ 准确计算(不是预测)其指导价 y。

例 1-6 已知房屋面积 x,求市场价 Y,如图 1-12 所示。

图 1-12 解释如下。

- 认识随机变量:相同的房屋面积,其指导价 y 只有一个,但市场价 Y 会受房屋朝向、楼层、装修程度、客户喜好等因素影响,在指导价 y 的基础上做上下浮动(记作 ε)。市场价 Y 是随机变量,服从某种概率分布,记作 $P(Y=y)$ 或 $F(Y\leqslant y)$,$y\in S_1$。
- 模型假设:x、y 是确定性变量,两者之间具有未知但确定的函数关系,即 $y=f(x)$;ε 是随机变量,$\varepsilon\sim N(0,\sigma^2)$;$Y=y+\varepsilon$ 也是随机变量,且 $E(Y)=f(x)$。
- 模型学习:给定样本集 $D=\{(x_1,y_1),(x_2,y_2),\cdots,(x_m,y_m)\}$,可使用最小二乘法

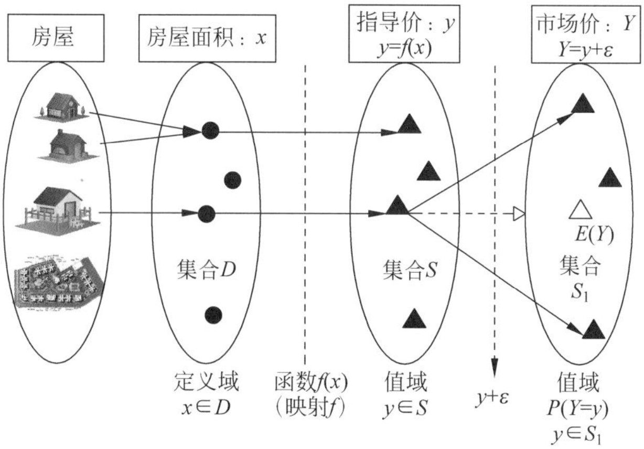

图 1-12 已知房屋面积 x，求市场价 Y

求最优模型 $f(x)$，它是市场价 Y 的均值(数学期望)模型，即 $f(x)=E(Y)$。

- 模型应用：任意给定新房屋样本的房屋面积 x，可使用模型 $f(x)$ 预测其市场价 Y 的均值 $E(Y)$。

例 1-7 已知小区房屋面积 X，求指导价 Y，如图 1-13 所示。

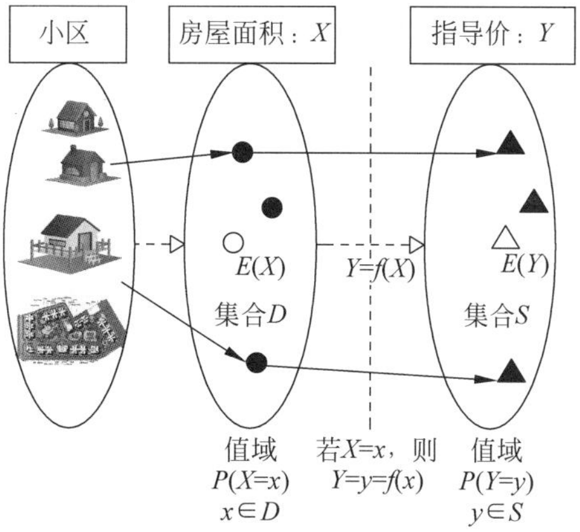

图 1-13 已知小区房屋面积 X，求指导价 Y

图 1-13 解释如下。

- 认识随机变量：确定性变量用于描述个体的属性(例如某套房屋的面积 x)；随机变量则用于描述群体的整体属性(例如整个小区房屋的面积)，或个体在某个时段内的动态属性，或无法观测只能预测的属性。
- 模型假设：随机变量 X 和 Y 之间具有未知但确定的函数关系，给定 $X=x$，则 $Y=y$，$y=f(x)$，记作 $Y=f(X)$。
- 模型学习：给定样本集 $D=\{(x_1,y_1),(x_2,y_2),\cdots,(x_m,y_m)\}$，可列出方程组求解模型 $f(X)$ 中的参数，该模型是唯一且确定的。
- 模型应用：任意给定新房屋样本的面积 $X=x$，可使用模型 $f(X)$ 预测其指导价 $Y=y$，$y=f(x)$。

例 1-8 已知房屋测量面积 X，求指导价 Y，如图 1-14 所示。

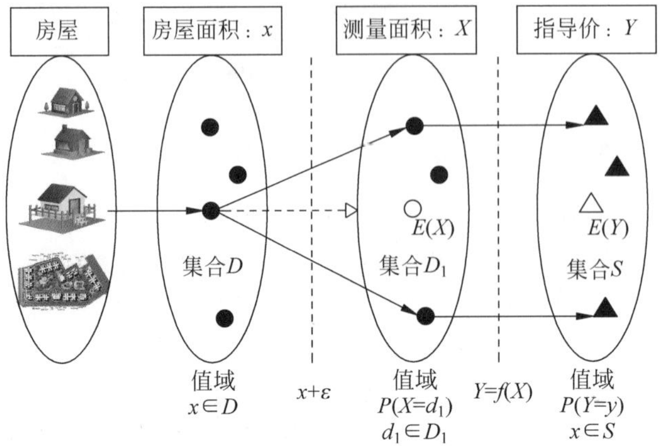

图 1-14 已知房屋测量面积 X，求指导价 Y

图 1-14 解释如下。

- 认识随机误差：房屋面积必须通过测量才能得到，同一房屋由不同人测量或同一人多次测量，会因随机误差得到不同的测量面积。随机误差具有随机性，并将随机性传递给测量面积，因此随机误差和测量面积都是随机变量。
- 模型假设：真实面积 x 是确定性变量，测量面积 X 是随机变量；ε 是随机变量，$\varepsilon \sim N(0,\sigma^2)$；因为 $X=x+\varepsilon$，所以 X 也是随机变量，且 $E(X)=x$；随机变量 X 和 Y 之间具有未知但确定的函数关系 $Y=f(X)$，给定 $X=x$，则 $Y=y$，$y=f(x)$。随机变量的函数也是随机变量，因变量 Y 的随机性是由自变量 X 导致的。
- 模型学习：给定样本集 $D=\{(x_1,y_1),(x_2,y_2),\cdots,(x_m,y_m)\}$，可使用最小二乘法求最优模型 $f(X)$。
- 模型应用：给定任意测量面积新样本 $X=x$，可以使用模型 $f(X)$ 预测其指导价 $Y=y$，$y=f(x)$。

例 1-9 给定小区房屋面积 X，求市场价的条件概率分布 $P(Y|X)$，如图 1-15 所示。

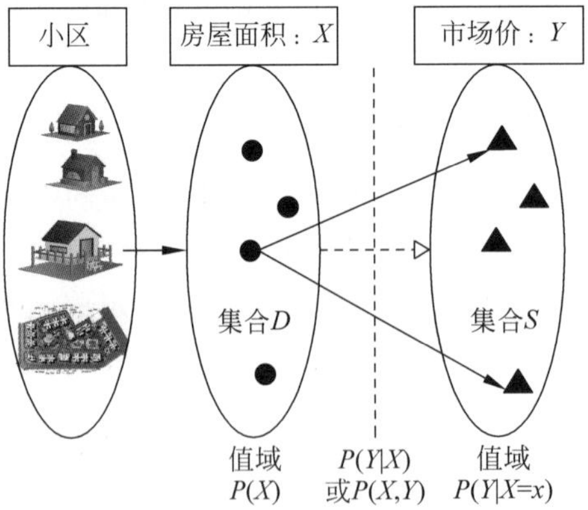

图 1-15 给定小区房屋面积 X，求市场价的条件概率分布 $P(Y|X)$

图 1-15 解释如下。

- 认识概率模型：如果两个随机变量是一一对应的，则它们之间的关系属于因果关系，可以用函数来描述这种关系，例如 $Y=f(X)$；如果是一对多或多对多，则属于相关关系，可以用概率分布来描述这种关系，例如 $P(Y|X)$、$P(X,Y)$等。如果随机变量 X 和 Y 之间存在相关性，其条件概率分布为 $P(Y|X)$。给定样本集 $D=\{(x_1,y_1),(x_2,y_2),\cdots,(x_m,y_m)\}$，可以对 $P(Y|X)$进行估计。注：完整的概率模型应当是随机变量 X 和 Y 的联合概率分布 $P(X,Y)$，其他概率（例如边缘概率、条件概率）均可由联合概率导出。
- 模型假设：随机变量 X 和 Y 之间存在某种形式的条件概率分布 $P(Y|X)$。
- 模型学习：给定样本集 $D=\{(x_1,y_1),(x_2,y_2),\cdots,(x_m,y_m)\}$，使用极大似然估计方法对 $P(Y|X)$进行估计。
- 模型应用：给定任意新样本 $X=x$，可以使用模型预测 Y 的条件概率 $P(Y|X=x)$。

通常，普通变量用于描述个体属性，而随机变量则用于描述群体的整体属性。下面通过对比，为普通变量和随机变量做一个小结。

1. 变量的取值

随机变量和普通变量都有值域的概念。随机变量是按概率取值域中不同的值，而普通变量是以概率 1 取值域中某个确定的值。普通变量可看作随机变量的特例。

2. 变量的均值与方差

随机变量的数学期望（简称期望）描述的是给定概率分布情况下不同取值的加权平均值（简称均值），记作 $E(X)$；方差描述的是给定概率分布情况下不同取值相对于均值的分散（或集中）程度，记作 $D(X)$。数学期望、方差描述的是随机变量的整体特性，其取值是某个确定的值，因此 $E(X)$、$D(X)$是普通变量（不是随机变量）。普通变量只取某个确定的值，其均值就是自身，方差为 0。

3. 函数

- 给定函数 f，如自变量 x 为普通变量，则因变量 y 也为普通变量。例如：

$$y \equiv f(x)=\omega x+b$$

若 x 为普通变量，ω 和 b 为常量，则 y 也为普通变量。

- 给定函数 f，如自变量 X 为随机变量，则因变量 $Y=f(X)$通常也为随机变量。例如：

$$Y \equiv f(X)=\omega X+b$$

若 X 为随机变量，ω 和 b 为常量，则 Y 也为随机变量。如果将随机变量 X 中的随机性独立出来，将其看作 $X=x+\boldsymbol{\varepsilon}$，则

$$Y=\omega(x+\boldsymbol{\varepsilon})+b=\omega x+b+\omega\boldsymbol{\varepsilon}=f(x)+\omega\boldsymbol{\varepsilon}=f(x)+\boldsymbol{\varepsilon}'$$

- 这里再引入一个新概念：**随机函数**。一组形式相同但参数不同的函数集合 $\Omega_F=\{f_1(x;\theta_1),f_2(x;\theta_2),\cdots\}$，如果将其中的参数看作随机变量$\boldsymbol{\theta}$，则这组函数就可看作一个随机函数，记作 F 或$F(x;\boldsymbol{\theta})$。若参数$\boldsymbol{\theta}$ 服从某个概率分布 $P(\boldsymbol{\theta}=\theta_i)$，则随机函数服从概率分布：

$$P(F=f_i(x;\theta_i)) \equiv P(\boldsymbol{\theta}=\theta_i)$$

给定随机函数 F，自变量 x 为普通变量，但因变量 $Y=F(x)$ 为随机变量。例如，给定如下的随机函数 F

$$P(F=f_i),\quad \Omega_F=\{f_i(x) \mid f_i(x)=\omega_i x+b_i\}$$

其中，ω_i 和 b_i 为常量，函数 f_i 为确定性函数（即非随机函数），但因变量 $Y=F(x)$ 为随机变量。因变量 Y 的随机性是由模型本身导致的，即随机函数 F 会按概率 $P(F=f_i)$ 随机选取某个函数 f_i。例如在房屋的市场价模型中，市场价的随机性可认为是因房屋中介公司使用不同报价模型 f_i 而造成的。

1.3.3 数学语言

机器学习与数学密不可分，从建模到算法都离不开数学知识，例如微积分、线性代数、概率论与数理统计、最优化等。数学中的概念、性质、定理、推导、运算、证明等离不开数学语言，其中又包含很多术语或符号，它们相当于数学语言中的字词。清楚理解各种数学术语、符号的内涵和外延，对于学习数学乃至机器学习都非常重要（这一点容易被忽视）。目前，机器学习方面的教材或文献在数学术语或符号的使用方面也不完全统一，因此阅读时应特别关注它们，注意辨析清楚它们的含义。

1. 古文中的字词

请看下面的这段古文，体会字词对语言理解的重要性。文中的字词都认识，但能准确理解这段文字的含义吗？

“昔**在**黄帝，生而神灵，弱而能言，幼而**徇齐**，长而**敦敏**，**成而登天**。”（《黄帝内经》）

解释：从前有这么一位黄帝，生来十分聪明，很小的时候就善于言谈，幼年时对周围事物领会得很快，长大之后敦厚勤勉、成熟练达，及至成年之时，登上了天子之位。

2. 数学中的术语或符号

术语或符号就是数学语言中的字词，请看下面这条数学定理。

1）琴生不等式（Jensen inequality）

对任意凸函数 f，有

$$f(E(X)) \leqslant E(f(X)) \tag{1-22}$$

其中，X 为任意随机变量。

数学语言非常简练，却具有深刻的含义。理解琴生不等式这样的数学语言，首先要理解其中的术语和符号，例如“凸函数”、$E(X)$、$E(f(X))$等。

2）凸函数

定义 1-2 设 $D \subset R^n$ 为非空凸集，f 为定义在 D 上的实值函数，即 $f: D \to R$。若对于任意两点 $\boldsymbol{x}_1,\boldsymbol{x}_2 \in D$，及实数 $t(0 \leqslant t \leqslant 1)$，都有

$$f(t\boldsymbol{x}_1+(1-t)\boldsymbol{x}_2) \leqslant tf(\boldsymbol{x}_1)+(1-t)f(\boldsymbol{x}_2) \tag{1-23}$$

则称函数 f 为 D 上的**凸函数**（convex function，或称作下凸）。

类似地，如果将式(1-23)中的“$\leqslant$”换成“$\geqslant$”，则称函数 f 为 D 上的**凹函数**（concave function，或称作**上凸**）。借助图形可以帮助人们直观理解数学语言，图 1-16 给出凸函数示意图。通俗地说，凸函数上任意两点的割线位于函数图形上方。

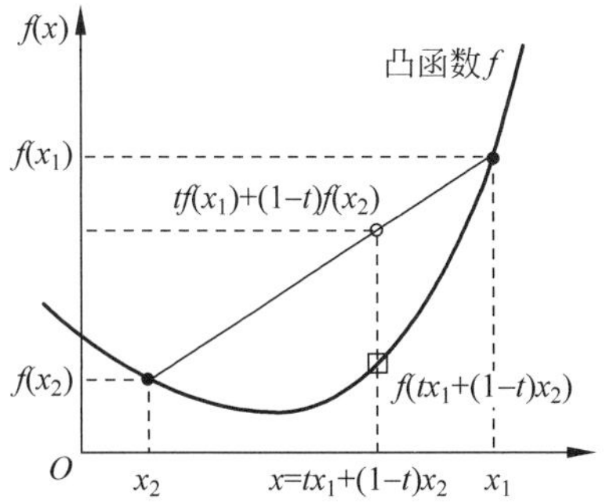

图 1-16　凸函数示意图

再深入一步，凸函数定义中的“凸集”又是什么意思呢？初学者经常遇到这样的生词“连环套”现象。理解数学语言需要日积月累。

3）凸集

定义 1-3　设 D 为 n 维欧氏空间 R^n 中的一个集合，即 $D\subset R^n$。若对于任意两点 $\boldsymbol{x}_1$，$\boldsymbol{x}_2\in D$，及实数 $t(0\leqslant t\leqslant 1)$，都有

$$t\boldsymbol{x}_1+(1-t)\boldsymbol{x}_2\in D$$

则称 D 为**凸集**(convex set)。图 1-17 给出凸集示意图。

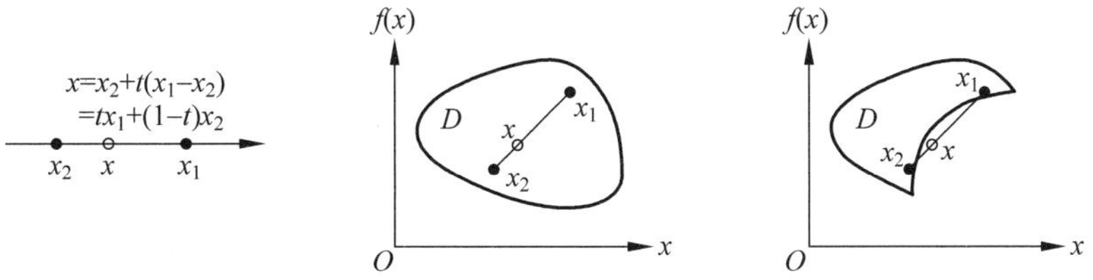

(a)一维凸集　(b) 二维凸集　(c) 二维非凸集

图 1-17　凸集示意图

通俗地说，将集合 D 看作一个 n 维欧氏空间，如果连接其中任意两点线段上的点仍属于 D，则 D 就是一个凸集，否则就不是凸集(参见图 1-17)。

4）证明琴生不等式

引理 1-1　若函数 f 为 D 上的凸函数，则对于任意 n 个点 $x_i\in D$ 及实数 $p_i(0\leqslant p_i\leqslant 1)$，$i=1,2,\cdots,n$，且 $\sum_{i=1}^{n}p_i=1$，都有

$$f\left(\sum_{i=1}^{n}p_i\boldsymbol{x}_i\right)\leqslant\sum_{i=1}^{n}p_if(\boldsymbol{x}_i)\tag{1-24}$$

证明(数学归纳法)：

Ⅰ. 由凸函数定义可知，当 $n=1,2$ 时，式(1-24)成立，即

$n=1$ 时，　$f(\boldsymbol{x}_1)\leqslant f(\boldsymbol{x}_1)$

$n=2$ 时，　$p_2=1-p_1,f(p_1\boldsymbol{x}_1+p_2\boldsymbol{x}_2)\leqslant p_1f(\boldsymbol{x}_1)+p_2f(\boldsymbol{x}_2)$　(1-25)

Ⅱ. 假设 $n=k$ 时，式(1-24)成立，即

$$f\left(\sum_{i=1}^{k} p_i \boldsymbol{x}_i\right) \leqslant \sum_{i=1}^{k} p_i f(\boldsymbol{x}_i), \quad 其中\sum_{i=1}^{k} p_i = 1 \tag{1-26}$$

则 $n=k+1$ 时,

$$f\left(\sum_{i=1}^{k+1} p_i \boldsymbol{x}_i\right) = f\left(p_{k+1}\boldsymbol{x}_{k+1} + \sum_{i=1}^{k} p_i \boldsymbol{x}_i\right) \tag{1-27}$$

令

$$P_k = \sum_{i=1}^{k} p_i, \quad X_k = \sum_{i=1}^{k} \frac{p_i}{P_k}\boldsymbol{x}_i$$

则

$$p_{k+1} + P_k = 1, \quad \sum_{i=1}^{k} p_i \boldsymbol{x}_i = P_k X_k$$

代入式(1-27),由式(1-25)可得

$$f\left(\sum_{i=1}^{k+1} p_i \boldsymbol{x}_i\right) = f(p_{k+1}\boldsymbol{x}_{k+1} + P_k X_k) \leqslant p_{k+1} f(\boldsymbol{x}_{k+1}) + P_k f(X_k) \tag{1-28}$$

因为 $P_k = \sum_{i=1}^{k} p_i$,所以 $\sum_{i=1}^{k} \frac{p_i}{P_k} = 1$,由式(1-26)的假设可知

$$P_k f(X_k) = P_k f\left(\sum_{i=1}^{k} \frac{p_i}{P_k}\boldsymbol{x}_i\right) \leqslant P_k\left(\sum_{i=1}^{k} \frac{p_i}{P_k} f(\boldsymbol{x}_i)\right) = \sum_{i=1}^{k} p_i f(\boldsymbol{x}_i) \tag{1-29}$$

将式(1-29)代入式(1-28),得

$$f\left(\sum_{i=1}^{k+1} p_i \boldsymbol{x}_i\right) \leqslant p_{k+1} f(\boldsymbol{x}_{k+1}) + P_k f(X_k) \leqslant p_{k+1} f(\boldsymbol{x}_{k+1}) + \sum_{i=1}^{k} p_i f(\boldsymbol{x}_i)$$

合并不等式最右边两项,得

$$f\left(\sum_{i=1}^{k+1} p_i \boldsymbol{x}_i\right) \leqslant \sum_{i=1}^{k+1} p_i f(\boldsymbol{x}_i)$$

Ⅲ 综合(Ⅰ)、(Ⅱ)两步,引理 1-1 得证。

琴生不等式(离散型随机变量):设离散型变量 X 的值域 $\Omega_X = \{\boldsymbol{x}_1, \boldsymbol{x}_2, \cdots, \boldsymbol{x}_n\}$,其概率分布为 $P(X=\boldsymbol{x}_i)=p_i$,则对任意凸函数 f,有 $f(E(X)) \leqslant E(f(X))$。

证明:可以构造一个凸集 D,使得 $\Omega_X \subset D \subset R$,则随机变量 X 的 n 个样本值 $\boldsymbol{x}_i \in D$,因为其概率 p_i 满足 $0 \leqslant p_i \leqslant 1, i=1,2,\cdots,n$,且 $\sum_{i=1}^{n} p_i = 1$,由引理 1-1 可得

$$f\left(\sum_{i=1}^{n} p_i \boldsymbol{x}_i\right) \leqslant \sum_{i=1}^{n} p_i f(\boldsymbol{x}_i)$$

又因为离散型随机变量 X 的数学期望(即均值) $E(X) = \sum_{i=1}^{n} p_i \boldsymbol{x}_i$,其函数 $f(X)$的数学期望 $E(f(X)) = \sum_{i=1}^{n} p_i f(\boldsymbol{x}_i)$,因此

$$f(E(X)) \leqslant E(f(X))$$

离散型随机变量情况下的琴生不等式得证。对琴生不等式的解释:有随机变量 X,其函数 $f(X)$仍是随机变量。对任意凸函数 f,随机变量 X 数学期望的函数值 $f(E(X))$小于或等于其函数 $f(X)$的数学期望 $E(f(X))$,如图 1-18 所示。

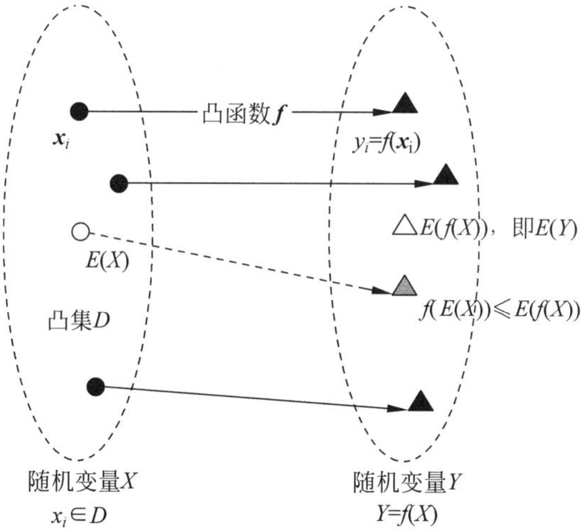

图 1-18 琴生不等式(离散型随机变量)

对于凹函数,琴生不等式的变形是:对任意凹函数 f,有

$$f(E(X)) \geqslant E(f(X))$$

其中,X 为任意随机变量。例如,当底数 $a<1$ 时,对数函数 $\log_a x$ 是凸函数,$\log_a(E(X)) \leqslant E(\log_a X)$;当底数 $a>1$ 时,对数函数 $\log_a x$ 是凹函数(例如自然对数 $\ln x$),$\log_a(E(X)) \geqslant E(\log_a X)$。

本节通过琴生不等式让读者体会一下数学语言中术语和符号的重要性,请读者在后续学习中更加重视它们。另外,琴生不等式本身也很重要,本书会有多处用到它。

1.4 更加复杂的数学模型

面对某个具体的机器学习问题,可以根据数据提炼出其中的变量。机器学习问题通常会提炼出很多个变量,这时数学模型就是多元函数模型。线性模型是机器学习中最常用的模型,矩阵是描述多元线性函数模型最有效的形式。另外,各变量之间的关系是什么,函数模型的数学形式是什么,对此我们可能一无所知。该如何确定函数模型的数学形式呢?

1.4.1 数学形式未知的模型

所谓机器学习,就是通过样本数据学习到一个模型。但很多情况下,我们并不知道模型的数学形式是什么,因此机器学习的第一步就是要确定模型的数学形式,然后基于样本数据确定其中的参数。

假设真实模型是一个函数 $f(x)$,但不知道这个函数具体什么样(参见图 1-19)。对模型进行观测得到样本数据,它是我们唯一能得到的关于模型的信息。样本数据通常还会存在观测误差。

对未知模型 $f(x)$可以做各种假设,例如假定它是一个线性函数,或是一个三角函数。模型假设对机器学习至关重要。如果模型假设错误,后续工作就变得毫无意义。模型假设

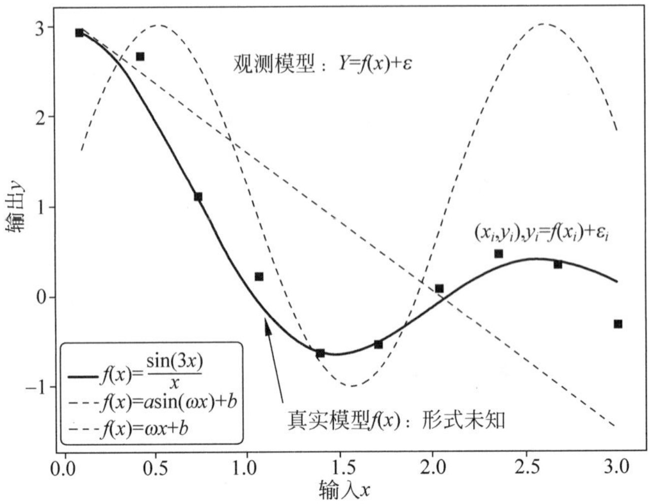

图 1-19　如何确定模型的数学形式

应基于科学的建模方法，目前主要有两种：一是**数据可视化建模**（data visualization modeling），二是**数学建模**（mathematical modeling）。

数据可视化建模是一种常用建模方法，在数据分析中被称作**探索性数据分析**（exploratory data analysis）。例如，在研究子女身高与父母身高关系问题时，高尔顿对样本数据进行可视化，发现这些样本点近似一条直线，因此选择线性模型作为预测子女身高的模型，其数学形式为

$$y \approx f(x;\omega,b)=\omega x+b$$

其中，x、y 分别表示父母身高和子女身高，ω、b 是待定系数。

数学建模是另一种，实际上也是最直接、最科学的建模方法。下面就以新型冠状病毒COVID-19(Corona Virus Disease 2019)为例，简单介绍一下数学建模方法。

2019 年 12 月 31 日，湖北省武汉市发现 27 例不明原因肺炎病例。2020 年 1 月 8 号，国家卫健委专家组初步确认新型冠状病毒为此次疫情的病源；1 月 24 号，湖北省启动重大公共突发卫生事件一级响应；1 月 31 号，短短一个月时间，武汉市确诊病例迅速增加到 3215 例(参见图 1-20)。2020 年 2 月 11 日，世界卫生组织正式将新型冠状病毒命名为 COVID-19。

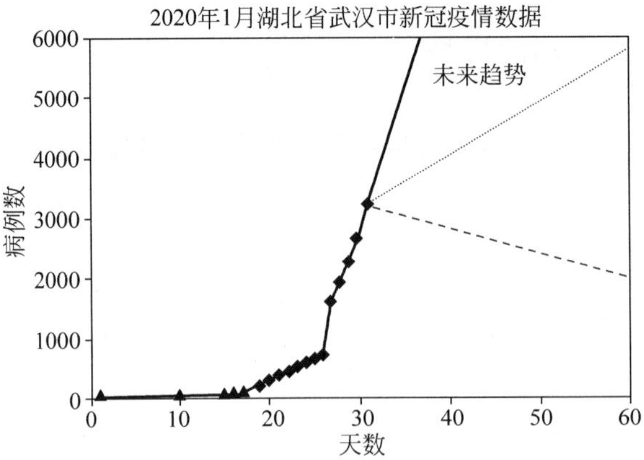

图 1-20　湖北省武汉市 2020 年 1 月新冠疫情数据

如果将时间拨回到2020年1月，那时武汉市的疫情很严重，很多人每天刷屏，查看疫情地图，了解疫情的发展。大家迫切地想知道疫情发展的内在规律是什么？疫情发展的未来走向会怎么样，拐点在哪儿？能否建立一个传染病模型，对疫情发展趋势进行预测呢？

假设武汉市的总人口为 N(已知常数)，将总人口分成如下两类。

(1) **易感**(susceptible)人群：未感染的人群，与感染者接触后可能感染疾病，记作 S 或 $S(t)$；

(2) **感染**(infectious)人群：已感染的人群，可能将疾病传染给易感人群，记作 I 或 $I(t)$。

其中，t 表示自疫情开始起的天数，S、I 是 t 的函数，并且 $S+I=N$。未感染者每天接触到感染者的概率为 I/N。若接触后的感染率为 β，则每天新增感染者人数可用一个常微分方程(Ordinary Differential Equation，ODE)表示，即

$$\frac{\mathrm{d}I}{\mathrm{d}t}=\beta\frac{I}{N}S \tag{1-30}$$

这个常微分方程被称作SI传染病动力模型。因为 $S=N-I$，代入式(1-30)，得

$$\frac{\mathrm{d}I}{\mathrm{d}t}=\beta I\left(1-\frac{I}{N}\right)$$

已知感染人群的初值 $I(0)=27$(2019年12月31日)，求解微分方程得

$$I(t)\equiv I(t;\beta)=\frac{N\times I(0)}{I(0)+(N-I(0))\mathrm{e}^{-\beta t}}=\frac{27N}{27+(N-27)\mathrm{e}^{-\beta t}}$$

其中，感染率 β 为待定参数。

可以将武汉市2020年1月的新冠疫情数据(只有18天的数据)作为样本数据，对SI模型进行训练，得到最优参数 β^*。如果使用最小二乘法，则

$$\beta^*=\underset{\beta}{\operatorname{argmin}}\sum_{t=1}^{18}(\hat{I}(t)-I(t;\beta))^2$$

其中，$\hat{I}(t)$ 为已公布的样本数据，表示第 t 天时的累计确诊人数。

仔细分析一下，式(1-31)的SI模型还不够完善，例如已感染的患者经过治疗若干天后可以康复(或自行康复)。可以为模型再增加一个**康复**(recovered)人群，记作 R 或 $R(t)$。设感染人群每天的康复率为 γ，则每天康复的患者人数为 γI。新的传染病模型被称作**SIR**模型，该模型可列出如下3个常微分方程：

$$\begin{cases}\dfrac{\mathrm{d}S}{\mathrm{d}t}=-\beta\dfrac{I}{N}S\\ \dfrac{\mathrm{d}I}{\mathrm{d}t}=\beta\dfrac{I}{N}S-\gamma I\\ \dfrac{\mathrm{d}R}{\mathrm{d}t}=\gamma I\end{cases} \tag{1-31}$$

其中，N 为总人口(已知常数)，t 表示自疫情开始起的天数，S、I、R 是 t 的函数，并且 $S+I+R=N$。感染率 β、康复率 γ 为待定参数，可通过样本数据进行学习，得到最终的传染病动力模型。

首先确定模型的数学形式，然后基于历史数据确定其中的参数，这就是通过机器学习方法来建立传染病动力模型。有了这个模型，就可以对新冠疫情的未来发展趋势进行预测，为

防疫抗疫提供决策依据。

1.4.2 多元模型

回顾一下 1.1 节式(1-1)的测算房价模型：

$$f(x)=\omega x+b,\quad \text{或写成 } y=\omega x+b$$

这是一个一元线性函数(或称作一元线性模型)，其中自变量只有一个，即房屋面积 x。可以完善这个模型，再引入一个自变量，例如房屋的房龄(房龄越长，房价越低)。这样，房价模型就变成一个包含两个自变量的二元线性函数(或称作二元线性模型)，其数学形式可表示为

$$f(x_1,x_2)=\omega_1x_1+\omega_2x_2+b,\quad \text{或写成 } y=\omega_1x_1+\omega_2x_2+b$$

其中，x_1、x_2 分别表示房屋面积和房龄，ω_1、ω_2 分别是它们对应的系数。

可以在三维空间绘制出二元线性函数 $f(x_1,x_2)$的图形，它是三维空间中的一个平面，如图 1-21 所示。换个角度，将函数 $f(x_1,x_2)$写成 $y=\omega_1x_1+\omega_2x_2+b$，这其实就是三维空间中的一个平面方程。

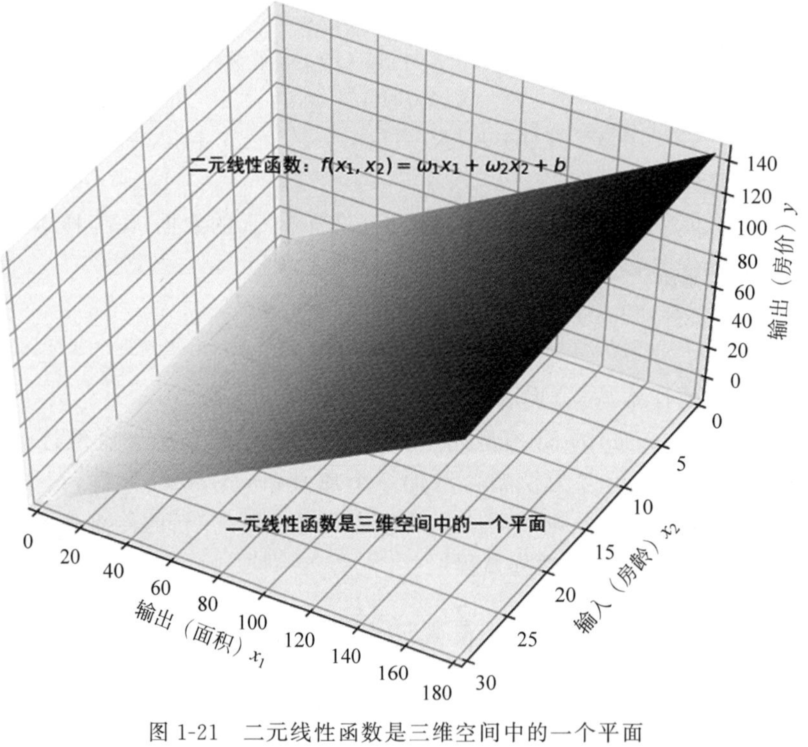

图 1-21 二元线性函数是三维空间中的一个平面

含有一个以上自变量的函数被称为多元函数，由多元函数表示的模型就是**多元模型**(multivariate model)。可以继续完善二元房价模型，再引入一个表示所在城市是几线城市的自变量 x_3。通常一线城市房价最高，二线次之，三线、四线更低一些。这样，房价模型就变成一个三元线性模型，其数学形式可表示为

$$f(x_1,x_2,x_3)=\omega_1x_1+\omega_2x_2+\omega_3x_3+b \tag{1-32}$$

其中，x_1、x_2、x_3 分别表示房屋面积、房龄和几线城市，ω_1、ω_2、ω_3 分别是对应的系数。

在机器学习中，房屋面积 x_1、房龄 x_2、几线城市 x_3 等都属于被直接观测到的原始数据，它们被称为描述房屋属性的**特征**(feature)，或房价模型的**输入**(input)。而房价 y 无法直接观测，它是由特征数据预测出来的，因此被称作房价模型的**预测目标**(prediction)或**输出**(output)。

机器学习通常用向量形式来表示多元模型。例如，房屋特征包含房屋面积、房龄和几线城市，共三个特征项，用向量形式可表示为

$$\begin{bmatrix} x_1 \\ x_2 \\ x_3 \end{bmatrix},\quad \text{可记作 } \boldsymbol{x}\text{，即 } \boldsymbol{x}=\begin{bmatrix} x_1 \\ x_2 \\ x_3 \end{bmatrix}$$

向量 $\boldsymbol{x}$ 是表示房屋特征的向量，因此也被称作**特征向量**(与矩阵中的特征向量重名)，其中的分量 x_1、x_2、x_3 分别表示房屋特征包含的三个特征项。特征向量所包含特征项的个数称为特征向量的**维度**(dimension)。例如，特征向量 $\boldsymbol{x}$ 的维度为 3，或称 $\boldsymbol{x}$ 是一个三维特征向量。

为防止混淆，机器学习一般将列向量作为向量的原始形式，行向量用列向量的转置来表示(例如 $\boldsymbol{x}^{\mathrm{T}}$)。有时为了节省版面，也会用行向量转置的形式来定义列向量。例如，定义列向量 $\boldsymbol{x}$ 时可以改用行向量转置的形式：$\boldsymbol{x}=(x_1,x_2,x_3)^{\mathrm{T}}$，或 $\boldsymbol{x}^{\mathrm{T}}=(x_1,x_2,x_3)$。使用向量形式，式(1-32)可表示为

$$f(\boldsymbol{x})=\boldsymbol{\omega}^{\mathrm{T}}\boldsymbol{x}+b \tag{1-33}$$

其中，特征向量 $\boldsymbol{x}=(x_1,x_2,x_3)^{\mathrm{T}}$，系数向量 $\boldsymbol{\omega}=(\omega_1,\omega_2,\omega_3)^{\mathrm{T}}$，函数值 $f(\boldsymbol{x})$ 和常数项 b 为标量(标量不加粗)。

向量可看作只有一列或一行的矩阵，遵守矩阵的运算规则。例如，式(1-32)中的 $\boldsymbol{\omega}^{\mathrm{T}}\boldsymbol{x}$ 可看作如下的矩阵相乘：

$$\boldsymbol{\omega}^{\mathrm{T}}\boldsymbol{x}=[\omega_1,\omega_2,\omega_3]\times\begin{bmatrix} x_1 \\ x_2 \\ x_3 \end{bmatrix}=\omega_1x_1+\omega_2x_2+\omega_3x_3$$

也可以将式中的 $\boldsymbol{\omega}^{\mathrm{T}}\boldsymbol{x}$ 看作向量 $\boldsymbol{\omega}$ 和 $\boldsymbol{x}$ 的内积(或称点积、标量积)，记作 $\boldsymbol{\omega}\cdot\boldsymbol{x}$，其运算规则是：两个向量的内积等于其对应元素的乘积和，即

$$\boldsymbol{\omega}\cdot\boldsymbol{x}=\boldsymbol{\omega}^{\mathrm{T}}\boldsymbol{x}=\omega_1x_1+\omega_2x_2+\omega_3x_3$$

不管是看作矩阵相乘或是向量内积，式(1-33)中 $\boldsymbol{\omega}^{\mathrm{T}}\boldsymbol{x}$ 的运算结果都不再是向量，而是一个标量。

可以将线性模型推广到任意的 d 元，其数学形式可表示为

$$f(x_1,x_2,\cdots,x_d)=\omega_1x_1+\omega_2x_2+\cdots+\omega_dx_d+b \tag{1-34}$$

其向量形式可表示为

$$f(\boldsymbol{x})=\boldsymbol{\omega}^{\mathrm{T}}\boldsymbol{x}+b \tag{1-35}$$

其中，特征向量 $\boldsymbol{x}$ 和系数向量 $\boldsymbol{\omega}$ 都是 d 维向量，$\boldsymbol{x}=(x_1,x_2,\cdots,x_d)^{\mathrm{T}}$，$\boldsymbol{\omega}=(\omega_1,\omega_2,\cdots,\omega_d)^{\mathrm{T}}$，函数值 $f(\boldsymbol{x})$ 和常数项 b 为标量。

式(1-34)是 d 元线性模型的数学展开式，式(1-35)则是其向量表达式。向量表达式更加简洁。可以将系数向量 $\boldsymbol{\omega}$ 和常数项 b 合并，并在特征向量 $\boldsymbol{x}$ 后面添加一个元素 1。这样，

式(1-35)可进一步简化为

$$f(\boldsymbol{x})=\boldsymbol{\omega}^{\mathrm{T}}\boldsymbol{x} \tag{1-36}$$

其中,特征向量 $\boldsymbol{x}$ 和系数向量 $\boldsymbol{\omega}$ 都是 $d+1$ 维向量,$\boldsymbol{x}=(x_1,x_2,\cdots,x_d,1)^{\mathrm{T}}$,$\boldsymbol{\omega}=(\omega_1,\omega_2,\cdots,\omega_d,b)^{\mathrm{T}}$,函数值 $f(\boldsymbol{x})$ 为标量。

式(1-36)与式(1-35)完全等价,它们是多元线性模型常用的两种向量表达式,而式(1-34)则是它们对应的展开式。

1.4.3 用矩阵描述问题及算法过程

给定房价样本集 $D=\{(\boldsymbol{x}_1,y_1),(\boldsymbol{x}_2,y_2),\cdots,(\boldsymbol{x}_m,y_m)\}$,其中房屋特征 $\boldsymbol{x}_i$ 为 d 维向量,$\boldsymbol{x}_i=(x_{i1},x_{i2},\cdots,x_{id})^{\mathrm{T}}$,房价 y_i 是标量,$i=1,2,\cdots,m$。假设房价模型是一个形如式(1-34)的多元线性模型,下面以最小二乘法为例,学习如何用矩阵语言来描述复杂的算法过程。

1. 描述多元线性模型

式(1-34)是多元线性模型的展开式形式,式(1-36)给出了它的矩阵(或向量)形式。向量可被看作只有一列或一行的矩阵。

2. 描述损失函数

最小二乘法使用样本误差平方和作为模型的损失函数,其展开式为

$$\begin{aligned}L(\boldsymbol{\omega})&=\sum_{i=1}^{m}(y_i-f(\boldsymbol{x}_i;\boldsymbol{\omega}))^2\\&=\sum_{i=1}^{m}(y_i-(\omega_1x_{i1}+\omega_2x_{i2}+\cdots+\omega_dx_{id}+b))^2\end{aligned} \tag{1-37}$$

记第 i 个样本理论值 $f(\boldsymbol{x}_i;\boldsymbol{\omega})$ 与观测值 y_i 之间的误差为 e_i,构造误差向量 $\boldsymbol{e}$,则

$$\boldsymbol{e}=(e_1,e_2,\cdots,e_m)^{\mathrm{T}}$$

其中,$e_i=y_i-f(\boldsymbol{x}_i;\boldsymbol{\omega})=y_i-(\omega_1x_{i1}+\omega_2x_{i2}+\cdots+\omega_dx_{id}+b)$,$i=1,2,\cdots,m$。可以将式(1-37)的样本误差平方和表示成如下矩阵相乘的形式。

$$L(\boldsymbol{\omega})=\sum_{i=1}^{m}e_i^2=(e_1,e_2,\cdots,e_m)\begin{bmatrix}e_1\\e_2\\\vdots\\e_m\end{bmatrix}=\boldsymbol{e}^{\mathrm{T}}\boldsymbol{e} \tag{1-37a}$$

再构造观测值向量 $\boldsymbol{y}$、系数向量 $\boldsymbol{\omega}$,以及一个大的特征矩阵 $\boldsymbol{X}$,则

$$\boldsymbol{y}=(y_1,y_2,\cdots,y_m)^{\mathrm{T}}$$

$$\boldsymbol{\omega}=(\omega_1,\omega_2,\cdots,\omega_d,b)^{\mathrm{T}}$$

$$\boldsymbol{X}=\begin{bmatrix}\boldsymbol{x}_1^{\mathrm{T}}\\\boldsymbol{x}_2^{\mathrm{T}}\\\vdots\\\boldsymbol{x}_m^{\mathrm{T}}\end{bmatrix}=\begin{bmatrix}x_{11}&x_{12}&\cdots&x_{1d}&1\\x_{21}&x_{22}&\cdots&x_{2d}&1\\\vdots&\vdots&\ddots&\vdots&\vdots\\x_{m1}&x_{m2}&\cdots&x_{md}&1\end{bmatrix},\quad 其中\ \boldsymbol{x}_i=\begin{bmatrix}x_{i1}\\x_{i2}\\\vdots\\x_{id}\\1\end{bmatrix}$$

则 $\boldsymbol{e}=\boldsymbol{y}-\boldsymbol{X\omega}$，因此式(1-37a)可进一步改写成式(1-37b)的矩阵代数形式。

$$L(\boldsymbol{\omega})=\boldsymbol{e}^{\mathrm{T}}\boldsymbol{e}=(\boldsymbol{y}-\boldsymbol{X\omega})^{\mathrm{T}}(\boldsymbol{y}-\boldsymbol{X\omega}) \tag{1-37b}$$

其中，$\boldsymbol{X}$、$\boldsymbol{y}$ 为已知量，$\boldsymbol{\omega}$ 为待定参数。最优参数 $\boldsymbol{\omega}^*$ 就是使模型损失函数 $L(\boldsymbol{\omega})$ 最小的参数，即

$$\boldsymbol{\omega}^*=\underset{\boldsymbol{\omega}}{\operatorname{argmin}}\,L(\boldsymbol{\omega})=\underset{\boldsymbol{\omega}}{\operatorname{argmin}}(\boldsymbol{y}-\boldsymbol{X\omega})^{\mathrm{T}}(\boldsymbol{y}-\boldsymbol{X\omega}) \tag{1-38}$$

注：本书中的标量用小写字母表示，例如 y、b；向量用**粗体**小写字母表示，例如 $\boldsymbol{y}$、$\boldsymbol{\omega}$；矩阵用粗体大写字母表示，例如 $\boldsymbol{X}$。

3. 求最优参数 $\boldsymbol{\omega}^*$

求式(1-37b)，损失函数 $L(\boldsymbol{\omega})$ 对系数向量 $\boldsymbol{\omega}$ 的偏导数，则

$$\frac{\partial L(\boldsymbol{\omega})}{\partial \boldsymbol{\omega}}=\frac{\partial(\boldsymbol{y}-\boldsymbol{X\omega})^{\mathrm{T}}(\boldsymbol{y}-\boldsymbol{X\omega})}{\partial \boldsymbol{\omega}}=2\boldsymbol{X}^{\mathrm{T}}(\boldsymbol{X\omega}-\boldsymbol{y}) \tag{1-39}$$

令偏导数等于 0，则

$$2\boldsymbol{X}^{\mathrm{T}}(\boldsymbol{X\omega}-\boldsymbol{y})=0$$

整理得

$$\boldsymbol{X}^{\mathrm{T}}\boldsymbol{X\omega}=\boldsymbol{X}^{\mathrm{T}}\boldsymbol{y}$$

如 $\boldsymbol{X}^{\mathrm{T}}\boldsymbol{X}$ 可逆，则

$$\boldsymbol{\omega}=(\boldsymbol{X}^{\mathrm{T}}\boldsymbol{X})^{-1}\boldsymbol{X}^{\mathrm{T}}\boldsymbol{y} \tag{1-40}$$

式(1-40)所求得的 $\boldsymbol{\omega}$ 是损失函数 $L(\boldsymbol{\omega})$ 的最小值点，它就是由样本集 D 学习到的最优参数 $\boldsymbol{\omega}^*$，函数 $f(\boldsymbol{x})=(\boldsymbol{\omega}^*)^{\mathrm{T}}\boldsymbol{x}$ 则是训练出的最优模型。

在式(1-39)中，为什么损失函数 $L(\boldsymbol{\omega})$ 对 $\boldsymbol{\omega}$ 的偏导数等于 $2\boldsymbol{X}^{\mathrm{T}}(\boldsymbol{X\omega}-\boldsymbol{y})$？这个求导过程其实很复杂，会涉及对向量或矩阵的求导方法。下面先给出相关的预备知识，然后再对损失函数的求导过程进行详细讲解。

4. 对损失函数 $L(\boldsymbol{\omega})$ 求导的预备知识

1）一元线性函数的导数

设 $y\equiv f(x)=\omega x+b$，则

$$\frac{\mathrm{d}y}{\mathrm{d}x}=\omega,\quad 或\ y'=\omega,\quad 或\ f'(x)=\omega,\quad 或\frac{\mathrm{d}f(x)}{\mathrm{d}x}=\omega$$

设 $y\equiv f(\omega)=\omega x+b$，则

$$\frac{\mathrm{d}y}{\mathrm{d}\omega}=x,\quad 或\ y'=x,\quad 或\ f'(\omega)=x,\quad 或\frac{\mathrm{d}f(\omega)}{\mathrm{d}\omega}=x$$

设 $y\equiv f(\omega)=(\omega x+b)^2$，则

$$\frac{\mathrm{d}y}{\mathrm{d}\omega}=2x(\omega x+b),\quad 或\frac{\mathrm{d}f(\omega)}{\mathrm{d}\omega}=2x(\omega x+b)$$

2）多元线性函数的偏导数

设 $y\equiv f(x_1,x_2,\cdots,x_d)=\omega_1x_1+\omega_2x_2+\cdots+\omega_dx_d+b$，则

$$\frac{\partial y}{\partial x_i}=\omega_i,\quad 或\frac{\partial f}{\partial x_i}=\omega_i,\quad i=1,2,\cdots,d$$

设 $y\equiv f(\omega_1,\omega_2,\cdots,\omega_d)=\omega_1x_1+\omega_2x_2+\cdots+\omega_dx_d+b$，则

$$\frac{\partial y}{\partial \omega_i}=x_i,\quad 或\frac{\partial f}{\partial \omega_i}=x_i,\quad i=1,2,\cdots,d$$

设 $y\equiv f(\omega_1,\omega_2,\cdots,\omega_d)=(\omega_1x_1+\omega_2x_2+\cdots+\omega_dx_d+b)^2$，则

$$\frac{\partial y}{\partial \omega_i}=2x_i(\omega_1x_1+\omega_2x_2+\cdots+\omega_dx_d+b)$$

或

$$\frac{\partial f}{\partial \omega_i}=2x_i(\omega_1x_1+\omega_2x_2+\cdots+\omega_dx_d+b),\quad i=1,2,\cdots,d$$

3）多元线性函数的向量形式及求导

设 $f(\omega_1,\omega_2,\cdots,\omega_d,b)=\omega_1x_1+\omega_2x_2+\cdots+\omega_dx_d+b$，则有

$$\begin{cases}\dfrac{\partial f(\omega_1,\omega_2,\cdots,\omega_d,b)}{\partial \omega_1}=x_1\\ \dfrac{\partial f(\omega_1,\omega_2,\cdots,\omega_d,b)}{\partial \omega_2}=x_2\\ \vdots\\ \dfrac{\partial f(\omega_1,\omega_2,\cdots,\omega_d,b)}{\partial \omega_d}=x_d\\ \dfrac{\partial f(\omega_1,\omega_2,\cdots,\omega_d,b)}{\partial b}=1\end{cases}$$

记：

$$\boldsymbol{\omega}=(\omega_1,\omega_2,\cdots,\omega_d,b)^{\mathrm{T}},\quad \boldsymbol{x}=(x_1,x_2,\cdots,x_d,1)^{\mathrm{T}}$$

$$f(\boldsymbol{\omega})\equiv f(\omega_1,\omega_2,\cdots,\omega_d)=\omega_1x_1+\omega_2x_2+\cdots+\omega_dx_d+b=\boldsymbol{\omega}^{\mathrm{T}}\boldsymbol{x}=\boldsymbol{x}^{\mathrm{T}}\boldsymbol{\omega}$$

$$\frac{\partial f(\boldsymbol{\omega})}{\partial \boldsymbol{\omega}}=\begin{bmatrix}\dfrac{\partial f(\omega_1,\omega_2,\cdots,\omega_d,b)}{\partial \omega_1}\\ \dfrac{\partial f(\omega_1,\omega_2,\cdots,\omega_d,b)}{\partial \omega_2}\\ \vdots\\ \dfrac{\partial f(\omega_1,\omega_2,\cdots,\omega_d,b)}{\partial \omega_d}\\ \dfrac{\partial f(\omega_1,\omega_2,\cdots,\omega_d,b)}{\partial b}\end{bmatrix}=\begin{bmatrix}x_1\\x_2\\ \vdots\\x_d\\1\end{bmatrix}=\boldsymbol{x},\quad \frac{\partial f(\boldsymbol{\omega})}{\partial \boldsymbol{\omega}^{\mathrm{T}}}=\boldsymbol{x}^{\mathrm{T}}$$

则有

$$\frac{\partial(\boldsymbol{\omega}^{\mathrm{T}}\boldsymbol{x})}{\partial \boldsymbol{\omega}}=\frac{\partial(\boldsymbol{x}^{\mathrm{T}}\boldsymbol{\omega})^{\mathrm{T}}}{\partial \boldsymbol{\omega}}=\boldsymbol{x},\quad 同理有\frac{\partial(\boldsymbol{x}^{\mathrm{T}}\boldsymbol{\omega})}{\partial \boldsymbol{\omega}}=\frac{\partial(\boldsymbol{\omega}^{\mathrm{T}}\boldsymbol{x})^{\mathrm{T}}}{\partial \boldsymbol{\omega}}=\boldsymbol{x} \tag{1-41}$$

对于多元函数 $f(\boldsymbol{\omega})$，由其各项偏导数组成的向量被称作多元函数的**梯度**(gradient)，可记作 $\nabla f(\boldsymbol{\omega})$，即

$$\nabla f(\boldsymbol{\omega})\equiv\frac{\partial f(\boldsymbol{\omega})}{\partial \boldsymbol{\omega}}$$

梯度是一个向量，具有方向，该方向为函数 $f(\boldsymbol{\omega})$ 在 $\boldsymbol{\omega}$ 处函数值上升最快的方向(其反方向为函数值下降最快的方向)。

如果再记：

$$\boldsymbol{x}_i=(x_{i1},x_{i2},\cdots,x_{id},1)^{\mathrm{T}},\quad \boldsymbol{y}=(y_1,y_2,\cdots,y_m)^{\mathrm{T}},\quad i=1,2,\cdots,m$$

$$\boldsymbol{X}=\begin{bmatrix}\boldsymbol{x}_1^{\mathrm{T}}\\\boldsymbol{x}_2^{\mathrm{T}}\\\vdots\\\boldsymbol{x}_m^{\mathrm{T}}\end{bmatrix}=\begin{bmatrix}x_{11}&x_{12}&\cdots&x_{1d}&1\\x_{21}&x_{22}&\cdots&x_{2d}&1\\\vdots&\vdots&\ddots&\vdots&\vdots\\x_{m1}&x_{m2}&\cdots&x_{md}&1\end{bmatrix}$$

则有

$$\frac{\partial(\boldsymbol{x}_i^{\mathrm{T}}\boldsymbol{\omega})}{\partial\boldsymbol{\omega}}=\boldsymbol{x}_i,\quad \frac{\partial(\boldsymbol{x}_i^{\mathrm{T}}\boldsymbol{\omega})^{\mathrm{T}}}{\partial\boldsymbol{\omega}}=\boldsymbol{x}_i,\quad i=1,2,\cdots,m$$

$$\boldsymbol{X\omega}=\begin{bmatrix}x_{11}&x_{12}&\cdots&x_{1d}&1\\x_{21}&x_{22}&\cdots&x_{2d}&1\\\vdots&\vdots&\ddots&\vdots&\vdots\\x_{m1}&x_{m2}&\cdots&x_{md}&1\end{bmatrix}\begin{bmatrix}\omega_1\\\omega_2\\\vdots\\\omega_d\\b\end{bmatrix}=\begin{bmatrix}\boldsymbol{x}_1^{\mathrm{T}}\boldsymbol{\omega}\\\boldsymbol{x}_2^{\mathrm{T}}\boldsymbol{\omega}\\\vdots\\\boldsymbol{x}_m^{\mathrm{T}}\boldsymbol{\omega}\end{bmatrix}$$

$$\boldsymbol{y}-\boldsymbol{X\omega}=\begin{bmatrix}y_1\\y_2\\\vdots\\y_m\end{bmatrix}-\begin{bmatrix}x_{11}&x_{12}&\cdots&x_{1d}&1\\x_{21}&x_{22}&\cdots&x_{2d}&1\\\vdots&\vdots&\ddots&\vdots&\vdots\\x_{m1}&x_{m2}&\cdots&x_{md}&1\end{bmatrix}\begin{bmatrix}\omega_1\\\omega_2\\\vdots\\\omega_d\\b\end{bmatrix}=\begin{bmatrix}y_1-\boldsymbol{x}_1^{\mathrm{T}}\boldsymbol{\omega}\\y_2-\boldsymbol{x}_2^{\mathrm{T}}\boldsymbol{\omega}\\\vdots\\y_m-\boldsymbol{x}_m^{\mathrm{T}}\boldsymbol{\omega}\end{bmatrix}$$

4）多元函数及其海森矩阵

若 $f:R^d\to R$ 为二阶可导的多元函数，$\boldsymbol{x}=(x_1,x_2,\cdots,x_d)^{\mathrm{T}}$，则函数 f 的**海森**(Hessian)矩阵为

$$\boldsymbol{H}(\boldsymbol{x})=\begin{bmatrix}\frac{\partial^2 f}{\partial x_1x_1}&\frac{\partial^2 f}{\partial x_1x_2}&\cdots&\frac{\partial^2 f}{\partial x_1x_d}\\\frac{\partial^2 f}{\partial x_2x_1}&\frac{\partial^2 f}{\partial x_2x_2}&\cdots&\frac{\partial^2 f}{\partial x_2x_d}\\\vdots&\vdots&\ddots&\vdots\\\frac{\partial^2 f}{\partial x_dx_1}&\frac{\partial^2 f}{\partial x_dx_2}&\cdots&\frac{\partial^2 f}{\partial x_dx_d}\end{bmatrix}$$

因为$\frac{\partial^2 f}{\partial x_ix_j}=\frac{\partial^2 f}{\partial x_jx_i}$，所以 $\boldsymbol{H}(\boldsymbol{x})$为对称矩阵。

5）向量函数及其求导

函数 $f:R^d\to R^m$ 被称为 d 元 m 维**向量函数**，其自变量和因变量都是向量。例如，

$$f:\begin{bmatrix}x_1\\x_2\\\vdots\\x_d\end{bmatrix}\to\begin{bmatrix}y_1\\y_2\\\vdots\\y_m\end{bmatrix}$$

向量函数 f 可写成 m 个分量函数,例如,

$$\begin{cases} y_1 = f_1(x_1, x_2, \cdots, x_d) \\ y_2 = f_2(x_1, x_2, \cdots, x_d) \\ \quad\quad\vdots \\ y_m = f_m(x_1, x_2, \cdots, x_d) \end{cases}$$

向量函数 f 可写成向量形式,例如,

$$\boldsymbol{y} = \boldsymbol{f}(\boldsymbol{x}) = \begin{bmatrix} f_1(\boldsymbol{x}) \\ f_2(\boldsymbol{x}) \\ \vdots \\ f_m(\boldsymbol{x}) \end{bmatrix}$$

其中,$\boldsymbol{x} = (x_1, x_2, \cdots, x_d)^{\mathrm{T}}$,$\boldsymbol{y} = (y_1, y_2, \cdots, y_m)^{\mathrm{T}}$。显然,向量函数也可以被看作一个**函数向量**,因此用粗体字母 $\boldsymbol{f}$ 表示。

一元函数向量的导数为

$$\frac{\mathrm{d}\boldsymbol{f}(x)}{\mathrm{d}x} = \begin{bmatrix} \dfrac{\mathrm{d}f_1}{\mathrm{d}x} \\ \dfrac{\mathrm{d}f_2}{\mathrm{d}x} \\ \vdots \\ \dfrac{\mathrm{d}f_m}{\mathrm{d}x} \end{bmatrix}$$

多元函数向量的偏导数为

$$\frac{\partial \boldsymbol{f}(\boldsymbol{x})}{\partial \boldsymbol{x}} = \begin{bmatrix} \dfrac{\partial f_1}{\partial x_1} & \dfrac{\partial f_1}{\partial x_2} & \cdots & \dfrac{\partial f_1}{\partial x_d} \\ \dfrac{\partial f_2}{\partial x_1} & \dfrac{\partial f_2}{\partial x_2} & \cdots & \dfrac{\partial f_2}{\partial x_d} \\ \vdots & \vdots & \ddots & \vdots \\ \dfrac{\partial f_m}{\partial x_1} & \dfrac{\partial f_m}{\partial x_2} & \cdots & \dfrac{\partial f_m}{\partial x_d} \end{bmatrix} \tag{1-42}$$

式(1-42)也被称为**雅可比**(Jacobian)矩阵,记作 $J_f(\boldsymbol{x})$。

6) 函数矩阵及其求导

一元**函数矩阵**的形式为

$$\boldsymbol{F}(x) = \begin{bmatrix} f_{11}(x) & f_{12}(x) & \cdots & f_{1n}(x) \\ f_{21}(x) & f_{22}(x) & \cdots & f_{2n}(x) \\ \vdots & \vdots & \ddots & \vdots \\ f_{m1}(x) & f_{m2}(x) & \cdots & f_{mn}(x) \end{bmatrix}$$

其对标量 x 的导数为

$$\left[\frac{\mathrm{d}\boldsymbol{F}}{\mathrm{d}x}\right]_{ij} = \frac{\mathrm{d}f_{ij}}{\mathrm{d}x}, \quad i = 1, 2, \cdots, m, j = 1, 2, \cdots, n$$

7）函数向量、函数矩阵的求导法则

和普通函数一样，函数向量、函数矩阵同样满足导数的加法法则、乘法法则和链式法则。下面给出一些常用的求导公式，其中 $\boldsymbol{f}$、$\boldsymbol{g}$ 表示函数向量；$\boldsymbol{F}$、$\boldsymbol{G}$ 表示函数矩阵；$\boldsymbol{x}$ 为向量，$\boldsymbol{c}$ 为与 $\boldsymbol{x}$ 无关的向量（常量），$\boldsymbol{C}$ 为与 $\boldsymbol{x}$ 无关的矩阵（常量）。

$$\frac{\partial(\boldsymbol{f}(\boldsymbol{x})+\boldsymbol{g}(\boldsymbol{x}))}{\partial \boldsymbol{x}}=\frac{\partial \boldsymbol{f}(\boldsymbol{x})}{\partial \boldsymbol{x}}+\frac{\partial \boldsymbol{g}(\boldsymbol{x})}{\partial \boldsymbol{x}}, \quad \frac{\partial(\boldsymbol{F}(\boldsymbol{x})+\boldsymbol{G}(\boldsymbol{x}))}{\partial \boldsymbol{x}}=\frac{\partial \boldsymbol{F}(\boldsymbol{x})}{\partial \boldsymbol{x}}+\frac{\partial \boldsymbol{G}(\boldsymbol{x})}{\partial \boldsymbol{x}}$$

$$\frac{\partial(\boldsymbol{f}(\boldsymbol{x})+\boldsymbol{c})}{\partial \boldsymbol{x}}=\frac{\partial \boldsymbol{f}(\boldsymbol{x})}{\partial \boldsymbol{x}}, \quad \frac{\partial(\boldsymbol{F}(\boldsymbol{x})+\boldsymbol{C})}{\partial \boldsymbol{x}}=\frac{\partial \boldsymbol{F}(\boldsymbol{x})}{\partial \boldsymbol{x}}$$

$$\frac{\partial(\boldsymbol{c}^{\mathrm{T}}\boldsymbol{x})}{\partial \boldsymbol{x}}=\frac{\partial(\boldsymbol{x}^{\mathrm{T}}\boldsymbol{c})}{\partial \boldsymbol{x}}=\boldsymbol{c}, \quad \frac{\partial(\boldsymbol{x}^{\mathrm{T}}\boldsymbol{x})}{\partial \boldsymbol{x}}=2\boldsymbol{x}$$

$$\frac{\partial(\boldsymbol{x}^{\mathrm{T}}\boldsymbol{C})}{\partial \boldsymbol{x}}=\boldsymbol{C}, \quad \frac{\partial(\boldsymbol{x}^{\mathrm{T}}\boldsymbol{C}\boldsymbol{x})}{\partial \boldsymbol{x}}=(\boldsymbol{C}+\boldsymbol{C}^{\mathrm{T}})\boldsymbol{x}$$

$$\frac{\partial \boldsymbol{F}(\boldsymbol{x})\boldsymbol{G}(\boldsymbol{x})}{\partial \boldsymbol{x}}=\frac{\partial \boldsymbol{F}(\boldsymbol{x})}{\partial \boldsymbol{x}}\boldsymbol{G}(\boldsymbol{x})+\boldsymbol{F}(\boldsymbol{x})\frac{\partial \boldsymbol{G}(\boldsymbol{x})}{\partial \boldsymbol{x}}$$

$$\frac{\partial \boldsymbol{F}^{-1}(\boldsymbol{x})}{\partial \boldsymbol{x}}=-\boldsymbol{F}^{-1}(\boldsymbol{x})\frac{\partial \boldsymbol{F}(\boldsymbol{x})}{\partial \boldsymbol{x}}\boldsymbol{F}^{-1}(\boldsymbol{x})$$

$$\frac{\partial f(g(\boldsymbol{x}))}{\partial \boldsymbol{x}}=\frac{df(g)}{dg}\frac{\partial g(\boldsymbol{x})}{\partial \boldsymbol{x}}$$

$$\frac{\partial f(\boldsymbol{g}(\boldsymbol{x}))}{\partial \boldsymbol{x}}=(\nabla f(\boldsymbol{g}))^{\mathrm{T}}J_{g}(\boldsymbol{x})=\left(\frac{\partial f}{\partial g_1},\frac{\partial f}{\partial g_2},\cdots,\frac{\partial f}{\partial g_m}\right)\begin{bmatrix}\frac{\partial g_1}{\partial x_1} & \frac{\partial g_1}{\partial x_2} & \cdots & \frac{\partial g_1}{\partial x_d}\\ \frac{\partial g_2}{\partial x_1} & \frac{\partial g_2}{\partial x_2} & \cdots & \frac{\partial g_2}{\partial x_d}\\ \vdots & \vdots & \ddots & \vdots\\ \frac{\partial g_m}{\partial x_1} & \frac{\partial g_m}{\partial x_2} & \cdots & \frac{\partial g_m}{\partial x_d}\end{bmatrix}$$

$$\frac{\partial \boldsymbol{f}(\boldsymbol{g}(\boldsymbol{x}))}{\partial \boldsymbol{x}}=J_{f}(\boldsymbol{g})J_{g}(\boldsymbol{x})$$

5. 对损失函数 $L(\boldsymbol{\omega})$ 的求导过程

有了上面的预备知识，下面分别以展开式形式和矩阵形式对最小二乘法的损失函数 $L(\boldsymbol{\omega})$ 进行求导。

1）以展开式形式求偏导数

首先将式(1-37b)的损失函数 $L(\boldsymbol{\omega})$ 展开，有

$$L(\boldsymbol{\omega})=(\boldsymbol{y}-\boldsymbol{X\omega})^{\mathrm{T}}(\boldsymbol{y}-\boldsymbol{X\omega})$$
$$=\begin{bmatrix}y_1-(\omega_1 x_{11}+\omega_2 x_{12}+\cdots+\omega_d x_{1d}+b)\\ y_2-(\omega_1 x_{21}+\omega_2 x_{22}+\cdots+\omega_d x_{2d}+b)\\ \vdots\\ y_m-(\omega_1 x_{m1}+\omega_2 x_{m2}+\cdots+\omega_d x_{md}+b)\end{bmatrix}^{\mathrm{T}}$$

$$\begin{bmatrix} y_1-(\omega_1 x_{11}+\omega_2 x_{12}+\cdots+\omega_d x_{1d}+b) \\ y_2-(\omega_1 x_{21}+\omega_2 x_{22}+\cdots+\omega_d x_{2d}+b) \\ \vdots \\ y_m-(\omega_1 x_{m1}+\omega_2 x_{m2}+\cdots+\omega_d x_{md}+b) \end{bmatrix}$$

$$=\sum_{i=1}^{m}(y_i-(\omega_1 x_{i1}+\omega_2 x_{i2}+\cdots+\omega_d x_{id}+b))^2$$

$$=\sum_{i=1}^{m}(y_i-\boldsymbol{x}_i^{\mathrm{T}}\boldsymbol{\omega})^2$$

然后求损失函数 $L(\boldsymbol{\omega})$对$\boldsymbol{\omega}$ 的偏导数,有

$$\frac{\partial L(\boldsymbol{\omega})}{\partial \boldsymbol{\omega}}=2\begin{bmatrix} \sum_{i=1}^{m}x_{i1}((\omega_1 x_{i1}+\omega_2 x_{i2}+\cdots+\omega_d x_{id}+b)-y_i) \\ \sum_{i=1}^{m}x_{i2}((\omega_1 x_{i1}+\omega_2 x_{i2}+\cdots+\omega_d x_{id}+b)-y_i) \\ \vdots \\ \sum_{i=1}^{m}x_{id}((\omega_1 x_{i1}+\omega_2 x_{i2}+\cdots+\omega_d x_{id}+b)-y_i) \\ \sum_{i=1}^{m}((\omega_1 x_{i1}+\omega_2 x_{i2}+\cdots+\omega_d x_{id}+b)-y_i) \end{bmatrix}$$

$$=2\begin{bmatrix} \sum_{i=1}^{m}x_{i1}(\boldsymbol{x}_i^{\mathrm{T}}\boldsymbol{\omega}-y_i) \\ \sum_{i=1}^{m}x_{i2}(\boldsymbol{x}_i^{\mathrm{T}}\boldsymbol{\omega}-y_i) \\ \vdots \\ \sum_{i=1}^{m}x_{id}(\boldsymbol{x}_i^{\mathrm{T}}\boldsymbol{\omega}-y_i) \\ \sum_{i=1}^{m}(\boldsymbol{x}_i^{\mathrm{T}}\boldsymbol{\omega}-y_i) \end{bmatrix}$$

$$=2\begin{bmatrix} x_{11} & x_{21} & \cdots & x_{m1} \\ x_{12} & x_{22} & \cdots & x_{m2} \\ \vdots & \vdots & \ddots & \vdots \\ x_{1d} & x_{2d} & \cdots & x_{md} \\ 1 & 1 & & 1 \end{bmatrix}\begin{bmatrix} \boldsymbol{x}_1^{\mathrm{T}}\boldsymbol{\omega}-y_1 \\ \boldsymbol{x}_2^{\mathrm{T}}\boldsymbol{\omega}-y_2 \\ \vdots \\ \boldsymbol{x}_m^{\mathrm{T}}\boldsymbol{\omega}-y_m \end{bmatrix}$$

整理可得式(1-39),即

$$\frac{\partial L(\boldsymbol{\omega})}{\partial \boldsymbol{\omega}}=2(\boldsymbol{x}_1,\boldsymbol{x}_2,\cdots,\boldsymbol{x}_m)\begin{bmatrix}\boldsymbol{x}_1^{\mathrm{T}}\boldsymbol{\omega}-y_1\\ \boldsymbol{x}_2^{\mathrm{T}}\boldsymbol{\omega}-y_2\\ \vdots\\ \boldsymbol{x}_m^{\mathrm{T}}\boldsymbol{\omega}-y_m\end{bmatrix}=2\boldsymbol{X}^{\mathrm{T}}(\boldsymbol{X\omega}-\boldsymbol{y})$$

2）以矩阵形式求偏导数

$$\begin{aligned}\frac{\partial L(\boldsymbol{\omega})}{\partial \boldsymbol{\omega}}&=\frac{\partial(\boldsymbol{y}-\boldsymbol{X}\boldsymbol{\omega})^{\mathrm{T}}(\boldsymbol{y}-\boldsymbol{X}\boldsymbol{\omega})}{\partial \boldsymbol{\omega}}\\&=\frac{\partial(\boldsymbol{y}^{\mathrm{T}}-(\boldsymbol{X}\boldsymbol{\omega})^{\mathrm{T}})(\boldsymbol{y}-\boldsymbol{X}\boldsymbol{\omega})}{\partial \boldsymbol{\omega}}\\&=\frac{\partial(\boldsymbol{y}^{\mathrm{T}}\boldsymbol{y}-\boldsymbol{y}^{\mathrm{T}}\boldsymbol{X}\boldsymbol{\omega}-\boldsymbol{\omega}^{\mathrm{T}}\boldsymbol{X}^{\mathrm{T}}\boldsymbol{y}+\boldsymbol{\omega}^{\mathrm{T}}\boldsymbol{X}^{\mathrm{T}}\boldsymbol{X}\boldsymbol{\omega})}{\partial \boldsymbol{\omega}}\\&=\frac{\partial(\boldsymbol{y}^{\mathrm{T}}\boldsymbol{y})}{\partial \boldsymbol{\omega}}-\frac{\partial(\boldsymbol{y}^{\mathrm{T}}\boldsymbol{X}\boldsymbol{\omega})}{\partial \boldsymbol{\omega}}-\frac{\partial(\boldsymbol{\omega}^{\mathrm{T}}\boldsymbol{X}^{\mathrm{T}}\boldsymbol{y})}{\partial \boldsymbol{\omega}}+\frac{\partial(\boldsymbol{\omega}^{\mathrm{T}}\boldsymbol{X}^{\mathrm{T}}\boldsymbol{X}\boldsymbol{\omega})}{\partial \boldsymbol{\omega}}\end{aligned}$$

其中，

$\frac{\partial(\boldsymbol{y}^{\mathrm{T}}\boldsymbol{y})}{\partial \boldsymbol{\omega}}=0$（注：$\boldsymbol{y}^{\mathrm{T}}\boldsymbol{y}$ 是不含$\boldsymbol{\omega}$ 的量，相当于常量），

$\frac{\partial(\boldsymbol{y}^{\mathrm{T}}\boldsymbol{X}\boldsymbol{\omega})}{\partial \boldsymbol{\omega}}=\frac{\partial(\boldsymbol{X}^{\mathrm{T}}\boldsymbol{y})^{\mathrm{T}}\boldsymbol{\omega}}{\partial \boldsymbol{\omega}}=\boldsymbol{X}^{\mathrm{T}}\boldsymbol{y}$（注：见式(1-41)），

$\frac{\partial(\boldsymbol{\omega}^{\mathrm{T}}\boldsymbol{X}^{\mathrm{T}}\boldsymbol{y})}{\partial \boldsymbol{\omega}}=\frac{\partial \boldsymbol{\omega}^{\mathrm{T}}(\boldsymbol{X}^{\mathrm{T}}\boldsymbol{y})}{\partial \boldsymbol{\omega}}=\boldsymbol{X}^{\mathrm{T}}\boldsymbol{y}$（注：见(式 1-41)），

$\frac{\partial(\boldsymbol{\omega}^{\mathrm{T}}\boldsymbol{X}^{\mathrm{T}}\boldsymbol{X}\boldsymbol{\omega})}{\partial \boldsymbol{\omega}}=(\boldsymbol{X}^{\mathrm{T}}\boldsymbol{X}+(\boldsymbol{X}^{\mathrm{T}}\boldsymbol{X})^{\mathrm{T}})\boldsymbol{\omega}=2\boldsymbol{X}^{\mathrm{T}}\boldsymbol{X\omega}$（注：$\frac{\partial(\boldsymbol{x}^{\mathrm{T}}\boldsymbol{A}\boldsymbol{x})}{\partial \boldsymbol{x}}=(\boldsymbol{A}+\boldsymbol{A}^{\mathrm{T}})\boldsymbol{x}$）

整理同样可得式(1-39)，即

$$\frac{\partial L(\boldsymbol{\omega})}{\partial \boldsymbol{\omega}}=-\boldsymbol{X}^{\mathrm{T}}\boldsymbol{y}-\boldsymbol{X}^{\mathrm{T}}\boldsymbol{y}+2\boldsymbol{X}^{\mathrm{T}}\boldsymbol{X\omega}=2\boldsymbol{X}^{\mathrm{T}}(\boldsymbol{X\omega}-\boldsymbol{y})$$

上述求导过程清楚呈现了式(1-39)的由来。可以看出，以展开式形式求损失函数偏导数，便于理解但很烦琐；而以矩阵形式求损失函数的偏导数，过程简洁但不易理解，这需要读者熟练掌握矩阵运算及矩阵求导相关的基础知识。

1.5　机器学习问题

机器学习所研究的问题主要来源于统计学中的数据分析和计算机科学中的人工智能，机器学习相关的理论与方法也主要基于统计学和计算机科学。现在的机器学习实际上是统计学与计算机科学互相融合的结果。

1. 统计学与计算机科学

统计学的研究历史比较长(起源于 17 世纪)，它是通过搜集、整理样本数据并对总体分布进行描述和建模，从而实现推测对象本质、预测对象未来的一门综合性学科。从早期的概率论与数理统计(例如参数估计、假设检验等)到现代统计学习理论，这些理论与方法在机器学习中被统称为**统计学习理论**(statistical learning theory)、**统计学习方法**(statistical learning methods)。

和统计学相比,计算机科学则是一门新兴学科(起源于 20 世纪 40 年代),其中人工智能的研究历史更短(从 1956 年开始)。人工智能研究虽然历史很短,但却经历了三起三落。从早期基于推理的机器定理证明、机器翻译,到后来基于知识的专家系统,再到受生物神经网络启发而诞生的人工神经网络,或基于特征工程和统计学习的支持向量机等,它们都经历了"朝气蓬勃—停滞不前"的起落过程。从 2006 年开始,基于大数据、深度学习和并行计算的新一代机器学习方法正引领人工智能的发展,并在围棋、人脸识别、机器翻译、电子商务、搜索引擎等领域取得了突破。虽然有了这些方法和应用上的突破,但人工智能的理论研究仍相对滞后。

机器学习是统计学与计算机科学的交叉研究领域。源自统计学的统计学习理论是机器学习领域非常具有实践指导意义的理论,而计算机科学中的各种问题求解算法和计算技术则帮助机器学习从理论变为现实。机器学习已成为统计学、计算机科学,乃至人工智能、大数据等新专业的必修课程。

总结一下,机器学习就是给定任务 T 和损失函数 L(即性能度量 P,或称作学习策略 R),如何借助样本数据集 D(历史经验)和学习算法 A,训练出最优模型(即函数)f,然后使用模型对新样本进行预测(回归或分类等),如图 1-22 所示。

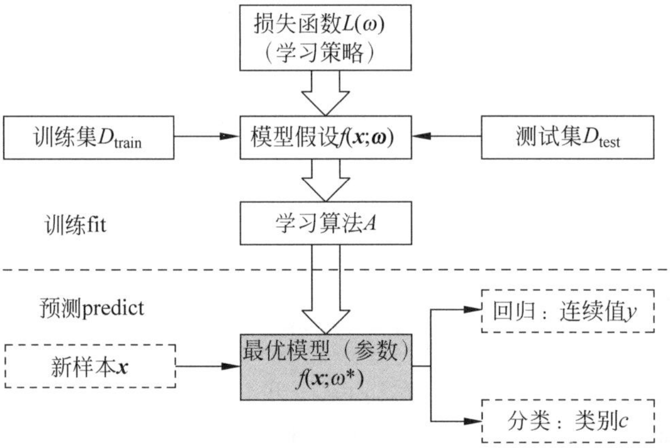

图 1-22 回归问题和分类问题

2. 机器学习与人工智能

人工智能就是研究如何让计算机去承担以往必须由人完成的智能工作。早期人工智能是将人的知识以规则或谓词等形式转移给计算机,然后计算机基于这些规则、谓词进行演绎推理,这就是**基于知识**的人工智能。专家系统、机器定理证明等是这种人工智能的典型应用,其研究内容主要属于计算机科学的范畴。

由于知识难以获取,并且对知识表示与运用的深层机理还缺乏研究,人们希望计算机能够不依赖上层知识,而是基于更低层一些的特征数据去承担回归分析(即预测)或模式识别(即分类)等方面的工作,这就是**基于特征**的人工智能。基于低层特征数据进行预测或分类,需要先建立并训练模型,这个过程相当于计算机从训练数据中学习知识,即机器学习。从这时开始,机器学习逐步成为人工智能研究的主要领域,并不断引入概率论与统计学方面的研究成果,例如回归分析、贝叶斯决策、支持向量机等。

随着信息化和互联网的普及,各种信息都被记录下来了,成为计算机中的数据。这些数据大多属于未经加工的原始数据,而且数据量很大,如何基于这些原始数据直接建立数据模型呢?这就是**基于数据**的人工智能,其中一个热点就是基于大数据的深度学习。机器学习属于人工智能的范畴,目前它是人工智能领域研究最为活跃、学科交叉最多的一个方向。

3. 三种机器学习问题

机器学习问题主要有回归、分类和聚类三种,下面分别给出它们的简单描述。

1) 回归问题

学习目标:根据样本数据集建立变量 y 与 $\boldsymbol{x}$ 之间的函数模型 $f: \boldsymbol{x} \to y$,或写作 $y=f(\boldsymbol{x})$,其中 $\boldsymbol{x}$ 为特征向量,y 为待预测的目标且取**连续值**。回归问题可被看作一种定量分析问题。

样本数据集:简称数据集,记作 $D=\{(\boldsymbol{x}_1,y_1),(\boldsymbol{x}_2,y_2),\cdots,(\boldsymbol{x}_m,y_m)\}$,其中每个样本点既包含特征 $\boldsymbol{x}_i=(x_{i1},x_{i2},\cdots,x_{id})^{\mathrm{T}}$,也包含真实目标值 y_i,$i=1,2,\cdots m$。真实目标值 y_i 被称作样本点的**标注**(label,或称标记),含标注的样本点被称作**标注样本点**(labeled sample),或称作**样例**(example)、**实例**(instance)。样本点标注通常是由人工完成的。

模型假设 H:假设模型为线性模型或非线性模型,其中含有待定参数。

损失函数 L:通常采用均方误差 MSE(Mean Squared Error)或均方根差 RMSE(Root Mean Squared Error),或平均绝对误差 MAE(Mean Absolute Error)。

主要学习算法 A:线性回归、岭回归、LASSO 回归、非线性回归等。

2) 分类问题

学习目标:与回归问题类似,唯一的区别是待预测目标 y 取**离散值**。分类问题可被看作一种定性分析问题。

样本数据集:与回归问题类似,唯一的区别是样本数据集里的 y_i 所标注的是真实类别。

模型假设 H:假设模型为概率模型或非概率模型,可抽象为某种分类判别函数,其中含有待定参数。

损失函数 L:通常采用交叉熵、类内方差与类间方差、分类间隔等。

主要学习算法 A:贝叶斯决策、朴素贝叶斯、逻辑斯谛回归、k 近邻、线性判别分析、决策树、支持向量机、人工神经网络等。

3) 聚类问题

学习目标:与分类问题类似,唯一的区别是先按照数据自身特性自动聚类,然后再分类。

样本数据集:与分类问题类似,唯一的区别是样本数据集里没有类别标注 y_i。样本数据集没有标注的(也即不需要标注)机器学习任务被称为**无监督学习**(unsupervised learning),例如聚类任务;有标注的(也即必须要有标注)则被称为**有监督学习**(supervised learning),例如回归和分类任务。

模型假设 H:假设模型为概率模型或非概率模型,可抽象为某种分类判别函数,其中含有待定参数。

损失函数 L:通常采用类内和类间方差等。

主要学习算法 A:EM 算法、k-means、MeanShift、DBSCAN 等。

4. 机器学习教学的三个层面

机器学习的教学内容可分为三个层面。

1）模型设计层面

模型设计层面应该能针对机器学习问题提出新模型或新算法，或者改进别人的模型与算法，这要求具备一定的创新思维能力和较为扎实的数学基础。本书作为机器学习的入门教材，会系统讲解机器学习领域的核心思想、基础理论、经典模型与算法，并通过背景介绍和动机分析让读者了解它们的研究过程。模型设计的关键是数学建模（即形式化表示）及其最优化（即学习算法）。

2）模型编程层面

模型编程层面首先要深入理解别人的模型与算法，然后将其编写成机器学习函数库或类库。这要求具备一定的数学基础，还要求具备数据结构、计算方法等方面的知识，另外还要具备较强的程序设计能力（主要是 C/C++）。本书对机器学习模型与算法有深入介绍，但不涉及具体的 C/C++ 编程，有兴趣的读者可参阅相关的教材或在线课程。

3）应用编程层面

应用编程层面首先要大致了解各种模型与算法的基本原理、特点和适用性，然后将其应用于实际问题。目前，Python 语言在机器学习和数据分析方面的类库最为丰富，因此只要了解 Python 语言及其相关类库就可以从事机器学习相关的应用研究。本书在系统讲解机器学习基本原理的同时，会同步开展 Python、scikit-learn、TensorFlow2 编程实践，方便读者将机器学习应用于实际工作。

1.6 本章习题

一、单选题

1. 给定任务，以下不属于机器学习的研究范畴的是（　　）。

A. 损失函数　　B. 样本数据集

C. 学习算法　　D. 程序设计方法

2. 给定数据集 $D=\{(x_1,y_1),(x_2,y_2),\cdots,(x_m,y_m)\}$ 和模型假设 $y=f(x;\boldsymbol{\theta})$，对学习算法来说，（　　）是未知的。

A. 参数$\boldsymbol{\theta}$　　B. 特征 x

C. 预测目标 y　　D. $f(x;\boldsymbol{\theta})$的函数形式

3. 使用训练好的模型 $y=f(x;\boldsymbol{\theta}^*)$去求解新样本特征 x 所对应的目标 y，这一步被称作（　　）。

A. 学习　　B. 训练

C. 拟合　　D. 预测

4. 给定新的样本特征 x 和训练好的模型 $y=f(x;\boldsymbol{\theta}^*)$，对预测算法来说，（　　）是未知的。

A. 参数$\boldsymbol{\theta}^*$　　B. 特征 x

C. 目标 y　　D. $f(x;\boldsymbol{\theta}^*)$的函数形式

5. 下列应当使用确定性变量,而不用随机变量来表示的是(　　)。

A. 某名同学的身高　　B. 某名同学未来的身高

C. 某班级全体同学的身高　　D. 某班级全体男同学的身高

6. 下列应当使用随机变量,而不用确定性变量来表示的是(　　)。

A. 某名同学的身高　　B. 某名同学在一周岁时的身高

C. 某名同学目前在班级中的身高排名　　D. 某名同学十年后的身高

7. 根据房屋面积 x 测算房价 y 可用函数 $y=f(x)$表示,这是一个确定性模型,下列说法中错误的是(　　)。

A. 若考虑房屋面积的测量误差,则房价模型将变成随机模型

B. 若考虑楼层、朝向等因素会造成房价浮动,则房价模型将变成随机模型

C. 若考虑不同中介使用的定价模型不同,则市场价模型将变成随机模型

D. 若将计价单位由“元”改为“万元”,则房价测算模型将变成随机模型

8. 标准正态分布概率密度函数的形式是(　　)。

A. $p(x)=\dfrac{1}{\sqrt{2\pi}\sigma}\mathrm{e}^{-(x-\mu)^2/(2\sigma^2)}$　　B. $p(x)=\dfrac{1}{\sqrt{2\pi}}\mathrm{e}^{-(x-\mu)^2/\sigma^2}$

C. $p(x)=\dfrac{1}{2\pi\sigma}\mathrm{e}^{-(x-\mu)^2/\sigma^2}$　　D. $p(x)=\dfrac{1}{\sqrt{2\pi}}\mathrm{e}^{-x^2/2}$

9. 描述列向量$\boldsymbol{\omega}=(\omega_1,\omega_2,\cdots,\omega_d)^{\mathrm{T}}$ 与 $\boldsymbol{x}=(x_1,x_2,\cdots,x_d)^{\mathrm{T}}$ 的点积(内积),下列写法中错误的是(　　)。

A. $\boldsymbol{\omega}^{\mathrm{T}}\boldsymbol{x}$　　B. $\boldsymbol{x}^{\mathrm{T}}\boldsymbol{\omega}$

C. $\boldsymbol{x}\boldsymbol{\omega}^{\mathrm{T}}$　　D. $\omega_1x_1+\omega_2x_2+\cdots+\omega_dx_d$

10. 给定数据集 $D=\{(\boldsymbol{x}_1,y_1),(\boldsymbol{x}_2,y_2),\cdots,(\boldsymbol{x}_m,y_m)\}$,假设多元线性模型 $f(\boldsymbol{x};\boldsymbol{\omega})$ 的损失函数为

$$\begin{aligned}L(\boldsymbol{\omega})&=\sum_{i=1}^{m}(y_i-f(\boldsymbol{x}_i;\boldsymbol{\omega}))^2\\&=\sum_{i=1}^{m}(y_i-(\omega_1x_{i1}+\omega_2x_{i2}+\cdots+\omega_dx_{id}+b))^2\end{aligned}$$

记

$$\boldsymbol{y}=(y_1,y_2,\cdots,y_m)^{\mathrm{T}},\quad \boldsymbol{\omega}=(\omega_1,\omega_2,\cdots,\omega_d,b)^{\mathrm{T}},$$

$$\boldsymbol{X}=\begin{bmatrix}\boldsymbol{x}_1^{\mathrm{T}}\\\boldsymbol{x}_2^{\mathrm{T}}\\\vdots\\\boldsymbol{x}_m^{\mathrm{T}}\end{bmatrix}=\begin{bmatrix}x_{11}&x_{12}&\cdots&x_{1d}&1\\x_{21}&x_{22}&\cdots&x_{2d}&1\\\vdots&\vdots&\ddots&\vdots&\vdots\\x_{m1}&x_{m2}&\cdots&x_{md}&1\end{bmatrix}$$

则损失函数 $L(\boldsymbol{\omega})$可用矩阵形式表示为(　　)。

A. $(\boldsymbol{y}-\boldsymbol{X\omega})^2$　　B. $(\boldsymbol{y}-\boldsymbol{X\omega})^{\mathrm{T}}(\boldsymbol{y}-\boldsymbol{X}\omega)$

C. $(\boldsymbol{y}-\boldsymbol{X\omega})(\boldsymbol{y}-\boldsymbol{X\omega})^{\mathrm{T}}$　　D. $\sum_{i=1}^{m}(\boldsymbol{y}-\boldsymbol{X\omega})^2$

11. 下列形式中描述随机变量 X 与 Y 之间存在因果关系的是(　　)。

A. $Y=f(X)$　　B. $P(X,Y)$　　C. $P(Y|X)$　　D. $P(X|Y)$

12. 高尔顿在研究子女身高与父母身高相关性时首次使用了“回归”(regression)一词，其原本的含义是(　　)。

A. 子女身高可近似看作父母身高的线性函数

B. 不管父母高矮，子女身高会保持向人类平均身高靠拢的倾向

C. 父母高的后代越来越高

D. 父母矮的后代越来越矮

13. 高尔顿在研究子女身高与父母身高相关性时首次使用了“回归”(regression)一词，现在机器学习中“回归分析”的含义是(　　)。

A. 线性模型　　B. 高尔顿的研究方法

C. 身高问题　　D. 房价问题

14. 关于机器学习与人工智能，下列说法中错误的是(　　)。

A. 机器学习属于人工智能的研究范畴

B. 深度学习属于机器学习的研究范畴

C. 统计学习属于机器学习的研究范畴

D. 机器学习属于统计学习的研究范畴

15. 人脸识别问题不会是下列问题中的(　　)。

A. 回归问题　　B. 分类问题

C. 模式识别问题　　D. 有监督学习问题

二、讨论题

1. 分别用展开式、矩阵两种形式描述最小二乘法问题及其求解过程。

2. 给定数据集 $D=\{(x_1,y_1),(x_2,y_2),\cdots,(x_m,y_m)\}$，试重复1.2.2节极大似然估计的推导过程。

3. 试证明

$$\frac{\partial(\boldsymbol{\omega}^{\mathrm T}\boldsymbol{x})}{\partial\boldsymbol{\omega}}=\frac{\partial(\boldsymbol{x}^{\mathrm T}\boldsymbol{\omega})^{\mathrm T}}{\partial\boldsymbol{\omega}}=\boldsymbol{x},\quad \frac{\partial(\boldsymbol{x}^{\mathrm T}\boldsymbol{\omega})}{\partial\boldsymbol{\omega}}=\frac{\partial(\boldsymbol{\omega}^{\mathrm T}\boldsymbol{x})^{\mathrm T}}{\partial\boldsymbol{\omega}}=\boldsymbol{x}$$

其中，$\boldsymbol{\omega}=(\omega_1,\omega_2,\cdots,\omega_d)^{\mathrm T}$，$\boldsymbol{x}=(x_1,x_2,\cdots,x_d)^{\mathrm T}$。

4. 试证明

$$\frac{\partial(\boldsymbol{x}^{\mathrm T}\boldsymbol{x})}{\partial\boldsymbol{x}}=2\boldsymbol{x}$$

其中，$\boldsymbol{x}=(x_1,x_2,\cdots,x_d)^{\mathrm T}$。

5. 试证明

$$\frac{\partial(\boldsymbol{x}^{\mathrm T}\boldsymbol{C}\boldsymbol{x})}{\partial\boldsymbol{x}}=(\boldsymbol{C}+\boldsymbol{C}^{\mathrm T})\boldsymbol{x}$$

其中，$\boldsymbol{x}=(x_1,x_2,\cdots,x_d)^{\mathrm T}$，$\boldsymbol{C}=\begin{bmatrix} c_{11} & c_{12} & \cdots & c_{1d} \\ c_{21} & c_{22} & \cdots & c_{2d} \\ \vdots & \vdots & \ddots & \vdots \\ c_{d1} & c_{d2} & \cdots & c_{dd} \end{bmatrix}$。

6. 试简述什么是函数的导数、偏导数、梯度和微分。

第2章

回归分析

本章学习要点

- 了解机器学习相关的 Python 编程环境。
- 了解并掌握机器学习中常规的数据预处理方法。
- 了解并掌握回归分析中模型的训练与评价方法。
- 了解并掌握梯度下降法和坐标下降法这两种常用的最优化迭代算法。
- 深入理解正则化的基本原理,并能合理选用岭回归或 LASSO 回归分析方法。
- 了解并掌握换元法、逻辑斯谛回归等常用的非线性回归方法。

回归分析是定量研究两种或两种以上变量间相互依赖关系的一种统计分析方法。机器学习继承了这种方法,将其应用于机器学习中的定量预测问题。回归分析按自变量的多少,可分为一元回归和多元回归;按因变量的多少,可分为简单回归和多重回归;按因变量与自变量之间的函数形式,可分为线性回归和非线性回归。

本章以回归分析为主线,详细讲解机器学习过程中的基本概念、术语和算法步骤,并使用 Python 语言及相关类库给出完整的编程实现代码。

2.1 编程环境与数据集

在 Python 类库中,NumPy、Pandas、Matplotlib、scikit-learn 是与机器学习相关的四个常用类库,它们是由第三方机构开发并以开源形式提供的。使用 Python 第三方类库需单独下载安装(通常使用 pip install 命令下载安装),下面分别给出它们的网址、主页与简介。

1. NumPy、Pandas、Matplotlib

NumPy、Pandas、Matplotlib 是第三方机构 SciPy 开发的三个开源类库(参见图 2-1)。SciPy 的网址为 https://www.scipy.org/。

- **NumPy**:Numerical Python 的缩写,是为科学计算而设计的一个基础类库,其中最

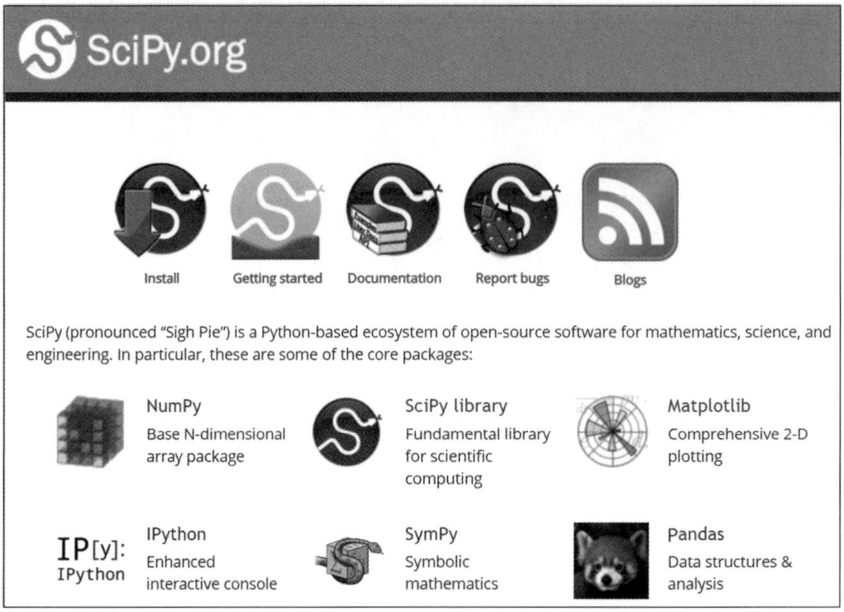

图 2-1 第三方机构 SciPy 的网站主页

主要的类就是多维数组类 **ndarray**。另外 NumPy 还提供了非常方便的矩阵(向量)运算及丰富的函数库。多维数组类 ndarray 在访问和运算速度上,比 Python 原生的列表(list)或元组(tuple)要快很多。

- **Pandas**:名称来源于 Panel of Data Analysis 和 Python Data Analysis,是为数据分析而设计的一个 Python 类库,其中最主要的两个类是一维序列类 **Series** 和二维表格类 **DataFrame**。另外 Pandas 还提供了非常多的数据加载、清洗、统计和分析功能。和多维数组类 ndarray、列表或元组相比,Series、DataFrame 中的元素既可以通过**索引**(即下标)访问,也可以通过**索引标签**(index,相当于行名、列名)访问,这一点对数据分析来说很重要,使用起来直观且方便。
- **Matplotlib**:Matrix plot library 的缩写,是为数据可视化而设计的一个 Python 类库。Matplotlib 最初的设计思想来源于 MATLAB,因此在使用上与 MATLAB 有很多相似之处。Matplotlib 定义了丰富的可视化类,虽然功能很强,但使用比较复杂。为此,Matplotlib 为初学者提供了一个专门的 pyplot 模块,将各种可视化类的功能封装成一组绘图函数,让初学者快速上手,实现一些简单但比较常用的绘图功能。

2. scikit-learn

scikit-learn 是一个机器学习类库(参见图 2-2),其网址为 https://scikit-learn.org/stable/。

scikit-learn:简称 sklearn,是基于 NumPy 和 SciPy 而开发的一个面向机器学习(特别是统计学习)的 Python 类库。scikit-learn 支持绝大部分回归任务、分类任务和聚类任务,但目前还不支持深度学习和 GPU 并行计算。scikit-learn 还为机器学习提供了很多练习用的数据集,例如练习回归任务的波士顿房价数据集 boston house-prices dataset、糖尿病数据集 diabetes dataset;练习分类任务使用的鸢尾花数据集 iris dataset、手写数字数据集 digits

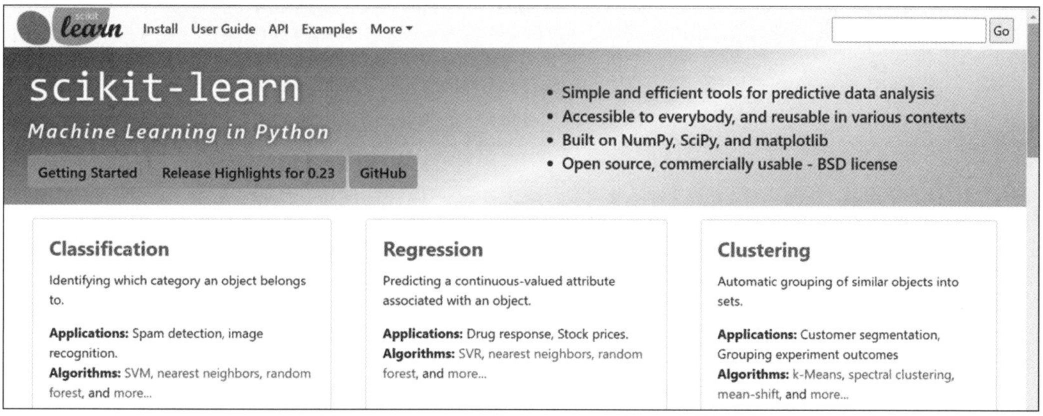

图 2-2 第三方机构 scikit-learn 的网站主页

dataset、乳腺癌数据集 breast cancer wisconsin dataset 等。

3. Anaconda

Anaconda 是一个 Python 集成开发环境(Integrated Development Environment,IDE),其网址为 https://www.anaconda.com/。使用 Python 语言进行机器学习编程,Anaconda 是最好的集成开发环境。只要下载安装 Anaconda(注:尽可能下载最新版本),机器学习和数据分析所需的各种类库就基本上都有了。图 2-3 给出 Anaconda 的运行界面。

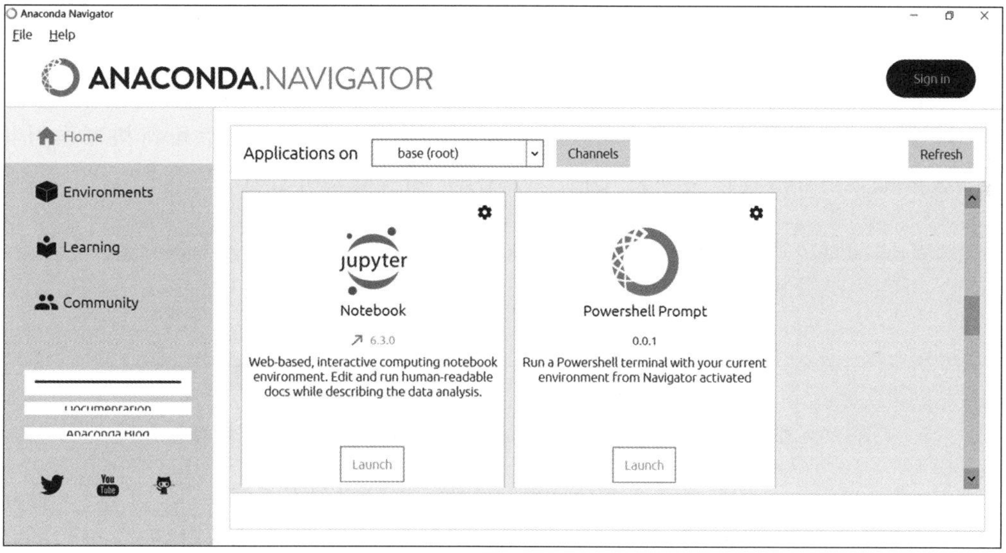

图 2-3 Anaconda 的运行界面

- **Anaconda**:一个开源的 Python 发行版本。除 Python 语言之外,Anaconda 最大的优点是提供大量与数据分析、机器学习相关的常用类库(例如 NumPy、Pandas、Matplotlib、scikit-learn 等)。另外,Anaconda 还提供一个非常适合于教师教学或学生练习用的编辑器 Jupyter Notebook(简称 Jupyter)。
- **Jupyter Notebook**:"朱庇特"记事本,是一个基于网页的用于交互计算的编程环境

(即在浏览器中编程),其功能完全覆盖了代码编辑、文档撰写、代码执行及结果展示等编程练习的全过程。

第一次使用 Jupyter 时,首先安装(install)并启动(launch)Jupyter Notebook,如图 2-4 所示。

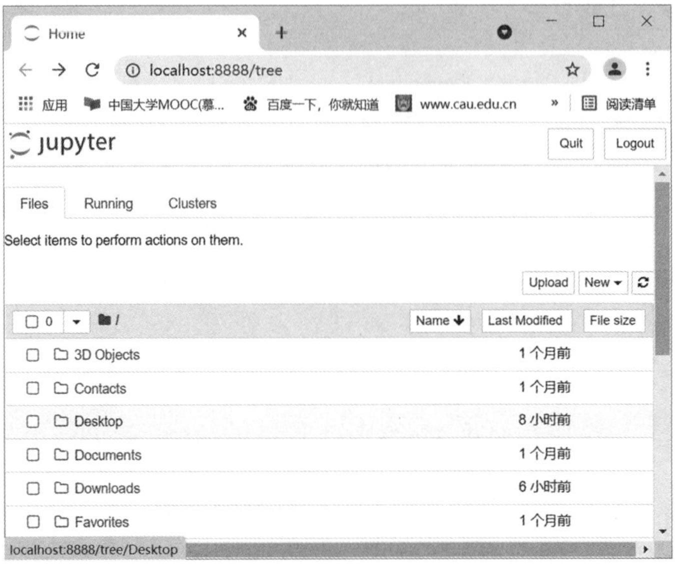

图 2-4 安装并启动 Jupyter Notebook 后的运行界面

在 Jupyter 中先选择 Desktop(桌面),然后选择 New→Folder 命令为机器学习编程新建一个文件夹并将其重命名为 ML(如图 2-5 所示)。注:在 Windows 系统中,Jupyter 保存文档时默认的根目录一般为“C:\Users\用户名”;而新建文件夹 ML 后可将机器学习相关的程序文件都集中存放在该文件夹“C:\Users\用户名\Desktop\ML”下。

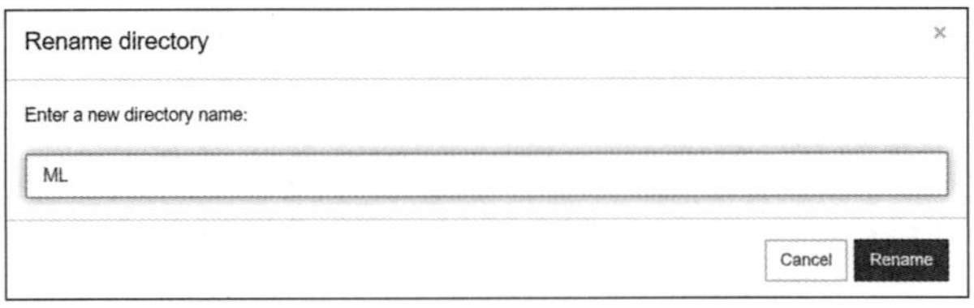

图 2-5 在 Jupyter 中新建文件夹(选择 New→Folder 命令)并重命名为 ML

最后,选择 New→Python 命令新建一个 Python 程序文件并练习编程,如图 2-6 所示。

在图 2-6 的单元格中编写 Python 代码,按 Ctrl+Enter 组合键运行代码。可以使用工具栏添加或删除单元格。单击页面顶部 Jupyter 图标后面的 Untitled,可以对程序文件进行命名,其扩展名默认为“. jpynb”。

4. 数据集

使用 scikit-learn 库 sklearn. datasets 模块中的 **load_** *()函数,可以直接从 scikit-learn 官方网站下载练习用的数据集(toy datasets),例如调用函数 load_boston()可以下载波士顿房价数据集 boston house-prices dataset。scikit-learn 也提供一些比较大的真实数据集

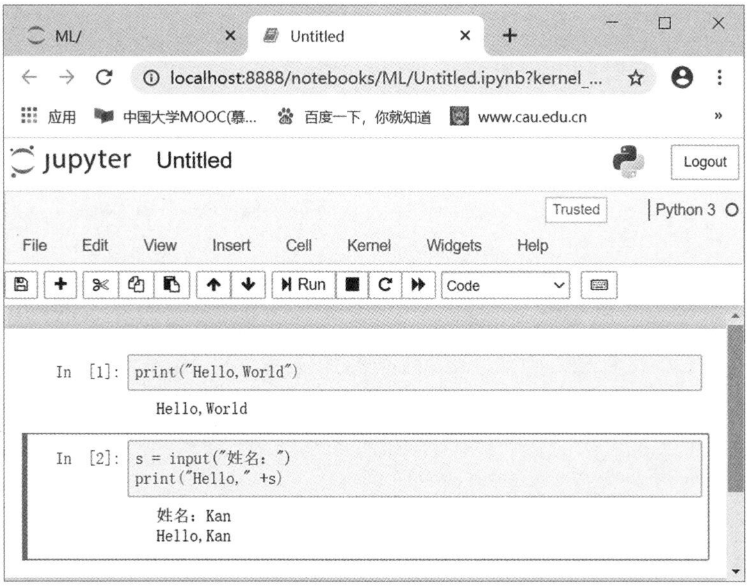

图 2-6 在 Jupyter 中新建 Python 程序文件并练习编程

(real world datasets)，可以使用 sklearn.datasets 模块中的 **fetch_** *()函数从网上下载并保存到本地文件。scikit-learn 还可以使用 sklearn.datasets 模块中的 **make_** *()函数，自动生成符合特定分布的模拟数据集。

Anaconda 中的 scikit-learn 已随安装包提供了若干练习用的数据集，例如 boston house-prices dataset。这些数据集是以".csv"文件格式保存在本地硬盘上的(见图 2-7)，加载数据时可直接读取文件，或使用 sklearn.datasets 模块中的 load_ *()函数进行本地加载(不需要联网)。

图 2-7 安装 Anaconda 后保存在本地硬盘上的练习用数据集

练习机器学习编程时，可以对程序代码文件和数据集文件进行集中管理。本书推荐使用图 2-8 所示的目录结构：在 Jupyter 中，先在 Desktop(桌面)下新建一个文件夹 ML 用于存放代码文件(.jpynb)；然后在 ML 下再建一个文件夹 data 用于存放数据集文件(.csv)及其说明文档(.txt)。

图 2-9(Jupyter 界面的截屏图像)给出一个下载波士顿房价数据集(boston house-prices dataset)的示例代码，它将数据集及其说明文档分别保存到 data 目录下的 boston.csv 文件和 boston.txt 中。

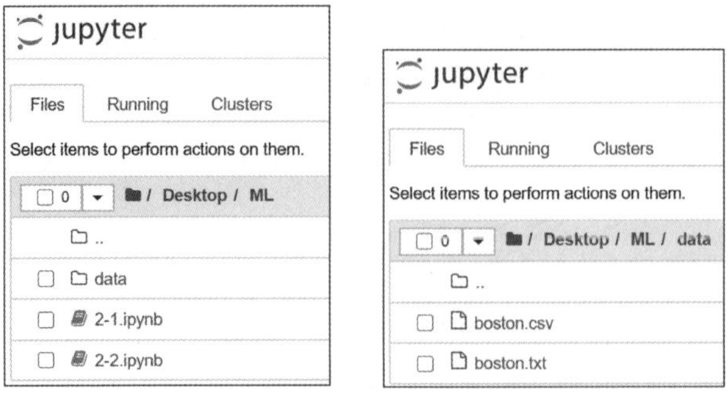

图 2-8　本书为练习机器学习编程推荐的目录结构

```
In [1]: import numpy as np
        import pandas as pd
        import matplotlib.pyplot as plt
        %matplotlib inline

        #下载波士顿房价数据集，保存到本地文件boston.csv中
        from sklearn.datasets import load_boston
        house = load_boston()
        print(house.data.shape)

        df = pd.DataFrame(house.data, columns=house.feature_names)
        df['MEDV'] = house['target']
        df.to_csv("./data/boston.csv", index=None)

        #将数据集的说明文档保存到本地文件boston.txt中
        file = open("./data/boston.txt", 'w')
        file.write(house.DESCR)
        file.close()

        (506, 13)
```

图 2-9　下载波士顿房价数据集的示例代码

注：这里需要新建一个 Jupyter 记事本文件，然后用 import 语句(或 from-import 语句)导入相关模块(或其中的函数)，例如 numpy 模块、pandas 模块、matplotlib. pyplot 模块和 sklearn. datasets 模块中的函数 load_boston()等；另外，"%matplotlib inline"是 Jupyter 的**魔法命令**(magic command)，其含义是将 Matplotlib 的绘图结果直接显示在网页里而不是另外弹出一个窗口。

波士顿房价数据集共有 506 个房屋样例，每个样例包含 14 个数据项，其说明文档给出了每个数据项的含义。

```
...
:Attribute Information (in order):
    - CRIM     per capita crime rate by town                                    人均犯罪率
    - ZN       proportion of residential land zoned for lots over 25,000 sq.ft  大住宅比例
    - INDUS    proportion of non-retail business acres per town                 非零售商用地比例
    - CHAS     Charles River dummy variable (= 1 if tract bounds river; 0 otherwise)  河景房
    - NOX      nitric oxides concentration (parts per 10 million)               氮氧化物含量
    - RM       average number of rooms per dwelling                             每套平均房间数
    - AGE      proportion of owner-occupied units built prior to 1940           1940 年前老房比例
    - DIS      weighted distances to five Boston employment centres             距就业中心距离
    - RAD      index of accessibility to radial highways                        交通指数
    - TAX      full-value property-tax rate per $10,000                         财产税
```

```
    - PTRATIO   pupil-teacher ratio by town                                          师生比
    - B         1000(Bk - 0.63)^ 2 where Bk is the proportion of blacks by town      黑人比例
    - LSTAT     % lower status of the population                                     低层人口比例
    - MEDV      Median value of owner-occupied homes in $1000's                      房价中值
...
```

本章将基于波士顿房价数据集，详细讲解回归分析的基本原理、基础算法，以及 Python 编程实现。

2.2　数据集加载与预处理

机器学习使用样本**数据集**(dataset)训练模型。如果数据集有问题，则训练出的模型一定有问题，这就是所谓的“garbage in，garbage out”。通常需要对样本数据集进行检查，对有问题的样本集进行必要的预处理。

为了进行本章回归分析的编程实战，这里再新建一个 Jupyter 记事本文件，后面将在该文件中正式编写程序代码。

2.2.1　加载并浏览数据集

从下载到本地 data 目录下的 boston. csv 文件中加载波士顿房价数据集，得到一个 DataFrame 类的二维表格 house，显示其**形状**(shape，即表格的行数和列数)。图 2-10 给出其示例代码，其中 **house** 是加载后的原始数据集。**注**：为了让示例代码更加直观、真实，本书以 Jupyter 截屏图的形式呈现示例代码及其运行结果。

```
In  [1]: import numpy as np
         import pandas as pd
         import matplotlib.pyplot as plt
         %matplotlib inline

         house = pd.read_csv("./data/boston.csv")
         print("shape=", house.shape)

         shape= (506, 14)
```

图 2-10　从本地硬盘文件加载波士顿房价数据集的示例代码

显示波士顿房价数据集的前 5 行，看看数据集长什么样子。图 2-11 给出其示例代码。

```
In  [2]: house[:5]
Out[2]:
```

	CRIM	ZN	INDUS	CHAS	NOX	RM	AGE	DIS	RAD	TAX	PTRATIO
0	0.00632	18.0	2.31	0.0	0.538	6.575	65.2	4.0900	1.0	296.0	15.3
1	0.02731	0.0	7.07	0.0	0.469	6.421	78.9	4.9671	2.0	242.0	17.8
2	0.02729	0.0	7.07	0.0	0.469	7.185	61.1	4.9671	2.0	242.0	17.8
3	0.03237	0.0	2.18	0.0	0.458	6.998	45.8	6.0622	3.0	222.0	18.7
4	0.06905	0.0	2.18	0.0	0.458	7.147	54.2	6.0622	3.0	222.0	18.7

图 2-11　显示波士顿房价数据集前 5 行的示例代码

调用 DataFrame 类的 **describe**()方法，可以查看波士顿房价数据集的统计信息，其中包括样本数 count、均值 mean、标准差 std、最小值 min、最大值 max 以及三个主要的分位数。图 2-12 给出其示例代码。

```
In [3]: house.describe()
Out[3]:
```

	CRIM	ZN	INDUS	CHAS	NOX	RM	
count	506.000000	506.000000	506.000000	506.000000	506.000000	506.000000	50
mean	3.593761	11.363636	11.136779	0.069170	0.554695	6.284634	6
std	8.596783	23.322453	6.860353	0.253994	0.115878	0.702617	2
min	0.006320	0.000000	0.460000	0.000000	0.385000	3.561000	
25%	0.082045	0.000000	5.190000	0.000000	0.449000	5.885500	4
50%	0.256510	0.000000	9.690000	0.000000	0.538000	6.208500	7
75%	3.647422	12.500000	18.100000	0.000000	0.624000	6.623500	9
max	88.976200	100.000000	27.740000	1.000000	0.871000	8.780000	10

图 2-12 波士顿房价数据集的统计信息

调用 DataFrame 类的 **info**()方法，可以查看波士顿房价数据集的摘要信息，其中包括行数、列数，以及各数据项的摘要信息，例如数据个数、缺失值情况、数据类型等。图 2-13 给出其示例代码。

```
In [4]: house.info()

<class 'pandas.core.frame.DataFrame'>
RangeIndex: 506 entries, 0 to 505
Data columns (total 14 columns):
CRIM       506 non-null float64
ZN         506 non-null float64
INDUS      506 non-null float64
CHAS       506 non-null float64
NOX        506 non-null float64
RM         506 non-null float64
AGE        506 non-null float64
DIS        506 non-null float64
RAD        506 non-null float64
TAX        506 non-null float64
PTRATIO    506 non-null float64
B          506 non-null float64
LSTAT      506 non-null float64
MEDV       506 non-null float64
dtypes: float64(14)
memory usage: 55.4 KB
```

图 2-13 波士顿房价数据集的摘要信息

2.2.2 缺失值与重复值

原始数据集可能存在**缺失值**(Not a Number，NaN，即数据空缺)和**重复值**(duplicate，即两行完全一样的数据)。机器学习需要预先对这些有问题的数据进行处理，称为**预处理**(preprocessing)。常规的预处理方法有**丢弃**(drop)、**填充**(fill)和**插值**(interpolate)。

波士顿房价数据集比较完善，既没有缺失值，也没有重复值。为便于讲解，下面先通过编写代码生成含缺失值或者重复值的模拟数据集，然后再演示如何进行预处理。

1. 缺失值预处理

图 2-14 给出一个示例代码及其生成的模拟数据集，其中包含缺失值 **NaN**。

```
In [5]: np.random.seed(2020)
        df = pd.DataFrame(np.random.randn(6, 3), columns=list('ABC'))
        df.loc[1:2,'A'] = np.nan;  df.loc[4,'B'] = np.nan
        df.loc[5,'C'] = 50
        df
Out[5]:
```

	A	B	C
0	-1.768846	0.075552	-1.130630
1	NaN	-0.893116	-1.274101
2	NaN	0.064514	0.410113
3	-0.572882	-0.801334	1.312035
4	1.274699	NaN	0.313719
5	-1.444821	-0.368961	50.000000

图 2-14 含缺失值的模拟数据集

DataFrame 类提供了检查缺失值的方法 **isna()**，图 2-15 给出其示例代码。

```
In [6]: df.isna()
Out[6]:
```

	A	B	C
0	False	False	False
1	True	False	False
2	True	False	False
3	False	False	False
4	False	True	False
5	False	False	False

```
In [7]: df['A'].isna().sum()   # df.loc[0].isna().sum()
Out[7]: 2
```

图 2-15 DataFrame 类提供的检查空值的方法 isna()

在样本数据很多时，可以直接丢弃那些含缺失值的样本（丢弃整行，axis＝0）或数据项（丢弃整列，axis＝1）。DataFrame 类提供了丢弃缺失值样本的方法 **dropna()**，图 2-16 给出其示例代码。

```
In [8]: df0 = df.dropna(axis=0);  df0
Out[8]:
```

	A	B	C
0	-1.768846	0.075552	-1.130630
3	-0.572882	-0.801334	1.312035
5	-1.444821	-0.368961	50.000000

```
In [9]: df1 = df.dropna(axis=1);  df1
Out[9]:
```

	C
0	-1.130630
1	-1.274101
2	0.410113
3	1.312035
4	0.313719
5	50.000000

图 2-16 DataFrame 类提供的丢弃缺失值的方法 dropna()

在样本数据不是很多时,可以为缺失值填充指定的值(例如均值或前后相邻的值)。DataFrame 类提供了填充缺失值的方法 **fillna**(),图 2-17 给出其示例代码。

```
In  [10]: df2 = df.fillna( df.mean() );  df2
Out[10]:
```

	A	B	C
0	-1.768846	0.075552	-1.130630
1	-0.627963	-0.893116	-1.274101
2	-0.627963	0.064514	0.410113
3	-0.572882	-0.801334	1.312035
4	1.274699	-0.384669	0.313719
5	-1.444821	-0.368961	50.000000

```
In  [11]: df3 = df.fillna(method='ffill');  df3
Out[11]:
```

	A	B	C
0	-1.768846	0.075552	-1.130630
1	-1.768846	-0.893116	-1.274101
2	-1.768846	0.064514	0.410113
3	-0.572882	-0.801334	1.312035
4	1.274699	-0.801334	0.313719
5	-1.444821	-0.368961	50.000000

图 2-17　DataFrame 类提供的填充缺失值的方法 fillna()

在样本数据不是很多时,还可以通过插值(例如线性插值)来填充缺失值。DataFrame 类提供了插值填充的方法 **interpolate**(),图 2-18 给出其示例代码。

```
In  [12]: df4 = df.interpolate(method='linear');  df4
Out[12]:
```

df4

	A	B	C
0	-1.768846	0.075552	-1.130630
1	-1.370191	-0.893116	-1.274101
2	-0.971537	0.064514	0.410113
3	-0.572882	-0.801334	1.312035
4	1.274699	-0.585147	0.313719
5	-1.444821	-0.368961	50.000000

图 2-18　DataFrame 类提供的插值填充的方法 interpolate()

2. 重复值预处理

图 2-19 给出一个示例代码及其生成的含重复值(即两行完全相同)的模拟数据集。可以调用 DataFrame 类的 **drop_duplicates**()方法,直接丢弃重复样本;或者不做任何处理,保留重复的样本。

2.2.3　特征选择

对波士顿房价数据集,我们希望建立一个房价预测模型。在房价数据集的 14 个数据项中,前 13 项为描述房屋属性的特征向量 $\boldsymbol{x}$,即

$$\boldsymbol{x} = (\text{CRIM},\text{ZN},\text{INDUS},\text{CHAS},\text{NOX},\text{RM},\text{AGE},\text{DIS},\text{RAD},\text{TAX},\text{PTRATIO},\text{B},\text{LSTAT})$$

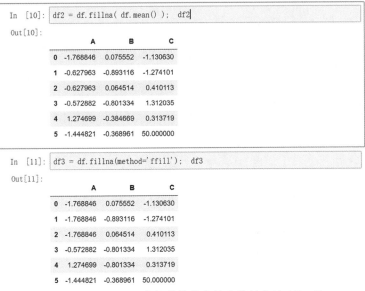

```
In [13]: df5 = pd.DataFrame({'A':[1,1,4],'B':[2,2,5],'C':[3,3,6]}); df5
Out[13]:
```

	A	B	C
0	1	2	3
1	1	2	3
2	4	5	6

```
In [14]: df5.drop_duplicates()
Out[14]:
```

	A	B	C
0	1	2	3
2	4	5	6

图 2-19 调用 DataFrame 类的 drop_duplicates()方法丢弃重复样本

而最后一项 MEDV 则是房屋样本的真实房价(即标注 y)。我们希望建立一个根据特征向量 $\boldsymbol{x}$ 来预测房价 y 的模型 $f(\boldsymbol{x})$,即 $y=f(\boldsymbol{x})$。

假设房价的预测模型 $f(\boldsymbol{x})$是一个线性模型,其数学形式为

$$f(\boldsymbol{x})=\boldsymbol{\omega}^{\mathrm{T}}\boldsymbol{x}+b=\omega_1x_1+\omega_2x_2+\cdots+\omega_dx_d+b$$

其中,特征向量 $\boldsymbol{x}$ 和系数向量$\boldsymbol{\omega}$ 都是 d 维向量,$\boldsymbol{x}=(x_1,x_2,\cdots,x_d)^{\mathrm{T}}$,$\boldsymbol{\omega}=(\omega_1,\omega_2,\cdots,\omega_d)^{\mathrm{T}}$,函数值 $f(\boldsymbol{x})$和常数项 b 为标量。

线性模型中的特征应当尽量与预测目标线性相关,否则就属于**无用特征**。同时,线性模型的各特征项之间应当尽量不相关,否则属于**冗余特征**。一般使用**皮尔逊相关系数**(Pearson correlation coefficient)来衡量两个随机变量 X 与 Y 之间的线性相关程度,其计算公式为

$$\rho=\frac{\mathrm{Cov}(X,Y)}{\sigma_X\sigma_Y}=\frac{E[(X-\mu_X)(Y-\mu_Y)]}{\sqrt{E[(X-\mu_X)^2]}\sqrt{E[(Y-\mu_Y)^2]}} \tag{2-1}$$

其中,X 与 Y 之间的皮尔逊相关系数记作 ρ,$\mathrm{Cov}(X,Y)$是协方差(描述 X 与 Y 之间协同变化的程度,即是否同增同减),σ_X、σ_Y 分别是 X 与 Y 的标准差(用于对协方差进行归一化),μ_X、μ_Y 分别是 X 与 Y 的均值。

相关系数 ρ 定量刻画了两个随机变量之间的线性相关程度,$-1\leqslant\rho\leqslant+1$。如 $\rho>0$,则两个随机变量正相关(同增同减);$\rho<0$ 表示负相关(你增我减);$\rho=0$ 表示不相关。相关系数绝对值$|\rho|$越大,则相关程度越大。如$|\rho|=1$,则表示两个随机变量存在线性关系,例如 $Y=aX$,其中 a 为常数。

可以将特征项看作一个随机变量,预测目标也看作一个随机变量。假设已有数据集 $D=\{(x_1,y_1),(x_2,y_2),\cdots,(x_m,y_m)\}$,可以通过该数据集来估计特征项 $X=\{x_1,x_2,\cdots,x_m\}$与预测目标 $Y=\{y_1,y_2,\cdots,y_m\}$之间的相关系数 ρ,其计算公式为

$$\mu_X=\frac{1}{m}\sum_{i=1}^{m}x_i,\quad \mu_Y=\frac{1}{m}\sum_{i=1}^{m}y_i$$

$$\sigma_X=\sqrt{\frac{1}{m-1}\sum_{i=1}^{m}(x_i-\mu_X)^2},\quad \sigma_Y=\sqrt{\frac{1}{m-1}\sum_{i=1}^{m}(y_i-\mu_Y)^2}$$

$$\mathrm{Cov}(X,Y)=\frac{1}{m-1}\sum_{i=1}^{m}(x_i-\mu_X)(y_i-\mu_Y)$$

$$\rho=\frac{\mathrm{Cov}(X,Y)}{\sigma_X\sigma_Y}$$

Pandas 为 DataFrame 类提供了求各列(column)之间相关系数的方法 **corr()**。波士顿房价数据集的每一列是一个特征项,可看作一个随机变量,该列下的数据就是该随机变量的抽样数据。图 2-20 给出查看波士顿房价数据集各列(各特征项)之间相关系数的示例代码。

```
In [15]: house.corr(method='pearson')
Out[15]:
```

	CRIM	ZN	INDUS	CHAS	NOX	RM	AG
CRIM	1.000000	-0.199458	0.404471	-0.055295	0.417521	-0.219940	0.35078
ZN	-0.199458	1.000000	-0.533828	-0.042697	-0.516604	0.311991	-0.56953
INDUS	0.404471	-0.533828	1.000000	0.062938	0.763651	-0.391676	0.64477
CHAS	-0.055295	-0.042697	0.062938	1.000000	0.091203	0.091251	0.08651
NOX	0.417521	-0.516604	0.763651	0.091203	1.000000	-0.302188	0.73147
RM	-0.219940	0.311991	-0.391676	0.091251	-0.302188	1.000000	-0.24026
AGE	0.350784	-0.569537	0.644779	0.086518	0.731470	-0.240265	1.00000
DIS	-0.377904	0.664408	-0.708027	-0.099176	-0.769230	0.205246	-0.74788
RAD	0.622029	-0.311948	0.595129	-0.007368	0.611441	-0.209847	0.45602
TAX	0.579564	-0.314563	0.720760	-0.035587	0.668023	-0.292048	0.50645
PTRATIO	0.288250	-0.391679	0.383248	-0.121515	0.188933	-0.355501	0.26151
B	-0.377365	0.175520	-0.356977	0.048788	-0.380051	0.128069	-0.27353
LSTAT	0.452220	-0.412995	0.603800	-0.053929	0.590879	-0.613808	0.60233
MEDV	-0.385832	0.360445	-0.483725	0.175260	-0.427321	0.695360	-0.37695

图 2-20　查看波士顿房价数据集各列之间相关系数的示例代码

可以对波士顿房价数据集进行可视化,以帮助我们进一步理解特征项与特征项、特征项与预测目标之间的相关性。图 2-21 给出了绘制房间数 RM、低层人口比例 LSTAT、距就业中心距离 DIS、河景房 CHAS 这 4 个特征项与房价 MEDV 之间**散点图**(scatter plot)的示例代码,图 2-22 显示了所绘制的 4 张散点图以及它们对应的相关系数。

```
In [16]: fig = plt.figure( figsize=(8, 8), dpi=100 )
         plt.rcParams['font.sans-serif'] = ['SimHei']
         plt.rcParams['axes.unicode_minus'] = False

         plt.subplots_adjust(hspace=0.35)
         plt.subplot(2, 2, 1)
         plt.scatter(house['RM'], house['MEDV'], s=1, marker='o', label='RM-MEDV')
         plt.xlabel( r"房间数 - $RM$" )
         plt.ylabel( r"房价 - $MEDV$" )
         plt.title(r"$\rho=0.695360$")

         plt.subplot(2, 2, 2)
         plt.scatter(house['LSTAT'], house['MEDV'], s=1, marker='o', label='LSTAT-MED
         plt.xlabel( r"低层人口比例 - $LSTAT$" )
         plt.title(r"$\rho=-0.737663$")

         plt.subplot(2, 2, 3)
         plt.scatter(house['DIS'], house['MEDV'], s=1, marker='o', label='DIS-MEDV')
         plt.xlabel( r"距就业中心距离 - $DIS$" )
         plt.ylabel( r"房价 - $MEDV$" )
         plt.title(r"$\rho=0.249929$")

         plt.subplot(2, 2, 4)
         plt.scatter(house['CHAS'], house['MEDV'], s=1, marker='o', label='CHAS-MEDV'
         plt.xlabel( r"河景房 - $CHAS$" )
         plt.title(r"$\rho=0.175260$")
         plt.show()
```

图 2-21　绘制散点图的示例代码

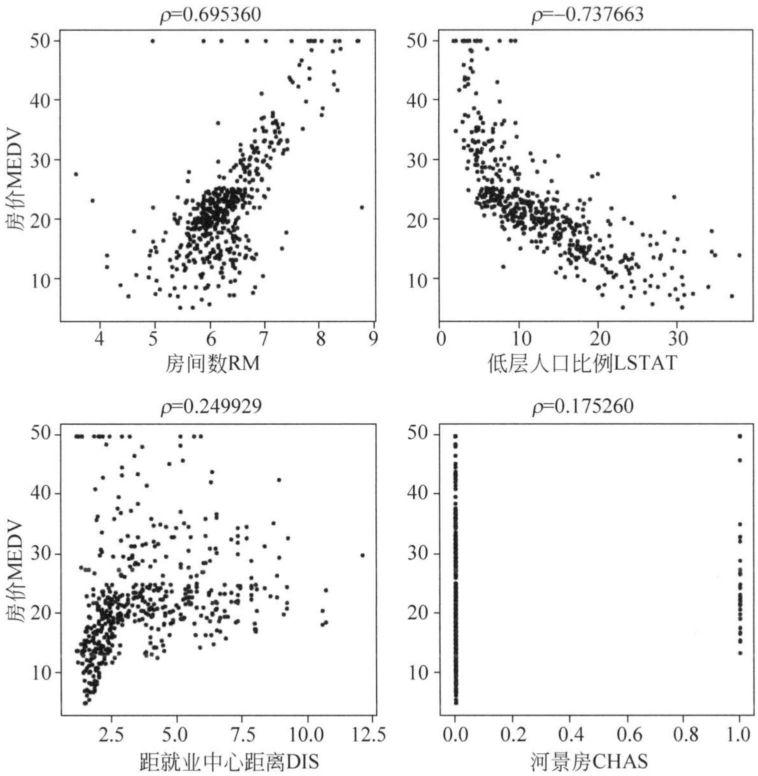

图 2-22　示例代码(见图 2-21)的绘制结果

从图 2-22 可以看出，房价 MEDV 与房间数 RM 正相关，与低层人口比例 LSTAT 负相关，而与距就业中心距离 DIS、河景房 CHAS 的相关性不大。

通过相关性分析，可以对波士顿房价数据集的 13 个特征项进行筛选。选择与预测目标(房价)相关系数绝对值最大的两个特征项(房间数 RM、低层人口比例 LSTAT)作为下一步建模使用的特征。另外还将相关系数绝对值较小的一个特征项(河景房 CHAS)也选进来，以便后续做对比分析。

图 2-23 给出了筛选数据集的示例代码，新生成的数据集被命名为 **house1**，其中包括 3 个特征项(房间数 RM、低层人口比例 LSTAT、河景房 CHAS)，再加上预测目标(房价 MEDV)，共 4 列数据。

```
In [17]: house1 = house[['RM','LSTAT','CHAS','MEDV']]
         house1[:5]
Out[17]:
```

	RM	LSTAT	CHAS	MEDV
0	6.575	4.98	0.0	24.0
1	6.421	9.14	0.0	21.6
2	7.185	4.03	0.0	34.7
3	6.998	2.94	0.0	33.4
4	7.147	5.33	0.0	36.2

图 2-23　筛选数据集的示例代码

2.2.4 非数值型特征的编码

机器学习要求数据集必须是数值化的数据。类似于“是否”“有无”这样的布尔型特征，或籍贯(北京，安徽，山东，…)、颜色(红，绿，蓝，…)这样的离散型类别特征，都需要转换为数值形式的编码。

1. 布尔型特征

类似于“是否”“有无”这样的布尔型特征，或性别(男、女)这样的二值型特征，可以直接转换成 0-1 形式的数值编码。例如，用 1 表示“是”，0 表示“否”；或用 1 表示“男”，0 表示“女”。

Pandas 库的 Series 类提供了一个将布尔型或二值型特征映射成 0-1 编码的方法 **map()**，可参见图 2-24 和图 2-25。

2. 离散型类别特征

类似于籍贯(北京，安徽，山东，…)、颜色(红，绿，蓝，…)这样具有两个以上离散值的类别特征，可以按顺序使用整数序号 1，2，…进行编码，但这么做有可能将本来“无序”的类别变成“有序”的类别(例如红＜绿＜蓝)，这对后续学习算法会产生误导。

如果类别特征具有 $N(>2)$个选项，则更好的做法是将它分解成 N 个 0-1 形式的数值特征。例如，假设籍贯特征有北京、安徽和山东三个选项，则可以将它分解成是否是北京、是否是安徽、是否是山东三个 0-1 形式的数值特征。按照这种编码形式，籍贯“安徽”可以分解成 0、1、0 这样的三个 0-1 编码。在所分解出的多个 0-1 编码中，只会有一个是 1，其他均为 0，因此这种特征编码被称为**独热**(one-hot)编码。

Pandas 库专门为独热编码提供了一个方法 **get_dummies()**，使用该方法可以很方便地将 DataFrame 中的某一列或某几列特征转换成独热编码。scikit-learn 库也在 sklearn.preprocessing 模块中提供了一个独热编码类 OneHotEncoder。

3. Python 示例代码

图 2-24 给出一个包含布尔型特征“是否有第二学位”“性别”，还有离散型类别特征“籍贯”的模拟数据集 df，图 2-25 则给出了将布尔型特征和离散型类别特征转换成 0-1 编码的示例代码。

```
In [18]: df = pd.DataFrame({'是否有第二学位':['Y','N','N','N','Y','N'],\
                            '性别':['男','男','女','女','女','男'],\
                            '籍贯':['北京','山东','北京','安徽','安徽','北京']})
         df
Out[18]:
```

	是否有第二学位	性别	籍贯
0	Y	男	北京
1	N	男	山东
2	N	女	北京
3	N	女	安徽
4	Y	女	安徽
5	N	男	北京

图 2-24　包含布尔型特征和离散型类别特征的模拟数据集

```
In [19]: df['是否有第二学位'] = df['是否有第二学位'].map({'N':0,'Y':1})
         df['性别'] = df['性别'].map({'女':0,'男':1})
         df1 = pd.get_dummies(data=df, columns=['籍贯'], prefix='籍贯')
         df1
Out[19]:
```

	是否有第二学位	性别	籍贯_北京	籍贯_安徽	籍贯_山东
0	1	1	1	0	0
1	0	1	0	0	1
2	0	0	1	0	0
3	0	0	0	1	0
4	1	0	0	1	0
5	0	1	1	0	0

图 2-25　将布尔型特征和离散型类别特征转换成 0-1 编码的示例代码

波士顿房价数据集包含一个“是否是河景房”的特征 CHAS,这是一个布尔型特征。因为该特征在原始数据集中已被转换为 0-1 形式的数值编码,因此不需要做进一步处理。

2.2.5　数值型特征的标准化

通常,数据集不同特征项之间的取值范围会存在较大差异。例如,波士顿房价数据集中房间数 RM 的取值范围是[3.561,8.78],低层人口比例 LSTAT 的取值范围是[1.73,37.97],它们的差异就比较大。另外,不同量纲也会影响到取值范围,例如选择米(m)或厘米(cm)作为量纲,则样本取值会缩放 100 倍。原始数据集的这种取值范围差异,会造成特征项之间的不平等。为防止这种不平等现象被带入机器学习模型,在数据预处理环节应尽量消除量纲,统一不同特征项的取值范围,这就是**数据标准化**。

数据标准化实际上对数值型特征进行**缩放**(或称**拉伸**),常用的方法有两种,即 **Min-Max** 和 **z-score**。scikit-learn 以类的形式提供了数据标准化功能,这些类被集中放在 sklearn.preprocessing 模块中。

1. Min-Max 标准化

统一不同特征项取值范围,最直接的想法就是将所有特征项的值域都映射(即缩放)到[0,1]区间。给定特征样本 $X=\{x_1,x_2,\cdots,x_m\}$,每个特征点 x_i 转换后的新值记为 m_i,其转换公式为

$$\begin{cases} \min=\min\limits_{X} x_i, \quad \max=\max\limits_{X} x_i, \\ m_i=\dfrac{x_i-\min}{\max-\min}, \quad i=1,2,\cdots,m \end{cases} \tag{2-2}$$

转换后的 m_i 都在[0,1]区间内,这样的数据转换方法被称为 **Min-Max** 标准化。

使用 sklearn.preprocessing 模块中的 **MinMaxScaler** 类,可以很方便地实现数据标准化功能。图 2-26 给出了使用 MinMaxScaler 类对房价数据集 house1 中的房间数 RM 和低层人口比例 LSTAT 这两列数据进行标准化的示例代码,并生成一个新的数据集 **house2m**。显示新数据集的前 5 行数据,可以看出标准化后的前两列数据都在[0,1]区间内。

2. z-score 标准化

z-score 标准化就是将原始数据转换成 **z 分数**(z-score)或称**标准分数**(standard score),

```
In [20]: from sklearn.preprocessing import MinMaxScaler
         mmScaler = MinMaxScaler()

         mmScaler.fit(house1[['RM','LSTAT']])
         print("Min=", mmScaler.data_min_, "Max=", mmScaler.data_max_)

         m = mmScaler.transform(house1[['RM','LSTAT']])
         # m = mmScaler.fit_transform(house1[['RM','LSTAT']])
         house2m = pd.DataFrame(m, columns=['RM','LSTAT'])
         house2m[['CHAS','MEDV']] = house1[['CHAS','MEDV']]
         house2m[:5]

         Min= [3.561 1.73 ] Max= [ 8.78 37.97]

Out[20]:
```

	RM	LSTAT	CHAS	MEDV
0	0.577505	0.089680	0.0	24.0
1	0.547998	0.204470	0.0	21.6
2	0.694386	0.063466	0.0	34.7
3	0.658555	0.033389	0.0	33.4
4	0.687105	0.099338	0.0	36.2

图 2-26 使用 MinMaxScaler 类进行数据标准化

这样可以有效消除取值范围差异。给定特征样本 $X=\{x_1,x_2,\cdots,x_m\}$，每个特征点 x_i 对应的 z-score 记为 z_i，其转换公式为

$$\begin{cases}\mu_X=\dfrac{1}{m}\sum_{i=1}^{m}x_i, \quad \sigma_X=\sqrt{\dfrac{1}{m-1}\sum_{i=1}^{m}(x_i-\mu_X)^2}, \\ z_i=\dfrac{x_i-\mu_X}{\sigma_X}, \quad i=1,2,\cdots,m\end{cases} \tag{2-3}$$

其中，μ_X、σ_X 分别是特征 X 原始数据的均值和标准差。

z-score 描述了样本特征与其均值之间的一种标准化的相对距离。如果原始数据服从正态分布，则转换后的 z-score 为均值为 0、方差为 1 的标准正态分布。z-score 标准化对原始数据实施了**去中心化**(使均值为 0)和**归一化**(使方差为 1)这样两步操作。事实上，有很多机器学习算法要求必须对原始数据进行标准化，其中归一化用于消除特征项之间的不平等(例如 k 近邻算法，参见 3.2.1 节)，而去中心化则用于简化后续计算(例如协方差的计算，参见 3.4.1 节)。

使用 sklearn.preprocessing 模块中的 **StandardScaler** 类，可以很方便地实现 z-score 标准化。图 2-27 给出了使用 StandardScaler 类对房价数据集 house1 中的房间数 RM 和低层人口比例 LSTAT 这两列数据进行标准化，并生成一个新的数据集 **house2z**。显示新数据集的前 5 行数据，可以看出标准化后前两列数据的取值范围就基本相当了。

本节讲解了数据集加载与预处理，预处理后的数据将被用于模型训练。下面通过一句话再次强调数据集对机器学习的重要性：数据和特征决定了机器学习的上限，而模型和算法只是逼近这个上限而已。

波士顿房价数据集从原始数据集 house 开始，经过一步一步预处理，最终得到两个新的数据集 house2m 和 house2z。它们

- 既没有缺失值，也没有重复值；
- 所包含的 3 个特征项(房间数 RM、低层人口比例 LSTAT 和河景房 CHAS)是经过

```
In [21]: from sklearn.preprocessing import StandardScaler
         zScaler = StandardScaler()
         zScaler.fit(house1[['RM','LSTAT']])
         print("mean=", zScaler.mean_, "variance=", zScaler.var_)

         z = zScaler.transform(house1[['RM','LSTAT']])
         # z = zScaler.fit_transform(house1[['RM','LSTAT']])
         house2z = pd.DataFrame(z, columns=['RM','LSTAT'])
         house2z[['CHAS','MEDV']] = house1[['CHAS','MEDV']]
         house2z[:5]

         mean= [ 6.28463439 12.65306324] variance= [ 0.49269522 50.89397935]

Out[21]:
```

	RM	LSTAT	CHAS	MEDV
0	0.413672	-1.075562	0.0	24.0
1	0.194274	-0.492439	0.0	21.6
2	1.282714	-1.208727	0.0	34.7
3	1.016303	-1.361517	0.0	33.4
4	1.228577	-1.026501	0.0	36.2

图 2-27　使用 StandardScaler 类进行 z-score 标准化

相关性分析筛选出来的，再加上预测目标(房价 MEDV)，共 4 列数据；

- 非数值型特征采用 0-1 形式的独热编码，数值型数据经过 Min-Max 或 z-score 标准化处理。

下面将数据集 **house2z** 中的特征数据(房间数 RM、低层人口比例 LSTAT 和河景房 CHAS)提取出来，做成**特征集** X；再将真实房价 MEDV 提取出来，做成**目标集** Y。图 2-28 给出了提取特征集 X 和目标集 Y 的示例代码。2.3 节将基于特征集 X 和目标集 Y，具体讲解波士顿房价模型的训练与评价。

```
In [22]: X = house2z[['RM','LSTAT','CHAS']];
         X[:5]

Out[22]:
```

	RM	LSTAT	CHAS
0	0.413672	-1.075562	0.0
1	0.194274	-0.492439	0.0
2	1.282714	-1.208727	0.0
3	1.016303	-1.361517	0.0
4	1.228577	-1.026501	0.0

```
In [23]: Y = house2z['MEDV']
         Y[:5]

Out[23]: 0    24.0
         1    21.6
         2    34.7
         3    33.4
         4    36.2
         Name: MEDV, dtype: float64
```

图 2-28　提取波士顿房价特征集 X 和目标集 Y 的示例代码

2.3　模型训练与评价

对波士顿房价问题，希望通过机器学习中的回归分析方法建立一个房价预测模型 $f(\boldsymbol{x})$。经过 2.2 节的预处理环节，已经得到满足机器学习要求的样本数据集，其中特征数

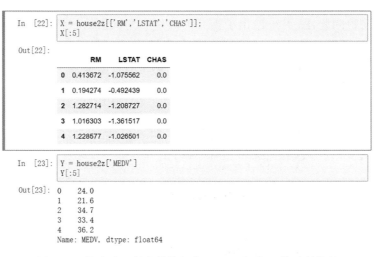

据被做成了特征集 X,对应的真实房价被做成了目标集 Y。在正式训练模型之前,还需要将它们进一步拆分成训练集与测试集。

2.3.1 训练集与测试集

机器学习为什么要将样本数据集拆分成训练集与测试集呢?在传统统计学中,回归分析的目的是基于样本数据建立总体模型,对因变量与自变量之间的依赖关系进行解释,其关注点在**解释**(interpreting)。评价模型好坏的标准是模型在样本数据集上的目标预测值 $f(\boldsymbol{x})$与真实值 y 的拟合程度。拟合误差越小,则模型对变量间依赖关系的解释就越合理,模型就越好。传统统计学不需要对样本数据集进行拆分。

而现代机器学习在建立模型之后,更关注模型是否可以对未来进行**预测**(predicting)。如果所训练出的模型不仅能合理地解释已知的历史经验(与样本数据集的拟合误差小),而且能对未知的将来(新样本)进行准确预测,则这样的模型具备举一反三的能力,术语称之为具备**泛化**(generalization)能力。模型的泛化能力强,这才是机器学习意义上的好模型。为此,机器学习在训练好模型之后还需要再用新的样本数据集进行测试,这样才能评价模型泛化能力的强弱。

给定一个样本数据集,机器学习要进行**拆分**(split),将部分样本数据(例如 80%)用于训练模型,这部分数据被称作**训练集**(training dataset);剩余部分(例如 20%)用于测试模型,这部分被称作**测试集**(testing dataset)。使用 sklearn.model_selection 模块中的函数 **train_test_split**(),可以很方便地将数据集拆分成训练集和测试集,而且这种拆分还可以是随机的。

对波士顿房价问题,图 2-29 给出了拆分训练集与测试集的示例代码,它将 2.2 节得到的特征集 X 和目标集 Y 按照 8∶2 的比例拆分成训练集和测试集。拆分共得到 4 个数据集,训练集的特征集 **X_train** 和目标集 **Y_train**、测试集的特征集 **X_test** 和目标集 **Y_test**。

```
In [24]: from sklearn.model_selection import train_test_split
         X_train, X_test, Y_train, Y_test = train_test_split(
                                          X, Y, test_size=0.2, random_state=2020)
         print("X_train:", X_train.shape, "Y_train:", Y_train.shape)
         print("X_test:", X_test.shape, "Y_test:", Y_test.shape)

         X_train: (404, 3) Y_train: (404,)
         X_test: (102, 3) Y_test: (102,)
```

图 2-29 拆分训练集与测试集的示例代码

2.3.2 模型训练与梯度下降法

给定训练集 $D_{\text{train}}=\{(\boldsymbol{x}_1,y_1),(\boldsymbol{x}_2,y_2),\cdots,(\boldsymbol{x}_m,y_m)\}$,其中 $\boldsymbol{x}_i$ 是样本特征,y_i 是其对应的目标真实值。回归分析方法要想基于 D_{train} 建立模型 $f(\boldsymbol{x})$,首先需对模型 $f(\boldsymbol{x})$的数学形式做出假设。对于波士顿房价预测问题,这里先假设房价预测模型 $f(\boldsymbol{x})$是一个线性模型,其数学形式为

$$f(\boldsymbol{x})=\boldsymbol{\omega}^{\mathrm{T}}\boldsymbol{x}=\omega_1x_1+\omega_2x_2+\cdots+\omega_dx_d+b$$

其中，特征向量 $\boldsymbol{x}$ 和系数向量 $\boldsymbol{\omega}$ 都是 $d+1$ 维向量，$\boldsymbol{x}=(x_1,x_2,\cdots,x_d,1)^{\mathrm{T}}$，$\boldsymbol{\omega}=(\omega_1,\omega_2,\cdots,\omega_d,b)^{\mathrm{T}}$，函数值 $f(\boldsymbol{x})$ 为标量。

1. 损失函数与学习算法

有了模型假设，下一步需要确定模型 $f(\boldsymbol{x})$ 中的待定参数，即系数向量 $\boldsymbol{\omega}$。模型训练就是在给定 D_{train} 各样本点特征 $\boldsymbol{x}_i$ 及其目标真实值 y_i 的情况下设计一个学习算法，找出最优的待定参数 $\boldsymbol{\omega}^*=(\omega_1^*,\omega_2^*,\cdots,\omega_d^*,b^*)^{\mathrm{T}}$，然后以 $\boldsymbol{\omega}^*$ 作为最优模型的参数。最优模型的数学形式为

$$f(\boldsymbol{x})=(\boldsymbol{\omega}^*)^{\mathrm{T}}\boldsymbol{x}=\omega_1^*x_1+\omega_2^*x_2+\cdots+\omega_d^*x_d+b^*$$

所谓“最优”模型，就是该模型在训练集上的目标预测值与真实值之间误差最小。将这种误差表示成函数形式，即误差函数，机器学习通常将其称为**损失函数**(loss function)或代价函数。以最小二乘法为例，它以训练集上样本误差平方和作为模型的损失函数，其数学形式为

$$L(\boldsymbol{\omega})=(\boldsymbol{y}-\boldsymbol{X}\boldsymbol{\omega})^{\mathrm{T}}(\boldsymbol{y}-\boldsymbol{X}\boldsymbol{\omega})$$

$$\boldsymbol{\omega}^*=\underset{\boldsymbol{\omega}}{\operatorname{argmin}}L(\boldsymbol{\omega})=\underset{\boldsymbol{\omega}}{\operatorname{argmin}}(\boldsymbol{y}-\boldsymbol{X}\boldsymbol{\omega})^{\mathrm{T}}(\boldsymbol{y}-\boldsymbol{X}\boldsymbol{\omega})$$

其中，$L(\boldsymbol{\omega})$ 是损失函数，$\boldsymbol{\omega}^*$ 表示最优参数，$\boldsymbol{y}=(y_1,y_2,\cdots,y_m)^{\mathrm{T}}$ 表示样本的目标真实值，

$$\boldsymbol{X}=\begin{bmatrix}\boldsymbol{x}_1^{\mathrm{T}}\\ \boldsymbol{x}_2^{\mathrm{T}}\\ \vdots\\ \boldsymbol{x}_m^{\mathrm{T}}\end{bmatrix}=\begin{bmatrix}x_{11} & x_{12} & \cdots & x_{1d} & 1\\ x_{21} & x_{22} & \cdots & x_{2d} & 1\\ \vdots & \vdots & \ddots & \vdots & \vdots\\ x_{m1} & x_{m2} & \cdots & x_{md} & 1\end{bmatrix}$$ 表示训练集样本特征的矩阵。

给定损失函数 $L(\boldsymbol{\omega})$，如何求解最优参数 $\boldsymbol{\omega}^*$，使得 $L(\boldsymbol{\omega})$ 最小，这是一个**最优化**(optimization)问题。机器学习问题通常被形式化为这样一种最优化问题，其中的损失函数代表着某种**学习策略**(learning strategy)，按照这种策略从样本数据集中习得最优模型(即最小化损失函数)的算法被称为**学习算法**(learning algorithm)。

例如在最小二乘法中，学习策略就是尽可能拟合训练集 D_{train}，使样本误差平方和最小。样本误差平方和这样的损失函数就代表着最小二乘法的学习策略。如果损失函数 $L(\boldsymbol{\omega})$ 为凸函数且对 $\boldsymbol{\omega}$ 处处可导，同时 $\boldsymbol{X}^{\mathrm{T}}\boldsymbol{X}$ 可逆，则可以利用微积分中求极值的方法设计学习算法并求得最优参数 $\boldsymbol{\omega}^*$ 的解析解(参见 1.2.1 节和 1.4.3 节)，其求解公式为

$$\boldsymbol{\omega}^*=(\boldsymbol{X}^{\mathrm{T}}\boldsymbol{X})^{-1}\boldsymbol{X}^{\mathrm{T}}\boldsymbol{y}$$

多数情况下最优化问题很难求得解析解，这时就需要使用数值计算方法进行求解，梯度下降法就是这样一种经典的最优化算法。

2. 梯度下降法

梯度下降法(Gradient Descent，GD)是一种迭代算法，常用于求解无约束最优化问题。给定损失函数 $L(\boldsymbol{\omega})$，使用梯度下降法求解最优参数 $\boldsymbol{\omega}^*$ 的算法过程：首先任意选取一个参数初值 $\boldsymbol{\omega}^0$，然后不断迭代更新得到新的参数 $\boldsymbol{\omega}^1,\boldsymbol{\omega}^2,\cdots,\boldsymbol{\omega}^k,\cdots$，使损失函数的函数值逐步下降，即 $L(\boldsymbol{\omega}^k)\leqslant L(\boldsymbol{\omega}^{k-1})$；重复迭代过程，直到两次迭代计算出的函数值基本没有变化，则 $L(\boldsymbol{\omega})$ 收敛至最小值(或局部最小值)，迭代结束，将当前参数 $\boldsymbol{\omega}^k$ 作为最优参数 $\boldsymbol{\omega}^*$。

梯度下降法的关键步骤：第 k 次迭代时如何将参数从 $\boldsymbol{\omega}^{k-1}$ 更新到 $\boldsymbol{\omega}^k$，使损失函数的函

数值能够下降。梯度下降法利用函数导数(一元函数)或梯度向量(多元函数)的特性,构造出一种参数迭代公式,其数学形式为

$$\boldsymbol{\omega}^k=\boldsymbol{\omega}^{k-1}-a\cdot\nabla L(\boldsymbol{\omega}^{k-1})=\begin{bmatrix}\omega_1^{k-1}\\\omega_2^{k-1}\\\vdots\\\omega_d^{k-1}\\b^{k-1}\end{bmatrix}-a\cdot\begin{bmatrix}\frac{\partial L(\boldsymbol{\omega}^{k-1})}{\partial\omega_1}\\\frac{\partial L(\boldsymbol{\omega}^{k-1})}{\partial\omega_2}\\\vdots\\\frac{\partial L(\boldsymbol{\omega}^{k-1})}{\partial\omega_d}\\\frac{\partial L(\boldsymbol{\omega}^{k-1})}{\partial b}\end{bmatrix}\tag{2-4}$$

其中,$\boldsymbol{\omega}=(\omega_1,\omega_2,\cdots,\omega_d,b)^{\mathrm{T}}$ 为参数向量,$\boldsymbol{\omega}^{k-1}$ 是第 k 次迭代之前的参数向量,$\boldsymbol{\omega}^k$ 是第 k 次迭代之后得到的新参数向量;$\nabla L(\boldsymbol{\omega}^{k-1})$为损失函数 $L(\boldsymbol{\omega})$在$\boldsymbol{\omega}^{k-1}$ 处的梯度向量;$a>0$ 为学习率。可以看出,应用梯度下降法的一个前提条件是损失函数 $L(\boldsymbol{\omega})$一阶可导。

为什么按照式(2-4)迭代更新参数能使损失函数值 $L(\boldsymbol{\omega})$越来越小呢?先看图 2-30(a)所示的一元函数 $f(x)$。如果一元函数 $f(x)$是凸函数且处处可导,则 $f(x)$只有一个极值点(记作 min),且该极值点就是 $f(x)$的最小值点。

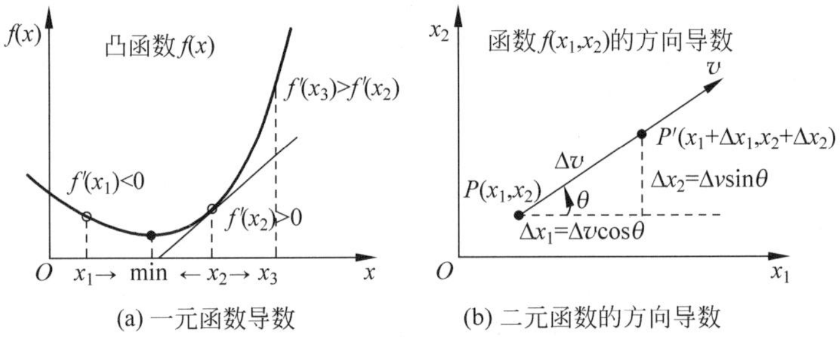

图 2-30　导数与方向导数

在图 2-30(a)中,函数 $f(x)$在区间$(-\infty,\min)$是减函数,其一阶导数 $f'(x)<0$。如果迭代算法从 $x_1\in(-\infty,\min)$处出发,则 x 应该不断增加才会收敛到 min,$x-f'(x)$恰好满足 x 增加的要求。相反,$f(x)$在区间$(\min,+\infty)$是增函数,其一阶导数 $f'(x)>0$。如果迭代算法从 $x_2\in(\min,+\infty)$处出发,则 x 应该不断减小,$x-f'(x)$也能满足 x 减小的要求。

另外,一阶导数 $f'(x)$的绝对值越大,则 x 处的函数图形越陡峭,函数值随 x 变化的幅度越大,例如图 2-30(a)中的 $f'(x_3)>f'(x_2)$。如果迭代算法从 x_3 处出发,则 x 减小的幅度应比 x_2 处大一些,这样可以加快收敛速度,$x-f'(x)$也恰好满足这样的要求。

如果直接使用 $x^k=x^{k-1}-f'(x^{k-1})$这样的形式作为迭代公式,迭代过程可能会因步长过大而产生振荡,或因步长过小而造成收敛速度太慢。为此,再引入一个学习率 $a>0$ 用于调节迭代步长。引入学习率之后的迭代公式为

$$x^k=x^{k-1}-a\cdot f'(x^{k-1})\tag{2-5}$$

注:这里的 x^k 表示第 k 次迭代时 x 的值,不是 x 的 k 次方。

例 2-1 证明若使用式(2-5)进行迭代，则 $f(x^k) \leqslant f(x^{k-1})$。

证明： 由泰勒定理可知，函数 $f(x)$ 在 x^{k-1} 处的一阶展开式为

$$f(x) = f(x^{k-1}) + f'(x^{k-1})(x - x^{k-1}) + o(x - x^{k-1})$$

在 x^{k-1} 附近较小的邻域内，可以将 $f(x^{k-1}) + f'(x^{k-1})(x - x^{k-1})$ 作为 $f(x)$ 的近似，即

$$f(x) = f(x^{k-1}) + f'(x^{k-1})(x - x^{k-1})$$

只要学习率 a 足够小，将式(2-5)的 x^k 作为 x 代入 $f(x)$，则

$$f(x^k) = f(x^{k-1}) + f'(x^{k-1})(x^{k-1} - a \cdot f'(x^{k-1}) - x^{k-1})$$

整理可得

$$f(x^k) = f(x^{k-1}) - \alpha \cdot [f'(x^{k-1})]^2$$

因为学习率 $a > 0$，$[f'(x^{k-1})]^2 \geqslant 0$，所以

$$f(x^k) \leqslant f(x^{k-1})$$

可以将一元函数 $f(x)$ 扩展到二元函数 $f(x_1, x_2)$，这时式(2-5)迭代公式中的导数需换成梯度向量，即

$$\boldsymbol{x}^k = \boldsymbol{x}^{k-1} - a \cdot \begin{bmatrix} \dfrac{\partial f(\boldsymbol{x}^{k-1})}{\partial x_1} \\ \dfrac{\partial f(\boldsymbol{x}^{k-1})}{\partial x_2} \end{bmatrix} \tag{2-6}$$

其中，$\boldsymbol{x} = (x_1, x_2)^{\mathrm{T}}$。下面对式(2-6)中的梯度向量做进一步解释。

二元函数 $f(x_1, x_2)$ 是三维空间里的一个曲面，曲面上一点 P 如果可导，则存在一个过 P 点的切面，将该切面投影到 x_1Ox_2 平面，如图 2-30(b)所示。在 x_1Ox_2 平面，函数 $f(x_1, x_2)$ 可在 P 点对任意方向 $\boldsymbol{v} = (\cos\theta, \sin\theta)^{\mathrm{T}}$ 求导，这样的导数称为**方向导数**(directional derivative)。方向导数反映了函数值沿 $\boldsymbol{v}$ 方向的变化率。

定理 2-1 函数 $f(x_1, x_2)$ 在 $\boldsymbol{v}$ 方向的方向导数为

$$\frac{\partial f(x_1, x_2)}{\partial \boldsymbol{v}} = \frac{\partial f}{\partial x_1}\cos\theta + \frac{\partial f}{\partial x_2}\sin\theta \tag{2-7}$$

证明：

$$\frac{\partial f(x_1, x_2)}{\partial \boldsymbol{v}} = \lim_{\Delta \boldsymbol{v} \to \boldsymbol{0}} \frac{f(x_1 + \Delta x_1, x_2 + \Delta x_2) - f(x_1, x_2)}{\Delta \boldsymbol{v}}$$

由泰勒定理可知，函数 $f(x_1, x_2)$ 在 $\boldsymbol{v}$ 方向的函数值变化可写成

$$f(x_1 + \Delta x_1, x_2 + \Delta x_2) - f(x_1, x_2) = \frac{\partial f}{\partial x_1}\Delta x_1 + \frac{\partial f}{\partial x_2}\Delta x_2 + o(\Delta \boldsymbol{v}),$$

所以

$$\frac{\partial f(x_1, x_2)}{\partial \boldsymbol{v}} = \lim_{\Delta \boldsymbol{v} \to \boldsymbol{0}} \left(\frac{\partial f}{\partial x_1} \frac{\Delta x_1}{\Delta \boldsymbol{v}} + \frac{\partial f}{\partial x_2} \frac{\Delta x_2}{\Delta \boldsymbol{v}} + \frac{o(\Delta \boldsymbol{v})}{\Delta \boldsymbol{v}} \right) = \frac{\partial f}{\partial x_1}\cos\theta + \frac{\partial f}{\partial x_2}\sin\theta$$

整理成向量形式，得

$$\frac{\partial f(x_1, x_2)}{\partial \boldsymbol{v}} = (\cos\theta, \sin\theta) \begin{bmatrix} \dfrac{\partial f}{\partial x_1} \\ \dfrac{\partial f}{\partial x_2} \end{bmatrix} = \boldsymbol{v} \, \nabla f(x_1, x_2)$$

其中,$(\cos\theta,\sin\theta)^{\mathrm{T}}$ 是$\boldsymbol{v}$方向上的单位向量,$\left(\frac{\partial f}{\partial x_1},\frac{\partial f}{\partial x_2}\right)^{\mathrm{T}}$ 是点(x_1,x_2)处的梯度向量,它们的点积等于函数 $f(x_1,x_2)$在$\boldsymbol{v}$方向上的方向导数。定理得证。

当$\boldsymbol{v}$与梯度方向相同时,它们的点积最大,也即梯度方向上的方向导数$\frac{\partial f(x_1,x_2)}{\partial \boldsymbol{v}}$最大。换句话说,函数 $f(x_1,x_2)$在其梯度方向的上升速度最快;或者说,函数 $f(x_1,x_2)$在梯度相反方向的下降速度最快。梯度下降法根据梯度方向的这个特点,将其相反方向作为参数迭代的方向,这就得到了式(2-6)的迭代公式,其中梯度向量前面的减号表示相反方向。

上述结论可从二元函数推广至多元函数,即对于任意 d 元函数 $f(\boldsymbol{x})$,其梯度下降法的迭代公式都为

$$\boldsymbol{x}^k=\boldsymbol{x}^{k-1}-\alpha\cdot\nabla f(\boldsymbol{x}^{k-1})=\boldsymbol{x}^{k-1}-\alpha\cdot\begin{bmatrix}\frac{\partial f(\boldsymbol{x}^{k-1})}{\partial x_1}\\ \frac{\partial f(\boldsymbol{x}^{k-1})}{\partial x_2}\\ \vdots\\ \frac{\partial f(\boldsymbol{x}^{k-1})}{\partial x_d}\end{bmatrix},\quad \alpha>0$$

将函数 $f(\boldsymbol{x})$换成损失函数 $L(\boldsymbol{\omega})$,其中的参数 $\boldsymbol{x}$ 换成$\boldsymbol{\omega}$,就会得到与式(2-4)完全相同的形式。

梯度下降法还有两个变形算法,分别是**随机梯度下降法**(Stochastic Gradient Descent, SGD)和**小批量梯度下降法**(Mini-Batch Gradient Descent,MBGD)。原始梯度下降法的损失函数 $L(\boldsymbol{\omega})$被定义为训练集所有样本点误差之和(或平均值),每次迭代必须先计算全部 m 个样本点的误差,这样才能更新一次参数,因此原始梯度下降法也被称作**批量梯度下降法**(Batch Gradient Descent,BGD)。批量梯度下降法的不足之处是更新一次参数所需的计算量很大,因此参数更新速度慢。随机梯度下降法对此做了修改,每次迭代只是随机选择一个样本点来计算误差,这样可以降低计算量,提高参数更新速度,但这么做可能会引起学习过程振荡,难以收敛。小批量梯度下降法则是批量梯度下降法与随机梯度下降法两者之间的一个折中,即每次迭代时随机选择若干个样本点(即小批量,mini-batch)来计算误差,更新参数。

3. 使用 scikit-learn 库中的线性回归模型

scikit-learn 库将线性回归模型封装成一个类(类名为 **LinearRegression**),并将其存放在 sklearn. linear_model 模块中。LinearRegression 类实现了线性回归模型的学习算法 **fit**()和预测算法 **predict**()。

图 2-31 给出了使用 LinearRegression 类对波士顿房价进行回归分析的示例代码,其中模型训练使用的是训练集(X_train、Y_train),然后用训练好的模型对测试集 X_test 前 5 个房屋样本的房价进行预测,将预测结果 MEDV_predict 与 Y_test 中的真实房价 MEDV 进行比对。

```
In [25]: from sklearn.linear_model import LinearRegression
         lr = LinearRegression()
         lr.fit(X_train, Y_train)
         print(lr.coef_, lr.intercept_)

         XY_test = X_test[:5].copy()
         XY_test['MEDV'] = Y_test[:5]
         XY_test['MEDV_predict'] = lr.predict(X_test[:5])
         XY_test

         [ 3.54783398 -4.45943122  3.36882988] 22.52827589532553

Out[25]:
```

	RM	LSTAT	CHAS	MEDV	MEDV_predict
409	0.808302	0.999010	0.0	27.5	20.940983
247	-0.083534	-0.350864	0.0	20.5	23.796564
399	-0.616356	2.427381	0.0	6.3	9.516809
300	0.835371	-0.922773	0.0	24.8	29.607075
321	0.130165	-0.810634	0.0	23.1	26.605045

图 2-31 使用 LinearRegression 类对波士顿房价进行回归分析

2.3.3 模型评价与 k 折交叉验证

机器学习需要对训练好的模型进行测试、评价，其中最关键的是如何设计评价指标。回归分析在训练模型时，通常以样本数据集上的误差平方和作为评价模型好坏的标准。统计学将误差平方和称作**残差平方和**(Sum of Squares of Residuals, SSR)，通常记作 SS_{res}。

给定数据集 $D=\{(\boldsymbol{x}_1,y_1),(\boldsymbol{x}_2,y_2),\cdots,(\boldsymbol{x}_m,y_m)\}$，其中 $\boldsymbol{x}_i$ 是样本特征，y_i 是其对应的目标真实值。模型 $f(\boldsymbol{x})$ 在数据集 D 上的残差平方和计算公式为

$$SS_{res}=\sum_{i=1}^{m}(y_i-f(\boldsymbol{x}_i))^2 \tag{2-8}$$

对式(2-8)稍做变形，求取残差平方的平均值(见式(2-9))，就得到**均方误差**(Mean Square Error, MSE)。均方误差是机器学习中常用的一种模型评价指标。

$$MSE=\frac{1}{m}\sum_{i=1}^{m}(y_i-f(\boldsymbol{x}_i))^2 \tag{2-9}$$

1. 决定系数 R 方

SS_{res} 或 MSE 都是一种有量纲的评价指标，会随量纲变化。例如，当房价采用美元或人民币等不同货币单位时，SS_{res}、MSE 的值会随之变化。为此，统计学引入一种无量纲的评价指标，称为**决定系数**(coefficient of determination)，记作 R^2，因此决定系数也简称为“R 方”。

给定数据集 D，模型 $f(\boldsymbol{x})$ 在数据集 D 上的 R 方计算公式为

$$\bar{y}=\frac{1}{m}\sum_{i=1}^{m}y_i \tag{2-10}$$

$$SS_{tot}=\sum_{i=1}^{m}(y_i-\bar{y})^2 \tag{2-11}$$

$$R^2=1-\frac{SS_{res}}{SS_{tot}} \tag{2-12}$$

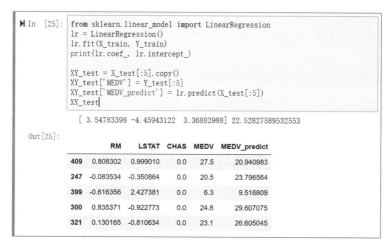

其中，$\bar{y}$ 是目标真实值的平均值(即目标的真实均值)；SS_{tot} 是目标真实值与其均值的误差平方和，被称作**总平方和**(Total Sum of Squares，TSS)。仔细分析一下式(2-12)中 R 方的取值。

- 当 SS_{res} 等于零时，这意味着模型的预测值 $f(\boldsymbol{x}_i)$ 与真实值 y_i 完全一致，这时模型的 R 方为 1。$R^2=1$，说明模型的预测性能达到最佳。
- 根据式(2-8)和式(2-11)，当 $f(\boldsymbol{x}_i)=\bar{y}$ 时，$SS_{res}=SS_{tot}$，此时模型的 R 方为 0。$f(\boldsymbol{x}_i)=\bar{y}$，这表示模型对不同样本的预测值 $f(\boldsymbol{x}_i)$ 都一样，即任意样本都被固定预测成均值 $\bar{y}$，这样的预测性能勉强可以接受。$R^2=0$，这是模型预测性能的**基线**(baseline)。
- 如果残差平方和大于总平方和，即 $SS_{res}>SS_{tot}$，则 $R^2<0$。R 方为负数时，模型的性能比较差，基本上不可接受。

总结如下，R 方应当为[0,1]区间的正数，数值越大，模型越好；R 方为 0 是模型预测性能的底线；R 方为 1 时，模型最好。如果 R 方为负数，则说明模型性能比较差。

回归分析在训练好模型之后，会同时关注模型在训练集和测试集上的 R 方。模型在训练集上的 R 方越大，说明模型对训练集的拟合程度越好；在测试集上的 R 方越大，则说明模型对测试集的泛化能力越强。

2. LinearRegression 类的 *R* 方

LinearRegression 类提供了一个计算 R 方的函数 **score**()。图 2-32 给出了使用函数 score()分别计算波士顿房价模型在训练集(X_train、Y_train)和测试集(X_test、Y_test)上的决定系数 R 方。

为便于对比，图 2-32 还利用 sklearn.metrics 模块中的函数 **mean_squared_error**()，分别计算出对应的均方误差 MSE。决定系数 R 方与 MSE 的关系是，R 方大时 MSE 小，R 方小时 MSE 大。从图 2-32 可以看出，之前图 2-31 训练出的波士顿房价模型在训练集和测试集的决定系数 R 方都在 0.65 左右，预测性能属于中等水平。

```
In [26]: from sklearn.linear_model import LinearRegression
         from sklearn.metrics import mean_squared_error

         lr = LinearRegression()
         lr.fit(X_train, Y_train);  print(lr.coef_, lr.intercept_)

         print("训练集R方: %f, " % lr.score(X_train, Y_train), end='')
         print("训练集MSE: %f" % mean_squared_error( Y_train, lr.predict(X_train)))

         print("测试集R方: %f, " % lr.score(X_test, Y_test), end='')
         print("测试集MSE: %f" % mean_squared_error( Y_test, lr.predict(X_test)))

         [ 3.54783398 -4.45943122  3.36882988] 22.52827589532553
         训练集R方: 0.647399, 训练集MSE: 29.539102
         测试集R方: 0.654521, 测试集MSE: 29.480397
```

图 2-32 计算决定系数 R 方和均方误差 MSE

3. *k* 折交叉验证

机器学习将数据集拆分成训练集和测试集，模型训练使用训练集，模型评价使用测试集。测试集应当尽量与训练集不重叠，其目的是测试模型的泛化能力。这类似于学生的期末考试题与平时练习题，两者尽量不要相同，否则期末考试考查的只是学生记忆知识的能力，而不是运用知识的能力。

将数据集简单拆分成一个训练集和一个测试集，这种方法称为**留出法**(hold out)，如图 2-33(a)所示。留出法只做一次测试，测试结果具有一定的偶然性。另外，当样本数据比较少时，对数据集进行拆分会显得捉襟见肘。

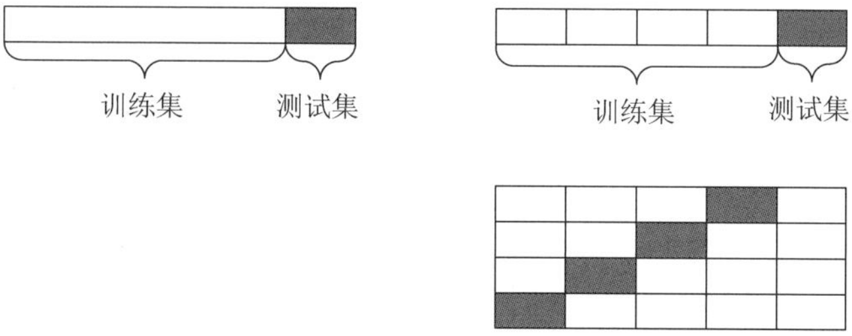

(a) 留出法　　(b) k折交叉验证(k=5)

图 2-33　拆分数据集的两种方法

将数据集平均拆分成 k 份，得到 k 个互斥子集，如图 2-33(b)所示；每次用其中 $k-1$ 个子集训练模型，剩余的那个子集用来测试模型，总共可以进行 k 轮训练-测试，得到 k 个模型和 k 个测试结果；对 k 个模型及其测试结果进行综合，最终取其均值或最优值。这种拆分、运用数据集的方法被称为 ***k* 折交叉验证**(k-folds cross validation)。

使用 sklearn.model_selection 模块中的 **KFold** 类，可以很方便地对数据集进行 k 折拆分，而且这种拆分是随机的。对波士顿房价问题，图 2-34 给出一个 3 折交叉验证的示例代码，运行代码将得到 3 组训练-测试集，每组训练集训练出一个线性回归模型，然后分别计算并显示其在测试集上的决定系数 R 方与 MSE。

```
In [27]: from sklearn.linear_model import LinearRegression
         from sklearn.metrics import mean_squared_error
         lr = LinearRegression()

         from sklearn.model_selection import KFold
         kf = KFold(n_splits=3);  n = 0
         for train_index, test_index in kf.split(X):
             n += 1
             print(n, ": TRAIN", train_index.shape, "  TEST", test_index.shape)
             X1_train, X1_test = X.iloc[train_index], X.iloc[test_index]
             Y1_train, Y1_test = Y.iloc[train_index], Y.iloc[test_index]

             lr.fit(X1_train, Y1_train);  print(lr.coef_, lr.intercept_)
             print("测试集R方: %f, " % lr.score(X1_test, Y1_test), end='')
             print("测试集MSE: %f" % mean_squared_error( Y1_test, lr.predict(X1_test)

1 : TRAIN (337,)    TEST (169,)
[ 2.90065483 -5.38521846  4.34620749] 22.336130827432473
测试集R方: 0.651373, 测试集MSE: 17.287027
2 : TRAIN (337,)    TEST (169,)
[ 0.84356985 -5.12606299  6.46766782] 20.973406484706892
测试集R方: 0.253104, 测试集MSE: 55.089449
3 : TRAIN (338,)    TEST (168,)
[ 7.01628103 -1.43510964  1.90541605] 23.39791591526663
测试集R方: -0.394996, 测试集MSE: 91.776589
```

图 2-34　对波士顿房价问题进行 3 折交叉验证

注：读者可以分析一下图 2-34 中 3 组模型的决定系数 R 方与 MSE，并对它们的性能进行评价。

图 2-34 使用 3 折交叉验证,得到 3 个线性回归模型。可以对它们进行综合,建立均值模型。例如,分别对 3 个线性回归模型的系数、截距进行算术平均,用算术平均值建立均值模型,图 2-35 给出其示例代码。

```
In [28]: from sklearn.linear_model import LinearRegression
         from sklearn.metrics import mean_squared_error
         lr = LinearRegression()
         coef = [0, 0, 0];  intercept = 0

         from sklearn.model_selection import KFold
         kf = KFold(n_splits=3, shuffle=True, random_state=2020);  n = 0
         for train_index, test_index in kf.split(X):
             n += 1
             X1_train, X1_test = X.iloc[train_index], X.iloc[test_index]
             Y1_train, Y1_test = Y.iloc[train_index], Y.iloc[test_index]
             lr.fit(X1_train, Y1_train)
             coef += lr.coef_;  intercept += lr.intercept_

         lr.coef_ = coef/n;  lr.intercept_ = intercept/n
         print(lr.coef_, lr.intercept_)

         print("训练集R方: %f, " % lr.score(X_train, Y_train), end='')
         print("训练集MSE: %f" % mean_squared_error( Y_train, lr.predict(X_train)))

         print("测试集R方: %f, " % lr.score(X_test, Y_test), end='')
         print("测试集MSE: %f" % mean_squared_error( Y_test, lr.predict(X_test)))

[ 3.50123917 -4.55659216  4.01752307] 22.26259357787062
训练集R方: 0.646437, 训练集MSE: 29.619753
测试集R方: 0.663937, 测试集MSE: 28.676937
```

图 2-35　使用 k 折交叉验证建立均值模型的示例代码

2.4　正则化

对于线性方程组 $\boldsymbol{Ax}=\boldsymbol{b}$,如果系数矩阵 $\boldsymbol{A}$ 是**非奇异**的(nonsingular,或称可逆、满秩),则方程组有唯一解;如果系数矩阵 $\boldsymbol{A}$ 是**奇异**的(singular,或称不可逆、不满秩),则方程组的解中包含自由变量,方程组有无穷多解;如果系数矩阵 $\boldsymbol{A}$ **近似奇异**(approximately singular),即该矩阵经奇异值分解后存在非常小的奇异值(即奇异值近似等于零),则方程组的解是不稳定的(参见例 2-3 和例 2-4)。对于解不唯一或不稳定的方程定解问题,术语称之为**不适定**(ill-posed)问题。

例 2-2　解线性方程组

$$\begin{bmatrix}1 & 1\\2 & 2\end{bmatrix}\begin{bmatrix}x_1\\x_2\end{bmatrix}=\begin{bmatrix}2\\4\end{bmatrix}$$

解:

$$\begin{bmatrix}1 & 1\\0 & 0\end{bmatrix}\begin{bmatrix}x_1\\x_2\end{bmatrix}=\begin{bmatrix}2\\0\end{bmatrix}$$

$$x_1+x_2=2$$

方程组系数矩阵是奇异的,有无穷多解。令 $x_1=\alpha$ 为自由变量,则方程组的解为

$$\boldsymbol{x}=\begin{bmatrix}x_1\\x_2\end{bmatrix}=\begin{bmatrix}\alpha\\2-\alpha\end{bmatrix}$$

例 2-3 解线性方程组

$$\begin{bmatrix}1 & 1\\1 & 1.0001\end{bmatrix}\begin{bmatrix}x_1\\x_2\end{bmatrix}=\begin{bmatrix}2\\2\end{bmatrix}$$

解：

$$\begin{bmatrix}1 & 1\\0 & 0.0001\end{bmatrix}\begin{bmatrix}x_1\\x_2\end{bmatrix}=\begin{bmatrix}2\\0\end{bmatrix}$$

方程组系数矩阵是非奇异的,有唯一解。方程组的解为

$$\boldsymbol{x}=\begin{bmatrix}x_1\\x_2\end{bmatrix}=\begin{bmatrix}2\\0\end{bmatrix}$$

但该方程组的系数矩阵是近似奇异的。将其对角化,得

$$\begin{bmatrix}1 & 0\\0 & 0.0001\end{bmatrix}$$

对角化后,主对角线上的元素称为原系数矩阵的**奇异值**(singular value)。可以看到,其中有一个非常小的奇异值 0.0001,这就属于近似奇异。如果等式右边的常数项有轻微扰动,则方程组的解会出现很大变化(参见例 2-4)。

例 2-4 解线性方程组

$$\begin{bmatrix}1 & 1\\1 & 1.0001\end{bmatrix}\begin{bmatrix}x_1\\x_2\end{bmatrix}=\begin{bmatrix}2\\2.1\end{bmatrix}$$

解：

$$\begin{bmatrix}1 & 1\\0 & 0.0001\end{bmatrix}\begin{bmatrix}x_1\\x_2\end{bmatrix}=\begin{bmatrix}2\\0.1\end{bmatrix}$$

$$\begin{bmatrix}1 & 0\\0 & 0.0001\end{bmatrix}\begin{bmatrix}x_1\\x_2\end{bmatrix}=\begin{bmatrix}-998\\0.1\end{bmatrix}$$

方程组的解为

$$\boldsymbol{x}=\begin{bmatrix}x_1\\x_2\end{bmatrix}=\begin{bmatrix}-998\\1000\end{bmatrix}$$

例 2-4 只是将例 2-3 方程组等式右边的第二个常数项由 2 变成 2.1,但它们的解却从 $(2,0)^{\mathrm{T}}$ 变成了 $(-998,1000)^{\mathrm{T}}$。这意味着微小的数据扰动或噪声误差,可能会让计算结果产生巨大差异。从例 2-4 还能看出,如果系数矩阵存在非常小的奇异值(近似等于零),则方程组的解可能数值(绝对值)很大。机器学习在确定模型最优参数时也经常出现这样的问题,最优参数对训练集数据非常敏感,训练集微小的变化就会让学习算法得到完全不同或差异很大的结果。正则化技术是解决这种问题最常用的一种方法。

2.4.1 正则化方法

回顾一下最小二乘法的求解过程。如果是线性模型,其损失函数 $L(\boldsymbol{\omega})$ 为

$$L(\boldsymbol{\omega})=(\boldsymbol{y}-\boldsymbol{X\omega})^{\mathrm{T}}(\boldsymbol{y}-\boldsymbol{X\omega}) \tag{2-13}$$

给定训练集 $D_{\text{train}}=\{(\boldsymbol{x}_1,y_1),(\boldsymbol{x}_2,y_2),\cdots,(\boldsymbol{x}_m,y_m)\}$，使 D_{train} 上损失函数 $L(\boldsymbol{\omega})$ 最小的模型参数 $\boldsymbol{\omega}^*$ 就是最优参数，即

$$\boldsymbol{\omega}^*=\underset{\boldsymbol{\omega}}{\operatorname{argmin}}\,L(\boldsymbol{\omega})=\underset{\omega}{\operatorname{argmin}}(\boldsymbol{y}-\boldsymbol{X}\boldsymbol{\omega})^{\mathrm{T}}(\boldsymbol{y}-\boldsymbol{X}\boldsymbol{\omega})$$

求损失函数 $L(\boldsymbol{\omega})$ 对 $\boldsymbol{\omega}$ 的偏导数，得

$$\frac{\partial L(\boldsymbol{\omega})}{\partial\boldsymbol{\omega}}=2\boldsymbol{X}^{\mathrm{T}}(\boldsymbol{X}\boldsymbol{\omega}-\boldsymbol{y})$$

令偏导数等于零，整理可得线性方程组

$$\boldsymbol{X}^{\mathrm{T}}\boldsymbol{X}\boldsymbol{\omega}=\boldsymbol{X}^{\mathrm{T}}\boldsymbol{y} \tag{2-14}$$

其中，$\boldsymbol{X}=\begin{bmatrix}\boldsymbol{x}_1^{\mathrm{T}} & 1\\ \boldsymbol{x}_2^{\mathrm{T}} & 1\\ \vdots & \vdots\\ \boldsymbol{x}_m^{\mathrm{T}} & 1\end{bmatrix}=\begin{bmatrix}x_{11} & x_{12} & \cdots & x_{1d} & 1\\ x_{21} & x_{22} & \cdots & x_{2d} & 1\\ \vdots & \vdots & \ddots & \vdots & \vdots\\ x_{m1} & x_{m2} & \cdots & x_{md} & 1\end{bmatrix}$ 是训练集的样本特征矩阵，$\boldsymbol{y}=(y_1,y_2,\cdots,y_m)^{\mathrm{T}}$ 是训练集的目标值向量，$\boldsymbol{\omega}=(\omega_1,\omega_2,\cdots,\omega_d,b)^{\mathrm{T}}$ 是待求解的模型参数向量；$\boldsymbol{X}^{\mathrm{T}}\boldsymbol{X}$ 是线性方程组的系数矩阵，$\boldsymbol{X}^{\mathrm{T}}\boldsymbol{y}$ 是常数项向量。

对于式(2-14)所示线性方程组，如果系数矩阵 $\boldsymbol{X}^{\mathrm{T}}\boldsymbol{X}$ 可逆(非奇异)，则可解得最优模型参数 $\boldsymbol{\omega}$，即

$$\boldsymbol{\omega}=(\boldsymbol{X}^{\mathrm{T}}\boldsymbol{X})^{-1}\boldsymbol{X}^{\mathrm{T}}\boldsymbol{y}$$

但如果系数矩阵 $\boldsymbol{X}^{\mathrm{T}}\boldsymbol{X}$ 是一个奇异或近似奇异的矩阵，则方程组求解属于不适定问题(ill-posed problem)。

1. 系数矩阵 $\boldsymbol{X}^{\mathrm{T}}\boldsymbol{X}$ 是奇异的

如果样本集太小，样本容量 m 小于参数 $\boldsymbol{\omega}$ 的个数，或样本集存在多个样本点共线的情况，则式(2-14)所示线性方程组的系数矩阵 $\boldsymbol{X}^{\mathrm{T}}\boldsymbol{X}$ 是奇异矩阵(不可逆)，方程组有无穷多解。想象一下，给定两点无法确定一个平面，三点共线也无法确定一个平面，过两点或共线三点的平面有无穷多。这种情况在机器学习问题中经常发生。

如果式(2-14)所示线性方程组有无穷多解，这意味着存在无穷多组参数 $\boldsymbol{\omega}$，它们都能使损失函数 $L(\boldsymbol{\omega})$ 最小。无穷多组参数 $\boldsymbol{\omega}$，它们有大有小，到底选择哪一组参数呢？**奥卡姆剃刀**(Occam's razor)原理告诉我们：无从选择时应选择简单的，“简单才合理”。面对无穷多组参数 $\boldsymbol{\omega}$ 无从选择时，数值(绝对值)小的参数意味着模型简单，因此选择数值小的参数，使用向量的 L_2 或 L_1 范数可将选择条件写成

$$\|\boldsymbol{\omega}\|_2^2=\sum_{i=1}^{d}\omega_i^2+b^2\leqslant C \tag{2-15}$$

或

$$\|\boldsymbol{\omega}\|_1=\sum_{i=1}^{d}|\omega_i|+|b|\leqslant C \tag{2-16}$$

其中，$\|\boldsymbol{\omega}\|_2^2$ 为向量 $\boldsymbol{\omega}$ 的 L_2 范数(平方)，$\|\boldsymbol{\omega}\|_1$ 为向量 $\boldsymbol{\omega}$ 的 L_1 范数，C 为某个常数(阈值)。注：向量 $\boldsymbol{x}=(x_1,x_2,\cdots,x_d)^{\mathrm{T}}$ 的 p-范数记作 $\|\boldsymbol{x}\|_p$，$\|\boldsymbol{x}\|_p=(|x_1|^p+|x_2|^p+\cdots+|x_d|^p)^{\frac{1}{p}}$。

将式(2-13)(损失函数)和式(2-15)(L_2 范数条件)合起来,这是一个有约束最优化问题。使用**拉格朗日乘子法**(Lagrange multiplier method),可将该问题改写成如下形式。

$$\begin{cases} J(\boldsymbol{\omega})=L(\boldsymbol{\omega})+\lambda(\|\boldsymbol{\omega}\|_2^2-C) \\ \boldsymbol{\omega}^*=\underset{\boldsymbol{\omega},\,\lambda\geqslant 0}{\operatorname{argmin}}\, J(\boldsymbol{\omega}) \end{cases} \tag{2-17}$$

其中 $\lambda\geqslant 0$,为拉格朗日乘子。可以将 λ 单独提出来,不看作待优化的参数,而是由人工事先设定的参数。

机器学习经常将模型中的某些参数单独提出来,改由人工设定,这样可以简化学习算法。由人工设定的模型参数被称作**超参数**(hyperparameter)。超参数不是模型训练得到的,而是在训练前由人工根据经验或实验数据设定的。如果将式(2-17)中的拉格朗日乘子 λ 看作常数,另外阈值 C 也是常数,这时可以将式(2-17)改写成式(2-18)的形式,最优化结果不变。

$$\begin{cases} J(\boldsymbol{\omega})=L(\boldsymbol{\omega})+\lambda\|\boldsymbol{\omega}\|_2^2 \\ \boldsymbol{\omega}^*=\underset{\boldsymbol{\omega}}{\operatorname{argmin}}\, J(\boldsymbol{\omega}) \end{cases} \tag{2-18}$$

同理,可以将式(2-13)(损失函数)和式(2-16)(L_1 范数条件)所描述的有约束最优化问题写成

$$\begin{cases} J(\boldsymbol{\omega})=L(\boldsymbol{\omega})+\lambda\|\boldsymbol{\omega}\|_1 \\ \boldsymbol{\omega}^*=\underset{\boldsymbol{\omega}}{\operatorname{argmin}}\, J(\boldsymbol{\omega}) \end{cases} \tag{2-19}$$

式(2-18)、式(2-19)都是在损失函数 $L(\boldsymbol{\omega})$ 基础上增加一个限制参数 $\boldsymbol{\omega}$ 取值过大的约束项,这个约束项被称作**正则化项**(regularizer)或惩罚项。这种引入正则化项限制模型复杂度、求解不适定问题的方法被称作**正则化**(regularization)。其中 $\lambda\geqslant 0$ 被称为正则化系数或惩罚系数(符号也经常被改写成 α),用于调节正则化的强度。正则化方法最早是由前苏联数学家吉洪诺夫(Tikhonov)为求解不适定线性方程组而提出的。

2. 系数矩阵 $\boldsymbol{X}^{\mathrm{T}}\boldsymbol{X}$ 近似奇异

如果样本集中的多个样本点近似共线(这比完全共线更常见),则式(2-14)所示线性方程组的系数矩阵 $\boldsymbol{X}^{\mathrm{T}}\boldsymbol{X}$ 近似奇异,其中存在非常小的奇异值(近似等于 0),这时方程组解得的参数 $\boldsymbol{\omega}$ 会比较大,甚至很大(参见例 2-4)。参数取值(绝对值)过大的模型不稳定,机器学习需要限制参数 $\boldsymbol{\omega}$ 的取值范围。

式(2-18)、式(2-19)的正则化方法恰好能满足限制参数 $\boldsymbol{\omega}$ 取值的要求,因此它们对矩阵 $\boldsymbol{X}^{\mathrm{T}}\boldsymbol{X}$ 近似奇异的情况同样有效。

3. 正则化方法的几何解释

式(2-18)、式(2-19)相当于构造了一个新的损失函数 $J(\boldsymbol{\omega})$,它是在原损失函数 $L(\boldsymbol{\omega})$ 基础上增加了一个非负正则化项,$J(\boldsymbol{\omega})\geqslant L(\boldsymbol{\omega})$。

正则化方法能将参数 $\boldsymbol{\omega}$ 限制在一个较小的取值范围内,如图 2-36 所示。式 2-18 使用 L_2 范数将参数 $\boldsymbol{\omega}$ 限制在一个圆形区域内(见图 2-36(a));式(2-19)则是用 L_1 范数将参数 $\boldsymbol{\omega}$ 限制在一个菱形区域内(见图 2-36(b)),这样就能防止参数 $\boldsymbol{\omega}$ 为让损失函数 $L(\boldsymbol{\omega})$ 最小而取非常大的值(绝对值)。

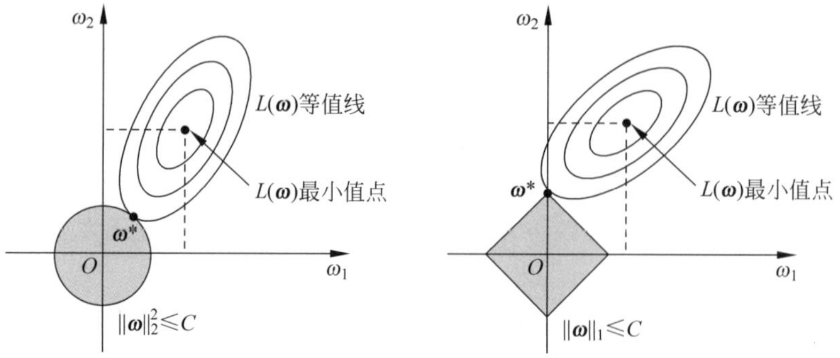

(a) L_2范数约束　　(b) L_1范数约束

图 2-36　通过正则化限制参数$\boldsymbol{\omega}$ 的取值范围

2.4.2　岭回归与超参数调优

线性回归分析广泛采用正则化方法，在损失函数中增加一个正则化项。如果正则化项采用 L_2 范数(见式(2-18))，则这样的线性回归被称作**岭回归**(ridge regression)；如果正则化项采用 L_1 范数(见式(2-19))则被称作 **LASSO**(Least Absolute Shrinkage and Selection Operator)回归。scikit-learn 库分别提供了岭回归和 LASSO 模型，本节先介绍岭回归，2.4.3 节再介绍 LASSO 回归。

1. 岭回归类 Ridge

scikit-learn 库将岭回归模型封装成一个类(类名为 **Ridge**)，并将其存放在 sklearn. linear_model 模块中。Ridge 类实现了岭回归模型的学习算法 **fit**()、预测算法 **predict**()和评价算法 **score**()。

图 2-37 给出了使用 Ridge 类对波士顿房价进行岭回归分析的示例代码，其中模型训练使用的是训练集(X_train、Y_train)，然后使用函数 score()分别计算波士顿房价模型在训练集(X_train、Y_train)和测试集(X_test、Y_test)上的决定系数 R 方。另外，图 2-32 还利用 sklearn. metrics 模块中的函数 mean_squared_error()，分别计算出对应的 MSE。

```
In  [29]: from sklearn.linear_model import Ridge
          from sklearn.metrics import mean_squared_error

          rd = Ridge(alpha=1.0)
          rd.fit(X_train, Y_train)
          print(rd.coef_, rd.intercept_)

          print("训练集R方: %f, " % rd.score(X_train, Y_train), end='')
          print("训练集MSE: %f" % mean_squared_error( Y_train, rd.predict(X_train)))

          print("测试集R方: %f, " % rd.score(X_test, Y_test), end='')
          print("测试集MSE: %f" % mean_squared_error( Y_test, rd.predict(X_test)))

          [ 3.54925405 -4.44813585  3.24487524] 22.53696340525484
          训练集R方: 0.647386, 训练集MSE: 29.540210
          测试集R方: 0.653685, 测试集MSE: 29.551766
```

图 2-37　使用 Ridge 类对波士顿房价进行岭回归分析

2. 超参数调优与 k 折交叉验证

超参数调优就是由人工根据经验和实验数据调整超参数的取值，使模型获得更好的性能。例如式(2-18)、式(2-19)中包含的正则化系数 λ 是一个超参数，训练模型之前需要事先为其选择好某种取值(即正则化强度值)。

可以根据经验(先验知识)为超参数选取一组候选值，例如在区间[0,20]内按均匀间隔为正则化系数 λ 选取 100 个候选值，然后使用数据集逐个训练并计算各候选值的模型性能，从中选取性能最优的候选值作为超参数的取值。这是一种穷举法，虽然可以做一些改良，但目前还没有更好的方法。

如果有多个超参数，则它们候选值的不同组合就构成一个多维**网格**(grid)，每个网格点代表一种组合。机器学习需要搜索整个网格，逐个评价每一网格点的模型性能，因此这种设定超参数的方法被称为**网格搜索法**(grid seraching)。

选择超参数需要有数据集来训练、评价模型。可以对原有训练集做进一步拆分，拆分出一个规模稍小的训练集和一个专门用于评价超参数优劣的**验证集**(validation dataset)。但更常规的做法是在原训练集基础上进行 k 折**交叉验证**(cross validation，参见图 2-38)，取 $k-1$ 个子集训练模型，剩余的那个子集当作验证集测试模型，取 k 轮的性能均值对超参数进行评价，最终选择性能最优的超参数取值。使用 k 折交叉验证所筛选出的超参数更稳定，更具有泛化能力。

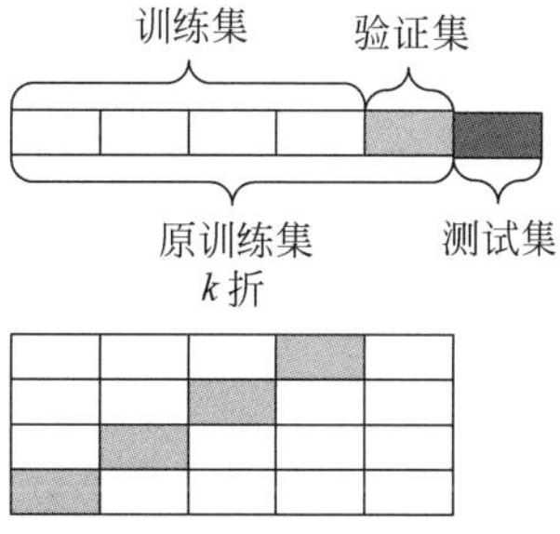

图 2-38　使用 k 折交叉验证选取超参数

scikit-learn 库为网格搜索法提供了一个类(类名为 **GridSearchCV**)，并将其存放在 sklearn. grid_search 模块中。使用 GridSearchCV 类可以很容易地实现网格搜索法，对各种不同机器学习模型中的超参数进行调优。GridSearchCV 类在搜索网格时可以使用 k 折交叉验证，类名中的 CV 指的就是交叉验证(Cross Validation 的缩写)。GridSearchCV 类统一使用 alpha(即 α)来指代超参数。

图 2-39 给出了使用 GridSearchCV 类对岭回归模型(见式(2-18))中正则化系数 λ 进行

```
In [30]: from sklearn.linear_model import Ridge
         from sklearn.metrics import r2_score
         rd = Ridge()

         from sklearn.model_selection import GridSearchCV
         lamda = np.linspace(0, 20, 100)
         grid = {'alpha': lamda}
         gs = GridSearchCV(estimator=rd, param_grid=grid,\
                         scoring='neg_mean_squared_error', cv=3)
         gs.fit(X_train, Y_train)
         print(gs.best_params_, -gs.best_score_)
         print("训练集MSE: %f, " % -gs.score(X_train, Y_train), end='')
         print("训练集R方: %f" % r2_score( Y_train, gs.predict(X_train)))
         print("测试集MSE: %f, " % -gs.score(X_test, Y_test), end='')
         print("测试集R方: %f" % r2_score( Y_test, gs.predict(X_test)))

         fig = plt.figure( figsize=(4, 3), dpi=100 )
         plt.rcParams['font.sans-serif'] = ['SimHei']
         plt.rcParams['axes.unicode_minus'] = False
         plt.plot(lamda, -gs.cv_results_['mean_test_score'], linewidth=1)
         plt.text(10, 31.58, r"网格搜索: $\alpha$", fontsize=18)
         plt.xlabel( r"正则化系数 - $\alpha$" )
         plt.ylabel( r"均方误差 - $MSE$" )
         plt.show()

         {'alpha': 11.919191919191919} 31.48601811137453
         训练集MSE: 29.626656, 训练集R方: 0.646354
         测试集MSE: 30.200729, 测试集R方: 0.646080
```

图 2-39　使用 GridSearchCV 类对岭回归模型进行超参数调优

调优的示例代码，其中代码最后还使用 Matplotlib 库绘制出不同正则化系数(0～20)情况下模型 MSE 的趋势图(见图 2-40)。

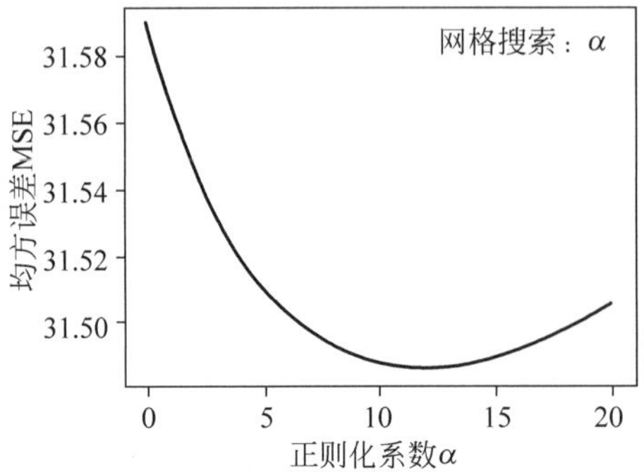

图 2-40　不同正则化系数(0～20)情况下模型 MSE 的趋势图

从图 2-40 可以看出，正则化系数 α(即式(2-18)中的 λ)取 10～15 的数值时 MSE 较小，模型更优。

2.4.3　LASSO 回归与坐标下降法

LASSO 回归是 1996 年由 Robert Tibshirani 首次提出的。它与岭回归的唯一区别是构造损失函数时，在样本误差平方和基础上增加的正则化项是 L_1 范数(见式(2-19))，而不是 L_2 范数(见式(2-18))。

1. LASSO 回归类 Lasso

scikit-learn 库将 LASSO 回归模型封装成一个类(类名为 **Lasso**)，并将其存放在 sklearn.linear_model 模块中。Lasso 类实现了 LASSO 回归模型的学习算法 **fit**()、预测算法 **predict**()和评价算法 **score**()。

图 2-41 给出了使用 Lasso 类对波士顿房价进行回归分析的示例代码，其中模型训练使用的是训练集(X_train、Y_train)，然后使用函数 score()分别计算波士顿房价模型在训练集(X_train、Y_train)和测试集(X_test、Y_test)上的决定系数 R 方。另外，示例代码还利用 sklearn.metrics 模块中的函数 mean_squared_error()，分别计算出对应的 MSE。

```
In [31]: from sklearn.linear_model import Lasso
         from sklearn.metrics import mean_squared_error

         las = Lasso(alpha=1.0, max_iter=1000)
         las.fit(X_train, Y_train)
         print(las.coef_, las.intercept_)

         print("训练集R方：%f，" % las.score(X_train, Y_train), end='')
         print("训练集MSE：%f" % mean_squared_error( Y_train, las.predict(X_train)))

         print("测试集R方：%f，" % las.score(X_test, Y_test), end='')
         print("测试集MSE：%f" % mean_squared_error( Y_test, las.predict(X_test)))

[ 3.08620734 -3.76528449  0.        ] 22.770619449317735
训练集R方：0.624234，训练集MSE：31.479768
测试集R方：0.602672，测试集MSE：33.904839
```

图 2-41　使用 Lasso 类对波士顿房价进行 LASSO 回归分析

LASSO 回归的正则化项使用 L_1 范数对参数$\boldsymbol{\omega}$ 的取值进行约束，这种约束的特点是能够将与预测目标相关性较小特征项所对应的系数取值压缩至零，使最优解变得**稀疏**(sparse)，这在某种程度上起到了特征选择的作用。例如，在波士顿房价预测问题中，河景房 CHAS 这个特征项与预测目标(房价)的相关性较小，因此该项特征在图 2-41 所示 LASSO 回归模型中所对应的第 3 个系数就是 0。

2. 坐标下降法

梯度下降法可以求解回归分析中损失函数的最优化问题，但要求损失函数必须一阶可导。岭回归在样本误差平方和基础上增加的正则化项是 L_2 范数，所构造的损失函数一阶可导，因此可以使用梯度下降法求解。而 LASSO 回归增加的正则化项是 L_1 范数，即绝对值函数，绝对值函数在其最小值点不可导，因此不能使用梯度下降法求解。求解 LASSO 回归最优化问题可以使用**坐标下降法**(coordinate descent)，这也是一种常用的最优化迭代算法。

LASSO 回归的损失函数 $J(\boldsymbol{\omega})$为

$$J(\boldsymbol{\omega})=L(\boldsymbol{\omega})+\lambda\|\boldsymbol{\omega}\|_1$$

其中，$\boldsymbol{\omega}=(\omega_1,\omega_2,\cdots,\omega_d,b)^{\mathrm{T}}$。使用坐标下降法求解使损失函数 $J(\boldsymbol{\omega})$最小的参数$\boldsymbol{\omega}^*$，其算法过程：首先任意选取一个参数初值$\boldsymbol{\omega}^0$，然后从 $k=1$ 开始迭代，迭代方法是对$\boldsymbol{\omega}^{k-1}$ 的各个分量(坐标)ω_i^{k-1} 依次进行迭代，所得到的$\boldsymbol{\omega}_i^k$ 能使损失函数 $J(\boldsymbol{\omega})$的函数值逐步下降，即

$$\omega_1^k=\underset{\omega_1}{\operatorname{argmin}}\, J(\omega_1,\omega_2^{k-1},\cdots,\omega_d^{k-1},b^{k-1})$$

$$\omega_2^k=\underset{\omega_2}{\operatorname{argmin}}\, J(\omega_1^k,\omega_2,\omega_3^{k-1},\cdots,\omega_d^{k-1},b^{k-1})$$

$$\cdots$$

$$\omega_d^k=\underset{\omega_d}{\operatorname{argmin}}\, J(\omega_1^k,\omega_2^k,\cdots,\omega_{d-1}^k,\omega_d,b^{k-1})$$

$$b^k=\underset{b}{\operatorname{argmin}}\, J(\omega_1^k,\omega_2^k,\cdots,\omega_d^k,b)$$

这就是所谓的坐标下降法，可以证明 $J(\boldsymbol{\omega}^k)\leqslant J(\boldsymbol{\omega}^{k-1})$。重复迭代过程，直到两次迭代计算出的损失函数值基本没有变化，则 $J(\boldsymbol{\omega})$收敛至最小值，迭代结束，将当前参数$\boldsymbol{\omega}^k$ 作为最优参数$\boldsymbol{\omega}^*$。

2.5 非线性回归

实际情况中，很多回归模型并不是形如 $f(\boldsymbol{x})=\boldsymbol{\omega}^{\mathrm{T}}\boldsymbol{x}+b$ 的线性模型，而是各种各样的非线性模型，例如多项式模型、指数模型、三角函数模型等，如图 2-42 所示。可以想办法将非线性模型转换为线性模型，这样就能使用线性回归分析方法简化求解过程。

2.5.1 换元法

可以使用换元法，将一些比较简单的(不是所有的)非线性模型转换为线性模型，例如将多项式模型、指数模型等转为线性模型。

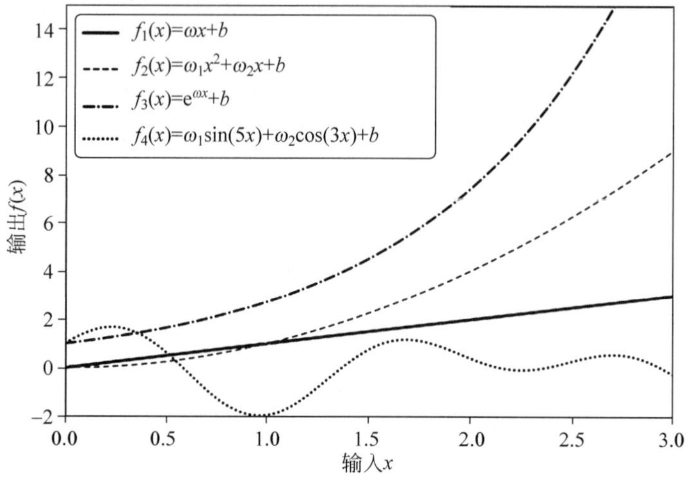

图 2-42　线性与非线性函数模型

1. 多项式模型

多项式模型是一种常见的回归模型。例如，$f(x)=\omega_1 x^2+\omega_2 x+b$（或写成 $f(x)=b+\omega_1 x+\omega_2 x^2$）是一元二次多项式；$f(\boldsymbol{x})=b+\omega_1 x_1+\omega_2 x_2+\omega_3 x_1 x_2+\omega_4 x_1^2+\omega_5 x_2^2$ 是二元二次多项式。可以使用换元法将多项式模型转换为线性模型，其方法是为每个高次项增加一维特征。

1）一元二次多项式

$$原式：f(x)=b+\omega_1 x+\omega_2 x^2$$

$$换元后：f(\boldsymbol{x})=b+\omega_1 x_1+\omega_2 x_2$$

其中，$\boldsymbol{x}_1=\boldsymbol{x}$，$\boldsymbol{x}_2=\boldsymbol{x}^2$。原来的一维特征 x 被增加一维，变成二维特征 $\boldsymbol{x}=(x_1,x_2)$，x_2 是新增的特征项。

2）二元二次多项式

$$原式：f(\boldsymbol{x})=b+\omega_1 x_1+\omega_2 x_2+\omega_3 x_1 x_2+\omega_4 x_1^2+\omega_5 x_2^2$$

$$换元后：f(\boldsymbol{x})=b+\omega_1 x_1+\omega_2 x_2+\omega_3 x_3+\omega_4 x_4+\omega_5 x_5$$

其中，$x_3=x_1 x_2$，$x_4=x_1^2$，$x_5=x_2^2$。原来的二维特征(x_1,x_2)被增加了三维，变成五维特征 $\boldsymbol{x}=(x_1,x_2,x_3,x_4,x_5)$，$x_3$、$x_4$、$x_5$ 是新增的特征项。

可以按上述方法将换元法推广到多元多次多项式。将多项式模型转换为线性模型后，需要对训练集、测试集中的特征集进行扩充，计算出新增特征项的数据。使用 sklearn.preprocessing 模块中的 **PolynomialFeatures** 类，可以很方便地对特征集进行新特征项的扩充和计算。

针对波士顿房价预测问题，图 2-43 给出一个与图 2-41 类似的 LASSO 回归分析示例代码。所不同的是将线性模型改为二次多项式模型，并使用 PolynomialFeatures 类对特征集进行扩充，得到新的特征集，原有的目标集保持不变。使用函数 score()和 mean_squared_error()分别计算二次多项式模型在训练集、测试集上的决定系数 R 方和 MSE。

对比发现，图 2-43 的二次多项式模型比图 2-41 线性模型在性能上有了较大提高，这说

```
In [32]: from sklearn.linear_model import Lasso
         from sklearn.metrics import mean_squared_error
         from sklearn.preprocessing import PolynomialFeatures

         poly = PolynomialFeatures(2, include_bias=False)
         X_train_pf = poly.fit_transform(X_train)
         X_test_pf = poly.fit_transform(X_test)
         print("X_train: ", X_train.shape, ", X_train_pf.shape: ", X_train_pf.shape)

         las = Lasso(alpha=1.0, max_iter=1000)
         las.fit(X_train_pf, Y_train)
         print(las.coef_, las.intercept_)

         print("训练集R方：%f, " % las.score(X_train_pf, Y_train), end='')
         print("训练集MSE：%f" % mean_squared_error(Y_train, las.predict(X_train_pf)))

         print("测试集R方：%f, " % las.score(X_test_pf, Y_test), end='')
         print("测试集MSE：%f" % mean_squared_error(Y_test, las.predict(X_test_pf)))

X_train: (404, 3) , X_train_pf.shape: (404, 9)
[ 2.14721904 -4.3938199   0.          1.12262049 -0.41123552 -0.
  0.         -0.          0.        ] 21.3534621365755
训练集R方：0.728876，训练集MSE：22.713361
测试集R方：0.693937，测试集MSE：26.116955
```

图 2-43　使用二次多项式为波士顿房价问题建模

明二次多项式模型更贴近波士顿房价的真实模型。将多项式模型转换为线性模型的不足之处是，特征维数会随元数和次数增加而大幅增加，学习算法的计算量也将随之大幅增加。

2. 指数模型

如果 y 与 $\boldsymbol{x}$ 存在如下的指数函数关系，

$$y = e^{\boldsymbol{\omega}^{\mathrm{T}}\boldsymbol{x}+b}$$

对等式两边取自然对数，并记 $y' \equiv \ln(y)$，得

$$y' \equiv \ln(y) = \boldsymbol{\omega}^{\mathrm{T}}\boldsymbol{x} + b$$

可以看出，y 的对数 $\ln(y)$ 与 $\boldsymbol{x}$ 之间的关系模型是一种线性模型，因此 y 与 $\boldsymbol{x}$ 之间的关系模型也被称作**对数线性模型**(log-linear model)。可以使用换元法将指数模型经对数函数转换为线性模型(参见图 2-44)。

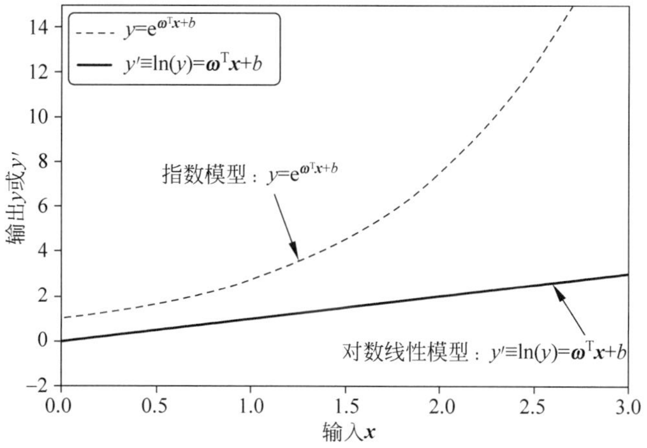

图 2-44　用换元法将指数模型转换为线性模型

与多项式模型换元法不同的是，多项式模型换的是自变量，而指数模型换的是因变量 $\ln(y)$。使用换元法将指数模型转换为对数线性模型之后，需要对训练集、测试集中的目标集进行转换，将 y_i 的对数 $\ln(y_i)$ 作为新的目标数据，然后使用线性回归分析方法进行求解。在使用训练好的模型进行预测时，预测结果是目标的对数，即 $\ln(y)$，因此需要用指数函数 $e^{\ln(y)}$ 还原成其原始目标 y。

2.5.2 逻辑斯谛回归

马尔萨斯在研究人口预测问题时建立了一个人口增长模型，其数学形式为

$$\frac{dP}{dt}=\gamma P$$

其中，t 表示时间，P 表示 t 时刻的人口，γ 表示人口增长率(常数)。后来，考虑到人口增长率会随时间变化，以及地球生态环境支撑能力有限等因素，人们对马尔萨斯模型进行了改进。假设人口达到地球支撑极限时的饱和度为 1(100%)，新的人口增长模型可描述为

$$\frac{dN}{dt}=\gamma(1-N)\times N \tag{2-20}$$

其中，t 表示时间，γ 表示人口增长率(常数)；N 表示 t 时刻人口的饱和度，$(1-N)$则表示 t 时刻人口的不饱和度；$\gamma(1-N)$表示的是人口增长率 γ 被乘上一个衰减系数$(1-N)$，其含义是人口饱和度越大，则人口增长率越小。求解式(2-20)所示的微分方程，整理后可得如下人口增长模型。

$$N=\frac{1}{1+e^{-(\gamma t-\alpha)}} \tag{2-21}$$

其中，α 为积分常数，$0<N<1$。

给定一个人口数据训练集 $D_{\text{train}}=\{(t_1,N_1),(t_2,N_2),\cdots,(t_m,N_m)\}$，如何确定式(2-21)所示的人口模型中的参数 γ 和 α 呢？这是一个非线性回归问题。

在式(2-21)中，N 表示 t 时刻人口的饱和度，$(1-N)$表示的是 t 时刻人口的不饱和度。将饱和度与不饱和度之比 $\frac{N}{1-N}$，称作饱和度的**几率**(odds)。由式(2-21)整理可得几率的数学形式为

$$\frac{N}{1-N}=e^{\gamma t-\alpha} \tag{2-22}$$

其中，$0<\frac{N}{1-N}<+\infty$。几率是一种描述人口饱和度的相对度量。几率越大，则人口的饱和度越大，不饱和度越小；反之，几率越小则人口的饱和度越小，不饱和度越大。将式(2-22)两边取对数，得

$$\ln\frac{N}{1-N}=\gamma t-\alpha \tag{2-23}$$

其中，$\ln\frac{N}{1-N}$ 被称为饱和度 N 的**对数几率**(logit)，$-\infty<\ln\frac{N}{1-N}<+\infty$。使用换元法，记 $z\equiv\ln\frac{N}{1-N}$，代入式(2-23)，得

$$z = \gamma t - \alpha \tag{2-24}$$

式(2-24)是一个线性模型,给定人口数据训练集 $D_{\text{train}} = \{(t_1, N_1), (t_2, N_2), \cdots, (t_m, N_m)\}$,可以使用线性回归方法(例如最小二乘法)训练模型,确定出其中的参数 γ 和 α。训练模型之前需要对训练集中的目标集进行转换,把 N_i 转换为对数几率 $z_i = \ln\frac{N_i}{1-N_i}$,并将其作为新的目标数据。在确定出参数 γ 和 α 之后,就可以使用式(2-21)预测今后某个 t 时刻的人口相对于地球支撑极限的饱和度。

使用对数变换和换元法,将式(2-21)所示的非线性模型转换为式(2-24)所示的线性模型,然后使用线性回归方法确定模型参数,这种方法被称为**逻辑斯谛回归**(logistic regression)或**对数几率回归**(logit regression)。逻辑斯谛回归是人口预测、动植物数量增长等研究中一种常用的分析方法。

将式(2-24)和式(2-21)抽象成更一般的函数形式为

$$z \equiv \ln\frac{P}{1-P} = \boldsymbol{\omega}^{\mathrm{T}}\boldsymbol{x} \tag{2-25}$$

$$P = \frac{1}{1+\mathrm{e}^{-z}} = \frac{1}{1+\mathrm{e}^{-\boldsymbol{\omega}^{T}\boldsymbol{x}}} \tag{2-26}$$

其中,$P \in (0,1)$,可表示某种状态的强弱程度或概率大小,P 是需要被预测的目标;$\boldsymbol{x}$ 是预测使用的特征;式(2-25)是将特征 $\boldsymbol{x}$ 映射到 P 的对数几率 z 的线性函数,$z \in (-\infty, +\infty)$;式(2-26)则是将对数几率 z 映射到 P 的一种 **S 形函数**(sigmoid function),在逻辑斯谛回归中被称为**逻辑斯谛函数**(logistic function)。式(2-25)、式(2-26)的函数图形如图 2-45 所示。

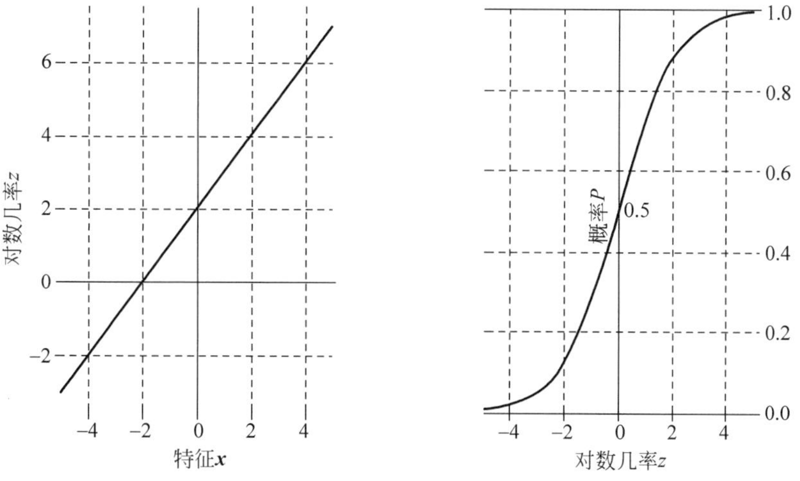

(a) 线性函数:$z \equiv \ln\left(\frac{P}{1-P}\right) = \boldsymbol{\omega}^{\mathrm{T}}\boldsymbol{x}$ (b) 逻辑斯谛函数:$P = \frac{1}{1+\mathrm{e}^{-z}}$

图 2-45 逻辑斯谛回归中的线性函数和逻辑斯谛函数

可以使用式(2-25)、式(2-26)形式的逻辑斯谛回归模型来预测概率(更准确地说是后验概率)。例如在波士顿房价问题中,如果要预测的不是房价,而是预测房子在波士顿地区是属于高价房还是低价房,这时的预测目标就变为房子属于高价房的概率,或属于低价房的概率。可以用 1 表示高价房,用 0 表示低价房。对这类问题进行抽象,可以给出如下的形式化描述。

问题：给定特征 $X=\boldsymbol{x}$，希望根据特征 $X=\boldsymbol{x}$ 预测随机变量 Y 的条件概率，Y 的值域 $\Omega_Y=\{1,0\}$。

模型：

$$z \equiv \ln \frac{P(Y=1 \mid X=\boldsymbol{x})}{1-P(Y=1 \mid X=\boldsymbol{x})}=\boldsymbol{\omega}^{\mathrm{T}} \boldsymbol{x} \tag{2-27}$$

$$P(Y=1 \mid X=\boldsymbol{x})=\frac{1}{1+\mathrm{e}^{-z}}=\frac{1}{1+\mathrm{e}^{-\boldsymbol{\omega}^{\mathrm{T}} \boldsymbol{x}}} \tag{2-28}$$

其中，$P(Y=1|X=\boldsymbol{x})$ 表示给定特征 $X=\boldsymbol{x}$ 时 $Y=1$ 的后验概率。因为 Y 的值域 $\Omega_Y=\{1,0\}$，只有两个取值，所以 $P(Y=0|X=\boldsymbol{x})=1-P(Y=1|X=\boldsymbol{x})$。

训练模型：使用样本数据训练式(2-27)的线性模型，确定出最优参数 $\boldsymbol{\omega}$ 。

使用模型：给定特征 $\boldsymbol{x}$，使用式(2-28)预测随机变量 Y 的条件概率。

上述问题中的随机变量 Y，其取值为 0 或 1，这在概率论中属于 0-1 分布(伯努利分布)问题，而在计算机科学中则相当于布尔类型的真假问题，因此逻辑斯谛回归有时也被称作逻辑回归。

上述问题中的预测目标是概率 $P(Y=1|X=\boldsymbol{x})$、$P(Y=0|X=\boldsymbol{x})$。在此基础上稍微进一步，当 $P(Y=1|X=\boldsymbol{x})\geqslant P(Y=0|X=\boldsymbol{x})$ 大时，将预测目标判定为 1，否则判定为 0，这就变成了机器学习中的分类决策问题。逻辑斯谛回归经常被用于解决二分类问题，例如对"是/否""真/假""好/坏"等问题进行分类。第 3 章将详细讨论机器学习中的分类问题。

2.6 本章习题

一、单选题

1. 关于回归分析，下列说法中错误的是(　　)。
   A. 回归分析是定量研究两种或两种以上变量间相互依赖关系的一种机器学习方法
   B. 回归分析按自变量的多少，可分为一元回归和多元回归分析
   C. 按因变量与自变量之间的函数形式，可分为线性回归和非线性回归
   D. 回归分析是在机器学习出现之后诞生的一种新的科学研究方法
2. 下列 Python 类库与机器学习没有关系的是(　　)。
   A. NumPy　　B. Matplotlib
   C. scikit-learn　　D. Django
3. 开展机器学习或数据分析方面的编程工作，下列集成开发环境(IDE)中使用最为方便的是(　　)。
   A. Anaconda　　B. IDLE
   C. PyCharm　　D. Eclipse with PyDev
4. 机器学习需要对样本数据集进行必要的预处理，但其中不包括(　　)。
   A. 缺失值处理　　B. 重复值处理
   C. 对非数值型特征进行数值编码　　D. 统一数据集的数据精度(小数位数)
5. 下列关于数值型特征标准化的说法，错误的是(　　)。
   A. 数值型特征标准化的目的是尽可能消除特征项之间的不平等

B. 数值型特征标准化的主要手段有消除量纲、统一取值范围等

C. Min-Max 标准化是将特征项的值域映射(或称缩放)到[−1,1]区间

D. z-score 标准化对原始数据实施了去中心化和归一化这样两步操作

6. 机器学习将样本数据集拆分成训练集和测试集,下列说法中错误的是(　　)。

A. 传统统计学评价模型好坏的标准是训练集上预测值与实际值的拟合程度

B. 机器学习评价模型好坏时更关注其泛化能力,即对未知新样本的预测能力

C. 机器学习中,训练模型应当同时使用训练集和测试集

D. 机器学习中,评价模型应当只使用测试集

7. 下列关于梯度下降法的说法中,错误的是(　　)。

A. 梯度下降法(Gradient Descent,GD)是一种迭代算法

B. 梯度下降法的关键步骤是,第 k 次迭代时如何将参数从 $\boldsymbol{\omega}^{k-1}$ 更新到 $\boldsymbol{\omega}^{k}$

C. 给定损失函数 $L(\boldsymbol{\omega})$,梯度下降法的参数迭代公式是

$$\boldsymbol{\omega}^{k}=\boldsymbol{\omega}^{k-1}+a\frac{\partial L(\boldsymbol{\omega}^{k-1})}{\partial\boldsymbol{\omega}},\quad 其中\ a>0$$

D. 应用梯度下降法的一个前提条件是损失函数 $L(\boldsymbol{\omega})$一阶可导

8. 关于模型评价,下列说法中错误的是(　　)。

A. 回归分析在训练模型时通常以样本误差平方和作为评价模型好坏的指标

B. MSE 是评价回归模型时一种常用的评价指标

C. 决定系数 R 方也是评价回归模型时一种常用的评价指标

D. 训练模型和评价模型所使用的评价指标必须相同

9. 关于测试集,下列说法中错误的是(　　)。

A. 测试集应尽量与训练集不重叠,其目的是测试模型的泛化能力

B. 将原始数据集简单拆分成一个训练集和一个测试集,这种方法被称为留出法

C. k 折交叉验证将数据集平均拆分成 k 个子集,然后用其中 1 个训练模型,剩余的 $k-1$ 个测试模型

D. k 折交叉验证共进行 k 轮训练-测试,综合 k 个结果,最终取其均值或最优值

10. 关于线性回归分析中的正则化,下列说法中错误的是(　　)。

A. 如果训练集太小,样本容量小于参数个数,则最优参数有无穷多个

B. 如果样本集存在多个样本点共线的情况,则最优参数有无穷多个

C. 奥卡姆剃刀的原理是,无从选择时应选择复杂的

D. 在损失函数中引入正则化项的目的是限制回归模型的复杂度

11. 关于线性回归分析中的正则化,下列说法中错误的是(　　)。

A. 最小二乘法没有使用正则化技术

B. 岭回归在损失函数中引入的正则化项是 $\lambda\|\boldsymbol{\omega}\|_2^2$

C. LASSO 回归在损失函数中引入的正则化项是 $\lambda\|\boldsymbol{\omega}\|_1$

D. 正则化项中的超参数 λ 是通过学习算法训练得到的

12. 下列回归分析问题中不能使用梯度下降法求解的是(　　)。

A. 最小二乘法　　　　B. 岭回归

C. LASSO 回归　　　　D. 逻辑斯谛回归

13. 下列关于换元法的说法中，错误的是(　　)。

A. 可以使用换元法将多项式模型转换为线性模型

B. 可以使用换元法将指数模型转换为线性模型

C. 将多项式模型转换为线性模型被换元的是自变量

D. 将指数模型转换为线性模型被换元的是自变量

14. 假设 N 表示饱和度，则饱和度的几率是(　　)。

A. N　　B. $1-N$　　C. $\frac{N}{1-N}$　　D. $\ln\frac{N}{1-N}$

15. 逻辑斯谛回归分析是根据特征 X 预测出目标 Y(0 或 1)的条件概率 $P(Y|X)$，与特征 X 构成线性关系的是(　　)。

A. Y　　B. $P(Y|X)$

C. $\frac{P(Y=1|X)}{1-P(Y=1|X)}$　　D. $\ln\frac{P(Y=1|X)}{1-P(Y=1|X)}$

二、讨论题

1. 简述教师教学或学生练习过程中使用编辑器 Jupyter Notebook 的好处。

2. 简述机器学习中数据预处理的主要内容。

3. 在最小二乘法中，假设线性回归模型 $f(\boldsymbol{x})$ 为

$$f(\boldsymbol{x})=\omega_1x_1+\omega_2x_2+\cdots+\omega_dx_d+b$$

给定训练集 $D=\{(\boldsymbol{x}_1,y_1),(\boldsymbol{x}_2,y_2),\cdots,(\boldsymbol{x}_m,y_m)\}$，损失函数 $L(\boldsymbol{\omega})$ 的矩阵表示为

$$L(\boldsymbol{\omega})=(\boldsymbol{y}-\boldsymbol{X\omega})^{\mathrm{T}}(\boldsymbol{y}-\boldsymbol{X\omega})$$

试写出式中 $\boldsymbol{\omega}$、$\boldsymbol{y}$、$\boldsymbol{X}$、$(\boldsymbol{y}-\boldsymbol{X\omega})$、$(\boldsymbol{y}-\boldsymbol{X\omega})^{\mathrm{T}}$ 的展开式。

4. 如果一元函数 $f(x)$ 是凸函数且处处可导，则可使用梯度下降法求解其最小值点。试给出其第 k 次迭代时 x^{k-1} 到 x^k 的迭代公式，并证明 $f(x^k)\leqslant f(x^{k-1})$。

5. LASSO 回归问题是否能用梯度下降法进行求解？试分析其原因。

6. 简述逻辑斯谛回归的基本原理，其中包括问题描述、模型表示及其训练过程。

三、编程实践题

使用 scikit-learn 库提供的糖尿病数据集(diabetes dataset)进行岭回归分析。具体的实验步骤如下。

(1) 使用函数 sklearn.datasets.load_diabetes()加载糖尿病数据集；

(2) 查看数据集说明(https://scikit-learn.org/stable/datasets/toy_dataset.html#diabetes-dataset)，并对数据集进行必要的预处理；

(3) 使用函数 sklearn.model_selection.train_test_split()将数据集按 8∶2 的比例拆分成训练集和测试集；

(4) 使用 sklearn.linear_model.Ridge 类建立岭回归模型，并使用训练集进行训练；

(5) 分别计算模型在训练集和测试集上的决定系数 R 方与 MSE。

第3章

分类问题

本章学习要点

- 了解分类问题的基本概念与常用术语。
- 了解并掌握基于后验概率的贝叶斯分类器设计原理与常用方法。
- 了解并掌握基于特征直接建立判别函数的非贝叶斯分类器设计原理与常用方法。
- 了解多分类问题,以及将其拆分成二分类问题的策略。
- 了解常用的分类模型评价指标。
- 了解特征降维的基本原理及常用方法。

为了认识客观世界,人们按相似程度将客观事物划分成**类别**(class)。从不同角度观察客观事物会得到不同的属性,这种属性被称作客观事物的**特征**(feature)。可以基于特征定义**距离**(distance),用于度量事物间的相似程度,距离的定义可以有各种形式。同类事物之间的相似度高,相互间的特征距离就小;反之,不同类的事物之间相似度低,特征距离就大。

给定样本特征,将其划归某个类别,这就是**分类**(classification)问题,或称为**识别**(recognition)问题。与回归分析相比,回归是一种定量分析,而分类则是一种定性分析。分类是人类最基本的智力活动之一,分类问题也因此成为机器学习中最基本、研究也最为广泛的问题之一。如何让计算机具备学习能力,解决分类问题呢?首先需要对分类问题进行抽象、建模,然后基于特征建立**判别函数**(discriminant function,或称决策函数),并根据判别函数进行分类决策。机器学习将分类所用的判别函数称作**分类器**(classifier)。

可以借助统计学相关的理论与方法来解决分类问题。类别是一个集合概念,例如苹果、香蕉是两类水果,分别代表两类水果的集合。从概率论角度,类别是一种离散型随机变量,其值域是一个离散的类别集合,例如{苹果,香蕉};特征也是随机变量(离散型或连续型),不同类别的特征服从不同的概率分布,例如苹果与香蕉的颜色就服从不同的概率分布。各类别的特征概率分布被称为该类别的**模式**(pattern),基于概率分布进行分类的问题也因此被称为**模式识别**(pattern recognition)问题。**贝叶斯**(Bayes)决策是统计决策中一种建立判别函数、解决分类问题的基本方法。

也可以借助计算机科学中的算法设计思想,直接基于特征(而不是特征的概率分布)来设计分类算法,建立判别函数,从而解决分类问题,例如 k 近邻方法、线性判别分析、决策树等。本章将这些分类器统称为**非贝叶斯**决策。

3.1 贝叶斯分类器

在分类问题中,分类错误率(或正确率)是一个重要的评价标准。所谓贝叶斯分类器,就是给定特征 X,然后基于条件概率 $P(Y=c_i|X)$进行决策分类,将类别 Y 判定为条件概率最大的 c_i。这种分类规则能使分类错误率最小(即正确率最大),因此贝叶斯分类器是一种错误率最小的分类器。应用贝叶斯分类器解决分类问题,首先需通过样本训练集建立起问题的概率模型。

3.1.1 贝叶斯决策

由已知条件推出未知结论,这就是逻辑推理。如果已知条件、未知结论都是随机的,需要由已知条件推出未知结论的概率,这就是概率推理。贝叶斯公式是概率论中一个基本的概率推理公式。

1. 贝叶斯公式与贝叶斯决策

贝叶斯公式 设离散型随机变量 Y 的值域为 $\Omega_Y=\{c_1,c_2,\cdots,c_n\}$且 $P(Y=c_k)>0$, $k=1,2,\cdots,n$,则对任意的随机变量 X,$P(X)>0$,有

$$P(Y=c_k \mid X)=\frac{P(X,Y=c_k)}{P(X)}=\frac{P(X \mid Y=c_k)P(Y=c_k)}{\sum_{k=1}^{n}P(X \mid Y=c_k)P(Y=c_k)},\quad k=1,2,\cdots,n \tag{3-1}$$

或将 $Y=c_k$ 简写成 Y_k,有

$$P(Y_k \mid X)=\frac{P(X,Y_k)}{P(X)}=\frac{P(X \mid Y_k)P(Y_k)}{\sum_{k=1}^{n}P(X \mid Y_k)P(Y_k)},\quad k=1,2,\cdots,n \tag{3-2}$$

式(3-1)或式(3-2)被称为贝叶斯公式。贝叶斯公式有什么用处呢?假设用 Y 表示原因,X 表示结果,则式(3-2)可改写为

$$P(\text{原因}_k \mid \text{结果})=\frac{P(\text{结果} \mid \text{原因}_k)P(\text{原因}_k)}{\sum_{k=1}^{n}P(\text{结果} \mid \text{原因}_k)P(\text{原因}_k)},\quad k=1,2,\cdots,n$$

贝叶斯公式的意义在于它建立了概率 P(结果|原因)与 P(原因|结果)之间的桥梁。如果已知什么原因可能导致什么结果,则通过贝叶斯公式就可以在已知结果的情况下反推其背后的原因。这一点非常有用,例如医学知识告诉我们什么疾病(病因)可能有什么症状(结果),利用贝叶斯公式就可以反过来通过症状去诊断疾病。在分类问题中,特征是可观测的结果,

类别是不可观测的原因，分类就是依据特征去推测类别。

依据随机事件的概率进行推理与决策，这就是统计决策。基于贝叶斯公式进行概率推理与决策，这就是贝叶斯决策。

贝叶斯决策　设离散型随机变量 Y 的值域为 $\Omega_Y=\{c_1,c_2,\cdots,c_n\}$ 且 $P(Y_k)>0,k=1,2,\cdots,n$，对任意的随机变量 X，$P(X)>0$，如果

$$k^* = \underset{k=1,2,\cdots,n}{\operatorname{argmax}} P(Y_k \mid X) \tag{3-3}$$

则判定：给定 X 时 $Y=c_{k^*}$。

将贝叶斯决策规则应用于分类问题，式(3-3)中的随机变量 Y 表示类别(共 n 个类别)，X 表示分类特征。假设已求得 $P(Y=c_k|X),k=1,2,\cdots,n$，则给定特征 X 时可基于式(3-3)的贝叶斯决策规则判定，特征 X 所描述事物的类别为 c_{k^*}。这时，式(3-3)就是一个分类判别函数，它被称为**贝叶斯分类器**(Bayes classifier)。可以证明，在已知概率分布的情况下，贝叶斯分类器是错误率最小的分类器。因为式(3-2)中 $P(Y_k|X)$ 的计算公式具有共同的分母 $P(X)$，所以式(3-3)等价于

$$k^* = \underset{k=1,2,\cdots,n}{\operatorname{argmax}} P(X,Y_k) = \underset{k=1,2,\cdots,n}{\operatorname{argmax}} P(X \mid Y_k)P(Y_k) \tag{3-4}$$

设计贝叶斯分类器，最主要的工作就是通过样本数据获得(估计)分类所需的概率分布。通过样本数据能比较容易地估计出特征概率分布 $P(X)$、类别概率分布 $P(Y_k)$，以及各类的特征条件概率 $P(X|Y_k)$。而类别条件概率 $P(Y_k|X)$ 则需要使用式(3-2)的贝叶斯公式，通过 $P(X)$、$P(Y_k)$ 和 $P(X|Y_k)$ 计算出来，在此基础上再使用式(3-3)进行分类决策。如果改用式(3-4)的判别函数，则不需要知道 $P(X)$，只需要 $P(Y_k)$ 和 $P(X|Y_k)$ 就可以进行分类决策，这样可以有效简化分类决策的计算过程。

式(3-2)中，$P(Y_k|X)$ 为类别条件概率，$P(X,Y_k)$ 为联合概率分布，$P(X)$ 为特征概率分布，$P(Y_k)$ 为类别概率分布，$P(X|Y_k)$ 为各类的特征条件概率。其中，类别概率分布 $P(Y_k)$ 是给定样本特征之前的先验知识，贝叶斯决策将其称为类别分布的**先验概率**(prior probability)；而类别条件概率 $P(Y_k|X)$ 是获得样本特征信息 X 之后对先验概率 $P(Y_k)$ 的更新，因此被称为类别分布的**后验概率**(posterior probability)。贝叶斯公式可以被看作一个将先验概率更新为后验概率的公式。

2. 贝叶斯分类器举例

下面就以一个苹果分类的例子，详细讲解贝叶斯决策的过程。红富士和国光是两个非常知名的苹果品种，如图 3-1 所示。

(a) 红富士苹果

(b) 国光苹果

图 3-1　两个知名的苹果品种

红富士苹果(见图 3-1(a))为大型果,单果重 180～400g;底色淡黄或黄绿,着暗红或鲜红色霞;外形呈扁圆或近似圆形;口感甜脆。国光苹果(见图 3-1(b))为中型果,平均果重 150g 左右;底色黄绿或绿色;果实为扁圆形;口感酸甜。假设随机采集到如表 3-1 所示的 10 个样本苹果,希望能基于这个样本数据集建立起苹果的品种分类模型。本例只有两个类别(红富士或国光),机器学习将只有两个类别的分类问题称作**二分类**(binary classification)问题。相应地,将具有多个类别的分类问题称作**多分类**(multi-class classification)问题。

表 3-1 红富士和国光苹果样本(样本容量为 10)

编号	底色	外形	口感	果重/g	品种
1	黄	圆	甜	190	红富士
2	黄绿	扁圆	酸甜	260	红富士
3	绿	扁圆	酸甜	150	国光
4	黄绿	圆	甜	200	红富士
5	绿	扁圆	酸甜	210	国光
6	黄绿	扁圆	酸甜	170	国光
7	黄	圆	酸甜	200	红富士
8	黄绿	扁圆	酸甜	230	红富士
9	绿	扁圆	甜	180	国光
10	黄绿	扁圆	酸甜	240	红富士

表 3-1 是原始苹果样本数据,其中的底色、外形、口感和果重是 4 个可用于分类的特征数据 X,品种则是分类的目标 Y。建立分类模型,需要先估计概率分布 $P(X)$、$P(Y)$和 $P(X|Y)$,然后使用式(3-2)的贝叶斯公式计算出后验概率 $P(Y|X)$,最后再使用式(3-3)的贝叶斯分类器进行分类。

1) 使用单个离散型特征的贝叶斯分类器

假设选取表 3-1 中的“口感”作为苹果品种的分类特征 X,这是一个离散型随机变量,其值域为{甜,酸甜},只有两个取值。记“甜”为 x_1,“酸甜”为 x_2,特征 X 的概率分布包含两项,即 $P(X=x_1)$、$P(X=x_2)$。可以统计样本数据集“口感”一列“甜”和“酸甜”出现的次数来估计特征 X 的概率分布 $P(X)$。记分类目标“品种”为 Y,其值域为{红富士,国光},记“红富士”为 c_1,“国光”为 c_2,同理可以通过样本数据集估计出类别概率分布 $P(Y)$。估计概率分布 $P(X)$、$P(Y)$的过程及结果如表 3-2 所示。

表 3-2 特征概率分布 $P(X)$与类别概率分布 $P(Y)$

类　别	口感: X		品种: Y	
	甜: x_1	酸甜: x_2	红富士: c_1	国光: c_2
出现次数	$X=x_1$: 3 $X=x_2$: 7		$Y=c_1$: 6 $Y=c_2$: 4	
概率分布	$P(X=x_1)=3/10$ $P(X=x_2)=7/10$		$P(Y=c_1)=6/10$ $P(Y=c_2)=4/10$	

估计特征条件概率 $P(X|Y)$时需要先给定类别 Y(红富士或国光),然后将该类别的样本数据筛选出来并生成子集。估计特征 X 在子集上的概率分布,其结果就是类别 Y 的特征

条件概率 $P(X|Y)$。表 3-3 给出了红富士、国光苹果特征条件概率 $P(X|Y)$的估计过程及结果。

表 3-3 红富士与国光苹果的特征条件概率 $P(X|Y)$

类别	品种 Y			
	口感 $X\|Y$=红富士 c_1		口感 $X\|Y$=国光 c_2	
	甜：x_1	酸甜：x_2	甜：x_1	酸甜：x_2
出现次数	$X=x_1$：2 $X=x_2$：4		$X=x_1$：1 $X=x_2$：3	
概率分布	$P(X=x_1\|Y=c_1)=2/6$ $P(X=x_2\|Y=c_1)=4/6$		$P(X=x_1\|Y=c_2)=1/4$ $P(X=x_2\|Y=c_2)=3/4$	

表 3-2、表 3-3 的 $P(X)$、$P(Y)$和 $P(X|Y)$，就构成了一个完整的苹果分类问题的概率分布模型。任意给定新样本的口感特征 X，例如口感“酸甜”，可表示为$(X=x_2)$，可以使用式(3-2)所示的贝叶斯公式计算出后验概率 $P(Y|X)$，即

$$P(Y_1 \mid X)=\frac{P(X,Y_1)}{P(X)}=\frac{P(X=x_2 \mid Y_1)P(Y_1)}{P(X=x_2)}=\frac{\frac{4}{6}\times\frac{6}{10}}{\frac{7}{10}}=\frac{4}{7}$$

或

$$P(Y_1 \mid X)=\frac{P(X,Y_1)}{P(X)}=\frac{P(X=x_2 \mid Y_1)P(Y_1)}{\sum_{i=1}^{2}P(X=x_2 \mid Y_i)P(Y_i)}=\frac{\frac{4}{6}\times\frac{6}{10}}{\frac{4}{6}\times\frac{6}{10}+\frac{3}{4}\times\frac{4}{10}}=\frac{4}{7}$$

同理，可得

$$P(Y_2 \mid X)=\frac{P(X,Y_2)}{P(X)}=\frac{P(X=x_2 \mid Y_2)P(Y_2)}{P(X=x_2)}=\frac{\frac{3}{4}\times\frac{4}{10}}{\frac{7}{10}}=\frac{3}{7}$$

因为 $P(Y_1|X)>P(Y_2|X)$，根据式(3-3)所示的贝叶斯决策，将口感酸甜的苹果判定为 c_1(红富士)。

如果改用式(3-4)所示的贝叶斯决策，则不需要知道特征概率分布 $P(X)$，只需计算

$$P(X=x_2 \mid Y_1)P(Y_1)=\frac{4}{6}\times\frac{6}{10}=\frac{4}{10}$$

$$P(X=x_2 \mid Y_2)P(Y_2)=\frac{3}{4}\times\frac{4}{10}=\frac{3}{10}$$

因为 $P(X=x_2|Y_1)P(Y_1)>P(X=x_2|Y_2)P(Y_2)$，所以将口感酸甜的苹果判定为 c_1(红富士)。这与式(3-3)所示的贝叶斯决策的结论相同，但计算过程简化了。

2) 使用两个离散型特征的贝叶斯分类器

假设选取表 3-1 中的“口感”和“外形”两项作为苹果品种的分类特征，这是两个离散型随机变量，可记作 $X=(X_1,X_2)$，其值域是{甜，酸甜}和{圆，扁圆}的组合，即{(甜，圆)，

(甜,扁圆),(酸甜,圆),(酸甜,扁圆)},共有 4 种取值。记“甜”为 x_{11},“酸甜”为 x_{12};再记“圆”为 x_{21},“扁圆”为 x_{22},特征 X 的概率分布包含 4 项,即 $P(X=(x_{11},x_{21}))$、$P(X=(x_{11},x_{22}))$、$P(X=(x_{12},x_{21}))$和 $P(X=(x_{12},x_{22}))$。

可以统计样本数据集的数据,估计出特征 X 的概率分布 $P(X_1,X_2)$、类别概率分布 $P(Y)$,还有特征条件概率 $P(X_1,X_2|Y)$,上述估计过程及结果如表 3-4、表 3-5 所示。

表 3-4 特征概率分布 $P(X_1,X_2)$与类别概率分布 $P(Y)$

类　别	(口感,外形):$X=(X_1,X_2)$	品种:Y	
	甜 x_{11},酸甜 x_{12};圆 x_{21},扁圆 x_{22}	红富士:c_1	国光:c_2
出现次数	$X=(x_{11},x_{21})$:2 $X=(x_{11},x_{22})$:1 $X=(x_{12},x_{21})$:1 $X=(x_{12},x_{22})$:6	$Y=c_1$:6 $Y=c_2$:4	
概率分布	$P(X=(x_{11},x_{21}))=2/10$ $P(X=(x_{11},x_{22}))=1/10$ $P(X=(x_{12},x_{21}))=1/10$ $P(X=(x_{12},x_{22}))=6/10$	$P(Y=c_1)=6/10$ $P(Y=c_2)=4/10$	

表 3-5 红富士与国光苹果的特征条件概率 $P(X_1,X_2|Y)$

类　别	品种 Y	
	(口感,外形)$X\|Y=$红富士 c_1	(口感,外形)$X\|Y=$国光 c_2
	甜 x_{11},酸甜 x_{12};圆 x_{21},扁圆 x_{22}	甜 x_{11},酸甜 x_{12};圆 x_{21},扁圆 x_{22}
出现次数	$X=(x_{11},x_{21})$:2 $X=(x_{11},x_{22})$:0 $X=(x_{12},x_{21})$:1 $X=(x_{12},x_{22})$:3	$X=(x_{11},x_{21})$:0 $X=(x_{11},x_{22})$:1 $X=(x_{12},x_{21})$:0 $X=(x_{12},x_{22})$:3
概率分布	$P(X=(x_{11},x_{21})\|Y=c_1)=2/6$ $P(X=(x_{11},x_{22})\|Y=c_1)=0/6$ $P(X=(x_{12},x_{21})\|Y=c_1)=1/6$ $P(X=(x_{12},x_{22})\|Y=c_1)=3/6$	$P(X=(x_{11},x_{21})\|Y=c_2)=0/4$ $P(X=(x_{11},x_{22})\|Y=c_2)=1/4$ $P(X=(x_{12},x_{21})\|Y=c_2)=0/4$ $P(X=(x_{12},x_{22})\|Y=c_2)=3/4$

表 3-4、表 3-5 的 $P(X_1,X_2)$、$P(Y)$和 $P(X_1,X_2|Y)$,就构成了一个完整的苹果分类问题的概率分布模型,其中使用了两个离散型分类特征,需计算它们的联合概率分布或联合条件概率分布。任意给定新样本的口感、外形特征 X,例如(酸甜,扁圆),可表示为$(X=(x_{12},x_{22}))$。使用式(3-4)所示的贝叶斯决策,有

$$P(X=(x_{12},x_{22})\mid Y_1)P(Y_1)=\frac{3}{6}\times\frac{6}{10}=\frac{3}{10}$$

$$P(X=(x_{12},x_{22})\mid Y_2)P(Y_2)=\frac{3}{4}\times\frac{4}{10}=\frac{3}{10}$$

因为 $P(X=(x_{12},x_{22})|Y_1)P(Y_1)$、$P(X=(x_{12},x_{22})|Y_2)P(Y_2)$两者相等，所以可以将具有(酸甜，扁圆)特征的苹果判定为 c_1(红富士)，也可以判定为 c_2(国光)。

3) 使用离散型、连续型混合特征的贝叶斯分类器

假设选取表 3-1 中的“口感”和“果重”两项作为苹果品种的分类特征，“口感”特征是离散型随机变量，而“果重”特征是连续型随机变量。统计样本数据集的数据，可以很容易地估计出离散型随机变量的概率分布，而估计连续型随机变量的概率分布则相对比较复杂。

估计连续型随机变量概率分布常用的方法：先假设随机变量服从某种概率分布，例如正态分布 $N(\mu,\sigma^2)$，然后使用极大似然估计方法估计出其中的参数 μ 和 σ，最终求得随机变量的概率密度函数。表 3-6、表 3-7 给出了估计离散型、连续型混合特征联合概率分布 $P(X_1,X_2)$、类别概率分布 $P(Y)$ 和混合特征联合条件概率分布 $P(X_1,X_2|Y)$ 的大致过程。习惯上，大写字母 P 表示离散型随机变量的概率分布或连续型随机变量的分布函数，小写字母 p 表示连续型随机变量的概率密度函数。

表 3-6　特征概率分布 $P(X_1,X_2)$ 与类别概率分布 $P(Y)$

类　别	(口感，果重)：$X=(X_1,X_2)$	品种：Y	
	甜 x_{11}，酸甜 x_{12}；果重 $x_2\in R$	红富士：c_1	国光：c_2
出现次数	$X=(x_{11},x_2)$：3 $X=(x_{12},x_2)$：7	$Y=c_1$：6 $Y=c_2$：4	
概率分布	$P(X_1=x_{11})=3/10$ $P(X_1=x_{12})=7/10$ $p_1(x_2\|X_1=x_{11})\sim N(\mu_1,\sigma_1^2)$ $p_2(x_2\|X_1=x_{12})\sim N(\mu_2,\sigma_2^2)$ $P(X_1,X_2)=P(X_2\|X_1)P(X_1)$	$P(Y=c_1)=6/10$ $P(Y=c_2)=4/10$	

表 3-7　红富士与国光苹果的特征条件概率 $P(X_1,X_2|Y)$

类　别	品种 Y	
	(口感，果重)$X\|Y=$红富士 c_1	(口感，果重)$X\|Y=$国光 c_2
	甜 x_{11}，酸甜 x_{12}；果重 $x_2\in R$	甜 x_{11}，酸甜 x_{12}；果重 $x_2\in R$
出现次数	$X=(x_{11},x_2)$：2 $X=(x_{12},x_2)$：4	$X=(x_{11},x_2)$：1 $X=(x_{12},x_2)$：3
概率分布	$P(X_1=x_{11})=2/6$ $P(X_1=x_{12})=4/6$ $p_1(x_2\|X_1=x_{11})\sim N(\mu_1,\sigma_1^2)$ $p_2(x_2\|X_1=x_{12})\sim N(\mu_2,\sigma_2^2)$ $P(X_1,X_2\|Y=c_1)=P(X_2\|X_1)P(X_1)$	$P(X_1=x_{11})=1/4$ $P(X_1=x_{12})=3/4$ $p_3(x_2\|X_1=x_{11})\sim N(\mu_3,\sigma_3^2)$ $p_4(x_2\|X_1=x_{12})\sim N(\mu_4,\sigma_4^2)$ $P(X_1,X_2\|Y=c_2)=P(X_2\|X_1)P(X_1)$

估计表 3-6 的混合特征联合概率分布 $P(X_1,X_2)$ 时，需先按离散型特征“口感”(X_1，甜或酸甜)将样本数据拆分成两个子集；然后使用极大似然估计方法估计出连续型特征“果重”X_2 在子集上的概率密度函数 $p(x_2|X_1)$，例如服从正态分布 $N(\mu,\sigma^2)$ 时需估计其参数 μ 和 σ；最后再计算混合特征的联合概率分布 $P(X_1,X_2)=P(X_2|X_1)P(X_1)$。对于表 3-7 的

混合特征联合条件概率分布 $P(X_1,X_2|Y)$，可以使用类似的方法进行估计。

表3-6、表3-7的 $P(X_1,X_2)$、$P(Y)$ 和 $P(X_1,X_2|Y)$，就构成了一个完整的苹果分类问题的概率分布模型，其中使用了一个离散型特征和一个连续型特征。可以看出，随着特征数的增加、离散型与连续型的混合，特征联合概率密度的估计难度不断加大。贝叶斯分类器的难点在于概率分布的估计。

在已知概率分布的情况下，贝叶斯分类器在理论上是错误率最小的分类器。但实际应用中，由于估计多个特征之间联合概率分布的难度非常大，因此贝叶斯分类器难以实施。贝叶斯分类器通常被作为研究分类器性能时的一种基准模型。

3.1.2 朴素贝叶斯与参数估计

贝叶斯分类器的难点在于概率分布估计，特别是高维特征的联合概率分布，其估计难度非常大。一个 d 维特征的联合概率分布 $P(X_1,X_2,\cdots,X_d)$，可以使用贝叶斯公式分解成如下形式，

$$\begin{aligned}P(X_1,X_2,\cdots,X_d)&=P(X_1\mid X_2,\cdots,X_d)P(X_2,\cdots,X_d)\\&=P(X_1\mid X_2,\cdots,X_d)P(X_2\mid X_3,\cdots,X_d)P(X_3,\cdots,X_d)\\&=P(X_1\mid X_2,\cdots,X_d)P(X_2\mid X_3,\cdots,X_d)\cdots P(X_{d-1}\mid X_d)P(X_d)\end{aligned}$$

假设所有特征之间相互独立，则联合概率分布可简化为

$$P(X_1,X_2,\cdots,X_d)=P(X_1)P(X_2)\cdots P(X_d)=\prod_{i=1}^{d}P(X_i) \tag{3-5}$$

同理，如果假设给定类别条件下所有特征之间相互独立，则

$$P(X_1,X_2,\cdots,X_d\mid Y)=P(X_1\mid Y)P(X_2\mid Y)\cdots P(X_d\mid Y)=\prod_{i=1}^{d}P(X_i\mid Y) \tag{3-6}$$

这样，d 维特征联合概率分布的估计问题就简化为 d 个一维特征概率分布的估计问题。这种简化具有非常大的应用价值，可以有效降低概率估计的难度。

所有特征之间相互独立，这是一个限制性很强的假设，基于这种假设所设计的贝叶斯分类器被称作**朴素贝叶斯**(naive Bayes)分类器。除了特征联合条件概率分布 $P(X_1,X_2,\cdots,X_d|Y)$ 的估计方法不同之外，朴素贝叶斯分类器与贝叶斯分类器在其他方面都是一样的。

在朴素贝叶斯分类器中，d 维联合概率分布的估计问题被简化为一维特征概率分布的估计问题。下面对一维特征概率分布的估计问题做必要讲解，然后再给出一个关于乳腺癌诊断的分类器设计与编程实例。

1. 特征条件概率的估计

设计朴素贝叶斯分类器，最主要的工作就是通过样本数据获得(估计)分类所需的特征条件概率，即给定类别 $Y=y$ 的条件下各项特征 X_i 的概率分布 $P(X_i|Y=y)$。下面给出三种常用概率分布形式，以及它们的参数估计方法。

1) 0-1分布与二项分布(离散型)

给定类别 $Y=y$，如果离散型特征 X(随机变量)只有两种取值(可表示成0或1)，其概

率分布为

$$P(X=1 \mid Y=y)=p, \quad P(X=0 \mid Y=y)=1-p, \quad 0<p<1$$

则称随机变量 X 服从参数为 p 的 **0-1** 分布，又称**伯努利**(Bernoulli)分布。如果独立重复 m 次试验，每次试验均服从参数为 p 的 **0-1** 分布，用 X 表示 m 次试验中 1 发生的次数，则称随机变量 X 服从参数为(m,p)的**二项**(binomial)分布。

给定类别 $Y=y$ 时的特征样本数据集$\{x_1,x_2,\cdots,x_m\}$，可以估计出参数 p。数据集的样本容量为 m，统计其中取值为 1 的样本点个数 m_1，则 $p=m_1/m$，即

$$P(X=1 \mid Y=y)=\frac{m_1}{m}, \quad P(X=0 \mid Y=y)=1-\frac{m_1}{m} \tag{3-7}$$

例 3-1　证明 $p=m_1/m$ 是二项分布的极大似然估计。

证明：给定类别 $Y=y$ 时的特征样本数据集$\{x_1,x_2,\cdots,x_m\}$，其中各样本点服从相同的 0-1 分布，联合概率服从二项分布。该数据集的似然函数为

$$\begin{aligned}L(p)&=P(X=x_1 \mid Y=y)P(X=x_2 \mid Y=y)\cdots P(X=x_m \mid Y=y)\\&=\prod_{i=1}^{m_1}P(X=1 \mid Y=y)\prod_{i=1}^{m-m_1}P(X=0 \mid Y=y)\\&=p^{m_1}(1-p)^{m-m_1}\end{aligned}$$

两边取对数，得对数似然函数

$$\ln L(p)=m_1\ln p+(m-m_1)\ln(1-p)$$

求对数似然函数 $\ln L(p)$对参数 p 的导数，并令其等于零，即

$$\frac{\partial \ln L(p)}{\partial p}=\frac{m_1}{p}-\frac{m-m_1}{1-p}=0$$

解方程得 $p=m_1/m$，这就是使似然函数最大的参数取值，即二项分布的极大似然估计。

2）多项分布（离散型）

给定类别 $Y=y$，如果离散型特征 X（随机变量）有 n 种取值（可表示为 $1\sim n$，$n>2$），其概率分布为

$$P(X=i \mid Y=y)=p_i, \quad 0<p_i<1, \quad \sum_{i=1}^{n}p_i=1$$

则称 $P(X|Y=y)$服从**多项**(multinomial)分布。

给定类别 $Y=y$ 时的特征样本数据集$\{x_1,x_2,\cdots,x_m\}$，可以估计出参数$\{p_1,p_2,\cdots,p_n\}$。数据集的样本容量为 m，统计其中取值为 i 的样本点个数 m_i，则 $p_i=m_i/m$，即

$$P(X=i \mid Y=y)=\frac{m_i}{m}, \quad i=1,2,\cdots,n \tag{3-8}$$

为防止样本欠采样造成概率 p_i 为零的情况，通常采用**拉普拉斯平滑**(Laplace smoothing)技术对 p_i 的计算公式进行修正。平滑后，$p_i=(m_i+1)/(m+n)>0$，即

$$P(X=i \mid Y=y)=\frac{m_i+1}{m+n}, \quad i=1,2,\cdots,n$$

3）高斯分布(连续型)

给定类别 $Y=y$，如果特征 X(随机变量)取连续值，值域 $\Omega_X=\{x:x\in R\}$，且其概率密度函数为

$$p(x \mid Y=y)=\frac{1}{\sqrt{2\pi}\sigma}\mathrm{e}^{-\frac{(x-\mu)^2}{2\sigma^2}}$$

则称 $P(X|Y=y)$服从参数为(μ,σ^2)的**正态**(normal)分布，又称**高斯**(Gaussian)分布。

给定类别 $Y=y$ 时的特征样本数据集$\{x_1,x_2,\cdots,x_m\}$，可以估计出参数 μ、σ^2。使用极大似然估计可得

$$\mu=\bar{x}=\frac{1}{m}\sum_{i=1}^{m}x_i,\quad \sigma^2=\frac{1}{m}\sum_{i=1}^{m}(x_i-\bar{x})^2 \tag{3-9}$$

例 3-2 证明式(3-9)中的 μ、σ^2 是高斯分布的极大似然估计。

证明：给定类别 $Y=y$ 时的特征样本数据集$\{x_1,x_2,\cdots,x_m\}$，其似然函数为

$$L(\mu,\sigma^2)=p(x_1 \mid Y=y)p(x_2 \mid Y=y)\cdots p(x_m \mid Y=y)=\prod_{i=1}^{m}\frac{1}{\sqrt{2\pi}\sigma}\mathrm{e}^{-\frac{(x_i-\mu)^2}{2\sigma^2}}$$

两边取对数，得对数似然函数

$$\begin{aligned}\ln L(\mu,\sigma^2)&=-m\ln\sqrt{2\pi}-m\ln\sigma-\frac{1}{2\sigma^2}\sum_{i=1}^{m}(x_i-\mu)^2\\&=-m\ln\sqrt{2\pi}-\frac{m}{2}\ln\sigma^2-\frac{1}{2\sigma^2}\sum_{i=1}^{m}(x_i-\mu)^2\end{aligned}$$

求对数似然函数 $\ln L(p)$对参数 μ 和 σ^2 的偏导数，并令其等于 0，即

$$\begin{cases}\dfrac{\partial\ln L(\mu,\sigma^2)}{\partial\mu}=\dfrac{1}{\sigma^2}\displaystyle\sum_{i=1}^{m}(x_i-\mu)=0\\[2ex]\dfrac{\partial\ln L(\mu,\sigma^2)}{\partial\sigma^2}=-\dfrac{m}{2\sigma^2}+\dfrac{1}{2\sigma^4}\displaystyle\sum_{i=1}^{m}(x_i-\mu)^2=0\end{cases}$$

解方程可得式(3-9)，这就是使似然函数最大的参数取值，即高斯分布的极大似然估计。

2. 使用 scikit-learn 库提供的样本数据集练习编程

scikit-learn 为机器学习提供了很多练习用的数据集，例如练习回归任务的 boston house-prices dataset、diabetes dataset；练习分类任务使用的 iris dataset、digits dataset、breast cancer wisconsin dataset 等。本章选用其中的乳腺癌数据集 breast cancer wisconsin dataset 来讲解朴素贝叶斯分类器的设计过程及编程实现。

breast cancer wisconsin dataset 是一个乳腺癌诊断的数据集，其中包含 569 个病例，每个病例包含 30 项特征数据(均为连续型特征)和一项诊断结果(1 表示恶性(malignant)，0 表示良性(benign))。诊断乳腺癌就是根据各项临床特征(即检查指标)判定乳腺癌是恶性肿瘤还是良性肿瘤。这是一个分类问题，更准确地说是一个二分类问题。

图 3-2 给出了一个下载乳腺癌诊断数据集的示例代码，它将数据集及其说明文档分别保存到 data 目录下的 breast_cancer.csv 文件和 breast_cancer.txt 中。

3. 使用 scikit-learn 库中的朴素贝叶斯模型

scikit-learn 库根据分类特征的概率分布形式，将朴素贝叶斯分类器模型封装成不同的

```
In [1]: import numpy as np
        import pandas as pd
        import matplotlib.pyplot as plt
        %matplotlib inline

        #下载乳腺癌数据集，保存到本地文件breast_cancer.csv中
        from sklearn.datasets import load_breast_cancer
        cancer = load_breast_cancer()
        print(cancer.data.shape)

        df = pd.DataFrame(cancer.data, columns=cancer.feature_names)
        df['malignant'] = cancer['target']
        df.to_csv("./data/breast_cancer.csv", index=None)

        #将数据集的说明文档保存到本地文件breast_cancer.txt中
        file = open("./data/breast_cancer.txt", 'w')
        file.write(cancer.DESCR)
        file.close()

        (569, 30)
```

图 3-2 下载乳腺癌诊断数据集的示例代码

类，常用的有三个：**GaussianNB**（高斯分布特征）、**MultinomialNB**（多项分布特征）、**BernoulliNB**（伯努利分布特征，即二项分布），并将它们存放在 sklearn.naive_bayes 模块中。这些朴素贝叶斯类都实现了学习算法 **fit**()、预测算法 **predict**()和评价算法 **score**()。下面通过乳腺癌诊断数据集来具体讲解朴素贝叶斯类的使用方法。为了进行本章的分类器编程实战，这里新建一个 Jupyter 记事本文件，后面将在该文件中正式编写程序代码。

乳腺癌诊断数据集的各项临床检查指标都是连续型特征，因此需要选用高斯分布的朴素贝叶斯类 GaussianNB。使用 GaussianNB 类建立乳腺癌诊断模型（即分类模型）主要分为 3 步。

1）加载数据集

从下载到本地 data 目录下的 breast_cancer.csv 文件中加载乳腺癌诊断数据集，得到一个 DataFrame 类的二维表格 **cancer**，显示其形状（shape，即表格的行数和列数）。取出数据集中的特征（0～29 列），生成特征集 **X**；再取出诊断结果（第 30 列，列名为 malignant），生成目标集 **Y**。图 3-3 给出了示例代码。

```
In [1]: import numpy as np
        import pandas as pd
        import matplotlib.pyplot as plt
        %matplotlib inline

        cancer = pd.read_csv("./data/breast_cancer.csv")
        print("shape=", cancer.shape)

        X = cancer.iloc[:, :30]
        Y = cancer["malignant"]  # 或：Y = cancer.iloc[:, 30]

        shape= (569, 31)
```

图 3-3 加载数据集的示例代码

2）拆分训练集和测试集

使用 sklearn.model_selection 模块中的函数 train_test_split()，将特征集、目标集再分别拆分成训练集和测试集，得到训练集的特征集 **X_train** 和目标集 **Y_train**、测试集的特征集 **X_test** 和目标集 **Y_test**，共 4 个子集。图 3-4 给出了示例代码。

```
In [2]: from sklearn.model_selection import train_test_split
        X_train, X_test, Y_train, Y_test = train_test_split(
                                          X, Y, test_size=0.2, random_state=2020)
        print("X_train:", X_train.shape, "Y_train:", Y_train.shape)
        print("X_test:", X_test.shape, "Y_test:", Y_test.shape)

        X_train: (455, 30) Y_train: (455,)
        X_test: (114, 30) Y_test: (114,)
```

图 3-4　拆分训练集和测试集的示例代码

3）训练并测试模型

图 3-5 给出了使用 GaussianNB 类建立并训练乳腺癌诊断模型的示例代码。其中，诊断模型（即分类模型）是基于高斯分布的朴素贝叶斯分类器，训练模型使用的是训练集（X_train、Y_train）；然后用训练好的模型对测试集 X_test 前两个病例样本进行分类预测，将预测结果 predict 与 Y_test 中的真实诊断结果 malignant 进行比对，1 表示恶性，0 表示良性；最后使用函数 score()计算模型在训练集（X_train、Y_train）和测试集（X_test、Y_test）上的**平均正确率**（mean accuracy）。

```
In [3]: from sklearn.naive_bayes import GaussianNB
        gnb = GaussianNB()
        gnb.fit(X_train, Y_train)

        Y1 = gnb.predict(X_test[:2])
        print(X_test.values[:2]);  print()
        print("predict:", Y1, "  malignant:", Y_test.values[:2])
        print("mean accuracy on train:", gnb.score(X_train, Y_train))
        print("mean accuracy on test:", gnb.score(X_test, Y_test))

          [[2.321e+01 2.697e+01 1.535e+02 1.670e+03 9.509e-02 1.682e-01 1.950e-01
            1.237e-01 1.909e-01 6.309e-02 1.058e+00 9.635e-01 7.247e+00 1.558e+02
            6.428e-03 2.863e-02 4.497e-02 1.716e-02 1.590e-02 3.053e-03 3.101e+01
            3.451e+01 2.060e+02 2.944e+03 1.481e-01 4.126e-01 5.820e-01 2.593e-01
            3.103e-01 8.677e-02]
           [1.164e+01 1.833e+01 7.517e+01 4.125e+02 1.142e-01 1.017e-01 7.070e-02
            3.485e-02 1.801e-01 6.520e-02 3.060e-01 1.657e+00 2.155e+00 2.062e+01
            8.540e-03 2.310e-02 2.945e-02 1.398e-02 1.565e-02 3.840e-03 1.314e+01
            2.926e+01 8.551e+01 5.217e+02 1.688e-01 2.660e-01 2.873e-01 1.218e-01
            2.806e-01 9.097e-02]]

          predict: [0 1]   malignant: [0 1]
          mean accuracy on train: 0.9406593406593406
          mean accuracy on test: 0.9736842105263158
```

图 3-5　使用 GaussianNB 类建立并训练乳腺癌诊断模型的示例代码

从图 3-5 可以看出，使用 GaussianNB 类建立并训练乳腺癌诊断模型，其在训练集、测试上的诊断正确率分别为 94％和 97％左右。

3.1.3　逻辑斯谛回归与牛顿法

贝叶斯分类器需要先估计特征概率分布 $P(X)$、类别概率分布 $P(Y_i)$，以及各类的特征条件概率 $P(X|Y_i)$，然后使用贝叶斯公式计算出后验概率 $P(Y_i|X)$，最后再进行分类决策。能不能通过特征 X 直接估计出后验概率 $P(Y_i|X)$呢？对于二分类问题来说，答案是肯定的。给定样本数据集，可以使用逻辑斯谛回归方法直接估计后验概率 $P(Y_1|X)$、$P(Y_0|X)$。注：$P(Y_1|X)$、$P(Y_0|X)$分别是 $P(Y=1|X)$和 $P(Y=0|X)$的简写。

在二分类问题中，类别 Y 的取值只有两个，$\Omega_Y=\{1,0\}$，其后验概率 $P(Y|X)$ 服从 0-1 分布，即

$$P(Y_1 \mid X)=p,\quad P(Y_0 \mid X)=1-p,\quad 0<p<1$$
$$P(Y_1 \mid X)+P(Y_0 \mid X)=1$$

将 $P(Y_1|X)$ 与 $P(Y_0|X)$ 之比称作 0-1 分布的**几率**(odds)，将几率的自然对数称作**对数几率**(logit，记作 z)，其数学形式可表示为

$$\text{几率}=\frac{P(Y_1 \mid X)}{P(Y_0 \mid X)}=\frac{p}{1-p} \tag{3-10}$$

$$\text{对数几率 } z=\ln\frac{P(Y_1 \mid X)}{P(Y_0 \mid X)}=\ln\frac{p}{1-p} \tag{3-11}$$

整理式(3-11)可得

$$p=\frac{e^z}{1+e^z}=\frac{1}{1+e^{-z}} \tag{3-12}$$

式(3-12)的函数形式被称为**逻辑斯谛**函数，它是一种 sigmoid 函数(即 S 形函数)。式(3-11)、式(3-12)描述了 0-1 分布中对数几率 z 与概率 p 之间的函数关系。

针对二分类问题，给定样本特征 $X=\boldsymbol{x}$，可以使用逻辑斯谛回归方法预测后验概率分布 $P(Y|X=\boldsymbol{x})$ 的对数几率 z，然后使用式(3-12)计算出概率 p。逻辑斯谛回归有一个重要假设：0-1 分布的对数几率 z 与特征 $\boldsymbol{x}$ 之间存在线性关系，即

$$z=\boldsymbol{\omega}^{\mathrm{T}}\boldsymbol{x} \tag{3-13}$$

其中，$\boldsymbol{\omega}$ 是未知参数。这个假设来源于自然界的生物增长模型，具有一定的合理性(参见 2.5.2 节)。将式(3-13)代入式(3-12)，得

$$p=\frac{e^z}{1+e^z}=\frac{e^{\boldsymbol{\omega}^{\mathrm{T}}\boldsymbol{x}}}{1+e^{\boldsymbol{\omega}^{\mathrm{T}}\boldsymbol{x}}} \tag{3-14}$$

由此可得后验概率 $P(Y_1|X=\boldsymbol{x})$、$P(Y_0|X=\boldsymbol{x})$ 的回归模型，即

$$P(Y_1 \mid X=\boldsymbol{x})=p=\frac{e^{\boldsymbol{\omega}^{\mathrm{T}}\boldsymbol{x}}}{1+e^{\boldsymbol{\omega}^{\mathrm{T}}\boldsymbol{x}}},\quad P(Y_0 \mid X=x)=1-p=\frac{1}{1+e^{\boldsymbol{\omega}^{\mathrm{T}}\boldsymbol{x}}} \tag{3-15}$$

有了式(3-15)的后验概率回归模型，再结合式(3-3)的贝叶斯决策，这样所设计出的分类器被称为**逻辑斯谛回归**(logistic regression)分类器，或**对数几率回归**(logit regression)分类器。式(3-15)的回归模型中，$\boldsymbol{\omega}$ 是未知参数，需通过样本训练集并使用极大似然估计进行训练，确定出最优参数 $\boldsymbol{\omega}^*$。

1. 构造似然函数

给定二分类的样本数据训练集 $D_{\text{train}}=\{(\boldsymbol{x}_1,y_1),(\boldsymbol{x}_2,y_2),\cdots,(\boldsymbol{x}_m,y_m)\}$，其中 $\boldsymbol{x}_i$ 是样本特征，y_i 是其对应的真实类别(0 或 1)，可以构造式(3-15)所示回归模型的似然函数，将使似然函数最大的参数取值 $\boldsymbol{\omega}^*$ 作为最优参数。

式(3-15)所示回归模型的似然函数可以定义为

$$L(\boldsymbol{\omega})=\prod_{i=1}^{m}P(Y=y_i \mid \boldsymbol{x}_i;\boldsymbol{\omega})$$

两边取自然对数，得到对数似然函数

$$\ln L(\boldsymbol{\omega})=\ln\prod_{i=1}^{m}P(Y=y_i\mid\boldsymbol{x}_i;\boldsymbol{\omega})=\sum_{i=1}^{m}\ln P(Y=y_i\mid\boldsymbol{x}_i;\boldsymbol{\omega})\tag{3-16}$$

其中,后验概率 $P(Y=y_i|\boldsymbol{x}_i;\boldsymbol{\omega})$按 y_i 的取值可分为如下两种情况。

(1) 如果 $y_i=1$,则

$$P(Y=y_i\mid\boldsymbol{x}_i;\boldsymbol{\omega})=P(Y=1\mid\boldsymbol{x}_i;\boldsymbol{\omega})=\frac{\mathrm{e}^{\boldsymbol{\omega}^{\mathrm{T}}\boldsymbol{x}_i}}{1+\mathrm{e}^{\boldsymbol{\omega}^{\mathrm{T}}\boldsymbol{x}_i}}$$

$$\ln P(Y=1\mid\boldsymbol{x}_i;\boldsymbol{\omega})=\ln\frac{\mathrm{e}^{\boldsymbol{\omega}^{\mathrm{T}}\boldsymbol{x}_i}}{1+\mathrm{e}^{\boldsymbol{\omega}^{\mathrm{T}}\boldsymbol{x}_i}}=\boldsymbol{\omega}^{\mathrm{T}}\boldsymbol{x}_i-\ln(1+\mathrm{e}^{\boldsymbol{\omega}^{\mathrm{T}}\boldsymbol{x}_i})\tag{3-17}$$

(2) 如果 $y_i=0$,则

$$P(Y=y_i\mid\boldsymbol{x}_i;\boldsymbol{\omega})=P(Y=0\mid\boldsymbol{x}_i;\boldsymbol{\omega})=\frac{1}{1+\mathrm{e}^{\boldsymbol{\omega}^{\mathrm{T}}\boldsymbol{x}_i}}$$

$$\ln P(Y=0\mid\boldsymbol{x}_i;\boldsymbol{\omega})=\ln\frac{1}{1+\mathrm{e}^{\boldsymbol{\omega}^{\mathrm{T}}\boldsymbol{x}_i}}=-\ln(1+\mathrm{e}^{\boldsymbol{\omega}^{\mathrm{T}}\boldsymbol{x}_i})\tag{3-18}$$

可以构造一个新函数,将式(3-17)、式(3-18)的两个对数概率函数合并成一个,即

$$\begin{aligned}\ln P(Y=y_i\mid\boldsymbol{x}_i;\boldsymbol{\omega})=&\,y_i\ln P(Y=1\mid\boldsymbol{x}_i;\boldsymbol{\omega})\\&+(1-y_i)\ln P(Y=0\mid\boldsymbol{x}_i;\boldsymbol{\omega})\end{aligned}\tag{3-19}$$

其中,y_i、$1-y_i$ 必然一个是 0,另一个是 1,这相当于对等号右边两个对数概率项进行开关选择。

式(3-19)是第 i 个样本点的对数似然函数,其负数形式

$$-\ln P(Y=y_i\mid\boldsymbol{x}_i;\boldsymbol{\omega})=-[y_i\ln P(Y=1\mid\boldsymbol{x}_i;\boldsymbol{\omega})+(1-y_i)\ln P(Y=0\mid\boldsymbol{x}_i;\boldsymbol{\omega})]$$

被称为第 i 个样本点的**交叉熵**(cross entropy)。整个训练集 D_{train} 上的交叉熵为各样本点交叉熵之和,即

$$-\sum_{i=1}^{m}\ln P(Y=y_i\mid\boldsymbol{x}_i;\boldsymbol{\omega})$$

最大化似然函数等价于最小化交叉熵。交叉熵的作用相当于训练逻辑斯谛回归模型时的损失函数。

将式(3-17)、式(3-18)代入式(3-19),则

$$\ln P(Y=y_i\mid\boldsymbol{x}_i;\boldsymbol{\omega})=y_i[\boldsymbol{\omega}^{\mathrm{T}}\boldsymbol{x}_i-\ln(1+\mathrm{e}^{\boldsymbol{\omega}^{\mathrm{T}}\boldsymbol{x}_i})]+(1-y_i)[-\ln(1+\mathrm{e}^{\boldsymbol{\omega}^{\mathrm{T}}\boldsymbol{x}_i})]$$

整理可得

$$\ln P(Y=y_i\mid\boldsymbol{x}_i;\boldsymbol{\omega})=y_i\boldsymbol{\omega}^{\mathrm{T}}\boldsymbol{x}_i-\ln(1+\mathrm{e}^{\boldsymbol{\omega}^{\mathrm{T}}\boldsymbol{x}_i})\tag{3-20}$$

将式(3-20)代入式(3-16)的对数似然函数,则

$$\ln L(\boldsymbol{\omega})=\sum_{i=1}^{m}[y_i\boldsymbol{\omega}^{\mathrm{T}}\boldsymbol{x}_i-\ln(1+\mathrm{e}^{\boldsymbol{\omega}^{\mathrm{T}}\boldsymbol{x}_i})]\tag{3-21}$$

最大化对数似然函数 $\ln L(\boldsymbol{\omega})$,等价于最小化其负值(即交叉熵),记作 $L_1(\boldsymbol{\omega})$,即

$$L_1(\boldsymbol{\omega})=-\ln L(\boldsymbol{\omega})=\sum_{i=1}^{m}[-y_i\boldsymbol{\omega}^{\mathrm{T}}\boldsymbol{x}_i+\ln(1+\mathrm{e}^{\boldsymbol{\omega}^{\mathrm{T}}\boldsymbol{x}_i})]\tag{3-22}$$

式(3-22)是关于$\boldsymbol{\omega}$ 的连续且高阶可导凸函数,可以使用梯度下降法、牛顿法等迭代算法求解

出最优参数$\boldsymbol{\omega}^*$,即

$$\boldsymbol{\omega}^* = \underset{\boldsymbol{\omega}}{\operatorname{argmin}}\, L_1(\boldsymbol{\omega}) \tag{3-23}$$

如果使用梯度下降法,其参数迭代公式为

$$\boldsymbol{\omega}^k = \boldsymbol{\omega}^{k-1} - a \cdot \nabla L_1(\boldsymbol{\omega}^{k-1})$$

如果使用牛顿法,则参数迭代公式为

$$\boldsymbol{\omega}^k = \boldsymbol{\omega}^{k-1} - \boldsymbol{H}^{-1}(\boldsymbol{\omega}^{k-1}) \times \nabla L_1(\boldsymbol{\omega}^{k-1}) \tag{3-24}$$

其中,

$$\nabla L_1(\boldsymbol{\omega}) = \begin{bmatrix} \dfrac{\partial L_1}{\partial \omega_1} \\ \dfrac{\partial L_1}{\partial \omega_2} \\ \vdots \\ \dfrac{\partial L_1}{\partial \omega_d} \end{bmatrix}, \quad \boldsymbol{H}(\boldsymbol{\omega}) = \begin{bmatrix} \dfrac{\partial^2 L_1}{\partial \omega_1 \omega_1} & \dfrac{\partial^2 L_1}{\partial \omega_1 \omega_2} & \cdots & \dfrac{\partial^2 L_1}{\partial \omega_1 \omega_d} \\ \dfrac{\partial^2 L_1}{\partial \omega_2 \omega_1} & \dfrac{\partial^2 L_1}{\partial \omega_2 \omega_2} & \cdots & \dfrac{\partial^2 L_1}{\partial \omega_2 \omega_d} \\ \vdots & \vdots & \ddots & \vdots \\ \dfrac{\partial^2 L_1}{\partial \omega_d \omega_1} & \dfrac{\partial^2 L_1}{\partial \omega_d \omega_2} & \cdots & \dfrac{\partial^2 L_1}{\partial \omega_d \omega_d} \end{bmatrix}$$

2. 牛顿法

梯度下降法、牛顿法都属于数值迭代算法。梯度下降法利用一阶导数(或一阶偏导数)确定下一个迭代点的搜索方向,牛顿法在此基础上进一步利用二阶导数(或二阶偏导数)确定出下一个迭代点的大致位置,因此牛顿法能够提高迭代算法的收敛速度。

先讨论一元函数的无约束最小化问题:$x^* = \min\limits_{x \in R} f(x)$。假设从$x^{k-1}$处出发,该如何搜索下一个迭代点$x^k$,使得$f(x^k) \leqslant f(x^{k-1})$呢?一元函数$f(x)$在$x^{k-1}$处的二阶泰勒展开式为

$$f(x) = f(x^{k-1}) + f'(x^{k-1})(x - x^{k-1}) + \frac{1}{2} f''(x^{k-1})(x - x^{k-1})^2 + o((x - x^{k-1})^2)$$

令

$$\varphi(x) = f(x^{k-1}) + f'(x^{k-1})(x - x^{k-1}) + \frac{1}{2} f''(x^{k-1})(x - x^{k-1})^2 \approx f(x)$$

则函数$\varphi(x)$是$f(x)$的近似函数,且在x^{k-1}处的一阶导数、二阶导数与$f(x)$相同,可以将$\varphi(x)$的极值点作为最小化$f(x)$的下一个迭代点。求$\varphi(x)$的一阶导数,并令其等于0,即

$$\varphi'(x) = f'(x^{k-1}) + f''(x^{k-1})(x - x^{k-1}) = 0$$

解得

$$x = x^{k-1} - \frac{f'(x^{k-1})}{f''(x^{k-1})}$$

将$\varphi(x)$的极值点x作为下一个迭代点x^k,即

$$x^k = x^{k-1} - \frac{f'(x^{k-1})}{f''(x^{k-1})} \tag{3-25}$$

式(3-25)就是牛顿法的迭代公式。

使用牛顿法求解一元函数 $f(x)$ 无约束最小化问题的算法过程如下：首先任意选取一个参数初值 x^0，然后按照式(3-25)的迭代公式，不断更新迭代，得到新的参数 $x^1, x^2, \cdots, x^k, \cdots$，使 $f(x)$ 的函数值逐步下降，即 $f(x^k) \leqslant f(x^{k-1})$；重复迭代过程，直到相邻两次迭代计算出的函数值基本没有变化，则 $f(x)$ 收敛至最小值，迭代结束，将当前参数 x^k 作为最优参数 x^*。

将一元函数的无约束最小化问题推广到多元函数，例如 d 元函数，即

$$\boldsymbol{x}^* = \min_{x \in R^d} f(\boldsymbol{x})$$

其中，$\boldsymbol{x} = (x_1, x_2, \cdots, x_d)^{\mathrm{T}}$ 是一个 d 维向量。从一元函数推广到 d 元函数，需将一阶、二阶导数分别替换成梯度向量(一阶偏导向量)$\nabla f(\boldsymbol{x})$ 和黑塞矩阵(二阶偏导矩阵)$\boldsymbol{H}(\boldsymbol{x})$。对于 d 元函数，牛顿法迭代公式的推导过程如下。

$$f(\boldsymbol{x}) = f(\boldsymbol{x}^{k-1}) + \nabla f(\boldsymbol{x}^{k-1})(\boldsymbol{x} - \boldsymbol{x}^{k-1}) + \frac{1}{2}(\boldsymbol{x} - \boldsymbol{x}^{k-1})^{\mathrm{T}} \boldsymbol{H}(\boldsymbol{x}^{k-1})(\boldsymbol{x} - \boldsymbol{x}^{k-1}) + o((\boldsymbol{x} - \boldsymbol{x}^{k-1})^{\mathrm{T}}(\boldsymbol{x} - \boldsymbol{x}^{k-1}))$$

其中，

$$\nabla f(\boldsymbol{x}) = \begin{bmatrix} \dfrac{\partial f}{\partial x_1} \\ \dfrac{\partial f}{\partial x_2} \\ \vdots \\ \dfrac{\partial f}{\partial x_d} \end{bmatrix}, \quad \boldsymbol{H}(\boldsymbol{x}) = \begin{bmatrix} \dfrac{\partial^2 f}{\partial x_1 x_1} & \dfrac{\partial^2 f}{\partial x_1 x_2} & \cdots & \dfrac{\partial^2 f}{\partial x_1 x_d} \\ \dfrac{\partial^2 f}{\partial x_2 x_1} & \dfrac{\partial^2 f}{\partial x_2 x_2} & \cdots & \dfrac{\partial^2 f}{\partial x_2 x_d} \\ \vdots & \vdots & \ddots & \vdots \\ \dfrac{\partial^2 f}{\partial x_d x_1} & \dfrac{\partial^2 f}{\partial x_d x_2} & \cdots & \dfrac{\partial^2 f}{\partial x_d x_d} \end{bmatrix}$$

令

$$\varphi(\boldsymbol{x}) = f(\boldsymbol{x}^{k-1}) + \nabla f(\boldsymbol{x}^{k-1})(\boldsymbol{x} - \boldsymbol{x}^{k-1}) + \frac{1}{2}(\boldsymbol{x} - \boldsymbol{x}^{k-1})^{\mathrm{T}} \boldsymbol{H}(\boldsymbol{x}^{k-1})(\boldsymbol{x} - \boldsymbol{x}^{k-1}) \approx f(\boldsymbol{x})$$

则函数 $\varphi(\boldsymbol{x})$ 是 $f(\boldsymbol{x})$ 的近似函数，可以将 $\varphi(\boldsymbol{x})$ 的极值点作为最小化 $f(\boldsymbol{x})$ 的下一个迭代点。求 $\varphi(\boldsymbol{x})$ 的一阶偏导数，并令其等于零，即

$$\nabla \varphi(\boldsymbol{x}) = \nabla f(\boldsymbol{x}^{k-1}) + \boldsymbol{H}(\boldsymbol{x}^{k-1})(\boldsymbol{x} - \boldsymbol{x}^{k-1}) = 0$$

如果 $\boldsymbol{H}(\boldsymbol{x})$ 可逆，解方程得

$$\boldsymbol{x} = \boldsymbol{x}^{k-1} - \boldsymbol{H}^{-1}(\boldsymbol{x}^{k-1}) \nabla f(\boldsymbol{x}^{k-1})$$

将 $\varphi(\boldsymbol{x})$ 的极值点 $\boldsymbol{x}$ 作为下一个迭代点 $\boldsymbol{x}^k$，即

$$\boldsymbol{x}^k = \boldsymbol{x}^{k-1} - \boldsymbol{H}^{-1}(\boldsymbol{x}^{k-1}) \nabla f(\boldsymbol{x}^{k-1}) \tag{3-26}$$

式(3-26)就是多元函数时的牛顿法迭代公式。

3. 使用 scikit-learn 库中的逻辑斯谛回归分类器模型

scikit-learn 库将逻辑斯谛回归分类器模型封装成一个类(类名为 **LogisticRegression**)，并将其存放在 sklearn. linear_model 模块中。LogisticRegression 类实现了逻辑斯谛回归分类器模型的学习算法 **fit**()、预测算法 **predict**()和评价算法 **score**()。

应用逻辑斯谛回归分类器，需要对样本的特征数据进行标准化(z-score 或 Min-Max)，

然后再将特征集、目标集进一步拆分成训练集和测试集。对乳腺癌诊断问题，图 3-6 给出了特征标准化和数据集拆分的示例代码。示例代码先对 3.1.2 节得到的特征集 X 进行标准化，得到新的特征集 X1，然后将 X1 和目标集 Y 按照 8:2 的比例拆分成训练集和测试集。拆分得到训练集的特征集 **X1_train** 和目标集 **Y_train**、测试集的特征集 **X1_test** 和目标集 **Y_test**，共 4 个子集。

```
In [4]: from sklearn.preprocessing import StandardScaler, MinMaxScaler

        scaler = StandardScaler()
        #scaler = MinMaxScaler()
        scaler.fit(X)
        X1 = scaler.transform(X)
        # X1 = scaler.fit_transform(X)

        from sklearn.model_selection import train_test_split
        X1_train,X1_test,Y_train,Y_test = train_test_split(
                                    X1, Y, test_size=0.2, random_state=2020)
        print("X1_train:", X1_train.shape, "Y_train:", Y_train.shape)
        print("X1_test:", X1_test.shape, "Y_test:", Y_test.shape)

        X1_train: (455, 30) Y_train: (455,)
        X1_test: (114, 30) Y_test: (114,)
```

图 3-6 特征标准化和数据集拆分的示例代码

图 3-7 给出了使用 LogisticRegression 类建立并训练乳腺癌诊断模型的示例代码。其中，诊断模型（即分类模型）采用的是逻辑斯谛回归分类器，训练模型使用的是训练集（X1_train、Y_train）；然后用训练好的模型对测试集 X1_test 前两个病例样本进行分类预测，将预测结果 predict 与 Y_test 中的真实诊断结果 malignant 进行比对，1 表示恶性，0 表示良性；最后使用函数 score()计算模型在训练集（X1_train、Y_train）和测试集（X1_test、Y_test）上的平均正确率。

```
In [5]: from sklearn.linear_model import LogisticRegression
        lr = LogisticRegression(penalty='l2', C=1.0, random_state=2020)
        lr.fit(X1_train, Y_train)

        Y1 = lr.predict(X1_test[:2])
        print(X1_test[:2]); print()
        print("predict:", Y1," malignant:", Y_test.values[:2])
        print("mean accuracy on train:", lr.score(X1_train, Y_train))
        print("mean accuracy on test:", lr.score(X1_test, Y_test))

        [[ 2.57961809  1.78726935  2.53447284  2.88707955 -0.09040012  1.21022282
           1.33334652  1.92889603  0.35553387  0.04144935  2.35619316 -0.45967024
           2.16869979  2.54038166 -0.20433459  0.17615607  0.43357064  0.87007041
          -0.56208259 -0.28062613  3.05256427  1.43836286  2.94101757  3.62730675
           0.6896002   1.00723154  1.48632804  2.20319388  0.32718689  0.1565044
        ]
         [-0.70642616 -0.22331665 -0.69195555 -0.68937948  1.26957147 -0.05005056
          -0.22723639 -0.3628993  -0.03876801  0.3405638  -0.35793278  0.79857725
          -0.35199608 -0.43380945  0.49969396 -0.13291308 -0.08102636  0.35424367
          -0.59235221  0.01705767 -0.64800054  0.58343296 -0.64787811 -0.63088521
           1.59700315  0.07465072  0.07249786  0.10953674 -0.15329395  0.3892508
        3]]

        predict: [0 1]  malignant: [0 1]
        mean accuracy on train: 0.989010989010989
        mean accuracy on test: 0.9736842105263158
```

图 3-7 使用 LogisticRegression 类建立并训练乳腺癌诊断模型的示例代码

4. 将逻辑斯谛回归推广至多分类

可以将逻辑斯蒂回归由二分类推广至多分类（假设为 N 分类），这时类别后验概率由二分类的 0-1 分布推广至多项分布。相应地，后验概率的函数形式也由逻辑斯谛函数推广至

归一化指数函数(或称作 **softmax** 函数),其数学形式为

$$z_k = \boldsymbol{\omega}_k^{\mathrm{T}} \boldsymbol{x}, \quad k = 1, 2, \cdots, N$$

$$z_{\text{total}} = \sum_{k=1}^{N} \mathrm{e}^{z_k} = \sum_{k=1}^{N} \mathrm{e}^{\boldsymbol{\omega}_k^{\mathrm{T}} \boldsymbol{x}}$$

$$P(Y_k \mid \boldsymbol{x}) = \operatorname{softmax}(z_k) = \frac{\mathrm{e}^{z_k}}{z_{\text{total}}}, \quad k = 1, 2, \cdots, N$$

其中,$\boldsymbol{x}$ 为样本特征,$\boldsymbol{\omega}_k$ 为第 k 类的回归系数;$P(Y_k|\boldsymbol{x})$为第 k 类的后验概率,$0 < P(Y_k|\boldsymbol{x}) < 1$,且 $\sum_{k=1}^{N} P(Y_k \mid \boldsymbol{x}) = 1$。

给定一个多分类的样本特征 $\boldsymbol{x}$,使用逻辑斯谛回归方法分别估计出各类的后验概率 $P(Y_k|\boldsymbol{x})$,$k=1,2,\cdots,N$,然后将使 $P(Y_k|\boldsymbol{x})$最大的 Y_k 作为分类结果。

二分类时,第 i 个样本点的交叉熵(记作 H)为

$$\begin{aligned} H &= -\ln P(Y = y_i \mid \boldsymbol{x}_i; \boldsymbol{\omega}) \\ &= -[y_i \ln P(Y = 1 \mid \boldsymbol{x}_i; \boldsymbol{\omega}) + (1 - y_i) \ln P(Y = 0 \mid \boldsymbol{x}_i; \boldsymbol{\omega})] \end{aligned}$$

而多分类时,通常会对样本类别进行 N 位 one-hot 编码,例如类别 1 的 one-hot 编码为 10…0,类别 2 的 one-hot 编码为 01…0,…,类别 N 的 one-hot 编码为 00…1。这时第 i 个样本点类别 y_i 的 one-hot 编码可记为 $y_i^1 y_i^2 \cdots y_i^N$,其交叉熵可写成

$$H = -\ln P(Y = y_i \mid \boldsymbol{x}_i; \boldsymbol{\omega}) = -\sum_{k=1}^{N} y_i^k \ln P(y_i = k \mid \boldsymbol{x}_i; \boldsymbol{\omega}), \quad y_i^k \in \{0, 1\}$$

基于逻辑斯谛回归进行分类决策时,交叉熵的作用相当于训练模型时的损失函数。

5. 进一步理解交叉熵

设 $p(y)$、$q(y)$是随机变量 Y 上的两个概率分布,则 $q(y)$相对于 $p(y)$的交叉熵被定义为

$$\begin{cases} H(q, p) = -\sum_{y \in \Omega_Y} q(y) \ln p(y), & \text{离散型} \\ H(q, p) = -\int_{\Omega_Y} q(y) \ln p(y) \mathrm{d}y, & \text{连续型} \end{cases}$$

其中,Ω_Y 为随机变量 Y 的值域。交叉熵描述了两种不同概率分布之间的差异程度,因此常被分类模型用作度量真实概率分布与预测概率分布之间误差的损失函数。注:交叉熵不是对称的,即 $H(q,p) \neq H(p,q)$。

例如,使用逻辑斯谛回归方法进行二分类时,给定样本 $\boldsymbol{x}_i$,可以估计出类别 $y \in \{0,1\}$ 的预测概率分布 $p(y)$,可记作 p_1、p_0。另外,可以将样本 $\boldsymbol{x}_i$ 的真实类别 y_i 也表示成概率分布的形式并记作 q_1、q_0。例如,$y_i=1$ 时的概率分布 $q(y)$为:$q_1=1$,$q_0=0$;$y_i=0$ 时的概率分布 $q(y)$则为:$q_1=0$,$q_0=1$。这时度量预测概率分布 $p(y)$与真实概率分布 $q(y)$的差异,可以使用交叉熵的形式,即

$$H(q, p) = -\sum_{y \in \{0,1\}} q(y) \ln p(y) = -(q_1 \ln p_1 + q_0 \ln p_0)$$

对比式(3-19)可以看出,交叉熵与对数似然函数互为相反数。使用逻辑斯谛回归方法进行分类时,最大化对数似然函数就等价于最小化交叉熵损失函数。

3.2 非贝叶斯分类器

计算机科学是一门新兴学科，它善于从其他学科汲取营养，善于运用算法来解决问题。针对分类问题，本节介绍三种借助算法思想所设计的非贝叶斯分类器模型，它们分别是 k 近邻方法、线性判别分析和决策树。这三种方法都是直接基于特征（而不是特征的概率分布）来设计分类算法，建立判别函数，从而解决分类问题。

3.2.1 k 近邻分类器与距离度量

k 近邻（k-Nearest Neighbor，KNN）分类器是一种**基于实例**（instance-based）的分类器。这种分类器不建立任何模型，只是将训练集作为样本实例保存起来。假设给定训练集

$$D_{\text{train}}=\{(\boldsymbol{x}_1,y_1),(\boldsymbol{x}_2,y_2),\cdots,(\boldsymbol{x}_m,y_m)\}$$

其中，$\boldsymbol{x}_i$ 是样本特征，$y_i\in\{c_1,c_2,\cdots,c_n\}$是其对应的实际类别，直接将训练集 D_{train} 以某种**数据结构**（data structure）保存起来。

给定新样本 $\boldsymbol{x}$，按照某种**距离度量**（distance metric）查找训练集中 k 个（例如 1 个、3 个或 5 个等）距离最近（称作**最近邻**，nearest neighbor）的样本实例，然后统计这 k 个样本实例的类别；最后的分类决策规则是，将出现次数最多的类别判定为新样本 $\boldsymbol{x}$ 的类别，这种分类决策规则被称为**简单多数表决**（simple majority vote）规则。k 近邻分类器直接基于训练集实例进行分类，没有显式的学习过程，也不需要学习算法。

1. 距离度量

如何对样本点特征之间的相似度（距离）进行度量，这是 k 近邻分类器最核心的内容。度量两个 d 维特征 $\boldsymbol{x}_i=\{x_{i1},x_{i2},\cdots,x_{id}\}$和 $\boldsymbol{x}_j=\{x_{j1},x_{j2},\cdots,x_{jd}\}$之间的相似度，通常使用**欧氏**（Euclidean）距离或**曼哈顿**（Manhattan）距离。**闵可夫斯基**（Minkowski）距离则给出了更一般形式的定义。将闵可夫斯基距离记作 L_p，其定义形式为

$$L_p(\boldsymbol{x}_i,\boldsymbol{x}_j)=\left(\sum_{l=1}^{d}|x_{il}-x_{jl}|^p\right)^{\frac{1}{p}},\quad p\geqslant 1 \tag{3-27}$$

如果 $p=1$，则闵可夫斯基距离就是曼哈顿距离，记作 $L_1(\boldsymbol{x}_i,\boldsymbol{x}_j)$或 $\|\boldsymbol{x}_i-\boldsymbol{x}_j\|_1$。

$$L_1(\boldsymbol{x}_i,\boldsymbol{x}_j)=\sum_{l=1}^{d}|x_{il}-x_{jl}|$$

如果 $p=2$，则闵可夫斯基距离就是欧氏距离，记作 $L_2(\boldsymbol{x}_i,\boldsymbol{x}_j)$或 $\|\boldsymbol{x}_i-\boldsymbol{x}_j\|_2$。

$$L_2(\boldsymbol{x}_i,\boldsymbol{x}_j)=\sqrt{\sum_{l=1}^{d}|x_{il}-x_{jl}|^2}=\sqrt{\sum_{l=1}^{d}(x_{il}-x_{jl})^2}$$

如果 $p=+\infty$，则闵可夫斯基距离就是**切比雪夫**（Chebyshev）距离，记作 L_∞。

$$L_\infty(\boldsymbol{x}_i,\boldsymbol{x}_j)=\max_{l=1,2,\cdots,d}|x_{il}-x_{jl}|$$

2. 数据结构与查找算法

给定新样本 $\boldsymbol{x}$，k 近邻分类器需要逐个计算与训练集里各实例 $\boldsymbol{x}_i$ 的距离。如果使用顺

序表(例如数组或链表)存储训练集 D_{train},则查找算法的平均复杂度为 $O(N)$。

可以改用 **kd 树**(k-dimensional tree)来存储训练集 D_{train},这样能将查找 $\boldsymbol{x}$ 最近邻算法的平均复杂度降到 $O(\log N)$,有效提高算法的查找速度。kd 树由"数据结构"中的**二叉搜索树**(Binary Search Tree,BST)演变而来,常用于高维数据的存储与查找。如果想详细了解 kd 树及其查找算法,读者可进一步查阅相关资料。

3. 简单多数表决规则

给定新样本 $\boldsymbol{x}$,使用查找算法查找出训练集 D_{train} 中与 $\boldsymbol{x}$ 距离最近的 k 个实例。假设这 k 个实例为 $(\boldsymbol{x}_1, y_1), (\boldsymbol{x}_2, y_2), \cdots, (\boldsymbol{x}_k, y_k)$,其中实例类别 $y_i \in \{c_1, c_2, \cdots, c_n\}$。统计 n 个类别在 k 个实例中出现的次数,将出现次数最多的类别判定为新样本 $\boldsymbol{x}$ 的类别。

4. 使用 scikit-learn 库中的 k 近邻分类器模型

scikit-learn 库将 k 近邻分类器模型封装成一个类(类名为 **KNeighborsClassifier**),并将其存放在 sklearn. neighbors 模块中。KNeighborsClassifier 类实现了 k 近邻分类器模型的学习算法 **fit()**、预测算法 **predict()** 和评价算法 **score()**。

图 3-8 给出了使用 KNeighborsClassifier 类建立并训练乳腺癌诊断模型的示例代码。其中,诊断模型(即分类模型)采用的是 k 近邻分类器;数据集使用的是 3.1.3 节标准化后的乳腺癌诊断数据集,其中的训练集(X1_train、Y_train)被用作样本实例;然后用训练好的模型对测试集 X1_test 前两个病例样本进行分类预测,将预测结果 predict 与 Y_test 中的真实诊断结果 malignant 进行比对,1 表示恶性,0 表示良性;最后使用函数 score()计算模型在训练集(X1_train、Y_train)和测试集(X1_test、Y_test)上的平均正确率。

```
In [6]: from sklearn.neighbors import KNeighborsClassifier
        knc = KNeighborsClassifier(n_neighbors=3, p=2, metric='minkowski')
        knc.fit(X1_train, Y_train)

        Y1 = knc.predict(X1_test[:2])
        print(X1_test[:2]);  print()
        print("predict:", Y1, "  malignant:", Y_test.values[:2])
        print("mean accuracy on train:", knc.score(X1_train, Y_train))
        print("mean accuracy on test:", knc.score(X1_test, Y_test))

[[ 2.57961809  1.78726935  2.53447284  2.88707955 -0.09040012  1.21022282
   1.33334652  1.92889603  0.35553387  0.04144935  2.35619316 -0.45967024
   2.16869979  2.54038166 -0.20433459  0.17615607  0.43357064  0.87007041
  -0.56208259 -0.28062613  3.05256427  1.43836286  2.94101757  3.62730675
   0.6896002   1.00723154  1.48632804  2.20319388  0.32718689  0.1565044
]
 [-0.70642616 -0.22331665 -0.69195555 -0.68937948  1.26957147 -0.05005056
  -0.22723639 -0.3628993  -0.03876801  0.3405638  -0.35793278  0.79857725
  -0.35199608 -0.43380945  0.49969396 -0.13291308 -0.08102636  0.35424367
  -0.59235221  0.01705767 -0.64800054  0.58343296 -0.64787811 -0.63088521
   1.59700315  0.07465072  0.07249786  0.10953674 -0.15329395  0.3892508
3]]

predict: [0 1]   malignant: [0 1]
mean accuracy on train: 0.989010989010989
mean accuracy on test: 0.9385964912280702
```

图 3-8　使用 KNeighborsClassifier 类建立并训练乳腺癌诊断模型的示例代码

5. 超参数 k 的选择

k 近邻分类器模型中的 k 是一个超参数,其取值对分类结果有很大影响。图 3-9 给出一个例子,对于新样本 $\boldsymbol{x}$,不同 k 值会得到不同的分类结果。当 $k=1$ 时,k 近邻分类器也被称作最近邻分类器。

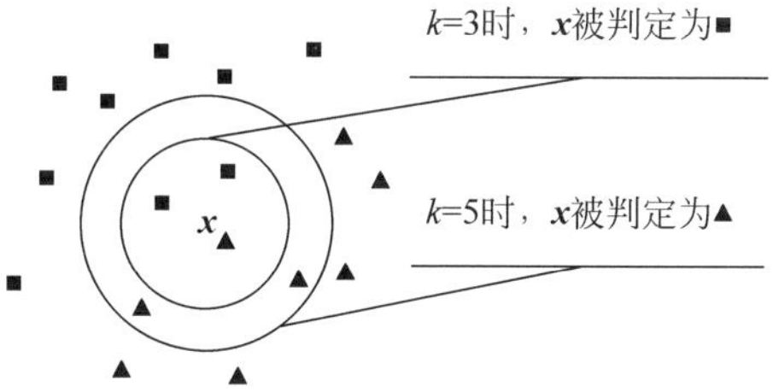

图 3-9　不同 k 值会得到不同的分类结果

对于乳腺癌诊断模型所采用的 k 近邻分类器，图 3-10、图 3-11 分别给出对比不同 k 值（1～9）时模型分类性能（其中采用了 5 折交叉验证，即 cv＝5）的示例代码和折线图。图 3-11 的折线图可以为超参数 k 值的选择提供参考。

```
In [7]: from sklearn.neighbors import KNeighborsClassifier
        from sklearn.model_selection import cross_val_score

        scores = []
        for k in range(1,10):
            knc = KNeighborsClassifier(n_neighbors=k,p=2,metric='minkowski')
            cv_results = cross_val_score(knc, X1_train, Y_train, cv=5)
            scores.append( np.mean(cv_results) )

        fig = plt.figure( figsize=(4, 3), dpi=100 )
        plt.rcParams['font.sans-serif'] = ['SimHei']
        plt.rcParams['axes.unicode_minus'] = False

        plt.plot(range(1,10), scores, 'r--', linewidth=2)
        plt.xlabel(r'$k$')
        plt.ylabel(r'平均正确率')
        plt.title(r'对比不同$k$值时模型的分类性能')
        plt.show()
```

图 3-10　对比不同 k 值（1～9）时模型分类性能的示例代码

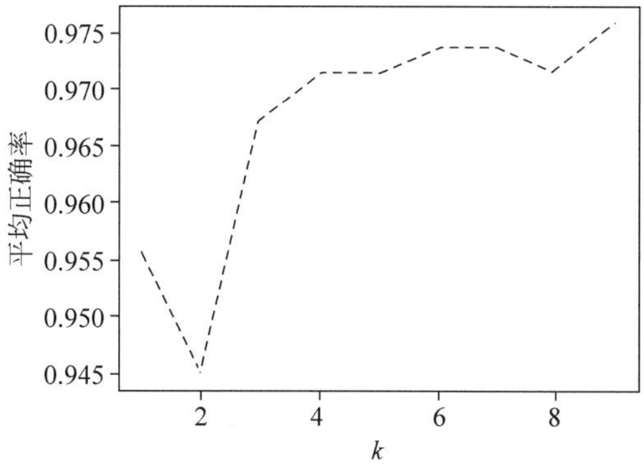

图 3-11　对比不同 k 值（1～9）时模型分类性能的折线图

3.2.2　线性判别分析与特征空间

贝叶斯分类器需要先估计特征概率分布 $P(X)$、类别概率分布 $P(Y_k)$，以及各类的特征条件概率 $P(X|Y_k)$，然后使用贝叶斯公式计算出后验概率 $P(Y_k|X)$，最后再进行分类决策。估计概率分布需要有足够多的样本数据。如果特征 X 包含的属性个数很多，即高维特征，则估计特征概率分布 $P(X)$、各类特征条件概率 $P(X|Y_k)$ 所需样本集的容量要求很

大，否则就会因样本稀疏造成概率估计的偏差。

对于二分类问题，**线性判别分析**（Linear Discriminant Analysis，LDA）方法的思路是：给定训练集，设法将其中的高维特征压缩到一维，然后基于一维特征来设计分类器，这样就能降低对样本集容量的要求。

1. 特征空间与向量投影

给定训练集 $D_{\text{train}}=\{(\boldsymbol{x}_1,y_1),(\boldsymbol{x}_2,y_2),\cdots,(\boldsymbol{x}_m,y_m)\}$，其中 $\boldsymbol{x}_i$ 是样本特征，$y_i\in\{c_1,c_2,\cdots,c_n\}$是其对应的实际类别，$i=1,2,\cdots,m$。可以将每个样本点的特征看作向量空间里的一个向量，这种向量空间被称为**特征空间**（feature space），其中的向量被称为**特征向量**（feature vector，这个特征向量与矩阵的特征向量不是一回事）。图 3-12 给出一个二维特征空间的示意图。

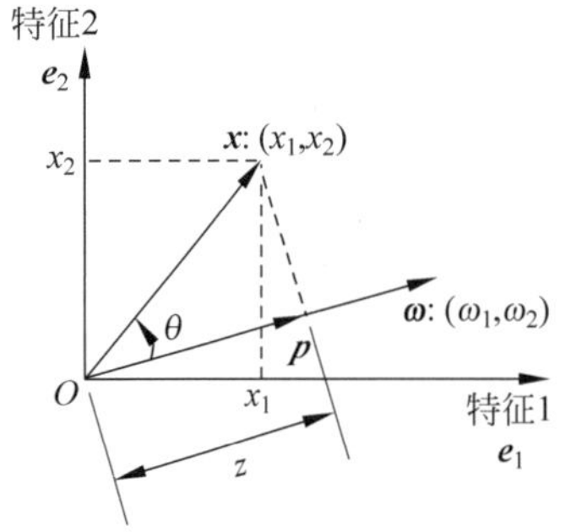

图 3-12 将每个样本点的特征看作特征空间中的一个向量

在图 3-12 所示的特征空间中，每一项特征属性都是一个**维度**（dimension），d 项特征属性就构成一个 d 维空间。样本点 $\boldsymbol{x}$ 在特征空间中的坐标$(x_1,x_2,\cdots,x_d)$就是各属性的取值。例如，假设特征 1 表示苹果的“口感”，特征 2 表示“果重”，苹果样本 $\boldsymbol{x}$ 的坐标(甜，190)就表示 $\boldsymbol{x}$ 的口感是“甜”，果重为 190g。

样本点 $\boldsymbol{x}$ 的坐标实际上是向量 $\boldsymbol{x}$ 在各基向量（坐标轴）上的投影。例如图 3-12 中，样本点 $\boldsymbol{x}$ 的坐标(x_1,x_2)就是其在基向量 $\boldsymbol{e}_1$、$\boldsymbol{e}_2$ 上的投影 x_1、x_2。可以将样本点 $\boldsymbol{x}$ 投影到其他向量（例如$\boldsymbol{\omega}$）上。假设向量$\boldsymbol{\omega}$ 的坐标是$(\omega_1,\omega_2,\cdots,\omega_d)$，向量 $\boldsymbol{x}$ 在$\boldsymbol{\omega}$ 上的投影可分为**标量投影**（scalar projection，记作 z）与**向量投影**（vector projection，记作 $\boldsymbol{p}$）两种形式（参见图 3-12），其计算公式分别为

$$z=\frac{\boldsymbol{\omega}^{\mathrm{T}}\boldsymbol{x}}{\|\boldsymbol{\omega}\|} \tag{3-28}$$

$$\boldsymbol{p}=z\,\frac{\boldsymbol{\omega}}{\|\boldsymbol{\omega}\|} \tag{3-29}$$

其中，向量 $\boldsymbol{x}=(x_1,x_2,\cdots,x_d)^{\mathrm{T}}$，$\boldsymbol{\omega}=(\omega_1,\omega_2,\cdots,\omega_d)^{\mathrm{T}}$；$z$ 是标量，为 $\boldsymbol{x}$ 在$\boldsymbol{\omega}$ 上的标量投影；$\boldsymbol{p}$ 是向量，为 $\boldsymbol{x}$ 在$\boldsymbol{\omega}$ 上的向量投影；$\boldsymbol{\omega}^{\mathrm{T}}\boldsymbol{x}$ 是向量$\boldsymbol{\omega}$ 与向量 $\boldsymbol{x}$ 的内积（或称点积），$\boldsymbol{\omega}^{\mathrm{T}}\boldsymbol{x}=\omega_1x_1+\omega_2x_2+\cdots+\omega_dx_d$；$\|\boldsymbol{\omega}\|$ 是向量$\boldsymbol{\omega}$ 的模（即长度），$\|\boldsymbol{\omega}\|=\sqrt{\omega_1^2+\omega_2^2+\cdots+\omega_d^2}=\sqrt{\boldsymbol{\omega}^{\mathrm{T}}\boldsymbol{\omega}}$。

可以证明，$\boldsymbol{\omega}^{\mathrm{T}}\boldsymbol{x}=\|\boldsymbol{\omega}\|\,\|\boldsymbol{x}\|\cos\theta$（$\theta$ 为$\boldsymbol{\omega}$ 与 $\boldsymbol{x}$ 之间的夹角），由此可推导出式(3-28)。如果$\boldsymbol{\omega}$ 为单位向量，即 $\|\boldsymbol{\omega}\|=1$，则式(3-28)可简化为

$$z=\boldsymbol{\omega}^{\mathrm{T}}\boldsymbol{x}=\omega_1x_1+\omega_2x_2+\cdots+\omega_dx_d \tag{3-30}$$

式(3-28)、式(3-30)的标量投影，实际上是通过线性组合方法将 d 维向量 $\boldsymbol{x}=(x_1,x_2,\cdots,x_d)^{\mathrm{T}}$ 压缩成$\boldsymbol{\omega}$ 方向上的一维标量 z，线性组合中的各项系数分别对应向量$\boldsymbol{\omega}$ 的各个分量。

2. 选择投影方向

对于二分类问题，线性判别分析方法希望在选择投影方向$\boldsymbol{\omega}$ 时，能够让样本特征投影点“类内方差最小，类间方差最大”。换句话说，投影后同类样本点越聚集越好，不同类的样本点

越远离越好。图 3-13 给出一个二维特征空间的投影示意图，其中的●、▲分别表示类 0 和类 1 的样本点，$\boldsymbol{v}$、$\boldsymbol{\omega}$ 分别表示两个不同的投影方向，$\boldsymbol{\mu}_0$、$\boldsymbol{\mu}_1$ 分别表示投影后类 0 和类 1 样本投影点的均值。可以看出，$\boldsymbol{\omega}$ 方向的投影效果比 $\boldsymbol{v}$ 方向要好，因为类 0 和类 1 在 $\boldsymbol{v}$ 方向上的投影点混杂在一起，很难分类。通过投影对原始特征进行变换，这是线性判别分析方法最核心的内容。

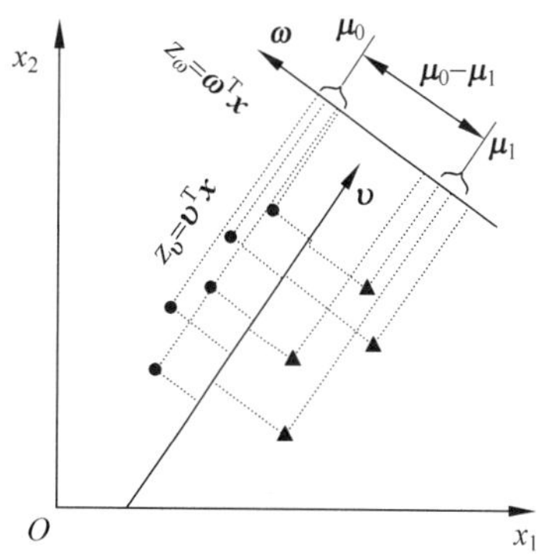

图 3-13　二维特征空间的投影示意图

下面用数学语言来描述选择最优投影方向$\boldsymbol{\omega}$ 的过程，整个过程分 4 步完成。给定训练集 $D_{\text{train}}=\{(\boldsymbol{x}_1,y_1),(\boldsymbol{x}_2,y_2),\cdots,(\boldsymbol{x}_m,y_m)\}$，其中 $\boldsymbol{x}_i=(x_{i1},x_{i2},\cdots,x_{id})^{\mathrm{T}}$ 是 d 维样本特征，$y_i\in\{0,1\}$是其对应的实际类别。假设训练集 D_{train} 中 0 类样本有 m_0 个，1 类样本有 m_1 个，将数据集按类别拆分成子集 $D_k=\{(\boldsymbol{x}_1,k),(\boldsymbol{x}_2,k),\cdots,(\boldsymbol{x}_{m_k},k)\}$，$k=0,1$。

1）定义投影前 d 维特征空间的统计量

分别定义各类特征的均值$\boldsymbol{\mu}_k$ 和离散度（类似于协方差）矩阵 $\boldsymbol{S}_k$，$k=0,1$，

$$\boldsymbol{\mu}_k=\frac{1}{m_k}\sum_{i=1}^{m_k}\boldsymbol{x}_i \tag{3-31}$$

$$\boldsymbol{S}_k=\sum_{i=1}^{m_k}(\boldsymbol{x}_i-\boldsymbol{\mu}_k)(\boldsymbol{x}_i-\boldsymbol{\mu}_k)^{\mathrm{T}} \tag{3-32}$$

其中，$\boldsymbol{x}_i\in D_k$。式(3-31)、式(3-32)的展开式为

$$\boldsymbol{\mu}_k=\begin{bmatrix}\mu_{k1}\\ \mu_{k2}\\ \vdots\\ \mu_{kd}\end{bmatrix},\quad \mu_{kl}=\frac{1}{m_k}\sum_{i=1}^{m_k}x_{il},\quad l=1,2,\cdots,d$$

$$\boldsymbol{S}_k=\begin{bmatrix}\sigma_{11} & \sigma_{12} & \cdots & \sigma_{1d}\\ \sigma_{21} & \sigma_{22} & \cdots & \sigma_{2d}\\ \vdots & \vdots & \ddots & \vdots\\ \sigma_{d1} & \sigma_{d2} & \cdots & \sigma_{dd}\end{bmatrix},\quad \sigma_{jl}=\sum_{i=1}^{m_k}(x_{ij}-\mu_{kj})(x_{il}-\mu_{kl}),\quad j,l=1,2,\cdots,d$$

再定义 d 维特征空间的**类内离散度矩阵**(within-class scatter matrix)$\boldsymbol{S}_w$ 和 d 维特征空间的**类间离散度矩阵**(between-class scatter matrix)$\boldsymbol{S}_b$ 为

$$\boldsymbol{S}_w=P(Y=0)\boldsymbol{S}_0+P(Y=1)\boldsymbol{S}_1=\frac{m_0}{m}\boldsymbol{S}_0+\frac{m_1}{m}\boldsymbol{S}_1 \tag{3-33}$$

$$\boldsymbol{S}_b=(\boldsymbol{\mu}_0-\boldsymbol{\mu}_1)(\boldsymbol{\mu}_0-\boldsymbol{\mu}_1)^{\mathrm{T}} \tag{3-34}$$

式(3-34)的展开式为

$$(\boldsymbol{\mu}_0-\boldsymbol{\mu}_1)=\begin{bmatrix}\mu_{01}-\mu_{11}\\ \mu_{02}-\mu_{12}\\ \vdots\\ \mu_{0d}-\mu_{1d}\end{bmatrix}$$

$$\boldsymbol{S}_b=\begin{bmatrix} b_{11} & b_{12} & \cdots & b_{1d} \\ b_{21} & b_{22} & \cdots & b_{2d} \\ \vdots & \vdots & \ddots & \vdots \\ b_{d1} & b_{d2} & \cdots & b_{dd} \end{bmatrix},\quad b_{jl}=(\mu_{0j}-\mu_{1j})(\mu_{0l}-\mu_{1l}),\quad j,l=1,2,\cdots,d$$

式(3-33)中的$\boldsymbol{S}_w$、式(3-34)中的$\boldsymbol{S}_b$都是对称半正定矩阵,且$\boldsymbol{S}_w$在$m>d$时一般是可逆的。

2) 定义投影后一维投影空间的统计量

在特征向量$\boldsymbol{x}=(x_1,x_2,\cdots,x_d)^{\mathrm{T}}$向$\boldsymbol{\omega}=(\omega_1,\omega_2,\cdots,\omega_d)^{\mathrm{T}}$投影后的一维空间,定义各类特征投影点$z$的均值$\tilde{\mu}_k$和离散度(类似于方差)$\tilde{S}_k$,$k=0,1$,

$$\tilde{\mu}_k=\frac{1}{m_k}\sum_{i=1}^{m_k}z_i=\frac{1}{m_k}\sum_{i=1}^{m_k}\boldsymbol{\omega}^{\mathrm{T}}\boldsymbol{x}_i=\boldsymbol{\omega}^{\mathrm{T}}\boldsymbol{\mu}_k \tag{3-35}$$

$$\tilde{S}_k=\sum_{i=1}^{m_k}(z_i-\tilde{\mu}_k)^2=\sum_{i=1}^{m_k}(\boldsymbol{\omega}^{\mathrm{T}}\boldsymbol{x}_i-\boldsymbol{\omega}^{\mathrm{T}}\boldsymbol{\mu}_k)(\boldsymbol{\omega}^{\mathrm{T}}\boldsymbol{x}_i-\boldsymbol{\omega}^{\mathrm{T}}\boldsymbol{\mu}_k)^{\mathrm{T}}=\boldsymbol{\omega}^{\mathrm{T}}\boldsymbol{S}_k\boldsymbol{\omega} \tag{3-36}$$

式(3-35)、式(3-36)的展开式为

$$\tilde{\mu}_k=\boldsymbol{\omega}^{\mathrm{T}}\boldsymbol{\mu}_k=(\omega_1,\omega_2,\cdots,\omega_d)\begin{bmatrix} \mu_{k1} \\ \mu_{k2} \\ \vdots \\ \mu_{kd} \end{bmatrix}$$

$$\tilde{S}_k=\boldsymbol{\omega}^{\mathrm{T}}\boldsymbol{S}_k\boldsymbol{\omega}=(\omega_1,\omega_2,\cdots,\omega_d)\begin{bmatrix} \sigma_{11} & \sigma_{12} & \cdots & \sigma_{1d} \\ \sigma_{21} & \sigma_{22} & \cdots & \sigma_{2d} \\ \vdots & \vdots & \ddots & \vdots \\ \sigma_{d1} & \sigma_{d2} & \cdots & \sigma_{dd} \end{bmatrix}\begin{bmatrix} \omega_1 \\ \omega_2 \\ \vdots \\ \omega_d \end{bmatrix}$$

再定义一维投影空间的**类内方差**(within-class variance)$\tilde{S}_w$和一维投影空间的**类间方差**(between-class variance)$\tilde{S}_b$为

$$\begin{aligned}\tilde{S}_w&=P(Y=0)\tilde{S}_0+P(Y=1)\tilde{S}_1=\frac{m_0}{m}\tilde{S}_0+\frac{m_1}{m}\tilde{S}_1\\&=\frac{m_0}{m}\boldsymbol{\omega}^{\mathrm{T}}\boldsymbol{S}_0\omega+\frac{m_1}{m}\boldsymbol{\omega}^{\mathrm{T}}\boldsymbol{S}_1\omega=\boldsymbol{\omega}^{\mathrm{T}}\boldsymbol{S}_w\boldsymbol{\omega}\end{aligned} \tag{3-37}$$

$$\begin{aligned}\tilde{S}_b&=(\tilde{\mu}_0-\tilde{\mu}_1)^2=(\boldsymbol{\omega}^{\mathrm{T}}\boldsymbol{\mu}_0-\boldsymbol{\omega}^{\mathrm{T}}\boldsymbol{\mu}_1)^2=(\boldsymbol{\omega}^{\mathrm{T}}\boldsymbol{\mu}_0-\boldsymbol{\omega}^{\mathrm{T}}\boldsymbol{\mu}_1)(\boldsymbol{\omega}^{\mathrm{T}}\boldsymbol{\mu}_0-\boldsymbol{\omega}^{\mathrm{T}}\boldsymbol{\mu}_1)^{\mathrm{T}}\\&=\boldsymbol{\omega}^{\mathrm{T}}(\boldsymbol{\mu}_0-\boldsymbol{\mu}_1)(\boldsymbol{\mu}_0-\boldsymbol{\mu}_1)^{\mathrm{T}}\boldsymbol{\omega}=\boldsymbol{\omega}^{\mathrm{T}}\boldsymbol{S}_b\boldsymbol{\omega}\end{aligned} \tag{3-38}$$

式(3-37)中的$\tilde{S}_w$、式(3-38)中的$\tilde{S}_b$都是二次型的形式,且$\tilde{S}_w\geqslant 0$,$\tilde{S}_b\geqslant 0$。

3) 构造准则函数

对于二分类问题,线性判别分析方法希望在选择投影方向$\boldsymbol{\omega}$时,能够让样本特征投影点"类内方差最小,类间方差最大"。这句话的含义就是希望让一维投影空间的类内方差$\tilde{S}_w$最小,类间方差$\tilde{S}_b$最大。可以构造如下准则函数$J(\boldsymbol{\omega})$:

$$J(\boldsymbol{\omega})=\frac{\tilde{S}_b}{\tilde{S}_w}=\frac{\boldsymbol{\omega}^{\mathrm{T}}\boldsymbol{S}_b\boldsymbol{\omega}}{\boldsymbol{\omega}^{\mathrm{T}}\boldsymbol{S}_w\boldsymbol{\omega}} \tag{3-39}$$

然后选择使准则函数 $J(\boldsymbol{\omega})$ 最大的 $\boldsymbol{\omega}$ 作为最优投影方向。这样，选择最优投影方向问题被转换为最大化准则函数 $J(\boldsymbol{\omega})$ 的问题。注：式(3-39)的准则函数是1936年由R. A. Fisher提出的，因此被称作Fisher准则函数。

4）最大化准则函数

式(3-39)是 $\boldsymbol{\omega}$ 的两个二次型之比，因此对任意常数 c，$J(c\boldsymbol{\omega})=J(\boldsymbol{\omega})$，即准则函数 $J(\boldsymbol{\omega})$ 的最优参数 $\boldsymbol{\omega}$ 不唯一。不失一般性，可以令分母 $\boldsymbol{\omega}^{\mathrm{T}}\boldsymbol{S}_w\boldsymbol{\omega}=1$，以此作为对 $\boldsymbol{\omega}$ 的约束条件，然后最大化分子 $\boldsymbol{\omega}^{\mathrm{T}}\boldsymbol{S}_b\boldsymbol{\omega}$。这样式(3-39)的优化问题等价于

$$\max_{\boldsymbol{\omega}} \ \boldsymbol{\omega}^{\mathrm{T}}\boldsymbol{S}_b\boldsymbol{\omega} \tag{3-40}$$

$$\text{s.t.} \ \boldsymbol{\omega}^{\mathrm{T}}\boldsymbol{S}_w\boldsymbol{\omega}=1$$

使用拉格朗日乘子法，定义拉格朗日函数为

$$L(\boldsymbol{\omega},\lambda)=\boldsymbol{\omega}^{\mathrm{T}}\boldsymbol{S}_b\boldsymbol{\omega}-\lambda(\boldsymbol{\omega}^{\mathrm{T}}\boldsymbol{S}_w\boldsymbol{\omega}-1)$$

其中，λ 为拉格朗日乘子。对 $\boldsymbol{\omega}$ 求偏导数，并令其等于零，即

$$\frac{\partial L(\boldsymbol{\omega},\lambda)}{\partial \boldsymbol{\omega}}=2\boldsymbol{S}_b\boldsymbol{\omega}-2\lambda\boldsymbol{S}_w\boldsymbol{\omega}=0$$

其中，$\dfrac{\partial \boldsymbol{x}^{\mathrm{T}}\boldsymbol{A}\boldsymbol{x}}{\partial \boldsymbol{x}}=2\boldsymbol{A}\boldsymbol{x}$，解得

$$\boldsymbol{S}_w^{-1}\boldsymbol{S}_b\boldsymbol{\omega}=\lambda\boldsymbol{\omega} \tag{3-41}$$

将式(3-34)的 $\boldsymbol{S}_b$ 代入 $\boldsymbol{S}_b\boldsymbol{\omega}$，则

$$\boldsymbol{S}_b\boldsymbol{\omega}=(\boldsymbol{\mu}_0-\boldsymbol{\mu}_1)(\boldsymbol{\mu}_0-\boldsymbol{\mu}_1)^{\mathrm{T}}\boldsymbol{\omega}$$

式中的 $(\boldsymbol{\mu}_0-\boldsymbol{\mu}_1)^{\mathrm{T}}\boldsymbol{\omega}$ 是两个向量的点积，其结果为标量(记作 R)，这说明 $\boldsymbol{S}_b\boldsymbol{\omega}$ 是 $(\boldsymbol{\mu}_0-\boldsymbol{\mu}_1)$ 方向上的一个向量。由式(3-41)可得

$$\lambda\boldsymbol{\omega}=\boldsymbol{S}_w^{-1}(\boldsymbol{S}_b\boldsymbol{\omega})=\boldsymbol{S}_w^{-1}(\boldsymbol{\mu}_0-\boldsymbol{\mu}_1)((\boldsymbol{\mu}_0-\boldsymbol{\mu}_1)^{\mathrm{T}}\boldsymbol{\omega})=\boldsymbol{S}_w^{-1}(\boldsymbol{\mu}_0-\boldsymbol{\mu}_1)R$$

整理可得

$$\boldsymbol{\omega}=\frac{R}{\lambda}\boldsymbol{S}_w^{-1}(\boldsymbol{\mu}_0-\boldsymbol{\mu}_1)$$

因为线性判别分析方法只希望找出最优的投影方向，即找出投影方向上的任意一个向量 $\boldsymbol{\omega}$ 均可，所以可以忽略比例因子 $\dfrac{R}{\lambda}$，最终求得最优投影向量 $\boldsymbol{\omega}^*$ 为

$$\boldsymbol{\omega}^*=\boldsymbol{S}_w^{-1}(\boldsymbol{\mu}_0-\boldsymbol{\mu}_1) \tag{3-42}$$

式(3-42)中的 $\boldsymbol{S}_w$、$\boldsymbol{\mu}_0$、$\boldsymbol{\mu}_1$ 是已知的，可通过训练集样本数据直接计算出来。在求矩阵 $\boldsymbol{S}_w$ 的逆矩阵时，可以使用奇异值分解方法来简化求解，即先对 $\boldsymbol{S}_w$ 做奇异值分解，则

$$\boldsymbol{S}_w=\boldsymbol{U}\boldsymbol{\Sigma}\boldsymbol{V}^{\mathrm{T}}$$

其中 $\boldsymbol{U}$、$\boldsymbol{V}$ 是正交矩阵(即 $\boldsymbol{U}^{-1}=\boldsymbol{U}^{\mathrm{T}}$，$\boldsymbol{V}^{-1}=\boldsymbol{V}^{\mathrm{T}}$)，$\boldsymbol{\Sigma}$ 是对角阵(其对角元素是 $\boldsymbol{S}_w$ 的奇异值)；然后求出 $\boldsymbol{S}_w$ 的逆矩阵，则

$$\boldsymbol{S}_w^{-1}=\boldsymbol{V}\boldsymbol{\Sigma}^{-1}\boldsymbol{U}^{\mathrm{T}}$$

3. 线性判别分析分类器

对于二分类问题，给定训练集 $D_{\text{train}}=\{(\boldsymbol{x}_1,y_1),(\boldsymbol{x}_2,y_2),\cdots,(\boldsymbol{x}_m,y_m)\}$，其中 $\boldsymbol{x}_i=(x_{i1},x_{i2},\cdots,x_{id})$ 是 d 维样本特征，$y_i\in\{0,1\}$ 是其对应的实际类别。线性判别分析方法使

用式(3-31)～式(3-33)分别计算出 $\boldsymbol{S}_w$、$\boldsymbol{\mu}_0$ 和 $\boldsymbol{\mu}_1$，再用式(3-42)即可求出最优投影向量 $\boldsymbol{\omega}^*$。

在确定了最优投影向量 $\boldsymbol{\omega}^*$ 之后，使用式(3-28)的标量投影将训练集 D_{train} 的 d 维特征向量 $\boldsymbol{x}_i$ 转换为一维特征标量 z_i，即

$$z_i=\frac{(\boldsymbol{\omega}^*)^{\mathrm{T}}\boldsymbol{x}_i}{\|\boldsymbol{\omega}^*\|},\quad i=1,2,\cdots,m$$

这样就能得到一维特征的训练集 $D'_{\text{train}}=\{(z_1,y_1),(z_2,y_2),\cdots,(z_m,y_m)\}$。

对于二分类问题，可以基于一维特征训练集 D'_{train} 直接设定阈值 T，例如 $T=\frac{1}{2}(\tilde{\mu}_0+\tilde{\mu}_1)$，然后将分类决策规则定为：给定新样本 $\boldsymbol{x}$，如果

$$z=\frac{(\boldsymbol{\omega}^*)^{\mathrm{T}}\boldsymbol{x}}{\|\boldsymbol{\omega}^*\|}\leqslant T$$

则将新样本 $\boldsymbol{x}$ 的类别判定为 0 或 1，这就是一个最简单的线性判别分析分类器。也可以基于一维特征训练集 D'_{train} 设计其他形式的分类器，例如贝叶斯分类器或 k 近邻分类器。设计分类器，是由于一维特征模型比高维特征模型要简单得多。

目前，解决分类问题已经很少使用线性判别分析方法了，线性判别分析被更多地用于特征降维(详见 3.4.3 节)。

4. 使用 scikit-learn 库中的线性判别分析模型

scikit-learn 库将线性判别分析模型封装成一个类(类名为 **LinearDiscriminantAnalysis**)，并将其存放在 sklearn. discriminant_analysis 模块中。LinearDiscriminantAnalysis 类实现了线性判别分析分类器模型的学习算法 **fit()**、预测算法 **predict()** 和评价算法 **score()**。LinearDiscriminantAnalysis 类既可以用于分类，也可以用于特征降维。

图 3-14 给出了使用 LinearDiscriminantAnalysis 类建立并训练乳腺癌诊断模型的示例代码。其中，诊断模型(即分类模型)采用的是线性判别分析分类器；数据集使用的是 3.1.3 节标准化后的乳腺癌诊断数据集，其中的训练集(X1_train、Y_train)被用于训练模型；然后用训练好的模型对测试集 X1_test 前两个病例样本进行分类预测，将预测结果 predict 与

```
In [8]: from sklearn.discriminant_analysis import LinearDiscriminantAnalysis
        lda = LinearDiscriminantAnalysis(solver='svd')
        lda.fit(X1_train, Y_train)

        Y1 = lda.predict(X1_test[:2])
        print(X1_test[:2]);  print()
        print("predict:", Y1," malignant:", Y_test.values[:2])
        print("mean accuracy on train:", lda.score(X1_train, Y_train))
        print("mean accuracy on test:", lda.score(X1_test, Y_test))
```

```
[[ 2.57961809  1.78726935  2.53447284  2.88707955 -0.09040012  1.21022282
   1.33334652  1.92889603  0.35553387  0.04144935  2.35619316 -0.45967024
   2.16869979  2.54038166 -0.20433459  0.17615607  0.43357064  0.87007041
  -0.56208259 -0.28062613  3.05256427  1.43836286  2.94101757  3.62730675
   0.6896002   1.00723154  1.48632804  2.20319388  0.32718689  0.1565044
 ]
 [-0.70642616 -0.22331665 -0.69195555 -0.68937948  1.26957147 -0.05005056
  -0.22723639 -0.3628993  -0.03876801  0.3405638  -0.35793278  0.79857725
  -0.35199608 -0.43380945  0.49969396 -0.13291308 -0.08102636  0.35424367
  -0.59235221  0.01705767 -0.64800054  0.58343296 -0.64787811 -0.63088521
   1.59700315  0.07465072  0.07249786  0.10953674 -0.15329395  0.3892508
 3]]

predict: [0 1]   malignant: [0 1]
mean accuracy on train: 0.9648351648351648
mean accuracy on test: 0.9649122807017544
```

图 3-14 使用 LinearDiscriminantAnalysis 类建立并训练乳腺癌诊断模型的示例代码

Y_test 里的真实诊断结果 malignant 进行比对，1 表示恶性，0 表示良性；最后使用函数 score 计算模型在训练集（X1_train、Y_train）和测试集（X1_test、Y_test）上的平均正确率。

3.2.3 决策树

如何区分流感与普通感冒？一般来说，普通感冒的症状较轻，多数患者仅出现咳嗽、喉咙痛、流鼻涕等上呼吸道症状，但发高烧的人却不多；而流感除上呼吸道症状以外，同时还会伴随高烧、头痛、明显肌肉酸痛等全身症状。

区分流感与普通感冒可以使用不同的特征项，其中的某些特征项对于区分流感与普通感冒比较有效（例如是否高烧或全身酸痛等），某些特征项的区分效果不明显（例如咳嗽、流鼻涕等）。

1. 决策树分类模型

决策树（decision tree）分类模型是一种按照特征有效性，先主要特征，后次要特征，逐步递进，最终完成分类决策的模型。决策树模型的分类决策过程分多步完成，每步选用一个特征项，生成若干个分支，将其绘制成图形非常像一棵倒立的树，故被称作“决策树”。图 3-15 给出一个对苹果进行分类的决策树示意图，它根据口感、外形和底色三个特征项来区分苹果是红富士还是国光。

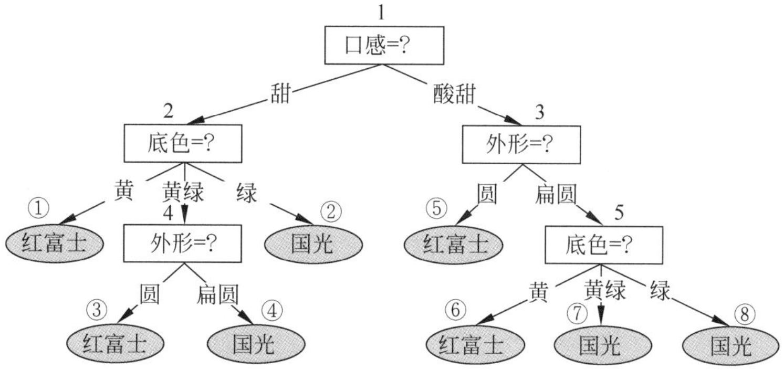

图 3-15 一个苹果分类的决策树示意图

一棵决策树包含一个**根结点**、若干**内部结点**和若干**叶子结点**。根结点和每个内部结点都分别代表一步决策（例如图 3-15 中的方形结点 1～5），决策内容是根据某项特征生成若干分支，其中根结点（图 3-15 中的方形结点 1）是决策的起点；每个叶子结点代表决策的一个结论，即分类结果（例如图 3-15 中的椭圆形结点①～⑧）。

给定一个样本苹果，假设其特征为（酸甜，圆，黄绿），根据图 3-15 的决策树分类模型，分类决策过程从根结点 1 开始，根据“口感＝酸甜”这项特征做出第一步决策，进入内部结点 3；再根据“外形＝圆”这项特征做出第二步决策，进入叶子结点⑤；进入叶子结点表示决策已得出结论，叶子结点⑤的结论是：样本苹果的品种为“红富士”。从根结点到叶子结点的路径对应决策过程的步骤序列，步骤的每一步可被描述成一个 if-then 规则，例如：

```
if (口感 = 酸甜)...................... 第一步
then
```

```
    if (外形 = 圆)................. 第二步
    then
        品种 = 红富士 ........... 结论
    if (外形 = 扁圆)
    then
        ...
if (口感 = 甜)...................... 第一步
then
    ...
```

整个决策树就是一个 if-then 规则集合，所描述的是根据历史观测提炼出来的某种一般性知识。基于 if-then 规则进行分类决策，非常类似于人们基于知识的**演绎推理**(deductive reasoning)，即从一般性知识推及某个特定的个体(从一般推及个别)。但这些 if-then 规则是怎么来的呢？它们是通过对样本数据进行**归纳推理**(inductive reasoning，从个别推及一般)得来的。决策树的归纳推理过程就是基于训练集和学习算法来习得知识、建立决策树模型的过程。

2. 决策树学习算法

给定训练集 $D_{\text{train}}=\{(\boldsymbol{x}_1,y_1),(\boldsymbol{x}_2,y_2),\cdots,(\boldsymbol{x}_m,y_m)\}$，其中 $\boldsymbol{x}_i=(x_{i1},x_{i2},\cdots,x_{id})$ 是 d 维样本特征，$y_i\in\{c_1,c_2,\cdots,c_n\}$ 是其对应的类别，$i=1,2,\cdots,m$。决策树学习算法就是要通过训练集来建立一个决策树分类模型。

决策树的学习过程从建立根结点开始，选择某项特征并根据其取值将训练集划分成不同子集，每个取值生成一个子集，然后为每个子集生成一个内部结点；剔除已使用过的特征项，再对所有子集重复“选择特征-划分子集”的过程，直到不可划分为止；将不可划分子集的结点设为叶子结点，并将其标记为某个类别。可以看出，决策树的学习过程是一个递归过程。

下面就以 3.1.1 节表 3-1 的 10 个苹果样本数据为训练集，具体讲解决策树的学习过程。苹果样本数据有 4 项特征，$X=$(底色，外形，口感，果重)；类别有两个，即红富士和国光，它属于二分类问题。

首先建立根结点(记作 1 号结点)，其对应的初始训练集包含 10 个样本数据(记作 D_1)，对样本数据按顺序进行编号，$D_1=\{1,2,\cdots,10\}$。对 1 号结点进行“选择特征-划分子集”过程。假设选用特征“底色”来划分子集(参见表 3-8)，该项特征有 3 个不同取值，分别为黄、黄绿和绿。

表 3-8 红富士和国光苹果样本(10 个)

编号	底色	外形	口感	果重/g	品种
1	黄	圆	甜	190	红富士
2	黄绿	扁圆	酸甜	260	红富士
3	绿	扁圆	酸甜	150	国光
4	黄绿	圆	甜	200	红富士
5	绿	扁圆	酸甜	210	国光
6	黄绿	扁圆	酸甜	170	国光
7	黄	圆	酸甜	200	红富士
8	黄绿	扁圆	酸甜	230	红富士
9	绿	扁圆	甜	180	国光
10	黄绿	扁圆	酸甜	240	红富士

按特征“底色”的取值，对1号结点数据集 D_1 进行划分，可划分出3个子集：

“底色＝黄”的子集 $D_2=\{1,7\}$；

“底色＝黄绿”的子集 $D_3=\{2,4,6,8,10\}$；

“底色＝绿”的子集 $D_4=\{3,5,9\}$。

为每个子集建立一个内部结点，分别记作2号结点、3号结点、4号结点，此时所建立的决策树形状如图3-16(a)所示。

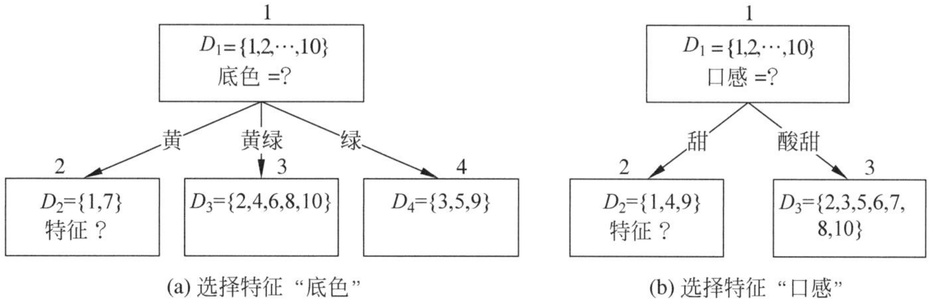

图3-16 选择特征与划分子集的过程

如果改用特征“口感”来划分子集，该项特征有两个不同取值(甜、酸甜)，按“口感”的取值对1号结点数据集 D_1 进行划分，可划分出2个子集：

“口感＝甜”的子集 $D_2=\{1,4,9\}$；

“口感＝酸甜”的子集 $D_3=\{2,3,5,6,7,8,10\}$。

为每个子集建立一个内部结点，分别记作2号结点、3号结点，此时所建立的决策树形状如图3-16(b)所示。

可以看出，选用不同特征项会生成不同的决策树。决策树模型是按特征有效性(先主后次)分步建立决策树的。特征有效性指的是特征对分类是否有效。该如何度量特征有效性呢？

表3-8包含10个苹果样本数据，它是训练决策树模型的初始集合 D_1，其中既包含红富士苹果，也包含国光苹果。决策树模型依据某项特征将 D_1 划分成子集，希望每个子集尽可能属于同一类别，也就是将 D_1 划分成**纯度**(purity)较高的子集。机器学习借用信息论中的信息熵或统计学中的基尼指数来度量数据集的纯度，然后根据所划分子集的纯度来选择特征项。所划分子集的纯度越高，则特征项越有效。如何选择特征项、如何度量数据集的纯度，这是决策树分类模型最核心的内容。

3. 随机变量的信息熵与基尼指数

将数据集 D 中样本的类别 Y 看作一个离散型随机变量，其值域 $\Omega=\{c_1,c_2,\cdots,c_n\}$，共 n 个类别；再假设 D 中样本类别的概率分布为 $P(Y=c_k)=p_k$，$\sum_{k=1}^{n}p_k=1$，则

(1) 数据集 D 的**信息熵**(information entropy)被定义为

$$H(D)=-\sum_{k=1}^{n}p_k\,\mathrm{lb}\,p_k \tag{3-43}$$

其中，$0\leqslant H(D)\leqslant \mathrm{lb}\,n$。注：计算信息熵时若 $p_k=0$，则约定 $0\times \mathrm{lb}0=0$。

(2) 数据集 D 的**基尼指数**(Gini index)被定义为

$$\mathrm{Gini}(D)=\sum_{k=1}^{n}\sum_{j\neq k}p_k p_j=\sum_{k=1}^{n}p_k(1-p_k)=1-\sum_{k=1}^{n}p_k^2 \tag{3-44}$$

其中,$0\leqslant \mathrm{Gini}(D)\leqslant \frac{n-1}{n}$。注:基尼指数可理解为从数据集 D 中随机抽取两个样本点,其类别不一致的概率(它反映了数据集的混乱程度),或数据集 D 中样本点被错分概率的数学期望。

例如表 3-8 所示的初始数据集 D_1,其中有两个苹果类别{红富士,国光},属于 0-1 分布。由样本数据可以估计出苹果类别 Y_1 的概率分布为

$$P(Y_1=\text{红富士})=\frac{6}{10}=0.6,\quad P(Y_1=\text{国光})=\frac{4}{10}=0.4$$

分别计算 D_1 的信息熵和基尼指数,有

$$H(D_1)=-(0.6\times \mathrm{lb}0.6+0.4\times \mathrm{lb}0.4)=0.970\,95$$

$$\mathrm{Gini}(D_1)=1-(0.6^2+0.4^2)=0.48$$

假设将数据集 D_1 划分成子集 D_2、D_3,D_2 只包含红富士苹果,D_3 只包含国光苹果,即

$$P(Y_2=\text{红富士})=1,\quad P(Y_2=\text{国光})=0$$

$$P(Y_3=\text{红富士})=0,\quad P(Y_3=\text{国光})=1$$

则 D_2、D_3 都属于纯度最高的数据集,分别计算它们的信息熵和基尼指数,计算结果都将为零。

$$H(D_2)=-(1\times \mathrm{lb}1+0\times \mathrm{lb}0)=0,\quad \mathrm{Gini}(D_2)=1-(1^2+0^2)=0$$

$$H(D_3)=-(0\times \mathrm{lb}0+1\times \mathrm{lb}1)=0,\quad \mathrm{Gini}(D_3)=1-(0^2+1^2)=0$$

可以看出,数据集的纯度越高,则信息熵和基尼指数越小;纯度越低,则信息熵和基尼指数越大。如果数据集只包含一个类别,则纯度最高,其信息熵和基尼指数最小(都为 0);如果数据集包含全部类别(假设为 n)且服从均匀分布,则纯度最低,其信息熵和基尼指数最大,信息熵最大值为 $\mathrm{lb}n$,基尼指数最大值为$\frac{n-1}{n}$。借用信息熵或基尼指数,可以度量数据集的纯度。

4. 特征选择准则

给定数据集 $D=\{(\boldsymbol{x}_1,y_1),(\boldsymbol{x}_2,y_2),\cdots,(\boldsymbol{x}_m,y_m)\}$,其中包含 m 个样本数据。假设

- 数据集 D 的样本特征为 d 维,记作 $X=\{X_1,X_2,\cdots,X_d\}$,其中 X_i 表示第 i 项特征;
- 所有特征项都是离散型的,第 i 项特征 X_i 有 V_i 个可能的取值。

则按第 i 项特征 X_i 的取值,可以将数据集 D 划分成 V_i 个子集$\{D_1,D_2,\cdots,D_{V_i}\}$。将每个子集包含的样本数据个数记作 $m_1,m_2,\cdots,m_{V_i}$,$m_1+m_2+\cdots+m_{V_i}=m$。将数据集 D 及其子集$\{D_1,D_2,\cdots,D_{V_i}\}$中样本的类别看作离散型随机变量,它们具有共有的值域 $\Omega=\{c_1,c_2,\cdots,c_n\}$,共 n 个类别。特征选择就是根据所划分子集的纯度来选择特征项,子集纯度越高,则该项特征越有效。

决策树学习算法的关键是如何定义纯度的度量形式,即特征选择准则。目前,常用的决策树学习算法有 **ID3**、**C4.5** 和 **CART**,它们分别提出了三种不同形式的特征选择准则。

1) ID3(信息增益)

假设按第 i 项特征 X_i 将数据集 D 划分成 V_i 个子集 $\{D_1, D_2, \cdots, D_{V_i}\}$,ID3 算法首先按式(3-43)计算数据集 D 及其各子集 $D_1, D_2, \cdots, D_{V_i}$ 的信息熵,然后定义特征 X_i 对数据集 D 进行划分所获得的**信息增益**(information gain)为

$$\text{Gain}(D, X_i) = H(D) - \sum_{k=1}^{V_i} \frac{m_k}{m} H(D_k), \quad i = 1, 2, \cdots, d \tag{3-45}$$

其中,等式右边的第二项可看作子集 $\{D_1, D_2, \cdots, D_{V_i}\}$ 的平均信息熵。最终,将信息增益最大(即对纯度提升最大)的特征项选作对数据集 D 进行划分的最优特征,即

$$X_{\text{optimal}} = \underset{i=1,2,\cdots,d}{\operatorname{argmax}} \text{Gain}(D, X_i) \tag{3-46}$$

信息增益最大,这意味着子集的平均信息熵最小,也就是子集的平均纯度最大。基于信息增益选择特征,往往会偏向选择取值较多(即子集较多)的特征。为消除这种偏向,决策树学习算法引入了信息增益率的概念,基于信息增益率选择特征会更加客观。

2) C4.5(信息增益率)

假设按第 i 项特征 X_i 将数据集 D 划分成 V_i 个子集 $\{D_1, D_2, \cdots, D_{V_i}\}$,C4.5 算法在式(3-45)信息增益的基础上,再定义特征 X_i 对数据集 D 进行划分所获得的**信息增益率**(information gain ratio)为

$$\text{Gain\_ratio}(D, X_i) = \frac{\text{Gain}(D, X_i)}{H_{X_i}(D)}, \quad i = 1, 2, \cdots, d \tag{3-47}$$

其中,$H_{X_i}(D)$表示数据集 D 中特征 X_i 的信息熵(将特征 X_i 看作随机变量),其计算公式为

$$H_{X_i}(D) = -\sum_{k=1}^{V_i} \frac{m_k}{m} \text{lb} \frac{m_k}{m}, \quad i = 1, 2, \cdots, d \tag{3-48}$$

最终,将信息增益率最大的特征项选作对数据集 D 进行划分的最优特征,即

$$X_{\text{optimal}} = \underset{i=1,2,\cdots,d}{\operatorname{argmax}} \text{Gain\_ratio}(D, X_i) \tag{3-49}$$

3) CART(基尼指数)

假设按第 i 项特征 X_i 将数据集 D 划分成 V_i 个子集 $\{D_1, D_2, \cdots, D_{V_i}\}$,CART 算法按式(3-44)计算各子集 $D_1, D_2, \cdots, D_{V_i}$ 的基尼指数,然后定义特征 X_i 对数据集 D 进行划分所得子集的**平均基尼指数**(average Gini index)为

$$\text{Gini\_average}(D, X_i) = \sum_{k=1}^{V_i} \frac{m_k}{m} \text{Gini}(D_k), \quad i = 1, 2, \cdots d \tag{3-50}$$

最终,将平均基尼指数最小(即子集平均纯度最大)的特征项选作对数据集 D 进行划分的最优特征,即

$$X_{\text{optimal}} = \underset{i=1,2,\cdots,d}{\operatorname{argmin}} \text{Gini\_average}(D, X_i) \tag{3-51}$$

5. 将不可划分子集设为叶子结点

决策树学习算法从建立根结点开始,依据某种准则(ID3、C4.5 或 CART)选择最优特征项,并按该特征项的取值将初始训练集划分成若干子集,为每个子集生成一个内部结点;剔除已使用过的特征项,再对所有子集重复“选择特征-划分子集”的过程,直到不可划分为止;将不可划分子集的结点设为叶子结点,并将其标记为某个类别。决策树学习算法是一个递归算法,停止递归的条件是子集不可划分。

什么样的子集是不可划分子集呢？不可划分子集有 4 种情况。

(1) 当前子集的样本属于同一类别(假设为 c_k)，无须划分。将当前子集的结点设为叶子结点，并将其类别标记为 c_k。

(2) 当前子集为空集，无法划分。将当前子集的结点设为叶子结点，并将该结点的类别标记为其父结点数据集中所含样本最多的类别。注：按照某个特征项的取值划分数据集，如果数据集没有覆盖该特征项的全部取值，则未被覆盖取值所划分出的子集为空集。

(3) 选择特征项划分当前子集，如果所有特征项都已使用过，没有任何新特征项可供选择，则无法继续划分。将当前子集的结点设为叶子结点，并将该结点的类别标记为当前子集所含样本最多的类别。注：对子集重复"选择特征-划分子集"的过程时，需要剔除之前已经使用过的特征项，只在剩下的新特征项中选择。

(4) 选择某个特征项划分当前子集，如果当前子集包含的所有样本点在该特征项下的取值都相同，则无法继续划分。将当前子集的结点设为叶子结点，并将该结点的类别标记为当前子集所含样本最多的类别。

总结一下，决策树模型就是将初始训练集逐步划分为纯度更高的子集，并在此过程中学习到分类规则，即决策树。今后，可以使用决策树对任意新样本进行分类。这里进一步对分类器模型做一下总结。给定特征 X，建立分类器模型有两种不同的思路：一是贝叶斯分类器，即基于概率模型并依最大后验概率 $P(Y|X)$ 来判定类别 Y，例如朴素贝叶斯分类器、逻辑斯蒂回归等，其中最值得借鉴的是如何基于严谨的概率模型与概率推理来求解问题；二是非贝叶斯分类器，即直接基于特征 X 来建立类别 Y 的判别函数，例如 k 近邻分类器、线性判别分析、决策树等，其中最值得借鉴的是如何提出创新思想并将其形式化为可被计算机执行的算法，也即将只可"意会"的思想转变为可以"言传"的算法。

6. 使用 scikit-learn 库中的决策树分类器模型

scikit-learn 库将决策树分类器模型封装成一个类(类名为 **DecisionTreeClassifier**)，并将其存放在 sklearn.tree 模块中。DecisionTreeClassifier 类实现了决策树分类器模型的学习算法 **fit()**、预测算法 **predict()** 和评价算法 **score()**。

图 3-17 给出了使用 DecisionTreeClassifier 类建立并训练乳腺癌诊断模型的示例代码。

```
In [9]: from sklearn.tree import DecisionTreeClassifier
        dtc = DecisionTreeClassifier(criterion='entropy', random_state=2020)
        dtc.fit(X1_train, Y_train)

        Y1 = dtc.predict(X1_test[:2])
        print(X1_test[:2]);  print()
        print("predict:", Y1,"  malignant:", Y_test.values[:2])
        print("mean accuracy on train:", dtc.score(X1_train, Y_train))
        print("mean accuracy on test:", dtc.score(X1_test, Y_test))

[[ 2.57961809  1.78726935  2.53447284  2.88707955 -0.09040012  1.21022282
   1.33334652  1.92889603  0.35553387  0.04144935  2.35619316 -0.45967024
   2.16869979  2.54038166 -0.20433459  0.17615607  0.43357064  0.87007041
  -0.56208259 -0.28062613  3.05256427  1.43836286  2.94101757  3.62730675
   0.6896002   1.00723154  1.48632804  2.20319388  0.32718689  0.1565044
 ]
 [-0.70642616 -0.22331665 -0.69195555 -0.68937948  1.26957147 -0.05005056
  -0.22723639 -0.3628993  -0.03876801  0.3405638  -0.35793278  0.79857725
  -0.35199608 -0.43380945  0.49969396 -0.13291308 -0.08102636  0.35424367
  -0.59235221  0.01705767 -0.64800054  0.58343296 -0.64787811 -0.63088521
   1.59700315  0.07465072  0.07249786  0.10953674 -0.15329395  0.3892508
 3]]

predict: [0 1]   malignant: [0 1]
mean accuracy on train: 1.0
mean accuracy on test: 0.9385964912280702
```

图 3-17　使用 DecisionTreeClassifier 类建立并训练乳腺癌诊断模型的示例代码

其中诊断模型(即分类模型)采用的是决策树分类器;数据集使用的是3.1.3节标准化后的乳腺癌诊断数据集,其中的训练集(X1_train、Y_train)被用于训练模型;然后用训练好的模型对测试集X1_test前2个病例样本进行分类预测,将预测结果predict与Y_test中的真实诊断结果malignant进行比对,1表示恶性,0表示良性;最后使用函数score()计算模型在训练集(X1_train、Y_train)和测试集(X1_test、Y_test)上的平均正确率。

3.3 多分类问题与分类模型评价

某些分类器既可以处理二分类,也可以处理多分类;而某些分类器只能处理二分类。本节首先讲解如何将多分类问题转换为二分类问题,然后使用二分类的方法来处理多分类。

机器学习在训练好模型之后,更关注模型对新样本的预测能力,即泛化能力。模型的泛化能力强,这才是机器学习意义上的好模型。为此,机器学习在训练好模型之后还需要再用测试集进行测试,评价模型的泛化性能。评价回归模型泛化能力的主要指标有均方误差MSE和决定系数R方(参见2.3.3节),而评价分类模型泛化能力则会使用完全不同的指标。本节将介绍评价分类模型泛化能力的主要指标。

3.3.1 二分类与多分类

对"是/否""真/假""好/坏"等问题进行分类属于二分类问题。例如,根据临床特征判定乳腺癌是否恶性肿瘤就是一个二分类问题。在二分类问题中,类别的取值只有两个。通常将感兴趣的类别记作1,并将其称作**正类**(positive class);另外那个类别记作0或−1,并将其称作**反类**(negative class)。例如乳腺癌诊断问题所关注的是恶性肿瘤,可以将恶性肿瘤看作正类,良性肿瘤看作反类。对于数据集中的样本数据,正类的样本数据被称作**正例**(positive example),反类的样本数据被称作**反例**(negative example)。

实际应用中还有一些多分类问题,例如判断苹果品种是红富士、国光或黄元帅(三分类),人脸识别和语音识别(N分类)等。某些分类器既可以处理二分类,也可以处理多分类,例如朴素贝叶斯、k近邻、决策树等。某些分类器本来只能处理二分类,但略加修改即可推广至多分类,例如逻辑斯谛回归、线性判别分析等。

处理多分类问题的另一种思路是将其转换为二分类问题。可以将多分类问题拆分为若干个二分类问题,为每个二分类问题设计一个分类器,然后汇总它们的二分类结果,最终得出多分类的结果。

假设给定训练集$D_{\text{train}}=\{(\boldsymbol{x}_1,y_1),(\boldsymbol{x}_2,y_2),\cdots,(\boldsymbol{x}_m,y_m)\}$,其中$\boldsymbol{x}_i$是样本特征,$y_i\in\{c_1,c_2,\cdots,c_N\}$是其对应的实际类别,共$N$个类别。将这样的$N$分类问题拆分为二分类问题,常用的拆分策略有**一对一**(One vs One,OvO)或**一对其余**(One vs Rest,OvR)。

1. 一对一

按照一对一拆分策略,将N个类别两两组合,总共拆分出$N(N-1)/2$个二分类问题。每个类别c_k与另外$N-1$个类别按一对一方式,分别设计$N-1$个分类器。给定新的样本特征,每个分类器会得到一个是或不是c_k的二分类结果;统计是c_k的结果个数(记作n_k),

然后将 n_k 最大的类别作为多分类结果。

2. 一对其余

按照一对其余拆分策略，每次将 N 个类别中的一个作为正类，其余 $N-1$ 个合起来作为反类，总共拆分出 N 个二分类问题。设计 N 个分类器，每个类别 c_k 对应一个以 c_k 为正类的分类器。给定新的样本特征，每个分类器会得到一个是否正类的二分类结果；如果只有一个分类器判定样本为正类，则将该分类器对应的正类 c_k 作为多分类结果；如果有多个分类器判定样本为正类，则将正类概率(或称 score)最大的那个 c_k 作为多分类结果。

3.3.2 分类模型的评价指标

分类模型在训练好之后还需要再用测试集进行测试，评价其泛化能力。注意，训练模型时会使用损失函数或准则函数来评价模型在训练集上的性能，并以此作为选择最优参数的标准。不同模型在训练时会使用不同的损失函数或准则函数，但评价泛化能力时则应使用统一的评价指标，这样才有可比性。

1. 二分类模型的评价指标

给定某个样例$(\boldsymbol{x},y)$，将分类器模型 f 的分类结果记作 $f(\boldsymbol{x})$。如果样例$(\boldsymbol{x},y)$的分类结果 $f(\boldsymbol{x})$与真实类别 y 一致，即 $f(\boldsymbol{x})=y$，则称样例$(\boldsymbol{x},y)$分类正确，否则就是分类错误。

式(3-52)定义了一个机器学习中常用的函数 $I(A)$，其中 A 表示一个事件。该函数被称作事件 A 的**指示函数**(indicator function)，或事件 A 的指示随机变量(服从 0-1 分布)。

$$I(A)=\begin{cases}1, & \text{如果事件 } A \text{ 发生了} \\ 0, & \text{如果事件 } A \text{ 未发生}\end{cases} \tag{3-52}$$

例如，

$$I(f(\boldsymbol{x})=y)=\begin{cases}1, & \text{如果 } f(\boldsymbol{x})=y \\ 0, & \text{如果 } f(\boldsymbol{x})\neq y\end{cases}$$

针对二分类问题，假设给定测试集 $D_{\text{test}}=\{(\boldsymbol{x}_1,y_1),(\boldsymbol{x}_2,y_2),\cdots,(\boldsymbol{x}_m,y_m)\}$，其中 $\boldsymbol{x}_i$ 是样本特征，$y_i\in\{0,1\}$是其对应的真实类别。测试集 D_{test} 共有 m 个测试样例，假设其中正例有 m^+个，反例有 m^-个，$m^++m^-=m$。下面给出评价二分类模型泛化能力的主要指标。

1) 正确率

正确率(accuracy)就是分类器模型 f 对测试集 D_{test} 分类正确的样例数占总样例数的比例，即

$$\text{accuracy}=\frac{\sum\limits_{i=1}^{m}I(f(\boldsymbol{x}_i)=y_i)}{m} \tag{3-53}$$

在正类、反类分布不平衡的情况下，正确率并不能客观反映分类器模型的性能。例如，乳腺癌分类器模型可以将恶性肿瘤看作正类，良性肿瘤看作反类。假设良性肿瘤占全部肿瘤的 99%，恶性肿瘤只占 1%。设计一个最简单的分类器，给定任意肿瘤样本，将分类结果都固定判定为良性肿瘤，则其分类正确率可高达 99%。这显然是不合理的，或者说不符合

人们对分类器模型的评价需求。

2）混淆矩阵

在二分类问题中，被分类器判定为正类的样例，如果其真实类别确实是正类，则称为**真正例**（True Positive，TP）；如果其真实类别是反类，则称为**假正例**（False Positive，FP）。同理，被分类器判定为反类的样例，如果其真实类别确实是反类，则称为**真反例**（True Negative，TN）；如果其真实类别是正类，则称为**假反例**（False Negative，FN）。

使用测试集对分类器模型进行测试，二分类结果可以表示成**混淆矩阵**（confusion matrix）的形式，其中包括 TP、FP、TN、FN 这 4 种情形的样例数（参见表 3-9）。

表 3-9　二分类结果的混淆矩阵

真实类别	分类结果	
	正例	反例
正例	TP(真正例)	FN(假反例)
反例	FP(假正例)	TN(真反例)

假设测试集有 m 个测试样例，其中正例有 m^+ 个，反例有 m^- 个，则

$$\mathrm{TP}+\mathrm{FN}=m^+;\quad \mathrm{TN}+\mathrm{FP}=m^-;\quad \mathrm{TP}+\mathrm{FN}+\mathrm{TN}+\mathrm{FP}=m$$

3）精确率与召回率

在乳腺癌分类器模型中，人们可能会更关注恶性肿瘤（正类）的分类性能，这时可以使用正类的精确率或召回率来评价分类模型。

精确率（precision，记作 P）就是在被分类器判定为正类的样例（TP＋FP）中，有多大比例属于真正例（TP）；**召回率**（recall，记作 R）就是在数据集的全部正例（TP＋FN）中，有多大比例能被分类器判定为正例（即真正例 TP）。基于混淆矩阵可以计算出精确率 P 和召回率 R。

$$P=\frac{\mathrm{TP}}{\mathrm{TP}+\mathrm{FP}} \tag{3-54}$$

$$R=\frac{\mathrm{TP}}{\mathrm{TP}+\mathrm{FN}} \tag{3-55}$$

例如乳腺癌分类器模型将恶性肿瘤看作正类，良性肿瘤看作反类，则精确率 P 表示被分类器判定为恶性肿瘤的样例中，有多大比例属于真的恶性肿瘤；召回率 R 表示数据集的全部恶性肿瘤样例中，有多大比例能被分类器找出来（即确实被判定为恶性肿瘤）。

设计分类器时，精确率和召回率通常很难同时兼顾到。精确率高时，召回率往往偏低；召回率高时，精确率就会偏低。例如，设计乳腺癌分类器模型时，严格恶性肿瘤的诊断标准可以提高精确性，但会造成某些恶性肿瘤的漏诊（召回率降低）；放松诊断标准虽能提高召回率，但会将某些良性肿瘤误诊为恶性肿瘤（精确率降低）。不同分类问题对精确率、召回率的关注程度不同，某些问题关注精确率，另外一些问题可能更关注召回率。

可以将精确率和召回率结合起来，构造一个综合性评价指标。F1 值就是这样一种比较常用的综合性指标，其定义形式为

$$\frac{1}{\mathrm{F1}}=\frac{1}{2}\cdot\left(\frac{1}{P}+\frac{1}{R}\right)$$

整理可得，

$$\mathrm{F1}=\frac{2\times P\times R}{P+R} \tag{3-56}$$

2. 使用 scikit-learn 库中的度量函数

scikit-learn 库为分类模型评价指标提供了相应的计算函数，它们被统一存放在 sklearn.metrics 模块中。

accuracy_score()：正确率计算函数；

precision_score()：精确率计算函数；

recall_score()：召回率计算函数；

f1_score()：F1 值计算函数。

图 3-18 给出了计算乳腺癌诊断模型评价指标的示例代码。其中图 3-18(a)使用的诊断模型是决策树分类器，图 3-18(b)使用的则是逻辑斯谛回归分类器；数据集使用的都是 3.1.3 节标准化后的乳腺癌诊断数据集，训练集(X1_train、Y_train)被用于训练模型；然后用测试集(X1_test、Y_test)对模型进行测试，分别计算并显示模型在测试集上的正确率、精确率、召回率和 F1 值。

```
In [10]: from sklearn.metrics import accuracy_score
         from sklearn.metrics import precision_score
         from sklearn.metrics import recall_score
         from sklearn.metrics import f1_score

         from sklearn.tree import DecisionTreeClassifier
         dtc = DecisionTreeClassifier(criterion='entropy', random_state=2020)
         dtc.fit(X1_train, Y_train)
         Y_pred = dtc.predict(X1_test)

         print("accuracy_score=", accuracy_score(Y_test, Y_pred))
         print("precision_score=", precision_score(Y_test, Y_pred, average='binary'))
         print("recall_score=", recall_score(Y_test, Y_pred, average='binary'))
         print("f1_score=", f1_score(Y_test, Y_pred, average='binary'))

         accuracy_score= 0.9385964912280702
         precision_score= 0.9538461538461539
         recall_score= 0.9393939393939394
         f1_score= 0.9465648854961831
```

(a) 决策树分类器

```
In [11]: from sklearn.metrics import accuracy_score
         from sklearn.metrics import precision_score
         from sklearn.metrics import recall_score
         from sklearn.metrics import f1_score

         from sklearn.linear_model import LogisticRegression
         lr = LogisticRegression(penalty='l2', C=1.0, random_state=2020)
         lr.fit(X1_train, Y_train)
         Y_pred = lr.predict(X1_test)

         print("accuracy_score=", accuracy_score(Y_test, Y_pred))
         print("precision_score=", precision_score(Y_test, Y_pred, average='binary'))
         print("recall_score=", recall_score(Y_test, Y_pred, average='binary'))
         print("f1_score=", f1_score(Y_test, Y_pred, average='binary'))

         accuracy_score= 0.9736842105263158
         precision_score= 0.9846153846153847
         recall_score= 0.9696969696969697
         f1_score= 0.9770992366412214
```

(b) 逻辑斯谛回归分类器

图 3-18 计算乳腺癌诊断模型评价指标的示例代码

3. 多分类模型的评价指标

多分类问题可以看作由多个二分类问题组成，测试结果可以表示成多个二分类混淆矩阵。对这些二分类混淆矩阵求平均，将所得到的平均指标作为多分类模型的评价指标。

第一种求平均的方法：先计算各混淆矩阵的精确率、召回率和 F1 值，然后对计算结果分别求平均，所得到的平均值被称为**宏精确率**（macro-P）、**宏召回率**（macro-R）和**宏 F1 值**（macro-F1）。

第二种求平均的方法：先对混淆矩阵的 TP、FP、TN、FN 样例数求平均，得到一个平均混淆矩阵，基于这个平均混淆矩阵所求出的精确率、召回率和 F1 值被称为**微精确率**（micro-P）、**微召回率**（micro-R）和**微 F1 值**（micro-F1）。

3.3.3　P-R 曲线与 ROC 曲线

本节再介绍两种评价分类模型的可视化曲线，即 P-R 曲线与 ROC 曲线。针对二分类问题，一个理想分类器应当将正例样本判定为正类，将反例样本判定给反例。给定样本特征，分类器会生成一个属于正类（或反类）的后验概率，或一个模拟的后验概率值。使用测试集对分类器模型进行测试，按后验概率（或模拟后验概率）对测试样本进行降序排序，如图 3-19 所示。

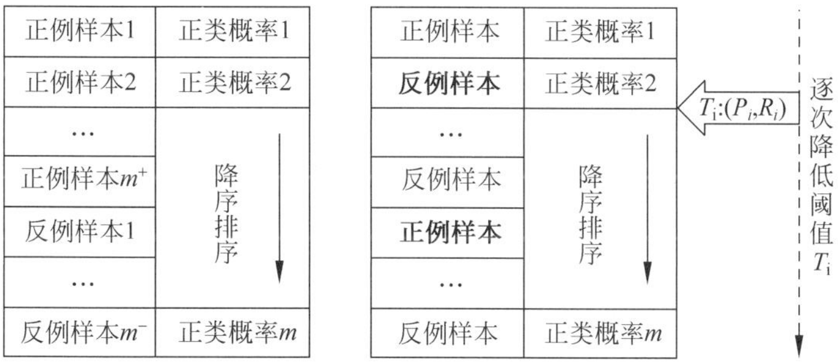

(a) 理想分类器　　(b) 实际分类器

图 3-19　按后验概率（或模拟后验概率）排序后的测试样本

如果是理想分类器，则所有正例样本属于正类的后验概率都应该比反例样本高，会排在反例样本的前面（见图 3-19(a)）。但实际的分类器很难做到这一点，某些反例样本属于正类的后验概率比正例样本高，反而排在正例样本的前面（见图 3-19(b)）。正例样本和反例样本的排列次序能在更深层次上反映分类器性能的优劣。

1. P-R 曲线

为后验概率（或模拟后验概率）设定一个**阈值**（threshold）T，将高于或等于阈值的样本判为正类，低于阈值的判为反类，这样可以模拟一次分类决策。按从高到低的顺序逐次降低阈值 T_i，模拟出一组分类决策，分别计算每次分类结果的精确率和召回率，得到一组（P_i，R_i）数据。将这组（P_i，R_i）数据绘制成图形，以精确率 P 为纵轴，召回率 R 为横轴，就得到一条“精确率-召回率”曲线，它被称作 P-R 曲线（P-R curve）。

scikit-learn 库为计算 P-R 曲线提供了一个函数 **precision_recall_curve**()，它可以自动设置阈值，并计算出一组（P_i，R_i）数据，该函数被存放在 sklearn.metrics 模块中。

图 3-20 给出了计算并绘制乳腺癌诊断模型 P-R 曲线的示例代码（见图 3-20(a)）及其运行结果（见图 3-20(b)）。其中的诊断模型是逻辑斯谛回归分类器，可以调用其 **predict_proba**()函数获取测试样本的后验概率；数据集使用的是 3.1.3 节标准化后的乳腺癌诊断数据集，训练集（X1_train、Y_train）被用于训练模型；然后用测试集（X1_test、Y_test）对模

型进行测试，计算并显示测试结果的 P-R 曲线。

```
In [12]: from sklearn.linear_model import LogisticRegression
         lr = LogisticRegression(penalty='l2', C=1.0, random_state=2020)
         lr.fit(X1_train, Y_train)
         #Y_pred = lr.predict(X1_test)
         Y_pred_proba = lr.predict_proba(X1_test)[:, 1]

         from sklearn.metrics import precision_recall_curve
         precision, recall, thresholds = \
             precision_recall_curve(Y_test, Y_pred_proba, pos_label=1)
         print(recall.shape, precision.shape, thresholds.shape)

         fig = plt.figure( figsize=(4, 3), dpi=100 )
         plt.rcParams['font.sans-serif'] = ['SimHei']
         plt.rcParams['axes.unicode_minus'] = False

         plt.plot(recall, precision)
         plt.scatter(recall, precision, s=10, alpha=0.5)
         plt.title("P-R曲线")
         plt.xlabel("召回率 - R");  plt.ylabel("精确率 - P")
         plt.show()

         (69,) (69,) (68,)
```

(a) 示例代码

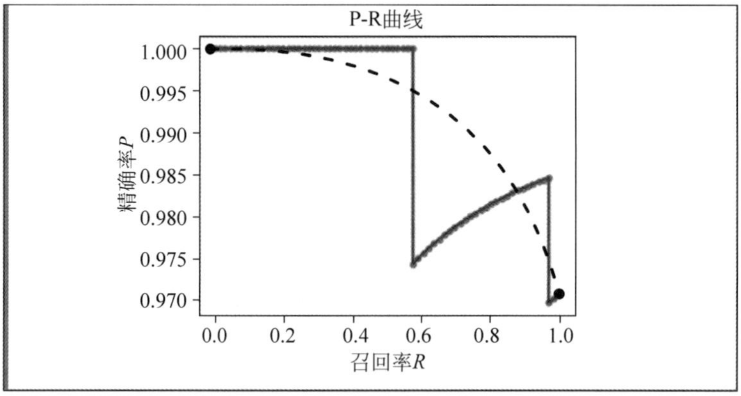

(b) 示例代码所绘制的P-R曲线（实线部分）

图 3-20　计算并绘制乳腺癌诊断模型 P-R 曲线的示例代码和运行结果

因为乳腺癌数据集比较小，正例（恶性）样本更少，因此图 3-20(b)所绘制的 P-R 曲线（实线部分）很不平滑。在样本数据足够多的情况下，P-R 曲线应该像图 3-20(b)中虚线部分那样比较平滑。从 P-R 曲线可以更直观地看到，精确率高时，召回率往往偏低；召回率高时，精确率就会偏低。P-R 曲线越偏向右上角，说明分类器的性能越好。

2. ROC 曲线

将 P-R 曲线的纵轴由精确率 P 改为**真正例率**（True Positive Rate，TPR），横轴由召回率 R 改为**假正例率**（False Positive Rate，FPR），这样所得到的曲线被称为 ROC（Receiver Operating Characteristic）曲线。真正例率 TPR、假正例率 FPR 的定义分别为

$$\mathrm{TPR}=\frac{\mathrm{TP}}{\mathrm{TP}+\mathrm{FN}} \tag{3-57}$$

$$\mathrm{FPR}=\frac{\mathrm{FP}}{\mathrm{TN}+\mathrm{FP}} \tag{3-58}$$

ROC 曲线的计算与绘制过程与 P-R 曲线类似。使用测试集对分类器模型进行测试，按

从高到低的次序为测试样本后验概率设定一组阈值 T_i，模拟出一组分类决策，分别计算每次分类结果的真正例率和假正例率，得到一组（TPR_i，FPR_i）数据。将这组（TPR_i，FPR_i）数据绘制成图形，以真正例率 TPR 为纵轴，假正例率 FPR 为横轴，就得到一条 ROC 曲线。

scikit-learn 库为 ROC 曲线提供了一个函数 **roc_curve**()，它可以自动设置阈值，并计算出一组（TPR_i，FPR_i）数据，该函数被存放在 sklearn.metrics 模块中。图 3-21 给出了计算并绘制乳腺癌诊断模型 ROC 曲线的示例代码（见图 3-21(a)）及其运行结果（见图 3-21(b)）。

```
In [13]: from sklearn.linear_model import LogisticRegression
         lr = LogisticRegression(penalty='l2', C=1.0, random_state=2020)
         lr.fit(X1_train, Y_train)
         #Y_pred = lr.predict(X1_test)
         Y_pred_proba = lr.predict_proba(X1_test)[:, 1]

         from sklearn.metrics import roc_curve
         fpr, tpr, thresholds = \
             roc_curve(Y_test, Y_pred_proba, pos_label=1)
         print(fpr.shape, tpr.shape, thresholds.shape)

         fig = plt.figure( figsize=(4, 3), dpi=100 )
         plt.rcParams['font.sans-serif'] = ['SimHei']
         plt.rcParams['axes.unicode_minus'] = False

         plt.plot(fpr, tpr)
         plt.scatter(fpr, tpr, s=20, alpha=0.5)
         plt.title("ROC曲线")
         plt.xlabel("假正例率 - FPR"); plt.ylabel("真正例率 - TPR")
         plt.show()

         (8,) (8,) (8,)
```

(a) 示例代码

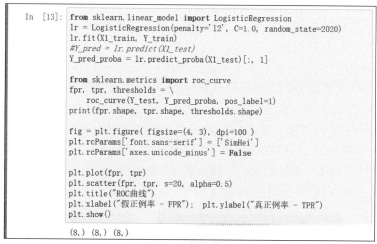

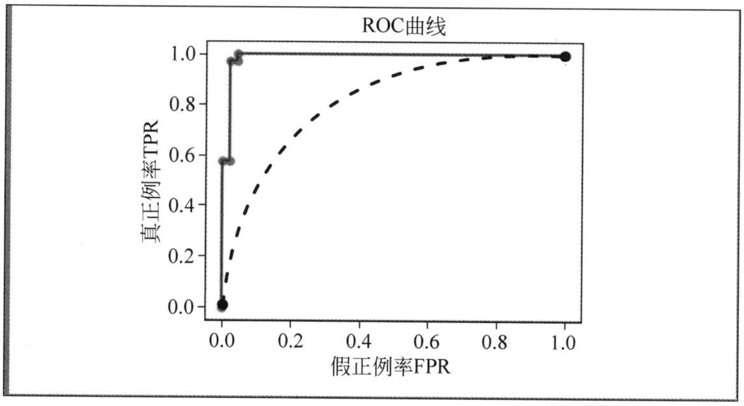

(b) 示例代码所绘制的ROC曲线（实线部分）

图 3-21 计算并绘制乳腺癌诊断模型 ROC 曲线的示例代码和运行结果

同样，因为乳腺癌数据集比较小，所以图 3-21(b)所绘制的 ROC 曲线（实线部分）不太平滑。在样本数据足够多的情况下，ROC 曲线应该像图 3-21(b)中虚线部分那样，比较平滑。ROC 曲线越偏向左上角，说明分类器的性能越好。

3.4 特征降维

给定训练集 $D_{\text{train}}=\{(\boldsymbol{x}_1,y_1),(\boldsymbol{x}_2,y_2),\cdots,(x_m,y_m)\}$，其中 $\boldsymbol{x}_i$ 是 d 维样本特征，$y_i\in\{c_1,c_2,\cdots,c_n\}$是其对应的实际类别，$i=1,2,\cdots,m$。可以将样本特征 $\boldsymbol{x}_i$ 看作特征空

间里的向量。在特征空间中,每个特征项是一个维度并对应一个标准基向量,d 个特征项就构成一个 d 维特征空间,其标准基向量可记作$\{\boldsymbol{e}_1,\boldsymbol{e}_2,\cdots,\boldsymbol{e}_d\}$。每个样本数据 $\boldsymbol{x}_i$ 对应特征空间里的一个点,其坐标$\{x_{i1},x_{i2},\cdots,x_{id}\}$就是样本在各特征项上的取值。

例如表 3-1 的苹果样本数据,其样本特征包含底色、外形、口感和果重 4 个特征项,以这 4 个特征项为坐标轴就构成一个四维特征空间。表 3-1 的苹果样本特征是经过人的加工整理,然后提炼出来的,这个加工、提炼过程被称为**特征提取**(feature extraction)。

经过特征提取的数据比较精炼、规范,这样的数据被称为**结构化**(structured)数据。实际应用中还有大量**非结构化**(unstructured)数据,例如文本数据、音频数据、图像数据、视频数据等。提取非结构化数据的特征需专门领域的知识,例如自然语言处理、语音信号处理、数字图像处理等。

可以先对非结构化的原始数据进行特征提取,然后基于所提取的特征数据进行机器学习。也可以直接以非结构化原始数据为特征进行机器学习,其优点是不会因特征提取而丢失任何信息,缺点是维数太多。维数很多的数据被称为**高维**(high-dimension)数据。例如,在 22kHz 采样率情况下,一段 10ms 语音采样数据(见图 3-22(a))大约有 22×10=220(个),其维数是 220 维;一幅 64×64=4096(像素)灰度图像(见图 3-22(b))的维数是 4096 维,而彩色图像的维数则是 4096×3=12 288 维。

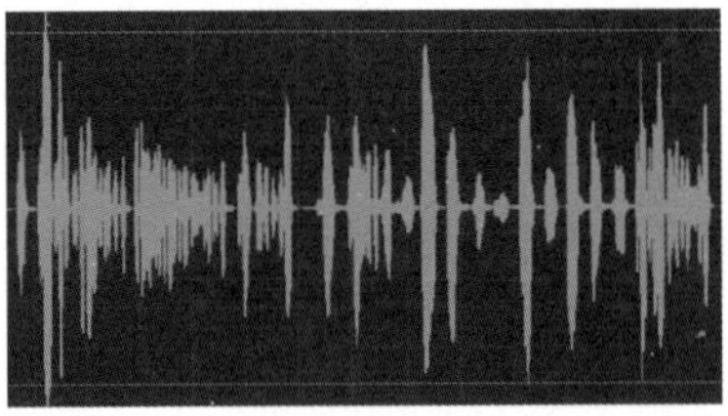
(a) 语音数据

(b) 图像数据

图 3-22 高维数据示例

在机器学习中,特征维数过高很容易导致距离计算困难、对样本需求量迅速加大(否则难以体现联合概率分布)等问题,这种现象被称为**维数灾难**(curse of dimensionality)。**降维**(dimension reduction)是缓解维数灾难的重要途径,其中会用到线性代数相关的知识,例如坐标变换及其矩阵表示、矩阵的特征值分解与奇异值分解等。

3.4.1 线性代数基础

1. 坐标变换及其矩阵表示

一个二维特征空间(见图 3-23),其两个标准基$\{\boldsymbol{e}_1,\boldsymbol{e}_2\}$分别对应样本特征的两个特征项。可以将样本特征数据 $\boldsymbol{x}$ 看作特征空间中的一个点,其坐标(x_1,x_2)为样本在特征项 1、特征项 2 上的取值;$\boldsymbol{x}$ 也被称作特征空间中的一个特征向量,记作 $\boldsymbol{x}=(x_1,x_2)^{\mathrm{T}}$。

假设将特征向量 $\boldsymbol{x}$ 在 $\boldsymbol{e}_1$、$\boldsymbol{e}_2$ 方向上的坐标分别拉伸 λ_1、λ_2 倍(见图 3-23(a)),则**拉伸**(或称缩放)**变换**后新向量 $\boldsymbol{z}$ 的坐标为

$$\boldsymbol{z}=\begin{bmatrix}z_1\\z_2\end{bmatrix}=\begin{bmatrix}\lambda_1 x_1\\\lambda_2 x_2\end{bmatrix}=\begin{bmatrix}\lambda_1 & 0\\0 & \lambda_2\end{bmatrix}\begin{bmatrix}x_1\\x_2\end{bmatrix}=\begin{bmatrix}\lambda_1 & 0\\0 & \lambda_2\end{bmatrix}\boldsymbol{x}$$

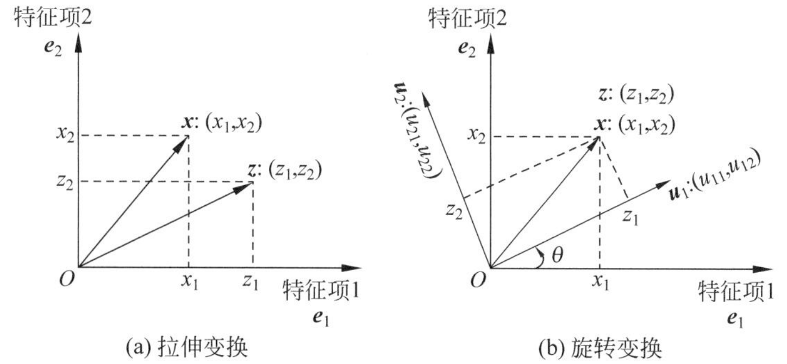

图 3-23 二维特征空间的坐标变换

记 $\boldsymbol{D}=\begin{bmatrix}\lambda_1 & 0\\ 0 & \lambda_2\end{bmatrix}$,则 $\boldsymbol{z}=\boldsymbol{Dx}$。一般地,$d$ 维特征空间的拉伸变换可以用一个 $d\times d$ 对角矩阵 $\boldsymbol{D}$ 表示,其对角元素就是在各坐标轴方向的拉伸倍数。换句话说,对角矩阵对应的坐标变换为拉伸变换。

假设将两个标准基$\{\boldsymbol{e}_1,\boldsymbol{e}_2\}$旋转某个角度 θ(见图 3-23(b)),得到一组新的基$\{\boldsymbol{u}_1,\boldsymbol{u}_2\}$:$\boldsymbol{u}_1=\begin{bmatrix}u_{11}\\ u_{12}\end{bmatrix}$,$\boldsymbol{u}_2=\begin{bmatrix}u_{21}\\ u_{22}\end{bmatrix}$,或写成 $\boldsymbol{u}_1=u_{11}\boldsymbol{e}_1+u_{12}\boldsymbol{e}_2$, $\boldsymbol{u}_2=u_{21}\boldsymbol{e}_1+u_{22}\boldsymbol{e}_2$。旋转变换后,向量 $\boldsymbol{x}=(x_1,x_2)^{\mathrm{T}}$ 在基$\{\boldsymbol{u}_1,\boldsymbol{u}_2\}$下的坐标 $\boldsymbol{z}$ 为

$$\boldsymbol{z}=\begin{bmatrix}z_1\\ z_2\end{bmatrix}=\begin{bmatrix}u_{11} & u_{12}\\ u_{21} & u_{22}\end{bmatrix}\begin{bmatrix}x_1\\ x_2\end{bmatrix}=\begin{bmatrix}\boldsymbol{u}_1^{\mathrm{T}}\\ \boldsymbol{u}_2^{\mathrm{T}}\end{bmatrix}\boldsymbol{x} \tag{3-59}$$

记 $\boldsymbol{U}=\begin{bmatrix}\boldsymbol{u}_1^{\mathrm{T}}\\ \boldsymbol{u}_2^{\mathrm{T}}\end{bmatrix}$,则 $\boldsymbol{z}=\boldsymbol{Ux}$。坐标 $\boldsymbol{z}$ 实际上就是向量 $\boldsymbol{x}$ 在新基向量$\{\boldsymbol{u}_1,\boldsymbol{u}_2\}$上的标量投影(被称作**投影变换**),旋转变换就是一种投影变换。一般地,d 维特征空间从一组基,例如标准基$\{\boldsymbol{e}_1,\boldsymbol{e}_2,\cdots,\boldsymbol{e}_d\}$,到另一组基$\{\boldsymbol{u}_1,\boldsymbol{u}_2,\cdots,\boldsymbol{u}_d\}$的投影变换可以用一个 $d\times d$ 矩阵 $\boldsymbol{U}$ 表示,其行向量分别对应新的基向量。将向量 $\boldsymbol{x}=(x_1,x_2,\cdots,x_d)^{\mathrm{T}}$ 在基$\{\boldsymbol{u}_1,\boldsymbol{u}_2,\cdots,\boldsymbol{u}_d\}$下的坐标记作 $\boldsymbol{z}=(z_1,z_2,\cdots,z_d)^{\mathrm{T}}$,则

$$\boldsymbol{z}=\boldsymbol{Ux},\quad 其中\ \boldsymbol{U}_{d\times d}=\begin{bmatrix}\boldsymbol{u}_1^{\mathrm{T}}\\ \boldsymbol{u}_2^{\mathrm{T}}\\ \vdots\\ \boldsymbol{u}_d^{\mathrm{T}}\end{bmatrix} \tag{3-60}$$

矩阵 $\boldsymbol{U}$ 称作从基$\{\boldsymbol{e}_1,\boldsymbol{e}_2,\cdots,\boldsymbol{e}_d\}$到基$\{\boldsymbol{u}_1,\boldsymbol{u}_2,\cdots,\boldsymbol{u}_d\}$的**转移矩阵**(transition matrix)。如果新的基向量$\{\boldsymbol{u}_1,\boldsymbol{u}_2,\cdots,\boldsymbol{u}_d\}$是规范正交基(由相互正交单位向量构成的基),即

$$\boldsymbol{u}_i^{\mathrm{T}}\boldsymbol{u}_j=\begin{cases}1, & i=j\\ 0, & i\neq j\end{cases},\quad i,j=1,2,\cdots,d$$

则转移矩阵 $\boldsymbol{U}_{d\times d}$ 为**正交矩阵**(orthogonal matrix),即 $\boldsymbol{U}^{-1}=\boldsymbol{U}^{\mathrm{T}}$,或 $\boldsymbol{U}^{\mathrm{T}}\boldsymbol{U}=\boldsymbol{I}$。任意一组基(可能不正交或不规范)到规范正交基的投影变换,其转移矩阵均为正交矩阵。

对样本数据进行坐标变换，实际上是对样本做特征变换。变换前，坐标 $\boldsymbol{x}=(x_1,x_2,\cdots,x_d)^{\mathrm{T}}$ 是样本在原特征项上的取值；变换后，坐标 $\boldsymbol{z}=(z_1,z_2,\cdots,z_d)^{\mathrm{T}}$ 是样本在新特征项上的取值，因此坐标变换就是将原特征 $\boldsymbol{x}$ 变换成新特征 $\boldsymbol{z}$。

式(3-59)、式(3-60)坐标变换所得到的新特征 $\boldsymbol{z}$ 是原特征 $\boldsymbol{x}$ 的线性组合，即线性变换。线性变换可表示成矩阵形式，拉伸变换和投影变换都属于线性变换。线性变换可以利用线性代数相关的理论、方法进行处理。实际应用中还会存在非线性的情况，某些非线性变换可以通过**核函数**(kernel function)转化为线性变换。

2. 特征值、特征向量与特征值分解

定义 3-1 一个 $n\times n$ 矩阵 $\boldsymbol{A}$，如果存在一个非零向量 $\boldsymbol{x}$ 使得 $\boldsymbol{Ax}=\lambda\boldsymbol{x}$，则称标量 λ 为矩阵 $\boldsymbol{A}$ 的**特征值**(eigenvalue)，向量 $\boldsymbol{x}$ 为矩阵 $\boldsymbol{A}$ 的属于特征值 λ 的特征**向量**(eigenvector)。

定理 3-1 一个 $n\times n$ 矩阵 $\boldsymbol{A}$ 是可对角化的，当且仅当 $\boldsymbol{A}$ 有 n 个线性无关的特征向量。

证明：若 $\boldsymbol{A}$ 有 n 个线性无关特征向量 $\boldsymbol{x}_1,\boldsymbol{x}_2,\cdots,\boldsymbol{x}_n$，其对应的特征值分别为 $\lambda_1,\lambda_2,\cdots,\lambda_n$，则以这 n 个特征向量为列向量的矩阵 $\boldsymbol{X}=(\boldsymbol{x}_1,\boldsymbol{x}_2,\cdots,\boldsymbol{x}_n)$ 可逆并能将 $\boldsymbol{A}$ 对角化，即

$$\boldsymbol{AX}=\boldsymbol{A}(\boldsymbol{x}_1,\boldsymbol{x}_2,\cdots,\boldsymbol{x}_n)=(\boldsymbol{Ax}_1,\boldsymbol{Ax}_2,\cdots,\boldsymbol{Ax}_n)=(\lambda_1\boldsymbol{x}_1,\lambda_2\boldsymbol{x}_2,\cdots,\lambda_n\boldsymbol{x}_n),$$

$$\boldsymbol{AX}=(\boldsymbol{x}_1,\boldsymbol{x}_2,\cdots,\boldsymbol{x}_n)\begin{bmatrix}\lambda_1 & & & \\ & \lambda_2 & & \\ & & \ddots & \\ & & & \lambda_n\end{bmatrix}=\boldsymbol{XD} \tag{3-61}$$

因为 $\boldsymbol{x}_1,\boldsymbol{x}_2,\cdots,\boldsymbol{x}_n$ 线性无关，所以 $\boldsymbol{X}$ 可逆，因而

$$\boldsymbol{X}^{-1}\boldsymbol{AX}=\boldsymbol{D},\quad 或\ \boldsymbol{A}=\boldsymbol{XDX}^{-1} \tag{3-62}$$

其中的 $\boldsymbol{X}$、$\boldsymbol{D}$ 不唯一，因为将各列重排或乘以一个非零系数，新的 $\boldsymbol{X}$ 及其对应的 $\boldsymbol{D}$ 仍能将 $\boldsymbol{A}$ 对角化。矩阵 $\boldsymbol{A}$ 可对角化也可以说成是矩阵 $\boldsymbol{A}$ 可按特征值分解为 $\boldsymbol{XDX}^{-1}$。

定理 3-2(谱定理) 若 $\boldsymbol{A}$ 是 $n\times n$ 实对称矩阵，则存在一个正交矩阵 $\boldsymbol{U}$ 可以对角化 $\boldsymbol{A}$，即 $\boldsymbol{U}^{\mathrm{T}}\boldsymbol{AU}=\boldsymbol{D}$，其中 $\boldsymbol{U}$ 的列向量是 $\boldsymbol{A}$ 的 n 个线性无关特征向量(单位向量)，$\boldsymbol{D}$ 是对角矩阵(对角元素是特征向量对应的特征值)。或者说，实对称矩阵 $\boldsymbol{A}$ 可分解为一个正交矩阵 $\boldsymbol{U}$ 和一个对角矩阵 $\boldsymbol{D}$，即

$$\boldsymbol{A}=\boldsymbol{UDU}^{\mathrm{T}}=(\boldsymbol{u}_1,\boldsymbol{u}_2,\cdots,\boldsymbol{u}_n)\begin{bmatrix}\lambda_1 & & & \\ & \lambda_2 & & \\ & & \ddots & \\ & & & \lambda_n\end{bmatrix}\begin{bmatrix}\boldsymbol{u}_1^{\mathrm{T}}\\ \boldsymbol{u}_2^{\mathrm{T}}\\ \vdots\\ \boldsymbol{u}_n^{\mathrm{T}}\end{bmatrix}$$

$$=\lambda_1\boldsymbol{u}_1\boldsymbol{u}_1^{\mathrm{T}}+\lambda_2\boldsymbol{u}_2\boldsymbol{u}_2^{\mathrm{T}}+\cdots+\lambda_n\boldsymbol{u}_n\boldsymbol{u}_n^{\mathrm{T}}$$

定理 3-2 的意义在于，如果将 $n\times n$ 实对称矩阵 $\boldsymbol{A}$ 看作一个坐标变换，则该变换可分解成两次到规范正交基的投影变换和一次拉伸变换，其中投影变换的基对应矩阵 $\boldsymbol{A}$ 的各特征向量，拉伸变换的倍数对应矩阵 $\boldsymbol{A}$ 的各特征值。或者说，实对称矩阵 $\boldsymbol{A}$ 可分解成一组分量(即 $\boldsymbol{u}_1\boldsymbol{u}_1^{\mathrm{T}}$、$\boldsymbol{u}_2\boldsymbol{u}_2^{\mathrm{T}}$、$\cdots$、$\boldsymbol{u}_n\boldsymbol{u}_n^{\mathrm{T}}$)的线性组合，各分量的系数(或称作“谱”)就是矩阵 $\boldsymbol{A}$ 的特征值。

定义 3-2 一个 $n\times n$ 实对称矩阵 $\boldsymbol{A}$，若对任意非零向量 $\boldsymbol{x}\in R^n$，有 $\boldsymbol{x}^{\mathrm{T}}\boldsymbol{Ax}\geqslant 0$，则称 $\boldsymbol{A}$ 为**半正定的**(positive semidefinite)。

定理 3-3　半正定矩阵的所有特征值都为非负实数。

证明：对于 $n\times n$ 半正定矩阵 $\boldsymbol{A}$，若 λ 是 $\boldsymbol{A}$ 的特征值，$\boldsymbol{x}$ 是属于 λ 的特征向量，则对任意非零向量 $\boldsymbol{x}\in R^n$，有 $\boldsymbol{x}^{\mathrm{T}}\boldsymbol{A}\boldsymbol{x}=\lambda\boldsymbol{x}^{\mathrm{T}}\boldsymbol{x}=\lambda\|\boldsymbol{x}\|^2$。

因为 $\boldsymbol{x}^{\mathrm{T}}\boldsymbol{A}\boldsymbol{x}\geqslant 0$，所以

$$\lambda=\frac{\boldsymbol{x}^{\mathrm{T}}\boldsymbol{A}\boldsymbol{x}}{\|\boldsymbol{x}\|^2}\geqslant 0$$

定理 3-4　若 $\boldsymbol{A}$ 为一 $m\times n$ 实矩阵，则 $\boldsymbol{A}^{\mathrm{T}}\boldsymbol{A}$ 为 $n\times n$ 实对称半正定矩阵，$\boldsymbol{A}\boldsymbol{A}^{\mathrm{T}}$ 为 $m\times m$ 实对称半正定矩阵，且 $\boldsymbol{A}^{\mathrm{T}}\boldsymbol{A}$、$\boldsymbol{A}\boldsymbol{A}^{\mathrm{T}}$ 的所有特征值均为非负实数。

证明：若 $\boldsymbol{A}$ 为一 $m\times n$ 实矩阵，则 $\boldsymbol{A}^{\mathrm{T}}\boldsymbol{A}$ 为 $n\times n$ 实对称矩阵。对任意非零向量 $\boldsymbol{x}\in R^n$，有 $\boldsymbol{x}^{\mathrm{T}}\boldsymbol{A}^{\mathrm{T}}\boldsymbol{A}\boldsymbol{x}=(\boldsymbol{A}\boldsymbol{x})^{\mathrm{T}}(\boldsymbol{A}\boldsymbol{x})=\|\boldsymbol{A}\boldsymbol{x}\|^2\geqslant 0$，所以 $\boldsymbol{A}^{\mathrm{T}}\boldsymbol{A}$ 为 $n\times n$ 半正定矩阵，其所有特征值均为非负实数。

同理可证，$\boldsymbol{A}\boldsymbol{A}^{\mathrm{T}}$ 为 $m\times m$ 实对称半正定矩阵，其所有特征值也都为非负实数。

定理 3-4 的几何意义在于，如果将 $n\times n$ 实对称矩阵 $\boldsymbol{A}^{\mathrm{T}}\boldsymbol{A}$ 看作一个坐标变换，则该变换可分解成两次到规范正交基的投影变换和一次拉伸变换（谱定理），其中投影变换的基对应矩阵 $\boldsymbol{A}^{\mathrm{T}}\boldsymbol{A}$ 的各特征向量，拉伸变换的倍数对应矩阵 $\boldsymbol{A}^{\mathrm{T}}\boldsymbol{A}$ 的各特征值，它们均为非负实数。同理，$\boldsymbol{A}\boldsymbol{A}^{\mathrm{T}}$ 与此类似。

3. 矩阵的奇异值分解

定理 3-5（SVD 定理）　若 $\boldsymbol{A}$ 为一 $m\times n$ 实矩阵（假设 $m>n$），则 $\boldsymbol{A}$ 有一个奇异值分解，即 $\boldsymbol{A}=\boldsymbol{U}\boldsymbol{\Sigma}\boldsymbol{V}^{\mathrm{T}}$，其中 $\boldsymbol{U}$ 是一 $m\times m$ 正交矩阵，$\boldsymbol{V}$ 是一 $n\times n$ 正交矩阵，$\boldsymbol{\Sigma}$ 是一 $m\times n$ 矩阵。$\boldsymbol{\Sigma}$ 的矩阵形式为

$$\boldsymbol{\Sigma}=\begin{bmatrix}\boldsymbol{\Sigma}_1\\ \boldsymbol{0}\end{bmatrix},\quad \text{其中}\boldsymbol{\Sigma}_1=\begin{bmatrix}\sigma_1 & & & \\ & \sigma_2 & & \\ & & \ddots & \\ & & & \sigma_n\end{bmatrix}\tag{3-63}$$

其对角线元素满足

$$\sigma_1\geqslant\sigma_2\geqslant\cdots\geqslant\sigma_n\geqslant 0\ \text{且}\ \sigma_1^2,\sigma_2^2,\cdots,\sigma_n^2\ \text{为}\ \boldsymbol{A}^{\mathrm{T}}\boldsymbol{A}\ \text{的特征值}$$

证明：略（分别用 $\boldsymbol{A}^{\mathrm{T}}\boldsymbol{A}$ 的特征向量构造 $\boldsymbol{V}$，用 $\boldsymbol{A}\boldsymbol{A}^{\mathrm{T}}$ 的特征向量构造 $\boldsymbol{U}$）。

定理 3-6　$\boldsymbol{A}$ 为一 $m\times n$ 实矩阵，若 $\boldsymbol{A}$ 的奇异值分解为 $\boldsymbol{A}=\boldsymbol{U}\boldsymbol{\Sigma}\boldsymbol{V}^{\mathrm{T}}$，则

(1) $\boldsymbol{U}=(\boldsymbol{u}_1,\boldsymbol{u}_2,\cdots,\boldsymbol{u}_m)$ 的列向量为 $\boldsymbol{A}\boldsymbol{A}^{\mathrm{T}}$ 的特征向量，且 $\boldsymbol{U}$ 可对角化 $\boldsymbol{A}\boldsymbol{A}^{\mathrm{T}}$，即

$$\boldsymbol{U}^{\mathrm{T}}\boldsymbol{A}\boldsymbol{A}^{\mathrm{T}}\boldsymbol{U}=\boldsymbol{\Sigma}\boldsymbol{\Sigma}^{\mathrm{T}}$$

(2) $\boldsymbol{V}=(\boldsymbol{v}_1,\boldsymbol{v}_2,\cdots,\boldsymbol{v}_n)$ 的列向量为 $\boldsymbol{A}^{\mathrm{T}}\boldsymbol{A}$ 的特征向量，且 $\boldsymbol{V}$ 可对角化 $\boldsymbol{A}^{\mathrm{T}}\boldsymbol{A}$，即

$$\boldsymbol{V}^{\mathrm{T}}\boldsymbol{A}^{\mathrm{T}}\boldsymbol{A}\boldsymbol{V}=\boldsymbol{\Sigma}^{\mathrm{T}}\boldsymbol{\Sigma}$$

其中 $\boldsymbol{\Sigma}$ 如式(3-63)所示，$\boldsymbol{\Sigma}\boldsymbol{\Sigma}^{\mathrm{T}}$（或 $\boldsymbol{\Sigma}^{\mathrm{T}}\boldsymbol{\Sigma}$）为对角矩阵，其对角元素为 $\boldsymbol{A}\boldsymbol{A}^{\mathrm{T}}$（或 $\boldsymbol{A}^{\mathrm{T}}\boldsymbol{A}$）的特征值。

证明：略（将 $\boldsymbol{A}=\boldsymbol{U}\boldsymbol{\Sigma}\boldsymbol{V}^{\mathrm{T}}$ 代入 $\boldsymbol{U}^{\mathrm{T}}\boldsymbol{A}\boldsymbol{A}^{\mathrm{T}}\boldsymbol{U}$、$\boldsymbol{V}^{\mathrm{T}}\boldsymbol{A}^{\mathrm{T}}\boldsymbol{A}\boldsymbol{V}$ 即可）。

4. 样本特征的协方差矩阵

给定训练集 $D_{\text{train}}=\{(\boldsymbol{x}_1,y_1),(\boldsymbol{x}_2,y_2),\cdots,(\boldsymbol{x}_m,y_m)\}$，其中 $\boldsymbol{x}_i$ 是 d 维样本特征，则定义训练集特征矩阵 $\boldsymbol{X}$ 为

$$\boldsymbol{X}_{d\times m}=(\boldsymbol{x}_1,\boldsymbol{x}_2,\cdots,\boldsymbol{x}_m)=\begin{bmatrix} x_{11} & x_{21} & \cdots & x_{m1} \\ x_{12} & x_{22} & \cdots & x_{m2} \\ \vdots & \vdots & \ddots & \vdots \\ x_{1d} & x_{2d} & \cdots & x_{md} \end{bmatrix} \tag{3-64}$$

其中的每一列对应一个样本数据 $\boldsymbol{x}_i, i=1,2,\cdots,m$。

换个角度,可以将 d 维样本特征的每个特征项看作一个随机变量 $X_k, k=1,2,\cdots,d$,则特征矩阵 $\boldsymbol{X}$ 的第 k 行就是随机变量 X_k 的样本数据。每个特征随机变量 X_k 有 m 个样本数据,计算其均值,

$$\boldsymbol{\mu}=\begin{bmatrix} \mu_1 \\ \mu_2 \\ \vdots \\ \mu_d \end{bmatrix},\quad \mu_k=\frac{1}{m}\sum_{i=1}^{m}x_{ik},\quad k=1,2,\cdots,d$$

再将特征随机变量的协方差矩阵(或称**特征内积矩阵**)记作 $\boldsymbol{\Sigma}$(与式(3-63)中的 $\boldsymbol{\Sigma}$ 没有关系,仅仅是用了相同的记号),其计算公式为

$$\begin{aligned}\boldsymbol{\Sigma}_{d\times d}&=\frac{1}{m-1}(\boldsymbol{x}_1-\boldsymbol{\mu},\boldsymbol{x}_2-\boldsymbol{\mu},\cdots,\boldsymbol{x}_m-\boldsymbol{\mu})(\boldsymbol{x}_1-\boldsymbol{\mu},\boldsymbol{x}_2-\boldsymbol{\mu},\cdots,\boldsymbol{x}_m-\boldsymbol{\mu})^{\mathrm{T}} \\ &=\frac{1}{m-1}\begin{bmatrix} x_{11}-\mu_1 & x_{21}-\mu_1 & \cdots & x_{m1}-\mu_1 \\ x_{12}-\mu_2 & x_{22}-\mu_2 & \cdots & x_{m2}-\mu_2 \\ \vdots & \vdots & \ddots & \vdots \\ x_{1d}-\mu_d & x_{2d}-\mu_d & \cdots & x_{md}-\mu_d \end{bmatrix}\begin{bmatrix} x_{11}-\mu_1 & x_{21}-\mu_1 & \cdots & x_{m1}-\mu_1 \\ x_{12}-\mu_2 & x_{22}-\mu_2 & \cdots & x_{m2}-\mu_2 \\ \vdots & \vdots & \ddots & \vdots \\ x_{1d}-\mu_d & x_{2d}-\mu_d & \cdots & x_{md}-\mu_d \end{bmatrix}^{\mathrm{T}}\end{aligned}$$

由定理3-4可知,协方差矩阵 $\boldsymbol{\Sigma}$ 是一个 $d\times d$ 实对称半正定矩阵。记

$$\boldsymbol{\Sigma}_{d\times d}=\begin{bmatrix} \sigma_{11}^2 & \sigma_{12}^2 & \cdots & \sigma_{1d}^2 \\ \sigma_{21}^2 & \sigma_{22}^2 & \cdots & \sigma_{2d}^2 \\ \vdots & \vdots & \ddots & \vdots \\ \sigma_{d1}^2 & \sigma_{d2}^2 & \cdots & \sigma_{dd}^2 \end{bmatrix}$$

其中,$\sigma_{kl}^2=\frac{1}{m-1}\sum_{i=1}^{m}(x_{ki}-\mu_k)(x_{li}-\mu_l), k,l=1,2,\cdots,d$,并且 $\boldsymbol{\Sigma}$ 中的对角元素为各特征项的方差,非对角元素为不同特征项之间的协方差。

如果先对样本特征做**去中心化**(zero-centered,或称零均值化)处理,即将各特征项样本数据分别减去其均值,这样可以简化协方差矩阵的计算。去中心化后每个特征随机变量 X_k 的均值 $\mu_k=0$,特征的协方差矩阵 $\boldsymbol{\Sigma}$ 因此可简化为

$$\boldsymbol{\Sigma}_{d\times d}=\frac{1}{m-1}\begin{bmatrix} x_{11} & x_{21} & \cdots & x_{m1} \\ x_{12} & x_{22} & \cdots & x_{m2} \\ \vdots & \vdots & \ddots & \vdots \\ x_{1d} & x_{2d} & \cdots & x_{md} \end{bmatrix}\begin{bmatrix} x_{11} & x_{21} & \cdots & x_{m1} \\ x_{12} & x_{22} & \cdots & x_{m2} \\ \vdots & \vdots & \ddots & \vdots \\ x_{1d} & x_{2d} & \cdots & x_{md} \end{bmatrix}^{\mathrm{T}}=\frac{1}{m-1}\boldsymbol{X}\boldsymbol{X}^{\mathrm{T}} \tag{3-65}$$

记

$$\boldsymbol{\Sigma}_{d\times d}=\begin{bmatrix}\sigma_{11}^2 & \sigma_{12}^2 & \cdots & \sigma_{1d}^2\\ \sigma_{21}^2 & \sigma_{22}^2 & \cdots & \sigma_{2d}^2\\ \vdots & \vdots & \ddots & \vdots\\ \sigma_{d1}^2 & \sigma_{d2}^2 & \cdots & \sigma_{dd}^2\end{bmatrix}$$

其中，$\sigma_{kl}^2=\dfrac{1}{m-1}\sum_{i=1}^{m}x_{ki}x_{li}, k,l=1,2,\cdots,d$。

3.4.2 主成分分析

样本特征由多个特征项组成，可以将每个特征项看作样本特征的一个**成分**（component，或称分量），每个成分（即每个特征项）都是一个随机变量。**主成分分析**（Principal Component Analysis，PCA）是一种常用的特征降维方法，其核心思想是：

- 两个特征项之间的协方差反映它们的相关性。协方差越大，则特征项之间的相关性就越大，数据冗余也越大。机器学习应尽可能消除数据冗余，也即降低特征项之间的相关性，让它们的协方差越接近于零越好。
- 特征项的方差反映所携带的信息量。方差越大，则特征项所携带的信息量就越大。方差大的特征项属于样本特征的主要成分，方差小的则属于次要成分。特征降维时应保留样本特征的主要成分，丢弃次要成分。
- 通过对样本特征进行投影变换，尽可能降低不同特征项之间的相关性，然后仅保留样本特征的主要成分即可实现降维。PCA 降维的关键是选择投影方向，找出最优的投影基向量。

1. 标准化样本特征

给定训练集 $D_{\text{train}}=\{(\boldsymbol{x}_1,y_1),(\boldsymbol{x}_2,y_2),\cdots,(\boldsymbol{x}_m,y_m)\}$，或 $D_{\text{train}}=\{\boldsymbol{x}_1,\boldsymbol{x}_2,\cdots,\boldsymbol{x}_m\}$，其中 $\boldsymbol{x}_i$ 是 d 维样本特征。PCA 降维要求先对原始样本特征做去中心化和归一化处理（例如 z-score 标准化），去中心化是为了简化协方差矩阵的计算，归一化是为了让不同特征之间的方差可比较；然后构造样本的特征矩阵 $\boldsymbol{X}_{d\times m}$（见式(3-64)），并计算其协方差矩阵$\boldsymbol{\Sigma}_{d\times d}$（见式(3-65)）。为便于后续讲解，这里将特征矩阵 $\boldsymbol{X}_{d\times m}$ 的协方差矩阵$\boldsymbol{\Sigma}_{d\times d}$ 改记为$\boldsymbol{\Sigma}_{d\times d}^{\boldsymbol{X}}$。

2. 选择最优特征变换方向

给定 d 维样本特征数据 $\boldsymbol{x}$ 或样本特征矩阵 $\boldsymbol{X}_{d\times m}=(\boldsymbol{x}_1,\boldsymbol{x}_2,\cdots,\boldsymbol{x}_m)$，从原始基向量，例如标准基$\{\boldsymbol{e}_1,\boldsymbol{e}_2,\cdots,\boldsymbol{e}_d\}$，到另一组规范正交基$\{\boldsymbol{w}_1,\boldsymbol{w}_2,\cdots,\boldsymbol{w}_d\}$对样本特征做投影变换，变换后的坐标可表示为如下矩阵形式：

$$\boldsymbol{z}=\boldsymbol{W}\boldsymbol{x}=\begin{bmatrix}\boldsymbol{w}_1^{\mathrm{T}}\\ \boldsymbol{w}_2^{\mathrm{T}}\\ \vdots\\ \boldsymbol{w}_d^{\mathrm{T}}\end{bmatrix}\boldsymbol{x} \tag{3-66a}$$

或

$$\boldsymbol{Z}_{d\times m}=\boldsymbol{W}\boldsymbol{X}_{d\times m}=\begin{bmatrix}\boldsymbol{w}_1^{\mathrm{T}}\\ \boldsymbol{w}_2^{\mathrm{T}}\\ \vdots\\ \boldsymbol{w}_d^{\mathrm{T}}\end{bmatrix}(\boldsymbol{x}_1,\boldsymbol{x}_2,\cdots,\boldsymbol{x}_m) \tag{3-66b}$$

其中,$\boldsymbol{W}$ 为 $d\times d$ 转移矩阵,$\boldsymbol{z}$ 为单个样本特征 $\boldsymbol{x}$ 投影变换后的新特征向量;$\boldsymbol{Z}_{d\times m}$ 为样本特征矩阵 $\boldsymbol{X}_{d\times m}$ 投影变换后的新特征矩阵,其展开式为

$$\boldsymbol{Z}_{d\times m}=(\boldsymbol{z}_1,\boldsymbol{z}_2,\cdots,\boldsymbol{z}_m)=\begin{bmatrix}z_{11} & z_{21} & \cdots & z_{m1}\\ z_{12} & z_{22} & \cdots & z_{m2}\\ \vdots & \vdots & \ddots & \vdots\\ z_{1d} & z_{2d} & \cdots & z_{md}\end{bmatrix}$$

因为样本特征矩阵 $\boldsymbol{X}_{d\times m}$ 经过去中心化处理,所以每一行的均值或累加和都为 0。投影变换所得到新的样本特征矩阵 $\boldsymbol{Z}_{d\times m}$,其每一行的均值与累加和也保持为零。

如果将新样本特征的每个特征项($\boldsymbol{Z}_{d\times m}$ 中的每一行)看作一个随机变量 $Z_k,k=1,2,\cdots,d$,则新特征随机变量的协方差矩阵为

$$\boldsymbol{\Sigma}_{d\times d}^{\boldsymbol{Z}}=\frac{1}{m-1}\begin{bmatrix}z_{11} & z_{21} & \cdots & z_{m1}\\ z_{12} & z_{22} & \cdots & z_{m2}\\ \vdots & \vdots & \ddots & \vdots\\ z_{1d} & z_{2d} & \cdots & z_{md}\end{bmatrix}\begin{bmatrix}z_{11} & z_{21} & \cdots & z_{m1}\\ z_{12} & z_{22} & \cdots & z_{m2}\\ \vdots & \vdots & \ddots & \vdots\\ z_{1d} & z_{2d} & \cdots & z_{md}\end{bmatrix}^{\mathrm{T}}=\frac{1}{m-1}\boldsymbol{Z}\boldsymbol{Z}^{\mathrm{T}}$$

PCA 希望新的特征随机变量 Z_k 之间相关性越小越好,这样可以消除数据冗余。理想情况下,协方差矩阵$\boldsymbol{\Sigma}_{d\times d}^{\boldsymbol{Z}}$ 应为对角阵,即各特征项之间的协方差都为 0:

$$\boldsymbol{\Sigma}_{d\times d}^{\boldsymbol{Z}}=\begin{bmatrix}\sigma_{11}^2 & & & \\ & \sigma_{22}^2 & & \\ & & \ddots & \\ & & & \sigma_{dd}^2\end{bmatrix}$$

因为

$$\boldsymbol{\Sigma}_{d\times d}^{\boldsymbol{Z}}=\frac{1}{m-1}\boldsymbol{Z}\boldsymbol{Z}^{\mathrm{T}}=\frac{1}{m-1}(\boldsymbol{W}\boldsymbol{X})(\boldsymbol{W}\boldsymbol{X})^{\mathrm{T}}=\boldsymbol{W}\left(\frac{1}{m-1}\boldsymbol{X}\boldsymbol{X}^{\mathrm{T}}\right)\boldsymbol{W}^{\mathrm{T}} \tag{3-67}$$

将式(3-65)代入式(3-67)得

$$\boldsymbol{\Sigma}_{d\times d}^{\boldsymbol{Z}}=\boldsymbol{W}\left(\frac{1}{m-1}\boldsymbol{X}\boldsymbol{X}^{\mathrm{T}}\right)\boldsymbol{W}^{\mathrm{T}}=\boldsymbol{W}(\boldsymbol{\Sigma}_{d\times d}^{\boldsymbol{X}})\boldsymbol{W}^{\mathrm{T}} \tag{3-68}$$

可以看出,如果 $\boldsymbol{W}(\boldsymbol{\Sigma}_{d\times d}^{\boldsymbol{X}})\boldsymbol{W}^{\mathrm{T}}$ 是对角阵,则$\boldsymbol{\Sigma}_{d\times d}^{\boldsymbol{Z}}$ 就是对角阵。那么该如何选择转移矩阵 $\boldsymbol{W}$,使得 $\boldsymbol{W}(\boldsymbol{\Sigma}_{d\times d}^{\boldsymbol{X}})\boldsymbol{W}^{\mathrm{T}}$ 为对角阵呢?

$\boldsymbol{\Sigma}_{d\times d}^{\boldsymbol{X}}$ 是实对称半正定矩阵,因此存在一个正交矩阵 $\boldsymbol{U}$ 可对角化$\boldsymbol{\Sigma}_{d\times d}^{\boldsymbol{X}}$(谱定理),即

$$\boldsymbol{U}^{\mathrm{T}}(\boldsymbol{\Sigma}_{d\times d}^{\boldsymbol{X}})\boldsymbol{U}=\begin{bmatrix}\boldsymbol{u}_1^{\mathrm{T}}\\ \boldsymbol{u}_2^{\mathrm{T}}\\ \vdots\\ \boldsymbol{u}_d^{\mathrm{T}}\end{bmatrix}(\boldsymbol{\Sigma}_{d\times d}^{\boldsymbol{X}})(\boldsymbol{u}_1,\boldsymbol{u}_2,\cdots,\boldsymbol{u}_d)=\begin{bmatrix}\lambda_1 & & & \\ & \lambda_2 & & \\ & & \ddots & \\ & & & \lambda_d\end{bmatrix} \tag{3-69}$$

其中，U 为 $d\times d$ 正交矩阵，$\boldsymbol{u}_1,\boldsymbol{u}_2,\cdots,\boldsymbol{u}_d$ 为矩阵$\boldsymbol{\Sigma}_{d\times d}^{\boldsymbol{X}}$ 的 d 个线性无关特征向量（单位向量）；$\boldsymbol{x}=\mathrm{diag}(\lambda_1,\lambda_2,\cdots,\lambda_d)$为对角矩阵，对角元素分别为特征向量 $\boldsymbol{u}_1,\boldsymbol{u}_2,\cdots,\boldsymbol{u}_d$ 对应的特征值 $\lambda_1,\lambda_2,\cdots,\lambda_d$。如果以$\{\boldsymbol{u}_1,\boldsymbol{u}_2,\cdots,\boldsymbol{u}_d\}$作为投影变换的基向量$\{\boldsymbol{w}_1,\boldsymbol{w}_2,\cdots,\boldsymbol{w}_d\}$，则转移矩阵 $\boldsymbol{W}_{d\times d}=\boldsymbol{U}_{d\times d}^{\mathrm{T}}$，即

$$\boldsymbol{W}_{d\times d}=\boldsymbol{U}_{d\times d}^{\mathrm{T}}=\begin{bmatrix}\boldsymbol{u}_1^{\mathrm{T}}\\ \boldsymbol{u}_2^{\mathrm{T}}\\ \vdots\\ \boldsymbol{u}_d^{\mathrm{T}}\end{bmatrix}\tag{3-70}$$

将式(3-70)、式(3-69)代入式(3-68)得

$$\boldsymbol{\Sigma}_{d\times d}^{\boldsymbol{Z}}=\boldsymbol{W}(\boldsymbol{\Sigma}_{d\times d}^{\boldsymbol{X}})\boldsymbol{W}^{\mathrm{T}}=\boldsymbol{U}^{\mathrm{T}}(\boldsymbol{\Sigma}_{d\times d}^{\boldsymbol{X}})\boldsymbol{U}=\begin{bmatrix}\lambda_1 & & & \\ & \lambda_2 & & \\ & & \ddots & \\ & & & \lambda_d\end{bmatrix}\tag{3-71}$$

从式(3-71)可以看出，选择协方差矩阵$\boldsymbol{\Sigma}_{d\times d}^{\boldsymbol{X}}$ 的单位特征向量构造一组规范正交基$\{\boldsymbol{u}_1,\boldsymbol{u}_2,\cdots,\boldsymbol{u}_d\}$，则对样本特征从原始基向量到新基向量$\{\boldsymbol{u}_1,\boldsymbol{u}_2,\cdots,\boldsymbol{u}_d\}$做投影变换，变换得到的新样本特征具有如下特性。

(1) 各特征项之间相互独立，协方差为零。**结论 1**：由协方差矩阵$\boldsymbol{\Sigma}_{d\times d}^{\boldsymbol{X}}$ 各单位特征向量所构造的规范正交基$\{\boldsymbol{u}_1,\boldsymbol{u}_2,\cdots,\boldsymbol{u}_d\}$，就是 PCA 所要选择的最优投影基向量，也即最优的变换方向。

(2) 第 k 个特征项 Z_k 的方差为对应基向量$\boldsymbol{u}_k$ 的特征值λ_k。**结论 2**：对各特征值排序，$\lambda_1\geqslant\lambda_2\geqslant\cdots\geqslant\lambda_d\geqslant 0$，则特征值大的基向量代表样本特征的主要成分，其所对应的特征项应当保留；特征值小的基向量代表样本特征的次要成分，其所对应的特征项可以丢弃。

3. PCA 算法步骤

给定训练集 $D_{\text{train}}=\{(\boldsymbol{x}_1,y_1),(\boldsymbol{x}_2,y_2),\cdots,(\boldsymbol{x}_m,y_m)\}$，或 $D_{\text{train}}=\{\boldsymbol{x}_1,\boldsymbol{x}_2,\cdots,\boldsymbol{x}_m\}$，其中 $\boldsymbol{x}_i$ 是 d 维样本特征。

1) 样本特征标准化

构造训练集特征矩阵 $\boldsymbol{X}^{\boldsymbol{o}}$，计算各特征项均值 μ_k、标准差 σ_k，对 $\boldsymbol{X}^{\boldsymbol{o}}$ 进行 z-score 标准化，得到标准化特征矩阵 $\boldsymbol{X}$。

$$\boldsymbol{X}_{d\times m}^{\boldsymbol{o}}=(\boldsymbol{x}_1,\boldsymbol{x}_2,\cdots,\boldsymbol{x}_m)=\begin{bmatrix}x_{11} & x_{21} & \cdots & x_{m1}\\ x_{12} & x_{22} & \cdots & x_{m2}\\ \vdots & \vdots & \ddots & \vdots\\ x_{1d} & x_{2d} & \cdots & x_{md}\end{bmatrix}$$

$$\mu_k=\frac{1}{m}\sum_{i=1}^{m}x_{ik},\quad \sigma_k=\sqrt{\frac{1}{m-1}\sum_{i=1}^{m}(x_{ik}-\mu_k)^2},\quad k=1,2,\cdots,d$$

$$\boldsymbol{X}_{d\times m}=\begin{bmatrix}(x_{11}-\mu_1)/\sigma_1 & (x_{21}-\mu_1)/\sigma_1 & \cdots & (x_{m1}-\mu_1)/\sigma_1\\ (x_{12}-\mu_2)/\sigma_2 & (x_{22}-\mu_2)/\sigma_2 & \cdots & (x_{m2}-\mu_2)/\sigma_2\\ \vdots & \vdots & \ddots & \vdots\\ (x_{1d}-\mu_d)/\sigma_d & (x_{2d}-\mu_d)/\sigma_d & \cdots & (x_{md}-\mu_d)/\sigma_d\end{bmatrix}\tag{3-72}$$

2）对协方差矩阵$\boldsymbol{\Sigma}_{d\times d}^{\boldsymbol{X}}$做特征值分解

按照式(3-65)计算协方差矩阵$\boldsymbol{\Sigma}_{d\times d}^{\boldsymbol{X}}$，然后进行特征值分解，求得特征值$\lambda_1,\lambda_2,\cdots,\lambda_d$及其对应的特征向量$\boldsymbol{u}_1,\boldsymbol{u}_2,\cdots,\boldsymbol{u}_d$。

3）构造转移矩阵$\boldsymbol{W}$

假设将d维样本特征降到d'维，则先对特征值排序，按从大到小的顺序选取前d'个特征值所对应的特征向量$\boldsymbol{u}_1,\boldsymbol{u}_2,\cdots,\boldsymbol{u}_{d'}$，以它们为行向量构造出投影变换的转移矩阵$\boldsymbol{W}_{d'\times d}$。

4）特征降维

给定d维样本特征$\boldsymbol{x}$，按照计算公式$\boldsymbol{z}=\boldsymbol{W}_{d'\times d}\boldsymbol{x}$，求得降维后的$d'$维样本特征$\boldsymbol{z}$。

注：算法第2步可以将特征值分解改为奇异值分解。这时可以不计算协方差矩阵$\boldsymbol{\Sigma}_{d\times d}^{\boldsymbol{X}}$，而是直接对训练集特征矩阵$\boldsymbol{X}$做奇异值分解，即$\boldsymbol{X}=\boldsymbol{U\Sigma V}^{\mathrm{T}}$，求得奇异值$\sigma_1,\sigma_2,\cdots,\sigma_d$。奇异值$\sigma_i$与协方差矩阵$\boldsymbol{\Sigma}_{d\times d}^{\boldsymbol{X}}$特征值$\lambda_i$之间的关系是：$\sigma_i^2=\lambda_i$，奇异值$\sigma_i$在$\boldsymbol{U}$中的左奇异向量(列向量)也恰好对应着协方差矩阵$\boldsymbol{\Sigma}_{d\times d}^{\boldsymbol{X}}$的特征向量$\boldsymbol{u}_i$。按训练集特征矩阵$\boldsymbol{X}$奇异值大小，选择$d'$个单位左奇异向量为行向量构造出投影变换的转移矩阵$\boldsymbol{W}_{d'\times d}$，它与按协方差矩阵$\boldsymbol{\Sigma}_{d\times d}^{\boldsymbol{X}}$特征值分解求得的转移矩阵完全一致。

4. 核主成分分析

样本特征是被观测到的数据，它反映了事物的某种内在规律。这种内在规律可能是在低维空间上展开，却在高维空间被观测到并记录成高维空间的特征。例如，单摆上的小球在一维曲线上做往复摆动(见图3-24)，但观测记录的特征却是二维(甚至是三维)位置坐标。这种情况被描述为，具有低维结构的特征被**嵌入**(embedding)高维空间中，简称"低维嵌入"。

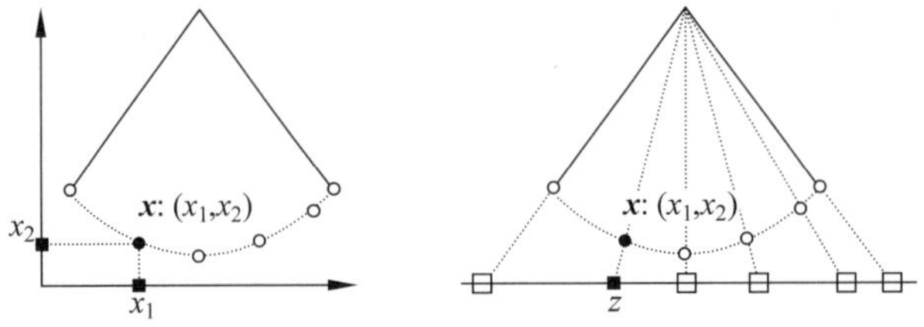

图3-24　单摆小球在一维曲线上做往复摆动

协方差矩阵是很多机器学习算法的基础，它反映了特征(即随机变量)之间的相关性或特征之间的某种结构。PCA降维就是在构造标准化特征矩阵$\boldsymbol{X}$之后，先按式(3-65)计算其协方差矩阵$\boldsymbol{\Sigma}_{d\times d}^{\boldsymbol{X}}$，然后再基于协方差矩阵进行降维。

核主成分分析(Kernel PCA，KPCA)的核心思想：在低维嵌入的情况下，应当基于低维特征协方差而不是高维特征协方差来进行降维，否则会丢失特征的低维结构。

如果知道低维特征是如何嵌入到高维空间中去的，例如已知嵌入函数ϕ：低维特征→高维特征(或ϕ^{-1}：高维特征→低维特征)，则可以根据嵌入函数ϕ找出计算低维特征协方差的办法。但多数情况下，嵌入函数ϕ是未知的。

在嵌入函数ϕ未知的情况下，如何根据观测到的高维特征去计算低维特征的协方差呢？协方差计算是基于向量内积的。可以基于高维特征定义一个函数来模拟低维特征的内积，这样的函数被称作**核函数**(kernel function)，通常记作$K(\boldsymbol{x}_i,\boldsymbol{x}_j)$。其中$\boldsymbol{x}_i,\boldsymbol{x}_j$是两个高维特征向量，而函数值则是它们在低维空间对应特征向量的内积(即 $\phi^{-1}(\boldsymbol{x}_i)\cdot\phi^{-1}(\boldsymbol{x}_j)$)。

至于如何定义或选择核函数 $K(\boldsymbol{x}_i,\boldsymbol{x}_j)$，目前还没有统一的方法。常用的核函数有**径向基函数**(Radial Basis Function，RBF)核、**sigmoid** 核(sigmoid kernel)、**多项式**核(polynomial kernel)等。**径向基函数核**(也称 RBF 核、高斯核)是一种常用的核函数，其函数形式为

$$K(\boldsymbol{x}_i,\boldsymbol{x}_j)=\mathrm{e}^{-\gamma\|\boldsymbol{x}_i-\boldsymbol{x}_j\|^2}$$

定义核函数之后，就可以按照核函数计算低维特征的协方差矩阵，记作 $\boldsymbol{\Sigma}_{\text{KPCA}}^{\boldsymbol{X}}$。给定训练集样本特征矩阵

$$\boldsymbol{X}_{d\times m}=(\boldsymbol{x}_1,\boldsymbol{x}_2,\cdots,\boldsymbol{x}_m)=\begin{bmatrix}x_{11} & x_{21} & \cdots & x_{m1}\\ x_{12} & x_{22} & \cdots & x_{m2}\\ \vdots & \vdots & \ddots & \vdots\\ x_{1d} & x_{2d} & \cdots & x_{md}\end{bmatrix}$$

将样本特征的每个特征项($\boldsymbol{X}_{d\times m}$ 的每一行)看作一个随机变量 X_k，$k=1,2,\cdots,d$，特征随机变量的低维协方差矩阵 $\boldsymbol{\Sigma}_{\text{KPCA}}^{\boldsymbol{X}}$ 为

$$\boldsymbol{\Sigma}_{\text{KPCA}}^{\boldsymbol{X}}=\begin{bmatrix}K(X_1,X_1) & K(X_1,X_2) & \cdots & K(X_1,X_d)\\ K(X_2,X_1) & K(X_2,X_2) & \cdots & K(X_2,X_d)\\ \vdots & \vdots & \ddots & \vdots\\ K(X_d,X_1) & K(X_d,X_2) & \cdots & K(X_d,X_d)\end{bmatrix}\tag{3-73}$$

其中，$K(X_k,X_l)=\phi^{-1}(X_k)\cdot\phi^{-1}(X_l)$，$k,l=1,2,\cdots,d$。

KPCA 将基于这个低维特征协方差矩阵 $\boldsymbol{\Sigma}_{\text{KPCA}}^{\boldsymbol{X}}$ 进行降维，其后续算法步骤与 PCA 完全一样：即先对 $\boldsymbol{\Sigma}_{\text{KPCA}}^{\boldsymbol{X}}$ 做特征值分解，求出最优的特征投影方向，然后构造投影变换的转移矩阵 $\boldsymbol{W}$。需要注意的是，核函数 $K(\boldsymbol{x}_i,\boldsymbol{x}_j)$ 应具有对称性，并使所构造的协方差矩阵 $\boldsymbol{\Sigma}_{\text{KPCA}}^{\boldsymbol{X}}$ 为半正定，这样后续的特征值分解等算法步骤才能成立。

5. 使用 scikit-learn 库中的 PCA 降维模型

scikit-learn 库将 PCA、KPCA 降维模型封装成类(类名分别为 **PCA** 和 **KernelPCA**)，并将其存放在 sklearn. decomposition 模块中。PCA 和 KernelPCA 类实现了降维模型的学习算法 **fit**()和降维转换算法 **transform**()。

图 3-25 给出了使用 PCA 类进行特征降维，然后再使用逻辑斯谛回归分类器 LogisticRegression 建立并训练乳腺癌诊断模型的示例代码。其中数据集使用的是 3.1.3 节 z-score 标准化后的乳腺癌诊断数据集，先将数据集(X1_train、X1_test)从 30 维降到 5 维，查看这 5 个新特征的方差贡献率；再使用降维后的 5 个特征训练模型，并对测试集 X1_test 前 2 个病例样本进行分类预测，将预测结果 predict 与 Y_test 中的真实诊断结果 malignant 进行比对，1 表示恶性，0 表示良性；最后使用函数 score()计算模型在训练集(X1_train、Y_train)和测试集(X1_test、Y_test)上的平均正确率。

3.4.3　线性判别分析

3.2.2 节曾介绍过使用线性判别分析(LDA)解决二分类问题，其思路是先将高维特征

```
In [14]: from sklearn.decomposition import PCA
pca = PCA(n_components=5)
pca.fit(X1_train)
print("explained_variance_ratio_=", pca.explained_variance_ratio_)
X2_train = pca.transform(X1_train)
X2_test = pca.transform(X1_test)

from sklearn.linear_model import LogisticRegression
lr = LogisticRegression(penalty='l2', C=1.0, random_state=2020)
lr.fit(X2_train, Y_train)

Y2 = lr.predict(X2_test[:2])
print(X2_test[:2]); print()
print("predict:", Y2," malignant:", Y_test.values[:2])
print("mean accuracy on train:", lr.score(X2_train, Y_train))
print("mean accuracy on test:", lr.score(X2_test, Y_test))

explained_variance_ratio_= [0.4376296  0.1880184  0.09455378 0.06845665
 0.05663576]
[[ 8.55763176 -4.09563401 -0.10790408 -0.65646783 -0.28506859]
 [-0.66950192  1.78227379 -0.6457208  -0.73212841 -0.99798661]]

predict: [0 1]  malignant: [0 1]
mean accuracy on train: 0.978021978021978
mean accuracy on test: 0.9736842105263158
```

图 3-25 使用 PCA 类进行特征降维,然后再使用逻辑斯谛回归分类器 LogisticRegression 并建立乳腺癌诊断模型的示例代码

投影到一维,然后基于一维特征来设计分类器。对于多分类问题,可以对高维特征做若干次投影,得到一组新特征,然后再设计分类器。LDA 多次投影的过程实际上就是消除特征冗余,选择主要成分的降维过程,这与 PCA 非常类似。LDA 既可作为分类器模型,也可作为降维模型。

PCA 不考虑类别标注,其投影原则是将高维特征投影到协方差最小的方向。而 LDA 使用带类别标注的训练集,其投影原则是将高维特征投影到“类内方差最小,类间方差最大”的方向。PCA 不考虑类别标注,属于无监督降维;而 LDA 考虑类别标注,属于有监督降维。这是两者的根本区别,它们后续的投影原则及学习算法也因此有很大不同。

1. LDA 降维算法

下面用数学方法来描述 LDA 选择最优投影方向$\boldsymbol{\omega}$ 的过程,整个过程分 4 步完成。给定训练集 $D_{\text{train}}=\{(\boldsymbol{x}_1,y_1),(\boldsymbol{x}_2,y_2),\cdots,(\boldsymbol{x}_m,y_m)\}$,其中 $\boldsymbol{x}_i=(x_{i1},x_{i2},\cdots,x_{id})$是 d 维样本特征,$y_i\in\{c_1,c_2,\cdots,c_N\}$是其对应的实际类别,共 N 个类别。假设训练集 D_{train} 中第 k 类样本有 m_k 个,将其从数据集中拆分出来形成子集 D_k,即

$$D_k=\{(\boldsymbol{x}_1,c_k),(\boldsymbol{x}_2,c_k),\cdots,(\boldsymbol{x}_{m_k},c_k)\},\quad k=1,2,\cdots,N$$

分别定义各类特征的均值$\boldsymbol{\mu}_k$ 和离散度(类似于协方差)矩阵 $\boldsymbol{S}_k$,

$$\boldsymbol{\mu}_k=\frac{1}{m_k}\sum_{i=1}^{m_k}\boldsymbol{x}_i,\quad \boldsymbol{S}_k=\sum_{i=1}^{m_k}(\boldsymbol{x}_i-\boldsymbol{\mu}_k)(\boldsymbol{x}_i-\boldsymbol{\mu}_k)^{\mathrm{T}},\quad k=1,2,\cdots,N$$

再定义 d 维特征空间的**类内离散度矩阵**(within-class scatter matrix)$\boldsymbol{S}_w$,

$$\boldsymbol{S}_w=\sum_{k=1}^{N}P(Y=c_k)\boldsymbol{S}_k=\sum_{k=1}^{N}\frac{m_k}{m}\boldsymbol{S}_k$$

和 d 维特征空间的**类间离散度矩阵**(between-class scatter matrix)$\boldsymbol{S}_b$ 为

$$\boldsymbol{\mu}=\frac{1}{m}\sum_{i=1}^{m}\boldsymbol{x}_i,\quad \boldsymbol{S}_b=\sum_{k=1}^{N}\frac{m_k}{m}(\boldsymbol{\mu}_k-\boldsymbol{\mu})(\boldsymbol{\mu}_k-\boldsymbol{\mu})^{\mathrm{T}}$$

LDA 最多可以做 $N-1$ 次投影，并希望各投影方向 $\boldsymbol{\omega}$ 都尽量让样本特征投影点“类内方差最小，类间方差最大”，因此构造如下优化目标：

$$\max_{\boldsymbol{W}} \frac{\boldsymbol{W}^{\mathrm{T}}\boldsymbol{S}_b\boldsymbol{W}}{\boldsymbol{W}^{\mathrm{T}}\boldsymbol{S}_w\boldsymbol{W}}, \quad \text{其中} \quad \boldsymbol{W}_{d\times(N-1)}=(\boldsymbol{\omega}_1,\boldsymbol{\omega}_2,\cdots,\boldsymbol{\omega}_{N-1})$$

求解得 $\boldsymbol{S}_b\boldsymbol{W}=\lambda\boldsymbol{S}_w\boldsymbol{W}$。这是一个**广义特征值问题**(generalized eigenvalue problem)。

如果需要将 d 维样本特征降到 d' 维，则取 $\boldsymbol{S}_w^{-1}\boldsymbol{S}_b$ 的 d' 个最大广义特征值所对应的特征向量，将其作为行向量构造出投影变换的转移矩阵 $\boldsymbol{W}$。需要注意的是，假设有 N 个类别，原始样本特征为 d 维，则 d' 应满足：$d'\leqslant\min(N-1,d)$。

2. 使用 scikit-learn 库中的 LDA 降维模型

scikit-learn 库将 LDA 的降维模型与分类模型合在一起，封装成同一个类(类名为 **LinearDiscriminantAnalysis**)，并将其存放在 sklearn. discriminant_analysis 模块中。LinearDiscriminantAnalysis 类实现了降维/分类器模型的学习算法 **fit**()、降维转换算法 **transform**()和预测算法 **predict**()。

图 3-26(a)给出了使用 LinearDiscriminantAnalysis 类对乳腺癌诊断数据集进行特征降维的示例代码。其中数据集使用的是 3.1.3 节标准化后的乳腺癌诊断数据集，将数据集(X1_train、X1_test)从 30 维降到 1 维(二分类问题只能被降到一维)；然后使用散点图对其进行可视化(见图 3-26(b))。

```
In [15]: from sklearn.discriminant_analysis import LinearDiscriminantAnalysis
         lda = LinearDiscriminantAnalysis(n_components=1)
         lda.fit(X, Y)

         fig = plt.figure( figsize=(4, 3), dpi=100 )
         plt.rcParams['font.sans-serif'] = ['SimHei']
         plt.rcParams['axes.unicode_minus'] = False

         plt.scatter(lda.transform(X), Y)
         plt.title("LDA - 降维")
         plt.xlabel("特征 - Z");  plt.ylabel("类别 - Y")
         plt.show()
```

(a) 示例代码

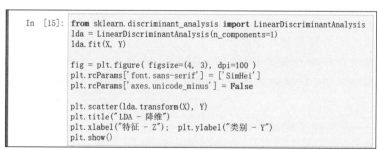

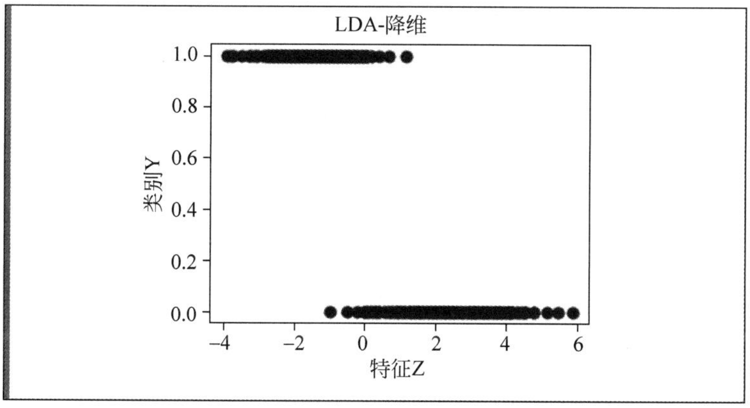

(b) 降维后的特征-类别散点图

图 3-26　使用 LinearDiscriminantAnalysis 类对乳腺癌诊断数据集进行特征降维

3.4.4 非线性降维

PCA 和 LDA 降维使用线性变换，将低维特征表示成高维特征的线性组合，这属于线性降维。线性降维的核心思想是降维时尽可能保持高维特征的方差或类间方差，以便下一步进行回归或分类。而某些降维问题则希望降维时能尽量保持样本在高维空间的某种低维分布结构，以便下一步进行可视化与数据分析。通常，高维数据必须降到二维或三维才便于可视化。

给定训练集 $D_{\text{train}}=\{(\boldsymbol{x}_1,y_1),(\boldsymbol{x}_2,y_2),\cdots,(\boldsymbol{x}_m,y_m)\}$，或 $D_{\text{train}}=\{\boldsymbol{x}_1,\boldsymbol{x}_2,\cdots,\boldsymbol{x}_m\}$，其中 $\boldsymbol{x}_i$ 是 d 维样本特征，构造训练集特征矩阵 $\boldsymbol{X}$ 为

$$\boldsymbol{X}_{d\times m}=(\boldsymbol{x}_1,\boldsymbol{x}_2,\cdots,\boldsymbol{x}_m)=\begin{bmatrix}x_{11} & x_{21} & \cdots & x_{m1}\\ x_{12} & x_{22} & \cdots & x_{m2}\\ \vdots & \vdots & \ddots & \vdots\\ x_{1d} & x_{2d} & \cdots & x_{md}\end{bmatrix}$$

其中的每一列对应一个样本数据 $\boldsymbol{x}_i,i=1,2,\cdots,m$。

现在希望将 d 维样本特征 $\boldsymbol{x}_i$(高维特征)降到 d'维样本特征 $\boldsymbol{z}_i$(低维特征，$d'\leqslant d$)，降维时能保持样本在高维空间的某种低维分布结构(参见图 3-27 中沿 S 形结构分布的 4 个样本点)。所保持的分布结构可以是样本间的距离(例如图 3-27 中 $\boldsymbol{x}_1$ 与其他样本点之间的直线距离或曲线距离)，或样本间的局部线性关系(例如图 3-27 中 $\boldsymbol{x}_1$ 与 $\boldsymbol{x}_2$、$\boldsymbol{x}_3$ 在局部近似具有线性关系)，或样本的局部概率分布等。

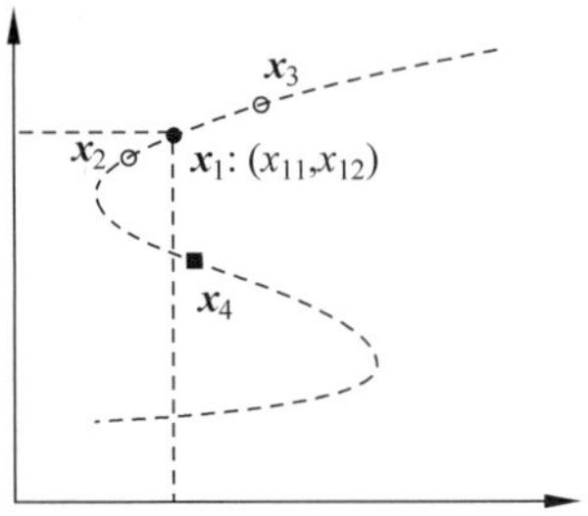

图 3-27 样本在高维空间的分布结构

降维后让低维特征继续保持样本的分布结构，这就需要使用非线性降维方法，而且保持不同分布结构需要不同的降维模型与算法。

1. MDS——保持样本间欧氏距离

多维缩放(Multiple Dimensional Scaling，MDS)降维，就是降维后低维空间中样本点之间的**欧氏距离**(Euclidean distance)与高维空间保持一致。

首先根据训练集特征矩阵 $\boldsymbol{X}$，计算高维空间的**距离矩阵** $\boldsymbol{D}$，

$$\boldsymbol{D}_{m\times m}=\begin{bmatrix}\text{dist}_{11} & \text{dist}_{12} & \cdots & \text{dist}_{1m}\\ \text{dist}_{21} & \text{dist}_{22} & \cdots & \text{dist}_{2m}\\ \vdots & \vdots & \ddots & \vdots\\ \text{dist}_{m1} & \text{dist}_{m2} & \cdots & \text{dist}_{mm}\end{bmatrix} \tag{3-74}$$

其中，dist_{ij} 为样本点 $\boldsymbol{x}_i$ 与 $\boldsymbol{x}_j$ 之间的欧氏距离：$\text{dist}_{ij}=\|\boldsymbol{x}_i-\boldsymbol{x}_j\|_2,i,j=1,2,\cdots,m$。

假设 MDS 降维后，高维空间样本点 $\boldsymbol{x}_i$ 被转换为低维(d'维)空间的 $\boldsymbol{z}_i$，则低维特征矩阵 $\boldsymbol{Z}$ 为

$$\boldsymbol{Z}_{d'\times m}=(\boldsymbol{z}_1,\boldsymbol{z}_2,\cdots,\boldsymbol{z}_m)=\begin{bmatrix}z_{11} & z_{21} & \cdots & z_{m1}\\ z_{12} & z_{22} & \cdots & z_{m2}\\ \vdots & \vdots & \ddots & \vdots\\ z_{1d'} & z_{2d'} & \cdots & z_{md'}\end{bmatrix} \tag{3-75}$$

其中的每一列对应一个低维样本数据 $z_i, i=1,2,\cdots,m$。再构造低维特征矩阵 $\boldsymbol{Z}$ 的**样本内积矩阵**，

$$\boldsymbol{B}_{m\times m}=(\boldsymbol{Z}_{d'\times m})^{\mathrm{T}}\boldsymbol{Z}_{d'\times m}=\begin{bmatrix}\boldsymbol{z}_1^{\mathrm{T}}\\ \boldsymbol{z}_2^{\mathrm{T}}\\ \vdots\\ \boldsymbol{z}_m^{\mathrm{T}}\end{bmatrix}(\boldsymbol{z}_1,\boldsymbol{z}_2,\cdots,\boldsymbol{z}_m)=\begin{bmatrix}\boldsymbol{z}_1^{\mathrm{T}}\boldsymbol{z}_1 & \boldsymbol{z}_1^{\mathrm{T}}\boldsymbol{z}_2 & \cdots & \boldsymbol{z}_1^{\mathrm{T}}\boldsymbol{z}_m\\ \boldsymbol{z}_2^{\mathrm{T}}\boldsymbol{z}_1 & \boldsymbol{z}_2^{\mathrm{T}}\boldsymbol{z}_2 & \cdots & \boldsymbol{z}_2^{\mathrm{T}}\boldsymbol{z}_m\\ \vdots & \vdots & \ddots & \vdots\\ \boldsymbol{z}_m^{\mathrm{T}}\boldsymbol{z}_1 & \boldsymbol{z}_m^{\mathrm{T}}\boldsymbol{z}_2 & \cdots & \boldsymbol{z}_m^{\mathrm{T}}\boldsymbol{z}_m\end{bmatrix} \tag{3-76}$$

依据定理 3-4，样本内积矩阵 $\boldsymbol{B}$ 是 $m\times m$ 实对称半正定矩阵。这里注意样本内积矩阵与协方差矩阵(特征的内积矩阵)的区别。

因为 MDS 降维后，低维空间中样本点 $\boldsymbol{z}_i$ 与 $\boldsymbol{z}_j$ 之间的欧氏距离 $\|\boldsymbol{z}_i-\boldsymbol{z}_j\|_2$ 与其在高维空间中的欧氏距离 dist_{ij} 一致，所以

$$\|\boldsymbol{z}_i-\boldsymbol{z}_j\|_2^2=\boldsymbol{z}_i^{\mathrm{T}}\boldsymbol{z}_i+\boldsymbol{z}_j^{\mathrm{T}}\boldsymbol{z}_j-2\boldsymbol{z}_i^{\mathrm{T}}\boldsymbol{z}_j=\mathrm{dist}_{ij}^2 \tag{3-77}$$

不失一般性，令降维后各低维特征项均被去中心化，即低维特征矩阵 $\boldsymbol{Z}$ 每行元素的均值为 0，则其累加和也为 0，$\sum_{i=1}^{m}z_{ik}=0, k=1,2,\cdots,d'$，由式(3-76)、式(3-77)可推导出

$$\boldsymbol{z}_i^{\mathrm{T}}\boldsymbol{z}_j=-\frac{1}{2}\left(\mathrm{dist}_{ij}^2-\frac{1}{m}\sum_{k=1}^{m}\mathrm{dist}_{ik}^2-\frac{1}{m}\sum_{k=1}^{m}\mathrm{dist}_{kj}^2+\frac{1}{m^2}\sum_{k=1}^{m}\sum_{l=1}^{m}\mathrm{dist}_{kl}^2\right) \tag{3-78}$$

式(3-78)表明，MDS 通过降维前后距离矩阵 $\boldsymbol{D}$ 保持不变即可求得低维特征的样本内积矩阵 $\boldsymbol{B}$。下面再通过矩阵 $\boldsymbol{B}$ 求解低维特征矩阵 $\boldsymbol{Z}$。

样本内积矩阵 $\boldsymbol{B}$ 是 $m\times m$ 实对称半正定矩阵，因此对 $\boldsymbol{B}$ 进行特征值分解可得

$$\boldsymbol{B}=\boldsymbol{U}\boldsymbol{D}\boldsymbol{U}^{\mathrm{T}} \tag{3-79}$$

其中，$\boldsymbol{D}=\mathrm{diag}(\lambda_1,\lambda_2,\cdots,\lambda_m)$ 为特征值构造的对角矩阵，且 $\lambda_1\geqslant\lambda_2\geqslant\cdots\geqslant\lambda_m\geqslant 0$，$\boldsymbol{U}=(\boldsymbol{u}_1,\boldsymbol{u}_2,\cdots,\boldsymbol{u}_m)$ 是由特征值对应的单位特征向量所构成的正交矩阵。式(3-79)可展开为

$$\boldsymbol{B}_{m\times m}=(\boldsymbol{u}_1,\boldsymbol{u}_2,\cdots,\boldsymbol{u}_m)\begin{bmatrix}\lambda_1 & & & \\ & \lambda_2 & & \\ & & \ddots & \\ & & & \lambda_m\end{bmatrix}\begin{bmatrix}\boldsymbol{u}_1^{\mathrm{T}}\\ \boldsymbol{u}_2^{\mathrm{T}}\\ \vdots\\ \boldsymbol{u}_m^{\mathrm{T}}\end{bmatrix}$$

$$=\lambda_1\boldsymbol{u}_1\boldsymbol{u}_1^{\mathrm{T}}+\lambda_2\boldsymbol{u}_2\boldsymbol{u}_2^{\mathrm{T}}+\cdots+\lambda_m\boldsymbol{u}_m\boldsymbol{u}_m^{\mathrm{T}}$$

可以看出，特征值为零的项可直接丢弃，特征值小的项对样本内积矩阵 $\boldsymbol{B}_{m\times m}$ 的影响也比较小。如需降到 d' 维，则保留前 d' 个最大特征值及其对应的特征向量：

$$\boldsymbol{B}'_{m\times m}=(\boldsymbol{u}_1,\boldsymbol{u}_2,\cdots,\boldsymbol{u}_{d'})\begin{bmatrix}\lambda_1 & & & \\ & \lambda_2 & & \\ & & \ddots & \\ & & & \lambda_{d'}\end{bmatrix}\begin{bmatrix}\boldsymbol{u}_1^{\mathrm{T}}\\ \boldsymbol{u}_2^{\mathrm{T}}\\ \vdots\\ \boldsymbol{u}_{d'}^{\mathrm{T}}\end{bmatrix}\approx\boldsymbol{B}_{m\times m}$$

令 $\boldsymbol{U}'_{m\times d'}=(\boldsymbol{u}_1,\boldsymbol{u}_2,\cdots,\boldsymbol{u}_{d'})$，$\boldsymbol{D}'_{d'\times d'}=\mathrm{diag}(\sqrt{\lambda_1},\sqrt{\lambda_2},\cdots,\sqrt{\lambda_{d'}})$，则

$$\boldsymbol{B}'_{m\times m}=\boldsymbol{U}'_{m\times d'}(\boldsymbol{D}'_{d'\times d'}\boldsymbol{D}'_{d'\times d'})(\boldsymbol{U}'_{m\times d'})^{\mathrm{T}}=(\boldsymbol{U}'_{m\times d'}\boldsymbol{D}'_{d'\times d'})(\boldsymbol{U}'_{m\times d'}\boldsymbol{D}'_{d'\times d'})^{\mathrm{T}}$$

又

$$\boldsymbol{B}'_{m\times m} \approx \boldsymbol{B}_{m\times m} = (\boldsymbol{Z}_{d'\times m})^{\mathrm{T}} \boldsymbol{Z}_{d'\times m}$$

则降到 d' 维后的低维特征矩阵近似为

$$\boldsymbol{Z}_{d'\times m} = (\boldsymbol{U}'_{m\times d'} \boldsymbol{D}'_{d'\times d'})^{\mathrm{T}} = \boldsymbol{D}'_{d'\times d'} (\boldsymbol{U}'_{m\times d'})^{\mathrm{T}} \tag{3-80}$$

矩阵 $\boldsymbol{Z}_{d'\times m}$ 的列向量 $\boldsymbol{z}_i$ 就是高维特征 $\boldsymbol{x}_i$ 经 MDS 降维后的低维特征，$i=1,2,\cdots,m$。

2. 流形降维方法

如果高维空间的样本特征具有某种分布结构，例如特征分布在某个低维曲线或曲面上，这时度量样本点距离就不能用欧氏距离(即直线距离，参见图 3-27)，而应改用非欧形式的距离，例如曲线距离或曲面上的**测地距离**(geodesic distance)。如何计算高维特征空间中的非欧距离呢？

机器学习借鉴了数学和物理学中**流形**(manifold)的概念，认为高维特征空间虽然整体上与欧氏空间不同，但局部仍具有欧氏空间的性质。流形就是局部具有欧氏空间性质的空间，术语称这样的空间在局部与欧氏空间“同胚”。可以借助流形的思想，在降维时尽量保持样本在高维空间的局部结构，使得降维后对低维数据进行可视化时能观察到这些结构。

1) Isomap

给定训练集 $D_{\text{train}}=\{(\boldsymbol{x}_1,y_1),(\boldsymbol{x}_2,y_2),\cdots,(\boldsymbol{x}_m,y_m)\}$，或 $D_{\text{train}}=\{\boldsymbol{x}_1,\boldsymbol{x}_2,\cdots,\boldsymbol{x}_m\}$，其中 $\boldsymbol{x}_i$ 是 d 维样本特征。借助流形的思想，可以在每个样本点 $\boldsymbol{x}_i$ 的邻域内利用欧氏距离找出其 k 个近邻样本，为样本集建立起一个邻接图(或邻接矩阵)。邻接图上的每个顶点对应一个样本点，边表示两个顶点间存在邻接关系，其权重则表示这两个邻接点之间的欧氏距离。将图上顶点之间的最短路径作为样本点间的非欧距离，这样就把非欧距离的计算问题转换为一个求最短路径问题，可以使用图论算法(例如 Dijkstra 算法)进行求解。

利用上述方法，最终可求得高维特征空间的距离矩阵 $\boldsymbol{D}$。有了距离矩阵 $\boldsymbol{D}$，下一步就可以使用 MDS 降维方法将 d 维样本特征降到 d' 维，$d'\leqslant d$。这种借助流形求解距离矩阵，然后进行降维的方法被称为**等度量映射**(Isometric Mapping，Isomap)。

2) LLE 和 SNE

高维空间的样本特征具有某种分布结构，可以将这种分布结构看作被嵌入高维空间的低维结构，降维时应当予以保持。“分布结构”可以用样本点之间的“距离”来描述，例如 MDS、Isomap 认为降维时应当保持“距离”，也可以使用其他概念来描述这种分布结构。

如果使用样本点之间的“线性关系”来描述分布结构，则降维时应尽量保持这种线性关系，由此就产生了**局部线性嵌入**(Locally Linear Embedding，LLE)降维方法。假设原始 d 维样本点 $\boldsymbol{x}_i$ 可以表示成其 k 个近邻点的线性组合(参见图 3-27)，

$$\boldsymbol{x}_i = \omega_{i1}\boldsymbol{x}_1 + \omega_{i2}\boldsymbol{x}_2 + \cdots + \omega_{ik}\boldsymbol{x}_k$$

LLE 将 d 维样本特征降到 d' 维($d'\leqslant d$)后，希望所对应的低维特征点 $\boldsymbol{z}_i$ 能尽量保持这种线性关系，即

$$\boldsymbol{z}_i = \omega_{i1}\boldsymbol{z}_1 + \omega_{i2}\boldsymbol{z}_2 + \cdots + \omega_{ik}\boldsymbol{z}_k$$

采用 LLE 降维，低维特征 $\boldsymbol{z}_i$ 能尽量保持其高维特征 $\boldsymbol{x}_i$ 存在的线性关系(即分布结构)。可视化低维特征 $\boldsymbol{z}_i$(通常取二维或三维)，就能看到其高维特征 $\boldsymbol{x}_i$ 的分布结构，这非常有利于数据的分析。

也可以使用样本点之间的“条件概率”来描述分布结构，降维时尽量保持这种概率分布，由此就产生了**随机近邻嵌入**(Stochastic Neighbor Embedding，SNE)降维方法。假设将样

本点看作随机变量，原始 d 维样本点 $\boldsymbol{x}_i$ 邻域内近邻点 $\boldsymbol{x}_k$ 出现的条件概率 $p(\boldsymbol{x}_k|\boldsymbol{x}_i)$服从高斯分布。SNE 将 d 维样本特征降到 $d'(d'\leqslant d)$维后，希望所对应的低维特征点 $\boldsymbol{z}_i$ 能尽量保持这种概率分布，即

$$p(\boldsymbol{z}_k \mid \boldsymbol{z}_i)=p(\boldsymbol{x}_k \mid \boldsymbol{x}_i)$$

如果将低维空间概率分布 $p(\boldsymbol{z}_k|\boldsymbol{z}_i)$由高斯分布改为 t-分布，则这样的 SNE 就被称为 t-SNE。

3. 使用 scikit-learn 库中的非线性降维模型

scikit-learn 库将常用的非线性降维模型封装成类，并将它们集中存放在 sklearn.manifold 模块中，其中包括 MDS、Isomap、LocallyLinearEmbedding 和 TSNE，共 4 个类。这些类都实现了降维模型的学习算法 **fit**()和降维转换算法 **transform**()。

图 3-28(a)给出了使用 MDS 类对乳腺癌诊断数据集进行特征降维的示例代码。其中，数据集使用的是 3.1.2 节加载的原始乳腺癌诊断数据集，将其从 30 维降到 2 维；然后使用散点图进行可视化(见图 3-28(b))，其中 benign 表示良性，malignant 表示恶性。

```
In [16]: from sklearn.manifold import MDS
         mds = MDS(n_components=2)
         X_transformed = mds.fit_transform(X)
         L = X_transformed.shape[0]
         z01 = [];  z02 = []
         z11 = [];  z12 = []
         for i in range(L):
             if (Y[i] == 0):
                 z01.append(X_transformed[i][0])
                 z02.append(X_transformed[i][1])
             else:
                 z11.append(X_transformed[i][0])
                 z12.append(X_transformed[i][1])

         fig = plt.figure( figsize=(4, 3), dpi=100 )
         plt.rcParams['font.sans-serif'] = ['SimHei']
         plt.rcParams['axes.unicode_minus'] = False

         plt.scatter(z01, z02, s=2, label="benign")
         plt.scatter(z11, z12, s=2, label="malignant")
         plt.title("MDS - 降维")
         plt.xlabel("特征 - $Z_1$");  plt.ylabel("特征 - $Z_2$")
         plt.legend(loc='best')
         plt.show()
```

(a) 示例代码

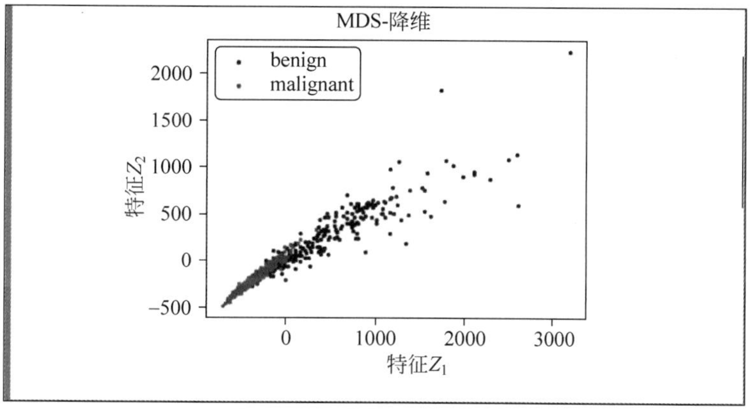

(b) 降维后的二维特征散点图

图 3-28　使用 MDS 类对乳腺癌诊断数据集进行特征降维

3.5 本章习题

一、单选题

1. 下列关于分类问题的描述中，错误的是(　　)。
   A. 给定样本特征，将其划归某一类别，这就是分类问题，或称为识别问题
   B. 分类问题必须基于特征的概率分布建立判别函数
   C. 机器学习将分类所用的判别函数称作分类器
   D. 贝叶斯决策是统计决策中解决分类问题的基本方法
2. 在已知概率分布的情况下，分类错误率最小的分类器是(　　)。
   A. 贝叶斯　　B. 朴素贝叶斯
   C. k 近邻　　D. 决策树
3. 给定特征 X，贝叶斯决策是基于下列概率中的(　　)最大来判定类别 Y 的。
   A. $P(X)$　　B. $P(Y)$
   C. $P(X|Y)$　　D. $P(Y|X)$
4. 下列关于朴素贝叶斯的描述中，错误的是(　　)。
   A. 朴素贝叶斯是针对高维特征联合概率分布难以估计问题而提出的
   B. 朴素贝叶斯假设各特征项之间相互独立
   C. 朴素贝叶斯假设各特征项与类别之间相互独立
   D. 设计朴素贝叶斯分类器需估计给定类别条件下各特征项的概率分布
5. 给定类别 Y，如果特征 X 有 3 个不同选项，则 $P(X|Y)$服从下列概率分布中的(　　)。
   A. 0-1 分布　　B. 伯努利分布
   C. 多项分布　　D. 高斯分布
6. 下列关于牛顿法的描述中，错误的是(　　)。
   A. 牛顿法是一种数值迭代算法
   B. 应用牛顿法的一个前提条件是目标函数二阶可导
   C. 牛顿法利用二阶导数确定下一迭代点的搜索方向
   D. 牛顿法的收敛速度比梯度下降法快
7. 将逻辑斯蒂回归应用于多分类，其后验概率的函数形式为(　　)。
   A. logistic 函数　　B. softmax 函数
   C. sigmoid 函数　　D. Gaussian 函数
8. 下列关于 k 近邻分类器的描述中，错误的是(　　)。
   A. k 近邻分类器直接基于训练集实例进行分类，没有显式的学习过程
   B. 给定新样本 $\boldsymbol{x}$，k 近邻分类器会查找训练集中的 k 个最近邻并统计它们的类别
   C. k 近邻分类器采用简单多数表决规则判定新样本的类别
   D. k 近邻分类器必须使用欧氏距离来度量样本点间的相似度
9. 下列关于线性判别分析的描述中，错误的是(　　)。
   A. 对于二分类问题，线性判别分析的核心思想是设法将高维特征压缩至一维
   B. 线性判别分析选择投影方向的标准是“类内方差最大，类间方差最小”

C. 线性判别分析在将高维特征压缩到一维之后再基于一维特征设计分类器

D. 线性判别分析更多地用于特征降维

10. 下列关于决策树分类器的描述中,错误的是(　　)。

A. 决策树分类器按照特征有效性,先使用主要特征,后使用次要特征

B. 决策树的分类决策过程分多步完成,每步选用一个特征项

C. 决策树选择特征项的标准是“所划分子集纯度越高,则特征项越有效”

D. 使用训练集建立决策树的过程是一个演绎推理的过程

11. 决策树模型的 3 种特征选择准则中不包括(　　)。

A. ID3　　B. C4.5

C. CART　　D. MSE

12. 二分类模型的评价指标中不包括(　　)。

A. 正确率　　B. 精确率

C. 召回率　　D. R 方

13. 设 $\boldsymbol{U}_{d\times d}$ 为正交矩阵,则下列等式不成立的是(　　)。

A. $\boldsymbol{U}=\boldsymbol{U}^{\mathrm{T}}$　　B. $\boldsymbol{U}^{-1}=\boldsymbol{U}^{\mathrm{T}}$

C. $\boldsymbol{U}^{\mathrm{T}}\boldsymbol{U}=\boldsymbol{I}$　　D. $\boldsymbol{U}\boldsymbol{U}^{\mathrm{T}}=\boldsymbol{I}$

14. 下列方法中属于线性特征降维方法的是(　　)。

A. 主成分分析　　B. 等度量映射

C. 局部线性嵌入　　D. 多维缩放

15. 下列降维方法中能够保证降维后样本点之间的欧氏距离不变的是(　　)。

A. 主成分分析　　B. 等度量映射

C. 局部线性嵌入　　D. 多维缩放

二、讨论题

1. 假设,记表 3-1 中的分类特征“底色”为 X,分类目标“品种”为 Y,根据表 3-1 的样本数据分别计算特征概率分布 $P(X)$、类别概率分布 $P(Y)$、特征条件概率 $P(X|Y)$,然后使用贝叶斯公式计算出类别条件概率 $P(Y|X)$。

2. 假设表 3-1 中的分类特征“底色”“口感”相互独立且分别记为 X_1 和 X_2,再记分类目标“品种”为 Y,根据表 3-1 的样本数据计算特征条件概率 $P(X_1,X_2|Y)$。

3. 假设随机变量 X 服从正态分布,给定样本数据集$\{x_1,x_2,\cdots,x_n\}$,使用极大似然估计求解其均值 μ 和方差 σ^2。

4. 如果一元函数 $f(x)$二阶可导,则可使用牛顿法求解其极值点,试推导其第 k 次迭代时 x^{k-1} 到 x^k 的迭代公式。

5. 给定样本数据集 $D=\{(\boldsymbol{x}_1,y_1),(\boldsymbol{x}_2,y_2),\cdots,(\boldsymbol{x}_m,y_m)\}$,其中 $\boldsymbol{x}_i$ 是d 维样本特征,试写出样本特征的协方差矩阵。

6. 什么是矩阵的特征值、奇异值,并简述它们的应用。

三、编程实践题

使用 scikit-learn 库提供的鸢尾花数据集(iris plants dataset)设计一个逻辑斯蒂回归分类器。具体的实验步骤如下。

(1) 使用函数 sklearn.datasets.load_iris()加载鸢尾花数据集；

(2) 查看数据集说明(https://scikit-learn.org/stable/datasets/toy_dataset.html#iris-dataset)，并对数据集进行必要的预处理；

(3) 使用函数 sklearn.model_selection.train_test_split()将数据集按 8:2 的比例拆分成训练集和测试集；

(4) 使用 sklearn.linear_mode.LogisticRegression 类建立逻辑斯蒂回归模型，并使用训练集进行训练；

(5) 分别计算模型在训练集和测试集上的平均正确率。

第4章

统计学习理论与支持向量机

本章学习要点

- 了解统计学习理论的基本概念与常用术语。
- 深刻理解统计学习理论中学习过程一致性及其充分必要条件、泛化误差上界、影响泛化误差的因素，以及如何设计具有泛化能力的学习模型等四个方面的核心问题。
- 了解并掌握经验风险最小化和结构风险最小化这两种归纳原则的基本思想。
- 了解并掌握线性可分支持向量机的设计思想与实现方法。
- 了解并掌握拉格朗日乘子法的基本原理与求解过程。
- 了解并掌握线性支持向量机、非线性支持向量机的设计思想与实现方法。

所谓机器学习，就是给定任务 T 和损失函数 L（或称作性能度量 P、学习策略 R），如何借助样本数据集 D（即历史经验）和学习算法 A，训练出最优（损失最小）模型（也即函数）f，然后使用模型对新样本 $\boldsymbol{x}$ 进行预测。

机器学习的过程与人非常类似。人们通常先通过归纳推理（从个别推及一般）学习知识；然后再基于知识进行演绎推理（从一般推及个别），将知识应用于实际。在机器学习中，模型的训练过程也是一种归纳推理（从训练集 D 学习到模型 f），而使用模型对新样本进行预测则属于演绎推理（将模型 f 应用于新样本 $\boldsymbol{x}$）。

从个别经验推出一般结论，这个一般结论具有**普遍意义**吗？这是个问题。对机器学习来说，从训练集 D 学习到的模型 f 是否适用于总体分布上的所有样本呢？这同样是个问题。

一个训练集上学习到的模型 f，它在总体分布上的性能被称为模型 f 的**泛化性能**。如果所学习的模型在总体分布与训练集上的性能一致，则称学习过程具有**一致性**。统计学习理论就是围绕泛化性能，研究学习过程一致性的充分必要条件、泛化误差的上界、影响泛化误差的因素，以及如何设计具有泛化能力的学习模型等四个方面的核心问题。

4.1 统计学习理论

之前讲解了各种各样的回归模型和分类模型,统计学习理论首先对这些模型给出一个统一的形式化定义,然后在此基础上研究如何设计具有泛化能力的机器学习模型。

给定训练集 $D_{\text{train}}=\{(\boldsymbol{x}_1,y_1),(\boldsymbol{x}_2,y_2),\cdots,(\boldsymbol{x}_m,y_m)\}$,其中 $\boldsymbol{x}_i$ 是样本特征,y_i 是其对应的真实标注(离散类别或连续数值),m 为样本容量。假设训练集是按照**独立同分布**(independent and identically distributed,i.i.d)原则,从未知联合概率分布 $F(X,Y)$ 中抽取出来的。为便于后续讨论,记 $F(Z)\equiv F(X,Y)$,$\boldsymbol{z}\equiv(\boldsymbol{x},y)$。

4.1.1 学习问题与 ERM 归纳原则

学习问题可被看作利用有限数量的样本数据来寻找样本特征 $\boldsymbol{x}$ 与预测变量 y 之间依赖关系 $y=f(\boldsymbol{x};\boldsymbol{\theta})$ 的问题。其中,$f(\boldsymbol{x};\boldsymbol{\theta})$ 为表示依赖关系的函数,其函数值称作样本特征 $\boldsymbol{x}$ 的预测值(或理论值);$\boldsymbol{\theta}\in\Omega$ 为广义的函数参数。

定义 4-1 给定样本数据 $\boldsymbol{z}_i=(\boldsymbol{x}_i,y_i)$,描述其预测值 $f(\boldsymbol{x}_i;\boldsymbol{\theta})$ 与真实值 y_i 之间误差的函数被称为 $f(\boldsymbol{x};\boldsymbol{\theta})$ 在 $\boldsymbol{z}_i$ 上的**损失函数**,记作 $Q(\boldsymbol{z}_i;\boldsymbol{\theta})$,或 $L(f(\boldsymbol{x}_i;\boldsymbol{\theta}),y_i)$。通常,分类问题采用指示函数表示分类是否错误,回归问题采用误差平方函数表示预测误差。

$$Q(\boldsymbol{z}_i;\boldsymbol{\theta})\equiv L(f(\boldsymbol{x}_i;\boldsymbol{\theta}),y_i)=\begin{cases}I(f(\boldsymbol{x}_i;\boldsymbol{\theta})\neq y_i), & \text{分类问题}\\ (f(\boldsymbol{x}_i;\boldsymbol{\theta})-y_i)^2, & \text{回归问题}\end{cases}\tag{4-1}$$

定义 4-2 给定训练集 $D_{\text{train}}=\{(\boldsymbol{x}_1,y_1),(\boldsymbol{x}_2,y_2),\cdots,(\boldsymbol{x}_m,y_m)\}$,函数 $f(\boldsymbol{x};\boldsymbol{\theta})$ 在 D_{train} 上的平均误差被称为**经验误差**(empirical error),或称**经验风险**(empirical risk),记作 $R_{\text{emp}}(\boldsymbol{\theta})$,

$$R_{\text{emp}}(\boldsymbol{\theta})=\frac{1}{m}\sum_{i=1}^{m}Q(\boldsymbol{z}_i;\boldsymbol{\theta})=\frac{1}{m}\sum_{i=1}^{m}L(f(\boldsymbol{x}_i;\boldsymbol{\theta}),y_i)\tag{4-2}$$

定义 4-3 函数 $f(\boldsymbol{x};\boldsymbol{\theta})$ 在分布 $F(Z)$ 上的期望误差称作**泛化误差**(generalization error,或称泛化风险、期望风险),记作 $R(\boldsymbol{\theta})$。

$$R(\boldsymbol{\theta})=\int Q(\boldsymbol{z};\boldsymbol{\theta})\mathrm{d}F(\boldsymbol{z})\tag{4-3}$$

定义 4-4 机器学习是从一组预设的备选函数集合 $\{f(\boldsymbol{x};\boldsymbol{\theta})\}$ 中来寻找最优(即泛化误差最小)函数 $f(\boldsymbol{x};\boldsymbol{\theta}^*)$。这组预设的备选函数集合 $\{f(\boldsymbol{x};\boldsymbol{\theta})\}$ 被称为机器学习模型的**假设空间**(hypothesis space),记作 $H=\{f(\boldsymbol{x};\boldsymbol{\theta})\}$,其中 $\boldsymbol{\theta}\in\Omega$ 为广义的函数参数。如果假设空间 H 中的 $f(\boldsymbol{x};\boldsymbol{\theta})$ 都具有相同的函数形式,则参数 $\boldsymbol{\theta}$ 与 $f(\boldsymbol{x};\boldsymbol{\theta})$ 存在一一对应的关系,在此意义下可记:$\boldsymbol{\theta}\equiv f(\boldsymbol{x};\boldsymbol{\theta})$。

定义 4-5 给定训练集 D_{train},机器学习从假设空间 H 中求解使经验误差 $R_{\text{emp}}(\boldsymbol{\theta})$ 最小的函数(即模型) $f(\boldsymbol{x};\boldsymbol{\theta}^*)$,这个求解算法被称为模型的**学习算法**,参数 $\boldsymbol{\theta}^*$ 被称为**模型的最优参数**。

定义 4-6 **经验风险最小化**(Empirical Risk Minimization,ERM)归纳原则,就是将训

练集 D_{train} 上经验误差 $R_{\text{emp}}(\boldsymbol{\theta})$ 最小的函数 $f(\boldsymbol{x};\boldsymbol{\theta}^*)$ 当作泛化误差 $R(\boldsymbol{\theta})$ 最小的函数，或者说是将训练集 D_{train} 上经验误差 $R_{\text{emp}}(\boldsymbol{\theta})$ 最小的模型参数 $\boldsymbol{\theta}^*$ 当作泛化误差 $R(\boldsymbol{\theta})$ 最小的模型参数。

定义 4-7　给定任意训练集，如果机器学习都是按照 ERM 归纳原则来选择最优参数（或最优模型），则称 ERM 归纳原则定义了一个**学习过程**。

ERM 归纳原则是非常一般性的原则，最小二乘法、极大似然估计等都是 ERM 归纳原则的具体应用。从经验风险（经验误差）最小化到期望风险（期望误差）最小化，这样的学习过程只是一种在直觉上感觉合理的做法，但并没有得到理论证明。

按照 ERM 归纳原则，模型是从某个训练集学习到的，在推广到总体分布之后其泛化能力强不强呢？所谓泛化能力强不强，指的是模型在总体分布上的性能与在训练集上的性能是不是一致，这个问题被称作学习过程的一致性问题。

定义 4-8　当样本容量 $m\to\infty$ 时，如果

$$R_{\text{emp}}(\boldsymbol{\theta}_m^*)\xrightarrow{P}\inf_{\boldsymbol{\theta}\in\Omega}R(\boldsymbol{\theta})\tag{4-4}$$

$$R(\boldsymbol{\theta}_m^*)\xrightarrow{P}\inf_{\boldsymbol{\theta}\in\Omega}R(\boldsymbol{\theta})\tag{4-5}$$

即 $R_{\text{emp}}(\boldsymbol{\theta}_m^*)$ 和 $R(\boldsymbol{\theta}_m^*)$ 都依概率收敛于泛化误差 $R(\boldsymbol{\theta})$ 的下界 $\inf\limits_{\boldsymbol{\theta}\in\Omega}R(\boldsymbol{\theta})$，则称 ERM 归纳原则所定义的学习过程在分布 $F(Z)$ 上具有**一致性**。其中，$R_{\text{emp}}(\boldsymbol{\theta}_m^*)$ 是训练集样本容量为 m 时学习算法在假设空间中能够得到的最小经验误差；$\boldsymbol{\theta}_m^*$ 是经验误差最小时所对应的参数（即最优参数）；$R(\boldsymbol{\theta}_m^*)$ 则是取最优参数时函数 $f(\boldsymbol{x};\boldsymbol{\theta}_m^*)$ 在总体分布上的泛化误差（即期望误差）。

模型取不同的参数 $\boldsymbol{\theta}$，其在总体分布 $F(Z)$ 上的期望误差 $R(\boldsymbol{\theta})$ 也不同，将 $R(\boldsymbol{\theta})$ 的下确界记作 $\inf\limits_{\boldsymbol{\theta}\in\Omega}R(\boldsymbol{\theta})$。定义 4-8 的含义是，当样本容量 $m\to\infty$，只有 $R_{\text{emp}}(\boldsymbol{\theta}_m^*)$ 和 $R(\boldsymbol{\theta}_m^*)$ 都收敛于 $\inf\limits_{\boldsymbol{\theta}\in\Omega}R(\boldsymbol{\theta})$ 时，学习过程才被称为是一致的。

定义 4-8 将机器学习的泛化能力问题转换为学习过程的一致性问题。如果 ERM 归纳原则所定义的学习过程在分布 $F(Z)$ 上具有一致性，则所学习到的模型就具有强的泛化能力。

定义 4-9　如果存在 m_0，对任意样本容量 $m>m_0$ 都有

$$P\{R_{\text{emp}}(\boldsymbol{\theta}_m^*)-\inf_{\boldsymbol{\theta}\in\Omega}R(\boldsymbol{\theta})>\varepsilon\}<\mathrm{e}^{-cm\varepsilon^2}\tag{4-6}$$

则称 $R_{\text{emp}}(\boldsymbol{\theta}_m^*)$ 的渐进收敛速度是快的。其中，$\boldsymbol{\theta}_m^*$ 是训练集样本容量为 m 时经验误差取最小值所对应的最优参数，$R_{\text{emp}}(\boldsymbol{\theta}_m^*)$ 是训练集样本容量为 m 时的最小经验误差，$\inf\limits_{\boldsymbol{\theta}\in\Omega}R(\boldsymbol{\theta})$ 是泛化误差 $R(\boldsymbol{\theta})$ 的下界，$c>0$ 是常数。

基于上述定义，统计学习理论对泛化误差、ERM 归纳原则一致性等问题给出了形式化描述，下面讲解 ERM 归纳原则一致性的充要条件。

4.1.2　ERM 归纳原则一致性的充要条件

ERM 归纳原则一致性的定义难以运用，为此统计学习理论进一步给出更具操作性的

概念与定理。

1. 学习理论的关键定理

定理 4-1(关键定理) 设假设空间 H 所对应的损失函数集 $Q(\boldsymbol{z};\boldsymbol{\theta})$满足

$$A \leqslant \int Q(\boldsymbol{z};\boldsymbol{\theta})\mathrm{d}F(\boldsymbol{z}) \leqslant B, \text{即 } A \leqslant R(\boldsymbol{\theta}) \leqslant B,$$

那么 ERM 归纳原则具有一致性的充分必要条件是,经验误差 $R_{\text{emp}}(\boldsymbol{\theta})$在如下意义下一致(单边)收敛于泛化误差 $R(\boldsymbol{\theta})$.

$$\lim_{m\to\infty} P\{\sup_{\boldsymbol{\theta}_m^* \in \Omega}(R(\boldsymbol{\theta}_m^*) - R_{\text{emp}}(\boldsymbol{\theta}_m^*)) > \varepsilon)\} = 0, \quad \forall \varepsilon > 0 \tag{4-7}$$

或

$$\lim_{m\to\infty} P\{\sup_{\boldsymbol{\theta}_m^* \in \Omega}(R(\boldsymbol{\theta}_m^*) - R_{\text{emp}}(\boldsymbol{\theta}_m^*)) \leqslant \varepsilon)\} = 1, \quad \forall \varepsilon > 0 \tag{4-8}$$

其中,$R_{\text{emp}}(\boldsymbol{\theta}_m^*)$是训练集样本容量为 m 时学习算法在假设空间中能够得到的最小经验误差;$\boldsymbol{\theta}_m^*$ 是经验误差最小时所对应的参数(即最优参数);$R(\boldsymbol{\theta}_m^*)$则是取最优参数时函数 $f(\boldsymbol{x};\boldsymbol{\theta}_m^*)$在总体分布上的泛化误差(即期望误差);$\sup\limits_{\boldsymbol{\theta}_m^* \in \Omega}(\cdot)$表示所有可能差值 $R(\boldsymbol{\theta}_m^*) - R_{\text{emp}}(\boldsymbol{\theta}_m^*)$的上确界,它对应所有最优参数$\boldsymbol{\theta}_m^*$ 中最差的那个(注:不同训练集会学习到不同的$\boldsymbol{\theta}_m^*$)。

定理 4-1 表明,如果经验误差 $R_{\text{emp}}(\boldsymbol{\theta}^*)$依概率(单边)收敛于泛化误差 $R(\boldsymbol{\theta}^*)$,则学习过程具有一致性,ERM 归纳原则成立。该定理是统计学习理论一个重要的基础定理,因此被称作**关键定理**。需要注意的第一个问题是,学习过程一致性不是追求没有经验误差或没有泛化误差,而是两者要一致,这样才能保证通过样本数据学习到的模型具有普遍意义;需要注意的第二个问题是,研究 ERM 归纳原则一致性的目的不是用经验误差 $R_{\text{emp}}(\boldsymbol{\theta}^*)$去估计泛化误差 $R(\boldsymbol{\theta}^*)$,而是通过经验误差最小的函数 $f(\boldsymbol{x};\boldsymbol{\theta}^*)$去估计泛化误差最小的那个函数,其目的是为了建模。

定理 4-1 给出了 ERM 归纳原则一致性(即模型具备泛化能力)的充分必要条件,但并没有具体指明如何去设计一致性学习模型。ERM 归纳原则一致性的关键是经验误差 $R_{\text{emp}}(\boldsymbol{\theta}^*)$是否依概率(单边)收敛于泛化误差 $R(\boldsymbol{\theta}^*)$,这既取决于学习任务本身的概率分布 $F(Z)$,也取决于模型假设空间 H 的选择。

在研究 ERM 归纳原则一致性问题时,学习任务的概率分布 $F(Z)$ 通常是未知的。如果概率分布 $F(Z)$是已知的,那就没必要通过 ERM 归纳的方法来解决问题。例如分类问题,如果已知概率分布,那么直接使用贝叶斯分类器就可以了。因此统计学习理论通常不会关注某个具体的概率分布,而是针对任意概率分布,然后将研究目标聚焦到假设空间 H(即备选函数集合)的选择上,重点研究假设空间 H 与 ERM 归纳原则一致性之间的关系。

2. 增长函数与 VC 维

机器学习模型的假设空间 H 是一组预设的备选函数的集合,通常包含无穷多个备选函数。例如线性回归模型、逻辑斯谛回归分类器模型等的假设空间是线性函数的集合,不同系数取值(实数)会对应不同的线性函数,这样的线性函数有无穷多个。

假设空间 H 的**复杂度**与 ERM 归纳一致性有着密切关系。为了度量假设空间 H 的复杂度，统计学习理论提出了**增长函数**(growth function)与 **VC 维**(Vapnik-Chervonenkis dimension)的概念。

给定假设空间 $H=\{f(\boldsymbol{x};\boldsymbol{\theta})\}$，将其中包含的函数个数记作 $|H|$。对于任意样本容量为 m 的训练集 $D_m=\{(\boldsymbol{x}_1,y_1),(\boldsymbol{x}_2,y_2),\cdots,(\boldsymbol{x}_m,y_m)\}$，$H$ 中的每个函数 $f(\boldsymbol{x};\boldsymbol{\theta})$ 都能对数据集 D_m 做出一个预测，预测结果为一个长度为 m 的序列，即 $f(\boldsymbol{x}_1;\boldsymbol{\theta}),f(\boldsymbol{x}_2;\boldsymbol{\theta}),\cdots,f(\boldsymbol{x}_m;\boldsymbol{\theta})$。对于二分类问题，其预测结果可表示为 m 个 0、1 组成的序列，1 为正类，0 为反类。当样本容量 $m=2$ 时，二分类预测结果为两个 0、1 组成的序列，例如“10”；当样本容量 $m=3$ 时，二分类预测结果为三个 0、1 组成的序列，例如“110”。

对于样本容量为 m 的训练集 $D_m=\{(\boldsymbol{x}_1,y_1),(\boldsymbol{x}_2,y_2),\cdots,(\boldsymbol{x}_m,y_m)\}$，将**所有可能的**预测结果序列(其长度为 m)的集合记作 S_m。例如，对于二分类问题：

当 $m=1$ 时，$S_1=\{0,1\}$，预测结果总共有两(2^1)种可能；

当 $m=2$ 时，$S_2=\{00,01,10,11\}$，总共有四(2^2)种可能；

当 $m=3$ 时，$S_3=\{000,001,010,011,100,101,110,111\}$，总共有八($2^3$)种可能。

当样本容量为 m 时，二分类的预测结果总共有 2^m 种可能，即 $|S_m|=2^m$。不是每个假设空间 H 都能预测出集合 S_m 中的所有序列，这与 H 包含的函数个数、函数形式有关，另外还与样本分布 $F(Z)$ 有关。

对于样本容量为 m 的训练集，将假设空间 H **实际能够**预测的结果序列(其长度为 m)的集合记作 HS_m($|\mathrm{HS}_m|\leqslant|S_m|$)。显然，假设空间 $H=\{f(\boldsymbol{x};\boldsymbol{\theta})\}$ 包含的函数个数 $|H|$ 越多，其**表达能力**越强(或者说**学习能力**越强)，所能预测出集合 S_m 中序列的数量就越多。如果假设空间 H 能够预测出所有可能的结果序列，即 $|\mathrm{HS}_m|=|S_m|$，则称假设空间 H 能将样本容量为 m 的训练集**打散**(shattering)。一般来说，即使假设空间 H 包含无穷多个函数(即 $|H|=+\infty$)，它也不一定能预测出集合 S_m 中的全部序列，这与 $f(\boldsymbol{x};\boldsymbol{\theta})$ 的函数形式，以及样本容量 m 的大小有关(参见图 4-1)。

对于二分类问题，给定 $f(\boldsymbol{x};\boldsymbol{\theta})$ 函数形式和样本容量 m，图 4-1 给出了假设空间 H **实际能够**预测的结果序列集合 HS_m 与**所有可能**的预测结果序列集合 S_m 之间的关系。图中的坐标轴 x_1、x_2 表示分类特征；圆点“●”表示样本点；直线或虚线表示不同的分类判别函数 $f(\boldsymbol{x};\boldsymbol{\theta})$(注：均为线性函数但参数不同)；sgn(·)为符号函数，即

$$\mathrm{sgn}(x)=\begin{cases}1, & x\geqslant 0\\ 0, & x<0\end{cases}$$

(1) 若 $H=\{f(\boldsymbol{x};\boldsymbol{\theta})=\mathrm{sgn}(\omega_1x_1+\omega_0)\}$，即判别函数为一元线性指示函数(也即上面的符号函数)。

当 $m=1$ 时(见图 4-1(a))，$\mathrm{HS}_1=\{0,1\}$，$|\mathrm{HS}_m|=|S_m|$；

当 $m=2$ 时(见图 4-1(b))，$\mathrm{HS}_2=\{00,01,10,11\}$，$|\mathrm{HS}_m|=|S_m|$；

当 $m=3$ 时(见图 4-1(c))，$\mathrm{HS}_3=\{000,001,011,100,110,111\}=\sim\{010,101\}$，$|\mathrm{HS}_m|<|S_m|$(注：$\sim\{010,101\}$ 表示 $\{010,101\}$ 的补集，即 $\{000,001,011,100,110,111\}$)；

当 $m\geqslant 3$ 时，$|\mathrm{HS}_m|<|S_m|$。

可以看出，在样本容量 $m\leqslant 2$ 时，$|\mathrm{HS}_m|=|S_m|$，这说明假设空间 H 能够预测出所有可能的结果序列；增加样本容量，当样本容量 $m>2$ 时，$|\mathrm{HS}_m|<|S_m|$，这说明集合 S_m 中

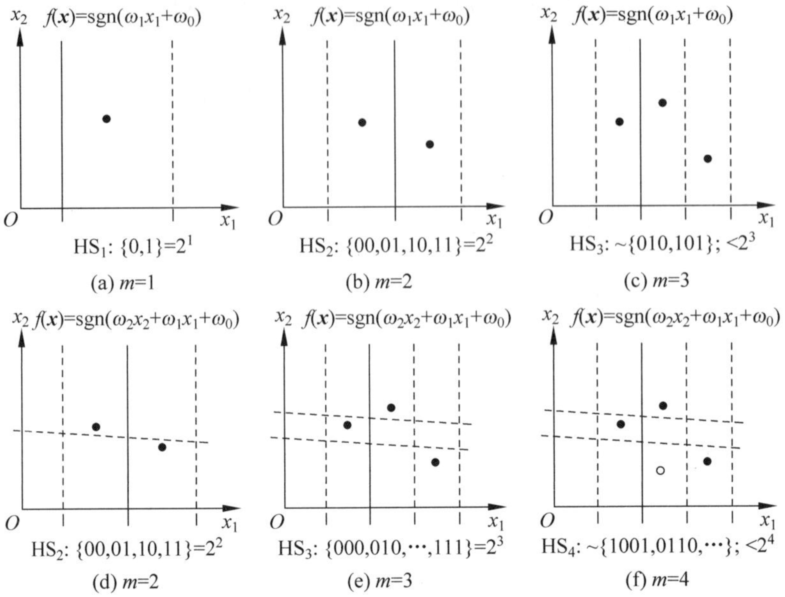

图 4-1 二分类问题中不同函数形式、不同样本容量下的集合 HS_m

的某些结果序列,假设空间 H 预测不出来了,即假设空间 H 的表达能力不够,开始出现预测错误。从 $|HS_m|=|S_m|$ 到 $|HS_m|<|S_m|$ 的临界点就是假设空间 H 表达能力的上限,可以用 $|HS_m|$ 或 m 的临界值来度量假设空间 H 的复杂度和表达能力。

(2) 若 $H=\{f(\boldsymbol{x};\boldsymbol{\theta})=\text{sgn}(\omega_2x_2+\omega_1x_1+\omega_0)\}$,即判别函数为二元线性指示函数。

当 $m=1$ 或 2 时(见图 4-1(d)),$|HS_m|=|S_m|$;

当 $m=3$ 时(见图 4-1(e)),$HS_3=\{000,001,010,011,100,101,110,111\}$,$|HS_m|=|S_m|$;

当 $m\geqslant4$ 时(见图 4-1(f)),$|HS_m|<|S_m|$。

可以看出,假设空间 H 的复杂度越高,例如备选函数的数量更多或形式更复杂,那么其表达能力可能就越强。

下面讨论假设空间复杂度的定义,并以定理形式给出其与 ERM 归纳原则一致性之间的关系。给定机器学习模型 $f(\boldsymbol{x};\boldsymbol{\theta})$,可以用指示函数 $I(f(\boldsymbol{x};\boldsymbol{\theta})\neq y)\in\{0,1\}$ 来表示预测结果是否错误。预测结果是否错误,这可以看作是一个二分类问题。一个由指示函数构成的空间 $H_i=\{I(f(\boldsymbol{x};\boldsymbol{\theta})\neq y)\}$,其复杂度是由假设空间 $H=\{f(\boldsymbol{x};\boldsymbol{\theta})\}$ 决定的,两者的复杂度等价。给定数据集 $D_m=\{(\boldsymbol{x}_1,y_1),(\boldsymbol{x}_2,y_2),\cdots,(\boldsymbol{x}_m,y_m)\}$,可以按实际能够预测的 0、1 序列数量 $|HS_m|$ 来度量指示函数空间 $H_i=\{I(f(\boldsymbol{x};\boldsymbol{\theta})\neq y)\}$ 的复杂度,并将其作为假设空间 $H=\{f(\boldsymbol{x};\boldsymbol{\theta})\}$ 的复杂度。

定义 4-10 假设 $D_m=\{(\boldsymbol{x}_1,y_1),(\boldsymbol{x}_2,y_2),\cdots,(\boldsymbol{x}_m,y_m)\}$ 是从分布 $F(Z)$ 中抽取的样本容量为 m 的数据集,给定假设空间 $H=\{f(\boldsymbol{x};\boldsymbol{\theta})\}$,定义

$$H(m)=E(\ln(|HS_m|)) \tag{4-9}$$

$$H_{\text{ann}}(m)=\ln(E(|HS_m|)) \tag{4-10}$$

其中,$|HS_m|$ 表示假设空间 H 能够对 D_m 做出的不同预测结果的数量,$E(\cdot)$ 表示联合概

率分布 $F(D_m)$上的期望；$H(m)$被称作样本容量为 m 时假设空间 H 在分布 $F(Z)$上的 **VC 熵**(Vapnik-Chervonenkis entropy)；$H_{\text{ann}}(m)$被称作样本容量为 m 时假设空间 H 在分布 $F(Z)$上的**退火 VC 熵**(annealed Vapnik-Chervonenkis entropy)。注：自然对数 $\ln(\cdot)$为凹函数，由 Jensen 不等式可知，$H_{\text{ann}}(m) \geqslant H(m)$。

定理 4-2 假设 $D_m=\{(\boldsymbol{x}_1,y_1),(\boldsymbol{x}_2,y_2),\cdots,(\boldsymbol{x}_m,y_m)\}$是从分布 $F(Z)$中抽取的样本容量为 m 的训练集，给定假设空间 $H=\{f(\boldsymbol{x};\boldsymbol{\theta})\}$，则

(1) ERM 归纳原则在分布 $F(Z)$上具有一致性的充分必要条件是

$$\lim_{m\to\infty}\frac{H(m)}{m}=0 \tag{4-11}$$

(2) ERM 归纳原则在分布 $F(Z)$上具有一致性且收敛速度快的充分必要条件是

$$\lim_{m\to\infty}\frac{H_{\text{ann}}(m)}{m}=0 \tag{4-12}$$

定义 4-11 假设 $D_m=\{(\boldsymbol{x}_1,y_1),(\boldsymbol{x}_2,y_2),\cdots,(\boldsymbol{x}_m,y_m)\}$是从**任意分布**中抽取的样本容量为 m 的数据集，给定假设空间 $H=\{f(\boldsymbol{x};\boldsymbol{\theta})\}$，定义

$$G(m)=\ln(\sup_{\forall D_m}|\mathrm{HS}_m|) \tag{4-13}$$

称 $G(m)$为假设空间 H 在样本容量为 m 数据集上的**增长函数**(growth function)。其中，$\sup\limits_{\forall D_m}|\mathrm{HS}_m|$表示假设空间 H 能对任意样本容量为 m 的数据集做出不同预测结果数量的上界。

定理 4-3 假设 $D_m=\{(\boldsymbol{x}_1,y_1),(\boldsymbol{x}_2,y_2),\cdots,(\boldsymbol{x}_m,y_m)\}$是从任意分布中抽取的样本容量为 m 的训练集，给定假设空间 $H=\{f(\boldsymbol{x};\boldsymbol{\theta})\}$，ERM 归纳原则在**任意分布**上都具有一致性且收敛速度快的充分必要条件是

$$\lim_{m\to\infty}\frac{G(m)}{m}=0 \tag{4-14}$$

定理 4-4 任何由指示函数构成的假设空间 H，其增长函数 $G(m)$或者与样本容量 m 成正比，即

$$G(m)=m\ln 2 \tag{4-15}$$

或者具有如下上界：

$$G(m)\leqslant d_{\text{VC}}\left(\ln\frac{m}{d_{\text{VC}}}+1\right) \tag{4-16}$$

其中，d_{VC} 是一个整数，它是样本容量 m 从$|\mathrm{HS}_m|=|S_m|$到$|\mathrm{HS}_m|<|S_m|$的临界点，也预示着假设空间 H 表达能力的上限(参见图 4-2)。

定义 4-12 一个由指示函数构成的假设空间 H，如果增长函数与样本容量之间存在如式(4-15)所示的线性关系(此时增长函数没有上界)，则称假设空间 H 的 VC 维是无穷大；如果增长函数具有式(4-16)所示的上界，则称假设空间 H 的 VC 维是有限的且等于 d_{VC}。

例如，d 维特征空间中由线性指示函数 $f(\boldsymbol{x})=\mathrm{sgn}\left(\sum_{i=1}^{d}\omega_i x_i+\omega_0\right)$构成的假设空间，其 VC 维是 $d+1$。

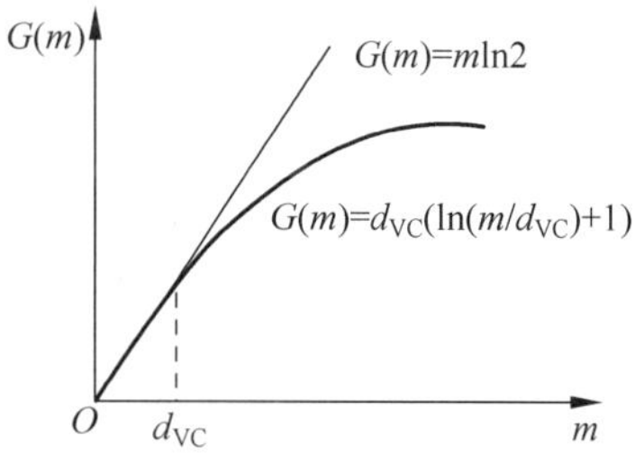

图 4-2 增长函数的性质

VC 维的概念可以由指示函数推广到任意实函数。例如，线性函数 $f(\boldsymbol{x})=\sum_{i=1}^{d}\omega_i x_i+\omega_0$ 构成的假设空间，其 VC 维也是 $d+1$；形如 $f(x)=\sin(ax)$ 函数构成的假设空间，其 VC 维是无穷大。

定理 4-5 假设 $D_m=\{(\boldsymbol{x}_1,y_1),(\boldsymbol{x}_2,y_2),\cdots,(\boldsymbol{x}_m,y_m)\}$ 是从任意分布中抽取的样本容量为 m 的训练集，给定假设空间 $H=\{f(\boldsymbol{x};\boldsymbol{\theta})\}$，ERM 归纳原则在**任意分布**上都具有一致性且收敛速度快的充分必要条件是，假设空间 H 的 VC 维是有限的。

定理 4-2～定理 4-5 分别从 VC 熵、退火 VC 熵、增长函数和 VC 维的角度提出了 ERM 归纳原则一致性的充分必要条件。其中最主要的结论是：假设空间复杂度与 ERM 归纳原则一致性之间存在直接联系；可以用 VC 维来度量假设空间的复杂度。

上述结论具有重要的理论意义。但在实践中，机器学习更关心泛化误差与经验误差之间的关系、泛化误差的上界，以及泛化误差与哪些因素有关。这些内容对如何设计学习模型与学习算法有着更直接的指导意义。

4.1.3 泛化误差上界与 PAC 可学习

机器学习不是追求没有泛化误差，而是要与经验误差一致，即学习过程具有一致性，这样才能保证通过样本数据学习到的模型具有普遍意义。既然有误差，那么误差的上界在哪里？即泛化后最大的误差会到什么程度？误差上界与哪些因素有关呢？对于机器学习来说，泛化误差的上界越小越好。

1. 统计学习理论关于泛化误差上界的两个定理

定理 4-6 在分类问题中，损失函数为指示函数，即 $L(f(\boldsymbol{x};\boldsymbol{\theta}),y)=I(f(\boldsymbol{x};\boldsymbol{\theta})\neq y)$。对于假设空间 $H=\{f(\boldsymbol{x};\boldsymbol{\theta})\}$ 中的所有函数(当然也包括使经验误差最小的函数)，其泛化误差 $R(\boldsymbol{\theta})$ 和经验误差 $R_{\text{emp}}(\boldsymbol{\theta})$ 之间均满足

$$P\left(R(\boldsymbol{\theta})\leqslant R_{\text{emp}}(\boldsymbol{\theta})+\frac{1}{2}\sqrt{\varepsilon}\right)\geqslant 1-\alpha \tag{4-17}$$

$$\varepsilon=4\times\frac{d_{\text{VC}}(\ln(2m/d_{\text{VC}})+1)-\ln(\alpha/4)}{m} \tag{4-18}$$

其中，d_{VC} 是假设空间 H 的 VC 维，m 为训练集的样本容量，$1-\alpha$ 为置信水平(或称置信度)，$0<\alpha<1$。

定理 4-6 告诉我们，在分类问题中，泛化误差的上界是

$$R_{\text{emp}}(\boldsymbol{\theta})+\sqrt{\frac{d_{\text{VC}}(\ln(2m/d_{\text{VC}})+1)-\ln(\alpha/4)}{m}}$$

它与经验误差 $R_{\text{emp}}(\boldsymbol{\theta})$、假设空间 H 的 VC 维 d_{VC}、训练集的样本容量 m，以及置信水平 α 有关。ERM 归纳原则可以保证泛化误差小于或等于其上界的概率不低于 $1-\alpha$。换句话说，运用 ERM 归纳原则时，泛化误差小于或等于其上界的置信水平为 $1-\alpha$。

定理 4-7 在回归问题中，如果损失函数是有界非负实函数，即 $0\leqslant L(f(\boldsymbol{x};\boldsymbol{\theta})-y)\leqslant B$，则对于假设空间 $H=\{f(\boldsymbol{x};\boldsymbol{\theta})\}$ 中的所有函数(包括使经验误差最小的函数)，其泛化误差 $R(\boldsymbol{\theta})$ 和经验误差 $R_{\text{emp}}(\boldsymbol{\theta})$ 之间均满足

$$P\left(R(\boldsymbol{\theta}) \leqslant R_{\text{emp}}(\boldsymbol{\theta}) + \frac{B\varepsilon}{2}\left(1 + \sqrt{1 + \frac{4R_{\text{emp}}(\boldsymbol{\theta})}{B\varepsilon}}\right)\right) \geqslant 1 - \alpha \tag{4-19}$$

其中，ε 仍由式(4-18)定义，$0<\alpha<1$。

定理 4-7 告诉我们，在回归问题中使用 ERM 归纳原则，其泛化误差小于或等于其上界的置信水平为 $1-\alpha$，并且泛化误差的上界同样与经验误差、假设空间 H 的 VC 维、训练集的样本容量，以及置信水平有关。

定理 4-6、定理 4-7 从理论上给出了泛化误差的上界。由式(4-17)、式(4-19)可以看出，泛化误差上界与经验误差 $R_{\text{emp}}(\boldsymbol{\theta})$、假设空间 VC 维 d_{VC} 成正比，与训练集的样本容量 m 成反比。要想降低泛化误差，可以通过如下三种途径来实现：一是降低经验误差；二是降低假设空间复杂度；三是增加训练集样本数据。

综合式 4-17)、式(4-19)，将其简写成

$$R(\boldsymbol{\theta}) \leqslant R_{\text{emp}}(\boldsymbol{\theta}) + \Delta\left(\frac{d_{\text{VC}}}{m}\right) \tag{4-20}$$

不等式右侧为泛化误差 $R(\boldsymbol{\theta})$ 的上界，其中第一项 $R_{\text{emp}}(\boldsymbol{\theta})$ 是经验误差，第二项 $\Delta(\cdot)$ 称作**置信范围**(confidence interval)；$\Delta(d_{\text{VC}}/m)$ 表示置信范围 Δ 是与 d_{VC} 成正比，与 m 成反比的。注：这里的置信范围与统计学里的置信区间在定义上是有区别的，但用途类似，都用于指明随机变量的取值范围。

2. PAC 可学习

机器学习模型的泛化误差越小越好。如果泛化误差为 0，则表示学习到的模型就是真实模型。但实际应用只能是从有限容量的训练集来学习模型，将其推广到总体分布上通常都会有泛化误差。对于复杂的机器学习问题，一般来说很难学习到其精确的真实模型。为此，机器学习提出了“概率近似正确”的概念。

定义 4-13 一个分布 $F(Z)$ 上的机器学习问题，给定假设空间 H、泛化误差上界 ε 和置信水平 $1-\alpha$，如果对于任何样本容量

$$m \geqslant \text{poly}(1/\varepsilon, 1/\alpha, \dim(\boldsymbol{x})), \quad 0 < \varepsilon, \alpha < 1,$$

的训练集，都存在学习算法 A 能从假设空间 H 中找出最优参数 $\boldsymbol{\theta}^*$，使得

$$P(R(\boldsymbol{\theta}^*) \leqslant \varepsilon) \geqslant 1 - \alpha \tag{4-21}$$

则称对假设空间 H 而言，分布 $F(Z)$ 上的学习问题是**概率近似正确**(Probably Approximately Correct, PAC)可学习的。其中，$\text{poly}(\cdot)$ 表示多项式函数，$\dim(\boldsymbol{x})$ 表示样本特征 $\boldsymbol{x}$ 的维数。

可以这样来理解“概率近似正确”。

近似正确：泛化误差 $R(\boldsymbol{\theta}^*)$ 越小越好，但不要求为 0，只要求不超过某个指定的上界 ε，即

$$R(\boldsymbol{\theta}^*) \leqslant \varepsilon$$

概率近似正确：学习算法从假设空间中找出的最优参数 $\boldsymbol{\theta}^*$ 不一定百分之百都能满足近似正确的要求，只要求泛化误差 $R(\boldsymbol{\theta}^*)$ 小于或等于其上界 ε 的概率达到 $1-\alpha$，或称泛化误差 $R(\boldsymbol{\theta}^*)$ 的单侧置信上限为 ε、置信水平为 $1-\alpha$，即

$$P(R(\boldsymbol{\theta}^*) \leqslant \varepsilon) \geqslant 1 - \alpha$$

4.1.4 两种机器学习的归纳原则

给定置信水平，机器学习希望所学得模型的泛化误差上界越小越好。式(4-20)给出了

关于泛化误差上界的重要结论：泛化误差上界与经验误差 $R_{emp}(\boldsymbol{\theta})$、假设空间 H 的 VC 维 d_{VC} 成正比，与训练集的样本容量 m 成反比。这实际上给出了降低泛化误差上界的三个重要途径，并对如何设计学习模型、学习算法具有非常直接的指导意义。

通过采集更多的样本、提高样本容量 m 这条途径可以降低泛化误差上界。但样本采集受各种客观因素的限制，因此在已有样本基础上如何降低经验误差 $R_{emp}(\boldsymbol{\theta})$ 和假设空间 H 的 VC 维 d_{VC}，这两条途径更具有现实意义。

1. 经验风险最小化归纳原则——降低经验误差

给定训练集 $D_{train}=\{(\boldsymbol{x}_1,y_1),(\boldsymbol{x}_2,y_2),\cdots,(\boldsymbol{x}_m,y_m)\}$、假设空间 $H=\{f(\boldsymbol{x};\boldsymbol{\theta})\}$ 和损失函数 $L(f(\boldsymbol{x};\boldsymbol{\theta}),y)$，经验风险最小化（即 ERM）就是将训练集 D_{train} 上经验误差（即经验风险）

$$R_{emp}(\boldsymbol{\theta})=\frac{1}{m}\sum_{i=1}^{m}L(f(\boldsymbol{x}_i;\boldsymbol{\theta}),y_i)$$

最小的函数 $f(\boldsymbol{x};\boldsymbol{\theta}^*)$ 当作泛化误差 $R(\boldsymbol{\theta})$ 最小的函数，或者说是将训练集 D_{train} 上经验误差 $R_{emp}(\boldsymbol{\theta})$ 最小的模型参数 $\boldsymbol{\theta}^*$ 当作泛化误差 $R(\boldsymbol{\theta})$ 最小的模型参数。

如果模型在训练集上的经验误差 $R_{emp}(\boldsymbol{\theta})$ 过大，无法很好地拟合样本数据，这种现象被称为**欠拟合**（underfitting）。欠拟合的原因是假设空间 H 过于简单，模型与实际问题不符。显然，提高假设空间 H 的复杂度，例如增加备选函数数量或使用更复杂的函数形式（以增加假设空间包含真实模型的可能性），按照 ERM 归纳原则可以得到更小的经验误差 $R_{emp}(\boldsymbol{\theta})$，甚至可以让经验误差为零。这样，式(4-20)的第一项 $R_{emp}(\boldsymbol{\theta})$ 会降低，泛化误差 $R(\boldsymbol{\theta})$ 的上界也应同步降低。

但一味追求训练集上的经验误差最小并不是总能达到好的泛化效果，某些情况下还会适得其反。如果模型足够复杂（即表达能力足够强），同时训练集也足够大（即包含足够多的总体分布信息），则 ERM 归纳原则所学到的模型具有普遍意义，能够在新样本上举一反三，取得好的泛化性能。通常，样本数据既包含总体分布信息，也包含样本的个体特性或随机噪声。如果模型复杂但样本数据少，ERM 归纳原则就会将小样本数据的个体特性或随机噪声当作普遍规律学习到模型中。模型过多拟合了样本数据的个体特性或随机噪声，这种现象被称为**过拟合**（overfitting）。过拟合的模型虽然经验误差小，但只对训练集有效，将其推广到总体分布、应用于新样本时的泛化性能却很差。过拟合产生的原因是因为模型过于复杂，但样本数据不足。

仔细分析一下，提高假设空间复杂度可以降低经验误差，但相应地会增加其 VC 维。对照式(4-20)，如果假设空间的 VC 维 d_{VC} 增加，式中的第二项置信范围 $\Delta\left(\frac{d_{VC}}{m}\right)$ 会上升，泛化误差 $R(\boldsymbol{\theta})$ 的上界也因此而上升。因此，提高假设空间复杂度可以降低经验误差，但同时会增加泛化误差，式(4-20)从理论上解释了过拟合情况下"经验误差小但泛化误差大"现象的产生原因。如何合理调节模型假设空间的复杂度，这对机器学习来说是一个非常重要的问题。

2. 结构风险最小化归纳原则——降低泛化误差

式(4-20)的另一个重要意义在于，可以通过调节假设空间复杂度，对经验误差和置信范围做适当的平衡或折中，最终让两者之和（即学习模型的泛化误差上界）最小。

调节假设空间复杂度的方法是，设计一个 VC 维为 d_{VC} 的备选函数集 $H=\{f(\boldsymbol{x};\boldsymbol{\theta})\}$，使其具有一定的结构，该结构是由一系列嵌套的函数子集 H^k 组成的（参见图 4-3），它们满足：

（1）函数子集 H^k 的 VC 维 d_{VC}^k 是有限的，并且

$$H^1 \subset H^2 \subset \cdots \subset H^k \subset \cdots H \tag{4-22}$$

$$d_{\mathrm{VC}}^1 \leqslant d_{\mathrm{VC}}^2 \leqslant \cdots \leqslant d_{\mathrm{VC}}^k \leqslant \cdots \leqslant d_{\mathrm{VC}}$$

（2）函数子集 H^k 的损失函数是有界非负的实函数，即

$$0 \leqslant L(f(\boldsymbol{x};\boldsymbol{\theta}_k)-y) \leqslant B_k$$

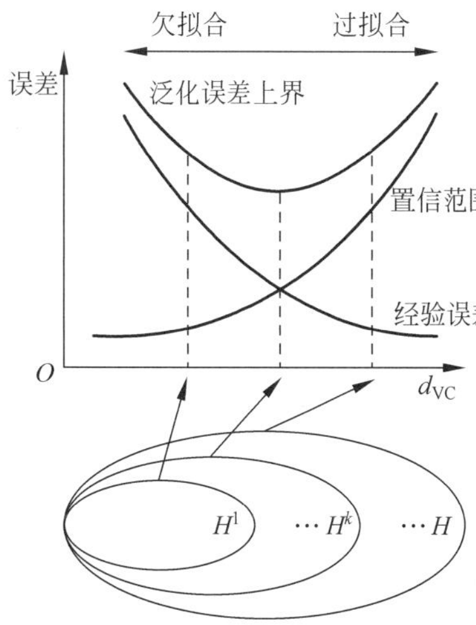

图 4-3 由一系列嵌套函数子集 H^k 组成的结构

从图 4-3 可以看出，函数子集 H^k 越复杂，其经验误差越小，但置信范围越大。机器学习需要平衡经验误差与置信范围，选择复杂度合适的函数子集作为假设空间，最终使得模型的泛化误差最小（例如图 4-3 中的 H^k）。

例如，给定训练集 $D_{\mathrm{train}}=\{(\boldsymbol{x}_1,y_1),(\boldsymbol{x}_2,y_2),\cdots,(\boldsymbol{x}_m,y_m)\}$，首先搜索各函数子集，选择泛化误差上界（即经验误差与置信范围之和）最小的函数子集 H^k，将其作为学习模型最优的假设空间；然后在 H^k 中选择经验风险最小的函数 $f(\boldsymbol{x};\boldsymbol{\theta}^*)$，将其当作泛化误差 $R(\boldsymbol{\theta})$ 最小的函数，函数 $f(\boldsymbol{x};\boldsymbol{\theta}^*)$ 就是最终学得的模型。

上述机器学习方法被称为**结构风险最小化**（Structural Risk Minimization，SRM）归纳原则。SRM 归纳原则首先将泛化误差上界最小的函数子集 H^k 作为学习模型最优的假设空间，这一步实际上是选择模型，以往这项工作通常是由人工凭经验完成的；第二步是在 H^k 中选择经验风险最小的函数模型，将其作为最终学得的模型，这一步采用的就是之前的 ERM 归纳原则。经过这两步，SRM 归纳原则可以学习到泛化误差最小（或近似最小）的模型。

目前，SRM 归纳原则在实际应用中还存在一些困难，例如在如何计算各种函数集的 VC 维、如何构造符合条件的函数结构等方面还缺乏一般性的理论指导。但领会 SRM 归纳原则可以为机器学习开阔思路，提供启发，例如机器学习中经典的支持向量机模型就是在 SRM 归纳原则指导下所做的一个非常有创新意义的实践。

3. 方差与偏差

泛化误差或过拟合现象也可以从**偏差**（bias）与**方差**（variance）的角度进行解释。

对于训练集 $D=\{(\boldsymbol{x},y_D)\}$，假设其观测模型含有均值为零、方差为 σ^2 的随机噪声 $\boldsymbol{\varepsilon}$，即

$$y_D = y + \boldsymbol{\varepsilon}, \quad \boldsymbol{\varepsilon} \sim N(0,\sigma^2)$$

其中，y 为特征 $\boldsymbol{x}$ 对应的真实值，其观测值 y_D（训练集中的标注）含有随机噪声，因此有

$$E[y_D - y]=E[\boldsymbol{\varepsilon}]=0, \quad E[(y_D-y)^2]=E[\boldsymbol{\varepsilon}^2]=\sigma^2$$

下面以回归问题为例给出偏差与方差的定义。不同训练集会学到不同的模型 $f(\boldsymbol{x};$

$\boldsymbol{\theta}^*$)，将模型预测的期望值记作 $\bar{f}(\boldsymbol{x})$，则

$$\bar{f}(\boldsymbol{x})=E[f(\boldsymbol{x};\boldsymbol{\theta}^*)]$$

偏差 bias($\boldsymbol{x}$)和方差 var($\boldsymbol{x}$)的定义式分别为

$$\text{bias}(\boldsymbol{x})=(\bar{f}(\boldsymbol{x})-y)^2$$

$$\text{var}(\boldsymbol{x})=E[(f(\boldsymbol{x};\boldsymbol{\theta}^*)-\bar{f}(\boldsymbol{x}))^2]$$

其中，偏差 bias($\boldsymbol{x}$)是指模型预测期望值 $\bar{f}(\boldsymbol{x})$与真实值 y 之间的偏差；方差 var($\boldsymbol{x}$)是指不同训练集所习得模型 $f(\boldsymbol{x};\boldsymbol{\theta}^*)$之间的方差。

泛化误差指的是模型预测值 $f(\boldsymbol{x};\boldsymbol{\theta}^*)$与样本观测值 y_D(训练集中的标注)之间误差的数学期望，例如回归任务的泛化误差为

$$\text{Err}(\boldsymbol{x})=E[(f(\boldsymbol{x};\boldsymbol{\theta}^*)-y_D)^2]$$

通过一系列的期望演算，可以将泛化误差 Err($\boldsymbol{x}$)分解成偏差、方差和噪声之和，即

$$\text{Err}(\boldsymbol{x})=\text{bias}(\boldsymbol{x})+\text{var}(\boldsymbol{x})+\sigma^2 \tag{4-23}$$

其中，bias($\boldsymbol{x}$)表示模型预测期望值 $\bar{f}(\boldsymbol{x})$对真实值 y 的偏差；var($\boldsymbol{x}$)表示不同训练集造成的模型 $f(\boldsymbol{x};\boldsymbol{\theta}^*)$之间的方差；$\sigma^2$ 表示随机噪声的强度(可理解为学习问题的困难程度)。

可以看出，泛化误差是由模型偏差、模型方差和问题的困难程度共同决定的。降低泛化误差，可以从降低模型偏差(通常由模型假设过于简单造成，即欠拟合)和模型方差(通常由模型假设过于复杂造成，即过拟合)两方面着手，合理选取模型假设的复杂度，最终使得泛化误差最小。下面给出泛化误差 Err($\boldsymbol{x}$)的具体分解过程。

$$\begin{aligned}
\text{Err}(\boldsymbol{x})&=E[(f(\boldsymbol{x};\boldsymbol{\theta}^*)-y_D)^2]=E[(f(\boldsymbol{x};\boldsymbol{\theta}^*)-\bar{f}(\boldsymbol{x})+\bar{f}(\boldsymbol{x})-y_D)^2]\\
&=E[(f(\boldsymbol{x};\boldsymbol{\theta}^*)-\bar{f}(\boldsymbol{x}))^2]+E[(\bar{f}(\boldsymbol{x})-y_D)^2]+\\
&\quad\ E[2(f(\boldsymbol{x};\boldsymbol{\theta}^*)-\bar{f}(\boldsymbol{x}))(\bar{f}(\boldsymbol{x})-y_D)]\\
&=\text{var}(\boldsymbol{x})+E[(\bar{f}(\boldsymbol{x})-y_D)^2]+2E[f(\boldsymbol{x};\boldsymbol{\theta}^*)-\bar{f}(\boldsymbol{x})]E[\bar{f}(\boldsymbol{x})-y_D]\\
&=\text{var}(\boldsymbol{x})+E[(\bar{f}(\boldsymbol{x})-y_D)^2]+2(E[f(\boldsymbol{x};\boldsymbol{\theta}^*)]-\bar{f}(\boldsymbol{x}))(\bar{f}(\boldsymbol{x})-E[y_D])\\
&=\text{var}(\boldsymbol{x})+E[(\bar{f}(\boldsymbol{x})-y_D)^2]+0\\
&=\text{var}(\boldsymbol{x})+E[(\bar{f}(\boldsymbol{x})-y+y-y_D)^2]\\
&=\text{var}(x)+E[(\bar{f}(\boldsymbol{x})-y)^2]+E[(y-y_D)^2]+2E[(\bar{f}(\boldsymbol{x})-y)(y-y_D)]\\
&=\text{var}(\boldsymbol{x})+\text{bias}(\boldsymbol{x})+\sigma^2+0=\text{bias}(\boldsymbol{x})+\text{var}(\boldsymbol{x})+\sigma^2
\end{aligned}$$

4.2 线性可分支持向量机

支持向量机(Support Vector Machine，SVM)模型是在 SRM 归纳原则启发下所做的一个非常有创新意义的实践，其最初目的是为解决小样本情况下的二分类问题。

给定二分类问题的训练集 $D_{\text{train}}=\{(\boldsymbol{x}_1,y_1),(\boldsymbol{x}_2,y_2),\cdots,(\boldsymbol{x}_m,y_m)\}$，其中 $\boldsymbol{x}_i$ 是 d 维样本特征，$y_i\in\{-1,+1\}$是其对应的类别标注(+1 表示正例，−1 表示反例)，SVM 最基

本的想法是基于训练集 D_{train} 找到一个能将两类样本分开的超平面。

4.2.1 最优分类超平面与支持向量

假设两个类是线性可分的，即存在超平面能将特征空间中两个类的特征点完全分开（参见图 4-4(a)），使用逻辑斯谛回归或线性判别分析方法即可设计出经验误差为 0 的分类器。进一步观察可以发现，能将两类完全分开的超平面有很多（也即经验误差为 0 的分类器不止一个），SVM 希望找到其中的最优超平面。凭直觉，位于两类训练样本"正中间"的超平面（图 4-4(a)中的那条实线）抗干扰能力最强，应该算是最优分类超平面。

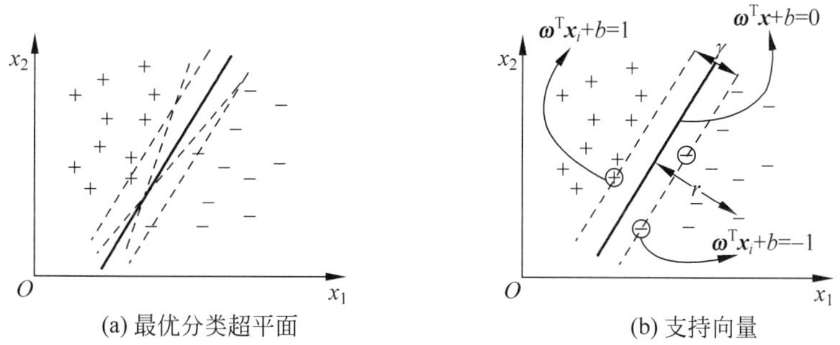

图 4-4 最优分类超平面与支持向量

d 维特征空间中的最优分类超平面属于线性模型，可用线性方程（即平面方程）表示为

$$\boldsymbol{\omega}^{\mathrm{T}}\boldsymbol{x}+b=0 \tag{4-24}$$

其中，$\boldsymbol{\omega}=\{\omega_1,\omega_2,\cdots,\omega_d\}^{\mathrm{T}}$ 为超平面的法向量，它决定了超平面的方向；b 为位移项，它决定了超平面与原点之间的距离。可以将最优分类超平面记作$(\boldsymbol{\omega},b)$。

最优分类超平面将特征空间一分为二，其中一部分满足$\boldsymbol{\omega}^{\mathrm{T}}\boldsymbol{x}+b>0$，另一部分满足$\boldsymbol{\omega}^{\mathrm{T}}\boldsymbol{x}+b<0$，恰好在超平面上的特征点满足$\boldsymbol{\omega}^{\mathrm{T}}\boldsymbol{x}+b=0$。可以基于超平面$(\boldsymbol{\omega},b)$定义一个符号函数，将其作为二分类的决策函数，

$$\operatorname{sgn}(\boldsymbol{\omega}^{\mathrm{T}}\boldsymbol{x}+b)=\begin{cases}+1, & \boldsymbol{\omega}^{\mathrm{T}}\boldsymbol{x}+b\geqslant 0\\ -1, & \boldsymbol{\omega}^{\mathrm{T}}\boldsymbol{x}+b<0\end{cases} \tag{4-25}$$

其中，sgn(·)根据自变量的正负分别将函数值取为+1 或−1，因此被称为**符号函数**。注：SVM 不是用 0，而是用−1 来表示反例，这是因为−1 可以简化后续学习算法的演算。

表达式$\boldsymbol{\omega}^{\mathrm{T}}\boldsymbol{x}+b$ 的数值大小与特征点 $\boldsymbol{x}$ 到超平面$(\boldsymbol{\omega},b)$的距离 r（参见图 4-4(b)）存在如下关系：

$$r=\frac{|\boldsymbol{\omega}^{\mathrm{T}}\boldsymbol{x}+b|}{\|\boldsymbol{\omega}\|} \tag{4-26}$$

其中 $\|\boldsymbol{\omega}\|==\sqrt{\omega_1^2+\omega_2^2+\cdots+\omega_d^2}=\sqrt{\boldsymbol{\omega}^{\mathrm{T}}\boldsymbol{\omega}}$ 为法向量的模。如果训练集 D_{train} 中正例样本与反例样本之间线性可分，则存在超平面$(\boldsymbol{\omega},b)$能将正例样本与反例样本分开。可通过对特征坐标系做拉伸（即缩放）变换，使得正例样本与反例样本满足

$$\begin{cases}\boldsymbol{\omega}^{\mathrm{T}}\boldsymbol{x}_i+b\geqslant+1, & \text{对所有正例样本}(\boldsymbol{x}_i,y_i),y_i=+1\\ \boldsymbol{\omega}^{\mathrm{T}}\boldsymbol{x}_i+b\leqslant-1, & \text{对所有反例样本}(\boldsymbol{x}_i,y_i),y_i=-1\end{cases} \tag{4-27}$$

将式(4-27)代入式(4-26)可得，所有特征点到超平面($\boldsymbol{\omega}$,b)的距离 $r \geqslant 1/\|\boldsymbol{\omega}\|$。

如果式(4-27)中的等号成立，即$\boldsymbol{\omega}^{\mathrm{T}}\boldsymbol{x}_i+b=\pm 1$，则这样的特征点(即向量)$\boldsymbol{x}_i$ 被称为**支持向量**(support vector)，例如图 4-4(b)中带圆圈的特征点。所有支持向量到超平面($\boldsymbol{\omega}$,b)的距离均为：$r=1/\|\boldsymbol{\omega}\|$。两个异类支持向量到超平面($\boldsymbol{\omega}$,b)的距离之和就是正类与反类之间的**间隔**(margin)，记作 γ，$\gamma=2/\|\boldsymbol{\omega}\|$。因为样本类别 y_i 只会取+1 或−1，因此可以将式(4-27)写成如下等价形式：

$$y_i(\boldsymbol{\omega}^{\mathrm{T}}\boldsymbol{x}_i+b)\geqslant 1,\quad i=1,2,\cdots,m \tag{4-28}$$

SVM 的核心思想是将间隔 γ 最大的超平面($\boldsymbol{\omega}$,b)作为最优分类超平面。这么做的原因：一是在线性可分情况下，超平面($\boldsymbol{\omega}$,b)已经能对训练集正确分类，即式(4-20)中泛化误差上界的第一项经验误差 $R_{\mathrm{emp}}(\boldsymbol{\theta})$为零，已经最小；二是让正类与反类之间的间隔最大，这样可以提高超平面($\boldsymbol{\omega}$,b)处理新样本时的抗噪声能力，降低式(4-20)中泛化误差上界的第二项置信范围 $\Delta\left(\frac{d_{\mathrm{VC}}}{m}\right)$，最终使得泛化误差最小。

为什么让正类与反类间隔 γ 最大可以降低置信范围 $\Delta\left(\frac{d_{\mathrm{VC}}}{m}\right)$呢？能将训练样本分开的超平面有很多，它们的经验误差都是零，都属于经验误差最小的超平面。选择间隔 γ 最大的超平面，实际上是排除掉很多经验误差最小的超平面，只选择其中的一个。按照统计学习理论的观点，这相当于降低了假设空间的复杂度，泛化误差上界的置信范围 $\Delta\left(\frac{d_{\mathrm{VC}}}{m}\right)$会随着假设空间 VC 维的降低而降低。可以看出，SVM 很好地体现了 4.1.4 节的结构风险最小化归纳原则。

SVM 寻找最优分类超平面($\boldsymbol{\omega}$,b)问题的数学形式可写成

$$\begin{aligned}&\max_{(\boldsymbol{\omega},b)}\gamma\\ &\text{s.t.}\ \ y_i(\boldsymbol{\omega}^{\mathrm{T}}\boldsymbol{x}_i+b)\geqslant 1,\quad i=1,2,\cdots,m\end{aligned}$$

其中，“s. t.”表示满足条件(subject to)；最大化间隔 $\gamma=2/\|\boldsymbol{\omega}\|$，等价于最小化$\frac{1}{2}\|\boldsymbol{\omega}\|^2$，因此上式可改写成

$$\begin{aligned}&\min_{(\boldsymbol{\omega},b)}\frac{1}{2}\|\boldsymbol{\omega}\|^2\\ &\text{s.t.}\ \ y_i(\boldsymbol{\omega}^{\mathrm{T}}\boldsymbol{x}_i+b)\geqslant 1,\quad i=1,2,\cdots,m\end{aligned} \tag{4-29}$$

这就是基本型的 SVM 模型，或称为**线性可分**支持向量机(简称线性可分 SVM，或硬间隔 SVM)。借助拉格朗日乘子法，可以为式(4-29)的最优化问题设计高效的求解算法。

4.2.2 拉格朗日乘子法与对偶问题

拉格朗日乘子法是一种求解约束条件下函数极值的方法。通过引入拉格朗日乘子，可将 d 个变量与 k 个约束条件的最优化问题转化成 $d+k$ 个变量的无约束优化问题。SVM 在求解式(4-29)的最优分类超平面时就应用了该方法。本节对拉格朗日乘子法做一个简单介绍。

1. 二元函数的拉格朗日乘子法

给定**等式约束条件**：$h(\boldsymbol{x})=0$，求函数 $f(\boldsymbol{x})$ 的极小值，其中 $f(\boldsymbol{x})$、$h(\boldsymbol{x})$ 都是二元函数。这是一个带约束条件的最优化问题，使用数学语言可写成

$$\begin{aligned}&\min_{x\in R^2} f(\boldsymbol{x})\\&\text{s.t. } h(\boldsymbol{x})=0\end{aligned} \tag{4-30}$$

定理 4-8 给出了式(4-30)所示带等式约束条件情况下最优解的必要条件。

定理 4-8(二元函数的拉格朗日定理)　$f(\boldsymbol{x})$、$h(\boldsymbol{x})$ 是定义在 R^2 上的连续可微函数。给定等式约束条件 $h(\boldsymbol{x})=0$，若点 $\boldsymbol{x}^*=(x_1^*,x_2^*)^{\mathrm{T}}$ 是函数 $f(\boldsymbol{x})$ 的一个极小点，那么梯度 $\nabla f(\boldsymbol{x}^*)$ 与 $\nabla h(\boldsymbol{x}^*)$ 的方向必然相同或相反(参见图 4-5(a))，即当 $\nabla h(\boldsymbol{x}^*)\neq 0$ 时存在标量 $\lambda\neq 0$ 使得

$$\nabla f(\boldsymbol{x}^*)+\lambda\,\nabla h(\boldsymbol{x}^*)=\boldsymbol{0} \tag{4-31}$$

其中，λ 称为**拉格朗日乘子**，$\nabla f(\boldsymbol{x}^*)$ 与 $\nabla h(\boldsymbol{x}^*)$ 分别是函数 $f(\boldsymbol{x})$、$h(\boldsymbol{x})$ 在点 $\boldsymbol{x}^*$ 处的梯度，

$$\nabla f(\boldsymbol{x}^*)=\left(\frac{\partial f(x_1^*,x_2^*)}{\partial x_1},\frac{\partial f(x_1^*,x_2^*)}{\partial x_2}\right)^{\mathrm{T}},\quad \nabla h(\boldsymbol{x}^*)=\left(\frac{\partial h(x_1^*,x_2^*)}{\partial x_1},\frac{\partial h(x_1^*,x_2^*)}{\partial x_2}\right)^{\mathrm{T}}$$

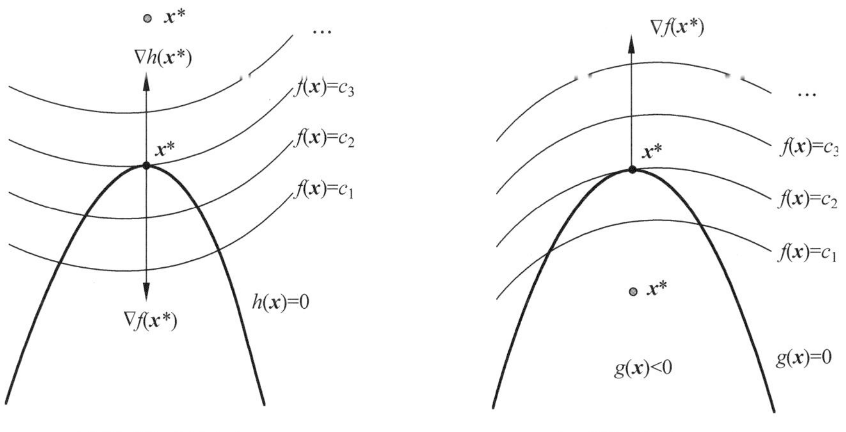

图 4-5　带约束条件的最优化问题

二元函数 $f(\boldsymbol{x})$ 的函数图形是三维空间 Ox_1x_2y 中的曲面，其中 $y=f(\boldsymbol{x})$。曲面 $f(\boldsymbol{x})$ 在点 (x_1^*,x_2^*,y^*) 处的切平面方程为

$$y=y^*+\frac{\partial f(x_1^*,x_2^*)}{\partial x_1}(x_1-x_1^*)+\frac{\partial f(x_1^*,x_2^*)}{\partial x_2}(x_2-x_2^*)$$

在点 (x_1^*,x_2^*,y^*) 处的法向量为

$$\pm\left(\frac{\partial f(x_1^*,x_2^*)}{\partial x_1},\frac{\partial f(x_1^*,x_2^*)}{\partial x_2},-1\right)^{\mathrm{T}}$$

图 4-5(a)是将曲面 $f(\boldsymbol{x})$ 投影到 x_1Ox_2 平面，然后以等值线形式来绘制其函数图形的。二元函数 $h(\boldsymbol{x})$ 也是三维空间中的曲面，而 $h(\boldsymbol{x})=0$ 则表示该曲面与 x_1Ox_2 平面的交线方程。

可以根据定理 4-8 构造一个函数 $L(\boldsymbol{x},\lambda)$，使

$$L(\boldsymbol{x},\lambda)=f(\boldsymbol{x})+\lambda h(\boldsymbol{x}) \tag{4-32}$$

函数 $L(\boldsymbol{x},\lambda)$被称为式(4-30)所示有约束最优化问题的**拉格朗日函数**。求拉格朗日函数 $L(\boldsymbol{x},\lambda)$的极小值，对 $\boldsymbol{x}$、λ 求偏导并令偏导等于零，

$$\begin{cases}\nabla f(\boldsymbol{x})+\lambda\nabla h(\boldsymbol{x})=\boldsymbol{0}\\ h(\boldsymbol{x})=0\end{cases} \tag{4-33}$$

式(4-33)所示的对拉格朗日函数的无约束优化问题 $\min\limits_{\boldsymbol{x},\lambda} L(\boldsymbol{x},\lambda)$与式(4-30)所示的有约束最优化问题等价。

也可以给定**不等式约束条件**：$g(\boldsymbol{x})\leqslant 0$，求函数 $f(\boldsymbol{x})$的极小值，即

$$\begin{aligned}&\min_{\boldsymbol{x}\in R^2} f(\boldsymbol{x})\\ &\text{s.t.}\ \ g(\boldsymbol{x})\leqslant 0\end{aligned} \tag{4-34}$$

可以看出，最优解 $\boldsymbol{x}^*$ 需要满足不等式约束条件 $g(\boldsymbol{x})\leqslant 0$，因此它要么在边界 $g(\boldsymbol{x})=0$ 上，要么在 $g(\boldsymbol{x})<0$ 的区域内(参见图 4-5(b))。

(1) 如果函数 $f(\boldsymbol{x})$的最优解位于 $g(\boldsymbol{x})\leqslant 0$ 的区域之外，则满足约束条件的最优解 $\boldsymbol{x}^*$ 只能在边界 $g(\boldsymbol{x})=0$ 上(例如图 4-5(b)中的黑色圆点)，这种情况属于之前讨论的等式约束条件下的最优化问题(参考图 4-5(a))。唯一不同的是，此时$\nabla f(\boldsymbol{x}^*)$与$\nabla g(\boldsymbol{x}^*)$的方向相反，即当$\nabla g(\boldsymbol{x}^*)\neq 0$ 时存在标量 $\mu>0$，使得$\nabla f(\boldsymbol{x}^*)+\mu\nabla g(\boldsymbol{x}^*)=\boldsymbol{0}$。

(2) 如果 $\boldsymbol{x}^*$ 是函数 $f(\boldsymbol{x})$的最优解且位于 $g(\boldsymbol{x})<0$ 的区域内(例如图 4-5(b)中下面的那个灰色圆点)，则直接通过$\nabla f(\boldsymbol{x})=0$ 求出的最优解 $\boldsymbol{x}^*$ 自然会满足约束条件 $g(\boldsymbol{x}^*)\leqslant 0$，这等价于拉格朗日函数 $L(\boldsymbol{x},\mu)=f(\boldsymbol{x})+\mu g(\boldsymbol{x})$中的乘子 μ 取值为 0，即 $\mu=0$，$L(\boldsymbol{x},\mu)=f(\boldsymbol{x})$。

综合上述两种情形，最优解 $\boldsymbol{x}^*$ 必满足 $\mu g(\boldsymbol{x}^*)=0$，即 $g(\boldsymbol{x}^*)$和 μ 中必有一个为 0。下面给出带不等式约束条件情况下最优解的必要条件。

定理 4-9(二元函数的 KKT 条件)　$f(\boldsymbol{x})$、$g(\boldsymbol{x})$是定义在 R^2 上的连续可微函数。给定不等式约束条件 $g(\boldsymbol{x})\leqslant 0$，若点 $\boldsymbol{x}^*=(x_1^*,x_2^*)$是函数 $f(\boldsymbol{x})$的一个极小点，则必然存在标量 μ，使得

$$\begin{cases}\nabla f(\boldsymbol{x}^*)+\mu\nabla g(\boldsymbol{x}^*)=\boldsymbol{0}\\ g(\boldsymbol{x}^*)\leqslant 0\\ \mu\geqslant 0\\ \mu g(\boldsymbol{x}^*)=0\end{cases} \tag{4-35}$$

其中，μ 称为 **KKT 乘子**(也可称作拉格朗日乘子)，$\nabla f(\boldsymbol{x}^*)$与$\nabla g(\boldsymbol{x}^*)$分别是函数 $f(\boldsymbol{x})$、$g(\boldsymbol{x})$在点 $\boldsymbol{x}^*$ 处的梯度。式(4-35)被称为带不等式约束条件最优化问题的 **Karush-Kuhn-Tucker**(KKT)条件，或 Kuhn-Tucker 条件。KKT 条件给出了式(4-34)带不等式约束条件最优化问题最优解的必要条件。

2. 多元函数的拉格朗日乘子法

可以将定理 4-8、定理 4-9 推广至多元函数。假设多元函数 $f(\boldsymbol{x})$、$h_i(\boldsymbol{x})$、$g_j(\boldsymbol{x})$是定义

在 R^d 上的连续可微函数，其中 $i=1,2,\cdots,k$，$j=1,2,\cdots,l$，多元函数的有约束最优化问题可描述为

$$\begin{aligned}&\min_{\boldsymbol{x}\in R^d} f(\boldsymbol{x})\\&\text{s.t. } h_i(\boldsymbol{x})=0,\quad i=1,2,\cdots,k\\&\qquad g_j(\boldsymbol{x})\leqslant 0,\quad j=1,2,\cdots,l\end{aligned}\tag{4-36}$$

式(4-36)是最一般形式的有约束最优化问题。如果 k、l 为零，则有约束最优化问题就退化成一个无约束优化问题。

构造式(4-36)所示有约束最优化问题的广义拉格朗日函数 $L(\boldsymbol{x},\boldsymbol{\lambda},\boldsymbol{\mu})$，

$$L(\boldsymbol{x},\boldsymbol{\lambda},\boldsymbol{\mu})=f(\boldsymbol{x})+\sum_{i=1}^{k}\lambda_i h_i(\boldsymbol{x})+\sum_{j=1}^{l}\mu_j g_j(\boldsymbol{x})\tag{4-37}$$

其中，自变量 $\boldsymbol{x}=(x_1,x_2,\cdots,x_d)^{\mathrm{T}}$ 有 d 个，$\boldsymbol{\lambda}=(\lambda_1,\lambda_2,\cdots,\lambda_k)^{\mathrm{T}}$、$\boldsymbol{\mu}=(\mu_1,\mu_2,\cdots,\mu_l)^{\mathrm{T}}$ 为拉格朗日乘子。

可以将式(4-36)对函数 $f(\boldsymbol{x})$ 的有约束最优化问题转换为带 KKT 约束条件的广义拉格朗日函数 $L(\boldsymbol{x},\boldsymbol{\lambda},\boldsymbol{\mu})$ 最优化问题，即

$$\text{KKT 条件}\begin{cases}\dfrac{\partial L(\boldsymbol{x},\boldsymbol{\lambda},\boldsymbol{\mu})}{\partial \boldsymbol{x}}=\boldsymbol{0}\\ h_i(\boldsymbol{x})=0,\quad i=1,2,\cdots,k\\ g_j(\boldsymbol{x})\leqslant 0,\quad j=1,2,\cdots,l\\ \mu_j\geqslant 0\\ \mu_j g_j(\boldsymbol{x})=0\end{cases}\tag{4-38}$$

KKT 条件给出了式(4-36)有约束最优化问题最优解的**必要条件**。

3. 对偶问题

直接求解式(4-38)所示的广义拉格朗日函数 $L(\boldsymbol{x},\boldsymbol{\lambda},\boldsymbol{\mu})$ 的最优化问题比较困难，可以将其转换为该问题的**对偶问题**(dual problem)，然后再进行分步求解。

1) 原问题

首先基于广义拉格朗日函数 $L(\boldsymbol{x},\boldsymbol{\lambda},\boldsymbol{\mu})$ 构造一个 $\boldsymbol{x}$ 的函数 $\varphi(\boldsymbol{x})$：

$$\varphi(\boldsymbol{x})=\max_{\boldsymbol{\lambda},\boldsymbol{\mu};\ \mu_j\geqslant 0} L(\boldsymbol{x},\boldsymbol{\lambda},\boldsymbol{\mu})=\max_{\boldsymbol{\lambda},\boldsymbol{\mu};\ \mu_j\geqslant 0}\left[f(\boldsymbol{x})+\sum_{i=1}^{k}\lambda_i h_i(\boldsymbol{x})+\sum_{j=1}^{l}\mu_j g_j(\boldsymbol{x})\right]\tag{4-39}$$

可以证明

$$\varphi(\boldsymbol{x})=\begin{cases}f(\boldsymbol{x}),&\text{满足约束条件，即所有 } h_i(\boldsymbol{x})=0 \text{ 且 } g_j(\boldsymbol{x})\leqslant 0\\+\infty,&\text{不满足约束条件，即存在 } h_i(\boldsymbol{x})\neq 0 \text{ 或 } g_j(\boldsymbol{x})>0\end{cases}\tag{4-40}$$

其中，$1\leqslant i\leqslant k$，$1\leqslant j\leqslant l$。

由式(4-40)可以看出，$\min\limits_{\boldsymbol{x}}\varphi(\boldsymbol{x})=\min\limits_{\boldsymbol{x}} f(\boldsymbol{x})$，因此可以将式(4-38)的极小化问题转换为对 $\varphi(\boldsymbol{x})$ 的极小化问题，即

$$\begin{aligned}&\min_{\boldsymbol{x}}\varphi(\boldsymbol{x})\\&\text{s.t. } u_j\geqslant 0,\quad j=1,2,\cdots,l\end{aligned}\tag{4-41}$$

式(4-41)的最优化问题与式(4-36)完全等价,但约束条件被大大简化。式(4-41)的 $\min\limits_{x}\varphi(\boldsymbol{x})$可展开为

$$\min_{x}\varphi(\boldsymbol{x})=\min_{x}\max_{\boldsymbol{\lambda},\boldsymbol{\mu};\ \mu_j\geqslant 0}L(\boldsymbol{x},\boldsymbol{\lambda},\boldsymbol{\mu}) \tag{4-42}$$

因此,通常将式(4-41)称作广义拉格朗日函数的**极小极大问题**,或称作广义拉格朗日函数的原问题(求极小值点 $\boldsymbol{x}^*$)。

2) 对偶问题

再基于广义拉格朗日函数 $L(\boldsymbol{x},\boldsymbol{\lambda},\boldsymbol{\mu})$构造一个$\boldsymbol{\lambda}$、$\boldsymbol{\mu}$ 的函数$\psi(\boldsymbol{\lambda},\boldsymbol{\mu})$,

$$\psi(\boldsymbol{\lambda},\boldsymbol{\mu})=\min_{x}L(\boldsymbol{x},\boldsymbol{\lambda},\boldsymbol{\mu})=\min_{x}\left[f(\boldsymbol{x})+\sum_{i=1}^{k}\lambda_i h_i(\boldsymbol{x})+\sum_{j=1}^{l}\mu_j g_j(\boldsymbol{x})\right] \tag{4-43}$$

对 $\psi(\boldsymbol{\lambda},\boldsymbol{\mu})$极大化,即

$$\begin{aligned}&\max_{\boldsymbol{\lambda},\boldsymbol{\mu}}\psi(\boldsymbol{\lambda},\boldsymbol{\mu})\\&\text{s.t. }\ \mu_j\geqslant 0,\quad j=1,2,\cdots,l\end{aligned} \tag{4-44}$$

式(4-44)可展开成

$$\max_{\boldsymbol{\lambda},\boldsymbol{\mu};\ \mu_j\geqslant 0}\psi(\boldsymbol{\lambda},\boldsymbol{\mu})=\max_{\boldsymbol{\lambda},\boldsymbol{\mu};\ \mu_j\geqslant 0}\min_{x}L(\boldsymbol{x},\boldsymbol{\lambda},\boldsymbol{\mu}) \tag{4-45}$$

因此,式(4-44)被称作广义拉格朗日函数最优化问题的**极大极小问题**,它是式(4-41)极小极大问题的**对偶问题**(求极小值点$\boldsymbol{\lambda}^*$、$\boldsymbol{\mu}^*$)。

定理 4-10(弱对偶引理) 假设 $\boldsymbol{x}$ 是原问题(见式(4-41))的可行解(即满足约束条件),$\boldsymbol{\lambda}$、$\boldsymbol{\mu}$ 是对偶问题(见式(4-44))的可行解,则

$$\psi(\boldsymbol{\lambda},\boldsymbol{\mu})\leqslant\varphi(\boldsymbol{x})$$

证明: $\psi(\boldsymbol{\lambda},\boldsymbol{\mu})=\min\limits_{x}L(\boldsymbol{x},\boldsymbol{\lambda},\boldsymbol{\mu})\leqslant L(\boldsymbol{x},\boldsymbol{\lambda},\boldsymbol{\mu})\leqslant\max\limits_{\boldsymbol{\lambda},\boldsymbol{\mu};\ \boldsymbol{\mu}_j\geqslant 0}L(\boldsymbol{x},\boldsymbol{\lambda},\boldsymbol{\mu})=\varphi(\boldsymbol{x})$.

定理 4-11 假设原问题(见式(4-41))的最优值为 p^*,对偶问题(见式(4-44))的最优值为 d^*,则

$$d^*=\max_{\boldsymbol{\lambda},\boldsymbol{\mu};\ \mu_j\geqslant 0}\psi(\boldsymbol{\lambda},\boldsymbol{\mu})\leqslant\min_{x}\varphi(\boldsymbol{x})=p^*$$

定理 4-12 假设 $\boldsymbol{x}^*$是原问题(见式(4-41))的可行解,$\boldsymbol{\lambda}^*$、$\boldsymbol{\mu}^*$是对偶问题(见式(4-44))的可行解,若它们的最优值相等,即

$$d^*=p^*=L(\boldsymbol{x}^*,\boldsymbol{\lambda}^*,\boldsymbol{\mu}^*)$$

则 $\boldsymbol{x}^*$是原问题的最优解,$\boldsymbol{\lambda}^*$、$\boldsymbol{\mu}^*$是对偶问题的最优解。

定理 4-13(对偶定理) 如果原问题(对偶问题)有最优解,那么其对偶问题(原问题)也有最优解,并且它们的最优值相等。

定理 4-14 针对一般形式的有约束最优化问题(见式(4-36)),如果 $f(\boldsymbol{x})$、$g_j(\boldsymbol{x})$是凸函数,$h_i(\boldsymbol{x})$是仿射函数,即形如 $h_i(\boldsymbol{x})=\boldsymbol{\omega}^{\mathrm{T}}x+b$ 的函数,并且 $g_j(\boldsymbol{x})$严格可行,即至少存在一个 $\boldsymbol{x}$ 使得所有 $g_j(\boldsymbol{x})<0$,则原问题存在最优解 $\boldsymbol{x}^*$、对偶问题存在最优解($\boldsymbol{\lambda}^*$,$\boldsymbol{\mu}^*$)的**充要条件**是($\boldsymbol{x}^*$,$\boldsymbol{\lambda}^*$,$\boldsymbol{\mu}^*$)满足如下条件:

$$\text{KKT 条件}\begin{cases}\dfrac{\partial L(\boldsymbol{x}^*,\boldsymbol{\lambda}^*,\boldsymbol{\mu}^*)}{\partial \boldsymbol{x}}=\boldsymbol{0}\\ h_i(\boldsymbol{x}^*)=0, \quad i=1,2,\cdots,k\\ g_j(\boldsymbol{x}^*)\leqslant 0, \quad j=1,2,\cdots,l\\ \mu_j\geqslant 0\\ \mu_j g_j(\boldsymbol{x}^*)=0\end{cases} \tag{4-46}$$

定理 4-14 给出了式(4-36)有约束最优化问题最优解 $\boldsymbol{x}^*$、$\boldsymbol{\lambda}^*$、$\boldsymbol{\mu}^*$ 存在的充要条件。利用对偶定理可以分步求解这种有约束最优化问题，即先求解广义拉格朗日函数的对偶问题(见式(4-44))，求得最优解 $\boldsymbol{\lambda}^*$、$\boldsymbol{\mu}^*$；然后将 $\boldsymbol{\lambda}^*$、$\boldsymbol{\mu}^*$ 代入原问题(见式(4-41))并求得最优解 $\boldsymbol{x}^*$。

4.2.3　最优分类超平面求解算法

在了解了拉格朗日乘子法和对偶问题之后，下面给出 SVM 中求解最优分类超平面的算法步骤。

1. 最优分类超平面的广义拉格朗日函数

首先构造式(4-29)所示最优分类超平面问题的广义拉格朗日函数。式(4-29)的不等式约束条件为

$$y_i(\boldsymbol{\omega}^{\mathrm{T}}\boldsymbol{x}_i+b)\geqslant 1, \quad i=1,2,\cdots,m$$

整理可得

$$g_i(\boldsymbol{\omega},b)=1-y_i(\boldsymbol{\omega}^{\mathrm{T}}\boldsymbol{x}_i+b)\leqslant 0, \quad i=1,2,\cdots,m \tag{4-47}$$

则式(4-29)的广义拉格朗日函数为

$$L(\boldsymbol{\omega},b,\boldsymbol{\alpha})=\frac{1}{2}\|\boldsymbol{\omega}\|^2+\sum_{i=1}^{m}\alpha_i(1-y_i(\boldsymbol{\omega}^{\mathrm{T}}\boldsymbol{x}_i+b)) \tag{4-48}$$

其中，$\boldsymbol{\alpha}=(\alpha_1,\alpha_2,\cdots,\alpha_m)^{\mathrm{T}}$ 为拉格朗日乘子。可以看出，拉格朗日函数为训练集里的每个样本点 $(\boldsymbol{x}_i,y_i)$ 都引入了一个拉格朗日乘子 α_i。将等式右边展开可得，

$$L(\boldsymbol{\omega},b,\boldsymbol{\alpha})=\frac{1}{2}\boldsymbol{\omega}^{\mathrm{T}}\boldsymbol{\omega}+\sum_{i=1}^{m}\alpha_i-\sum_{i=1}^{m}\alpha_i y_i\boldsymbol{\omega}^{\mathrm{T}}\boldsymbol{x}_i-b\sum_{i=1}^{m}\alpha_i y_i \tag{4-49}$$

式(4-29)带不等式约束条件最优化问题最优解的 KKT 条件为

$$\begin{cases}\dfrac{\partial L(\boldsymbol{\omega}^*,b^*,\boldsymbol{\alpha}^*)}{\partial \boldsymbol{\omega}}=\boldsymbol{0}, \quad \dfrac{\partial L(\boldsymbol{\omega}^*,b^*,\boldsymbol{\alpha}^*)}{\partial b}=0\\ g_i(\boldsymbol{\omega},b)\leqslant 0, \quad i=1,2,\cdots,m\\ \alpha_i\geqslant 0\\ \alpha_i g_i(\boldsymbol{\omega},b)=0\end{cases} \tag{4-50}$$

其中，$\alpha_i g_i(\boldsymbol{\omega},b)=0$ 表示：若 $\alpha_i>0$，则 $g_i(\boldsymbol{\omega},b)=0$，即 $y_i(\boldsymbol{\omega}^{\mathrm{T}}\boldsymbol{x}_i+b)=1$，所对应的样本点 $(\boldsymbol{x}_i,y_i)$ 为支持向量；若 $g_i(\boldsymbol{\omega},b)<0$，即 $y_i(\boldsymbol{\omega}^{\mathrm{T}}\boldsymbol{x}_i+b)>1$，则 $\alpha_i=0$，所对应的样本点 $(\boldsymbol{x}_i,y_i)$ 为非支持向量。

可以将式(4-29)对$\min\limits_{(\boldsymbol{\omega},b)} \frac{1}{2}\|\boldsymbol{\omega}\|^2$的有约束最优化问题转换为带 KKT 约束条件的最优化问题，即

$$\min_{(\boldsymbol{\omega},b)} \frac{1}{2}\|\boldsymbol{\omega}\|^2$$
$$\text{s. t. 式(4-50) 的 KKT 条件} \tag{4-51}$$

式(4-51)的最优化问题与式(4-29)完全等价。这里需要注意的一个问题是，式(4-29)只需求最优解$\boldsymbol{\omega}^*, b^*$就可以了，而式(4-51)需要求解的最优解是$\boldsymbol{\omega}^*, b^*, \boldsymbol{\alpha}^*$。

2. 找出对偶问题

可以通过对偶问题来对式(4-51)进行分步求解。式(4-51)的原问题为

$$\min_{\boldsymbol{\omega},b} \max_{\boldsymbol{\alpha}} L(\boldsymbol{\omega}, b, \boldsymbol{\alpha})$$
$$\text{s. t. } \alpha_i \geqslant 0, \quad i=1,2,\cdots,m \tag{4-52a}$$

其对偶问题为

$$\max_{\boldsymbol{\alpha}} \min_{\boldsymbol{\omega},b} L(\boldsymbol{\omega}, b, \boldsymbol{\alpha})$$
$$\text{s. t. } \alpha_i \geqslant 0, \quad i=1,2,\cdots,m \tag{4-52b}$$

首先，求式(4-52b)中的$\min\limits_{\boldsymbol{\omega},b} L(\boldsymbol{\omega}, b, \boldsymbol{\alpha})$，记

$$\psi(\boldsymbol{\omega}, b) = \min_{\boldsymbol{\omega},b} L(\boldsymbol{\omega}, b, \boldsymbol{\alpha}) \tag{4-53}$$

令$L(\boldsymbol{\omega}, b, \boldsymbol{\alpha})$对$\boldsymbol{\omega}$和$b$的偏导等于零，

$$\frac{\partial L(\boldsymbol{\omega}, b, \boldsymbol{\alpha})}{\partial \boldsymbol{\omega}} = \boldsymbol{\omega} - \sum_{i=1}^{m} \alpha_i y_i \boldsymbol{x}_i = 0$$

$$\frac{\partial L(\boldsymbol{\omega}, b, \boldsymbol{\alpha})}{\partial b} = \sum_{i=1}^{m} \alpha_i y_i = 0$$

整理可得

$$\boldsymbol{\omega} = \sum_{i=1}^{m} \alpha_i y_i \boldsymbol{x}_i = \begin{bmatrix} \sum_{i=1}^{m} \alpha_i y_i x_{i1} \\ \sum_{i=1}^{m} \alpha_i y_i x_{i2} \\ \vdots \\ \sum_{i=1}^{m} \alpha_i y_i x_{id} \end{bmatrix} \tag{4-54}$$

$$\sum_{i=1}^{m} \alpha_i y_i = 0 \tag{4-55}$$

式(4-54)描述了$\boldsymbol{\omega}$与$\boldsymbol{\alpha}$之间的关系。将式(4-54)、式(4-55)代入式(4-48)所示的广义拉格朗日函数可同时消去$\boldsymbol{\omega}$和b，整理后可得

$$L(\boldsymbol{\omega}, b, \boldsymbol{\alpha}) = \sum_{i=1}^{m} \alpha_i - \frac{1}{2} \sum_{i=1}^{m} \sum_{j=1}^{m} \alpha_i \alpha_j y_i y_j (\boldsymbol{x}_i \cdot \boldsymbol{x}_j) \tag{4-56}$$

其中，$(\boldsymbol{x}_i \cdot \boldsymbol{x}_j)$表示 $\boldsymbol{x}_i$ 与 $\boldsymbol{x}_j$ 的内积，$(\boldsymbol{x}_i \cdot \boldsymbol{x}_j)=\boldsymbol{x}_i^{\mathrm{T}}\boldsymbol{x}_j$。将式(4-56)代入式(4-52b)的对偶问题并增加式(4-55)的极值点条件，则

$$\max_{\boldsymbol{\alpha}} \sum_{i=1}^{m}\alpha_i - \frac{1}{2}\sum_{i=1}^{m}\sum_{j=1}^{m}\alpha_i\alpha_j y_i y_j (\boldsymbol{x}_i \cdot \boldsymbol{x}_j)$$
$$\text{s. t.} \begin{cases} \alpha_i \geqslant 0, \quad i=1,2,\cdots,m \\ \sum_{i=1}^{m}\alpha_i y_i = 0 \end{cases} \tag{4-57}$$

再将最大化问题转换为等价的最小化问题，最终式(4-52b)的对偶问题可写成

$$\min_{\boldsymbol{\alpha}} \frac{1}{2}\sum_{i=1}^{m}\sum_{j=1}^{m}\alpha_i\alpha_j y_i y_j (\boldsymbol{x}_i \cdot \boldsymbol{x}_j) - \sum_{i=1}^{m}\alpha_i$$
$$\text{s. t.} \begin{cases} \alpha_i \geqslant 0, \quad i=1,2,\cdots,m \\ \sum_{i=1}^{m}\alpha_i y_i = 0 \end{cases} \tag{4-58}$$

其中，训练集样本特征 $\boldsymbol{x}_i$、$\boldsymbol{x}_j$ 及其标注 y_i、y_j 均为已知量，而拉格朗日乘子 α_i、α_j 则是未知量。

式(4-58)的最优化问题是一个凸二次规划问题，具有全局最优解，可以使用通用的二次规划算法或诸如 SMO(参见 4.4 节)等专用算法进行求解。在求解出式(4-58)的最优解 $\boldsymbol{\alpha}^*=(\alpha_1^*,\alpha_2^*,\cdots,\alpha_m^*)^{\mathrm{T}}$ 之后，再通过式(4-54)即可计算出原问题的最优解$\boldsymbol{\omega}^*=(\omega_1^*,\omega_2^*,\cdots,\omega_d^*)^{\mathrm{T}}$。

下面继续求原问题的最优解 b^*。因为最优解$\boldsymbol{\alpha}^*$中至少存在一个 $\alpha_j^*>0$(因为至少存在一个支持向量)，根据 KKT 条件有

$$g_j(\boldsymbol{\omega},b)=1-y_j((\boldsymbol{\omega}^*)^{\mathrm{T}}\boldsymbol{x}_j+b^*)=0 \tag{4-59}$$

将已解出的最优解$\boldsymbol{\omega}^*$代入式(4-59)，整理可得

$$y_j\left((\boldsymbol{\omega}^*)^{\mathrm{T}}\boldsymbol{x}_j+b^*\right)=1$$

两边同乘以 y_j，因为 $y_j=\pm1$，$y_j^2=1$，因而

$$(\boldsymbol{\omega}^*)^{\mathrm{T}}\boldsymbol{x}_j+b^*=y_j$$

整理可得

$$b^*=y_j-(\boldsymbol{\omega}^*)^{\mathrm{T}}\boldsymbol{x}_j \tag{4-60}$$

因为$\boldsymbol{\alpha}^*=(\alpha_1^*,\alpha_2^*,\cdots,\alpha_m^*)^{\mathrm{T}}$ 是式(4-58)对偶问题的最优解，由对偶定理可知式(4-54)、式(4-60)所求出的$\boldsymbol{\omega}^*$、b^* 就是原问题的最优解，也即最优分类超平面。由式(4-54)和式(4-60)还可以看出，最优分类超平面$(\boldsymbol{\omega}^*,b^*)$只依赖于训练数据中 $\alpha_i^*>0$ 的样本点$(\boldsymbol{x}_i,y_i)$，也即只依赖于支持向量。

有了最优分类超平面$(\boldsymbol{\omega}^*,b^*)$，可以将 SVM 分类决策函数设计成如下符号函数。

$$\operatorname{sgn}((\boldsymbol{\omega}^*)^{\mathrm{T}}\boldsymbol{x}+b^*)=\begin{cases} +1, & (\boldsymbol{\omega}^*)^{\mathrm{T}}\boldsymbol{x}+b^* \geqslant 0 \\ -1, & (\boldsymbol{\omega}^*)^{\mathrm{T}}\boldsymbol{x}+b^* < 0 \end{cases} \tag{4-61}$$

3. 举例

给定如图 4-6 所示的训练集 $D_{\text{train}}=\{(\boldsymbol{x}_1,1),(\boldsymbol{x}_2,1),(\boldsymbol{x}_3,-1)\}$，其中，$\boldsymbol{x}_1=(3,3)^{\mathrm{T}}$，

$\boldsymbol{x}_2=(4,3)^{\mathrm{T}}$，$\boldsymbol{x}_3=(1,1)^{\mathrm{T}}$，共三个样本点(样本容量 $m=3$)，试求最优(最大间隔)分类超平面。

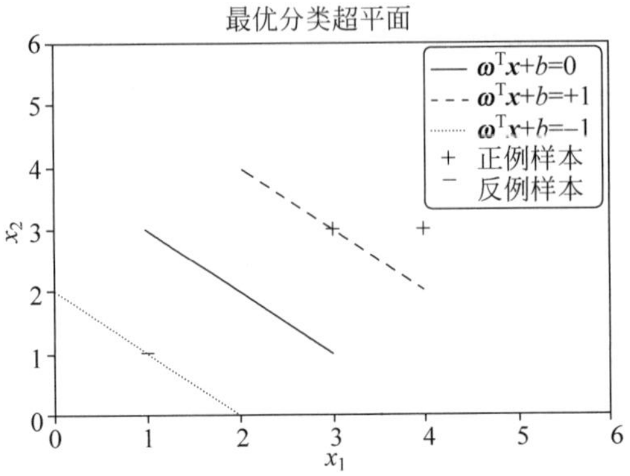

图 4-6 求最优分类超平面

首先根据式(4-58)构造对偶问题：

$$\min_{\boldsymbol{\alpha}} \frac{1}{2}\sum_{i=1}^{m}\sum_{j=1}^{m}\alpha_i\alpha_j y_i y_j(\boldsymbol{x}_i \cdot \boldsymbol{x}_j)-\sum_{i=1}^{m}\alpha_i=$$

$$\min_{\boldsymbol{\alpha}} \frac{1}{2}(18\alpha_1^2+25\alpha_2^2+2\alpha_3^2+42\alpha_1\alpha_2-12\alpha_1\alpha_3-14\alpha_2\alpha_3)-\alpha_1-\alpha_2-\alpha_3$$

$$\text{s.t.}\begin{cases}\alpha_i \geqslant 0, \quad i=1,2,3\\ \alpha_1+\alpha_2-\alpha_3=0\end{cases}$$

根据约束条件，将 $\alpha_3=\alpha_1+\alpha_2$ 代入目标函数并记为 $S(\alpha_1,\alpha_2)$，整理可得

$$S(\alpha_1,\alpha_2)=4\alpha_1^2+\frac{13}{2}\alpha_2^2+10\alpha_1\alpha_2-2\alpha_1-2\alpha_2$$

对 α_1、α_2 求偏导并令偏导等于 0，可求得 $\left(\frac{3}{2},-1\right)^{\mathrm{T}}$ 为 $S(\alpha_1,\alpha_2)$ 的极值点。但极值点的 $\alpha_2=-1$，不满足 KKT 约束条件 $\alpha_2 \geqslant 0$，所以 α_1 或 α_2 必须回退到 0，即临界条件上。

(1) 若 α_1 回退到 0，即 $\alpha_1=0$，则 $S(\alpha_1,\alpha_2)=\frac{13}{2}\alpha_2^2-2\alpha_2$，$S(\alpha_1,\alpha_2)$ 在 $\alpha_2=\frac{2}{13}$ 处取最小值 $-\frac{2}{13}$；

(2) 若 α_2 回退到 0，即 $\alpha_2=0$，则 $S(\alpha_1,\alpha_2)=4\alpha_1^2-2\alpha_1$，$S(\alpha_1,\alpha_2)$ 在 $\alpha_1=\frac{1}{4}$ 处取最小值 $-\frac{1}{4}$。

比较可知，$S(\alpha_1,\alpha_2)$ 在 $\alpha_1=\frac{1}{4}$，$\alpha_2=0$ 处取值更小(满足 KKT 约束条件的前提下)，因此对偶问题的最优解为 $\alpha_1^*=\frac{1}{4}$，$\alpha_2^*=0$，$\alpha_3^*=\alpha_1^*+\alpha_2^*=\frac{1}{4}$，这时 α_1^*、α_3^* 不为零，它们所对应的样本点 $\boldsymbol{x}_1=(3,3)^{\mathrm{T}}$、$\boldsymbol{x}_3=(1,1)^{\mathrm{T}}$ 就是支持向量。

在求得对偶问题最优解 α_1^*、α_2^*、α_3^* 之后，即可根据式(4-54)、式(4-60)求出原问题的

最优解$\boldsymbol{\omega}^*=\left(\frac{1}{2},\frac{1}{2}\right)^{\mathrm{T}}$，$b^*=-2$，最终求得最优(最大间隔)分类超平面为

$$\frac{1}{2}x_1+\frac{1}{2}x_2-2=0$$

任给新样本$\boldsymbol{x}=(x_1,x_2)^{\mathrm{T}}$，按照式(4-61)所设计的SVM分类决策函数应为

$$\operatorname{sgn}\left(\frac{1}{2}x_1+\frac{1}{2}x_2-2\right)=\begin{cases}+1, & \frac{1}{2}x_1+\frac{1}{2}x_2-2\geqslant 0\\ -1, & \frac{1}{2}x_1+\frac{1}{2}x_2-2<0\end{cases}$$

4.3 非线性可分的支持向量机

4.2节讨论的SVM有一个前提条件，就是训练样本在特征空间是线性可分的，即存在超平面能将两个类的样本点完全划分开，但实际应用中经常会出现线性不可分的情况。解决线性不可分问题有两种方法：一是对式(4-27)的**硬间隔**(hard margin)条件做适当放松，改用弹性的**软间隔**(soft margin)；二是将特征映射到高维空间，使其在高维特征空间变成线性可分。

4.3.1 线性支持向量机

4.2节讨论的SVM对样本点到最优分类超平面之间的间隔有一个硬性规定(见式(4-27))，即

$$\begin{cases}\boldsymbol{\omega}^{\mathrm{T}}\boldsymbol{x}_i+b\geqslant +1, & \text{对所有正例样本}(\boldsymbol{x}_i,y_i),y_i=+1\\ \boldsymbol{\omega}^{\mathrm{T}}\boldsymbol{x}_i+b\leqslant -1, & \text{对所有反例样本}(\boldsymbol{x}_i,y_i),y_i=-1\end{cases}$$

或简写成

$$y_i(\boldsymbol{\omega}^{\mathrm{T}}\boldsymbol{x}_i+b)\geqslant 1,\quad i=1,2,\cdots,m$$

有了这样的硬间隔，正类和反类才是线性可分的。而对于线性不可分的情况，可以对硬间隔做适当放松，允许某些样本点离最优分类超平面更近一些，甚至落在超平面的另一侧，为此SVM为每个样本点$(\boldsymbol{x}_i,y_i)$引入一个松弛变量ξ_i，即

$$y_i(\boldsymbol{\omega}^{\mathrm{T}}\boldsymbol{x}_i+b)\geqslant 1-\xi_i,\quad \xi_i\geqslant 0,\quad i=1,2,\cdots,m \tag{4-62}$$

使得样本点到最优分类超平面之间的间隔具有一定的弹性，这就是软间隔。当然，SVM希望各样本点松弛变量之和，即$\sum_{i=1}^{m}\xi_i$，越小越好。

1. 线性支持向量机简介

引入软间隔之后，SVM将4.2.1节式(4-29)的最优化问题改为

$$\min_{(\boldsymbol{\omega},b)}\frac{1}{2}\|\boldsymbol{\omega}\|^2+C\sum_{i=1}^{m}\xi_i$$

$$\text{s. t.} \begin{cases} y_i(\boldsymbol{\omega}^{\mathrm{T}}\boldsymbol{x}_i + b) \geqslant 1 - \xi_i, & i = 1,2,\cdots,m \\ \xi_i \geqslant 0 \end{cases} \tag{4-63}$$

其中，最小化$\frac{1}{2}\|\boldsymbol{\omega}\|^2$相当于让间隔最大；最小化$\sum_{i=1}^{m}\xi_i$相当于让被错分的样本点最少；$C>0$是一个超参数，相当于惩罚系数，$C$越大则所容忍的间隔弹性就越小。

可以证明式(4-63)(有约束条件)与式(4-64)等价(无约束条件)。

$$\min_{(\boldsymbol{\omega},b)} \sum_{i=1}^{m}\xi_i + \frac{1}{2C}\|\boldsymbol{\omega}\|^2 \tag{4-64}$$

其中，$\xi_i = \max(0, 1 - y_i(\boldsymbol{\omega}^{\mathrm{T}}\boldsymbol{x}_i + b)) \equiv l_{\text{hinge}}(y_i(\boldsymbol{\omega}^{\mathrm{T}}\boldsymbol{x}_i + b))$。这时，$\sum_{i=1}^{m}\xi_i$可被看作SVM的损失函数，而$\frac{1}{2C}\|\boldsymbol{\omega}\|^2$则可被看作正则化项。注：函数$l_{\text{hinge}}(z) = \max(0, 1-z)$也是机器学习常用的一种损失函数，被称为**合页损失函数**(hinge loss function)。

式(4-63)所描述的支持向量机被称为**线性**支持向量机(简称线性SVM，或软间隔SVM)。对比一下，式(4-29)描述的是**线性可分**支持向量机(或称作硬间隔SVM)，它可看作线性支持向量机的特例。借鉴4.2.3节的求解算法，可以推导出式(4-63)的对偶问题为

$$\min_{\boldsymbol{\alpha}} \frac{1}{2}\sum_{i=1}^{m}\sum_{j=1}^{m}\alpha_i\alpha_j y_i y_j(\boldsymbol{x}_i \cdot \boldsymbol{x}_j) - \sum_{i=1}^{m}\alpha_i$$

$$\text{s. t.} \begin{cases} 0 \leqslant \alpha_i \leqslant C, & i = 1,2,\cdots,m \\ \sum_{i=1}^{m}\alpha_i y_i = 0 \end{cases} \tag{4-65}$$

定理4-15 设$\boldsymbol{\alpha}^* = (\alpha_1^*, \alpha_2^*, \cdots, \alpha_m^*)^{\mathrm{T}}$是式(4-65)所示对偶问题的最优解，若$\boldsymbol{\alpha}^*$中至少存在一个$\alpha_j^*$满足$0<\alpha_j^*<C$，则式(4-63)所示原问题的最优解$\boldsymbol{\omega}^*$和$b^*$可按下式求得：

$$\begin{cases} \boldsymbol{\omega}^* = \sum_{i=1}^{m}\alpha_i^* y_i \boldsymbol{x}_i \\ b^* = y_j - \sum_{i=1}^{m}\alpha_i^* y_i(\boldsymbol{x}_i \cdot \boldsymbol{x}_j) \end{cases} \tag{4-66}$$

求解式(4-65)所示对偶问题的最优解$\boldsymbol{\alpha}^* = (\alpha_1^*, \alpha_2^*, \cdots, \alpha_m^*)^{\mathrm{T}}$，然后使用定理4-15即可计算出原问题的最优解$\boldsymbol{\omega}^* = (\omega_1^*, \omega_2^*, \cdots, \omega_d^*)^{\mathrm{T}}$和$b^*$，并最终确定出最优分类超平面。有了最优分类超平面$(\boldsymbol{\omega}^*, b^*)$，再按式(4-61)即可设计出软间隔SVM的分类决策函数。

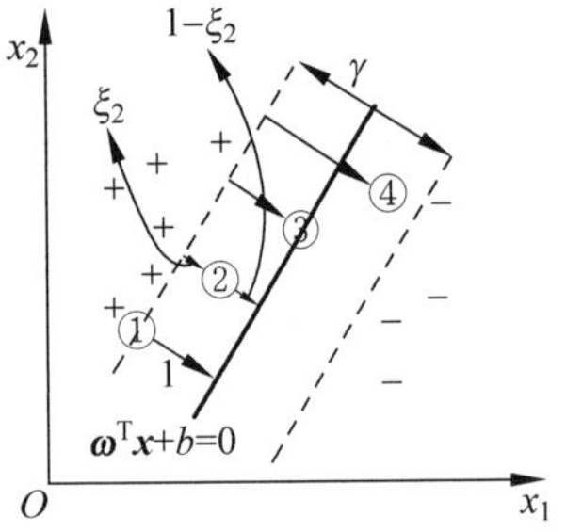

图4-7 软间隔情况下的最优分类超平面

2. 软间隔SVM的几何意义

下面通过图4-7来说明软间隔SVM的几何意义。

图4-7中的粗实线表示软间隔情况下的最优分类超平面：$\boldsymbol{\omega}^{\mathrm{T}}\boldsymbol{x} + b = 0$，两条细虚线分别表示正例样本和反例样本的间隔边界，即$\boldsymbol{\omega}^{\mathrm{T}}\boldsymbol{x} + b = \pm 1$。

若训练样本$(\boldsymbol{x}_i, y_i)$所对应的拉格朗日乘子$0<\alpha_i^* \leqslant C$，则该样本为软间隔SVM的支持向量。图4-7分别用标号①～

④的样本点来表示四种不同的正例样本支持向量(反例样本也有类似的四种支持向量)。

- ①号正例样本点：该支持向量位于正例样本的间隔边界上，所对应的拉格朗日乘子 $0<\alpha_1^*<C$，$\boldsymbol{\omega}^{\mathrm{T}}\boldsymbol{x}_1+b=+1$，其松弛变量 $\xi_1=0$。该样本点能被正确分类。
- ②号正例样本点：该支持向量位于正例样本间隔边界和最优分类超平面之间，所对应的拉格朗日乘子 $\alpha_2^*=C$，$\boldsymbol{\omega}^{\mathrm{T}}\boldsymbol{x}_2+b=1-\xi_2$，其松弛变量 $0<\xi_2<1$。该样本点能被正确分类。
- ③号正例样本点：该支持向量恰好位于最优分类超平面之上，所对应的拉格朗日乘子 $\alpha_3^*=C$，$\boldsymbol{\omega}^{\mathrm{T}}\boldsymbol{x}_3+b=0$，其松弛变量 $\xi_3=1$。该样本点能被正确分类。
- ④号正例样本点：该支持向量落在最优分类超平面的另一侧，所对应的拉格朗日乘子 $\alpha_4^*=C$，$\boldsymbol{\omega}^{\mathrm{T}}\boldsymbol{x}_4+b=1-\xi_4$，其松弛变量 $\xi_4>1$。该样本点会被错误分类。

4.3.2 非线性支持向量机

对实际应用中出现的线性不可分情况，可以将特征映射到高维空间，使其在高维特征空间变成线性可分。图 4-8 给出一个线性不可分，即无法通过超平面进行分类的例子。但细看一下，这个例子可以通过曲面(图 4-8 中的虚线椭圆)，即非线性模型进行分类。

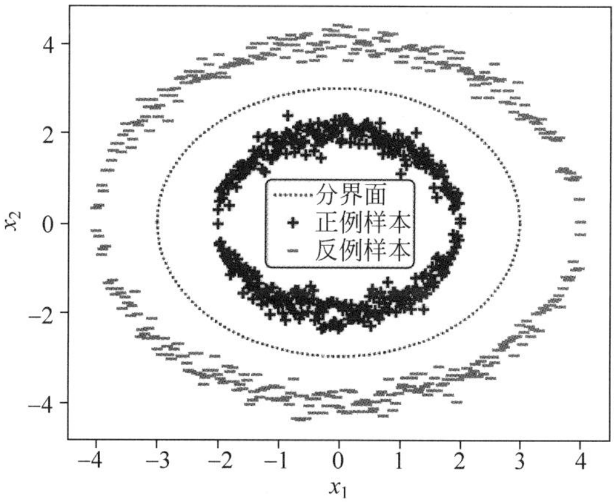

图 4-8　超平面(线性)不可分但曲面(非线性)可分

图 4-8 的例子有两个特征项 x_1、x_2，如果再引入一个特征项 $x_3=x_1^2+x_2^2$，将其映射到三维特征空间(见图 4-9)，则可以通过超平面进行分类。

一般来说，如果特征空间是有限维的，则一定可以通过适当的变换将其映射到高维空间，使得线性不可分问题转换为线性可分问题。假设低维特征空间到高维特征空间的映射函数为 ϕ，则低维特征 $\boldsymbol{x}$ 映射后的高维特征为 $\phi(\boldsymbol{x})$。在高维空间设计 SVM 模型，其最优分类超平面方程可表示为

$$\boldsymbol{\omega}^{\mathrm{T}}\phi(\boldsymbol{x})+b=0 \tag{4-67}$$

类似于式(4-63)的线性 SVM，求解高维空间最优分类超平面$(\boldsymbol{\omega},b)$问题的数学形式可写成

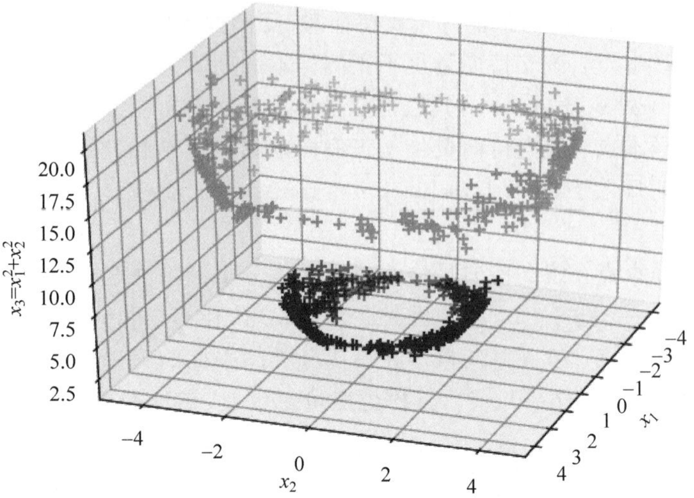

图 4-9 低维线性不可分但高维线性可分

$$
\min_{(\boldsymbol{\omega},b)} \frac{1}{2}\|\boldsymbol{\omega}\|^2 + C\sum_{i=1}^{m}\xi_i
$$

$$
\text{s.t.}\begin{cases} y_i(\boldsymbol{\omega}^{\mathrm{T}}\phi(\boldsymbol{x}_i)+b)\geqslant 1-\xi_i, & i=1,2,\cdots,m \\ \xi_i\geqslant 0 \end{cases} \tag{4-68}
$$

这种 SVM 模型被称为**非线性**支持向量机(简称非线性 SVM)。

式(4-68)的对偶问题为

$$
\min_{\boldsymbol{\alpha}} \frac{1}{2}\sum_{i=1}^{m}\sum_{j=1}^{m}\alpha_i\alpha_j y_i y_j(\phi(\boldsymbol{x}_i)\cdot\phi(\boldsymbol{x}_j)) - \sum_{i=1}^{m}\alpha_i
$$

$$
\text{s.t.}\begin{cases} 0\leqslant\alpha_i\leqslant C, & i=1,2,\cdots,m \\ \sum_{i=1}^{m}\alpha_i y_i=0 \end{cases} \tag{4-69}
$$

其中,拉格朗日乘子 α_i、α_j 是未知量;训练集样本特征 $\boldsymbol{x}_i$、$\boldsymbol{x}_j$ 及其标注 y_i、y_j 均为已知量;$(\phi(\boldsymbol{x}_i)\cdot\phi(\boldsymbol{x}_j))$则是低维特征 $\boldsymbol{x}_i$、$\boldsymbol{x}_j$ 映射后所对应高维特征 $\phi(\boldsymbol{x}_i)$、$\phi(\boldsymbol{x}_j)$的内积。

因为映射函数 ϕ 是未知的,所以高维特征内积$(\phi(\boldsymbol{x}_i)\cdot\phi(\boldsymbol{x}_j))$无法计算。实际应用中通常使用核函数来模拟高维特征的内积。核函数一般记作 $K(\boldsymbol{x}_i,\boldsymbol{x}_j)$,其中 $\boldsymbol{x}_i$,$\boldsymbol{x}_j$ 是两个低维特征点,函数值则是它们在高维空间对应特征的内积$(\phi(\boldsymbol{x}_i)\cdot\varphi(\boldsymbol{x}_j))$。选用某种核函数 $K(\boldsymbol{x}_i,\boldsymbol{x}_j)$,则式(4-69)所示对偶问题可写为

$$
\min_{\boldsymbol{\alpha}} \frac{1}{2}\sum_{i=1}^{m}\sum_{j=1}^{m}\alpha_i\alpha_j y_i y_j K(\boldsymbol{x}_i,\boldsymbol{x}_j) - \sum_{i=1}^{m}\alpha_i
$$

$$
\text{s.t.}\begin{cases} 0\leqslant\alpha_i\leqslant C, & i=1,2,\cdots,m \\ \sum_{i=1}^{m}\alpha_i y_i=0 \end{cases} \tag{4-70}
$$

至于如何选择核函数 $K(\boldsymbol{x}_i,\boldsymbol{x}_j)$,目前还没有统一的方法。常用的核函数有**径向基函数**(Radial Basis Function,RBF)核、**sigmoid** 核(sigmoid kernel)、**多项式核**(polynomial kernel)等。

其中，径向基函数核（也称 RBF 核、高斯核）是一种常用的核函数，其函数形式为

$$K(\boldsymbol{x}_i,\boldsymbol{x}_j)=e^{-\gamma\|\boldsymbol{x}_i-\boldsymbol{x}_j\|^2}$$

只要确定了核函数 $K(\boldsymbol{x}_i,\boldsymbol{x}_j)$，就相当于确定了高维特征内积（$\phi(\boldsymbol{x}_i)\cdot\boldsymbol{\varphi}(\boldsymbol{x}_j)$）的计算公式。在此基础上即可求解式(4-70)所示对偶问题的最优解 $\boldsymbol{\alpha}^*=(\alpha_1^*,\alpha_2^*,\cdots,\alpha_m^*)^{\mathrm{T}}$，然后再计算原问题的最优解 $\boldsymbol{\omega}^*=(\omega_1^*,\omega_2^*,\cdots,\omega_d^*)^{\mathrm{T}}$ 和 b^*，并最终确定出最优分类超平面，其求解过程与之前的线性 SVM 完全相同。

引入核函数是一种将线性问题求解方法推广至非线性问题的常用手段，例如将线性 SVM 求解方法推广至非线性 SVM、将线性的 PCA 降维方法推广至非线性的核 PCA 降维。但目前对于如何定义或选择核函数还缺乏理论指导，因此核函数还只是一种解决非线性问题的技巧，俗称为**核技巧**（kernel trick）。

4.4　SVM 分类器及其 Python 实现

给定二分类问题的训练集 $D_{\text{train}}=\{(\boldsymbol{x}_1,y_1),(\boldsymbol{x}_2,y_2),\cdots,(\boldsymbol{x}_m,y_m)\}$，其中 $\boldsymbol{x}_i$ 是 d 维样本特征，$y_i\in\{-1,+1\}$ 是其对应的类别标注（+1 表示正例，−1 表示反例），设计 SVM 分类器的过程如下：

(1) 根据学习任务的性质来选择线性可分 SVM、线性 SVM 或非线性 SVM 模型。

(2) 列出所选 SVM 模型的对偶问题，其中式(4-58)是线性可分 SVM 的对偶问题，式(4-65)是线性 SVM 的对偶问题，式(4-70)是非线性 SVM 的对偶问题。

(3) 求解对偶问题的最优解，即满足 KKT 条件的最优拉格朗日乘子 $\boldsymbol{\alpha}^*=(\alpha_1^*,\alpha_2^*,\cdots,\alpha_m^*)^{\mathrm{T}}$。

(4) 有了对偶问题的最优解 $\boldsymbol{\alpha}^*$，就能计算出原问题的最优解 $\boldsymbol{\omega}^*=(\omega_1^*,\omega_2^*,\cdots,\omega_d^*)^{\mathrm{T}}$ 和 b^*，并最终确定出最优分类超平面。

(5) 按照式(4-61)设计 SVM 的分类决策函数 $\mathrm{sgn}((\boldsymbol{\omega}^*)^{\mathrm{T}}\boldsymbol{x}+b^*)$，设计结束。

对于多分类问题，可以按照一对其余（OvR）或一对一（OvO）拆分策略，设计基于二分类 SVM 的多类分类器。

1. 序列最小优化学习算法

式(4-58)的线性可分 SVM 对偶问题、式(4-65)的线性 SVM 对偶问题、式(4-70)的非线性 SVM 对偶问题都属于凸二次规划问题，具有全局最优解，可以使用通用的二次规划算法进行求解。针对 SVM 对偶问题的特性，还有许多快速实现算法。本节介绍其中比较经典的**序列最小优化**（Sequential Minimal Optimization，SMO）算法。

SMO 算法是一种迭代算法，其基本思路是：

(1) SVM 对偶问题要求解的是满足 KKT 条件的拉格朗日乘子 $\boldsymbol{\alpha}=(\alpha_1,\alpha_2,\cdots,\alpha_m)^{\mathrm{T}}$ 的最优解。先初始化 $\boldsymbol{\alpha}^0=\mathbf{0}$，如果所有 α_i 都满足 KKT 条件，则它们就是一个近似最优解，因为 KKT 条件是 SVM 对偶问题最优解的充要条件。

(2) 否则，找出一个不满足 KKT 条件的 α_i，再找出与 α_i 对应样本点间隔最大的 α_j，固定其他 $\alpha_{k\neq i,j}$，这样 m 个变量的最优化问题被简化成两个变量 α_i、α_j 的最优化问题。简化

后的问题具有解析解，经过一步计算即可得到最优解，求解效率极高。

(3) 重复步骤(2)，直到所有 α_i 都满足 KKT 条件，或者说在特定精度下满足 KKT 条件。例如，对于式(4-70)的非线性 SVM 对偶问题，其完整的 KKT 条件为

$$\begin{cases} 0 \leqslant \alpha_i \leqslant C, \quad i=1,2,\cdots,m \\ \sum_{i=1}^{m} \alpha_i y_i = 0 \\ y_i\left(\sum_{j=1}^{m} \alpha_j y_j K(\boldsymbol{x}_i, \boldsymbol{x}_j) + b\right) \text{应当} \begin{cases} \geqslant 1, & \text{对于 } \alpha_i = 0 \text{ 的样本点}(\boldsymbol{x}_i, y_i) \\ = 1, & \text{对于 } 0 < \alpha_i < C \text{ 的样本点}(\boldsymbol{x}_i, y_i) \\ \leqslant 1, & \text{对于 } \alpha_i = C \text{ 的样本点}(\boldsymbol{x}_i, y_i) \end{cases} \end{cases}$$

注：其中的常数项 b 应当随 α_i 和 α_j 迭代更新，具体细节请查阅相关资料。

2. 使用 scikit-learn 库中的 SVM 分类器模型

scikit-learn 库为 SVM 分类器模型提供了两个类：一个是 **LinearSVC**，即线性 SVM 分类器；另一个是 **SVC**，同时支持线性 SVM 和非线性 SVM。这两个类被存放在 sklearn. svm 模块中，它们都实现了 SVM 分类器模型的学习算法 **fit()**、预测算法 **predict()** 和评价算法 **score()**。

图 4-10～图 4-14 给出了使用 LinearSVC、SVC 类建立并训练手写数字识别模型(即分

```
In [1]: import numpy as np
        import pandas as pd
        import matplotlib.pyplot as plt
        %matplotlib inline

        #下载手写数字数据集，保存到本地文件digits.csv中
        from sklearn.datasets import load_digits
        d10 = load_digits()
        print(d10.keys());  print(d10.data.shape)
        print('digit: ', d10.target[0]);  print(d10.images[0])

        X = d10.data;  Y = d10.target
        fig = plt.figure()
        for i in range(5):
            plt.subplot(1, 5, i+1)
            plt.imshow(X[i,:].reshape(8, 8), cmap='gray')
        plt.show()

        df = pd.DataFrame( d10.data )
        df['target'] = d10.target
        df.to_csv("./data/digits.csv", index=None)
        #将数据集的说明文档保存到本地文件digits.txt中
        file = open("./data/digits.txt", 'w')
        file.write(d10.DESCR);  file.close()
```

(a) 示例代码

```
dict_keys(['data', 'target', 'target_names', 'images', 'DESCR'])
(1797, 64)
digit:  0
[[ 0.  0.  5. 13.  9.  1.  0.  0.]
 [ 0.  0. 13. 15. 10. 15.  5.  0.]
 [ 0.  3. 15.  2.  0. 11.  8.  0.]
 [ 0.  4. 12.  0.  0.  8.  8.  0.]
 [ 0.  5.  8.  0.  0.  9.  8.  0.]
 [ 0.  4. 11.  0.  1. 12.  7.  0.]
 [ 0.  2. 14.  5. 10. 12.  0.  0.]
 [ 0.  0.  6. 13. 10.  0.  0.  0.]]
```

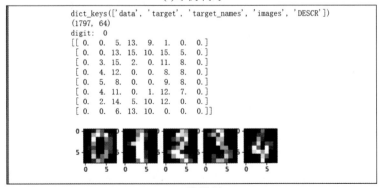

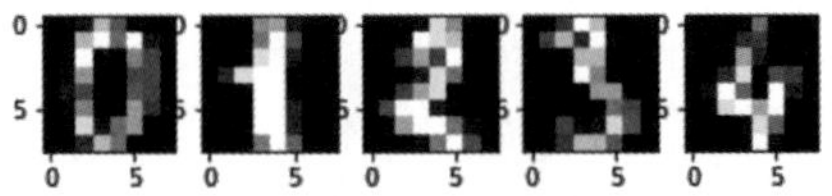

(b) 运行结果

图 4-10　下载、查看并保存 digits dataset 手写数字数据集

类模型)的示例代码,其中数据集使用的是 scikit-learn 库提供的 digits dataset 手写数字数据集,该数据集包括 1797 个 8×8 的手写数字(0~9)图像。读者对照示例代码和运行结果,理解 LinearSVC 和 SVC 类的使用方法。

```
In [1]: import numpy as np
        import pandas as pd
        import matplotlib.pyplot as plt
        %matplotlib inline

        d10 = pd.read_csv("./data/digits.csv")
        print("shape=", d10.shape)

        X = d10.iloc[:, :63]
        Y = d10["target"]

        shape= (1797, 65)
```

图 4-11 加载图 4-10 所保存的 digits dataset 手写数字数据集

```
In [2]: from sklearn.model_selection import train_test_split
        X_train,X_test,Y_train,Y_test = train_test_split(
                                        X, Y, test_size=0.2, random_state=2020)
        print("X_train:", X_train.shape, "Y_train:", Y_train.shape)
        print("X_test:", X_test.shape, "Y_test:", Y_test.shape)

        X_train: (1437, 63) Y_train: (1437,)
        X_test: (360, 63) Y_test: (360,)
```

图 4-12 将 digits dataset 手写数字数据集拆分为训练集和测试集

```
In [3]: from sklearn.svm import LinearSVC
        lsvm = LinearSVC(C=1.0)
        lsvm.fit(X_train, Y_train)

        Y1 = lsvm.predict(X_test[:2])
        print(X_test.values[:2]); print()
        print("predict:", Y1," target:", Y_test.values[:2])
        print("mean accuracy on train:", lsvm.score(X_train, Y_train))
        print("mean accuracy on test:", lsvm.score(X_test, Y_test))

        [[ 0.  0.  0.  0.  6. 15.  2.  0.  0.  0.  0.  5. 16. 16.  2.  0.  0.  0.
           4. 16. 12. 16.  0.  0.  0.  4. 15.  6.  7. 13.  0.  0.  0. 11. 15. 15.
          16. 16.  9.  0.  0.  9. 13. 12. 13. 14.  3.  0.  0.  0.  0.  0.  9.  8.
           0.  0.  0.  0.  0.  0.  8.  8.  0.]
         [ 0.  0.  7. 14. 15.  7.  0.  0.  0.  6. 16.  8.  7. 16.  4.  0.  0. 11.
           6.  1. 10. 14.  1.  0.  0.  1.  0.  4. 16.  6.  0.  0.  0.  0.  0.  2.
          11. 13.  1.  0.  0.  0.  0.  0.  0. 11.  7.  0.  0.  0.  3.  4.  8. 14.
           3.  0.  0.  0. 10. 13. 12.  4.  0.]]

        predict: [4 3]  target: [4 3]
        mean accuracy on train: 0.9895615866388309
        mean accuracy on test: 0.9555555555555556
```

图 4-13 使用 LinearSVC 类建立基于线性 SVM 的手写数字识别模型

```
In [4]: from sklearn.svm import SVC
        ksvm = SVC(C=1.0, kernel='rbf')
        #ksvm = SVC(C=1.0, kernel='poly')
        ksvm.fit(X_train, Y_train)

        Y1 = ksvm.predict(X_test[:2])
        print(X_test.values[:2]); print()
        print("predict:", Y1, " target:", Y_test.values[:2])
        print("mean accuracy on train:", ksvm.score(X_train, Y_train))
        print("mean accuracy on test:", ksvm.score(X_test, Y_test))

[[ 0.  0.  0.  0.  6. 15.  2.  0.  0.  0.  0.  5. 16. 16.  2.  0.  0.  0.
   4. 16. 12. 16.  0.  0.  0.  4. 15.  6.  7. 13.  0.  0.  0. 11. 15. 15.
  16. 16.  9.  0.  0.  9. 13. 12. 13. 14.  3.  0.  0.  0.  0.  0.  9.  8.
   0.  0.  0.  0.  0.  0.  8.  8.  0.]
 [ 0.  0.  7. 14. 15.  7.  0.  0.  0.  6. 16.  8.  7. 16.  4.  0.  0. 11.
   6.  1. 10. 14.  1.  0.  0.  1.  0.  4. 16.  6.  0.  0.  0.  0.  0.  2.
  11. 13.  1.  0.  0.  0.  0.  0.  0. 11.  7.  0.  0.  0.  3.  4.  8. 14.
   3.  0.  0.  0. 10. 13. 12.  4.  0.]]

predict: [8 3]   target: [4 3]
mean accuracy on train: 1.0
mean accuracy on test: 0.6472222222222223
```

图 4-14 使用 SVC 类建立基于非线性 SVM 的手写数字识别模型

4.5 本章习题

一、单选题

1. 统计学习理论围绕机器学习的泛化性能开展研究，其研究内容不包括(　　)。

A. 学习过程一致性的充要条件　　B. 泛化误差的下界

C. 影响泛化误差的因素　　D. 如何设计具有泛化能力的学习模型

2. 经验风险最小化(ERM)归纳原则定义了一个学习过程，这个学习过程未涉及到(　　)。

A. 假设空间　　B. 学习算法

C. 经验误差　　D. 泛化误差

3. 下列关于泛化能力的描述中，错误的是(　　)。

A. 训练集上学习到的模型，其在总体分布上的性能表现被称为模型的泛化性能

B. 如果模型在总体分布上的性能与在训练集上的性能一致，则称其具有一致性

C. 经验风险最小化(ERM)归纳原则并不能保证所学习到的模型具有一致性

D. 泛化能力强，指的是模型在总体分布上的性能表现好

4. ERM 归纳原则具有一致性的充分必要条件为

$$\lim_{m\to\infty} P\{\sup_{\boldsymbol{\theta}_m^*\in\Omega}(R(\boldsymbol{\theta}_m^*)-R_{\mathrm{emp}}(\boldsymbol{\theta}_m^*))>\varepsilon)\}=0,\quad \forall\varepsilon>0$$

下列解释中错误的是(　　)。

A. $\boldsymbol{R}_{\mathrm{emp}}(\boldsymbol{\theta}_m^*)$是训练集样本容量为 m 时学习算法在假设空间中能够得到的最小经验误差

B. $\boldsymbol{\theta}_m^*$ 是经验误差最小时所对应的参数(即最优参数)

C. $R(\boldsymbol{\theta}_m^*)$是取最优参数时函数 $f(\boldsymbol{x};\boldsymbol{\theta}_m^*)$在总体分布上的泛化误差

D. $\sup\limits_{\boldsymbol{\theta}_m^*\in\Omega}(\cdot)$表示所有 $R(\boldsymbol{\theta}_m^*)-R_{\mathrm{emp}}(\boldsymbol{\theta}_m^*)$可能差值中最小的差值

5. 对于二分类问题,若训练集样本容量为 m,则所有可能的分类结果序列有(　　)个。

A. 2　　B. $2m$

C. m^2　　D. 2^m

6. 下列关于假设空间的描述中,错误的是(　　)。

A. 假设空间的复杂度与 ERM 归纳原则一致性有着密切关系

B. 可以用增长函数或 VC 维来度量假设空间的复杂度

C. 如果假设空间能对某个训练集正确分类,则称假设空间能将该训练集打散

D. 一般来说,假设空间的函数形式越复杂或数量越多,其表达能力就越强

7. 由线性函数 $f(\boldsymbol{x})=\sum_{i=1}^{d}\omega_i x_i+\omega_0$ 构成的假设空间,其 VC 维是(　　)。

A. 2　　B. d

C. $d+1$　　D. 无穷大

8. 给定假设空间 H,ERM 归纳原则在任意分布上都具有一致性且收敛速度快的充分必要条件是(　　),其中 m 为样本容量。

A. $\lim\limits_{m\to\infty}\dfrac{H(m)}{m}=0$

B. $\lim\limits_{m\to\infty}\dfrac{H_{\text{ann}}(m)}{m}=0$

C. $\lim\limits_{m\to\infty}\dfrac{G(m)}{m}=0$

D. $\lim\limits_{m\to\infty}P\{\sup\limits_{\boldsymbol{\theta}_m^*\in\Omega}(R(\boldsymbol{\theta}_m^*)-R_{\text{emp}}(\boldsymbol{\theta}_m^*))>\varepsilon\}=0,\forall\varepsilon>0$

9. 下列关于泛化误差上界的描述中,错误的是(　　)。

A. 对于机器学习来说,泛化误差的上界越小越好

B. 泛化误差上界指出了泛化后最大的误差会到什么程度

C. 泛化后模型的最大误差绝对不会超过泛化误差上界

D. 理解泛化误差上界对机器学习模型及其算法的设计具有直接的指导意义

10. 泛化误差上界与下列因素中的(　　)无关。

A. 经验误差　　B. 假设空间 VC 维

C. 训练集样本容量　　D. 测试集样本容量

11. 下列关于 PAC 可学习的描述中,错误的是(　　)。

A. 一般来说,对于复杂问题很难学习到无泛化误差的理想模型

B. PAC 的中文意思是"概率近似正确"

C. "近似正确"指的是不要求泛化误差为零,但要求其不超过某个上界

D. "概率近似正确"指的是泛化误差应百分之百满足近似正确的要求

12. 要想降低泛化误差,下列方法不可行的是(　　)。

A. 降低经验误差　　B. 降低假设空间 VC 维

C. 增加训练集样本容量　　D. 增加测试集样本容量

13. 下列关于 ERM 和 SRM 归纳原则的描述中,错误的是(　　)。

A. ERM 归纳原则的目标是降低经验误差

B. SRM 归纳原则的目标是降低泛化误差

C. 实现 SRM 归纳原则的手段是调节假设空间的复杂度

D. ERM 和 SRM 归纳原则在实际应用中都比较容易实现

14. 下列关于线性可分支持向量机的描述中，错误的是(　　)。

A. 假设两个类是线性可分的，则存在超平面能将两个类的特征点完全分开

B. 假设两个类是线性可分的，则能将两类特征点完全分开的超平面有无穷多个

C. 最优分类超平面的抗干扰能力最强

D. 最优分类超平面的方程形式为$\boldsymbol{\omega}^{\mathrm{T}}\boldsymbol{x}+b=\pm 1$

15. 在线性可分支持向量机中，支持向量 $\boldsymbol{x}$ 应满足条件(　　)。

A. $\boldsymbol{\omega}^{\mathrm{T}}\boldsymbol{x}+b=+1$　　B. $\boldsymbol{\omega}^{\mathrm{T}}\boldsymbol{x}+b=-1$

C. $\boldsymbol{\omega}^{\mathrm{T}}\boldsymbol{x}+b=0$　　D. $\boldsymbol{\omega}^{\mathrm{T}}\boldsymbol{x}+b=\pm 1$

二、讨论题

1. 在分类问题中，假设空间 H 由指示函数构成。对于 H 中的所有指示函数(当然也包括使经验误差最小的函数)，其泛化误差 $R(\boldsymbol{\theta})$和经验误差 $R_{\mathrm{emp}}(\boldsymbol{\theta})$之间均满足

$$P\left(R(\boldsymbol{\theta}) \leqslant R_{\mathrm{emp}}(\boldsymbol{\theta}) + \frac{1}{2}\sqrt{\varepsilon}\right) \geqslant 1-\alpha$$

其中，

$$\varepsilon = 4 \times \frac{d_{\mathrm{VC}}(\ln(2m/d_{\mathrm{VC}})+1)-\ln(\alpha/4)}{m}$$

简述上述公式的含义并对其中的各项符号进行说明。

2. 简述什么是机器学习中的 PAC 可学习。

3. 简述机器学习中 ERM 归纳原则和 SRM 归纳原则的基本思想。

4. 通过一系列期望演算，可以将泛化误差 $\mathrm{Err}(\boldsymbol{x})$分解成偏差、方差和噪声之和(见式(4-23))，即

$$\mathrm{Err}(\boldsymbol{x}) = \mathrm{bias}(\boldsymbol{x}) + \mathrm{var}(\boldsymbol{x}) + \sigma^2$$

请给出上式的推导过程。

5. 根据二元函数拉格朗日定理(见定理 4-8)，试证明如下带约束条件最优化问题

$$\min_{x \in R^2} f(x_1, x_2)$$
$$\text{s.t. } h(x_1, x_2) = 0$$

与无约束最优化问题

$$\min_{x_1, x_2, \lambda \in R} L(x_1, x_2, \lambda) = f(x_1, x_2) + \lambda h(x_1, x_2)$$

的极值条件等价。

三、编程实践题

使用 scikit-learn 库提供的鸢尾花数据集(iris plants dataset)设计一个线性支持向量机分类器。具体的实验步骤如下。

(1) 使用函数 sklearn.datasets.load_iris()加载鸢尾花数据集；

(2) 查看数据集说明(https://scikit-learn.org/stable/datasets/toy_dataset.html#

iris-dataset)，并对数据集进行必要的预处理；

(3) 使用函数 sklearn.model_selection.train_test_split()将数据集按 8∶2 的比例拆分成训练集和测试集；

(4) 使用 sklearn.svm.LinearSVC 类建立线性支持向量机模型，并使用训练集进行训练；

(5) 分别计算模型在训练集和测试集上的平均正确率。

第5章

聚类问题

本章学习要点

- 了解聚类问题的基本概念、概率模型以及与分类问题的异同点。
- 了解并掌握含隐变量概率模型及其 EM 求解算法。
- 了解并掌握高斯混合模型、三硬币模型这两种常用含隐变量的概率模型。
- 了解 k 均值聚类、DBSCAN 聚类这两种常用的聚类方法。

聚类(clustering)是一种特殊的分类问题。分类是根据有标注数据集来训练模型,学习人们预先设定的类别概念,属于**有监督学习**;而聚类则是根据无标注(仅包含特征)数据集训练模型,即根据数据自身的分布特性或结构,自动将数据聚集成**簇**(cluster),形成类别概念,它属于**无监督学习**。

聚类问题可形式化描述为:给定无标注数据集 $D=\{\boldsymbol{x}_1,\boldsymbol{x}_2,\cdots,\boldsymbol{x}_m\}$,其中 $\boldsymbol{x}_i$ 是 d 维样本特征,m 为样本容量,然后设计聚类算法训练模型,将数据集 D 划分成 k 个不相交的簇 $\{C_1,C_2,\cdots,C_k\}$,其中

$$D=\bigcup_{i=1}^{k} C_i, \quad \text{且若 } i\neq j \text{,则 } C_i\cap C_j=\Phi$$

今后任给新的样本特征 $\boldsymbol{x}$,也可以通过聚类模型将其划归某一类簇。

5.1 聚类问题的提出

在分类问题中,如果因为标注训练集的工作量过大,或问题本身并没有预设的类别概念,则分类问题就演变成了聚类问题。为便于后续讲解,这里先对概率符号做一下简化,将离散型概率分布 $P(X=\boldsymbol{x})$或连续型概率密度 $p(\boldsymbol{x})$统一记作 $P(\boldsymbol{x})$,例如

$$P(X=\boldsymbol{x})\equiv P(\boldsymbol{x}),\quad P(X=\boldsymbol{x},Y)\equiv P(\boldsymbol{x},Y),\quad P(Y\mid X=\boldsymbol{x})\equiv P(Y\mid \boldsymbol{x})$$

$$P(Y=y)\equiv P(y),\quad P(X,Y=y)\equiv P(X,y),\quad P(Y=y\mid X)\equiv P(y\mid X)$$

$$P(X)=\int_{\Omega_Y} p(X,y;\boldsymbol{\theta})\mathrm{d}y \equiv \sum_{Y} P(X,Y;\boldsymbol{\theta}) \equiv \sum_{y\in\Omega_Y} P(X,y;\boldsymbol{\theta})$$

请读者根据上下文加以理解。下面分别给出分类问题、聚类问题的形式化描述。

5.1.1 分类问题概述

在分类问题中，假设有 n 个类别 $\{c_1,c_2,\cdots,c_n\}$，将分类特征记作随机变量 X，类别记作随机变量 Y。类别 Y 是离散型随机变量，其值域为 $\Omega_Y=\{c_1,c_2,\cdots,c_n\}$，概率分布（先验概率）为多项分布，可记作 $P(Y;\boldsymbol{\alpha})$，即

$$P(Y=c_k)=\alpha_k,\quad \text{记作 } P(Y_k;\alpha_k),\quad k=1,2,\cdots,n \tag{5-1}$$

其中 $\boldsymbol{\alpha}=(\alpha_1,\alpha_2,\cdots,\alpha_n)$ 为未知参数，且 $\sum_{k=1}^{n}\alpha_k=1$。再假设各类特征具有相同的概率分布形式，但所取参数 $\boldsymbol{\beta}_k$ 不同，将它们记作

$$P(X\mid Y_k;\boldsymbol{\beta}_k),\quad k=1,2,\cdots,n \tag{5-2}$$

其中，$\boldsymbol{\beta}=(\boldsymbol{\beta}_1,\boldsymbol{\beta}_2,\cdots,\boldsymbol{\beta}_n)$ 为未知参数。

可以根据类别的先验概率分布 $P(Y;\boldsymbol{\alpha})$ 和各类的特征概率分布 $P(X|Y_k;\boldsymbol{\beta}_k)$ 设计贝叶斯分类器。给定特征 X，将类别 Y 判定为后验概率 $P(Y_k|X)$ 最大的 c_k，其分类判别函数为

$$k^*=\underset{k=1,2,\cdots,n}{\operatorname{argmax}}\, P(Y_k\mid X) \tag{5-3}$$

或其等价形式

$$k^*=\underset{k=1,2,\cdots,n}{\operatorname{argmax}}\, P(X,Y_k)=\underset{k=1,2,\cdots,n}{\operatorname{argmax}}\, P(X\mid Y_k)P(Y_k) \tag{5-4}$$

为明确未知参数，可在式(5-4)中标出 $\boldsymbol{\alpha}$、$\boldsymbol{\beta}$，即

$$k^*=\underset{k=1,2,\cdots,n}{\operatorname{argmax}}\, P(X,Y_k;\alpha_k,\boldsymbol{\beta}_k)=\underset{k=1,2,\cdots,n}{\operatorname{argmax}}\, P(X\mid Y_k;\boldsymbol{\beta}_k)P(Y_k;\alpha_k) \tag{5-5}$$

可以看出，分类问题的关键是如何确定未知参数 $\boldsymbol{\alpha}$、$\boldsymbol{\beta}$。

给定数据集 $D_{\text{train}}=\{(\boldsymbol{x}_1,y_1),(\boldsymbol{x}_2,y_2),\cdots,(\boldsymbol{x}_m,y_m)\}$，其样本容量为 m，可以使用极大似然估计方法分别估计出参数 $\boldsymbol{\alpha}$ 和 $\boldsymbol{\beta}$。对于参数 $\boldsymbol{\alpha}$，若 D_{train} 中类别取值为 c_k 的样本点个数等于 m_k，则使用极大似然估计方法即可估计出最优参数 $\boldsymbol{\alpha}^*$ 为

$$\alpha_k^*=\frac{m_k}{m},\quad P(Y_k)=\alpha_k^*,\quad k=1,2,\cdots,n \tag{5-6}$$

对于参数 $\boldsymbol{\beta}$，记 D_{train} 中类别取值为 c_k 样本点所构成的子集为 D_k。基于子集 D_k，使用极大似然估计方法可以估计第 k 类特征概率分布（离散型）或概率密度函数（连续型）$P(X|Y_k;\boldsymbol{\beta}_k)$ 中的最优参数 $\boldsymbol{\beta}_k^*$（例如正态分布中的均值 μ_k 和方差 σ_k^2），其似然函数为

$$L(\boldsymbol{\beta}_k)=\prod_{j=1}^{m_k} P(\boldsymbol{x}_j\mid Y_k;\boldsymbol{\beta}_k),\quad k=1,2,\cdots,n \tag{5-7}$$

最大化式(5-7)的对数似然函数 $\ln L(\boldsymbol{\beta}_k)$，得

$$\boldsymbol{\beta}_k^*=\underset{\boldsymbol{\beta}_k}{\operatorname{argmax}}\,\ln L(\boldsymbol{\beta}_k)=\underset{\boldsymbol{\beta}_k}{\operatorname{argmax}}\sum_{j=1}^{m_k}\ln P(\boldsymbol{x}_j\mid Y_k;\boldsymbol{\beta}_k),\quad k=1,2,\cdots,n \tag{5-8}$$

在估计出最优参数 $\boldsymbol{\alpha}^*=(\alpha_1^*,\alpha_2^*,\cdots,\alpha_n^*)$、$\boldsymbol{\beta}^*=(\boldsymbol{\beta}_1^*,\boldsymbol{\beta}_2^*,\cdots,\boldsymbol{\beta}_n^*)$ 之后，给定任意新样本特

征 $\boldsymbol{x}$,可以按式(5-5)的分类判别函数进行分类,即

$$k^* = \underset{k=1,2,\cdots,n}{\operatorname{argmax}} P(\boldsymbol{x} \mid Y_k;\ \boldsymbol{\beta}_k^*)P(Y_k;\ \alpha_k^*) \tag{5-9}$$

总结如下,分类问题就是使用包含类别标注的样本数据集 $D_{\text{train}}=\{(\boldsymbol{x}_1,y_1),(\boldsymbol{x}_2,y_2),\cdots,(\boldsymbol{x}_m,y_m)\}$来训练概率模型中的参数$\boldsymbol{\alpha}$、$\boldsymbol{\beta}$;然后按照最大后验概率原则设计贝叶斯分类器;今后任给新的样本特征 $\boldsymbol{x}$ 都可以使用该分类器进行分类。

5.1.2 聚类问题概述

设计式(5-5)的贝叶斯分类器,其关键是如何确定概率模型中的未知参数$\boldsymbol{\alpha}$、$\boldsymbol{\beta}$。如果给定数据集做过标注(通常为人工标注),即数据集 $D_{\text{train}}=\{(\boldsymbol{x}_1,y_1),(\boldsymbol{x}_2,y_2),\cdots,(\boldsymbol{x}_m,y_m)\}$中的类别标注 Y 已知,则可以使用极大似然估计方法分别估计出最优参数$\boldsymbol{\alpha}^*$和$\boldsymbol{\beta}^*$。

如果数据集未做标注(通常是因为工作量过大或难以标注),即数据集 $D=\{\boldsymbol{x}_1,\boldsymbol{x}_2,\cdots,\boldsymbol{x}_m\}$只包含各样本点分类特征 X,其对应的类别标注 Y 未知,称分类特征 X 是**可观测**的变量,而类别 Y 则是**不可观测**的变量(一般称为**隐变量**,hidden variable;或**潜变量**,latent variable)。如果概率模型含有不可观测的隐变量,这时机器学习该如何确定模型中的未知参数呢?因为数据集未做标注,无法采用式(5-6)、式(5-8)的极大似然估计方法来估计最优参数$\boldsymbol{\alpha}^*$、$\boldsymbol{\beta}^*$。

对于 n 个类别$\{c_1,c_2,\cdots,c_n\}$的分类问题,特征 X 的概率分布$P(X;\ \boldsymbol{\alpha},\boldsymbol{\beta})$是联合概率分布 $P(X,Y;\ \boldsymbol{\alpha},\boldsymbol{\beta})$关于特征 X 的边缘概率,即

$$P(X;\ \boldsymbol{\alpha},\boldsymbol{\beta}) = \sum_{k=1}^{n} P(X \mid Y_k;\ \boldsymbol{\beta}_k)P(Y_k;\ \alpha_k) = \sum_{k=1}^{n} P(X,Y_k;\ \alpha_k,\boldsymbol{\beta}_k) \tag{5-10}$$

其中,$\boldsymbol{\alpha}=(\alpha_1,\alpha_2,\cdots,\alpha_n)$、$\boldsymbol{\beta}=(\boldsymbol{\beta}_1,\boldsymbol{\beta}_2,\cdots,\boldsymbol{\beta}_n)$为未知参数。为了进行更一般化的讨论,记$\boldsymbol{\theta}=(\boldsymbol{\alpha},\boldsymbol{\beta})$,类别 Y 的值域为 Ω_Y,则式(5-10)可改写为

$$P(X;\ \boldsymbol{\theta}) = \sum_{Y} P(X,Y;\ \boldsymbol{\theta}) \equiv \sum_{y\in\Omega_Y} P(X,y;\ \boldsymbol{\theta}) \tag{5-11}$$

给定未做标注的数据集 $D=\{\boldsymbol{x}_1,\boldsymbol{x}_2,\cdots,\boldsymbol{x}_m\}$,可将该数据集的似然函数定义为

$$L(\boldsymbol{\theta}) = \prod_{j=1}^{m} P(\boldsymbol{x}_j;\ \boldsymbol{\theta}) = \prod_{j=1}^{m}\left(\sum_{y\in\Omega_Y} P(\boldsymbol{x}_j,y;\ \boldsymbol{\theta})\right) \tag{5-12}$$

对式(5-12)取自然对数,则数据集 D 的对数似然函数为

$$\ln L(\boldsymbol{\theta}) = \ln\left(\prod_{j=1}^{m} P(\boldsymbol{x}_j;\ \boldsymbol{\theta})\right) = \sum_{j=1}^{m}\ln\left(\sum_{y\in\Omega_Y} P(\boldsymbol{x}_j,y;\ \boldsymbol{\theta})\right) \tag{5-13}$$

最大化式(5-13)的对数似然函数,求解最优参数$\boldsymbol{\theta}^*$,即

$$\boldsymbol{\theta}^* = \underset{\boldsymbol{\theta}}{\operatorname{argmax}} \ln L(\boldsymbol{\theta}) \tag{5-14}$$

在确定出最优参数$\boldsymbol{\theta}^*=(\boldsymbol{\alpha}^*,\boldsymbol{\beta}^*)$之后,即可确定问题的概率模型,并根据式(5-9)的分类判别函数将数据集 $D=\{\boldsymbol{x}_1,\boldsymbol{x}_2,\cdots,\boldsymbol{x}_m\}$中的 m 个样本数据划分成不同的类,这就是**聚类**。

聚类与分类的区别在于:聚类问题中没有预设类别,它是由机器学习算法按照数据自身(即样本特征)的分布特性自动提炼出来的;而分类问题中的类别通常是由人工指定的。

类别是一种"概念",是人们在长期的生产、生活实践中总结出来的。进入信息化时代,很多问题通常是先有数据或只有数据,可通过聚类方法对问题进行研究,这就是聚类分析。例如,网上消费产生了很多数据,这时可以通过聚类方法对消费者或消费行为进行研究分析。

在聚类问题中,因为数据集 D 不能提供各样本点的类别标注,即式(5-14)的对数似然函数 $\ln L(\boldsymbol{\theta})$ 包含隐变量 Y,这是一种含隐变量的最优化问题。如何设计求解含隐变量的最优化算法,这是聚类分析的关键。

总结如下,聚类问题就是使用未做标注的样本数据集 $D=\{\boldsymbol{x}_1,\boldsymbol{x}_2,\cdots,\boldsymbol{x}_m\}$ 来训练概率模型中的参数 $\boldsymbol{\alpha}$、$\boldsymbol{\beta}$,即含隐变量的参数估计;然后再按最大后验概率原则设计贝叶斯分类器,将样本数据集中的样本数据划分成不同的类。

5.1.3 混合概率模型及其参数估计问题

对于 n 个类别 $\{c_1,c_2,\cdots,c_n\}$ 的分类或聚类问题,将分类特征记作随机变量 X,类别记作随机变量 Y,则 X、Y 的联合概率分布 $P(X,Y)$ 即为分类或聚类问题的概率模型。联合概率分布 $P(X,Y)$ 还可表示为

$$P(X,Y)\equiv P(X,Y;\boldsymbol{\alpha},\boldsymbol{\beta})=P(X\mid Y;\boldsymbol{\beta})P(Y;\boldsymbol{\alpha}) \tag{5-15}$$

其中,$\boldsymbol{\alpha}=(\alpha_1,\alpha_2,\cdots,\alpha_n)$、$\boldsymbol{\beta}=(\boldsymbol{\beta}_1,\boldsymbol{\beta}_2,\cdots,\boldsymbol{\beta}_n)$ 为概率模型中的未知参数;$P(Y;\boldsymbol{\alpha})$ 表示类别概率分布,即 $P(Y=c_k)=\alpha_k$,$k=1,2,\cdots,n$;$P(X|Y;\boldsymbol{\beta})$ 表示各类的特征概率分布,它们的分布形式相同但所取参数不同,可记作 $P(X|Y_k;\boldsymbol{\beta}_k)$,$k=1,2,\cdots,n$。

在联合概率分布 $P(X,Y;\boldsymbol{\alpha},\boldsymbol{\beta})$ 中,边缘概率分布 $P(X;\boldsymbol{\alpha},\boldsymbol{\beta})$ 可看作分类特征 X 的概率模型,它可表示为

$$\begin{aligned}P(X;\boldsymbol{\alpha},\boldsymbol{\beta})&=\sum_{k=1}^{n}P(X\mid Y_k;\boldsymbol{\beta}_k)P(Y_k;\alpha_k)\\&=\alpha_1P(X\mid Y_1;\boldsymbol{\beta}_1)+\alpha_2P(X\mid Y_2;\boldsymbol{\beta}_2)+\cdots+\alpha_nP(X\mid Y_n;\boldsymbol{\beta}_n)\end{aligned} \tag{5-16}$$

可以看出,分类特征 X 的概率模型 $P(X;\boldsymbol{\alpha},\boldsymbol{\beta})$ 是由 n 个概率模型 $P(X|Y_1;\boldsymbol{\beta}_1)$、$P(X|Y_2;\boldsymbol{\beta}_2)$、……、$P(X|Y_n;\beta_n)$ 组成的一个混合概率模型,概率 α_1、α_2、……、α_n 也被称作**混合系数**,$\sum_{k=1}^{n}\alpha_k=1$。

如果已知参数 $\boldsymbol{\alpha}=(\alpha_1,\alpha_2,\cdots,\alpha_n)$、$\boldsymbol{\beta}=(\boldsymbol{\beta}_1,\boldsymbol{\beta}_2,\cdots,\boldsymbol{\beta}_n)$,则按照式(5-16)的混合概率模型产生样本 $\boldsymbol{x}$ 的过程是:首先按照概率 $\alpha_1,\alpha_2,\cdots,\alpha_n$ 选择模型,假设选择第 k 个模型;然后按第 k 个模型的概率分布 $P(X\mid Y_k;\boldsymbol{\beta}_k)$ 生成样本 $\boldsymbol{x}$。反过来,如果给定样本数据集 $D=\{\boldsymbol{x}_1,\boldsymbol{x}_2,\cdots,\boldsymbol{x}_m\}$,希望估计概率模型 $P(X;\boldsymbol{\alpha},\boldsymbol{\beta})$ 中的未知参数 $\boldsymbol{\alpha}$、$\boldsymbol{\beta}$,这就是混合概率模型的参数估计问题。

混合概率模型的参数估计问题与聚类问题非常相似,其概率模型在本质上是一样的,而且它们用于参数估计的样本数据集 $D=\{\boldsymbol{x}_1,\boldsymbol{x}_2,\cdots,\boldsymbol{x}_m\}$ 都不包含类别标注。所不同的是,聚类问题在估计出模型参数后,还需进一步设计贝叶斯分类器,将数据集 D 中的样本数据划分成不同的类。聚类问题、混合概率模型的参数估计问题都属于含隐变量的最优化问题,求解这样的问题通常使用 EM 算法。

5.2 EM 算法

EM 算法是一种迭代算法,主要用于求解含隐变量的最优化问题。任给初始参数$\boldsymbol{\theta}^0$,EM 算法的关键步骤是:第 i 次迭代时如何将参数从$\boldsymbol{\theta}^{i-1}$更新到$\boldsymbol{\theta}^i$,使得对数似然函数 $\ln l(\boldsymbol{\theta})=\ln P(X;\boldsymbol{\theta})$的函数值逐步上升,即 $\ln l(\boldsymbol{\theta}^i)\geqslant\ln l(\boldsymbol{\theta}^{i-1})$,最终收敛至最大值。

5.2.1 EM 算法原理

1. 问题描述

假设随机变量 X、Y 服从参数为$\boldsymbol{\theta}$的概率分布 $P(X,Y;\boldsymbol{\theta})$,其中 Y 为不可观测或未被观测的隐变量。将随机变量 Y(例如类别)的值域记作 Ω_Y,则随机变量 X(例如分类特征)的边缘概率为

$$P(X;\boldsymbol{\theta})=\sum_{Y}P(X,Y;\boldsymbol{\theta})\equiv\sum_{y\in\Omega_Y}P(X,y;\boldsymbol{\theta})$$

或

$$P(X;\boldsymbol{\theta})=\sum_{Y}P(X\mid Y;\boldsymbol{\theta})P(Y;\boldsymbol{\theta})\equiv\sum_{y\in\Omega_Y}P(X\mid y;\boldsymbol{\theta})P(y;\boldsymbol{\theta})$$

给定观测样本 $X=\boldsymbol{x}$,其似然函数 $l(\boldsymbol{\theta})$可定义为

$$l(\boldsymbol{\theta})=P(\boldsymbol{x};\boldsymbol{\theta})=\sum_{y\in\Omega_Y}P(\boldsymbol{x},y;\boldsymbol{\theta})$$

其中,$P(\boldsymbol{x};\boldsymbol{\theta})$被称作**不完全数据**(incomplete-data)$\boldsymbol{x}$ 的似然函数,$P(\boldsymbol{x},y;\boldsymbol{\theta})$被称作**完全数据**(complete-data)$(\boldsymbol{x},y)$的似然函数。将观测样本 $X=\boldsymbol{x}$ 的对数似然函数定义为

$$\ln l(\boldsymbol{\theta})=\ln P(\boldsymbol{x};\boldsymbol{\theta})=\ln\Big(\sum_{Y}P(\boldsymbol{x},Y;\boldsymbol{\theta})\Big)\equiv\ln\Big(\sum_{y\in\Omega_Y}P(\boldsymbol{x},y;\boldsymbol{\theta})\Big)\tag{5-17}$$

最大化式(5-17)的对数似然函数,求解最优参数$\boldsymbol{\theta}^*$,即

$$\boldsymbol{\theta}^*=\underset{\boldsymbol{\theta}}{\arg\max}\ln l(\boldsymbol{\theta})\tag{5-18}$$

因为对数似然函数 $\ln l(\boldsymbol{\theta})$包含隐变量 Y,因此式(5-18)是一种含隐变量的极大似然估计问题,需通过特殊的 EM 算法进行求解。

2. 算法准备:Jensen 不等式

根据 Jensen 不等式,设 X 为随机变量,$E(X)$为 X 的期望,$E(f(X))$为 $f(X)$的期望,则

(1) 对任意凸函数 f,有 $f(E(X))\leqslant E(f(X))$。

(2) 对任意凹函数 f,有 $f(E(X))\geqslant E(f(X))$。

(3) 如果 X 为常量,则上述两个不等式均取等号,即如果 $X=c$,则 $f(X)=f(c)$也为常量,因此有 $f(E(X))=f(c)=E(f(X))$。

Jensen 不等式有多种不同的表述形式,这里再给出其中的一种:若函数 f 为凸集 D 上的凹函数,则对于任意 n 个点 $x_j\in D$ 及实数 $p_j(0\leqslant p_j\leqslant 1)$,$j=1,2,\cdots,n$,且 $\sum_{j=1}^{n}p_j=1$,都有

$$f\left(\sum_{j=1}^{n} p_j x_j\right) \geqslant \sum_{j=1}^{n} p_j f(x_j) \tag{5-19}$$

如果 $x_1 = x_2 = \cdots = x_n = c$，则上述不等式取等号。

若将式(5-19)应用于随机变量 X、Y 的联合概率分布，则

- 当取 $p_j = P(Y|X)$，$x_j = P(X,Y)$，f 为自然对数(凹函数)时

$$\ln\left(\sum_{Y} P(Y \mid X) P(X,Y)\right) \geqslant \sum_{Y} P(Y \mid X) \ln P(X,Y) \tag{5-20}$$

- 当取 $p_j = P(Y|X)$，$x_1 = x_2 = \cdots = x_n = P(X)$，$f$ 为自然对数(凹函数)时

$$\ln\left(\sum_{Y} P(Y \mid X) P(X)\right) = \sum_{Y} P(Y \mid X) \ln P(X) \tag{5-21}$$

其中，边缘概率 $P(X)$ 是与 Y 取值无关的量(相当于常量 c)。

3. 设计迭代算法

任给初始参数 $\boldsymbol{\theta}^0$，设计求解式(5-18)的迭代算法，其关键步骤是：第 i 次迭代时如何将参数从 $\boldsymbol{\theta}^{i-1}$ 更新到 $\boldsymbol{\theta}^i$，使得对数似然函数 $\ln l(\boldsymbol{\theta})$ 的函数值上升，即 $\ln l(\boldsymbol{\theta}^i) \geqslant \ln l(\boldsymbol{\theta}^{i-1})$。

1) 根据参数 $\boldsymbol{\theta}^{i-1}$ 确定概率模型

因为上次迭代的参数 $\boldsymbol{\theta}^{i-1}$ 为已知，据此可确定联合概率分布 $P(X,Y;\boldsymbol{\theta}^{i-1})$、边缘概率分布 $P(X;\boldsymbol{\theta}^{i-1})$ 和后验概率 $P(Y|X;\boldsymbol{\theta}^{i-1})$。这三者之间的关系为

$$P(X,Y;\boldsymbol{\theta}^{i-1}) = P(Y \mid X;\boldsymbol{\theta}^{i-1}) P(X;\boldsymbol{\theta}^{i-1}) \tag{5-22}$$

2) 确定对数似然函数 $\ln l(\boldsymbol{\theta})$ 的下界

对式(5-17)的对数似然函数 $\ln l(\boldsymbol{\theta})$ 做如下等价变换：

$$\ln l(\boldsymbol{\theta}) = \ln\left(\sum_{Y} P(X,Y;\boldsymbol{\theta})\right) = \ln\left(\sum_{Y} P(Y \mid X;\boldsymbol{\theta}^{i-1})\left(\frac{P(X,Y;\boldsymbol{\theta})}{P(Y \mid X;\boldsymbol{\theta}^{i-1})}\right)\right) \tag{5-23}$$

根据式(5-19)的 Jensen 不等式，如果取

$$p_j = P(Y \mid X;\boldsymbol{\theta}^{i-1}), \quad x_j = \left(\frac{P(X,Y;\boldsymbol{\theta})}{P(Y \mid X;\boldsymbol{\theta}^{i-1})}\right)$$

则有

$$\ln l(\boldsymbol{\theta}) \geqslant \sum_{Y} P(Y \mid X;\boldsymbol{\theta}^{i-1}) \ln\left(\frac{P(X,Y;\boldsymbol{\theta})}{P(Y \mid X;\boldsymbol{\theta}^{i-1})}\right) \tag{5-24}$$

不等式(5-24)右边的项是对数似然函数 $\ln l(\boldsymbol{\theta})$ 的下界，可记作**下界函数 $\mathbf{B}(\boldsymbol{\theta},\boldsymbol{\theta}^{i-1})$**，或称作**证据下界目标**(Evidence Lower Bound Objective，ELBO)，即

$$B(\boldsymbol{\theta},\boldsymbol{\theta}^{i-1}) = \sum_{Y} P(Y \mid X;\boldsymbol{\theta}^{i-1}) \ln\left(\frac{P(X,Y;\boldsymbol{\theta})}{P(Y \mid X;\boldsymbol{\theta}^{i-1})}\right) \tag{5-25}$$

将优化目标由最大化式(5-18)的对数似然函数改为最大化式(5-25)的下界函数 $B(\boldsymbol{\theta},\boldsymbol{\theta}^{i-1})$，求解最优参数 $\boldsymbol{\theta}^*$，即

$$\boldsymbol{\theta}^* = \underset{\boldsymbol{\theta}}{\operatorname{argmax}}\, B(\boldsymbol{\theta},\boldsymbol{\theta}^{i-1}) \tag{5-26}$$

其中，$\boldsymbol{\theta}^{i-1}$ 是上一轮迭代的参数，为已知量。将 $\boldsymbol{\theta}^*$ 作为迭代算法的新参数 $\boldsymbol{\theta}^i$，则有

$$\boldsymbol{\theta}^i = \boldsymbol{\theta}^*, \quad \ln l(\boldsymbol{\theta}^i) = \max_{\boldsymbol{\theta}} B(\boldsymbol{\theta},\boldsymbol{\theta}^{i-1}) \tag{5-27}$$

3）证明 $\ln l(\boldsymbol{\theta}^i) \geqslant \ln l(\boldsymbol{\theta}^{i-1})$

根据式(5-23)，若取$\boldsymbol{\theta}=\boldsymbol{\theta}^{i-1}$，则

$$\ln l(\boldsymbol{\theta}^{i-1})=\ln\left(\sum_Y P(X,Y;\boldsymbol{\theta}^{i-1})\right)=\ln\left(\sum_Y P(Y\mid X;\boldsymbol{\theta}^{i-1})P(X;\boldsymbol{\theta}^{i-1})\right) \tag{5-28}$$

根据式(5-19)的 Jensen 不等式，如果取

$$p_j=P(Y\mid X;\boldsymbol{\theta}^{i-1}),\quad x_1=x_2=\cdots=x_n=P(X;\boldsymbol{\theta}^{i-1})$$

则 Jensen 不等式取等号，即

$$\begin{aligned}\ln l(\boldsymbol{\theta}^{i-1})&=\ln\left(\sum_Y P(Y\mid X;\boldsymbol{\theta}^{i-1})P(X;\boldsymbol{\theta}^{i-1})\right)\\&=\sum_Y P(Y\mid X;\boldsymbol{\theta}^{i-1})\ln P(X;\boldsymbol{\theta}^{i-1})\\&=\sum_Y P(Y\mid X;\boldsymbol{\theta}^{i-1})\ln\left(\frac{P(X,Y;\boldsymbol{\theta}^{i-1})}{P(Y\mid X;\boldsymbol{\theta}^{i-1})}\right)=B(\boldsymbol{\theta}^{i-1},\boldsymbol{\theta}^{i-1})\end{aligned} \tag{5-29}$$

由式(5-27)可知：

$$\ln l(\boldsymbol{\theta}^i)=\max_{\boldsymbol{\theta}} B(\boldsymbol{\theta},\boldsymbol{\theta}^{i-1})\geqslant B(\boldsymbol{\theta}^{i-1},\boldsymbol{\theta}^{i-1})=\ln l(\boldsymbol{\theta}^{i-1}) \tag{5-30}$$

4）Q 函数

对于式(5-26)的下界函数 $B(\boldsymbol{\theta},\boldsymbol{\theta}^{i-1})$的最优化问题做进一步整理：

$$\begin{aligned}\boldsymbol{\theta}^*&=\underset{\boldsymbol{\theta}}{\operatorname{argmax}}\,B(\boldsymbol{\theta},\boldsymbol{\theta}^{i-1})=\underset{\boldsymbol{\theta}}{\operatorname{argmax}}\sum_Y P(Y\mid X;\boldsymbol{\theta}^{i-1})\ln\left(\frac{P(X,Y;\boldsymbol{\theta})}{P(Y\mid X;\boldsymbol{\theta}^{i-1})}\right)\\&=\underset{\boldsymbol{\theta}}{\operatorname{argmax}}\left[\sum_Y P(Y\mid X;\boldsymbol{\theta}^{i-1})\ln P(X,Y;\boldsymbol{\theta})-\sum_Y P(Y\mid X;\boldsymbol{\theta}^{i-1})\ln P(Y\mid X;\boldsymbol{\theta}^{i-1})\right]\\&=\underset{\boldsymbol{\theta}}{\operatorname{argmax}}\sum_Y P(Y\mid X;\boldsymbol{\theta}^{i-1})\ln P(X,Y;\boldsymbol{\theta})\end{aligned} \tag{5-31}$$

记

$$Q(\boldsymbol{\theta},\boldsymbol{\theta}^{i-1})=\sum_Y P(Y\mid X;\boldsymbol{\theta}^{i-1})\ln P(X,Y;\boldsymbol{\theta}) \tag{5-32}$$

其中，函数 $Q(\boldsymbol{\theta},\boldsymbol{\theta}^{i-1})$可看作完全数据$(X,Y)$的对数似然函数 $\ln P(X,Y;\boldsymbol{\theta})$在概率分布 $P(Y|X;\boldsymbol{\theta}^{i-1})$下的期望，简称 **Q 函数**。

式(5-26)的下界函数 $B(\boldsymbol{\theta},\boldsymbol{\theta}^{i-1})$的最优化问题与函数 $Q(\boldsymbol{\theta},\boldsymbol{\theta}^{i-1})$的最优化问题等价，即

$$\boldsymbol{\theta}^*=\underset{\boldsymbol{\theta}}{\operatorname{argmax}}\,B(\boldsymbol{\theta},\boldsymbol{\theta}^{i-1})=\underset{\boldsymbol{\theta}}{\operatorname{argmax}}\,Q(\boldsymbol{\theta},\boldsymbol{\theta}^{i-1}) \tag{5-33}$$

式(5-33)是对式(5-26)的简化，将其最优参数$\boldsymbol{\theta}^*$作为迭代算法的新参数$\boldsymbol{\theta}^i$，同样有

$$\ln l(\boldsymbol{\theta}^i)\geqslant\ln l(\boldsymbol{\theta}^{i-1})$$

4. EM 算法步骤

假设随机变量 X、Y 服从参数为$\boldsymbol{\theta}$ 的概率分布 $P(X,Y;\boldsymbol{\theta})$，其中 Y 为不可观测或未被观测的隐变量。如果已知联合概率 $P(X,Y;\boldsymbol{\theta})$的分布形式，或其等价形式，例如已知边缘概率 $P(Y;\boldsymbol{\theta})$、条件概率 $P(X|Y;\boldsymbol{\theta})$的分布形式，但分布中的参数$\boldsymbol{\theta}$ 未知。这时可以根据不完全数据 X 的样本，使用 EM 算法估计参数$\boldsymbol{\theta}$，从而建立起随机变量 X、Y 的概率模型 $P(X,Y;\boldsymbol{\theta})$。

给定未做标注的数据集 $D=\{\boldsymbol{x}_1,\boldsymbol{x}_2,\cdots,\boldsymbol{x}_m\}$，其对数似然函数为

$$\ln L(\boldsymbol{\theta})=\ln\left(\prod_{j=1}^{m}P(\boldsymbol{x}_j;\boldsymbol{\theta})\right)=\sum_{j=1}^{m}\ln\left(\sum_{y\in\Omega_Y}P(\boldsymbol{x}_j,y;\boldsymbol{\theta})\right) \tag{5-34}$$

使用 EM 算法最大化式(5-34)的对数似然函数 $\ln L(\boldsymbol{\theta})$，求解最优参数 $\boldsymbol{\theta}^*$，其算法步骤为：首先选择初始参数 $\boldsymbol{\theta}^0$，然后迭代执行如下的 E 步和 M 步(EM 算法的名称正是来源于此)，直至收敛(例如迭代后参数 $\boldsymbol{\theta}^i$ 与 $\boldsymbol{\theta}^{i-1}$ 无明显变化)。

E 步：根据上次迭代的参数 $\boldsymbol{\theta}^{i-1}$，求完全数据$(X,Y)$的对数似然函数 $\ln P(X,Y;\boldsymbol{\theta})$在概率分布 $P(Y|X;\boldsymbol{\theta}^{i-1})$下的期望。这里的 E 指的就是**期望**(expectation)，也即 Q 函数。数据集 D 上的 Q 函数为

$$Q(\boldsymbol{\theta},\boldsymbol{\theta}^{i-1})=\sum_{j=1}^{m}\left(\sum_{y\in\Omega_Y}P(y\mid\boldsymbol{x}_j;\boldsymbol{\theta}^{i-1})\ln P(\boldsymbol{x}_j,y;\boldsymbol{\theta})\right) \tag{5-35}$$

其中，$\boldsymbol{\theta}^{i-1}$ 为已知参数，$\boldsymbol{\theta}$ 为待求解参数。

M 步：最大化期望。这里的 M 指的就是**最大化**(maximization)期望，即最大化 Q 函数，然后将其最优参数作为迭代后的新参数 $\boldsymbol{\theta}^i$，即

$$\boldsymbol{\theta}^i=\underset{\boldsymbol{\theta}}{\operatorname{argmax}}\,Q(\boldsymbol{\theta},\boldsymbol{\theta}^{i-1}) \tag{5-36}$$

算法收敛后，将最后一次迭代的参数 $\boldsymbol{\theta}^i$ 作为最优参数 $\boldsymbol{\theta}^*$。联合概率 $P(X,Y;\boldsymbol{\theta})$的分布形式是已知的，因此将 $\boldsymbol{\theta}^*$ 代入其中，这就建立起了随机变量 X、Y 的概率模型 $P(X,Y;\boldsymbol{\theta}^*)$。所建立的概率模型 $P(X,Y;\boldsymbol{\theta}^*)$今后可以用于聚类、分类或其他用途。

5.2.2 高斯混合模型

高斯混合模型(Gaussian Mixture Model，GMM)是一种广泛使用的概率模型。该模型由多个高斯分布(即正态分布)混合而成，需使用 EM 算法来估计模型参数(或称训练模型)。

1. GMM 模型描述

高斯混合模型假设有 n 个类别$\{c_1,c_2,\cdots,c_n\}$，将分类特征记作随机变量 X，类别记作随机变量 Y。其中，类别 Y 是不可观测的隐变量且服从多项分布，其概率分布 $P(Y;\boldsymbol{\alpha})$为

$$P(Y=c_k)=\alpha_k,\quad 记作\ P(Y_k;\alpha_k),\quad k=1,2,\cdots,n \tag{5-37}$$

其中，$\boldsymbol{\alpha}=(\alpha_1,\alpha_2,\cdots,\alpha_n)$为未知参数，且 $\sum_{k=1}^{n}\alpha_k=1$。再假设各类的特征 X 都服从高斯分布(即正态分布)，但所取参数 $\boldsymbol{\beta}_k=(\mu_k,\sigma_k^2)$不同，它们的概率密度函数可记作

$$p(x\mid Y_k;\boldsymbol{\beta}_k)=\frac{1}{\sqrt{2\pi}\sigma_k}\mathrm{e}^{-\frac{(x-\mu_k)^2}{2\sigma_k^2}},\quad k=1,2,\cdots,n \tag{5-38}$$

其中，$\boldsymbol{\beta}=(\boldsymbol{\beta}_1,\boldsymbol{\beta}_2,\cdots,\boldsymbol{\beta}_n)$为未知参数。

由类别概率分布(先验概率)$P(Y;\boldsymbol{\alpha})$和各类的特征概率分布 $P(X|Y_k;\boldsymbol{\beta}_k)$，可以计算出联合概率 $P(X,Y;\boldsymbol{\alpha},\boldsymbol{\beta})$、分类特征 X 的边缘概率 $P(X;\boldsymbol{\alpha},\boldsymbol{\beta})$、类别的条件概率(后验概率)$P(Y|X;\boldsymbol{\alpha},\boldsymbol{\beta})$，即

$$P(X,Y_k;\alpha_k,\boldsymbol{\beta}_k)=P(X\mid Y_k;\boldsymbol{\beta}_k)P(Y_k;\alpha_k),\quad k=1,2,\cdots,n \tag{5-39}$$

$$
\begin{aligned}
P(X;\boldsymbol{\alpha},\boldsymbol{\beta}) &= \sum_{k=1}^{n} P(X \mid Y_k;\boldsymbol{\beta}_k) P(Y_k;\alpha_k) \\
&= \alpha_1 P(X \mid Y_1;\boldsymbol{\beta}_1) + \alpha_2 P(X \mid Y_2;\boldsymbol{\beta}_2) + \cdots + \alpha_n P(X \mid Y_n;\boldsymbol{\beta}_n)
\end{aligned} \tag{5-40}
$$

$$
P(Y_k \mid X;\boldsymbol{\alpha},\boldsymbol{\beta}) = \frac{P(X,Y_k;\alpha_k,\boldsymbol{\beta}_k)}{P(X;\boldsymbol{\alpha},\boldsymbol{\beta})},\quad k=1,2,\cdots,n \tag{5-41}
$$

给定未做标注的数据集 $D=\{x_1,x_2,\cdots,x_m\}$,其中只包含分类特征 X,未包含类别标注 Y,因此是一个不完全数据集。现在希望根据数据集 D 建立特征 X 的概率模型 $P(X;\boldsymbol{\alpha},\boldsymbol{\beta})$,这是一个含隐变量的混合概率模型(即 GMM),其概率分布形式已知,但参数$\boldsymbol{\alpha}$、$\boldsymbol{\beta}$未知。

2. GMM 模型参数估计

给定未做标注的数据集 $D=\{x_1,x_2,\cdots,x_m\}$,其对数似然函数为

$$
\begin{aligned}
\ln L(\boldsymbol{\alpha},\boldsymbol{\beta}) &= \ln\Big(\prod_{j=1}^{m} p(x_j;\boldsymbol{\alpha},\boldsymbol{\beta})\Big) \\
&= \ln\Big(\prod_{j=1}^{m}\Big(\sum_{k=1}^{n} p(x_j \mid Y_k;\boldsymbol{\beta}_k) P(Y_k;\alpha_k)\Big)\Big)
\end{aligned} \tag{5-42}
$$

将式(5-37)、式(5-38)代入式(5-42),整理可得

$$
\ln L(\boldsymbol{\alpha},\boldsymbol{\beta}) = \sum_{j=1}^{m}\ln\left(\sum_{k=1}^{n}\left(\alpha_k \cdot \frac{1}{\sqrt{2\pi}\sigma_k} e^{-\frac{(x_j-\mu_k)^2}{2\sigma_k^2}}\right)\right) \tag{5-43}
$$

最大化式(5-43)的对数似然函数 $\ln L(\boldsymbol{\alpha},\boldsymbol{\beta})$,需使用 EM 算法求解最优参数$\boldsymbol{\alpha}^*$、$\boldsymbol{\beta}^*$,从而建立起 GMM 的概率模型 $P(X;\boldsymbol{\alpha}^*,\boldsymbol{\beta}^*)$。

3. 应用 EM 算法

记$\boldsymbol{\theta}=(\boldsymbol{\alpha},\boldsymbol{\beta})$,首先选择初始参数$\boldsymbol{\theta}^0=(\boldsymbol{\alpha}^0,\boldsymbol{\beta}^0)$,然后迭代执行如下的 E 步和 M 步,直至收敛(例如迭代后参数无变化)。

E 步:根据上次迭代的参数$\boldsymbol{\theta}^{i-1}$,求数据集 D 上的 Q 函数(即期望)。

$$
Q(\boldsymbol{\theta},\boldsymbol{\theta}^{i-1}) = \sum_{j=1}^{m}\left(\sum_{k=1}^{n} P(Y_k \mid x_j;\boldsymbol{\theta}^{i-1}) \ln P(x_j,Y_k;\boldsymbol{\theta})\right) \tag{5-44}
$$

其中

$$
P(Y_k \mid x_j;\boldsymbol{\theta}^{i-1}) = \frac{P(x_j,Y_k;\boldsymbol{\theta}^{i-1})}{P(x_j;\boldsymbol{\theta}^{i-1})} = \frac{\alpha_k^{i-1} \cdot \dfrac{1}{\sqrt{2\pi}\sigma_k^{i-1}} e^{-\frac{(x_j-\mu_k^{i-1})^2}{2(\sigma_k^{i-1})^2}}}{\displaystyle\sum_{l=1}^{n}\left(\alpha_l^{i-1} \cdot \frac{1}{\sqrt{2\pi}\sigma_l^{i-1}} e^{-\frac{(x_j-\mu_l^{i-1})^2}{2(\sigma_l^{i-1})^2}}\right)} \tag{5-45}
$$

$$
\begin{aligned}
\ln P(x_j,Y_k;\boldsymbol{\theta}) &= \ln\left(\alpha_k \cdot \frac{1}{\sqrt{2\pi}\sigma_k} e^{-\frac{(x_j-\mu_k)^2}{2\sigma_k^2}}\right) \\
&= \ln\alpha_k + \ln\frac{1}{\sqrt{2\pi}} - \frac{1}{2}\ln\sigma_k^2 - \frac{1}{2\sigma_k^2}(x_j-\mu_k)^2
\end{aligned} \tag{5-46}
$$

为便于后续演算，记 $\gamma_{jk} \equiv P(Y_k | x_j; \boldsymbol{\theta}^{i-1})$，$\gamma_{jk}$ 满足 $\sum_{k=1}^{n} \gamma_{jk} = \gamma_{j1} + \gamma_{j2} + \cdots + \gamma_{jn} = 1$。将 γ_{jk} 和式(5-46)代入式(5-44)可得

$$Q(\boldsymbol{\theta}, \boldsymbol{\theta}^{i-1}) = \sum_{j=1}^{m} \left(\sum_{k=1}^{n} \gamma_{jk} \left(\ln\alpha_k + \ln\frac{1}{\sqrt{2\pi}} - \frac{1}{2}\ln\sigma_k^2 - \frac{1}{2\sigma_k^2}(x_j - \mu_k)^2 \right) \right) \tag{5-47}$$

E 步结束。

M 步：最大化 Q 函数(即最大化期望)，然后将其最优参数作为迭代后的新参数 $\boldsymbol{\theta}^i$。

对式(5-47)的 Q 函数求参数 μ_k 的偏导并令其等于 0。

$$\frac{\partial Q(\boldsymbol{\theta}, \boldsymbol{\theta}^{i-1})}{\partial \mu_k} = \sum_{j=1}^{m} \gamma_{jk} \left(\frac{1}{\sigma_k^2}(x_j - \mu_k) \right) = 0 \tag{5-48}$$

求得最优参数 μ_k 为

$$\mu_k = \frac{\sum_{j=1}^{m} \gamma_{jk} x_j}{\sum_{j=1}^{m} \gamma_{jk}}, \quad k = 1, 2, \cdots, n \tag{5-49}$$

再对 Q 函数求参数 σ_k^2 的偏导并令其等于 0。

$$\frac{\partial Q(\boldsymbol{\theta}, \boldsymbol{\theta}^{i-1})}{\partial \sigma_k^2} = \sum_{j=1}^{m} \gamma_{jk} \left(-\frac{1}{2\sigma_k^2} + \frac{1}{2\sigma_k^4}(x_j - \mu_k)^2 \right) = 0 \tag{5-50}$$

求解最优参数 σ_k^2 为

$$\sum_{j=1}^{m} \gamma_{jk} \left(-1 + \frac{1}{\sigma_k^2}(x_j - \mu_k)^2 \right) = 0$$

$$\sigma_k^2 = \frac{\sum_{j=1}^{m} \gamma_{jk}(x_j - \mu_k)^2}{\sum_{j=1}^{m} \gamma_{jk}}, \quad k = 1, 2, \cdots, n \tag{5-51}$$

再根据约束条件 $\sum_{k=1}^{n} \alpha_k = 1$，使用拉格朗日乘子法求解最优参数 α_k。首先构造 Q 函数的拉格朗日函数 $\mathrm{LQ}(\boldsymbol{\theta}, \boldsymbol{\theta}^{i-1})$，则

$$\mathrm{LQ}(\boldsymbol{\theta}, \boldsymbol{\theta}^{i-1}) = \sum_{j=1}^{m} \left(\sum_{k=1}^{n} \gamma_{jk} \left(\ln\alpha_k + \ln\frac{1}{\sqrt{2\pi}} - \frac{1}{2}\ln\sigma_k^2 - \frac{1}{2\sigma_k^2}(x_j - \mu_k)^2 \right) \right) + \lambda\left(\sum_{k=1}^{n} \alpha_k - 1 \right) \tag{5-52}$$

然后对 $\mathrm{LQ}(\boldsymbol{\theta}, \boldsymbol{\theta}^{i-1})$ 求参数 α_k 的偏导并令其等于 0，即

$$\frac{\partial LQ(\boldsymbol{\theta}, \boldsymbol{\theta}^{i-1})}{\partial \alpha_k} = \sum_{j=1}^{m} \frac{\gamma_{jk}}{\alpha_k} + \lambda = 0 \tag{5-53}$$

$$\lambda\alpha_k = -\sum_{j=1}^{m} \gamma_{jk}, \quad k = 1, 2, \cdots, n \tag{5-54}$$

将 n 个 $\lambda\alpha_k$ 累加起来，有

$$\lambda\alpha_1+\lambda\alpha_2+\cdots+\lambda\alpha_n=-\left(\sum_{j=1}^{m}\gamma_{j1}+\sum_{j=1}^{m}\gamma_{j2}+\cdots+\sum_{j=1}^{m}\gamma_{jn}\right)$$

$$\lambda(\alpha_1+\alpha_2+\cdots+\alpha_n)=-\left(\sum_{j=1}^{m}(\gamma_{j1}+\gamma_{j2}+\cdots+\gamma_{jn})\right)$$

因为 $\sum_{k=1}^{n}\alpha_k=1$，$\sum_{k=1}^{n}\gamma_{jk}=1$，所以 $\lambda=-m$，将 λ 代入式(5-54)可得

$$\alpha_k=\frac{1}{m}\sum_{j=1}^{m}\gamma_{jk},\quad k=1,2,\cdots,n \tag{5-55}$$

M 步结束。综合式(5-49)、式(5-51)和式(5-55)，取新的迭代参数 $\boldsymbol{\theta}^i$ 为

$$(\alpha_k,\mu_k,\sigma_k^2),\quad k=1,2,\cdots,n$$

检查迭代条件，如果参数 $\boldsymbol{\theta}^i$ 与 $\boldsymbol{\theta}^{i-1}$ 无明显变化，或 i 达到最大迭代次数，则停止迭代；否则返回 E 步，继续下次迭代。迭代结束后，将最后一次迭代的参数 $\boldsymbol{\theta}^i$ 作为最优参数 $\boldsymbol{\theta}^*$。

5.2.3 三硬币模型

高斯混合模型是连续型混合概率模型的代表，三硬币模型则是离散型混合概率模型的代表。假设有三枚硬币，分别记作 A、B、C，它们出现正面的概率分别为 α、p、q。将硬币正面记作 1，反面记作 0，然后进行如下三硬币实验：先掷硬币 A，根据结果选择硬币 B 或 C，正面选 B，反面选 C；再掷所选出的硬币 B 或 C，若为正面则记录 1，反面则记录 0；独立重复 m 次实验，所记录结果为一个 0、1 序列，记作 $\{x_1,x_2,\cdots,x_m\}$。

三硬币模型假设硬币的投掷过程不可见，只能看到最终的记录结果 $\{x_1,x_2,\cdots,x_m\}$。

1. 模型描述

将硬币 A 的投掷结果记作随机变量 Y(可看作聚类问题中不可观测的类别)，所选出硬币(B 或 C)的投掷结果记作随机变量 X(可看作聚类问题中可观测的分类特征)。随机变量 Y、X 均服从 0-1 分布，记 $Y=1$ 为 Y_1，$Y=0$ 为 Y_0；$X=1$ 为 X_1，$X=0$ 为 X_0；再记参数 $\boldsymbol{\theta}=(\alpha,p,q)$，则

$$\begin{cases}P(Y_1)=\alpha,P(Y_0)=1-\alpha, & \text{记作 } P(Y_k;\boldsymbol{\theta}),k=0,1\\ P(X_1\mid Y_1)=p,P(X_0\mid Y_1)=1-p, & \text{记作 } P(X\mid Y_1;\boldsymbol{\theta})\\ P(X_1\mid Y_0)=q,P(X_0\mid Y_0)=1-q, & \text{记作 } P(X\mid Y_0;\theta)\end{cases} \tag{5-56}$$

其中，$\boldsymbol{\theta}=(\alpha,p,q)$ 为未知参数。

由概率分布 $P(Y_k;\boldsymbol{\theta})$、$P(X|Y_1;\boldsymbol{\theta})$ 和 $P(X|Y_0;\boldsymbol{\theta})$，可以计算出联合概率 $P(X,Y;\boldsymbol{\theta})$、$X$ 的边缘概率 $P(X;\boldsymbol{\theta})$、Y 的条件概率 $P(Y|X;\boldsymbol{\theta})$，即

$$P(X,Y;\boldsymbol{\theta})=\begin{cases}P(X_1,Y_1;\boldsymbol{\theta})=P(X_1\mid Y_1;\boldsymbol{\theta})P(Y_1;\boldsymbol{\theta})=\alpha p\\ P(X_0,Y_1;\boldsymbol{\theta})=P(X_0\mid Y_1;\boldsymbol{\theta})P(Y_1;\boldsymbol{\theta})=\alpha(1-p)\\ P(X_1,Y_0;\boldsymbol{\theta})=P(X_1\mid Y_0;\boldsymbol{\theta})P(Y_0;\boldsymbol{\theta})=(1-\alpha)q\\ P(X_0,Y_0;\boldsymbol{\theta})=P(X_0\mid Y_0;\boldsymbol{\theta})P(Y_0;\boldsymbol{\theta})=(1-\alpha)(1-q)\end{cases} \tag{5-57}$$

$$P(X;\boldsymbol{\theta})=\begin{cases}P(X_1;\boldsymbol{\theta})=\sum_{k=0}^{1}P(X_1\mid Y_k;\theta)P(Y_k;\boldsymbol{\theta})=\alpha p+(1-\alpha)q\\P(X_0;\boldsymbol{\theta})=\sum_{k=0}^{1}P(X_0\mid Y_k;\boldsymbol{\theta})P(Y_k;\boldsymbol{\theta})=\alpha(1-p)+(1-\alpha)(1-q)\end{cases}\tag{5-58}$$

$$P(Y\mid X;\boldsymbol{\theta})=\begin{cases}P(Y_1\mid X_1;\boldsymbol{\theta})=\dfrac{P(X_1,Y_1;\boldsymbol{\theta})}{P(X_1;\boldsymbol{\theta})}=\dfrac{\alpha p}{\alpha p+(1-\alpha)q}\\P(Y_0\mid X_1;\boldsymbol{\theta})=1-P(Y_1\mid X_1;\boldsymbol{\theta})\\P(Y_1\mid X_0;\boldsymbol{\theta})=\dfrac{P(X_0,Y_1;\boldsymbol{\theta})}{P(X_0;\boldsymbol{\theta})}=\dfrac{\alpha(1-p)}{\alpha(1-p)+(1-\alpha)(1-q)}\\P(Y_0\mid X_0;\boldsymbol{\theta})=1-P(Y_1\mid X_0;\boldsymbol{\theta})\end{cases}\tag{5-59}$$

将掷硬币实验所记录的0、1序列看作数据集 $D=\{x_1,x_2,\cdots,x_m\}$，$x_j\in\{0,1\}$，$j=1,2,\cdots,m$，其中只包含第二枚硬币（B 或 C）的投掷结果 X。现在希望根据数据集 D 建立三硬币的概率模型 $P(X,Y;\boldsymbol{\theta})$，这是一个含隐变量的概率模型，其概率分布形式已知，但参数 $\boldsymbol{\theta}=(\alpha,p,q)$ 未知。

2. 模型参数估计

给定掷硬币实验的数据集 $D=\{x_1,x_2,\cdots,x_m\}$，其对数似然函数为

$$\ln L(\boldsymbol{\theta})=\ln\left(\prod_{j=1}^{m}P(x_j;\boldsymbol{\theta})\right)=\sum_{j=1}^{m}\ln P(x_j;\boldsymbol{\theta})\tag{5-60}$$

最大化式(5-60)的对数似然函数 $\ln L(\boldsymbol{\theta})$，需使用EM算法求解最优参数 $\boldsymbol{\theta}^*=(\alpha^*,p^*,q^*)$，从而建立起三硬币的概率模型。

3. 应用EM算法

首先选择初始参数 $\boldsymbol{\theta}^0=(\alpha^0,p^0,q^0)$，然后迭代执行如下的E步和M步，直至收敛（例如迭代后参数无变化）。

E步：根据上次迭代的参数 $\boldsymbol{\theta}^{i-1}$，求数据集 D 上的 Q 函数（即期望）。

首先，将参数 $\boldsymbol{\theta}^{i-1}=(\alpha^{i-1},p^{i-1},q^{i-1})$ 代入式(5-59)，求得 $P(Y|X;\boldsymbol{\theta}^{i-1})$。为便于后续演算，这里对式(5-59)做进一步改写。记 $P(Y_1|X_1;\boldsymbol{\theta})$ 为 γ_1，$P(Y_1|X_0;\boldsymbol{\theta})$ 为 γ_0，则

$$P(Y\mid X;\boldsymbol{\theta})=\begin{cases}P(Y_1\mid X_1;\boldsymbol{\theta})=\gamma_1=\dfrac{\alpha p}{\alpha p+(1-\alpha)q}\\P(Y_0\mid X_1;\boldsymbol{\theta})=1-\gamma_1\\P(Y_1\mid X_0;\boldsymbol{\theta})=\gamma_0=\dfrac{\alpha(1-p)}{\alpha(1-p)+(1-\alpha)(1-q)}\\P(Y_0\mid X_0;\boldsymbol{\theta})=1-\gamma_0\end{cases}\tag{5-61}$$

其中，γ_1、γ_0 分别是第二枚硬币（B 或 C）投掷结果 X 为正面或反面时，硬币 A 投掷结果为正面的概率。代入参数 $\boldsymbol{\theta}^{i-1}=(\alpha^{i-1},p^{i-1},q^{i-1})$，求得 γ_1^{i-1} 和 γ_0^{i-1}。

$$\begin{cases}\gamma_1^{i-1}=\dfrac{\alpha^{i-1}p^{i-1}}{\alpha^{i-1}p^{i-1}+(1-\alpha^{i-1})q^{i-1}}\\ \gamma_0^{i-1}=\dfrac{\alpha^{i-1}(1-p^{i-1})}{\alpha^{i-1}(1-p^{i-1})+(1-\alpha^{i-1})(1-q^{i-1})}\end{cases} \tag{5-62}$$

再假设数据集 $D=\{x_1,x_2,\cdots,x_m\}$ 中正面样本点有 m_1 个，反面样本点有 m_0 个，$m_1+m_0=m$，则数据集 D 上的 Q 函数为

$$\begin{aligned}Q(\boldsymbol{\theta},\boldsymbol{\theta}^{i-1})&=\sum_{j=1}^{m}\left(\sum_{k=0}^{1}P(Y_k\mid x_j;\boldsymbol{\theta}^{i-1})\ln P(x_j,Y_k;\boldsymbol{\theta})\right)\\&=m_1Q_1(\boldsymbol{\theta},\boldsymbol{\theta}^{i-1})+m_0Q_0(\boldsymbol{\theta},\boldsymbol{\theta}^{i-1})\end{aligned} \tag{5-63}$$

其中

$$\begin{aligned}Q_1(\boldsymbol{\theta},\boldsymbol{\theta}^{i-1})&=\sum_{k=0}^{1}P(Y_k\mid X_1;\boldsymbol{\theta}^{i-1})\ln P(X_1,Y_k;\boldsymbol{\theta})\\&=P(Y_1\mid X_1;\boldsymbol{\theta}^{i-1})\ln P(X_1,Y_1;\boldsymbol{\theta})+P(Y_0\mid X_1;\boldsymbol{\theta}^{i-1})\ln P(X_1,Y_0;\boldsymbol{\theta})\\&=\gamma_1^{i-1}\ln(\alpha p)+(1-\gamma_1^{i-1})\ln((1-\alpha)q)\end{aligned} \tag{5-64}$$

$$\begin{aligned}Q_0(\boldsymbol{\theta},\boldsymbol{\theta}^{i-1})&=\sum_{k=0}^{1}P(Y_k\mid X_0;\boldsymbol{\theta}^{i-1})\ln P(X_0,Y_k;\boldsymbol{\theta})\\&=(Y_1\mid X_0;\boldsymbol{\theta}^{i-1})\ln P(X_0,Y_1;\boldsymbol{\theta})+P(Y_0\mid X_0;\boldsymbol{\theta}^{i-1})\ln P(X_0,Y_0;\boldsymbol{\theta})\\&=\gamma_0^{i-1}\ln(\alpha(1-p))+(1-\gamma_0^{i-1})\ln((1-\alpha)(1-q))\end{aligned} \tag{5-65}$$

E 步结束。

M 步：最大化 Q 函数(即最大化期望)，然后将其最优参数作为迭代后的新参数 $\boldsymbol{\theta}^i$。

对式(5-63)的 Q 函数求参数 α 的偏导并令其等于 0，即

$$\frac{\partial Q(\boldsymbol{\theta},\boldsymbol{\theta}^{i-1})}{\partial\alpha}=m_1\left(\frac{\gamma_1^{i-1}}{\alpha}-\frac{(1-\gamma_1^{i-1})}{(1-\alpha)}\right)+m_0\left(\frac{\gamma_0^{i-1}}{\alpha}-\frac{(1-\gamma_0^{i-1})}{(1-\alpha)}\right)=0 \tag{5-66}$$

求得最优参数 α 为

$$\alpha=\frac{1}{m_1+m_0}(m_1\gamma_1^{i-1}+m_0\gamma_0^{i-1})=\frac{1}{m}\sum_{k=0}^{1}m_k\gamma_k^{i-1} \tag{5-67}$$

再对 Q 函数求参数 p 的偏导并令其等于 0，即

$$\frac{\partial Q(\boldsymbol{\theta},\boldsymbol{\theta}^{i-1})}{\partial p}=m_1\frac{\gamma_1^{i-1}}{p}-m_0\frac{\gamma_0^{i-1}}{1-p}=0 \tag{5-68}$$

求得最优参数 p 为

$$p=\frac{m_1\gamma_1^{i-1}}{m_1\gamma_1^{i-1}+m_0\gamma_0^{i-1}}=\frac{m_1\gamma_1^{i-1}}{\sum_{k=0}^{1}m_k\gamma_k^{i-1}} \tag{5-69}$$

最后对 Q 函数求参数 q 的偏导并令其等于 0，即

$$\frac{\partial Q(\boldsymbol{\theta},\boldsymbol{\theta}^{i-1})}{\partial q}=m_1\frac{1-\gamma_1^{i-1}}{q}-m_0\frac{1-\gamma_0^{i-1}}{1-q}=0 \tag{5-70}$$

求得最优参数 q 为

$$q=\frac{m_1(1-\gamma_1^{i-1})}{(m_1+m_0)-(m_1\gamma_1^{i-1}+m_0\gamma_0^{i-1})}=\frac{m_1(1-\gamma_1^{i-1})}{m-\sum_{k=0}^{1}m_k\gamma_k^{i-1}} \tag{5-71}$$

综合式(5-67)、式(5-69)和式(5-71),取新的迭代参数 $\boldsymbol{\theta}^i$ 为 (α,p,q),M 步结束。检查迭代条件,如果参数 $\boldsymbol{\theta}^i$ 与 $\boldsymbol{\theta}^{i-1}$ 无明显变化,或 i 达到最大迭代次数,则停止迭代;否则返回 E 步,继续下次迭代。迭代结束后,将最后一次迭代的参数 $\boldsymbol{\theta}^i$ 作为最优参数 $\boldsymbol{\theta}^*$。

三硬币模型是基于 0-1(二项)分布的概率模型,其求解算法可推广至多项分布。

5.3 *k* 均值聚类

与之前基于概率的聚类方法不同,k **均值聚类**(k-means clustering)是一种基于距离的聚类方法,其中 k 表示类别的个数。假设有 k 个类,每个类有一个中心点。直观上看,样本点离哪个类的中心点距离近就应该划归哪个类。

k 均值聚类是一种无监督学习算法。给定未做标注的数据集 $D=\{\boldsymbol{x}_1,\boldsymbol{x}_2,\cdots,\boldsymbol{x}_m\}$,$k$ 均值聚类需要将其划分成 k 个不相交的**簇**,可记作 $\{C_1,C_2,\cdots,C_k\}$。首先为每个簇建立一个能够代表该簇的**原型**(prototype,即中心点),然后将各样本点划归距离最近原型所代表的簇。k 均值聚类以簇中样本的均值作为该簇的原型,每个簇构成一类,共 k 个。将 k 个类的均值记作均值向量 $\boldsymbol{\mu}=(\boldsymbol{\mu}_1,\boldsymbol{\mu}_2,\cdots,\boldsymbol{\mu}_k)$,它们是聚类模型的未知参数,需基于数据集 D 并设计聚类算法来进行学习。

k 均值聚类算法主要包括数据预处理、距离度量、均值初始化、均值迭代和数据集聚类等五步,其中距离度量和均值迭代是算法的关键。

5.3.1 *k* 均值聚类算法

1. 数据预处理

数据集 D 通常包含多个特征项,不同特征项的取值范围可能存在较大差异,这就会造成特征项之间的不平等。为防止这种不平等现象被代入后续的距离度量,k 均值聚类算法需通过预处理对数据集 D 进行标准化,也即消除量纲,统一不同特征项的取值范围。常用的数据标准化方法有 Min-Max、z-score 等。

2. 距离度量

对于数值型特征,度量样本点之间的距离通常采用欧氏距离,即

$$\mathrm{dist}(\boldsymbol{x}_i,\boldsymbol{x}_j)=\sqrt{\sum_{l=1}^{d}(x_{il}-x_{jl})^2}\equiv\|\boldsymbol{x}_i-\boldsymbol{x}_j\|_2 \tag{5-72}$$

其中,d 表示特征的维数;样本点 $\boldsymbol{x}_i$、$\boldsymbol{x}_j$ 之间的欧氏距离通常也被记作 $\|\boldsymbol{x}_i-\boldsymbol{x}_j\|_2$。

对于非数值型特征,目前还没有很好的距离度量方法。例如,如何度量苹果、香蕉、桔子之间的距离,或如何度量马、牛、羊之间的距离?k 均值聚类方法主要适用于数值型特征的聚类问题。可以将非数值型特征转换为数值型,然后按数值型特征进行处理。

在确定了距离度量之后，k 均值聚类算法将聚类模型在数据集 D 上的损失函数定义为各样本点与其所属类均值之间距离的平方和，即

$$L(\boldsymbol{\mu})=\sum_{j=1}^{m}\operatorname{dist}^2(\boldsymbol{x}_j,\boldsymbol{\mu}_l)=\sum_{j=1}^{m}\|\boldsymbol{x}_j-\boldsymbol{\mu}_l\|_2^2 \tag{5-73}$$

其中，$\boldsymbol{\mu}_l$ 表示样本点 $\boldsymbol{x}_j$ 属于类 C_l，即 $\boldsymbol{x}_j\in C_l$，$\boldsymbol{\mu}_l$ 为该类的均值。可以看出损失函数 $L(\boldsymbol{\mu})$正比于各类方差的总和(即类内方差)，即

$$L(\boldsymbol{\mu})=\sum_{j=1}^{m}\|\boldsymbol{x}_j-\boldsymbol{\mu}_l\|_2^2\propto\sum_{l=1}^{k}\boldsymbol{\sigma}_l^2 \tag{5-74}$$

最小化式(5-73)的损失函数 $L(\boldsymbol{\mu})$，相当于最小化类内方差。损失函数 $L(\boldsymbol{\mu})$中各样本点 $\boldsymbol{x}_j$ 的所属类别 C_l 为隐变量，求解最优参数 $\boldsymbol{\mu}^*$ 需通过类似 EM 的迭代算法进行求解。

3. 均值初始化

记样本均值 $\boldsymbol{\mu}=(\boldsymbol{\mu}_1,\boldsymbol{\mu}_2,\cdots,\boldsymbol{\mu}_k)$，从标准化后的数据集 D 中随机选取 k 个样本点，分别作为 k 个类的初始均值，将它们记作 $\boldsymbol{\mu}^0=(\boldsymbol{\mu}_1^0,\boldsymbol{\mu}_2^0,\cdots,\boldsymbol{\mu}_k^0)$。

4. 均值迭代

有了初始均值 $\boldsymbol{\mu}^0$，下面从 $i=1$ 开始迭代执行如下的**标注样本**和**更新均值**两步，直至收敛(例如迭代后均值无变化)。

1) 标注样本

对数据集 D 中的样本数据进行标注。根据上次迭代的均值 $\boldsymbol{\mu}^{i-1}=(\boldsymbol{\mu}_1^{i-1},\boldsymbol{\mu}_2^{i-1},\cdots,\boldsymbol{\mu}_k^{i-1})$，将各样本点标注为距离最近均值所代表的类，即

$$c_j^{i-1}=\underset{l=1,2,\cdots,k}{\operatorname{argmin}}\|\boldsymbol{x}_j-\boldsymbol{\mu}_l^{i-1}\|_2^2,\quad j=1,2,\cdots,m \tag{5-75}$$

其中，$\boldsymbol{x}_j$ 表示第 j 个样本点；c_j^{i-1} 表示该样本点本次迭代的标注结果，$c_j^{i-1}\in\{1,2,\cdots,k\}$。然后再根据标注结果，将标注相同的样本点划归一类，这样数据集 D 就被划分成 k 个类，记作 $C^{i-1}=\{C_1^{i-1},C_2^{i-1},\cdots,C_k^{i-1}\}$。

2) 更新均值

根据上一步的分类结果 $C^{i-1}=\{C_1^{i-1},C_2^{i-1},\cdots,C_k^{i-1}\}$，重新计算各类的均值，即更新均值。

$$\boldsymbol{\mu}_l^i=\frac{1}{|C_l^{i-1}|}\sum_{\boldsymbol{x}_j\in C_l^{i-1}}\boldsymbol{x}_j,\quad l=1,2,\cdots,k \tag{5-76}$$

其中，$|C_l^{i-1}|$表示类 C_l^{i-1} 中样本点的个数。更新均值后检查迭代条件，如果参数 $\boldsymbol{\mu}^i$ 与 $\boldsymbol{\mu}^{i-1}$ 无明显变化，或 i 达到最大迭代次数，则停止迭代，将参数 $\boldsymbol{\mu}^i$ 作为聚类模型的最优参数 $\boldsymbol{\mu}^*$；否则返回上一步，继续迭代。

5. 数据集聚类

通过均值迭代求解出的最优参数 $\boldsymbol{\mu}^*=(\boldsymbol{\mu}_1^*,\boldsymbol{\mu}_2^*,\cdots,\boldsymbol{\mu}_k^*)$，它们是最终聚类模型中各类的样本均值(即原型)。按照与式(5-75)相同的距离最近原则，对数据集 D 中样本数据做最终标注，将样本数据 $\boldsymbol{x}_j$ 标注为 y_j，即

$$y_j=\underset{l=1,2,\cdots,k}{\operatorname{argmin}}\|\boldsymbol{x}_j-\boldsymbol{\mu}_l^*\|_2^2,\quad j=1,2,\cdots,m$$

这样就完成了对数据集的聚类过程。今后任给新样本 $\boldsymbol{x}$，同样也可以按上述方法进行标注(即分类)。

5.3.2　关于 k 均值聚类的讨论

1. k 均值聚类算法的收敛性

k 均值聚类算法即最小化式(5-73)的损失函数 $L(\boldsymbol{\mu})$，其中各样本点 $\boldsymbol{x}_j$ 的所属类别 C_l 相当于隐变量 Y，其求解过程实际上是对常规含隐变量概率模型和 EM 算法的一种简化。

k 均值聚类算法中标注样本的操作(见式(5-75))相当于 EM 算法中的 E 步：根据上次迭代的参数 $\boldsymbol{\mu}^{i-1}$，求数据集 D 上的 Q 函数(即期望)。

$$Q(\boldsymbol{\mu},\boldsymbol{\mu}^{i-1})=\sum_{j=1}^{m}\left(\sum_{Y}P(Y\mid \boldsymbol{x}_j;\boldsymbol{\mu}^{i-1})\ln P(\boldsymbol{x}_j,Y;\boldsymbol{\mu})\right) \tag{5-77}$$

其中，$\boldsymbol{\mu}^{i-1}$ 为已知参数，$\boldsymbol{\mu}$ 为待求解参数，且

$$P(Y\mid \boldsymbol{x};\boldsymbol{\mu}^{i-1})=\begin{cases}P(Y_c\mid \boldsymbol{x};\boldsymbol{\mu}^{i-1})=1, & c=\underset{l=1,2,\cdots,k}{\operatorname{argmin}}\|\boldsymbol{x}_j-\boldsymbol{\mu}_l^{i-1}\|_2^2\\ P(Y_c\mid \boldsymbol{x};\boldsymbol{\mu}^{i-1})=0, & c\neq\underset{l=1,2,\cdots,k}{\operatorname{argmin}}\|\boldsymbol{x}_j-\boldsymbol{\mu}_l^{i-1}\|_2^2\end{cases} \tag{5-78}$$

$$\ln P(\boldsymbol{x},Y;\boldsymbol{\mu})=\begin{cases}\ln P(\boldsymbol{x},Y_c;\boldsymbol{\mu})=-\|\boldsymbol{x}-\boldsymbol{\mu}_c\|_2^2, & c=\underset{l=1,2,\cdots,k}{\operatorname{argmin}}\|\boldsymbol{x}_j-\boldsymbol{\mu}_l^{i-1}\|_2^2\\ \ln P(\boldsymbol{x},Y_c;\boldsymbol{\mu})=0, & c\neq\underset{l=1,2,\cdots,k}{\operatorname{argmin}}\|\boldsymbol{x}_j-\boldsymbol{\mu}_l^{i-1}\|_2^2\end{cases} \tag{5-79}$$

$$Q(\boldsymbol{\mu},\boldsymbol{\mu}^{i-1})=\sum_{j=1}^{m}(-\|\boldsymbol{x}_j-\boldsymbol{\mu}_c\|_2^2)=-L(\boldsymbol{\mu}),\quad \boldsymbol{\mu}_c\text{ 为 }\boldsymbol{x}_j\text{ 所属类的均值} \tag{5-80}$$

k 均值聚类算法中更新均值的操作(见式(5-76))相当于 EM 算法中的 M 步：最大化 Q 函数，实际上就是最小化损失函数 $L(\boldsymbol{\mu})$，即

$$\boldsymbol{\mu}^{i}=\underset{\boldsymbol{\mu}}{\operatorname{argmax}}\,Q(\boldsymbol{\mu},\boldsymbol{\mu}^{i-1})=\underset{\boldsymbol{\mu}}{\operatorname{argmin}}\,L(\boldsymbol{\mu}) \tag{5-81}$$

式(5-81)的最优解就是式(5-76)的最优解。

由 EM 算法可知，第 i 次迭代时将参数从 $\boldsymbol{\mu}^{i-1}$ 更新到 $\boldsymbol{\mu}^{i}$，可使损失函数 $L(\boldsymbol{\mu})$ 的函数值下降，即 $L(\boldsymbol{\mu}^{i})\leqslant L(\boldsymbol{\mu}^{i-1})$。如果损失函数 $L(\boldsymbol{\mu})$ 是凸函数(例如式(5-73))，则 k 均值聚类算法可以收敛至最小值。

2. 超参数 k 值的选择

k 均值聚类中的 k 是一个需要人工预设的超参数，表示类别的个数。可以通过可视化观察数据分布情况，给出一个相对合理的 k 值；也可以为 k 选取一组候选值，然后使用数据集逐个训练并计算各候选 k 值最终的损失(见式(5-73))，从中选取损失最小的候选值作为最优 k 值。

一个更加灵活的方法是仅将预设的 k 值看作预估值，聚类时再根据数据的实际分布进行调整。聚类过程中，当簇内样本点数量过少或两个簇距离过近时，对簇进行**合并**操作；当

簇内样本点数量过多且方差较大时,对簇进行**分裂**操作。这种根据数据实际分布动态调整 k 值的方法被称作 **ISODATA**(Iterative Self-Organizing Data Analysis Techniques Algorithm)聚类。

3. 初始均值的选择

k 均值聚类的 k 个初始均值是从数据集 D 中随机选取的。从直观上看,这 k 个初始均值应**尽量散开**,这样可以加快收敛速度。随机选取第一个初始均值 $\boldsymbol{\mu}_1^0$,然后在选择下一个均值 $\boldsymbol{\mu}_2^0$ 时尽量选择距 $\boldsymbol{\mu}_1^0$ 较远的样本点,或者说距 $\boldsymbol{\mu}_1^0$ 越远的样本点被选作 $\boldsymbol{\mu}_2^0$ 的概率应当越大;重复这个过程,在选择下一个均值 $\boldsymbol{\mu}_i^0$ 时,距前 $i-1$ 个 $\{\boldsymbol{\mu}_1^0,\boldsymbol{\mu}_2^0,\cdots,\boldsymbol{\mu}_{i-1}^0\}$ 越远的样本点被选作 $\boldsymbol{\mu}_i^0$ 的概率应当越大,直至选出全部 k 个均值。按照上述方法选取初始均值的 k 均值聚类方法被称为 ***k*-means++** 聚类。

4. 聚类模型的评价指标

评价聚类模型的好坏,**轮廓系数**(silhouette coefficient)是一个常用的评价指标。对于聚类模型在数据集 $D=\{\boldsymbol{x}_1,\boldsymbol{x}_2,\cdots,\boldsymbol{x}_m\}$ 的聚类结果,首先计算各样本点 $\boldsymbol{x}_i$ 距本簇中其他样本的平均距离 a_i(越小越好),以及距其他最近一个簇中样本间的平均距离 b_i(越大越好),然后定义样本点 $\boldsymbol{x}_i$ 的轮廓系数 s_i 为

$$s_i=\frac{b_i-a_i}{\max(a_i,b_i)},\quad -1\leqslant s_i\leqslant 1 \tag{5-82}$$

最终,聚类模型在整个数据集 D 上的轮廓系数 s 被定义为所有样本点轮廓系数的平均,即

$$s=\frac{1}{m}\sum_{i=1}^{m}s_i,\quad -1\leqslant s\leqslant 1 \tag{5-83}$$

轮廓系数 s 越接近于 1,则说明聚类的效果越好。

5.3.3 使用 scikit-learn 库中的 k 均值聚类模型

练习 k 均值聚类编程,可以使用 scikit-learn 库提供的葡萄酒数据集 wine recognition dataset 和 k 均值聚类模型 **KMeans**。

1. 葡萄酒数据集 wine recognition dataset

wine recognition dataset 是一个包含人工标注的葡萄酒数据集,其中包含 178 个样例(产自 3 个不同的种植园),每个样例包含 13 项特征数据(表示 13 种化学成分含量,均为数值型特征)和一项人工标注(标注来自哪个种植园,分别用 0、1、2 表示)。

图 5-1 给出一个下载葡萄酒数据集的示例代码,它将数据集及其说明文档分别保存到 data 目录下的 wine. csv 文件和 wine. txt 中。

仅仅依据产自哪个种植园来标注葡萄酒,这种分类方式是科学的吗?可以根据葡萄酒的化学成分进行聚类,对比一下聚类的标注结果与人工标注是否一致。如果两者比较接近,那就说明根据产地对葡萄酒进行分类是科学的。

2. 使用 scikit-learn 库中的 k 均值聚类模型

scikit-learn 库将 k 均值聚类模型封装成一个类(类名为 **KMeans**),并将其存放在

```
In [1]: import numpy as np
        import pandas as pd
        import matplotlib.pyplot as plt
        %matplotlib inline

        #下载葡萄酒数据集，保存到本地文件wine.csv中
        from sklearn.datasets import load_wine
        w3 = load_wine()
        print(w3.keys()); print(w3.data.shape)
        print('wine: ', w3.target[0]); print(w3.data[0])

        df = pd.DataFrame( w3.data )
        df['target'] = w3.target
        df.to_csv("./data/wine.csv", index=None)
        #将数据集的说明文档保存到本地文件wine.txt中
        file = open("./data/wine.txt", 'w')
        file.write(w3.DESCR); file.close()

dict_keys(['data', 'target', 'target_names', 'DESCR', 'feature_names'])
(178, 13)
wine: 0
[1.423e+01 1.710e+00 2.430e+00 1.560e+01 1.270e+02 2.800e+00 3.060e+00
 2.800e-01 2.290e+00 5.640e+00 1.040e+00 3.920e+00 1.065e+03]
```

图 5-1 下载葡萄酒数据集的示例代码

sklearn.cluster 模块中。KMeans 类实现了 k 均值聚类(含 k-means++)模型的聚类算法 **fit**()，另外还提供一个预测算法 **predict**()，可用于对新样本的分类。

首先从下载到本地 data 目录下的 wine.csv 文件中加载葡萄酒数据集，得到一个 DataFrame 类的二维表格 w3，显示其形状(shape，即表格的行数和列数)。取出数据集中的特征(0～12 列)，对其进行标准化(例如使用 scikit-learn 库提供的 MinMaxScaler 类实现 Min-Max 标准化)，生成一个仅包含特征的数据集 X；再取出人工标注(第 13 列，列名为 target)，生成标注集 Y。图 5-2 给出了加载本地葡萄酒数据集 wine.csv 并进行标准化的示例代码。

```
In [1]: import numpy as np
        import pandas as pd
        import matplotlib.pyplot as plt
        %matplotlib inline

        w3 = pd.read_csv("./data/wine.csv")
        print("shape=", w3.shape)

        from sklearn.preprocessing import MinMaxScaler
        scaler = MinMaxScaler()
        scaler.fit(w3.iloc[:, :13])
        X = scaler.transform(w3.iloc[:, :13])
        print(w3.iloc[:2, :5]); print(X[:2, :5])

        Y = w3["target"]

shape= (178, 14)
       0     1     2     3      4
0  14.23  1.71  2.43  15.6  127.0
1  13.20  1.78  2.14  11.2  100.0
[[0.84210526 0.1916996  0.57219251 0.25773196 0.61956522]
 [0.57105263 0.2055336  0.4171123  0.03092784 0.32608696]]
```

图 5-2 加载本地葡萄酒数据集并进行标准化的示例代码

图 5-3 给出了使用 KMeans 类对葡萄酒数据集进行聚类的示例代码。其中聚类所使用的数据集是图 5-2 生成的特征数据集 X，k 值取 3；调用 fit()方法得到聚类结果，其中包括三个类的样本均值 cluster_centers_，以及数据集 X 中各样例的聚类标注 labels_(0、1 或 2)。可以同时显示图 5-2 标注集 Y 中的人工标注，将其与 KMeans 类标注进行比对，如图 5-4 所示。

```
In [2]: from sklearn.cluster import KMeans
        km = KMeans(n_clusters=3, init='random', random_state=2020)
        #km = KMeans(n_clusters=3, init='k-means++', random_state=2020)

        km.fit(X)
        print("cluster_centers_:"); print(km.cluster_centers_)
        print("labels_:"); print(km.labels_)
        print("label_Y:"); print(Y.values)

        cluster_centers_:
        [[0.31137521 0.23689915 0.47291703 0.49991686 0.2477209  0.45305895
          0.38240098 0.4117468  0.39742546 0.14773478 0.47351167 0.58897554
          0.15640099]
         [0.544689   0.47844053 0.56013612 0.53833177 0.31146245 0.24476489
          0.10713464 0.61852487 0.22827646 0.4826404  0.19254989 0.16090576
          0.24739982]
         [0.70565142 0.24842869 0.58490401 0.3444313  0.41072701 0.64211419
          0.55467939 0.30034024 0.47727155 0.35534046 0.47780888 0.69038612
          0.59389397]]
```

图 5-3 使用 KMeans 类对葡萄酒数据集进行聚类的示例代码

```
labels_:
[2 2 2 2 2 2 2 2 2 2 2 2 2 2 2 2 2 2 2 2 2 2 2 2 2 2 2 2 2 2 2 2 2 2 2 2 2
 2 2 2 2 2 2 2 2 2 2 2 2 2 2 2 2 2 2 2 2 2 2 0 1 1 0 0 0 0 0 0 1 0 1 0 0 2
 0 0 0 0 0 0 0 0 0 1 0 0 0 0 0 0 0 0 1 0 0 2 0 0 0 0 0 0 0 0 0 0 0 0 0 0 0
 0 0 0 0 0 0 0 1 0 0 0 0 0 0 0 0 0 0 0 1 1 1 1 1 1 1 1 1 1 1 1 1 1 1 1 1 1
 1 1 1 1 1 1 1 1 1 1 1 1 1 1 1 1 1 1 1 1 1 1 1 1 1 1 1 1 1 1]
label_Y:
[0 0 0 0 0 0 0 0 0 0 0 0 0 0 0 0 0 0 0 0 0 0 0 0 0 0 0 0 0 0 0 0 0 0 0 0 0
 0 0 0 0 0 0 0 0 0 0 0 0 0 0 0 0 0 0 0 0 0 0 1 1 1 1 1 1 1 1 1 1 1 1 1 1 1
 1 1 1 1 1 1 1 1 1 1 1 1 1 1 1 1 1 1 1 1 1 1 1 1 1 1 1 1 1 1 1 1 1 1 1 1 1
 1 1 1 1 1 1 1 1 1 1 1 1 1 1 1 1 1 1 1 2 2 2 2 2 2 2 2 2 2 2 2 2 2 2 2 2 2
 2 2 2 2 2 2 2 2 2 2 2 2 2 2 2 2 2 2 2 2 2 2 2 2 2 2 2 2 2 2]
```

图 5-4 比对 KMeans 类标注 labels_与人工标注 labels_Y

图 5-4 中 KMeans 类标注 labels_的 2、0、1(仅仅是一种类别编号)分别对应人工标注 labels_Y 的 0、1、2。可以看出,两者的分类结果(即哪些样例是属于同一类的)很接近,这说明不同产地葡萄酒的化学成分确实不一样,以产地来衡量葡萄酒质量是有一定道理的。

3. 使用 scikit-learn 库中的轮廓系数函数

scikit-learn 库为评价聚类模型提供了一个计算轮廓系数的函数 **silhouette_score**(),它被存放在 sklearn.metrics 模块中。图 5-5 给出了一段示例代码,用于计算并显示 k 均值聚类模型在葡萄酒数据集上的轮廓系数。

```
In [3]: from sklearn.metrics import silhouette_score
        sc = silhouette_score(X, km.labels_, metric='euclidean')
        print(sc)

        0.3008938518500134
```

图 5-5 k 均值聚类模型在葡萄酒数据集上的轮廓系数

5.4 密度聚类 DBSCAN

与 k 均值聚类基于样本距离的方法不同,**DBSCAN**(Density-Based Spatial Clustering of Applications with Noise)是一种基于**样本密度**(density)的聚类方法。从直观上看,同类的样本应集中分布在同一区域内,区域内部的样本密度高,边缘的样本密度低。聚类时可以从某个内部点出发逐步向周边扩展，直至遇到边缘点时停止；重复这个扩展过程，最终扩展至类的整个分布区域。

如果有多个类，不同类的样本应分布在不同区域，区域之间应该有间隙，或者只有少量被称作**噪声**(noise)或**离群点**(outlier)的样本。图 5-6 给出一个样本分布示意图，其中有三个类，分别用●、▲、十表示，另外还用★表示相对孤立的噪声样本。

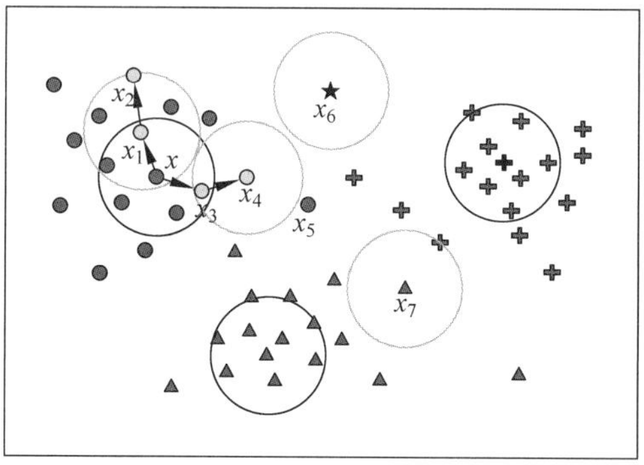

图 5-6　三个类的样本分布示意图

DBSCAN 是一种典型的基于密度的聚类算法，它能在具有噪声的数据集中发现任意形状的簇，每个簇构成一类。下面结合图 5-6 来具体讲解 DBSCAN 聚类的主要术语及算法实现。

5.4.1　DBSCAN 聚类术语

给定未做标注的数据集 $D=\{\boldsymbol{x}_1,\boldsymbol{x}_2,\cdots,\boldsymbol{x}_m\}$，下面定义一下 DBSCAN 聚类用到的主要术语。

1. ε-邻域

对于样本点 $\boldsymbol{x}_j \in D$，数据集 D 中与 $\boldsymbol{x}_j$ 距离不超过 ε 的样本点集合被称作 $\boldsymbol{x}_j$ 的 ε-**邻域**(neighborhood)，记作 $N_\varepsilon(\boldsymbol{x}_j)$，

$$N_\varepsilon(\boldsymbol{x}_j)=\{\boldsymbol{x}_i \mid \boldsymbol{x}_i \in D, \text{distance}(\boldsymbol{x}_i,\boldsymbol{x}_j) \leqslant \varepsilon\} \tag{5-84}$$

这个 ε-邻域中样本点的个数 $|N_\varepsilon(\boldsymbol{x}_j)|$ 被称作 $\boldsymbol{x}_j$ 的样本密度。例如，图 5-6 中 $\boldsymbol{x}$ 的邻域内有 5 个样本点(不含 $\boldsymbol{x}$)，则 $\boldsymbol{x}$ 的样本密度为 5。式(5-84)中的 ε 是一个需要人工预设的超参数；距离 distance$(\boldsymbol{x}_i,\boldsymbol{x}_j)$可以使用不同的度量形式，常用的是欧氏距离。

2. 核心对象

若 $\boldsymbol{x}_j$ 的样本密度不小于 **MinPts** 个样本点，即 $|N_\varepsilon(\boldsymbol{x}_j)| \geqslant$ MinPts，则 $\boldsymbol{x}_j$ 被称作**核心对象**(core object)。其中，MinPts 是核心对象的阈值，它是一个需要人工预设的超参数。如果 $\boldsymbol{x}_j$ 是一个核心对象，则说明 $\boldsymbol{x}_j$ 一定属于某个类且位于该类样本分布区域的内部。例如，假设 MinPts=3(下同)，则图 5-6 中的 $\boldsymbol{x}$、$\boldsymbol{x}_1$、$\boldsymbol{x}_3$ 等就是核心对象，但 $\boldsymbol{x}_4$、$\boldsymbol{x}_6$、$\boldsymbol{x}_7$ 等就不是核心对象。

3. 密度直达

若 $\boldsymbol{x}_i$ 位于核心对象 $\boldsymbol{x}_j$ 的邻域内，则称 $\boldsymbol{x}_i$ 可由 $\boldsymbol{x}_j$ **密度直达**(directly density-reachable)。

例如，图 5-6 中的 $\boldsymbol{x}_1$、$\boldsymbol{x}_3$ 可由核心对象 $\boldsymbol{x}$ 密度直达，另外 $\boldsymbol{x}_2$ 也可由核心对象 $\boldsymbol{x}_1$ 密度直达。若 $\boldsymbol{x}_i$、$\boldsymbol{x}_j$ 均为核心对象，则属于**双向**密度直达；若其中一个为核心对象，另一个为非核心对象，则属于**单向**密度直达；若两者均为非核心对象，则不可能密度直达。例如，$\boldsymbol{x}_3$ 与 $\boldsymbol{x}$ 之间属于双向密度直达（两者均为核心对象）；而 $\boldsymbol{x}_3$ 与 $\boldsymbol{x}_4$ 之间属于单向密度直达（$\boldsymbol{x}_4$ 为非核心对象）；$\boldsymbol{x}_4$ 与 $\boldsymbol{x}_6$ 之间则不可能密度直达（两者均为非核心对象）。

4. 密度相连

若存在样本点序列 $\boldsymbol{x}, \boldsymbol{x}_1, \boldsymbol{x}_2, \cdots, \boldsymbol{x}_n, \boldsymbol{y}$，其中 $\boldsymbol{x}_1$ 可由 $\boldsymbol{x}$ 密度直达，$\boldsymbol{y}$ 可由 $\boldsymbol{x}_n$ 密度直达，$\boldsymbol{x}_i$ 均为核心对象且与 $\boldsymbol{x}_{i+1}$ 之间双向密度直达，则称 $\boldsymbol{x}$ 与 $\boldsymbol{y}$ 之间经由 $\boldsymbol{x}_1, \boldsymbol{x}_2, \cdots, \boldsymbol{x}_n$ **密度相连**(density-connected)。例如，$\boldsymbol{x}_1$ 与 $\boldsymbol{x}_3$ 之间经由 $\boldsymbol{x}$ 密度相连，$\boldsymbol{x}_2$ 与 $\boldsymbol{x}_4$ 之间经由 $\boldsymbol{x}_1, \boldsymbol{x}, \boldsymbol{x}_3$ 密度相连。密度直达也属于密度相连，是密度相连的特例。

5. 簇

给定超参数(ε, MinPts)，数据集 D 中每个密度相连的最大子集即构成一个簇。换句话说，假设数据集 D 中的某个核心对象 $\boldsymbol{x}_j$ 属于某个簇 C，如果 $\boldsymbol{x}_i \in D$ 且 $\boldsymbol{x}_i$ 与 $\boldsymbol{x}_j$ 密度相连，则 $\boldsymbol{x}_i \in C$。可以选择一个核心对象，然后将所有与之密度相连的样本点聚集在一起形成簇，并将它们标注为一类，这就是 **DBSCAN** 聚类。

5.4.2 DBSCAN 聚类算法

给定需要聚类的数据集 $D=\{\boldsymbol{x}_1, \boldsymbol{x}_2, \cdots, \boldsymbol{x}_m\}$，并设定好超参数($\varepsilon$, MinPts)，DBSCAN 聚类算法的步骤如下。

1. 找出核心对象

遍历数据集 D，找出其中所有的核心对象，并记作核心对象集合 Ω，则

$$\Omega=\{\boldsymbol{x}_j \mid \boldsymbol{x}_j \in D, \mid N_\varepsilon(\boldsymbol{x}_j) \mid \geqslant \text{MinPts}\} \tag{5-85}$$

2. 选取核心对象进行扩展

(1) 初始化当前类别标注 $k=0$。

(2) 遍历集合 Ω，从中随机选取一个核心对象作为簇的种子（记作 s），然后进行扩展：将 s 标记为 visited(已访问或已处理)并分别创建一个新簇 $C_k=\{s\}$ 和一个扩展队列 $Q=N_\varepsilon(s)$，转下一步。

(3) 遍历扩展队列 Q，依次取出其中的样本点（记作 q）并进行扩展：将 q 标记为 visited 并将其追加到簇 C_k 中，然后检查 q 是否为核心对象，若是核心对象则将 $N_\varepsilon(q)$ 中所有未被访问过（无 visited 标记）的样本点追加到队列 Q 的队尾。

(4) 重复第(3)步，直到扩展队列 Q 为空。当扩展队列 Q 为空时，簇 C_k 完成聚类，将其中所有核心对象从集合 Ω 中删除（因为已被处理），然后将 k 加 1，转第(5)步。

(5) 检查集合 Ω，如果所有核心对象都已被处理，则集合 Ω 为空，聚类结束；否则返回第(2)步，继续选取核心对象并扩展下一个簇。

3. 标注数据集

聚类结束后，根据所扩展出的 k 个簇 $C_0, C_1, \cdots, C_{k-1}$ 对数据集 D 中的样本进行标注。

将数据集 D 中属于簇 C_i 的样本点全部标注为 i，剩余样本点（不属于任何簇）标注为噪声（例如标注为－1）。整个聚类算法结束。

与 k 均值聚类相比，DBSCAN 聚类不需要指定 k 值，但需指定两个阈值（ε，MinPts），这两个超参数对聚类结果的影响比较大。另外，DBSCAN 聚类时没有建立模型，只能用于当前数据集 D 的聚类，不能再对其他新样本进行分类。DBSCAN 聚类最大的优点是可以对非凸样本集（见图 5-7）进行聚类，而 k 均值聚类只适用于凸样本集（例如服从高斯分布的样本集）。DBSCAN 聚类对凸样本集和非凸样本集都适用。

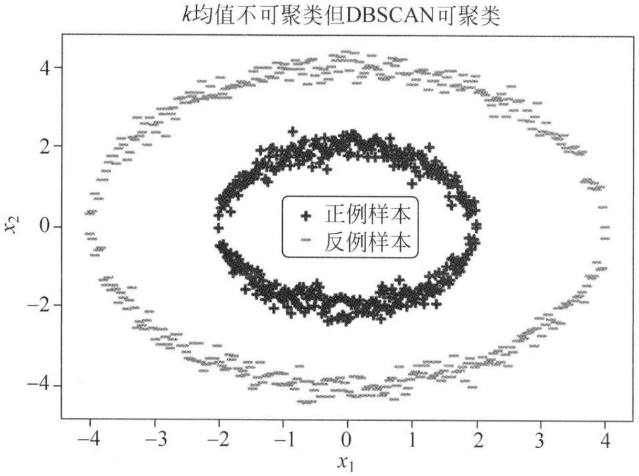

图 5-7　非凸样本集示例

5.4.3　使用 scikit-learn 库中的 DBSCAN 聚类算法

scikit-learn 库将 DBSCAN 聚类算法封装成一个类（类名也为 **DBSCAN**），并将其存放在 sklearn.cluster 模块中。DBSCAN 类的最主要方法就是聚类算法 **fit**()。由于 DBSCAN 在聚类时没有建立模型，因此 DBSCAN 类也没有对新样本进行分类的预测算法 predict()。

图 5-8 给出了使用 DBSCAN 类对葡萄酒数据集进行聚类的示例代码。其中聚类所使用的数据集是图 5-2 标准化后的特征数据集 X；调用 fit()方法得到聚类结果，其中包括数据集 X 中的核心对象 core_sample_indices_，以及各样例的聚类标注 labels_（0、1 或－1）。

```
In [4]: from sklearn.cluster import DBSCAN
        db = DBSCAN(eps=0.5, min_samples=8, metric='euclidean')

        db.fit(X)
        print("core_sample_indices_:");  print(db.core_sample_indices_)
        print("labels_:");  print(db.labels_)
        print("label_Y:");  print(Y.values)

        sc = silhouette_score(X, db.labels_, metric='euclidean')
        print(sc)

    core_sample_indices_:
    [  0   1   2   5   6   7   8   9  10  11  12  15  16  17  18  19  20  22
      23  24  26  27  28  29  30  31  32  34  35  36  37  38  40  42  44  46
      47  48  49  51  52  53  54  55  56  57  58  67  80  81  82  85  86  88
      89  91  93  97 100 101 102 103 104 106 107 108 111 113 114 116 117 119
     125 126 128 131 135 138 140 145 147 148 149 155 156 161 162 163 164 165
     166 167 170 171 172 173 174 175 176]
```

图 5-8　使用 DBSCAN 类对葡萄酒数据集进行聚类的示例代码

可以同时显示图 5-2 标注集 Y 中的人工标注，将其与 DBSCAN 聚类标注进行比对，也可以显示 DBSCAN 聚类在葡萄酒数据集上的轮廓系数，如图 5-9 所示。

```
labels_:
[ 0  0  0  0  0  0  0  0  0  0  0  0  0  0  0  0  0  0  0  0  0  0  0  0
  0 -1  0  0  0  0  0  0  0  0  0  0  0  0  0  0  0  0  0  0  0  0  0  0
  0  0 -1  0  0  0  0  0  0  0  0 -1 -1  1  0  0  0  0  0  0 -1 -1 -1 -1
  0 -1 -1  0  0  0 -1 -1  0  0  0  1 -1  0  0  0  0  0  0  0  0  0  0 -1
 -1  0 -1 -1  0  0  0  0  0 -1  0  0  0 -1 -1  0  0  0  0 -1  0  0  1  0
  0 -1 -1 -1 -1  0  0 -1  0  0  1  1  1  1  1  1  1  1  1  1  1  1  1  1
  1  1  1  1  1  1  1  1 -1  1  1  1  1  1 -1 -1  1  1  1  1  1  1  1  1
  1  1  1  1  1  1  1  1  1  1]
label_Y:
[0 0 0 0 0 0 0 0 0 0 0 0 0 0 0 0 0 0 0 0 0 0 0 0 0 0 0 0 0 0 0 0 0 0 0 0 0
 0 0 0 0 0 0 0 0 0 0 0 0 0 0 0 0 0 0 0 0 0 1 1 1 1 1 1 1 1 1 1 1 1 1 1 1
 1 1 1 1 1 1 1 1 1 1 1 1 1 1 1 1 1 1 1 1 1 1 1 1 1 1 1 1 1 1 1 1 1 1 1 1 1
 1 1 1 1 1 1 1 1 1 1 1 1 1 1 1 1 1 1 1 2 2 2 2 2 2 2 2 2 2 2 2 2 2 2 2 2 2
 2 2 2 2 2 2 2 2 2 2 2 2 2 2 2 2 2 2 2 2 2 2 2 2 2 2 2 2 2 2]
0.2135398753843134
```

图 5-9　比对 DBSCAN 聚类标注 labels_与人工标注 labels_Y

5.5　向量量化

给定未做标注的数据集 $D=\{\boldsymbol{x}_1,\boldsymbol{x}_2,\cdots,\boldsymbol{x}_m\}$，$k$ 均值聚类希望将其划分成 k 个不相交的簇，并以簇中样本的均值作为簇的原型。**向量量化**(Vector Quantization，VQ)与 k 均值聚类有点类似，所不同的是向量量化在聚类后将 k 个簇的均值向量($\boldsymbol{\mu}_1,\boldsymbol{\mu}_2,\cdots,\boldsymbol{\mu}_k$)作为今后对向量进行编码的**码本**(codebook)，记作 $C=(\boldsymbol{\mu}_1,\boldsymbol{\mu}_2,\cdots,\boldsymbol{\mu}_k)$，其中每个均值$\boldsymbol{\mu}_j$ 被称作一个**码字向量**(code vector，简称码字)。编码时，任给向量 $\boldsymbol{x}$，向量量化将码本中距离最近的均值$\boldsymbol{\mu}_j$ 作为向量 $\boldsymbol{x}$ 的编码；或将距离最近均值$\boldsymbol{\mu}_j$ 的编号 j 作为向量 $\boldsymbol{x}$ 的编码，这样可以减少向量存储或传输时的数据量。向量量化被广泛应用于向量的离散化编码(称作**量化**)，或向量数据的压缩。

5.5.1　向量量化问题

向量量化分两个环节：一是**训练码本**，即给定样本数据集，通过聚类算法建立码本；二是**编码**，即任给向量，将码本中距离最近的码字(或其编号)作为向量的编码。

1. 向量量化的术语与符号

假设需要量化的向量为 d 维向量，下面给出量化过程中常用的术语和符号。

- **训练集**：用于训练码本的样本数据集，记作 $T=\{\boldsymbol{x}_1,\boldsymbol{x}_2,\cdots,\boldsymbol{x}_m\}$，其中每个样本数据 $\boldsymbol{x}_i$ 均为一 d 维向量。
- **训练码本**：将训练集 T 聚类成 k 个不相交的簇，将簇的集合记作 $S=\{S_1,S_2,\cdots,S_k\}$，其中 S_j 表示第 j 个簇；簇 S_j 以其样本均值作为簇的码字，将码字记作 $\boldsymbol{c}_j$(也是 d 维向量)，例如若 S_j 包含 m_j 个样本数据，则

$$\boldsymbol{c}_j=\frac{1}{m_j}\sum_{\boldsymbol{x}\in S_j}\boldsymbol{x},\quad j=1,2,\cdots,k$$

所有码字的集合被称作**码本**，记作 $C=\{\boldsymbol{c}_1,\boldsymbol{c}_2,\cdots,\boldsymbol{c}_k\}$。对训练集进行聚类并生成码本

的算法被称作**向量量化算法**，简称 **VQ 算法**。

- **编码**：任给向量 $\boldsymbol{x}$，将码本中距离（例如欧氏距离）最近的码字 $\boldsymbol{c}_j$（或其编号 j）作为向量 $\boldsymbol{x}$ 的**编码**，记作 $q(\boldsymbol{x})$。上述编码准则被称作**最近邻准则**，其数学形式可表示为

$$q(\boldsymbol{x}) = \underset{\boldsymbol{c}_j \in C}{\operatorname{argmin}} \| \boldsymbol{x} - \boldsymbol{c}_j \|_2$$

- **失真度**：聚类通常采用欧氏距离来度量向量之间的**距离**。在向量量化中，向量与其编码之间不完全相等，例如向量 $\boldsymbol{x}$ 与其编码 $q(\boldsymbol{x})$ 之间会存在误差，$q(\boldsymbol{x}) \approx \boldsymbol{x}$。换句话说，对向量编码会造成**失真**（distortion）。可以用欧氏距离（或其平方）来度量编码的失真程度，即**失真度**，记作 $d(\boldsymbol{x}, q(\boldsymbol{x})) \equiv \| \boldsymbol{x} - q(\boldsymbol{x}) \|_2$。
- **平均失真度**：如果使用码本 C 对训练集 $T = \{\boldsymbol{x}_1, \boldsymbol{x}_2, \cdots, \boldsymbol{x}_m\}$ 进行编码，可以使用**平均失真度**来度量码本 C 在训练集 T 上的失真程度，记作 D_C。

$$D_C = \frac{1}{m} \sum_{i=1}^{m} d(\boldsymbol{x}_i, q(\boldsymbol{x}_i)) = \frac{1}{m} \sum_{i=1}^{m} \| \boldsymbol{x}_i - q(\boldsymbol{x}_i) \|_2$$

- **量化准则**：通过训练集 T 训练码本，所训练出的码本 C^* 应遵循**最小失真准则**。其含义是，使用码本 C^* 对训练集 T 进行编码，其平均失真度应当最小。即

$$C^* = \underset{C}{\operatorname{argmin}} D_C \tag{5-86}$$

2. 进一步认识向量量化问题

向量量化虽然与 k 均值聚类有些相似，但向量量化问题远比聚类问题深刻。向量量化的原始问题是：给定向量空间 Ω（这里假设为连续型），其向量取值服从概率分布 $p(\boldsymbol{x})$，向量量化希望找到一个最优码本 C_Ω^*，使得向量 $\boldsymbol{x} \in \Omega$ 在编码后失真度的期望最小，即

$$C_\Omega^* = \underset{C}{\operatorname{argmin}} E[d(\boldsymbol{x}, q(\boldsymbol{x}))] = \underset{C}{\operatorname{argmin}} \int_\Omega d(\boldsymbol{x}, q(\boldsymbol{x})) p(\boldsymbol{x}) \mathrm{d}\boldsymbol{x} \tag{5-87}$$

为训练码本，向量量化需要先依概率分布 $p(\boldsymbol{x})$ 进行抽样，得到训练集 $T = \{\boldsymbol{x}_1, \boldsymbol{x}_2, \cdots, \boldsymbol{x}_m\}$，然后通过 VQ 算法求得训练集 T 上的最优码本 C^*（见式(5-86)），并将其作为整个向量空间 Ω 上最优码本 C_Ω^* 的估计。

相比较而言，k 均值聚类算法并不关心训练集 T 从哪里来，聚类结果会被推广哪里去，它只关心训练集 T 本身的聚类效果。另外，k 均值聚类算法关注的是分类效果，其算法目标是让类内方差最小，类间方差最大；而 VQ 算法关注的是编码效果，其算法目标只追求类内方差最小，并不需要类间方差最大。由于上述区别，VQ 算法与 k 均值聚类算法在初始均值的选择上存在较大不同。

5.5.2 LBG-VQ 算法

LBG-VQ 算法是向量量化中比较常用的一种码本训练算法（或称码本学习算法），它是 1980 年由 Linde、Buzo 和 Gray 三人联合提出的。LBG-VQ 算法与 k 均值聚类算法有点类似，它也是一种迭代算法。所不同的是，k 均值聚类算法是一次性选择 k 个初始均值，然后在此基础上进行迭代；而 LBG-VQ 算法则是从一个初始均值（即初始码字）开始，然后在此基础上先做码字**分裂**（split），再做聚类，重复这个"**分裂-聚类**"过程，直到码字达到指定数量（通常为 2^N 个）。

给定训练集 $T=\{\boldsymbol{x}_1,\boldsymbol{x}_2,\cdots,\boldsymbol{x}_m\}$，假设要训练一个包含 2^N 个码字的码本，则 LBG-VQ 算法就是一个 N 级"分裂－聚类"的迭代过程，其具体算法步骤如下。

(1) **初始化**：设置**码本大小** N(包含 2^N 个码字)，例如 $N=3(2^N=8)$；设置**失真阈值** $\varepsilon>0$，例如 $\varepsilon=0.001$；将**初始码字** $\boldsymbol{c}_1^0$ 设为训练集 T 的样本均值，并计算出初始**平均失真度** D_C^0。

$$\boldsymbol{c}_1^0=\frac{1}{m}\sum_{i=1}^{m}\boldsymbol{x}_i,\quad D_C^0=\frac{1}{m}\sum_{i=1}^{m}\|\boldsymbol{x}_i-\boldsymbol{c}_1^0\|_2$$

初始码本只包含一个码字，即 $C^0=\{\boldsymbol{c}_1^0\}$，设置**码字计数器** $k=1$；设置**迭代计数器** $t=1$，然后进入下面的"分裂-聚类"迭代过程。

(2) **分裂**(第 t 轮)：按如下方式将 $C^{t-1}=\{\boldsymbol{c}_1^{t-1},\boldsymbol{c}_2^{t-1},\cdots,\boldsymbol{c}_k^{t-1}\}$中的每个码字一分为二。

$$\boldsymbol{c}_j^t=(1+\varepsilon)\boldsymbol{c}_j^{t-1},\quad \boldsymbol{c}_{k+j}^t=(1-\varepsilon)\boldsymbol{c}_j^{t-1},\quad j=1,2,\cdots,k$$

并以新分裂出的 $2k$ 个码字组成新码本，将 k 乘以 2，即 $k=2k$，将新码本记作 C^t。

$$C^t=\{\boldsymbol{c}_1^t,\boldsymbol{c}_2^t,\cdots,\boldsymbol{c}_k^t\}$$

(3) **聚类**(第 t 轮)：使用新码本 C^t 对训练集 $T=\{\boldsymbol{x}_1,\boldsymbol{x}_2,\cdots,\boldsymbol{x}_m\}$进行编码和聚类，将码本 C^t 中距离最近(也即失真度最小)的码字作为样本 $\boldsymbol{x}_i$ 的编码，记作 $q(\boldsymbol{x}_i)$，即

$$q(\boldsymbol{x}_i)=\underset{\boldsymbol{c}_j^t\in C^t}{\operatorname{argmin}}\|\boldsymbol{x}_i-\boldsymbol{c}_j^t\|_2,\quad i=1,2,\cdots,m$$

并将编码相同的样本聚集成一簇，例如将编码为 $\boldsymbol{c}_j^t$ 的样本都聚集到簇 S_j 中，即

$$S_j=\{\boldsymbol{x}_i\mid \boldsymbol{x}_i\in T,q(\boldsymbol{x}_i)=\boldsymbol{c}_j^t\},\quad j=1,2,\cdots,k$$

然后计算码本 C^t 在训练集 T 上的平均失真度 D_C^t。

$$D_C^t=\frac{1}{m}\sum_{i=1}^{m}d(\boldsymbol{x}_i,q(\boldsymbol{x}_i))=\frac{1}{m}\sum_{i=1}^{m}\|\boldsymbol{x}_i-q(\boldsymbol{x}_i)\|_2$$

检查聚类迭代条件：如果第 t 轮迭代的平均失真度 D_C^t 较上一轮改进不大，即

$$\frac{D_C^{t-1}-D_C^t}{D_C^t}\leqslant\varepsilon$$

则停止聚类迭代，转第(4)步；否则重新计算各簇的样本均值并将其作为新的码本 C^{t+1}，例如若 S_j 包含 m_j 个样本数据，则

$$\boldsymbol{c}_j^{t+1}=\frac{1}{m_j}\sum_{\boldsymbol{x}\in S_j}\boldsymbol{x},\quad j=1,2,\cdots,k$$

将迭代计数加 1，即 $t=t+1$，返回第(3)步开头继续下一轮聚类迭代。

(4) **算法结束条件**：如果码本已达到指定大小，即码字数量 $k=2^N$，则算法结束，将 C^t 作为最终的码本 C^*；否则将迭代计数加 1，即 $t=t+1$，返回第(2)步继续下一轮"分裂-聚类"迭代，即先分裂，再聚类。

5.6 本章习题

一、单选题

1. 下列关于分类与聚类的描述中，错误的是(　　)。

   A. 分类是根据有标注数据集来训练模型，属于有监督学习

B. 聚类是根据无标注数据集来训练模型，属于无监督学习

C. 聚类根据数据自身的分布特性或结构自动聚集成簇，形成类别概念

D. 给定无标注数据集 D，聚类算法需将数据集 D 划分成若干个可重叠的簇

2. 下列概率分布的等价表示中，错误的是(　　)。

A. $P(X=\boldsymbol{x})\equiv P(\boldsymbol{x})$　　B. $P(Y|X)\equiv P(Y|\boldsymbol{x})$

C. $P(Y=y|X)\equiv P(y|X)$　　D. $\sum_{y\in\Omega_Y}P(X,y;\boldsymbol{\theta})\equiv\sum_{Y}P(X,Y;\boldsymbol{\theta})$

3. 在聚类问题中，给定未做标注的数据集 $D=\{\boldsymbol{x}_1,\boldsymbol{x}_2,\cdots,\boldsymbol{x}_m\}$，下列说法中错误的是(　　)。

A. 数据集 D 只包含样本的分类特征 X，未包含样本对应的类别标注 Y

B. 分类特征 X 是可观测的变量，样本类别 Y 是不可观测或未被观测的隐变量

C. 数据集 D 未包含样本类别 Y 的原因是实际应用不需要它

D. 聚类问题的关键是如何根据数据集 D 来估计含隐变量概率模型的参数

4. 关于聚类问题和混合概率模型参数估计问题，下列说法中错误的是(　　)。

A. 它们的模型在本质上都属于含隐变量的概率模型

B. 它们的样本数据集 $D=\{\boldsymbol{x}_1,\boldsymbol{x}_2,\cdots,\boldsymbol{x}_m\}$ 都不包含类别标注

C. 估计它们的模型参数通常都使用 EM 算法进行求解

D. 它们最终要求解的都是分类特征 X 的概率分布 $P(X)$

5. 下列关于 EM 算法的描述中，错误的是(　　)。

A. EM 算法主要用于求解含隐变量的最优化问题

B. EM 算法是一种迭代算法

C. EM 算法的关键步骤是第 i 次迭代时如何将参数从 $\boldsymbol{\theta}^{i-1}$ 更新到 $\boldsymbol{\theta}^{i}$

D. EM 算法每次迭代应能让对数似然函数逐步下降，即 $\ln l(\boldsymbol{\theta}^{i})\leqslant\ln l(\boldsymbol{\theta}^{i-1})$

6. (　　)是 EM 算法中的 Q 函数(即期望)。

A. $\sum_{Y}P(Y\mid X;\boldsymbol{\theta}^{i-1})\ln P(X,Y;\boldsymbol{\theta})$

B. $P(Y|X;\boldsymbol{\theta}^{i-1})\ln P(X,Y;\boldsymbol{\theta})$

C. $\sum_{Y}P(Y\mid X;\boldsymbol{\theta}^{i-1})\ln\left(\frac{P(X,Y;\boldsymbol{\theta})}{P(Y\mid X;\boldsymbol{\theta}^{i-1})}\right)$

D. $P(Y|X;\boldsymbol{\theta}^{i-1})\ln\left(\frac{P(X,Y;\boldsymbol{\theta})}{P(Y|X;\boldsymbol{\theta}^{i-1})}\right)$

7. 下列关于 EM 算法步骤的描述中，错误的是(　　)。

A. EM 算法首先选择初始参数 $\boldsymbol{\theta}^{0}$

B. EM 算法的 E 步是根据上次迭代的参数 $\boldsymbol{\theta}^{i-1}$ 求 Q 函数(即期望)

C. EM 算法的 M 步是最小化 Q 函数，将最优参数作为迭代后的新参数 $\boldsymbol{\theta}^{i}$

D. EM 算法需重复执行 E 步和 M 步，直至收敛

8. 下列关于混合概率模型的描述中，错误的是(　　)。

A. 高斯混合模型由多个正态分布混合而成的

B. 高斯混合模型是连续型混合概率模型的代表

C. 三硬币模型是离散型混合概率模型的代表

D. 三硬币模型的硬币投掷过程是可观测的

9. 下列关于 k 均值聚类的描述中，错误的是(　　)。

A. k 均值聚类是一种基于概率的聚类方法

B. k 均值聚类是一种基于距离的聚类方法

C. k 均值聚类中的 k 指的是类别个数

D. 均值聚类是一种无监督学习算法

10. 下列关于 k 均值聚类的描述中，错误的是(　　)。

A. k 均值聚类中的 k 是需要人工预设的超参数

B. k 均值聚类可通过可视化分析给出一个相对合理的 k 值

C. 根据数据实际分布动态调整 k 值的方法被称为 ISODATA

D. 让 k 个初始均值尽量靠近的 k 均值聚类方法被称为 k-means++

11. 下列关于 DBSCAN 聚类的描述中，错误的是(　　)。

A. DBSCAN 聚类是一种基于概率的聚类方法

B. DBSCAN 聚类是一种基于样本密度的聚类方法

C. DBSCAN 聚类认为同类的样本应集中分布在某个区域内

D. DBSCAN 聚类认为不同类的样本应分布在不同区域，区域之间应该有间隙

12. 在 DBSCAN 聚类中，若 $\boldsymbol{x}_i$ 位于核心对象 $\boldsymbol{x}_j$ 的邻域内，则称 $\boldsymbol{x}_i$ 可由 $\boldsymbol{x}_j$(　　)。

A. 密度直达　　B. 密度相连

C. 密度连通　　D. 连通

13. 与 k 均值聚类相比，DBSCAN 聚类(　　)。

A. 不需要指定 k 值

B. 需要指定两个阈值(ε，MinPts)

C. 除了能对当前数据集 D 聚类之外，还能对其他新样本进行分类

D. 可以对非凸样本集进行聚类

14. 下列关于向量量化的描述中，错误的是(　　)。

A. 向量量化在聚类后将 k 个簇的均值向量($\boldsymbol{\mu}_1,\boldsymbol{\mu}_2,\cdots,\boldsymbol{\mu}_k$)作为码本

B. 均值向量($\boldsymbol{\mu}_1,\boldsymbol{\mu}_2,\cdots,\boldsymbol{\mu}_k$)中的每个均值$\boldsymbol{\mu}_j$ 被称作一个码字

C. 任给向量 $\boldsymbol{x}$，向量量化将码本中距离最近的均值(或其编号)作为其编码

D. 向量量化被广泛应用于向量数据的无失真压缩

15. 下列关于 k 均值聚类与向量量化的描述中，错误的是(　　)。

A. k 均值聚类只关心训练集本身的聚类效果

B. k 均值聚类算法的目标是让类内方差最小，类间方差最大

C. 向量量化算法关注的是编码效果

D. 向量量化算法的目标是让类内方差最大，类间方差最小

二、讨论题

1. 尝试用概率模型对聚类问题进行形式化描述。
2. 尝试对混合概率模型的参数估计问题进行形式化描述。
3. 尝试推导 EM 算法中对数似然函数 $\ln l(\boldsymbol{\theta})=\ln P(\boldsymbol{x};\boldsymbol{\theta})$的下界函数 $B(\boldsymbol{\theta},\boldsymbol{\theta}^{i-1})$。
4. 尝试用 EM 算法求解三硬币模型的参数估计问题。

5. 简述 k 均值聚类的算法思想。

6. 简述 DBSCAN 聚类的算法思想。

三、编程实践题

使用 scikit-learn 库提供的鸢尾花数据集(iris plants dataset)设计一个 k 均值聚类模型。具体的实验步骤如下。

(1) 使用函数 sklearn. datasets. load_iris()加载鸢尾花数据集。

(2) 查看数据集说明(https://scikit-learn.org/stable/datasets/toy_dataset.html#iris-dataset),并对数据集进行必要的预处理。

(3) 使用 sklearn. cluster. KMeans 类建立 k 均值聚类模型,并对鸢尾花数据集中的特征数据进行聚类处理。

(4) 对比聚类结果与人工标注,观察二者是否一致。

第6章

概率图模型与概率推理

本章学习要点

- 了解概率图模型、概率推理的基本概念和常用术语。
- 了解贝叶斯网及其精确推理方法。
- 了解蒙特卡洛仿真的基本原理及其采样方法。
- 了解贝叶斯网采样及其近似推理方法。
- 了解马尔可夫链及其平稳分布。
- 了解 MCMC 采样算法,其中包括吉布斯采样和 MH 采样。
- 了解 MCMC 最优化算法原理以及模拟退火算法、遗传算法。
- 了解 MCMC 互评算法原理及其 PageRank 网页排名应用。
- 了解 HMM 及其三个基本算法。
- 了解无向图概率模型以及马尔可夫随机场、条件随机场。

说到推理,大家都会想到著名的苏格拉底三段论:“所有人都会死(大前提)。苏格拉底是人(小前提),所以苏格拉底会死(结论)”。三段论是一种**逻辑推理**,其中的大前提“所有人都会死”是人们经过长期观察所总结出的一般知识(相当于模型);小前提“苏格拉底是人”是大前提的一个个体(相当于样本);推出结论“所以苏格拉底会死”是将一般知识运用于个体(相当于使用模型对样本进行预测)。

可以使用**谓词逻辑**(predicate logic)对苏格拉底三段论进行形式化描述。首先定义如下两个**谓词**(predicate):

Human(x):表示 x 是人。

Death(x):表示 x 会死。

然后将知识“所有人都会死”表示成一个谓词公式,即

$$(\forall x)(\mathrm{Human}(x) \rightarrow \mathrm{Death}(x)) \tag{6-1}$$

其中,“→”表示**蕴含**(implication),即条件“x 是人”蕴含着结论“x 会死”。

如果 Human(苏格拉底)成立,即“苏格拉底是人”,则根据式(6-1)的谓词公式就可以推理出 Death(苏格拉底),即“苏格拉底会死”。其推理过程可表示为

$$\text{Human(苏格拉底)},\quad (\forall x)(\text{Human}(x) \rightarrow \text{Death}(x)) \Rightarrow \text{Death(苏格拉底)}$$

这就是用谓词逻辑描述出来的苏格拉底三段论。这种推理形式在谓词逻辑中被称作**假言推理**,用符号“⇒”表示。谓词逻辑为逻辑推理提供了一套完备的形式化表示与推理方法。使用谓词逻辑可以让计算机进行自动化的逻辑推理,例如用计算机实现机器定理证明。

如果知识、条件都是确定的,那就可以使用逻辑推理推导出确定性的结论。逻辑推理的整个过程都是确定的。而对于随机现象则需要用概率模型来描述知识,用随机变量表示已知条件和未知结论,然后通过概率演算由已知概率分布计算出未知概率分布,这就是**概率推理**。可以用有向图或无向图来描述概率模型,这就是**概率图模型**。本章介绍基于图的概率模型及其概率推理方法。

6.1 贝叶斯网

为实际问题建立概率模型,如果问题具有比较明确的**诱因-结果**关系(简称因果关系,或依赖关系),则可以使用**有向无环图**(Directed Acyclic Graph,DAG)来描述这样的概率模型。使用有向无环图描述的概率模型被称作**贝叶斯网**(Bayesian network)。例如在疾病诊断问题中,病因(诱因)与症状(结果)之间就具有比较明确的因果关系,其概率模型可以使用贝叶斯网来描述。

6.1.1 联合概率分布及其推理

给定随机变量 X 和 Y,其完整的概率模型应当是 X、Y 的联合概率分布 $P(X,Y)$,其他概率分布,例如边缘概率分布 $P(X)$和 $P(Y)$、条件概率分布 $P(X|Y)$和 $P(Y|X)$,均可由联合概率分布导出。

1. 联合概率分布

联合概率分布 $P(X,Y)$可表示为

$$P(X,Y)=P(X \mid Y)P(Y)=P(Y \mid X)P(X) \tag{6-2}$$

如果有多个随机变量,将它们分为两组,分别记作 $\boldsymbol{X}=(X_1,X_2,\cdots,X_m)$,$\boldsymbol{Y}=(Y_1,Y_2,\cdots,Y_n)$,则式(6-2)的联合概率分布可扩展为

$$P(\boldsymbol{X},\boldsymbol{Y})=P(\boldsymbol{X} \mid \boldsymbol{Y})P(\boldsymbol{Y})=P(\boldsymbol{Y} \mid \boldsymbol{X})P(\boldsymbol{X}) \tag{6-3}$$

如果有三组随机变量 $\boldsymbol{X}$、$\boldsymbol{Y}$、$\boldsymbol{Z}$,则式(6-3)的联合概率分布可继续扩展为

$$P(\boldsymbol{X},\boldsymbol{Y},\boldsymbol{Z})=P(\boldsymbol{X},\boldsymbol{Y} \mid \boldsymbol{Z})P(\boldsymbol{Z})=P(\boldsymbol{X},\boldsymbol{Z} \mid \boldsymbol{Y})P(\boldsymbol{Y})=P(\boldsymbol{Y},\boldsymbol{Z} \mid \boldsymbol{X})P(\boldsymbol{X}) \tag{6-4}$$

或

$$\begin{aligned}P(\boldsymbol{X},\boldsymbol{Y},\boldsymbol{Z})&=P(\boldsymbol{X} \mid \boldsymbol{Y},\boldsymbol{Z})P(\boldsymbol{Y},\boldsymbol{Z})=P(\boldsymbol{Y} \mid \boldsymbol{X},\boldsymbol{Z})P(\boldsymbol{X},\boldsymbol{Z})\\&=P(\boldsymbol{Z} \mid \boldsymbol{X},\boldsymbol{Y})P(\boldsymbol{X},\boldsymbol{Y})\end{aligned} \tag{6-5}$$

2. 概率推理

基于联合概率可以求出边缘概率或条件概率,这是概率推理中两种主要的推理形式。

为便于后续讲解，这里对概率符号做一下简化，将离散型概率分布 $P(X=\boldsymbol{x})$ 或连续型概率密度 $p(\boldsymbol{x})$ 统一记作 $P(\boldsymbol{x})$，例如

$$P(X=\boldsymbol{x}) \equiv P(\boldsymbol{x}) \quad P(X=\boldsymbol{x},Y) \equiv P(\boldsymbol{x},Y) \quad P(Y \mid X=\boldsymbol{x}) \equiv P(Y \mid \boldsymbol{x})$$

$$P(Y=y) \equiv P(y) \quad P(X,Y=y) \equiv P(X,y) \quad P(Y=y \mid X) \equiv P(y \mid X)$$

$$P(X)=\int_{\Omega_Y} p(X,y;\boldsymbol{\theta})\mathrm{d}y \equiv \sum_{Y} P(X,Y;\boldsymbol{\theta}) \equiv \sum_{y \in \Omega_Y} P(X,y;\boldsymbol{\theta})$$

注：其中的粗体字母表示向量(例如 $\boldsymbol{x}$)，否则为标量(例如 y)。

1）求边缘概率：求和消元

对联合概率 $P(\boldsymbol{X},\boldsymbol{Y})$ 求和消元，即可求得边缘概率 $P(\boldsymbol{X})$、$P(\boldsymbol{Y})$。

$$P(\boldsymbol{X})=\sum_{\boldsymbol{y} \in \Omega_Y} P(\boldsymbol{X},\boldsymbol{y}), \quad P(\boldsymbol{Y})=\sum_{\boldsymbol{x} \in \Omega_X} P(\boldsymbol{x},\boldsymbol{Y}) \tag{6-6}$$

其中，$\boldsymbol{x}$ 是随机变量 $\boldsymbol{X}$ 的具体取值，其值域为 Ω_X；$\boldsymbol{y}$ 是随机变量 $\boldsymbol{Y}$ 的具体取值，其值域为 Ω_Y。同理，对联合概率 $P(\boldsymbol{X},\boldsymbol{Y},\boldsymbol{Z})$ 求和消元，即可求得边缘概率 $P(\boldsymbol{X})$、$P(\boldsymbol{Y})$、$P(\boldsymbol{Z})$。

$$P(\boldsymbol{X})=\sum_{\boldsymbol{y} \in \Omega_Y} \sum_{\boldsymbol{z} \in \Omega_Z} P(\boldsymbol{X},\boldsymbol{y},\boldsymbol{z}) \tag{6-7}$$

同理可求 $P(\boldsymbol{Y})$、$P(\boldsymbol{Z})$。

2）求条件概率：使用贝叶斯公式

对联合概率 $P(\boldsymbol{X},\boldsymbol{Y})$ 使用贝叶斯公式，即可求得条件概率 $P(\boldsymbol{X}|\boldsymbol{Y})$、$P(\boldsymbol{Y}|\boldsymbol{X})$。

$$\begin{cases} P(\boldsymbol{X} \mid \boldsymbol{Y})=\dfrac{P(\boldsymbol{X},\boldsymbol{Y})}{P(\boldsymbol{Y})}=\dfrac{P(\boldsymbol{Y} \mid \boldsymbol{X})P(\boldsymbol{X})}{P(\boldsymbol{Y})} \\ P(\boldsymbol{Y} \mid \boldsymbol{X})=\dfrac{P(\boldsymbol{X},\boldsymbol{Y})}{P(\boldsymbol{X})}=\dfrac{P(\boldsymbol{X} \mid \boldsymbol{Y})P(\boldsymbol{Y})}{P(\boldsymbol{X})} \end{cases} \tag{6-8}$$

使用式(6-8)的贝叶斯公式计算条件概率有一个技巧，即计算时可以不求分母，只求分子，然后再用分子之和对分子进行归一化。例如，使用式(6-8)的第二个式子计算 $P(\boldsymbol{Y}|\boldsymbol{X})$ 时可以只计算分子 $P(\boldsymbol{X},\boldsymbol{Y})$ 或 $P(\boldsymbol{X}|\boldsymbol{Y})P(\boldsymbol{Y})$，即对所有的 $\boldsymbol{y}_i \in \Omega_Y$，只计算 $P(\boldsymbol{X},\boldsymbol{y}_i)$ 或 $P(\boldsymbol{X}|\boldsymbol{y}_i)P(\boldsymbol{y}_i)$。而分母 $P(\boldsymbol{X})$ 等于上述各分子之和(或积分)，即

$$P(\boldsymbol{X})=\sum_{\boldsymbol{y}_i \in \Omega_Y} P(\boldsymbol{X},\boldsymbol{y}_i)=\sum_{\boldsymbol{y}_i \in \Omega_Y} P(\boldsymbol{X} \mid \boldsymbol{y}_i)P(\boldsymbol{y}_i)$$

因此给定 $P(\boldsymbol{X},\boldsymbol{Y})$ 或 $P(\boldsymbol{X}|\boldsymbol{Y})$、$P(\boldsymbol{Y})$，对所有的 $\boldsymbol{y}_i \in \Omega_Y$，可以将式(6-8)中计算 $P(\boldsymbol{Y}|\boldsymbol{X})$ 的公式改为

$$\begin{cases} P(\boldsymbol{y}_i \mid \boldsymbol{X})=\alpha P(\boldsymbol{X},\boldsymbol{y}_i)=\alpha P(\boldsymbol{X} \mid \boldsymbol{y}_i)P(\boldsymbol{y}_i) \\ \alpha=\dfrac{1}{\sum\limits_{\boldsymbol{y}_i \in \Omega_Y} P(\boldsymbol{X},\boldsymbol{y}_i)}=\dfrac{1}{\sum\limits_{\boldsymbol{y}_i \in \Omega_Y} P(\boldsymbol{X} \mid \boldsymbol{y}_i)P(\boldsymbol{y}_i)} \end{cases} \tag{6-9}$$

其中，α 可被看作一个对 $P(\boldsymbol{Y}|\boldsymbol{X})$ 进行归一化的常数。简单地说，条件概率的取值正比于联合概率，可以将条件概率的计算问题转换为联合概率的计算问题，即只计算联合概率，然后对其进行归一化。

如果对联合概率 $P(\boldsymbol{X},\boldsymbol{Y},\boldsymbol{Z})$ 使用贝叶斯公式，则可求得两种不同形式的条件概率 $P(\boldsymbol{X},\boldsymbol{Y}|\boldsymbol{Z})$、$P(\boldsymbol{X}|\boldsymbol{Y},\boldsymbol{Z})$。

$$\begin{cases} P(\boldsymbol{X},\boldsymbol{Y} \mid \boldsymbol{Z}) = \dfrac{P(\boldsymbol{X},\boldsymbol{Y},\boldsymbol{Z})}{P(\boldsymbol{Z})} = \dfrac{P(\boldsymbol{X} \mid \boldsymbol{Y},\boldsymbol{Z})P(\boldsymbol{Y},\boldsymbol{Z})}{P(\boldsymbol{Z})} = P(\boldsymbol{X} \mid \boldsymbol{Y},\boldsymbol{Z})P(\boldsymbol{Y} \mid \boldsymbol{Z}) \\ P(\boldsymbol{X} \mid \boldsymbol{Y},\boldsymbol{Z}) = \dfrac{P(\boldsymbol{X},\boldsymbol{Y},\boldsymbol{Z})}{P(\boldsymbol{Y},\boldsymbol{Z})} = \dfrac{P(\boldsymbol{Y} \mid \boldsymbol{X},\boldsymbol{Z})P(\boldsymbol{X},\boldsymbol{Z})}{P(\boldsymbol{Y},\boldsymbol{Z})} = \dfrac{P(\boldsymbol{Y} \mid \boldsymbol{X},\boldsymbol{Z})P(\boldsymbol{X} \mid \boldsymbol{Z})}{P(\boldsymbol{Y} \mid \boldsymbol{Z})} \end{cases} \tag{6-10}$$

同理，对联合概率 $P(\boldsymbol{X},\boldsymbol{Y},\boldsymbol{Z})$使用贝叶斯公式可以求得 $P(\boldsymbol{X},\boldsymbol{Z}|\boldsymbol{Y})$、$P(\boldsymbol{Y},\boldsymbol{Z}|\boldsymbol{X})$，或 $P(\boldsymbol{Y}|\boldsymbol{X},\boldsymbol{Z})$、$P(\boldsymbol{Z}|\boldsymbol{X},\boldsymbol{Y})$。

3. 相互独立与条件独立

给定随机变量 $\boldsymbol{X}$、$\boldsymbol{Y}$、$\boldsymbol{Z}$，

(1) 如果 $\boldsymbol{X}$ 与 $\boldsymbol{Y}$ 相互独立(或称边缘独立)，则

$$\begin{cases} P(\boldsymbol{X},\boldsymbol{Y}) = P(\boldsymbol{X})P(\boldsymbol{Y}) \\ P(\boldsymbol{X} \mid \boldsymbol{Y}) = P(\boldsymbol{X}), \quad P(\boldsymbol{Y} \mid \boldsymbol{X}) = P(\boldsymbol{Y}) \end{cases} \tag{6-11}$$

(2) 如果 $\boldsymbol{X}$ 与 $\boldsymbol{Y}$ 条件独立(即给定 $\boldsymbol{Z}$ 时，$\boldsymbol{X}$ 与 $\boldsymbol{Y}$ 相互独立)，则

$$\begin{cases} P(\boldsymbol{X},\boldsymbol{Y} \mid \boldsymbol{Z}) = P(\boldsymbol{X} \mid \boldsymbol{Z})P(\boldsymbol{Y} \mid \boldsymbol{Z}) \\ P(\boldsymbol{X} \mid \boldsymbol{Y},\boldsymbol{Z}) = P(\boldsymbol{X} \mid \boldsymbol{Z}), \quad P(\boldsymbol{Y} \mid \boldsymbol{X},\boldsymbol{Z}) = P(\boldsymbol{Y} \mid \boldsymbol{Z}) \end{cases} \tag{6-12}$$

注意，随机变量 $\boldsymbol{X}$ 与 $\boldsymbol{Y}$ 相互独立，并不能保证它们条件独立，反之亦然。

(3) 如果 $\boldsymbol{X}$、$\boldsymbol{Y}$、$\boldsymbol{Z}$ 均相互独立，则

$$P(\boldsymbol{X},\boldsymbol{Y},\boldsymbol{Z}) = P(\boldsymbol{X})P(\boldsymbol{Y})P(\boldsymbol{Z}) \tag{6-13}$$

在概率模型中，如果随机变量间存在相互独立或条件独立关系，则联合概率分布可被分解成若干较小规模的概率分布，模型复杂度会随之显著降低。

如果两个随机变量不存在相互独立或条件独立关系，则称这两个随机变量之间存在**依赖关系**。概率模型只需要描述模型中随机变量间的依赖关系。

4. 生成式或判别式模型

在机器学习中，**生成式**(generative)模型指的是联合概率分布，例如 $P(\boldsymbol{X},\boldsymbol{Y})$、$P(\boldsymbol{X},\boldsymbol{Y},\boldsymbol{Z})$等，它完整描述了随机变量间的概率分布。由生成式模型可生成样本，或导出任何其他概率分布(例如边缘概率分布、条件概率分布)，可满足各种机器学习任务的需要。

判别式(discriminative)模型指的是某个特定的条件概率分布(或与其等价的判别函数)，例如 $P(\boldsymbol{Y}|\boldsymbol{X})$、$P(\boldsymbol{Y},\boldsymbol{Z}|\boldsymbol{X})$，或者如支持向量机中的分类决策(或称判别)函数 $f(\boldsymbol{x})=\mathrm{sgn}(\boldsymbol{\omega}^{\mathrm{T}}\boldsymbol{x}+b)$等。判别式模型通常在分类问题中使用，它应根据分类需要给出类别的后验概率，即给定特征 $\boldsymbol{X}$ 时类别 $\boldsymbol{Y}$ 的条件概率 $P(\boldsymbol{Y}|\boldsymbol{X})$，然后根据最大后验概率进行分类。

在分类问题中，贝叶斯分类器、朴素贝叶斯分类器等需要建立生成式模型，而逻辑斯谛回归分类器只需要建立判别式模型。其他分类器，例如 k 近邻、线性判别分析、决策树、支持向量机等，它们并没有显式地建立概率模型，但其中的分类判别函数在本质上是与后验概率等价的。一般来说，为机器学习问题建立模型，判别式模型比生成式模型要更加容易一些。

6.1.2 贝叶斯网概述

本节介绍如何使用有向无环图将概率模型定义成一个贝叶斯网，然后进行概率推理。贝叶斯网描述的是生成式概率模型，即联合概率分布。

1. 贝叶斯网的定义

贝叶斯网是一个有向无环图，由结点及结点间的有向边组成(参见图 6-1)。

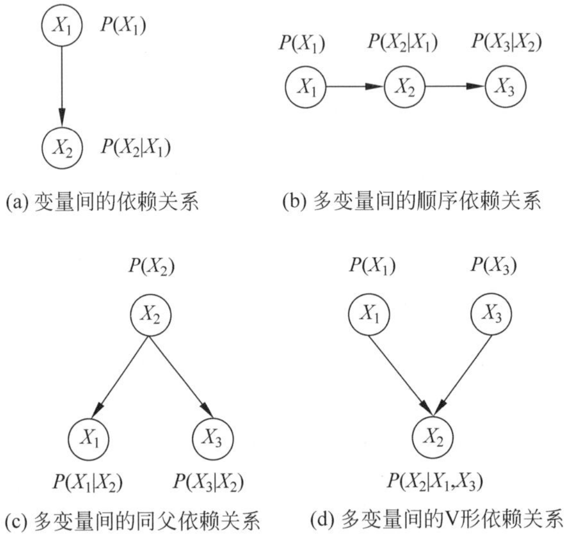

图 6-1 贝叶斯网示意图

贝叶斯网的定义如下：

(1) 每个**结点** X_i 对应一个随机变量(离散型或连续型)。

(2) 结点 X_i 到 X_j 的**有向边**表示随机变量 X_i 与 X_j 之间存在直接依赖关系，并称 X_i 是 X_j 的**父结点**(parent，通常表示原因)，X_j 是 X_i 的**子结点**(child，通常表示结果)。

(3) 每个结点 X_i 都保存一个给定父结点时的**条件概率分布** $P(X_i|\text{Parents}(X_i))$，其中 $\text{Parents}(X_i)$表示 X_i 的全部父结点(可能有多个，也可能没有)。条件概率分布 $P(X_i|\text{Parents}(X_i))$通常以**条件概率表**(Conditional Probability Table，CPT)的形式列出。无父结点时，条件概率分布 $P(X_i|\text{Parents}(X_i))$就是结点 X_i 的先验概率 $P(X_i)$。注：贝叶斯网所说的父结点指的是直接父结点(不包括父结点的父结点)，通常用 $\text{Parents}(X)$表示结点 X 的全部父结点；子结点指的是直接子结点(不包括子结点的子结点)，通常用 $\text{Children}(X)$表示结点 X 的全部子结点。

贝叶斯网以图的形式直观描述了概率模型中随机变量之间的依赖关系，通过图中各结点的条件概率分布可以很方便地计算出模型的联合概率分布。在包含 d 个随机变量的贝叶斯网中，其联合概率分布等于各结点条件概率(或先验概率)的乘积，即

$$P(X_1,X_2,\cdots,X_d)=\prod_{i=1}^{d}P(X_i\mid \text{Parents}(X_i)) \tag{6-14}$$

例如图 6-1 所示的四个贝叶斯网，它们的联合概率分布分别为

图 6-1(a)：$P(X_1,X_2)=P(X_1)P(X_2 \mid X_1)$

图 6-1(b)：$P(X_1,X_2,X_3)=P(X_1)P(X_2 \mid X_1)P(X_3 \mid X_2)$

图 6-1(c)：$P(X_1,X_2,X_3)=P(X_2)P(X_1 \mid X_2)P(X_3 \mid X_2)$

图 6-1(d)：$P(X_1,X_2,X_3)=P(X_1)P(X_3)P(X_2 \mid X_1,X_3)$

2. 贝叶斯网中的条件独立

贝叶斯网在描述随机变量之间依赖关系的同时，还隐含给出了它们之间的条件独立性，或者说贝叶斯网中的随机变量会存在暗含的条件独立性(参见图 6-2)。

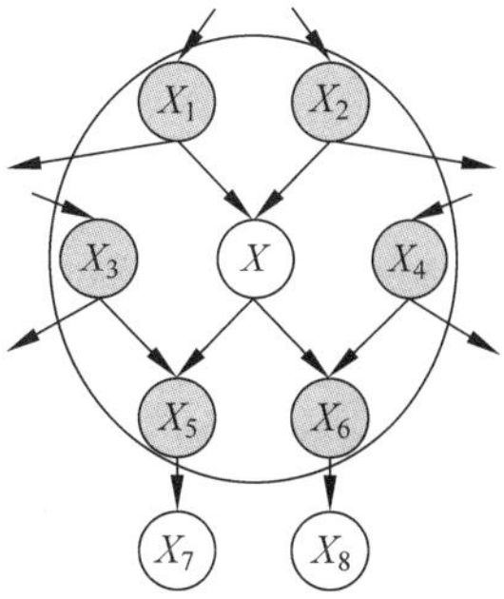

图 6-2　结点 X 与其他结点之间的条件独立性

对图 6-2 中的结点 X 来说，X_1、X_2 是其父结点；X_5、X_6 是其子结点；X_3、X_4 是其子结点的父结点；X_7、X_8 是其后代结点。下面以定理形式给出贝叶斯网中两种重要的条件独立性。

定理 6-1　贝叶斯网中的每个结点在给定父结点时，都将条件独立于它的非后代结点(其中包括其父结点的父结点，但不包括子结点的子结点)。

例如在图 6-2 中，给定 X_1、X_2，则 X 与 X_3 条件独立，即

$$P(X,X_3 \mid X_1,X_2)=P(X \mid X_1,X_2)P(X_3 \mid X_1,X_2)$$

$$P(X \mid X_1,X_2,X_3)=P(X \mid X_1,X_2)$$

同理，X 也与 X_4 条件独立。在之前的图 6-1(b)、图 6-1(c)中，若给定 X_2，则 X_1 与 X_3 条件独立；而在图 6-1(d)中给定 X_2(子结点)，这时 X_1 与 X_3(父结点)不一定条件独立。

定理 6-2　贝叶斯网中结点 X 的父结点、子结点以及子结点的父结点所构成的集合称为结点 X 的**马尔可夫覆盖**(Markov blanket)，记作 MB(X)。若给定结点 X 的马尔可夫覆盖 MB(X)，则 X 与非 MB(X)中的结点 Y 条件独立，即

$$\begin{cases} P(X,Y \mid \mathrm{MB}(X))=P(X \mid \mathrm{MB}(X))P(Y \mid \mathrm{MB}(X)) \\ P(X \mid \mathrm{MB}(X),Y)=P(X \mid \mathrm{MB}(X)) \end{cases},\quad Y \notin \mathrm{MB}(X) \tag{6-15}$$

例如在图 6-2 中，结点 X 的父结点(X_1、X_2)、子结点(X_5、X_6)以及子结点的父结点(X_3、X_4)就构成了结点 X 的马尔可夫覆盖 $\mathrm{MB}(X)=\{X_1,X_2,X_3,X_4,X_5,X_6\}$。结点 X_7、X_8 不属于 MB(X)，因此若给定 MB(X)，则 X 与 X_7、X_8 条件独立。

定理 6-3　在包含 d 个结点($X_1,X_2,\cdots,X_d$)的贝叶斯网中，结点 X_i 的条件概率

$$\begin{aligned} P(X_i \mid X_1,\cdots,X_{i-1},X_{i+1},\cdots,X_d) &= P(X_i \mid \mathrm{MB}(X_i)) \\ &= \alpha \times P(X_i \mid \mathrm{Parents}(X_i)) \times \prod_{X_k \in \mathrm{Children}(X_i)} P(X_k \mid \mathrm{Parents}(X_k)) \end{aligned} \tag{6-16}$$

其中，α 为归一化系数，即

$$\alpha=\frac{1}{\sum\limits_{x_i \in \Omega_{X_i}} P(X_i=x_i \mid \mathrm{MB}(X_i))}$$

定理 6-3 表明，条件概率 $P(X_i \mid X_1,\cdots,X_{i-1},X_{i+1},\cdots,X_d)$ 等于 $P(X_i \mid \mathrm{MB}(X_i))$，而 $P(X_i \mid \mathrm{MB}(X_i))$ 可以由 $P(X_i \mid \mathrm{Parents}(X_i))$、$P(X_k \mid \mathrm{Parents}(X_k))$ 计算出来。换句话说，若给定 MB(X_i)的取值，则条件概率 $P(X_i \mid \mathrm{MB}(X_i))$ 与结点 X_i 及其各子结点 X_k 的

条件概率的乘积成正比。因此，要想计算条件概率 $P(X_i|\text{MB}(X_i))$，只需要先计算乘积 $P(X_i \mid \text{Parents}(X_i)) \times \prod_{X_k \in \text{Children}(X_i)} P(X_k \mid \text{Parents}(X_k))$，然后对这个乘积进行归一化即可得到条件概率 $P(X_i|\text{MB}(X_i))$。

3. 贝叶斯网的构造

贝叶斯网能够以直观、简洁的方式描述复杂的概率模型。给定某个具体问题，该如何构造其贝叶斯网呢？首先，对问题进行分析并发现其中存在哪些随机变量，为每个随机变量建立一个结点；然后找出各结点之间的依赖关系，为存在直接依赖关系（即直接因果关系）的结点添加有向边；最后再确定各结点 X_i 的概率分布，无父结点时为先验概率 $P(X_i)$，有父结点时为条件概率 $P(X_i|\text{Parents}(X_i))$。结点及其依赖关系被称作贝叶斯网的**结构**，各结点的概率分布被称作贝叶斯网的**参数**。

给定某个问题领域，领域专家通常能比较容易地确定出随机变量和它们之间存在的因果关系，在此基础上即可人工构造贝叶斯网的结构。其构造过程通常是从表示"原因"的随机变量（不依赖其他随机变量，其先验概率容易获得）开始创建结点；然后为直接受"原因"影响的随机变量（即"结果"，其条件概率也容易获得）创建结点；以"原因"结点为父结点、"结果"结点为子结点建立有向边；再从子结点继续向下拓展或从父结点向上拓展新结点，最终建立起完整的网络结构。在构造网络结构的过程中，应仔细甄别随机变量间的依赖关系，选择其中的直接因果关系，忽略那些间接的因果关系。

在确定好网络结构之后，各结点的概率分布可以根据样本数据估计出来，例如估计离散型概率分布就是对样本数据做"计数"，估计连续型概率分布则可以使用极大似然估计方法估计其参数。

人工构造贝叶斯网的结构，然后通过样本数据估计各结点的概率分布，这被称作**参数学习**。也有人在尝试通过样本数据自动学习贝叶斯网的结构，即**结构学习**，但目前还没有比较成熟的研究成果。

6.1.3 贝叶斯网的推理

包含 d 个结点$(X_1, X_2, \cdots, X_d)$的贝叶斯网，它所描述的实际上是 d 个随机变量$(X_1, X_2, \cdots, X_d)$的联合概率分布 $P(X_1, X_2, \cdots, X_d)$。贝叶斯网的推理就是根据联合概率分布来查询（即计算）某些随机变量的边缘概率或条件概率，这属于概率推理。在实际应用中，贝叶斯网通常是按"从因到果"（依赖方向）构造的，推理时则更多的是"从果到因"（推理方向），即查询后验概率。

为描述推理过程，有时我们会换一种符号来标记随机变量$(X_1, X_2, \cdots, X_d)$。将这些变量分成三组：待查询的变量（记作 $\boldsymbol{Y}$）、给定的证据变量（记作 $\boldsymbol{E}$）、剩余的其他变量（记作 $\boldsymbol{Z}$）。贝叶斯网推理就是给定联合概率分布 $P(\boldsymbol{Y}, \boldsymbol{E}, \boldsymbol{Z})$，希望计算随机变量 $\boldsymbol{Y}$ 的条件概率 $P(\boldsymbol{Y}|\boldsymbol{E})$或边缘概率 $P(\boldsymbol{Y})$。

1. 计算条件概率

基于联合概率计算条件概率，通常使用贝叶斯公式，例如 6.1.1 节的式(6-8)或式(6-9)。

也可以将条件概率的计算问题，转换成边缘概率的计算问题。

例如，已知随机变量 $\boldsymbol{Y}$、$\boldsymbol{E}$ 的联合概率分布为 $P(\boldsymbol{Y},\boldsymbol{E})$，给定 $\boldsymbol{E}=\boldsymbol{e}$，希望计算条件概率 $P(\boldsymbol{Y}|\boldsymbol{E}=\boldsymbol{e})$。假设 $\boldsymbol{E}$ 为离散型随机变量，这时可以仅保留 $P(\boldsymbol{Y},\boldsymbol{E})$ 中 $\boldsymbol{E}=\boldsymbol{e}$ 的概率项，然后将其他概率项都置为零，重新构造一个新的联合概率分布 $P'(\boldsymbol{Y},\boldsymbol{E})$，即

$$P'(\boldsymbol{Y},\boldsymbol{E})=\begin{cases}P(\boldsymbol{Y},\boldsymbol{E}), & \boldsymbol{E}=\boldsymbol{e}\\ 0, & \boldsymbol{E}\neq\boldsymbol{e}\end{cases}$$

因为条件概率正比于联合概率，即 $P(\boldsymbol{Y}|\boldsymbol{E})\propto P(\boldsymbol{Y},\boldsymbol{E})$，所以有

$$P(\boldsymbol{Y}\mid\boldsymbol{E}=\boldsymbol{e})\propto P(\boldsymbol{Y},\boldsymbol{e})=P'(\boldsymbol{Y},\boldsymbol{e})=\sum_{\boldsymbol{E}}P'(\boldsymbol{Y},\boldsymbol{E})=P'(\boldsymbol{Y})$$

可以看出，原概率分布上的条件概率 $P(\boldsymbol{Y}|\boldsymbol{E}=\boldsymbol{e})$ 正比于新概率分布上的边缘概率 $P'(\boldsymbol{Y})$。利用这个结论，通过计算联合概率分布 $P'(\boldsymbol{Y},\boldsymbol{E})$ 上的边缘概率 $P'(\boldsymbol{Y})$ 并对其归一化，这样即可得到联合概率分布 $P(\boldsymbol{Y},\boldsymbol{E})$ 上的条件概率 $P(\boldsymbol{Y}|\boldsymbol{E}=\boldsymbol{e})$，即 $P(\boldsymbol{Y}|\boldsymbol{E}=\boldsymbol{e})=\alpha P'(\boldsymbol{Y})$，其中 α 为归一化系数。

同理，给定联合概率分布 $P(\boldsymbol{Y},\boldsymbol{E},\boldsymbol{Z})$，然后构造一个新的联合概率分布 $P'(\boldsymbol{Y},\boldsymbol{E},\boldsymbol{Z})$，即

$$P'(\boldsymbol{Y},\boldsymbol{E},\boldsymbol{Z})=\begin{cases}P(\boldsymbol{Y},\boldsymbol{E},\boldsymbol{Z}), & \boldsymbol{E}=\boldsymbol{e}\\ 0, & \boldsymbol{E}\neq\boldsymbol{e}\end{cases}\tag{6-17}$$

这样就可以将联合概率分布 $P(\boldsymbol{Y},\boldsymbol{E},\boldsymbol{Z})$ 上条件概率 $P(\boldsymbol{Y}|\boldsymbol{E}=\boldsymbol{e})$ 的计算问题，转换为联合概率分布 $P'(\boldsymbol{Y},\boldsymbol{E},\boldsymbol{Z})$ 上边缘概率 $P'(\boldsymbol{Y})$ 的计算问题，即

$$\begin{cases}P(\boldsymbol{Y}\mid\boldsymbol{E}=\boldsymbol{e})=\alpha P'(\boldsymbol{Y})=\alpha\sum_{\boldsymbol{E},\boldsymbol{Z}}P'(\boldsymbol{Y},\boldsymbol{E},\boldsymbol{Z})\\ \alpha=\dfrac{1}{\sum_{\boldsymbol{Y}}P'(\boldsymbol{Y})}\end{cases}\tag{6-18}$$

2. 计算边缘概率：求和消元法

给定联合概率分布 $P(\boldsymbol{Y},\boldsymbol{E},\boldsymbol{Z})$，如果希望计算边缘概率 $P(\boldsymbol{Y})$，则通过对联合概率 $P(\boldsymbol{Y},\boldsymbol{E},\boldsymbol{Z})$ 中的其他变量 $\boldsymbol{E}$、$\boldsymbol{Z}$ 进行求和消元就可以求得。计算边缘概率 $P(\boldsymbol{Y})$，需要计算所有概率项 $P(\boldsymbol{y}_i)$，即

$$P(\boldsymbol{y}_i)=\sum_{\boldsymbol{e}\in\Omega_E}\sum_{\boldsymbol{z}\in\Omega_Z}P(\boldsymbol{y}_i,\boldsymbol{e},\boldsymbol{z}),\quad \text{对所有的 } \boldsymbol{y}_i\in\Omega_Y\tag{6-19}$$

其中，Ω_Y、Ω_E、Ω_Z 分别表示随机变量 $\boldsymbol{Y}$、$\boldsymbol{E}$、$\boldsymbol{Z}$ 的值域。

图 6-3 给出一个简单的贝叶斯网，其中包含五个随机变量 $\{X_1,X_2,X_3,X_4,X_5\}$，它们的联合概率分布为

$$\begin{aligned}P(X_1,X_2,X_3,X_4,X_5)&=\prod_{i=1}^{5}P(X_i\mid \text{Parents}(X_i))\\&=P(X_1)P(X_2\mid X_1)P(X_3\mid X_2)P(X_4\mid X_3)P(X_5\mid X_3)\end{aligned}\tag{6-20}$$

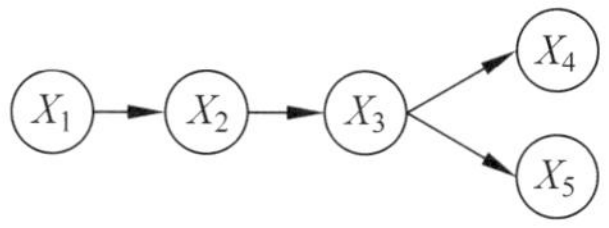

图 6-3　一个简单的贝叶斯网

如果希望计算图6-3中变量 X_5 的边缘概率 $P(X_5)$，则需通过求和消元，消除联合概率分布 $P(X_1,X_2,X_3,X_4,X_5)$ 中的另外四个变量，即

$$\begin{aligned}P(X_5) &= \sum_{X_1,X_2,X_3,X_4} P(X_1,X_2,X_3,X_4,X_5) = \sum_{X_4}\sum_{X_3}\sum_{X_2}\sum_{X_1} P(X_1,X_2,X_3,X_4,X_5) \\ &= \sum_{X_4}\sum_{X_3}\sum_{X_2}\sum_{X_1} P(X_1)P(X_2 \mid X_1)P(X_3 \mid X_2)P(X_4 \mid X_3)P(X_5 \mid X_3)\end{aligned} \tag{6-21}$$

如果希望计算图6-3中变量 X_2、X_3 的联合概率 $P(X_2,X_3)$，同样可以使用求和消元方法，消除联合概率分布 $P(X_1,X_2,X_3,X_4,X_5)$ 中的另外三个变量来求得，即

$$\begin{aligned}P(X_2,X_3) &= \sum_{X_1,X_4,X_5} P(X_1,X_2,X_3,X_4,X_5) = \sum_{X_5}\sum_{X_4}\sum_{X_1} P(X_1,X_2,X_3,X_4,X_5) \\ &= \sum_{X_5}\sum_{X_4}\sum_{X_1} P(X_1)P(X_2 \mid X_1)P(X_3 \mid X_2)P(X_4 \mid X_3)P(X_5 \mid X_3)\end{aligned} \tag{6-22}$$

假设图6-3中的随机变量均为离散型，每个变量均有 N 个可能取值，则式(6-21)的连续求和运算需执行 $4\times N^4$ 次乘法和 $(N-1)^4$ 次加法；式(6-22)需执行 $4\times N^3$ 次乘法和 $(N-1)^3$ 次加法。仔细分析一下，式(6-21)、式(6-22)的求和项 $P(X_1,X_2,X_3,X_4,X_5)$ 是一种特殊函数，其特殊性在于它能被分解成一组**因子**(factor，或称作因子函数)的乘积。这组因子分别为 $P(X_1)$、$P(X_2|X_1)$、$P(X_3|X_2)$、$P(X_4|X_3)$、$P(X_5|X_3)$，并且每个因子只涉及部分变量。可以通过提取公因子，减少求和消元法所需的乘法次数。

3. 和-积消元算法

和-积消元算法是对原始求和消元法的一种改进，它通过提取公因子以减少连续求和时所需的乘法次数。举个简单例子，假设变量 X 的值域 $\Omega_X=\{x_1,x_2,\cdots,x_m\}$，变量 Y 的值域 $\Omega_Y=\{y_1,y_2,\cdots,y_n\}$，对乘积 XY 连续求和，即

$$\sum_{X,Y}(XY)=\sum_{i=1}^{m}\sum_{j=1}^{n}(x_iy_j)=\sum_{i=1}^{m}(x_iy_1+x_iy_2+\cdots+x_iy_n) \tag{6-23}$$

式(6-23)在计算 $\sum\limits_{X,Y}(XY)$ 时先求乘积 x_iy_j，再对乘积求和，共需执行 $m\times n$ 次乘法和 $(m-1)\times(n-1)$ 次加法。如果将公因子 x_i 提取出来，则式(6-23)可改写为

$$\sum_{X,Y}(XY)=\sum_{i=1}^{m}[x_i(y_1+y_2+\cdots+y_n)]=\sum_{i=1}^{m}\left[x_i\sum_{j=1}^{n}y_j\right] \tag{6-24}$$

改写后，式(6-24)只需执行 m 次乘法和 $(m-1)\times(n-1)$ 次加法，乘法运算次数大为减少。

式(6-23)的做法是先乘积再求和，这被称作**积-和**(product-sum)运算；而式(6-24)则通过提取公因子，先求和再乘积，这被称作**和-积**(sum-product)运算。将积-和运算改为和-积运算，可以大幅减少求和消元中的乘法次数，优化算法。

例如，若按 $X_1\to X_2\to X_4\to X_3$ 的消元顺序，利用和-积运算可将式(6-21)改写为式(6-25)的形式，这样可以提高算法效率。

$$P(X_5)=\sum_{X_3}P(X_5 \mid X_3)\sum_{X_4}P(X_4 \mid X_3)\sum_{X_2}P(X_3 \mid X_2)\sum_{X_1}P(X_1)P(X_2 \mid X_1) \tag{6-25}$$

式(6-25)每做一次求和运算就消除掉一个变量，内层的求和运算在外层求和时会重复执行。进一步运用动态规划思想，将每次求和运算所得到的中间结果保存起来，这样就能避免重复计算，以空间换取时间。

综合运用和-积运算、动态规划思想对联合概率进行求和消元，这就是**和-积消元**算法。下面就以式(6-25)为例，具体讲解和-积消元的算法过程。计算式(6-25)的连续求和运算，需从内层到外层，计算并保存每次求和的中间结果，逐步求和消元。首先计算并保存最内层求和结果，将其记作 $m_{12}(X_2)$，即

$$m_{12}(X_2)=\sum_{X_1}P(X_1)P(X_2\mid X_1)$$

其中，$m_{12}(X_2)$是对所有含 X_1 项的乘积进行求和消元后得到的结果，下标 1 表示对 X_1 进行消元，下标 2 表示消元后剩下的其他变量，即 X_2。下面继续计算式(6-25)，保存每次求和的中间结果，则

$$\begin{aligned}
P(X_5)&=\sum_{X_3}P(X_5\mid X_3)\sum_{X_4}P(X_4\mid X_3)\sum_{X_2}P(X_3\mid X_2)m_{12}(X_2)\\
&=\sum_{X_3}P(X_5\mid X_3)\sum_{X_4}P(X_4\mid X_3)m_{23}(X_3)\quad \text{注：记 } m_{23}(X_3)=\sum_{X_2}P(X_3\mid X_2)m_{12}(X_2)\\
&=\sum_{X_3}P(X_5\mid X_3)m_{23}(X_3)\sum_{X_4}P(X_4\mid X_3)\quad \text{注：提取公因子 } m_{23}(X_3)\\
&=\sum_{X_3}P(X_5\mid X_3)m_{23}(X_3)m_{43}(X_3)\quad \text{注：记 } m_{43}(X_3)=\sum_{X_4}P(X_4\mid X_3)\\
&=m_{35}(X_5)\quad \text{注：记 } m_{35}(X_5)=\sum_{X_3}P(X_5\mid X_3)m_{23}(X_3)m_{43}(X_3)
\end{aligned}\tag{6-26}$$

其中，$m_{ij}(X_j)$是对所有含 X_i 项的乘积进行求和消元后得到的结果，X_j 表示结果中剩下的其他变量(可能有多个)。

式(6-26)给出了使用和-积消元算法计算 $P(X_5)$的过程。其中每做一次求和运算就消除一个变量 X_i 并得到一个中间结果 $m_{ij}(X_j)$；然后利用 $m_{ij}(X_j)$进行下一步求和，继续消除变量 X_j。这个计算步骤可被看作从结点 X_i 向结点 X_j 传递一个**消息** $m_{ij}(X_j)$(参见图 6-4)。在消息传递过程中，每个结点 X_i 先按消元顺序接收相邻结点传来的消息，然后做一次求和消元(消除自己，即 X_i)，再将求和结果 $m_{ij}(X_j)$传递给剩余结点 X_j。

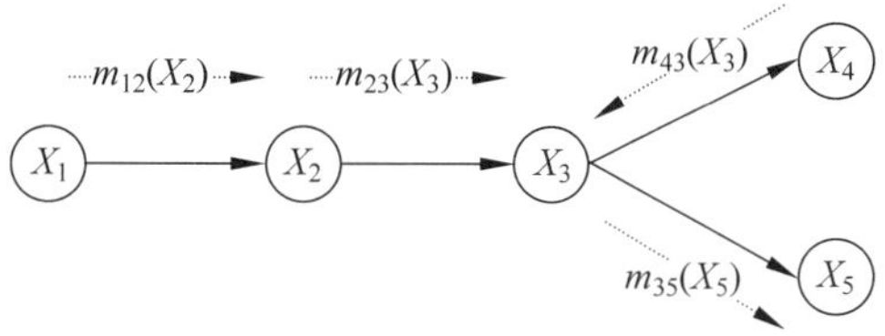

图 6-4　式(6-26)的计算过程可被看作一种消息传递过程

和-积消元算法将一个连续求和消元的过程分解成多步和-积运算，每步和-积运算相当于一次消息传递，并且该传递只在相邻结点间进行。这种分解相当于是将一个全局运算分解成多个局部运算，这样能够简化计算，同时避免重复计算。

4. 信念传播算法

和-积消元算法每次只计算一种概率，例如式(6-26)只计算随机变量 X_5 的概率 $P(X_5)$。假设还需要计算另外一种概率，例如式(6-22)的 $P(X_2,X_3)$，若按 $X_1 \to X_4 \to X_5$ 的顺序进行和-积消元，其计算过程可写为

$$\begin{aligned}
P(X_2,X_3) &= \sum_{X_5}\sum_{X_4}\sum_{X_1} P(X_1)P(X_2 \mid X_1)P(X_3 \mid X_2)P(X_4 \mid X_3)P(X_5 \mid X_3) \\
&= P(X_3 \mid X_2)\sum_{X_5} P(X_5 \mid X_3)\sum_{X_4} P(X_4 \mid X_3)\sum_{X_1} P(X_1)P(X_2 \mid X_1) \\
&= P(X_3 \mid X_2)\sum_{X_5} P(X_5 \mid X_3)\sum_{X_4} P(X_4 \mid X_3) m_{12}(X_2) \quad \text{注：记 } m_{12}(X_2) = \sum_{X_1} P(X_1)P(X_2 \mid X_1) \\
&= P(X_3 \mid X_2) m_{12}(X_2)\sum_{X_5} P(X_5 \mid X_3)\sum_{X_4} P(X_4 \mid X_3) \quad \text{注：提取公因子 } m_{12}(X_2) \\
&= P(X_3 \mid X_2) m_{12}(X_2) m_{43}(X_3)\sum_{X_5} P(X_5 \mid X_3) \quad \text{注：记 } m_{43}(X_3) = \sum_{X_4} P(X_4 \mid X_3) \\
&= P(X_3 \mid X_2) m_{12}(X_2) m_{43}(X_3) m_{53}(X_3) \quad \text{注：记 } m_{53}(X_3) = \sum_{X_5} P(X_5 \mid X_3)
\end{aligned} \tag{6-27}$$

对照式(6-27)、式(6-26)可以看出，$P(X_2,X_3)$与 $P(X_5)$的计算过程之间也会存在共同消息，例如 $m_{12}(X_2)$和 $m_{43}(X_3)$。

如果预先将贝叶斯网中相邻结点之间的消息全都计算出来，则后续概率推理就能彻底避免重复计算，这样的和-积消元算法就称作**信念传播**(belief propagation)**算法**。在贝叶斯网中，结点间传递的消息实际上是某种概率，信念传播算法将其称作**信念**(belief)。

1) 信念传播算法适用于对任意可分解函数进行求和消元

贝叶斯网的联合概率分布可被看作一个函数，并且该函数可分解成一组因子的乘积，每个因子只涉及部分变量。例如图 6-3 所示的贝叶斯网，其联合概率分布可被看作变量(X_1, X_2, X_3, X_4, X_5)的函数，它能分解成因子 $P(X_1)$、$P(X_2|X_1)$、$P(X_3|X_2)$、$P(X_4|X_3)$、$P(X_5|X_3)$的乘积，即

$$P(X_1,X_2,X_3,X_4,X_5) = P(X_1)P(X_2 \mid X_1)P(X_3 \mid X_2)P(X_4 \mid X_3)P(X_5 \mid X_3) \tag{6-28}$$

像式(6-28)这样可分解成一组因子乘积且每个因子只包含部分变量的函数称作**可分解函数**。为体现一般性，我们将概率分布 $P(X_1,X_2,X_3,X_4,X_5)$改写成一般意义上的函数 $f(X_1,X_2,X_3,X_4,X_5)$，即

$$f(X_1,X_2,X_3,X_4,X_5) = \psi(X_1,X_2)\psi(X_2,X_3)\psi(X_3,X_4)\psi(X_3,X_5) \tag{6-29}$$

其中，每个因子 $\psi(X_i,X_j)$只包含部分变量，即

$$\begin{aligned}
&\psi(X_1,X_2) = P(X_1)P(X_2 \mid X_1) && \text{只包含变量 } X_1\text{、}X_2 \\
&\psi(X_2,X_3) = P(X_3 \mid X_2) && \text{只包含变量 } X_2\text{、}X_3 \\
&\psi(X_3,X_4) = P(X_4 \mid X_3) && \text{只包含变量 } X_3\text{、}X_4 \\
&\psi(X_3,X_5) = P(X_5 \mid X_3) && \text{只包含变量 } X_3\text{、}X_5
\end{aligned}$$

式(6-29)中的函数 f、ψ 都是一般意义上的函数，而不单纯是概率分布函数。可以用无向图的形式来表示可分解函数 $f(X_1,X_2,X_3,X_4,X_5)$，如图 6-5 所示。图中的每个结点表

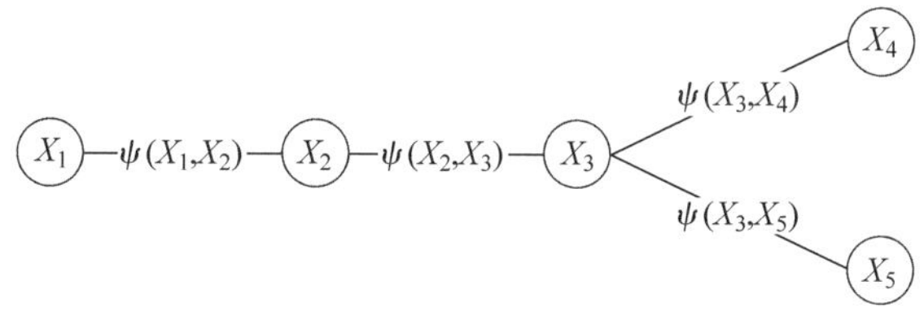

图 6-5　将式(6-29)的函数 $f(X_1,X_2,X_3,X_4,X_5)$表示成一个无向图

示一个变量 X_i；每条边 $\psi(X_i,X_j)$表示包含变量 X_i、X_j 的因子；所有边的乘积就是函数 $f(X_1,X_2,X_3,X_4,X_5)$。

信念传播算法是一种通用的求和消元算法，适用于任意可分解函数。使用信念传播算法进行求和消元可以避免重复计算，提高算法速度。将信念传播算法应用于无向图表示的可分解函数(例如图 6-5)，其关键是如何高效地将相邻结点间传递的消息全部计算出来(参见图 6-6)。

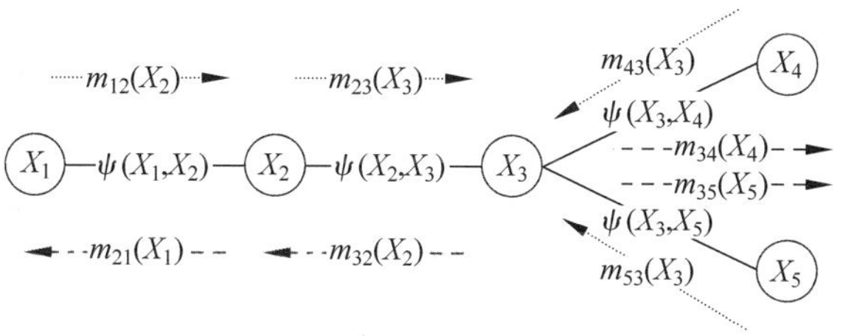

图 6-6　以 X_3 为根结点进行信念传播

2) 计算无向图中所有相邻结点之间的消息

在信念传播算法中，对变量 X_i 进行求和消元并剩余 X_j 的运算等价于结点 X_i 向相邻结点 X_j 传递一个消息 $m_{ij}(X_j)$，即

$$m_{ij}(X_j)=\sum_{X_i}\left[\psi(X_i,X_j)\prod_{X_k\in N(X_i)-\{X_j\}}m_{ki}(X_i)\right] \tag{6-30}$$

其中，$\psi(X_i,X_j)$为结点 X_i、X_j 之间的边(即包含变量 X_i、X_j 的因子)；$m_{ki}(X_i)$为除 X_j 之外的其他相邻结点 X_k 传给 X_i 的消息；$N(X_i)$表示与 X_i 相邻的结点集合。

从式(6-30)可以看出，结点 X_i 在向 X_j 传递消息之前必须先接收到所有其他相邻结点(X_j 除外)的消息 $m_{ki}(X_i)$，然后再将求和消元后的结果 $m_{ij}(X_j)$作为消息传递给 X_j。例如在图 6-6 中，结点 X_2 在向 X_3 传递消息之前需先接收到其他相邻结点 X_1 的消息 $m_{12}(X_2)$，然后再将求和消元后的结果 $m_{23}(X_3)$作为消息传递给 X_3，即

$$m_{23}(X_3)=\sum_{X_2}\psi(X_2\mid X_3)m_{12}(X_2)$$

在无向图中，只有相邻结点之间才会有消息传递。另外，相邻结点 X_i、X_j 之间有两个消息：一个是 X_i 向 X_j 传递的消息 $m_{ij}(X_j)$；另一个是 X_j 向 X_i 传递的消息 $m_{ji}(X_i)$，它们是不同的消息。

如果无向图中没有环(例如图 6-6)，则信念传播算法只需两次消息传播过程就能高效求出所有相邻结点之间的消息，其具体的算法过程如下。

- 任选一个结点作为根结点。例如图 6-6 中将 X_3 选作根结点。

- 第一次消息传播：从所有叶结点开始，逐级向所选定的根结点传递消息，直到根结点收到所有相邻结点的消息。例如图 6-6 中的 X_1、X_4、X_5 为叶结点，其第一次消息传播过程为 $X_1 \to X_2 \to X_3$、$X_4 \to X_3$、$X_5 \to X_3$，分别求得消息 $m_{12}(X_2)$、$m_{23}(X_3)$、$m_{43}(X_3)$、$m_{53}(X_3)$，这样根结点 X_3 就收到了所有相邻结点 X_2、X_4、X_5 的消息 $m_{23}(X_3)$、$m_{43}(X_3)$、$m_{53}(X_3)$。其中

$$m_{12}(X_2) = \sum_{X_1} \psi(X_1, X_2) \quad m_{23}(X_3) = \sum_{X_2} \psi(X_2, X_3) m_{12}(X_2)$$

$$m_{43}(X_3) = \sum_{X_4} \psi(X_3, X_4) \quad m_{53}(X_3) = \sum_{X_5} \psi(X_3, X_5)$$

- 第二次消息传播：从根结点开始向叶结点传递消息，直到所有叶结点都收到消息。例如图 6-6 的第二次消息传播过程为 $X_3 \to X_2 \to X_1$、$X_3 \to X_4$、$X_3 \to X_5$，分别求得消息 $m_{32}(X_2)$、$m_{21}(X_1)$、$m_{34}(X_4)$、$m_{35}(X_5)$，这样所有的叶结点 X_1、X_4、X_5 均收到了消息。其中

$$m_{32}(X_2) = \sum_{X_3} \psi(X_2, X_3) m_{43}(X_3) m_{53}(X_3)$$

$$m_{21}(X_1) = \sum_{X_2} \psi(X_1, X_2) m_{32}(X_2)$$

$$m_{34}(X_4) = \sum_{X_3} \psi(X_3, X_4) m_{23}(X_3) m_{53}(X_3)$$

$$m_{35}(X_5) = \sum_{X_3} \psi(X_3, X_5) m_{23}(X_3) m_{43}(X_3)$$

至此，信念传播算法求出了无向图中所有相邻结点之间的消息。对于图 6-6 来说，这样的消息总共有 8 个(为边数的两倍)。

3) 基于消息的概率推理

将联合概率分布分解成因子 $\psi(X_i, X_j)$ 并表示成无向图，然后使用信念传播算法计算出所有相邻结点之间的消息 $m_{ij}(X_j)$ 和 $m_{ji}(X_i)$，基于这些消息就能进行后续的概率推理。

- 计算边缘概率 $P(X_i)$：变量的边缘概率等于它所接收消息的乘积，即

$$P(X_i) = \prod_{X_k \in N(X_i)} m_{ki}(X_i) \tag{6-31}$$

例如图 6-6 中变量 X_3 的边缘概率为

$$P(X_3) = \prod_{X_k \in N(X_3)} m_{k3}(X_3) = m_{23}(X_3) m_{43}(X_3) m_{53}(X_3)$$

- 计算条件概率 $P(X_i | X_j = e)$：给定条件 $X_j = e$，如果希望计算条件概率 $P(X_i | X_j = e)$，一个简单的方法就是将条件概率的计算问题转换为边缘概率的计算问题。

具体的转化过程为：给定联合概率分布 $P(X_1, X_2, \cdots, X_j, \cdots, X_d)$，重新构造一个新的联合概率分布 $P'(X_1, X_2, \cdots, X_j, \cdots, X_d)$，即

$$P'(X_1, X_2, \cdots, X_j, \cdots, X_d) = \begin{cases} P(X_1, X_2, \cdots, X_j, \cdots, X_d), & X_j = e \\ 0, & X_j \neq e \end{cases} \tag{6-32}$$

然后在 $P'(X_1, X_2, \cdots, X_j, \cdots, X_d)$ 上运用信念传播算法，计算出边缘概率 $P'(X_i)$，该概率

正比于条件概率 $P(X_i|X_j=e)$。将 $P'(X_i)$归一化即可得到 $P(X_i|X_j=e)$。

在贝叶斯网中,概率推理通常是计算条件概率,主要用于查询后验概率。另外还有一些更复杂的概率推理,例如计算多变量的联合概率或条件概率。本节所讲解的求和消元法、和-积消元算法和信念传播算法等能精确计算出边缘概率或条件概率,这被称作概率的**精确推理**。但在面对复杂概率模型和多变量概率推理时,精确推理的复杂度会呈指数增长,因此需要设计能在较低复杂度下求得近似解的方法,这就是概率的**近似推理**。概率近似推理的基本思路:在计算机上依已知概率分布进行仿真采样,然后基于样本数据来估计待求解概率的近似解,其中最具代表性的方法是 MCMC 算法。

6.2 MCMC 算法基础

马尔可夫链蒙特卡洛(Markov Chain Monte Carlo,MCMC)算法是一系列机器学习算法的总称,其中包括 MCMC 采样算法、MCMC 最优化算法、MCMC 互评算法等。从算法名称上可以看出,MCMC 算法的算法基础是马尔可夫链和蒙特卡洛仿真。本节先介绍 MCMC 算法基础,6.3 节再介绍具体的 MCMC 算法。

6.2.1 蒙特卡洛仿真

通过大量试验,然后对试验数据进行统计分析,发现客观规律性,这是一种常见的问题求解方法。在计算机出现以后,可以在计算机上进行模拟试验(或称仿真试验),这样能够节约人力物力。**蒙特卡洛仿真**(Monte Carlo simulation)就是这样一种统计模拟方法,其含义是按给定概率分布 $P(X)$在计算机上模拟采样,每次采样相当于一次随机试验,然后对所生成的样本数据进行统计分析。应用蒙特卡洛仿真求解实际问题,首先需为问题建立概率模型,该模型的统计量与问题的解之间存在某种对应关系;按照概率模型在计算机上模拟采样,然后通过样本数据的统计量求得问题的近似解。

1. 蒙特卡洛仿真举例

这里通过一个求圆周率 π 的例子来具体讲解蒙特卡洛仿真方法。假设有一个边长为 1 的正方形区域内的均匀分布(参见图 6-7),则事件 A“样本点落在扇形区域内”的概率为

$$P(A)=\frac{\text{扇形面积}}{\text{正方形面积}}=\frac{\frac{1}{4}\times\pi\times 1^2}{1^2}=\frac{1}{4}\pi$$

也即 $\pi=4P(A)$。可以看出,圆周率 π 与事件 A“样本点落在扇形区域内”的概率 $P(A)$之间存在对应关系,这样求解圆周率 π 的问题就变成了一个概率估计问题。

如何求事件 A“样本点落在扇形区域内”的概率 $P(A)$呢?可以通过伪随机数技术让计算机随机生成 N 个位于正方形区域内的样本点(x,y),然后统计落在扇形区域内(即 $x^2+y^2\leqslant 1$)的样本点个数 n,则 $P(A)\approx\frac{n}{N}$,进而求得 $\pi=4P(A)$。

因为所求得的 $P(A)$只是概率的估计量,即将频率作为概率的近似值,所以最后求得的圆周率 π 也是一个近似解。

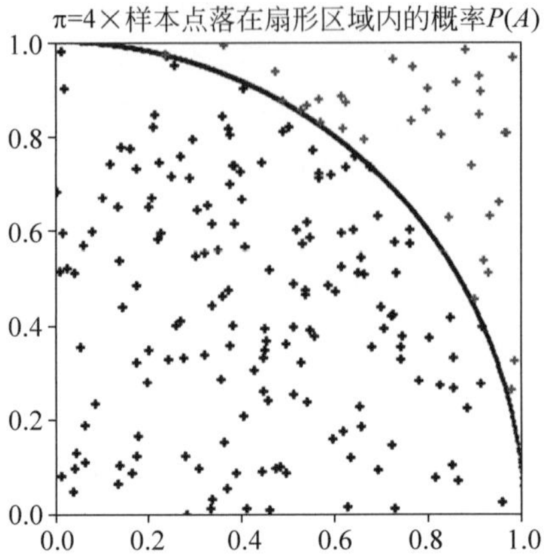

图 6-7　通过蒙特卡洛仿真求圆周率 π

Python 语言在 random 模块中提供了一个生成伪随机数的函数 **random**()，可生成[0,1)区间均匀分布的随机数。图 6-8 给出了通过蒙特卡洛仿真求解圆周率 π 的 Python 示例代码。蒙特卡洛仿真通常需要大量样本才能得到比较稳定的估计量，例如图 6-8 为求得圆周率 π，共模拟采集了十万个样本(N=100 000)。

```
In [1]: import numpy as np
        import pandas as pd
        import matplotlib.pyplot as plt
        %matplotlib inline

        import random
        random.seed(2020)

        N = 100000;  n = 0
        for m in range(N):
            x = random.random();  y = random.random()
            if (x*x + y*y <= 1): n += 1;
        print("π≈", 4*(n/N))

        π≈ 3.14452
```

图 6-8　通过蒙特卡洛仿真求解圆周率 π 的 Python 示例代码

应用蒙特卡洛仿真方法求解问题的过程可分为三个主要步骤：

(1) 构造与待求解问题等价的概率模型；

(2) 按照概率模型(即概率分布)进行模拟采样；

(3) 通过样本统计量求得问题的近似解。

其中，第(1)、(3)步与具体问题相关，而第 2 步是与问题无关的。下面重点讲解第(2)步，介绍如何按照给定的概率分布在计算机上进行模拟采样。

2. 常用模拟采样算法

模拟采样是概率估计问题的逆问题。概率估计是已知样本数据集求概率分布，而模拟采样则是已知概率分布来生成样本数据集。给定某个概率分布 $P(X)$，如何通过伪随机数技术在计算机上模拟采样，生成一个样本容量为 N 且符合给定概率分布的数据集 $D=\{x_1, x_2, \cdots, x_N\}$ 呢？

对于[0,1]区间的均匀分布，记作 $U(0,1)$，已经有很成熟的采样算法来生成任意长度的伪随机数序列，例如**线性同余法**(linear congruential method)、**马特赛特旋转**(Mersenne twister)算法等。可以设置初始**种子**(seed)来生成不同的伪随机数序列。通常,高级语言都会提供一个生成[0,1]区间均匀分布的**伪随机数函数**(或称**采样函数**),例如 Python 语言提供的 **random**()函数。每调用一次采样函数(相当于采样一次),函数就会返回一个伪随机数(相当于采样得到的样本数据)。调用 N 次采样函数就可以生成一个样本容量为 N,且符合[0,1]区间均匀分布的数据集 $D=\{x_1,x_2,\cdots,x_N\}$。

可以将[0,1]区间均匀分布的采样算法推广到正态分布(或称高斯分布)$N(\mu,\sigma)$、[a,b]区间的均匀分布 $U(a,b)$等常用概率分布。例如使用 **Box-Muller** 算法可以将[0,1]区间均匀分布的采样算法推广到正态分布。Python 语言为均匀分布、正态分布等常用概率分布都提供了对应的采样函数,它们被集中存放在 random 模块中。图 6-9 给出一个使用 Python 语言对[0,1]区间的均匀分布 $U(0,1)$、[a,b]区间的均匀分布 $U(a,b)$,以及正态分布 $N(\mu,\sigma)$进行模拟采样的示例代码,其中对 $U(0,1)$分布采样了三次,对 $U(a,b)$分布、$N(\mu,\sigma)$分布各采样一次。

```
In [2]: import random
        random.seed(2020)

        print("[0,1)区间均匀分布的随机数X, X~U(0, 1): ")
        x1 = random.random();  x2 = random.random();  x3 = random.random();
        print(x1, x2, x3);  print()

        print("[5, 10]区间均匀分布的随机数X, X~U(5, 10): ", random.uniform(5,10))
        print("(-∞, +∞)区间正态分布的随机数X, X~N(0, 1): ", random.gauss(0,1))

[0,1)区间均匀分布的随机数X, X~U(0, 1):
0.6196692706606616 0.17452386521097274 0.7684773390070635

[5, 10]区间均匀分布的随机数X, X~U(5, 10):  9.72846729466625
(-∞, +∞)区间正态分布的随机数X, X~N(0, 1):  -2.298603348086274
```

图 6-9　使用 Python 语言进行模拟采样的示例代码

3. 离散型概率分布的模拟采样算法

常见的离散型概率分布有二项分布和多项分布。可以基于[0,1]区间均匀分布的采样算法,经扩展后得到它们对应的采样算法。

1) 二项分布采样

二项分布只有两种取值,可记作 0 或 1。例如给定一个服从二项分布的离散型随机变量 X,其值域为{0,1},概率分布为

$$P(X=0)=p,\quad P(X=1)=1-p$$

假设另有一个[0,1)区间均匀分布的连续型随机变量 U,则 U 落在区间[0,p)、[p,1)的概率分别为

$$P(U<p)=p,\quad P(U\geqslant p)=1-p$$

可以看出,事件"$U<p$"与事件"$X=0$"等价,事件"$U\geqslant p$"与事件"$X=1$"等价。

基于事件等价原则,可以基于均匀分布来设计二项分布的采样算法。其思路是:先对随机变量 U 采样,然后根据采样值 u 落入的区间来确定随机变量 X 对应的采样值 x。图 6-10 给出一个使用 Python 语言进行二项分布采样的示例代码。其中,随机变量 X 的概率分布为 $P(X=0)=0.3$、$P(X=1)=0.7$;示例代码共采集了 10 个样本数据。

2) 多项分布采样

如果离散型随机变量 X 有两种以上的取值,假设其值域为{1,2,…,n},概率分布为

```
In [3]: import random
        random.seed(2020)

        #离散型随机变量X, 二项分布, P(X=0)=0.3, P(X=1)=0.7
        N = 10  # 采集10个样本数据
        for m in range(N):
            u = random.random()
            if (u < 0.3):  x = 0
            else:  x = 1
            print(x, end=", ")
        print()

        1, 0, 1, 1, 1, 1, 1, 1, 1, 0,
```

图 6-10 使用 Python 语言进行二项分布采样的示例代码

$$P(X=i)=p_i,\quad i=1,2,\cdots,n$$

则称 X 服从多项分布。可以采用与二项分布采样算法相同的设计思路，先将[0,1)区间划分成 n 个小的区间，即$[0,p_1)$、$[p_1,p_1+p_2)$、$[p_1+p_2,p_1+p_2+p_3)$、…、$[p_1+p_2+\cdots+p_{n-1},1)$，然后对[0,1)区间均匀分布的随机变量 U 采样，再根据采样值 u 落入的区间来确定随机变量 X 对应的采样值 x。

图 6-11 给出一个使用 Python 语言进行多项分布采样的示例代码。其中，随机变量 X 服从多项分布，其值域为{1,2,3}，概率分布为 $P(X=1)=0.3$、$P(X=2)=0.5$、$P(X=3)=0.2$；示例代码共采集了 10 个样本数据。

```
In [4]: import random
        random.seed(2020)

        #离散型随机变量X, 多项分布, P(X=1)=0.3, P(X=2)=0.5, P(X=3)=0.2
        N = 10  # 采集10个样本数据
        for m in range(N):
            u = random.random()
            if (u < 0.3):  x = 1
            elif (u >= 0.3 and u < 0.3+0.5):  x = 2
            else:  x = 3
            print(x, end=", ")
        print()

        2, 1, 2, 3, 2, 3, 2, 2, 2, 1,
```

图 6-11 使用 Python 语言进行多项分布采样的示例代码

多项分布采样算法将[0,1)区间划分成 n 个小的区间，这实际上是将多项分布转换为等价的几何概型。这种几何概型可表示成**线段形式**或**轮盘形式**(参见图 6-12)。如果表示成图 6-12(b)的轮盘形式，则对[0,1)区间均匀分布随机变量 U 的一次采样就相当于转动一次轮盘；根据采样值 u 落入的区间来确定随机变量 X 对应的采样值 x，这相当于观察轮盘指针所落入区间来确定采样值 x。如果按这种方式来理解，多项分布采样算法就得到一个新名字，即**轮盘赌**(roulette)采样算法。

轮盘赌采样算法对图 6-11 所示多项分布采样算法的示例代码进行了优化，将其提炼成一个通用的多项分布采样算法。首先将概率分布 $P(X=i)=p_i$ 转换为累积概率 $F(X\leqslant i)=s_i$ 的形式(参见图 6-12)，

$$F(X\leqslant i)=s_i=p_1+p_1+\cdots+p_i,\quad i=1,2,\cdots,n$$

这样，[0,1)区间所划分出的 n 个小区间可简化成$[0,s_1)$,$[s_1,s_2)$,$[s_2,s_3)$,…,$[s_{n-1},1)$。采样时：先调用随机数函数生成一个[0,1)区间均匀分布的随机数 u；然后从 s_1 开始依次

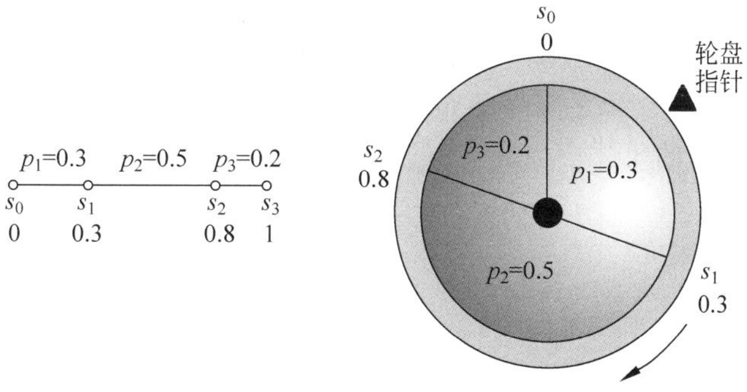

(a) 线段形式　　　　(b) 轮盘形式

图 6-12　多项分布可表示成两种不同的几何概型

与各 s_i(对应区间 i 的上界)进行比较,直到 $u<s_i$(即随机数 u 落在第 i 个区间);将 i 作为随机变量 X 的采样值,这就完成了一次采样。重复 N 次采样过程即可生成一个样本容量为 N,且符合指定多项分布 $P(X=i)=p_i$ 的数据集 $D=\{x_1,x_2,\cdots,x_N\}$。使用轮盘赌算法改写图 6-11 的示例代码,将其改成一个通用的多项分布采样算法,如图 6-13 所示。

```
In [5]: import random
        random.seed(2020)

        #离散型随机变量X, 多项分布, P(X=1)=0.3, P(X=2)=0.5, P(X=3)=0.2
        p = [0.3, 0.5, 0.2];  s = [0.3, 0.8, 1]
        N = 10                  # 采集10个样本数据
        for m in range(N):  # 轮盘赌采样算法
            u = random.random()
            i = 0
            while (True):
                if (u < s[i]):  break
                i = i +1  # 不满足条件: u<s[i], 继续查找下一区间
            x = i +1        # 下标i是从0开始的, 将其加1再赋值给x作为采样值
            print(x, end=", ")
        print()

    2, 1, 2, 3, 2, 3, 2, 2, 2, 1,
```

图 6-13　使用轮盘赌算法进行多项分布采样的 Python 示例代码

4. 连续型概率分布的接受-拒绝采样算法

对于正态分布(或称高斯分布)$N(\mu,\sigma)$、$[a,b]$区间的均匀分布 $U(a,b)$等常用连续型概率分布,它们可以基于$[0,1]$区间均匀分布,通过扩展得到对应的采样算法。但这种方法需针对不同概率分布设计不同的扩展算法,例如 **Box-Muller** 算法只适用于正态分布。

这里再给出一种通用的**接受-拒绝**(**acceptance-rejection**)采样算法,它适用于任意连续型概率分布。对那些无有效采样算法、不方便采样的连续型概率分布,假设其概率密度函数为 $p(x)$,可以先在另一个便于采样的概率分布 $q(x)$上进行采样,然后按一定概率接受或拒绝所采集的样本,使其符合 $p(x)$的分布。其中,$q(x)$被称作对 $p(x)$采样时的**建议分布**(**proposal distribution**)。常用的建议分布有均匀分布、高斯分布等,因为它们便于采样。

已知概率密度函数 $p(x)$和建议分布 $q(x)$,对 $p(x)$进行采样的接受-拒绝采样算法分为两步:先对建议分布 $q(x)$采样,然后再通过一个二项分布采样来决定是否接受 $q(x)$的样本。

1）对建议分布 $q(x)$ 采样得到采样值 x_0

假设先在建议分布 $q(x)$ 上采样，得到一个采样值 x_0，然后按照概率 P(接受 x_0)决定是否接受 x_0，则最终采样结果的概率分布为 $q(x_0)\cdot P$(接受 x_0)。为了让最终采样结果符合 $p(x)$ 的分布，则下面的等式应当成立。

$$q(x_0)\cdot P(\text{接受 } x_0)=p(x_0)$$

因此接受采样值 x_0 的概率应当为

$$P(\text{接受 } x_0)=\frac{p(x_0)}{q(x_0)} \tag{6-33}$$

其中，$p(x_0)$、$q(x_0)$ 为已知量。

式(6-33)中的 P(接受 x_0)是接受采样值 x_0 的概率，数值应不超过 1。为保证这一点，需预先选择一个归一化系数 C(常量)，使得 $C\cdot q(x)\geqslant p(x)$，然后将式(6-33)改写为

$$P(\text{接受 } x_0)=\frac{p(x_0)}{C\cdot q(x_0)} \tag{6-34}$$

改写后

$$q(x_0)\cdot P(\text{接受 } x_0)=\frac{p(x_0)}{C}\propto p(x_0)$$

也即概率 $q(x_0)\cdot P$(接受 x_0)与 $p(x_0)$ 成正比。因此，若按式 6-34 的概率 P(接受 x_0)接受分布 $q(x)$ 的采样，采样结果仍会服从 $p(x)$ 的分布。

2）对二项分布 P(接受 x_0)采样以决定是否接受 x_0

对于分布 $q(x)$ 上得到的采样值 x_0，由式(6-34)可计算出接受或拒绝 x_0 的概率，即

$$P(\text{接受 } x_0)=p_0=\frac{p(x_0)}{C\cdot q(x_0)},\quad P(\text{拒绝 } x_0)=1-p_0 \tag{6-35}$$

式(6-35)是一个二项分布，可以对[0,1]区间的均匀分布进行采样，如果采样值 $u<p_0$，也即

$$u<\frac{p(x_0)}{C\cdot q(x_0)} \tag{6-36}$$

则接受(保存)分布 $q(x)$ 上的采样数据 x_0，否则拒绝(丢弃)。

重复上面的两个步骤，直至被接受的采样数据集 D 达到指定的样本容量 N。由被接受采样数据组成的数据集 D 符合 $p(x)$ 的概率分布。

举个例子，假设希望对指数分布 $p(x)=\mathrm{e}^{-x}$，$x>0$ 进行采样，可以将 $[0,b]$ 区间的均匀分布 $q(x)=\dfrac{1}{b}$ 作为建议分布，先在 $q(x)$ 上采样得到采样值 x_0(参见图 6-14，图中 $b=3$)，然后再按式(6-35)中的概率 p_0 来接受 x_0，使其符合 $p(x)$ 的分布。其中，区间 $[0,b]$ 中的 b 应根据实际需要来设定；然后将归一化系数 C 设为 b，使得 $C\cdot q(x)=1\geqslant p(x)$；依式(6-35)，此时接受 x_0 的概率为 $p_0=p(x_0)=\mathrm{e}^{-x_0}$。图 6-15 给出了使用 Python 语言进行上述指数分布采样的示例代码。

6.2.2 贝叶斯网的近似推理

包含 d 个结点$(X_1,X_2,\cdots,X_d)$的贝叶斯网所描述的是 d 个随机变量$(X_1,X_2,\cdots,$

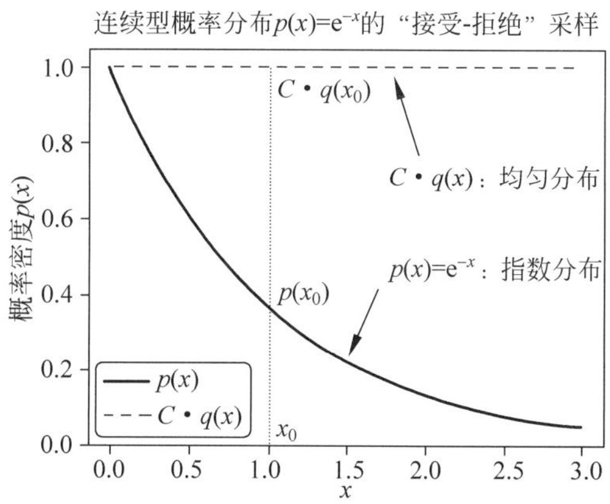

图 6-14　基于均匀分布对指数分布进行采样

```
In [6]: import math
        import random
        random.seed(2020)

        #连续型随机变量X~E(1), f(x)=exp(-x), F(x)=1-exp(-x), x>0
        N = 10;  accepted = 0;  rejected = 0
        while (True):
            x0 = random.uniform(0, 3)
            p0 = math.exp(-x0)
            u = random.random()
            if (u < p0):
                print(x0, end=", ");  accepted += 1;
                if (accepted == N):  break;
            else:
                rejected += 1
        print("\n共采样: ", accepted +rejected)
        print("其中接受: ", accepted, ", 拒绝: ", rejected)

        1.3734672769219238, 0.3149472111239715, 0.12255992984992248, 2.07764
        8041110406, 2.8731195812398447, 0.26671546502154664, 0.1351323388709
        056, 0.17364813309896976, 0.6068839053911641, 0.20096239407755312,
        共采样:  45
        其中接受:  10 , 拒绝:  35
```

图 6-15　使用 Python 语言对指数分布进行采样的示例代码

X_d)的联合概率分布 $P(X_1, X_2, \cdots, X_d)$。依据联合概率分布，查询其中某个或某几个随机变量的边缘概率或条件概率，这就是贝叶斯网的概率推理。6.1.3 节所讲解的求和消元法、和-积消元算法和信念传播算法等，能精确计算出边缘概率或条件概率，这属于精确推理。但在面对复杂概率模型和多变量概率推理时，精确推理的复杂度会呈指数增长，因此需要设计能在较低复杂度下求得近似解的近似推理方法。

1. 概率的近似推理

这里换一种符号来标记随机变量$(X_1, X_2, \cdots, X_d)$，用 $\boldsymbol{Y}$ 表示待查询的变量、$\boldsymbol{E}$ 表示给定的证据变量、$\boldsymbol{Z}$ 表示剩余的其他变量。概率推理就是给定联合概率分布 $P(\boldsymbol{Y}, \boldsymbol{E}, \boldsymbol{Z})$，希望查询随机变量 $\boldsymbol{Y}$ 的边缘概率 $P(\boldsymbol{Y})$或条件概率 $P(\boldsymbol{Y}|\boldsymbol{E})$。

可以使用蒙特卡洛仿真在计算机上进行模拟采样，得到服从联合概率分布 $P(\boldsymbol{Y}, \boldsymbol{E}, \boldsymbol{Z})$ 的样本数据集 D，然后基于该数据集来估计所需的边缘概率 $P(\boldsymbol{Y})$或条件概率 $P(\boldsymbol{Y}|\boldsymbol{E})$。例如，查询边缘概率 $P(\boldsymbol{Y})$时可以先提取样本数据集 D 中 $\boldsymbol{Y}$ 的采样数据并形成子集 $D_{\boldsymbol{Y}}$，然后

使用极大似然估计即可基于子集 $D_{\boldsymbol{Y}}$ 估计出边缘概率 $P(\boldsymbol{Y})$；或者，查询条件概率 $P(\boldsymbol{Y}|\boldsymbol{E}=\boldsymbol{e})$时可以先提取样本数据集 D 中满足条件$\boldsymbol{E}=\boldsymbol{e}$ 的采样数据$\boldsymbol{Y}$ 并形成子集 $D_{\boldsymbol{Y}}^{e}$，然后使用极大似然估计即可基于子集 $D_{\boldsymbol{Y}}^{e}$ 估计出条件概率 $P(\boldsymbol{Y}|\boldsymbol{E}=\boldsymbol{e})$。

使用上述蒙特卡洛仿真方法，可在较低复杂度下估计出边缘概率 $P(\boldsymbol{Y})$或条件概率 $P(\boldsymbol{Y}|\boldsymbol{E})$的近似解，这就是概率的近似推理。如果$\boldsymbol{Y}$ 是离散型随机变量，则基于样本子集估计 $P(\boldsymbol{Y})$或 $P(\boldsymbol{Y}|\boldsymbol{E}=\boldsymbol{e})$的问题就是一个简单的“计数”问题；如果 $\boldsymbol{Y}$ 是连续型随机变量，则可以先给定其概率密度函数的数学形式，然后对其进行参数估计。应用蒙特卡洛仿真方法，其中的关键问题是如何对联合概率分布 $P(\boldsymbol{Y},\boldsymbol{E},\boldsymbol{Z})$进行模拟采样，最终得到一个符合该分布的样本数据集 D。

2. 贝叶斯网的直接采样

一个包含 d 个结点$(X_1,X_2,\cdots,X_d)$的贝叶斯网，其联合概率分布可通过式(6-14)计算出来，即

$$P(X_1,X_2,\cdots,X_d)=\prod_{i=1}^{d}P(X_i \mid \mathrm{Parents}(X_i))$$

有了联合概率分布 $P(X_1,X_2,\cdots,X_d)$，则可以使用蒙特卡洛仿真在计算机上进行模拟采样，为该分布生成一个样本容量为 N 的数据集 $D=\{\boldsymbol{x}_1,\boldsymbol{x}_2,\cdots,\boldsymbol{x}_N\}$，其中每个采样数据 $\boldsymbol{x}_i$ 包含随机变量$(X_1,X_2,\cdots,X_d)$的一次取值(共 d 个)，即

$$\boldsymbol{x}_i=(x_{i1},x_{i2},\cdots,x_{id}),\quad i=1,2,\cdots,N$$

如需查询某个或某几个随机变量的边缘概率或条件概率，则可以基于样本数据集 D 中的某个子集来估计这些概率的近似值。

对于单个随机变量 X，若给定其概率分布 $P(X)$，则可以通过 6.2.1 节讲解的伪随机数技术很方便地进行模拟采样。而对于多变量联合概率分布 $P(X_1,X_2,\cdots,X_d)$，该如何进行模拟采样呢？这需要对 d 个随机变量$(X_1,X_2,\cdots,X_d)$逐个采样，然后才能得到一个样本数据 $\boldsymbol{x}_i=(x_{i1},x_{i2},\cdots,x_{id})$，这属于一轮采样。$N$ 轮这样的采样才能得到一个样本容量为 N 的数据集 $D=\{\boldsymbol{x}_1,\boldsymbol{x}_2,\cdots,\boldsymbol{x}_N\}$。

对任意多变量联合概率分布 $P(X_1,X_2,\cdots,X_d)$，它们都可以被分解成单个变量的条件概率(或边缘概率)的乘积，例如

$$P(X_1,X_2,\cdots,X_d)=P(X_d \mid X_1,\cdots,X_{d-1})\cdots P(X_2 \mid X_1)P(X_1) \tag{6-37}$$

如果希望对联合概率分布 $P(X_1,X_2,\cdots,X_d)$进行 N 轮采样，则第 i 轮采样可以先按 $P(X_1)$对 X_1 采样得到 x_{i1}；然后按 $P(X_2|X_1=x_{i1})$对 X_2 采样得到 x_{i2}；依次类推，最后按 $P(X_d|X_1=x_{i1},\cdots,X_{d-1}=x_{i,d-1})$对 X_d 采样得到 x_{id}，这就完成了第 i 轮采样并得到一个样本数据 $\boldsymbol{x}_i=(x_{i1},x_{i2},\cdots,x_{id})$。这种按联合概率分布 $P(X_1,X_2,\cdots,X_d)$进行采样的方式被称作**直接采样法**。

直接采样法首先按式(6-37)为每个变量建立条件依赖关系，然后按依赖关系将多变量采样转换为一次只对一个变量采样。式(6-37)中描述依赖关系的各概率项 $P(X_1)$、$P(X_2|X_1)$、…、$P(X_d|X_1,\cdots,X_{d-1})$，它们都需要通过联合概率分布 $P(X_1,X_2,\cdots,X_d)$计算出来。这样的计算往往太过复杂，以至于直接采样法仅在理论上可行。但贝叶斯网是个例外，它非常适合使用直接采样法进行采样，因为贝叶斯网的联合概率分布 $P(X_1,X_2,\cdots,X_d)$

天生就是由依赖关系建立起来的，各依赖关系所对应的概率项均为已知，不需要计算。

例如，图6-16所示贝叶斯网的联合概率分布 $P(X_1,X_2,X_3,X_4,X_5)$ 为

$$P(X_1,X_2,X_3,X_4,X_5)=P(X_1)P(X_2)P(X_3\mid X_1,X_2)P(X_4\mid X_3)P(X_5\mid X_3)$$

其中每个因子（即概率项）都是已知的。如果希望对联合概率分布 $P(X_1,X_2,X_3,X_4,X_5)$ 进行 N 轮采样，则第 i 轮采样可以按依赖关系依次对 X_1、X_2、X_3、X_4、X_5 进行采样：先按 $P(X_1)$ 对 X_1 采样得到 $\boldsymbol{x}_{i1}$；再按 $P(X_2)$ 对 X_2 采样得到 $\boldsymbol{x}_{i2}$；然后按 $P(X_2|X_1=x_{i1},X_2=x_{i2})$ 对 X_3 采样得到 x_{i3}；最后再按 $P(X_4|X_3=x_{i3})$、$P(X_5|X_3=x_{i3})$ 分别对 X_4、X_5 采样得到 x_{i4}、x_{i5}，这就完成了一轮采样并得到一个样本数据 $\boldsymbol{x}_i=(x_{i1},x_{i2},x_{i3},x_{i4},x_{i5})$。对贝叶斯网进行采样，其采样顺序为：先对父结点采样，然后再按依赖关系对子结点采样。

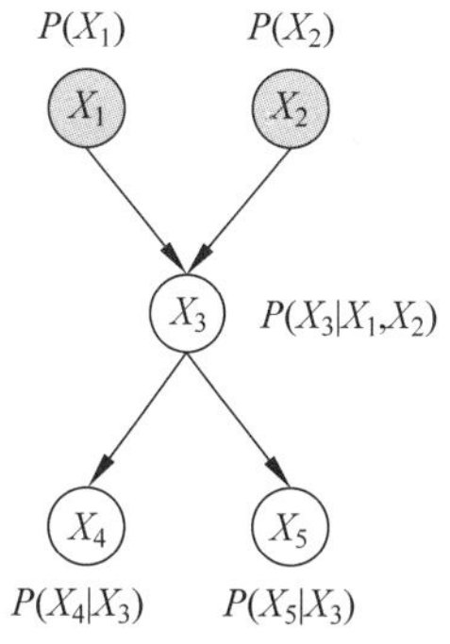

图6-16 一个简单的贝叶斯网

在贝叶斯网上查询边缘概率，只要使用直接采样法得到样本数据集 D，就能估计出某个随机变量的边缘概率（或某几个随机变量的联合概率）。但如果查询的是条件概率，在得到样本数据集 D 后还需提取其中满足条件的样本子集，然后基于样本子集来估计条件概率。换句话说，查询条件概率时需丢弃数据集 D 中所有不满足条件的样本，它们属于无用样本。当所查询的条件概率较小时，直接采样法会丢弃大多数样本，采样效率比较低。

3. 贝叶斯网的吉布斯采样

吉布斯采样（Gibbs sampling）适用于贝叶斯网，它以迭代方式进行采样，这一点与直接采样法截然不同。给定包含 d 个结点 $(X_1,X_2,\cdots,X_d)$ 的贝叶斯网，吉布斯采样的采样步骤如下（注：为便于后续讲解，这里将第 i 轮采样得到一个样本数据 $\boldsymbol{x}_i=(x_{i1},x_{i2},\cdots,x_{id})$，改写为第 t 轮采样得到一个样本数据 $\boldsymbol{x}^t=(x_1^t,x_2^t,\cdots,x_d^t)$）。

(1) 设定初始样本 $\boldsymbol{x}^0=(x_1^0,x_2^0,\cdots,x_d^0)$。初始样本 $\boldsymbol{x}^0$ 可任意设定，也可以使用直接采样法采集一个样本数据作为初始样本。

(2) 基于前一轮样本数据 $\boldsymbol{x}^{t-1}$，通过迭代依次对 $(X_1,X_2,\cdots,X_d)$ 进行采样，得到第 t 轮的样本数据 $\boldsymbol{x}^t$。具体过程为：

计算条件概率 $P(X_1|X_2=x_2^{t-1},\cdots,X_d=x_d^{t-1})$ 并按该概率对 X_1 采样，得到 x_1^t；

计算条件概率 $P(X_2|X_1=x_1^t,X_3=x_3^{t-1},\cdots,X_d=x_d^{t-1})$ 并按该概率对 X_2 采样，得到 x_2^t；

…

计算条件概率 $P(X_d|X_1=x_1^t,X_2=x_2^t,\cdots,X_{d-1}=x_{d-1}^t)$ 并按该概率对 X_d 采样，得到 x_d^t。最终第 t 轮的样本数据为 $\boldsymbol{x}^t=(x_1^t,x_2^t,\cdots,x_d^t)$。

(3) 重复第(2)步，直至达到所需的样本数量。假设所需的样本容量为 N，则需进行 N 轮迭代，最终的样本数据集 $D=\{\boldsymbol{x}^1,\boldsymbol{x}^2,\cdots,\boldsymbol{x}^N\}$。

通常，计算吉布斯采样第(2)步中的条件概率是非常困难的。但在贝叶斯网中，若给定结点 X_i 的马尔可夫覆盖 $\mathrm{MB}(X_i)$，则 X_i 与非 $\mathrm{MB}(X_i)$ 中的结点 X_j 条件独立（见定理6-2）。正是因为这种条件独立性，吉布斯采样第(2)步各项条件概率的计算可简化为式(6-16)的形

式，即

$$P(X_i \mid X_1,\cdots,X_{i-1},X_{i+1},\cdots,X_d)=P(X_i \mid \mathrm{MB}(X_i))$$
$$=\alpha\times P(X_i \mid \mathrm{Parents}(X_i))\times\prod_{X_k\in\mathrm{Children}(X_i)}P(X_k \mid \mathrm{Parents}(X_k))$$

其中，$P(X_i|\mathrm{Parents}(X_i))$、$P(X_k|\mathrm{Parents}(X_k))$均为已知项；$\alpha$ 为归一化系数。

在贝叶斯网中，结点 X_i 的父结点、子结点以及子结点的父结点所构成的集合就是结点 X_i 的马尔可夫覆盖 $\mathrm{MB}(X_i)$。例如，在图 6-16 所示的贝叶斯网中，

- 结点 X_1 的马尔可夫覆盖为：$\mathrm{MB}(X_1)=\{X_2,X_3\}$，因此
  $$P(X_1 \mid X_2,X_3,X_4,X_5)=P(X_1 \mid X_2,X_3)=\alpha\times P(X_1)P(X_3 \mid X_1,X_2)$$
- 结点 X_3 的马尔可夫覆盖为：$\mathrm{MB}(X_3)=\{X_1,X_2,X_4,X_5\}$，因此
  $$P(X_3 \mid X_1,X_2,X_4,X_5)=\alpha\times P(X_3 \mid X_1,X_2)P(X_4 \mid X_3)P(X_5 \mid X_3)$$
- 结点 X_4 的马尔可夫覆盖为：$\mathrm{MB}(X_4)=\{X_3\}$，因此
  $$P(X_4 \mid X_1,X_2,X_3,X_5)=P(X_4 \mid X_3)$$

4. 查询条件概率时的吉布斯采样

给定包含 d 个结点$(X_1,X_2,\cdots,X_d)$的贝叶斯网，将所代表的 d 个随机变量分成三组：待查询的变量 $\boldsymbol{Y}$、给定的证据变量 $\boldsymbol{E}$、剩余的其他变量 $\boldsymbol{Z}$。如果希望查询随机变量 $\boldsymbol{Y}$ 的边缘概率 $P(\boldsymbol{Y})$，则使用之前讲解的直接采样法或吉布斯采样都可以。如果希望查询随机变量 $\boldsymbol{Y}$ 的条件概率 $P(\boldsymbol{Y}|\boldsymbol{E}=\boldsymbol{e})$，直接采样法会丢弃很多样本，采样效率比较低；而吉布斯采样只需做简单调整就能保证所采集的样本数据都满足条件 $\boldsymbol{E}=\boldsymbol{e}$。

不失一般性，假设$(X_1,X_2,\cdots,X_d)$中的前 k 个变量为非证据变量，$k<d$，可记作 $\boldsymbol{YZ}=(X_1,X_2,\cdots,X_k)$；后面的 $d-k$ 个变量均为证据变量，即 $\boldsymbol{E}=(X_{k+1},X_{k+2},\cdots,X_d)$。若给定证据变量 $\boldsymbol{E}$ 的取值 $\boldsymbol{e}=(e_{k+1},e_{k+2},\cdots,e_d)$，这时吉布斯采样只需固定这些证据变量的取值，仅对 $\boldsymbol{YZ}$ 中的非证据变量采样即可，具体的采样步骤如下。

(1) 设定初始样本 $\boldsymbol{x}^0=(x_1^0,x_2^0,\cdots,x_k^0)$。初始样本 $\boldsymbol{x}^0$ 只包含非证据变量，其取值可任意设定，也可以使用直接采样法采集一个样本数据作为初始样本。

(2) 基于前一轮样本数据 $\boldsymbol{x}^{t-1}$，通过迭代依次对非证据变量$(X_1,X_2,\cdots,X_k)$进行采样，得到第 t 轮的样本数据 $\boldsymbol{x}^t$。具体过程为：

计算条件概率 $P(X_1|X_2=x_2^{t-1},\cdots,X_k=x_k^{t-1},X_{k+1}=e_{k+1},\cdots,X_d=e_d)$并按该概率对 X_1 采样，得到 x_1^t；

计算条件概率 $P(X_2|X_1=x_1^t,X_3=x_3^{t-1},\cdots,X_k=x_k^{t-1},X_{k+1}=e_{k+1},\cdots,X_d=e_d)$并按该概率对 X_2 采样，得到 x_2^t；

…

计算条件概率 $P(X_k|X_1=x_1^t,X_2=x_2^t,\cdots,X_{k-1}=x_{k-1}^t,X_{k+1}=e_{k+1},\cdots,X_d=e_d)$并按该概率对 X_k 采样，得到 x_k^t。最终第 t 轮的样本数据为 $\boldsymbol{x}^t=(x_1^t,x_2^t,\cdots,x_k^t)$。

(3) 重复第(2)步，直至达到所需的样本数量。假设所需的样本容量为 N，则需进行 N 轮迭代，最终的样本数据集 $D=\{\boldsymbol{x}^1,\boldsymbol{x}^2,\cdots,\boldsymbol{x}^N\}$，其中的样本数据均满足条件 $\boldsymbol{E}=\boldsymbol{e}$。

在取得样本数据集 D 之后，如果希望查询随机变量 $\boldsymbol{Y}$ 的条件概率 $P(\boldsymbol{Y}|\boldsymbol{E}=\boldsymbol{e})$，只需提取数据集 D 中 $\boldsymbol{Y}$ 的采样数据并形成子集 $D_{\boldsymbol{Y}}$，然后使用极大似然估计基于子集 $D_{\boldsymbol{Y}}$ 估计概

率 $P(\boldsymbol{Y})$，这个概率就是需要查询的条件概率 $P(\boldsymbol{Y}|\boldsymbol{E}=\boldsymbol{e})$。在贝叶斯网中，吉布斯采样可在最大程度上提高查询条件概率时的采样效率。

5. 吉布斯采样的收敛性

包含 d 个结点$(X_1,X_2,\cdots,X_d)$的贝叶斯网所描述的是 d 个随机变量$(X_1,X_2,\cdots,X_d)$的联合概率分布 $P(X_1,X_2,\cdots,X_d)$。使用吉布斯采样方法进行采样，就是任意设定初始样本 $\boldsymbol{x}^0$，然后基于前一轮样本数据 $\boldsymbol{x}^{t-1}$，通过迭代来采集第 t 轮的样本数据 $\boldsymbol{x}^t$，最终得到一个样本数据集 $D=\{\boldsymbol{x}^1,\boldsymbol{x}^2,\cdots,\boldsymbol{x}^N\}$。

这里最核心的问题是，吉布斯采样的初始样本 $\boldsymbol{x}^0$ 是**任意**设定的，在此基础上进行迭代，最终采集到的样本数据集 D 能符合概率分布 $P(X_1,X_2,\cdots,X_d)$吗？换句话说，吉布斯采样能收敛吗？这里先给出结论：吉布斯采样能够收敛，只要迭代的次数足够多。

6.2.3 马尔可夫链

给定随机变量 X 及其概率分布 $P(X)$，在此基础上引入时间维度，观测随机变量 X 随时间变化的过程(参见图 6-17)。每次观测(或试验)结果称作随机变量 X 的一个样本，将 t 时刻的样本记作 X^t，其观测值记作 x^t。因为样本 X^t 是随机抽取的，所以 X^t 也是一个随机变量，将其概率分布记作 $P(X^t)$。由所有样本组成的随机变量序列 $\boldsymbol{X}=(X^1,X^2,\cdots,X^t,X^{t+1},\cdots)$称作一个以 t 为参数的**随机过程**(stochastic process)，它反映了随机现象随时间变化的过程。广义上，随机过程被定义为一组随时间(或空间，或某种参数)变化的随机变量的全体。

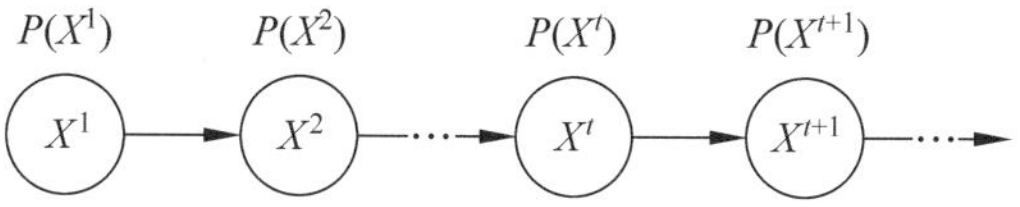

图 6-17 观测随机变量 X 随时间 t 变化的过程

通常情况下，随机过程 $\boldsymbol{X}=(X^1,X^2,\cdots,X^t,X^{t+1},\cdots)$的随机性会随时间 t 变化，即 $P(X^{t+1})\neq P(X^t)$。如果随机过程的随机性不随时间变化，其概率分布相对于时间是常数，可记作 $P(X)$，即

$$P(X^1)=P(X^2)=\cdots=P(X^t)=P(X^{t+1})=\cdots\equiv P(X)$$

则称该随机过程为一个**平稳过程**(stationary process)。对随机变量进行采样，通常所说的“独立同分布采样”针对的就是平稳过程。例如对随机变量 X 进行采样，只有当样本序列 $\boldsymbol{X}=(X^1,X^2,\cdots,X^t,X^{t+1},\cdots)$是平稳过程(即 X 的随机性不随时间变化)时，所采集的样本数据集 $D=\{x^1,x^2,\cdots,x^t,x^{t+1},\cdots\}$才是同分布的，即服从同一分布 $P(X)$；否则就不是同分布的。

定义 6-1 若随机过程 $\boldsymbol{X}=(X^1,X^2,\cdots,X^t,X^{t+1},\cdots)$满足如下性质，则被称作一个**马尔可夫链**(Markov Chain，MC)。

(1) 各随机变量 X^t 均为离散型且值域相同，将其值域记作 $\Omega=\{s_1,s_2,\cdots,s_n,\cdots\}$；

(2) 各随机变量仅条件依赖于其前一个变量，也即

$$P(X^{t+1}\mid X^1,X^2,\cdots,X^t)=P(X^{t+1}\mid X^t)$$

换句话说,随机过程将来的状态(式中 X^{t+1} 的取值)只与当前状态(式中 X^t 的取值)有关,而与过去状态(式中 $X^1,X^2,\cdots,X^{t-1}$ 的取值)无关。随机过程的这种特性称作**无记忆性**或 **Markov 性**。

(3) 条件概率 $P(X^{t+1}|X^t)$不随时间变化,即

$$P(X^2 \mid X^1)=P(X^3 \mid X^2)=\cdots=P(X^{t+1} \mid X^t)=\cdots$$

马尔可夫链由俄国数学家 A. A. 马尔可夫于 1906 年提出,它是非平稳随机过程中最简单的一种,具有广泛的研究和应用价值。注:更准确地说,满足条件(1)与条件(2)即可称作马尔可夫链,如果再满足条件(3)则称作**齐次**(time-homogeneous)马尔可夫链。本章讨论的马尔可夫链均指的是齐次马尔可夫链。

对马尔可夫链所描述的随机现象进行观测,可以观测到一个状态序列样本 $\{x^1,x^2,\cdots,x^t,x^{t+1},\cdots\}$,其生成过程是:首先依概率 $P(X^1)$生成初始状态 x^1,然后依概率 $P(X^2|X^1=x^1)$生成状态 x^2,……,再依概率 $P(X^{t+1}|X^t=x^t)$生成状态 x^{t+1}。换句话说,给定初始状态 x^1 之后,马尔可夫链将按条件概率 $P(X^{t+1}|X^t=x_t)$依次产生其后续状态。

1. 马尔可夫链简介

马尔可夫链有自己的术语和数学符号,这里按新术语、新符号对定义 6-1 中的马尔可夫链进行重新说明。在由随机变量序列 $\boldsymbol{X}=(X^1,X^2,\cdots,X^t,\cdots)$组成的马尔可夫链中,

(1) 各随机变量均为离散型且值域相同,将其值域改称为马尔可夫链的**状态空间**(state space),记作 $S=\{s_1,s_2,\cdots,s_n,\cdots\}$。随机变量 X^t 取某个值 s_i,即 $X^t=s_i\in S$,称作随机变量 X^t 的状态为 s_i。

(2) 将随机变量 X^t 的概率分布 $P(X^t)$看作**概率向量**(probability vector),并记作 $\boldsymbol{\pi}^t$,则

$$\boldsymbol{\pi}^1 \equiv P(X^1)=\begin{bmatrix} P(X^1=s_1) \\ P(X^1=s_2) \\ \vdots \\ P(X^1=s_n) \\ \vdots \end{bmatrix},\cdots,\boldsymbol{\pi}^t \equiv P(X^t)=\begin{bmatrix} P(X^t=s_1) \\ P(X^t=s_2) \\ \vdots \\ P(X^t=s_n) \\ \vdots \end{bmatrix},\cdots$$

如果记$\boldsymbol{\pi}^t(s_i)\equiv P(X^t=s_i)$,则

$$\boldsymbol{\pi}^t=\begin{bmatrix} \boldsymbol{\pi}^t(s_1) \\ \boldsymbol{\pi}^t(s_2) \\ \vdots \\ \boldsymbol{\pi}^t(s_n) \\ \vdots \end{bmatrix} \equiv \begin{bmatrix} P(X^t=s_1) \\ P(X^t=s_2) \\ \vdots \\ P(X^t=s_n) \\ \vdots \end{bmatrix},\quad t=1,2,\cdots$$

显然,概率向量的各元素之和等于 1,即

$$\sum_{s_i\in S}\boldsymbol{\pi}^t(s_i)=\sum_{s_i\in S}P(X^t=s_i)=1$$

(3) 各随机变量仅条件依赖于其前一个随机变量,也即

$$P(X^t \mid X^1,X^2,\cdots,X^{t-1})=P(X^t \mid X^{t-1})$$

换句话说，X^t 的概率分布仅取决于 X^{t-1}，并有

$$P(X^t)=\sum_{s_i\in S}P(X^t,X^{t-1}=s_i)=\sum_{s_i\in S}P(X^{t-1}=s_i)P(X^t \mid X^{t-1}=s_i) \quad (6\text{-}38a)$$

其中，条件概率 $P(X^t|X^{t-1})$ 改称为**状态转移概率**(state transition probability)，可将其展开成矩阵的形式，即

$$\begin{bmatrix} P(X^t=s_1 \mid X^{t-1}=s_1) & P(X^t=s_1 \mid X^{t-1}=s_2) & \cdots & P(X^t=s_1 \mid X^{t-1}=s_n) & \cdots \\ P(X^t=s_2 \mid X^{t-1}=s_1) & P(X^t=s_2 \mid X^{t-1}=s_2) & \cdots & P(X^t=s_2 \mid X^{t-1}=s_n) & \cdots \\ \vdots & \vdots & \ddots & \vdots & \ddots \\ P(X^t=s_n \mid X^{t-1}=s_1) & P(X^t=s_n \mid X^{t-1}=s_2) & \cdots & P(X^t=s_n \mid X^{t-1}=s_n) & \cdots \\ \vdots & \vdots & \ddots & \vdots & \ddots \end{bmatrix}$$

(4) 条件概率 $P(X^t|X^{t-1})$ 不随时间变化，即所有时刻的状态转移概率都相同，因此可将状态转移概率记作一个固定的矩阵 $\boldsymbol{A}$。

$$P(X^2 \mid X^1)=P(X^3 \mid X^2)=\cdots=P(X^t \mid X^{t-1})=\cdots\equiv \boldsymbol{A}$$

$$\boldsymbol{A}=\begin{bmatrix} p_{11} & p_{21} & \cdots & p_{n1} & \cdots \\ p_{12} & p_{22} & \cdots & p_{n2} & \cdots \\ \vdots & \vdots & \ddots & \vdots & \ddots \\ p_{1n} & p_{2n} & \cdots & p_{nn} & \cdots \\ \vdots & \vdots & \ddots & \vdots & \ddots \end{bmatrix}$$

其中，矩阵 $\boldsymbol{A}$ 称作**状态转移矩阵**(state transition matrix)，这是一个非负矩阵；矩阵第 i 列第 j 行元素 $p_{ij}\equiv P(X^t=s_j|X^{t-1}=s_i)$ 表示若 $t-1$ 时刻(即前一时刻)状态为 s_i，则 t 时刻(即当前时刻)转移到 s_j 的概率为 p_{ij}，或直接称作状态 s_i 到 s_j 的转移概率为 p_{ij}；矩阵第 i 列表示状态 s_i 到 S 中各状态的转移概率，p_{ii} 表示状态 s_i 保持不变的概率，显然矩阵每列元素之和等于 1；矩阵第 j 行表示 S 中各状态到 s_j 的转移概率。**特别提示**：这里 p_{ij} 中的下标对应的是矩阵 $\boldsymbol{A}$ 的第 i 列、第 j 行(不是常规的第 i 行、第 j 列)，其目的是照顾后续数学公式(例如式 6-38b)的书写习惯。

在将状态转移概率展开成矩阵形式之后，式(6-38a)可改写成如下两种不同的等价形式。

$$\boldsymbol{\pi}^t=\boldsymbol{A}\boldsymbol{\pi}^{t-1} \quad (6\text{-}38b)$$

或

$$\boldsymbol{\pi}^t(s_j)=\sum_{s_i\in S}\boldsymbol{\pi}^{t-1}(s_i)p_{ij},\quad j=1,2,\cdots,n,\cdots \quad (6\text{-}38c)$$

注：若 S 为有限状态空间，假设状态数为 n，则式(6-38b)中的 $\boldsymbol{A}$ 为 $n\times n$ 阶方阵，向量 $\boldsymbol{\pi}^t$ 和 $\boldsymbol{\pi}^{t-1}$ 均为 n 维向量。状态空间 S 也可能是可列(或称可数)但无限的离散集合，这时 $\boldsymbol{A}$、$\boldsymbol{\pi}^t$、$\boldsymbol{\pi}^{t-1}$ 都只是形式上的矩阵或向量。

(5) 增加一个表示**初始状态**的随机变量 X^0，将其概率分布(称作初始概率分布或初始概率向量)$P(X^0)$ 记作 $\boldsymbol{\pi}^0$，即

$$\boldsymbol{\pi}^0=\begin{bmatrix}\boldsymbol{\pi}^0(s_1)\\ \boldsymbol{\pi}^0(s_2)\\ \vdots\\ \boldsymbol{\pi}^0(s_n)\\ \vdots\end{bmatrix}\equiv\begin{bmatrix}P(X^0=s_1)\\ P(X^0=s_2)\\ \vdots\\ P(X^0=s_n)\end{bmatrix}$$

总结如下，马尔可夫链包含三个要素，即状态空间 S、状态转移矩阵 $\boldsymbol{A}$ 和初始概率分布 $\boldsymbol{\pi}^0$，可以将马尔可夫链记作一个三元组 $\langle S,\boldsymbol{A},\boldsymbol{\pi}^0\rangle$。给定 S、$\boldsymbol{A}$ 和 $\boldsymbol{\pi}^0$，则马尔可夫链的运行规律就唯一确定了。这里的运行规律指的是，马尔可夫链的后续状态（即不同时刻随机变量 X^t 的取值）将服从特定的概率分布（即 $\boldsymbol{\pi}^t$），这些概率分布可以按式(6-38)迭代计算出来，即

$$\boldsymbol{\pi}^1=\boldsymbol{A}\boldsymbol{\pi}^0,\quad \boldsymbol{\pi}^2=\boldsymbol{A}\boldsymbol{\pi}^1=\boldsymbol{A}^2\boldsymbol{\pi}^0\cdots,\quad \boldsymbol{\pi}^t=\boldsymbol{A}\boldsymbol{\pi}^{t-1}=\boldsymbol{A}^t\boldsymbol{\pi}^0\cdots$$

将马尔可夫链 $\langle S,\boldsymbol{A},\boldsymbol{\pi}^0\rangle$ 表示成图的形式，如图 6-18 所示。可以将图 6-18 的马尔可夫链看作一个贝叶斯网，关注其联合概率分布 $P(X^1,X^2,\cdots,X^t,\cdots)$，但这么做的意义并不大。更多时候是将图 6-18 的马尔可夫链看作随机变量 X 随时间变化的过程，以随机过程的观点关注其变化趋势，例如关注随机变量 X 的概率分布最终能否收敛至某个平稳分布。

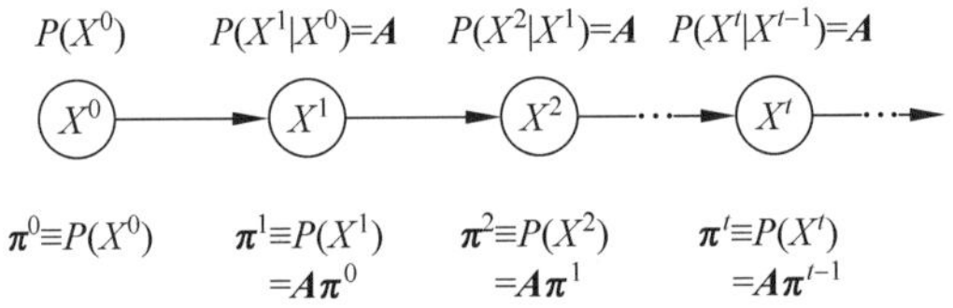

图 6-18　马尔可夫链

2. 马尔可夫链举例

这里以股票市场为例，具体讲解马尔可夫链的建模过程。通常，股票每天的涨跌是随机的，但会与之前的涨跌相关，可以将其看作一个马尔可夫链 $\langle S,\boldsymbol{A},\boldsymbol{\pi}^0\rangle$。为股票涨跌建模，就是要确定马尔可夫链中的三个要素，即状态空间 S、状态转移矩阵 $\boldsymbol{A}$ 和初始概率分布 $\boldsymbol{\pi}^0$。

1) 状态空间 S

假设股票涨跌的状态有三种，即 1-上涨、2-平盘、3-下跌，则股票涨跌模型的状态空间为 $S=\{1,2,3\}$。

2) 状态转移矩阵 $\boldsymbol{A}$

假设股票每天的涨跌仅取决于其前一天的涨跌，可将该假设表示为一个条件概率 $P(X^t|X^{t-1})$。例如，条件概率 $P(X^t=1|X^{t-1}=1)=0.50$ 表示若前一天股票上涨，则今天继续上涨的概率为 0.5；$P(X^t=2|X^{t-1}=1)=0.25$ 表示若前一天股票上涨，则今天股票平盘的概率为 0.25。下面给出条件概率 $P(X^t|X^{t-1})$ 的一个完整取值例子。

$P(X^t=1|X^{t-1}=1)=0.50$，$P(X^t=2|X^{t-1}=1)=0.25$，$P(X^t=3|X^{t-1}=1)=0.25$；

$P(X^t=1|X^{t-1}=2)=0.30$，$P(X^t=2|X^{t-1}=2)=0.40$，$P(X^t=3|X^{t-1}=2)=0.30$；

$P(X^t=1|X^{t-1}=3)=0.25$，$P(X^t=2|X^{t-1}=3)=0.25$，$P(X^t=3|X^{t-1}=3)=0.50$。

马尔可夫链将上述条件概率 $P(X^t|X^{t-1})$ 改称为状态转移概率并写成转移矩阵的形式，即

$$\boldsymbol{A}=\begin{bmatrix}p_{11} & p_{21} & p_{31}\\ p_{12} & p_{22} & p_{32}\\ p_{13} & p_{23} & p_{33}\end{bmatrix}=\begin{bmatrix}0.50 & 0.30 & 0.25\\ 0.25 & 0.40 & 0.25\\ 0.25 & 0.30 & 0.50\end{bmatrix}$$

可以再进一步，将状态转移矩阵 $\boldsymbol{A}$ 表示成有向图的形式，这样的图称为马尔可夫链的**状态转移图**(state transition graph)，如图 6-19 所示。

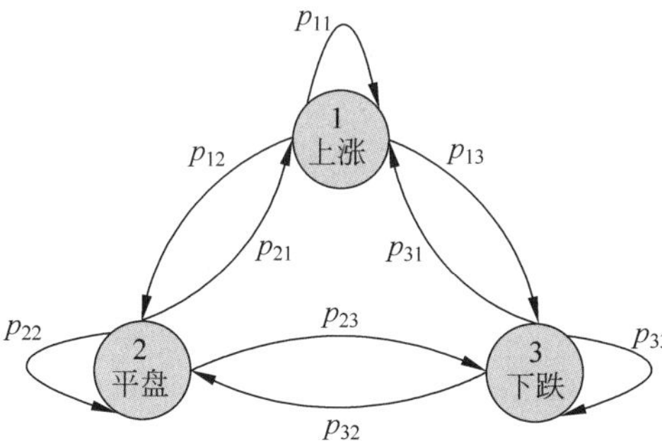

图 6-19　马尔可夫链的状态转移图

马尔可夫链会涉及两种不同的有向图：第一种有向图是无环的，其结点为随机变量(例如图 6-18)，所描述的是随机变量随时间变化的全过程(即完整的随机过程)；第二种有向图可能是有环的，其结点为状态(例如图 6-19)，所描述的是随机过程中单步状态转移概率的分布细节(即各状态的转移概率分布)。在状态转移图中，如果状态 s_i 到 s_j 的转移概率 $p_{ij}\equiv P(X^t=s_j|X^{t-1}=s_i)>0$，则从结点 s_i 到 s_j 有一条有向边。

3) 初始概率分布 $\boldsymbol{\pi}^0$

给定初始概率分布 $\boldsymbol{\pi}^0$，则通过式(6-38)的迭代公式可以计算股票每天涨跌的概率分布 $\boldsymbol{\pi}^1,\boldsymbol{\pi}^2,\cdots,\boldsymbol{\pi}^t,\cdots$，观察其随时间变化的趋势。例如给定向量 $\boldsymbol{v}_1=(0.8,0.1,0.1)^{\mathrm{T}}$ 作为初始概率分布 $\boldsymbol{\pi}^0$，则股票每天涨跌的概率分布依次为

$$\boldsymbol{\pi}^1=\boldsymbol{A}\boldsymbol{\pi}^0=\begin{bmatrix}0.50 & 0.30 & 0.25\\ 0.25 & 0.40 & 0.25\\ 0.25 & 0.30 & 0.50\end{bmatrix}\boldsymbol{v}_1,\quad \boldsymbol{\pi}^2=\boldsymbol{A}\boldsymbol{\pi}^1=\begin{bmatrix}0.50 & 0.30 & 0.25\\ 0.25 & 0.40 & 0.25\\ 0.25 & 0.30 & 0.50\end{bmatrix}\boldsymbol{\pi}^1,\cdots$$

也即

$$\boldsymbol{\pi}^t=\boldsymbol{A}\boldsymbol{\pi}^{t-1}=\begin{bmatrix}0.50 & 0.30 & 0.25\\ 0.25 & 0.40 & 0.25\\ 0.25 & 0.30 & 0.50\end{bmatrix}\boldsymbol{\pi}^{t-1},\quad t=1,2,\cdots$$

可以给定不同的初始概率分布 $\boldsymbol{\pi}^0$，例如改用向量 $\boldsymbol{v}_2=(0.3,0.3,0.4)^{\mathrm{T}}$ 作为初始概率分布 $\boldsymbol{\pi}^0$，然后按 $\boldsymbol{v}_2$ 来计算股票每天涨跌的概率分布，观察其随时间变化的趋势。图 6-20 给出一个计算上述股票涨跌概率分布的 Python 示例代码。

图 6-20 的示例代码分别取向量 $\boldsymbol{v}_1=(0.8,0.1,0.1)^{\mathrm{T}}$、$\boldsymbol{v}_2=(0.3,0.3,0.4)^{\mathrm{T}}$ 作为初始概率分布 $\boldsymbol{\pi}^0$，然后迭代计算后续第 1～15 天股票涨跌的概率分布 $\boldsymbol{\pi}^1,\boldsymbol{\pi}^2,\cdots,\boldsymbol{\pi}^{15}$。图的下半部分依次显示出计算结果，其中每行包含两个向量。例如第 1 行的两个向量：

- 第一个向量[0.455,0.265,0.28]表示取 $\boldsymbol{v}_1$ 作为初始概率分布时，第 1 天股票涨跌

```
In [7]: import numpy as np

        A = np.array([[0.5, 0.25, 0.25], [0.3, 0.4, 0.3], [0.25, 0.25, 0.5]]).T
        v1 = np.array([0.8, 0.1, 0.1]).reshape(3, 1)
        v2 = np.array([0.3, 0.3, 0.4]).reshape(3, 1)

        for t in range(15):
            v1 = np.matmul(A, v1)  # Av1
            v2 = np.matmul(A, v2)  # Av2
            print(t+1, ":", v1.T[0], v2.T[0])

        1 : [0.455 0.265 0.28 ] [0.34  0.295 0.365]
        2 : [0.377   0.28975 0.33325] [0.34975 0.29425 0.356  ]
        3 : [0.3587375 0.2934625 0.3478    ] [0.35215   0.2941375 0.3537125]
        4 : [0.3543575  0.29401938 0.35162313] [0.35274437 0.29412063 0.353135  ]
        5 : [0.35329034 0.29410291 0.35260675] [0.35289213 0.29411809 0.35298978]
        6 : [0.35302773 0.29411544 0.35285683] [0.35292894 0.29411771 0.35295335]
        7 : [0.3529627  0.29411732 0.35291998] [0.35293812 0.29411766 0.35294422]
        8 : [0.35294654 0.2941176  0.35293586] [0.35294041 0.29411765 0.35294194]
        9 : [0.35294252 0.29411764 0.35293985] [0.35294099 0.29411765 0.35294137]
        10 : [0.35294151 0.29411765 0.35294084] [0.35294113 0.29411765 0.35294122]
        11 : [0.35294126 0.29411765 0.35294109] [0.35294116 0.29411765 0.35294119]
        12 : [0.3529412  0.29411765 0.35294116] [0.35294117 0.29411765 0.35294118]
        13 : [0.35294118 0.29411765 0.35294117] [0.35294118 0.29411765 0.35294118]
        14 : [0.35294118 0.29411765 0.35294118] [0.35294118 0.29411765 0.35294118]
        15 : [0.35294118 0.29411765 0.35294118] [0.35294118 0.29411765 0.35294118]
```

图 6-20 一个计算股票涨跌概率分布的 Python 示例代码

的概率分布为$\boldsymbol{\pi}^1=(0.455,0.265,0.28)^{\mathrm{T}}$,即上涨概率为 0.455,平盘概率为 0.265,下跌概率为 0.28。

- 第二个向量[0.34,0.295,0.365]表示取$\boldsymbol{v}_2$作为初始概率分布时,第 1 天股票涨跌的概率分布为$\boldsymbol{\pi}^1=(0.34,0.295,0.365)^{\mathrm{T}}$,即上涨概率为 0.34,平盘概率为 0.295,下跌概率为 0.365。

仔细观察图 6-20 计算结果中每一行的第一个向量,它表示取$\boldsymbol{v}_1$作为初始概率分布时后续第 1～15 天的股票涨跌概率分布,该概率分布从第 14 天开始收敛至一个稳定的概率分布$\boldsymbol{\pi}$,$\boldsymbol{\pi}=(0.35294118,0.29411765,0.35294118)^{\mathrm{T}}$。换句话说,从第 14 天开始,股票每天涨跌的概率分布$\boldsymbol{\pi}^t$不再变化,这意味着它已演变成了一个平稳随机过程。

更为神奇的是,继续观察每一行的第二个向量,当取$\boldsymbol{v}_2$作为初始概率分布时股票涨跌概率分布也会收敛(从第 13 天开始),而且$\boldsymbol{v}_1$、$\boldsymbol{v}_2$会收敛至同一个概率分布$\boldsymbol{\pi}$,$\boldsymbol{\pi}=(0.35294118,0.29411765,0.35294118)^{\mathrm{T}}$。实际上对于任意初始分布$\boldsymbol{\pi}^0$,示例代码所描述的股票涨跌马尔可夫链都会随时间推移从非平稳过程逐步演变成一个平稳过程,其概率分布$\boldsymbol{\pi}^t$,即$P(X^t)$,会收敛至某个平稳分布$\boldsymbol{\pi}$,称这样的马尔可夫链具有收敛性。

3. 马尔可夫链的收敛性

下面以定义和定理的形式,给出一些关于马尔可夫链收敛性的重要概念与结论。

定义 6-2 给定马尔可夫链$\langle S,\boldsymbol{A},\boldsymbol{\pi}^0\rangle$,如果状态$s_i\in S$在**有限步**(经$s_{k_1},s_{k_2},\cdots,s_{k_m}\in S$)转移至状态$s_j\in S$的概率$P_{i\to j}$大于 0,即$P_{i\to j}=p_{ik_1}p_{k_1k_2}\cdots p_{k_mj}>0,k_m<+\infty$,则称从状态$s_i$到状态$s_j$是**可达的**(accessible)。

可以通过状态转移图来检查两个状态之间的可达性。观察马尔可夫链的状态转移图,如果存在从结点s_i到s_j的路径(可能为一步或多步),则状态s_i到s_j即为可达,否则为不可达。在状态转移矩阵$\boldsymbol{A}$中,如果元素p_{ij}不为零(也即$p_{ij}>0$),则状态s_i到s_j肯定是可达的，而且是**一步可达**，或称**直接可达**。

定义 6-3　给定马尔可夫链$\langle S,\boldsymbol{A},\boldsymbol{\pi}^0\rangle$，如果从状态$s_i\in S$出发，再次转移回状态$s_i$的步数是某个固定的步数或者该步数的倍数(即具有某种规律性)，则称状态s_i是**周期的**(periodic)，否则称为**非周期的**(aperiodic)。

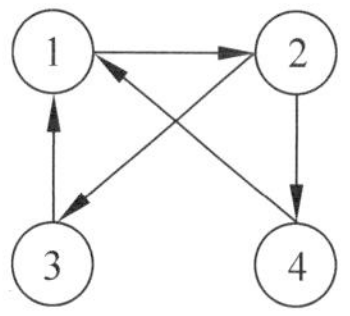

图 6-21　一个周期为 3 的状态转移图

可以通过状态转移图来检查状态的周期性。例如，图 6-19 所示状态转移图中的三个状态都是非周期的，而图 6-21 所示状态转移图中的四个状态都是周期的，其转移周期都为 3。

如果状态转移矩阵$\boldsymbol{A}$中包含取值为 1 的概率项，则与该元素相关的状态就有可能是周期的。例如在图 6-21 中，状态 1 只会转移到状态 2，其对应的转移概率$p_{12}=1$，而状态 1 和状态 2 确实都是周期的。转移概率$p_{ij}=1$，这意味着状态s_i到s_j之间的转移不是随机的而是确定的，这种确定性就有可能造成状态转移的某种周期性。

定义 6-4　给定马尔可夫链$\langle S,\boldsymbol{A},\boldsymbol{\pi}^0\rangle$，对于每个状态$s_i\in S$，如果$s_i$均为非周期且可达$S$中任一状态(包括$s_i$自己)，则称该马尔可夫链是**可遍历的**(ergodic)。

观察马尔可夫链的状态转移图，如果任意两个状态结点之间都双向可达(即强连通)，则该马尔可夫链即为可遍历的。如果状态转移矩阵$\boldsymbol{A}$中不包含 0 或 1 这样的极端概率项，则这样的马尔可夫链通常是可遍历的。

定义 6-5　给定马尔可夫链$\langle S,\boldsymbol{A},\boldsymbol{\pi}^0\rangle$，若其状态空间存在概率分布$\boldsymbol{\pi}$，使得$\boldsymbol{A\pi}=\boldsymbol{\pi}$，则称$\boldsymbol{\pi}$为该马尔可夫链的**平稳分布**(stationary distribution)。其中，$\boldsymbol{A\pi}=\boldsymbol{\pi}$被称为马尔可夫链的**平衡方程**(balance equation)。注：如果从矩阵角度看待平衡方程，则平稳分布$\boldsymbol{\pi}$是属于特征值$\lambda=1$的特征向量。

假设马尔可夫链的状态空间为$S=\{s_1,s_2,\cdots,s_n,\cdots\}$，状态转移矩阵$\boldsymbol{A}$和平稳分布$\boldsymbol{\pi}$分别为

$$\boldsymbol{A}=\begin{bmatrix} p_{11} & p_{21} & \cdots & p_{n1} & \cdots \\ p_{12} & p_{22} & \cdots & p_{n2} & \cdots \\ \vdots & \vdots & \ddots & \vdots & \ddots \\ p_{1n} & p_{2n} & \cdots & p_{nn} & \cdots \\ \vdots & \vdots & \ddots & \vdots & \ddots \end{bmatrix}\qquad \boldsymbol{\pi}=\begin{bmatrix} \boldsymbol{\pi}(s_1) \\ \boldsymbol{\pi}(s_2) \\ \vdots \\ \boldsymbol{\pi}(s_n) \\ \vdots \end{bmatrix}$$

则平衡方程$\boldsymbol{A\pi}=\boldsymbol{\pi}$(或写成$\boldsymbol{\pi}=\boldsymbol{A\pi}$)可展开为

$$\boldsymbol{\pi}(s_j)=\sum_{s_i\in S}\boldsymbol{\pi}(s_i)p_{ij},\quad j=1,2,\cdots,n,\cdots \tag{6-39}$$

其中，$\boldsymbol{\pi}(s_j)$表示状态为s_j的概率，且$\sum_{s_j\in S}\boldsymbol{\pi}(s_j)=1$；$p_{ij}$表示状态$s_i$到$s_j$的转移概率，在矩阵$\boldsymbol{A}$中对应第$i$列第$j$行的元素。

平稳分布的含义是，一旦马尔可夫链的概率分布在某个时刻t进入平稳分布$\boldsymbol{\pi}$，则会永远保持在这个分布。也即，若$\boldsymbol{\pi}^t=\boldsymbol{\pi}$为平稳分布，则$\boldsymbol{\pi}^{t+1}=\boldsymbol{A\pi}^t=\boldsymbol{A\pi}=\boldsymbol{\pi}$；同理，$\boldsymbol{\pi}^{t+2}=\boldsymbol{\pi}^{t+3}=\cdots=\boldsymbol{\pi}$。式(6-39)称为马尔可夫链的**平稳分布条件**。一个马尔可夫链可能存在多个平稳分布，从不同初始分布$\boldsymbol{\pi}^0$出发可能收敛至不同平稳分布。

定理 6-4 如果马尔可夫链 $\langle S, \boldsymbol{A}, \boldsymbol{\pi}^0 \rangle$ 是可遍历的，则该马尔可夫链有且只有一个平稳分布 $\boldsymbol{\pi}$，可将其称作**唯一平稳分布**。换句话说，任给初始分布 $\boldsymbol{\pi}^0$，该马尔可夫链都会随着时间推移从非平稳过程逐步演变成一个平稳过程，概率分布会收敛至唯一平稳分布 $\boldsymbol{\pi}$。

任给初始分布 $\boldsymbol{\pi}^0$，如果都能收敛至唯一平稳分布 $\boldsymbol{\pi}$，则这样的马尔可夫链被称为**平稳马尔可夫链**(stationary Markov chain)。可以看出，平稳马尔可夫链中的初始分布 $\boldsymbol{\pi}^0$ 已经没有意义了，因为最终它都会收敛至唯一平稳分布 $\boldsymbol{\pi}$。平稳马尔可夫链具有广泛的研究和应用价值，其中涉及两个基本问题。

问题一：对于平稳马尔可夫链，给定状态转移矩阵 $\boldsymbol{A}$，则平稳分布 $\boldsymbol{\pi}$ 是唯一确定的。如何求解这个 $\boldsymbol{\pi}$？

给定状态转移矩阵 $\boldsymbol{A}$ 求解平稳分布 $\boldsymbol{\pi}$，可以任给初始分布 $\boldsymbol{\pi}^0$，然后按照公式 $\boldsymbol{\pi}^t = \boldsymbol{A}\boldsymbol{\pi}^{t-1}$ 迭代计算 $\boldsymbol{\pi}^1, \boldsymbol{\pi}^2, \cdots, \boldsymbol{\pi}^t, \cdots$，直至收敛，最终收敛结果即为平稳分布 $\boldsymbol{\pi}$。

问题二：给定概率分布 $\boldsymbol{\pi}$，如何构建一个平稳马尔可夫链使其唯一收敛至 $\boldsymbol{\pi}$？注：唯一收敛至 $\boldsymbol{\pi}$ 的平稳马尔可夫链可能有很多，只要构建出一个即可。

问题二比问题一要难一些。定理 6-4 给出了构建平稳马尔可夫链的思路，即构建一个可遍历的马尔可夫链，但如何让该马尔可夫链收敛至给定的概率分布 $\boldsymbol{\pi}$ 呢？这个问题的关键是，要让所构建马尔可夫链的状态转移矩阵 $\boldsymbol{A}$ 满足平衡方程 $\boldsymbol{A}\boldsymbol{\pi} = \boldsymbol{\pi}$。给定概率分布 $\boldsymbol{\pi}$，满足平衡方程的状态转移矩阵有很多个。构造状态转移矩阵 $\boldsymbol{A}$ 的第一种方法是按式(6-39)的平稳分布条件来选择矩阵 $\boldsymbol{A}$ 中各元素 p_{ij} 的取值(即状态 s_i 到 s_j 转移概率的取值)，这样所构造的状态转移矩阵 $\boldsymbol{A}$ 必定满足平衡方程。下面的定理 6-5 再给出一种构造状态转移矩阵 $\boldsymbol{A}$ 的方法。

定理 6-5 给定状态空间 $S = \{s_1, s_2, \cdots, s_n, \cdots\}$ 和某个特定的概率分布 $\boldsymbol{\pi}$，如果按如下方式构造状态转移矩阵 $\boldsymbol{A}$：

$$\boldsymbol{\pi}(s_i) p_{ij} = \boldsymbol{\pi}(s_j) p_{ji}, \quad \forall s_i, s_j \in S \tag{6-40}$$

则概率分布 $\boldsymbol{\pi}$ 必定是马尔可夫链 $\langle S, \boldsymbol{A}, \boldsymbol{\pi}^0 \rangle$ 的平稳分布。

证明：状态转移矩阵 $\boldsymbol{A}$ 的每一列元素之和等于 1，即

$$\sum_{s_i \in S} p_{ji} = 1, \quad j = 1, 2, \cdots, n, \cdots$$

对式(6-40)两边求和即可推导出下列等式。

$$\sum_{s_i \in S} \boldsymbol{\pi}(s_i) p_{ij} = \sum_{s_i \in S} \boldsymbol{\pi}(s_j) p_{ji} = \boldsymbol{\pi}(s_j) \sum_{s_i \in S} p_{ji} = \boldsymbol{\pi}(s_j), \quad j = 1, 2, \cdots, n, \cdots$$

这个等式恰好就是式(6-39)的平稳分布条件。因此按式(6-40)构造状态转移矩阵 $\boldsymbol{A}$，则马尔可夫链 $\langle S, \boldsymbol{A}, \boldsymbol{\pi}^0 \rangle$ 满足平稳分布条件，$\boldsymbol{\pi}$ 是其平稳分布。定理得证。

式(6-40)称作马尔可夫链的**细致平稳**(detailed balance)条件，满足该条件的马尔可夫链被称作细致平稳的。从定理 6-5 的证明过程可以看出，式(6-39)的平稳分布条件等价于

$$\sum_{s_i \in S} \boldsymbol{\pi}(s_i) p_{ij} = \sum_{s_i \in S} \boldsymbol{\pi}(s_j) p_{ji}$$

站在状态 s_j 的角度，上述等式左边可理解为转入 s_j 的概率之和，等式右边则为转出 s_j 的概率之和。式(6-39)的平稳分布条件是要求转入 s_j 的概率之和与转出 s_j 的概率之和相等。而式(6-40)的细致平稳条件则要求转入 s_j 的概率与转出 s_j 的概率中对应的每一项都相等，即 $\boldsymbol{\pi}(s_i)p_{ij}=\boldsymbol{\pi}(s_j)p_{ji}$。可以看出，式(6-40)比式(6-39)更严格，各概率项 p_{ij} 和 p_{ji} 的取值也更容易选择。

总结如下，给定某个特定的概率分布 $\boldsymbol{\pi}$，该如何构建平稳马尔可夫链使其唯一收敛至 $\boldsymbol{\pi}$ 呢？这个问题的关键是要合理构造马尔可夫链的状态转移矩阵 $\boldsymbol{A}$。首先，要让状态转移矩阵 $\boldsymbol{A}$ 可遍历(例如不包含 0 或 1 这样的极端概率项)，使之成为平稳马尔可夫链；其次，按式(6-40)的细致平稳条件(或式(6-39)的平稳分布条件)来选择状态转移矩阵 $\boldsymbol{A}$ 中各概率项 p_{ij} 和 p_{ji} 的取值，使之唯一收敛至给定分布 $\boldsymbol{\pi}$。简单地说，可遍历且满足式(6-40)的细致平稳条件(或式(6-39)的平稳分布条件)，这是构建平稳马尔可夫链且唯一收敛至给定分布 $\boldsymbol{\pi}$ 的充分条件。

6.2.4　随机向量的马尔可夫链

一组随机变量 $\boldsymbol{X}=(X_1,X_2,\cdots,X_d)$ 可称作一个 d **维随机向量**(random vector)。本节讲解随机向量的马尔可夫链，以及如何为随机向量构建一个平稳马尔可夫链。

1. 随机向量马尔可夫链

可以将单个随机变量 X 随时间变化的马尔可夫链推广到随机向量 $\boldsymbol{X}$。将随机向量 $\boldsymbol{X}$ 随时间 t 变化的序列 $(\boldsymbol{X}^1,\boldsymbol{X}^2,\cdots,\boldsymbol{X}^t,\cdots)$ 看作随时间 t 变化的马尔可夫链，其中 $\boldsymbol{X}^t=(X_1^t,X_2^t,\cdots,X_d^t)$，如图 6-22 所示。

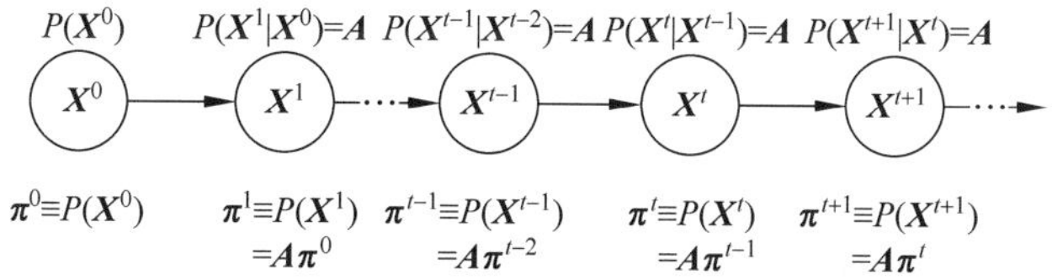

图 6-22　随机向量的马尔可夫链

在普通马尔可夫链 $\langle S,\boldsymbol{A},\boldsymbol{\pi}^0\rangle$ 中，随机变量 X 的取值(即状态)为标量。而在随机向量马尔可夫链中，随机向量 $\boldsymbol{X}$(假设维数为 d)的取值为 d 维向量，因此需以向量形式对状态空间 S、状态转移矩阵 $\boldsymbol{A}$ 和初始概率分布 $\boldsymbol{\pi}^0$ 重新做一下定义。

(1) 随机向量 $\boldsymbol{X}=(X_1,X_2,\cdots,X_d)$ 的状态空间(也即值域)S 为一离散的 d 维向量集合，可记作 $S=\{\boldsymbol{s}_1,\boldsymbol{s}_2,\cdots,\boldsymbol{s}_n,\cdots\}$，其中 $\boldsymbol{s}_i=(s_{i1},s_{i2},\cdots,s_{id})$，将 t 时刻随机向量 $\boldsymbol{X}$ 在 S 上的概率分布记作 $\boldsymbol{\pi}^t$，则

$$\boldsymbol{\pi}^t=\begin{bmatrix}\boldsymbol{\pi}^t(\boldsymbol{s}_1)\\ \boldsymbol{\pi}^t(\boldsymbol{s}_2)\\ \vdots\\ \boldsymbol{\pi}^t(\boldsymbol{s}_n)\\ \vdots\end{bmatrix}=\begin{bmatrix}P(\boldsymbol{X}^t=\boldsymbol{s}_1)\\ P(\boldsymbol{X}^t=\boldsymbol{s}_2)\\ \vdots\\ P(\boldsymbol{X}^t=\boldsymbol{s}_n)\\ \vdots\end{bmatrix}=\begin{bmatrix}P(X_1^t=s_{11},X_2^t=s_{12},\cdots,X_d^t=s_{1d})\\ P(X_1^t=s_{21},X_2^t=s_{22},\cdots,X_d^t=s_{2d})\\ \vdots\\ P(X_1^t=s_{n1},X_2^t=s_{n2},\cdots,X_d^t=s_{nd})\\ \vdots\end{bmatrix}$$

(2) 状态转移矩阵 $\boldsymbol{A}$ 用于表示给定 $\boldsymbol{X}^{t-1}$ 时 $\boldsymbol{X}^t$ 的条件概率 $P(\boldsymbol{X}^t|\boldsymbol{X}^{t-1})$,即

$$\boldsymbol{A}=\begin{bmatrix} p_{11} & p_{21} & \cdots & p_{n1} & \cdots \\ p_{12} & p_{22} & \cdots & p_{n2} & \cdots \\ \vdots & \vdots & \ddots & \vdots & \ddots \\ p_{1n} & p_{2n} & \cdots & p_{nn} & \cdots \\ \vdots & \vdots & \ddots & \vdots & \ddots \end{bmatrix},\quad p_{ij}\equiv P(\boldsymbol{X}^t=\boldsymbol{s}_j \mid \boldsymbol{X}^{t-1}=\boldsymbol{s}_i) \tag{6-41}$$

其中,p_{ij} 称作状态 $\boldsymbol{s}_i$ 到状态 $\boldsymbol{s}_j$ 的转移概率,对应矩阵 $\boldsymbol{A}$ 中第 i 列第 j 行的元素。

(3) 给定初始概率分布$\boldsymbol{\pi}^0$,

$$\boldsymbol{\pi}^0=\begin{bmatrix} \boldsymbol{\pi}^0(\boldsymbol{s}_1) \\ \boldsymbol{\pi}^0(\boldsymbol{s}_2) \\ \vdots \\ \boldsymbol{\pi}^0(\boldsymbol{s}_n) \\ \vdots \end{bmatrix}=\begin{bmatrix} P(\boldsymbol{X}^0=\boldsymbol{s}_1) \\ P(\boldsymbol{X}^0=\boldsymbol{s}_2) \\ \vdots \\ P(\boldsymbol{X}^0=\boldsymbol{s}_n) \\ \vdots \end{bmatrix}$$

则不同时刻随机向量 $\boldsymbol{X}$ 的概率分布分别为

$$\boldsymbol{\pi}^1=\boldsymbol{A}\boldsymbol{\pi}^0,\quad \boldsymbol{\pi}^2=\boldsymbol{A}\boldsymbol{\pi}^1=\boldsymbol{A}^2\boldsymbol{\pi}^0\cdots,\quad \boldsymbol{\pi}^t=\boldsymbol{A}\boldsymbol{\pi}^{t-1}=\boldsymbol{A}^t\boldsymbol{\pi}^0\cdots$$

如果随机向量马尔可夫链$\langle S,\boldsymbol{A},\boldsymbol{\pi}^0\rangle$是平稳马尔可夫链,则给定状态空间 S 和状态转移矩阵$\boldsymbol{A}$,可以很方便地求出平稳分布$\boldsymbol{\pi}$。例如,任选某个初始分布$\boldsymbol{\pi}^0$,然后按公式$\boldsymbol{\pi}^t=\boldsymbol{A}\boldsymbol{\pi}^{t-1}$ 迭代计算$\boldsymbol{\pi}^1,\boldsymbol{\pi}^2,\cdots,\boldsymbol{\pi}^t,\cdots$,直至收敛,最终收敛结果即为平稳分布$\boldsymbol{\pi}$。

但是,给定随机向量 $\boldsymbol{X}=(X_1,X_2,\cdots,X_d)$及其概率分布$\boldsymbol{\pi}=P(X_1,X_2,\cdots,X_d)$,该如何构建一个平稳马尔可夫链使其唯一收敛至$\boldsymbol{\pi}$ 呢? 这需要先定义或枚举出随机向量 $\boldsymbol{X}$ 的状态空间 $S=\{\boldsymbol{s}_1,\boldsymbol{s}_2,\cdots,\boldsymbol{s}_n,\cdots\}$,然后构造可遍历且满足细致平稳条件(或平稳分布条件)的状态转移概率(也即状态转移矩阵 $\boldsymbol{A}$)。状态转移概率就是给定 $\boldsymbol{X}^{t-1}$ 时 $\boldsymbol{X}^t$ 的条件概率 $P(\boldsymbol{X}^t|\boldsymbol{X}^{t-1})$,即

$$P(\boldsymbol{X}^t \mid \boldsymbol{X}^{t-1})=P(X_1^t,X_2^t,\cdots,X_d^t \mid X_1^{t-1},X_2^{t-1},\cdots,X_d^{t-1})$$

随机向量的条件依赖关系比较复杂,其中既涉及不同时刻随机变量(例如 X_1^t 与 X_1^{t-1})之间的依赖关系,也涉及同一时刻不同随机变量(例如 X_1^t 与 X_2^t)之间的依赖关系。因此对随机向量来说,直接构造满足细致平稳条件的状态转移概率是一件非常困难的事情。目前有两种变通方法,即**逐次转移法**或**转移接受-拒绝法**,它们可以间接构造出满足细致平稳条件的状态转移概率。

2. 逐次转移法

随机向量包含多个随机变量,其条件依赖关系比较复杂,因此直接构造状态转移概率很困难。可以将对多个变量同时进行状态转移分解成对各变量逐个进行状态转移,即将**多变量同步转移**分解成**单变量逐次转移**。例如随机向量 $\boldsymbol{X}=(X_1,X_2,\cdots,X_d)$,可以将其从 $\boldsymbol{X}^{t-1}$ 转移到 $\boldsymbol{X}^t$ 的状态转移过程分解成d 步(参见图 6-23):先对 X_1 做状态转移,再对 X_2 做状态转移,……,最后对 X_d 做状态转移,这样的 d 步状态转移合起来称作**一轮**状态转移。

在图 6-23 中,一轮状态转移就是分 d 步将随机向量 $\boldsymbol{X}=(X_1,X_2,\cdots,X_d)$的状态从

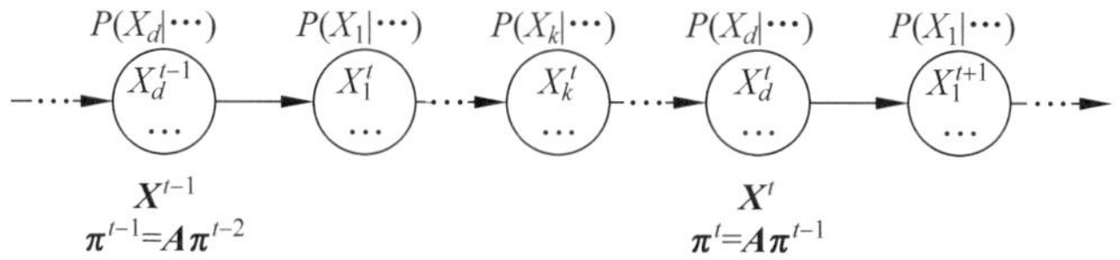

图 6-23 随机向量马尔可夫链的单变量逐次转移

$\boldsymbol{X}^{t-1}$ 转移到 $\boldsymbol{X}^t$，其中第 k 步只转移变量 X_k 的状态，转移概率为给定其他变量取值时 X_k 的条件概率，记作 $P(X_k|\cdots)$，即

$$P(X_k \mid \cdots) \equiv P(X_k \mid X_1,\cdots,X_{k-1},X_{k+1},\cdots,X_d),k=1,2,\cdots,d \tag{6-42}$$

使用逐次转移法，其一轮状态转移的完整过程如下。

第 1 步：转移 X_1 的状态，转移概率为 $P(X_1|\cdots)\equiv P(X_1|X_2,X_3,\cdots,X_d)$；

第 2 步：转移 X_2 的状态，转移概率为 $P(X_2|\cdots)\equiv P(X_2|X_1,X_3,\cdots,X_d)$；

…

第 d 步：转移 X_d 的状态，转移概率为 $P(X_d|\cdots)\equiv P(X_d|X_1,X_2,\cdots,X_{d-1})$。

其下一轮的第一步又掉回头来转移 X_1 的状态，转移概率为 $P(X_1|\cdots)\equiv P(X_1|X_2,X_3,\cdots,X_d)$，这就进入了新一轮的状态转移。

定理 6-6 给定随机向量 $\boldsymbol{X}=(X_1,X_2,\cdots,X_d)$ 及其联合概率分布 $P(X_1,X_2,\cdots,X_d)$，若按式(6-42)的状态转移概率构建马尔可夫链，则 $P(X_1,X_2,\cdots,X_d)$ 为其平稳分布，记作 $\boldsymbol{\pi}\equiv P(X_1,X_2,\cdots,X_d)$。

证明：按式(6-42)的转移概率构建马尔可夫链，就是分 d 步将随机向量 $\boldsymbol{X}$ 的状态从 $\boldsymbol{X}^{t-1}$ 转移到 $\boldsymbol{X}^t$，其中第 k 步只转移变量 X_k 的状态，其他变量的取值保持不变。

记第 k 步转移前后的状态分别为 $\boldsymbol{s}_i$、$\boldsymbol{s}_j$（其中只有变量 X_k 的取值不同），即

$$\begin{cases}\boldsymbol{s}_i \equiv (X_k=s_{ik},X_1,\cdots,X_{k-1},X_{k+1},\cdots,X_d)\\ \boldsymbol{s}_j \equiv (X_k=s_{jk},X_1,\cdots,X_{k-1},X_{k+1},\cdots,X_d)\end{cases}$$

再将状态 $\boldsymbol{s}_i$、$\boldsymbol{s}_j$ 的概率分布记作 $\boldsymbol{\pi}(\boldsymbol{s}_i)$ 和 $\boldsymbol{\pi}(\boldsymbol{s}_j)$，有

$$\begin{cases}\boldsymbol{\pi}(\boldsymbol{s}_i) \equiv P(X_k=s_{ik},X_1,\cdots,X_{k-1},X_{k+1},\cdots,X_d)\\ \boldsymbol{\pi}(\boldsymbol{s}_j) \equiv P(X_k=s_{jk},X_1,\cdots,X_{k-1},X_{k+1},\cdots,X_d)\end{cases}$$

按照式(6-42)，状态 $\boldsymbol{s}_i$ 和 $\boldsymbol{s}_j$ 之间的转移概率为

$$\begin{cases}p_{ij} \equiv P(X_k=s_{jk} \mid X_1,\cdots,X_{k-1},X_{k+1},\cdots,X_d)\\ p_{ji} \equiv P(X_k=s_{ik} \mid X_1,\cdots,X_{k-1},X_{k+1},\cdots,X_d)\end{cases}$$

则

$$\begin{aligned}\boldsymbol{\pi}(\boldsymbol{s}_i)p_{ij} &= P(X_k=s_{ik},X_1,\cdots,X_{k-1},X_{k+1},\cdots,X_d)\times p_{ij}\\ &= P(X_k=s_{ik} \mid X_1,\cdots,X_{k-1},X_{k+1},\cdots,X_d)P(X_1,\cdots,X_{k-1},X_{k+1},\cdots,X_d)\times p_{ij}\\ &= p_{ji}\times P(X_1,\cdots,X_{k-1},X_{k+1},\cdots,X_d)\times P(X_k=s_{jk} \mid X_1,\cdots,X_{k-1},X_{k+1},\cdots,X_d)\\ &= p_{ji}\times P(X_k=s_{jk},X_1,\cdots,X_{k-1},X_{k+1},\cdots,X_d)=\boldsymbol{\pi}(\boldsymbol{s}_j)p_{ji}\end{aligned}$$

也就是说，按式(6-42)转移概率所构建的马尔可夫链满足式(6-40)的细致平稳条件，因此 $\boldsymbol{\pi}=P(X_1,X_2,\cdots,X_d)$ 为该马尔可夫链的平稳分布。定理得证。

总结如下，为随机向量构建平稳马尔可夫链，以式(6-42)作为状态转移概率的方法就称

作**逐次转移法**。从式(6-42)可以看出,给定随机向量 $\boldsymbol{X}=(X_1,X_2,\cdots,X_d)$及其概率分布 $\boldsymbol{\pi}=P(X_1,X_2,\cdots,X_d)$,应用逐次转移法构建平稳马尔可夫链时有一个前提条件,即各随机变量的条件概率 $P(X_k|X_1,\cdots,X_{k-1},X_{k+1},\cdots,X_d)$必须容易计算。贝叶斯网恰好满足这个前提条件(参见6.1.2节中的定理6-3),因此若联合概率分布 $P(X_1,X_2,\cdots,X_d)$可以表示成贝叶斯网的形式,那就可以应用逐次转移法为其构建平稳马尔可夫链。

3. 转移接受-拒绝法

给定随机向量 $\boldsymbol{X}=(X_1,X_2,\cdots,X_d)$及其概率分布 $\boldsymbol{\pi}=P(X_1,X_2,\cdots,X_d)$,如果各随机变量的条件概率 $P(X_k|X_1,\cdots,X_{k-1},X_{k+1},\cdots,X_d)$难以计算,则不能应用逐次转移法构建平稳马尔可夫链。转移接受-拒绝法是另一种更加通用的构建平稳马尔可夫链的方法。其基本思想是,既然直接构造满足细致平稳条件的状态转移概率比较困难,那就任选一个转移概率(可称作**建议转移概率**),然后通过修正使其满足细致平稳条件。

给定随机向量 $\boldsymbol{X}=(X_1,X_2,\cdots,X_d)$及其概率分布 $\boldsymbol{\pi}=P(X_1,X_2,\cdots,X_d)$,将转移前后随机向量的状态分别记作 $\boldsymbol{s}_i$、$\boldsymbol{s}_j$,即

$$\begin{cases}\boldsymbol{s}_i\equiv(X_1=s_{i1},X_2=s_{i2},\cdots,X_d=s_{id})\\ \boldsymbol{s}_j\equiv(X_1=s_{j1},X_2=s_{j2},\cdots,X_d=s_{jd})\end{cases}$$

再将状态 $\boldsymbol{s}_i$、$\boldsymbol{s}_j$ 的概率分布记作 $\boldsymbol{\pi}(\boldsymbol{s}_i)$和 $\boldsymbol{\pi}(\boldsymbol{s}_j)$,即

$$\begin{cases}\boldsymbol{\pi}(\boldsymbol{s}_i)\equiv P(X_1=s_{i1},X_2=s_{i2},\cdots,X_d=s_{id})\\ \boldsymbol{\pi}(\boldsymbol{s}_j)\equiv P(X_1=s_{j1},X_2=s_{j2},\cdots,X_d=s_{jd})\end{cases}$$

使用转移接受-拒绝法构造状态转移概率 $P(\boldsymbol{X}^t=\boldsymbol{s}_j|\boldsymbol{X}^{t-1}=\boldsymbol{s}_i)=p_{ij}$ 的过程如下。

(1) 选择某种建议转移概率 $Q(\boldsymbol{X}^t=\boldsymbol{s}_j|\boldsymbol{X}^{t-1}=\boldsymbol{s}_i)=q_{ij}$,例如等概率转移(即 $q_{ij}=q_{ji}=1/n$,n 为状态数量),通常 $Q(\boldsymbol{X}^t|\boldsymbol{X}^{t-1})$不满足细致平稳条件,即 $\boldsymbol{\pi}(\boldsymbol{s}_i)q_{ij}\neq\boldsymbol{\pi}(\boldsymbol{s}_j)q_{ji}$;

(2) 给定状态 $\boldsymbol{X}^{t-1}=\boldsymbol{s}_i$,依概率 $Q(\boldsymbol{X}^t|\boldsymbol{X}^{t-1}=\boldsymbol{s}_i)$做状态转移,假设转移后的状态为 $\boldsymbol{X}^t=\boldsymbol{s}_j$,再依概率 $A(\boldsymbol{X}^t=\boldsymbol{s}_j|\boldsymbol{X}^{t-1}=\boldsymbol{s}_i)=a_{ij}$ 接受转移(否则拒绝转移,保持状态 $\boldsymbol{s}_i$ 不变,即 $\boldsymbol{X}^t=\boldsymbol{s}_i$),则状态 $\boldsymbol{s}_i$ 到 $\boldsymbol{s}_j$ 的转移概率为 $p_{ij}=q_{ij}a_{ij}$;同理,状态 $\boldsymbol{s}_j$ 到 $\boldsymbol{s}_i$ 的转移概率为 $p_{ji}=q_{ji}a_{ji}$。

(3) 合理选择概率项 a_{ij}、$a_{ji}\in(0,1]$,使得等式 $\boldsymbol{\pi}(\boldsymbol{s}_i)q_{ij}a_{ij}=\boldsymbol{\pi}(\boldsymbol{s}_j)q_{ji}a_{ji}$ 成立,也即 $\boldsymbol{\pi}(\boldsymbol{s}_i)p_{ij}=\boldsymbol{\pi}(\boldsymbol{s}_j)p_{ji}$ 成立,则最终的状态转移概率 $P(\boldsymbol{X}^t|\boldsymbol{X}^{t-1})$满足细致平稳条件。

具体来说,给定概率分布 $\boldsymbol{\pi}=P(X_1,X_2,\cdots,X_d)$和建议转移概率 $Q(\boldsymbol{X}^t=\boldsymbol{s}_j|\boldsymbol{X}^{t-1}=\boldsymbol{s}_i)=q_{ij}$,按如下公式构造接受转移的概率项 a_{ij}、a_{ji} 可使等式 $\boldsymbol{\pi}(\boldsymbol{s}_i)q_{ij}a_{ij}=\boldsymbol{\pi}(\boldsymbol{s}_j)q_{ji}a_{ji}$ 成立,即

$$\begin{cases}a_{ij}=1,a_{ji}=\dfrac{\boldsymbol{\pi}(\boldsymbol{s}_i)q_{ij}}{\boldsymbol{\pi}(\boldsymbol{s}_j)q_{ji}}, & \boldsymbol{\pi}(\boldsymbol{s}_i)q_{ij}\leqslant\boldsymbol{\pi}(\boldsymbol{s}_j)q_{ji}\\ a_{ij}=\dfrac{\boldsymbol{\pi}(\boldsymbol{s}_j)q_{ji}}{\boldsymbol{\pi}(\boldsymbol{s}_i)q_{ij}},a_{ji}=1, & \boldsymbol{\pi}(\boldsymbol{s}_i)q_{ij}>\boldsymbol{\pi}(\boldsymbol{s}_j)q_{ji}\end{cases}\tag{6-43a}$$

或写成如下的等价形式

$$a_{ij}=\min\left(1,\frac{\boldsymbol{\pi}(\boldsymbol{s}_j)q_{ji}}{\boldsymbol{\pi}(\boldsymbol{s}_i)q_{ij}}\right),\quad a_{ji}=\min\left(1,\frac{\boldsymbol{\pi}(\boldsymbol{s}_i)q_{ij}}{\boldsymbol{\pi}(\boldsymbol{s}_j)q_{ji}}\right)\tag{6-43b}$$

这样所构造的状态转移概率

$$P(\boldsymbol{X}^t=\boldsymbol{s}_j \mid \boldsymbol{X}^{t-1}=\boldsymbol{s}_i)=p_{ij}=q_{ij}a_{ij}$$

满足马尔可夫链细致平稳条件。

总结如下，为随机向量构建平稳马尔可夫链，按式(6-43)构造状态转移概率的方法就称作**转移接受-拒绝法**。和逐次转移法相比，转移接受-拒绝法更加通用，它适用于任意概率分布。

6.3 MCMC 算法家族

给定连续型随机变量 X 的概率密度 $p(x)$，如果希望计算其数学期望 $E(X)$ 或其函数 $f(X)$ 的数学期望 $E(f(X))$，则需要进行积分运算（离散型随机变量时为求和运算），即

$$E(X)=\int xp(x)\mathrm{d}x, \quad E(f(X))=\int f(x)p(x)\mathrm{d}x$$

当 X 为高维随机变量时，上述积分运算会变得非常困难。可以根据 $p(x)$ 抽取一组样本 $D=\{x_1,x_2,\cdots,x_m\}$，然后将样本均值作为数学期望的近似值，即

$$E(X)\approx\bar{x}=\frac{1}{m}\sum_{i=1}^{m}x_i, \quad E(f(X))\approx\bar{f}(x)=\frac{1}{m}\sum_{i=1}^{m}f(x_i)$$

类似地，也可以将样本的最值作为最优化问题的近似值，即

$$\max f(x)\approx\max_{x_i\in D}f(x_i), \quad \min f(x)\approx\min_{x_i\in D}f(x_i)$$

对于高维、复杂概率分布进行采样，一般会采用 MCMC 采样算法。

本节具体介绍基于马尔可夫链和蒙特卡洛仿真的 MCMC 算法家族，其中包括 MCMC 采样算法（例如 MH 采样算法）、MCMC 最优化算法（例如模拟退火算法）和 MCMC 互评算法（例如 PageRank 网页排名算法）。

6.3.1 MCMC 采样算法

给定随机变量 X 及其概率分布 $P(X)$，对随机变量 X 进行采样，采样所得样本序列可看作一个随机变量序列 $\boldsymbol{X}=(X^1,X^2,\cdots,X^t,\cdots)$，样本观测值 $\{X^1=x^1,X^2=x^2,\cdots,X^t=x^t,\cdots\}$ 即为采样得到的样本数据集，记作 $D=\{x^1,x^2,\cdots,x^t,\cdots\}$。因随机变量序列服从相同的概率分布，即

$$P(X^1)=P(X^2)=\cdots=P(X^t)=\cdots\equiv P(X) \tag{6-44}$$

所以样本数据集 D 被称作**同分布**的。

如果将随机变量序列 $\boldsymbol{X}=(X^1,X^2,\cdots,X^t,\cdots)$ 看作随机变量 X 随时间变化的随机过程，这时样本数据集 $D=\{x^1,x^2,\cdots,x^t,\cdots\}$ 就被看作随机过程的采样结果。更准确地说，对随机过程 $\boldsymbol{X}=(X^1,X^2,\cdots,X^t,\cdots)$ 进行采样应理解为：先按概率分布 $P(X^1)$ 对随机变量 X^1 采样，得到采样值 x^1；再按概率分布 $P(X^2)$ 对随机变量 X^2 采样，得到采样值 x^2；……，继续按概率分布 $P(X^t)$ 对随机变量 X^t 采样，得到采样值 x^t；……，最终得到一个随机过程的样本数据集 $D=\{x^1,x^2,\cdots,x^t,\cdots\}$。

通常情况下，随机过程的随机性会随时间 t 变化，即式(6-44)不成立，这样的随机过程

被称作**非平稳**的。对非平稳随机过程进行采样,其样本数据集 D 自然是**非同分布**的。马尔可夫链是一种特殊的非平稳随机过程,下面讨论对马尔可夫链的采样。

1. 马尔可夫链采样

马尔可夫链是一个时间与状态均为离散的随机过程。给定马尔可夫链的状态空间 $S=\{s_1,s_2,\cdots,s_n,\cdots\}$、状态转移概率 $P(X^t|X^{t-1})$ 和初始概率分布 $P(X^0)$,其后续状态(即不同时刻随机变量 X^t 的取值)将服从特定概率分布,这些概率分布可按式(6-38a)迭代计算出来,即

$$P(X^t)=\sum_{s_i\in S}P(X^{t-1}=s_i)P(X^t\mid X^{t-1}=s_i),\quad t=1,2,\cdots$$

对马尔可夫链进行采样,可以按边缘概率 $P(X^t)$ 采样,也可以按状态转移概率 $P(X^t|X^{t-1})$ 采样(参见图 6-24)。

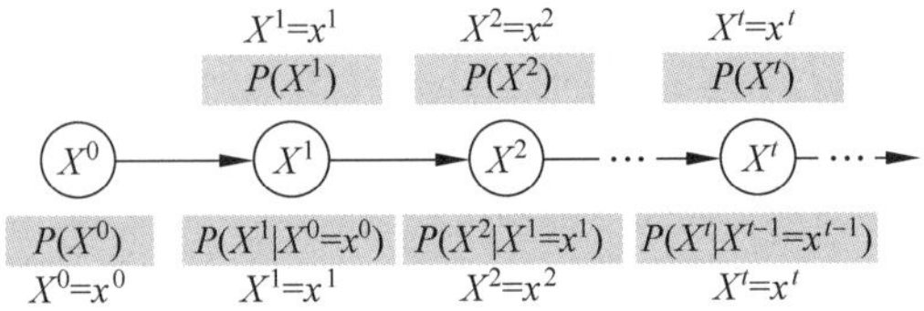

图 6-24 对马尔可夫链进行采样

如果按边缘概率 $P(X^t)$ 对马尔可夫链进行采样(参见图 6-24 上面两行),就是先按概率分布 $P(X^1)$ 对随机变量 X^1 采样,得到采样值 x^1;再按概率分布 $P(X^2)$ 对随机变量 X^2 采样,得到采样值 x^2;……,继续按概率分布 $P(X^t)$ 对随机变量 X^t 采样,得到采样值 x^t;……,最终得到样本数据集 $D=\{x^1,x^2,\cdots,x^t,\cdots\}$。可以看出,按边缘概率采样就是对各随机变量 X^t 进行独立采样。如果马尔可夫链是一个平稳随机过程,即各随机变量 X^t 服从同一概率分布 $P(X)$,有

$$P(X^1)=P(X^2)=\cdots=P(X^t)=\cdots=P(X)$$

成立,则采样得到的样本数据集 D 为**独立-同分布**的,否则即为**独立-非同分布**的。

如果按状态转移概率(即条件概率)$P(X^t|X^{t-1})$ 对马尔可夫链进行采样(参见图 6-24 下面两行),就是先按初始概率分布 $P(X^0)$ 给定初始状态 x^0,即 $X^0=x^0$;然后按条件概率 $P(X^1|X^0=x_0)$ 对随机变量 X^1 采样,得到采样值 x^1;再按条件概率 $P(X^2|X^1=x_1)$ 对随机变量 X^2 采样,得到采样值 x^2;……,继续按条件概率 $P(X^t|X^{t-1}=x^{t-1})$ 对随机变量 X^t 采样,得到采样值 x^t;……,最终得到样本数据集 $D=\{x^1,x^2,\cdots,x^t,\cdots\}$。可以看出,按状态转移概率进行采样是**非独立**的,因为对随机变量 X^t 的采样都条件依赖于其前一个变量 X^{t-1} 的采样值。

如果马尔可夫链是平稳马尔可夫链,则任给初始概率分布 $P(X^0)$,该马尔可夫链都会随着时间推移从非平稳过程逐步演变成一个平稳过程,其概率分布会在某个时刻 t 收敛至唯一平稳分布(记作 $\boldsymbol{\pi}$),即

$$P(X^0)\neq P(X^1)\neq P(X^2)\neq\cdots\neq P(X^t)=P(X^{t+1})=\cdots=\boldsymbol{\pi}\tag{6-45}$$

按照状态转移概率对平稳马尔可夫链进行采样,任给初始状态 x^0,其样本数据集 $D=\{x^0,x^1,x^2,\cdots,x^t,x^{t+1},\cdots\}$ 会在某个时刻 t 从非同分布变成同分布,即子集 $D_1=\{x^0,x^1,$

$x^2,\cdots,x^t\}$为非同分布，但子集 $D_2=\{x^t,x^{t+1},\cdots\}$服从同一概率分布$\boldsymbol{\pi}$。子集 D_2 可作为概率分布$\boldsymbol{\pi}$的同分布的样本数据集。

这里给出一个结论：按边缘概率进行独立采样，或者按状态转移概率进行非独立采样，最终都可能得到同分布的样本数据集。下面我们重点关注的是，按状态转移概率对平稳马尔可夫链进行**非独立-同分布采样**的算法。这种算法被广泛应用于对多变量联合概率分布 $P(X_1,X_2,\cdots,X_d)$进行蒙特卡洛仿真采样。

2. MCMC 采样算法

蒙特卡洛仿真使用伪随机数技术在计算机上进行模拟采样，但计算机每次只能生成一个随机数。对于单个随机变量 X，若给定其概率分布 $P(X)$，则可以通过 6.2.1 节讲解的模拟采样算法很方便地进行采样。而对于多变量联合概率分布 $P(X_1,X_2,\cdots,X_d)$，则需将多变量联合概率分布分解成单变量条件概率乘积的形式，例如，

$$P(X_1,X_2,\cdots,X_d)=P(X_d\mid X_1,\cdots,X_{d-1})\cdots P(X_2\mid X_1)P(X_1)$$

然后对 d 个随机变量$(X_1,X_2,\cdots,X_d)$逐个按条件概率采样，这样才能得到一个服从 $P(X_1,X_2,\cdots,X_d)$的样本数据 $\boldsymbol{x}^i=(x_1^i,x_2^i,\cdots,x_d^i)$。将多变量联合概率分布分解成单变量条件概率的计算比较复杂，通常这种采样方法仅在理论上可行。为此，人们提出了基于马尔可夫链和蒙特卡洛仿真的 MCMC 采样算法。

从字面上看，MCMC 采样算法是通过蒙特卡洛仿真在计算机上对马尔可夫链所描述的随机过程进行模拟采样，生成一个样本容量为 N 的数据集 $D=\{\boldsymbol{x}^1,\boldsymbol{x}^2,\cdots,\boldsymbol{x}^N\}$。由于马尔可夫链只能描述离散型随机变量的随机过程，因此 MCMC 采样算法只适用于对离散型随机变量进行采样。

给定 d 个离散型随机变量$(X_1,X_2,\cdots,X_d)$及其联合概率分布 $P(X_1,X_2,\cdots,X_d)$，可以将 $\boldsymbol{X}=(X_1,X_2,\cdots,X_d)$看作一个 d 维随机向量。随机向量 $\boldsymbol{X}=(X_1,X_2,\cdots,X_d)$的值域(或称状态空间)为一 d 维向量集合，可记作 $S=\{\boldsymbol{s}_1,\boldsymbol{s}_2,\cdots,\boldsymbol{s}_n,\cdots\}$，其中 $\boldsymbol{s}_i=(s_{i1},s_{i2},\cdots,s_{id})$。使用 MCMC 采样算法对联合概率分布 $P(X_1,X_2,\cdots,X_d)$进行采样的过程可分为三步。

第一步：构建一个平稳分布为$\boldsymbol{\pi}=P(X_1,X_2,\cdots,X_d)$的平稳马尔可夫链，其核心是构造满足细致平稳条件的状态转移概率 $P(\boldsymbol{X}^t=\boldsymbol{s}_j\mid\boldsymbol{X}^{t-1}=\boldsymbol{s}_i)=p_{ij}$。

第二步：任选初始状态 $\boldsymbol{x}^0$，即 $\boldsymbol{X}^0=\boldsymbol{x}^0\in S$，然后按状态转移概率 $P(\boldsymbol{X}^t\mid\boldsymbol{X}^{t-1}=\boldsymbol{x}^{t-1})$对平稳马尔可夫链进行蒙特卡洛仿真采样，得到样本数据集 $D=\{\boldsymbol{x}^0,\boldsymbol{x}^1,\boldsymbol{x}^2,\cdots,\boldsymbol{x}^t,\boldsymbol{x}^{t+1},\cdots\}$。

第三步：假设平稳马尔可夫链在时刻 t 从非同分布变成同分布，则子集 $D_1=\{\boldsymbol{x}^0,\boldsymbol{x}^1,\boldsymbol{x}^2,\cdots,\boldsymbol{x}^t\}$为非同分布，但子集 $D_2=\{\boldsymbol{x}^t,\boldsymbol{x}^{t+1},\cdots\}$服从同一概率分布$\boldsymbol{\pi}=P(X_1,X_2,\cdots,X_d)$，因此将 D_2 作为最终的样本数据集。

在 MCMC 采样算法中，构建满足细致平稳条件的平稳马尔可夫链(即算法第一步)，这是确保其唯一收敛至给定概率分布 $P(X_1,X_2,\cdots,X_d)$的关键。使用逐次转移法构建平稳马尔可夫链的 MCMC 采样算法称作**吉布斯采样**(Gibbs sampling)；使用转移接受-拒绝法构建平稳马尔可夫链的 MCMC 采样算法称作 **MH 采样**(Metropoli-Hastings sampling)。关于逐次转移法和转移接受-拒绝法，参见 6.2.4 节。因为 MCMC 采样算法所构建的是平稳马尔可夫链，所以最终采集到的样本数据集都能符合给定的概率分布 $P(X_1,X_2,\cdots,$

X_d)，即 MCMC 采样算法(包括吉布斯采样和 MH 采样)具有收敛性。

对于以贝叶斯网形式表示的概率分布 $P(X_1,X_2,\cdots,X_d)$，使用逐次转移法能比较容易地构建其平稳马尔可夫链，所以采样时通常会选用吉布斯采样，具体算法步骤参见 6.2.2 节。而对于任意其他概率分布 $P(X_1,X_2,\cdots,X_d)$，通常是使用转移接受-拒绝法来构建平稳马尔可夫链，因此采样时也只能选用 MH 采样。MH 采样会拒绝掉某些状态转移，因此收敛速度较慢，但它更通用，可应用于任意概率分布。下面给出 MH 采样具体的算法步骤。

3. MH 采样算法

给定 d 个离散型随机变量 $\boldsymbol{X}=(X_1,X_2,\cdots,X_d)$及其联合概率分布 $P(\boldsymbol{X})=P(X_1,X_2,\cdots,X_d)$，将 $\boldsymbol{X}$ 看作 d 维随机向量，其状态空间(即值域)为一 d 维向量集合，记作 $S=\{\boldsymbol{s}_1,\boldsymbol{s}_2,\cdots,\boldsymbol{s}_n,\cdots\}$，其中 $\boldsymbol{s}_i=(s_{i1},s_{i2},\cdots,s_{id})$；再记$(\boldsymbol{X}=\boldsymbol{s}_i)\equiv(X_1=s_{i1},X_2=s_{i2},\cdots,X_d=s_{id})$。

MH 采样使用转移接受-拒绝法构建平稳马尔可夫链，因此采样前需预先选择好建议转移概率 $Q(\boldsymbol{X}^t|\boldsymbol{X}^{t-1})$，例如选用等概率转移作为建议转移概率；并根据 $P(\boldsymbol{X})$和 $Q(\boldsymbol{X}^t|\boldsymbol{X}^{t-1})$构造接受概率 $A(\boldsymbol{X}^t|\boldsymbol{X}^{t-1})$(参见 6.2.4 节)；然后还要人工指定一个超参数，即收敛阈值 t(例如 $t=20$)，其含义是假设马尔可夫链从 $t+1$ 时刻开始收敛至给定概率分布 $P(\boldsymbol{X})$；最后再指定采样所需的样本容量 N(例如 $N=1000$)。

对联合概率分布 $P(\boldsymbol{X})$进行 MH 采样的算法步骤如下。

(1) 任选初始状态 $\boldsymbol{x}^0\in S$，例如在状态空间 S 中随机选择一个状态作为初始状态 $\boldsymbol{x}^0$。

(2) 根据建议转移概率 $Q(\boldsymbol{X}^t|\boldsymbol{X}^{t-1}=\boldsymbol{x}^{t-1})$进行蒙特卡洛仿真采样，得到候选状态 $\boldsymbol{x}\in S$；然后计算接受 $\boldsymbol{x}$ 的概率值 $A(\boldsymbol{X}^t=\boldsymbol{x}|\boldsymbol{X}^{t-1}=\boldsymbol{x}^{t-1})$。下面将依该概率值决定是否接受至 $\boldsymbol{x}$ 的转移。

(3) 对[0,1]区间的均匀分布进行蒙特卡洛仿真采样，得到采样值 u。若 $u\leqslant A(\boldsymbol{X}^t=\boldsymbol{x}|\boldsymbol{X}^{t-1}=\boldsymbol{x}^{t-1})$，则接受至 $\boldsymbol{x}$ 的转移，即 $\boldsymbol{x}^t=\boldsymbol{x}$，保存样本 $\boldsymbol{x}^t$，$t=t+1$；否则拒绝转移，保持时刻 t 与状态 $\boldsymbol{x}^{t-1}$ 不变。

(4) 重复第(2)～(3)步的采样过程，直至采集到 $t+N$ 个样本，得到样本数据集$\{\boldsymbol{x}^0,\boldsymbol{x}^1,\boldsymbol{x}^2,\cdots,\boldsymbol{x}^t,\boldsymbol{x}^{t+1},\cdots,\boldsymbol{x}^{t+N}\}$，取子集 $D=\{\boldsymbol{x}^{t+1},\cdots,\boldsymbol{x}^{t+N}\}$作为最终的样本数据集。

4. MCMC 采样算法应用

使用 MCMC 采样算法可以对联合概率分布 $P(\boldsymbol{X})=P(X_1,X_2,\cdots,X_d)$进行采样，得到一个样本容量为 N 的数据集 $D=\{\boldsymbol{x}^1,\boldsymbol{x}^2,\cdots,\boldsymbol{x}^N\}$。

(1) 可以使用样本数据集 D 进行参数估计(即概率近似推理)，这样就能在较低复杂度下估计出边缘概率或条件概率的近似解。**注**：参数估计需要知道概率分布的数学形式。

(2) 也可以使用样本数据集 D 估计某个函数 $f(\boldsymbol{x})$在概率分布 $P(\boldsymbol{X})$上的数学期望，即

$$E[f(\boldsymbol{X})]=\sum_{\boldsymbol{x}\in\Omega_X}f(\boldsymbol{x})P(\boldsymbol{X}=\boldsymbol{x})\approx\frac{1}{N}\sum_{i=1}^{N}f(\boldsymbol{x}^i)$$

若 $\boldsymbol{X}$ 为连续型变量，则将数学期望改成积分形式，即

$$E[f(\boldsymbol{X})]=\int_{\Omega_X}f(\boldsymbol{x})p(\boldsymbol{x})\mathrm{d}\boldsymbol{x}\approx\frac{1}{N}\sum_{i=1}^{N}f(\boldsymbol{x}^i)$$

(3) 还可以将 MCMC 采样算法应用于最优化问题，将样本数据集 D 看作目标函数

$f(\boldsymbol{x})$定义域Ω上的抽样，然后将$f(\boldsymbol{x})$在抽样数据集D上的最优值(最优解)当作整个定义域Ω上最优值(最优解)的近似解，即

$$\min_{\boldsymbol{x}\in\Omega} f(\boldsymbol{x}) \approx \min_{\boldsymbol{x}^i\in D} f(\boldsymbol{x}^i) \quad \text{或} \quad \max_{\boldsymbol{x}\in\Omega} f(\boldsymbol{x}) \approx \max_{\boldsymbol{x}^i\in D} f(\boldsymbol{x}^i)$$

6.3.2 MCMC最优化算法

设**目标函数**$f(\boldsymbol{x})$的定义域为Ω，求$f(\boldsymbol{x})$在Ω上最小值(或最大值)的问题被称作**最优化问题**。定义域Ω称作最优化问题的**解空间**(或称作解的**状态空间**)。如果解空间Ω是离散且有限的，则最优化问题被称为**组合优化问题**(注：连续解空间问题可通过离散化将其转换为组合优化问题)。对于组合优化问题，由于其解空间是有限的，因此理论上总可以通过**穷举法**(或称**状态空间搜索**)求得最优解。但当解空间较大时，穷举法因算法复杂度过大而变得难以求解，这就需要寻求能在较低复杂度下求得近似解的方法。

MCMC最优化算法就是一种能在较低复杂度下求得组合优化问题近似解的方法。其核心思想是：

(1) 求解组合优化问题就是对目标函数$f(\boldsymbol{x})$的最小化问题。注：对$f(\boldsymbol{x})$的最大化问题可转换为对$-f(\boldsymbol{x})$的最小化问题。

(2) 将目标函数$f(\boldsymbol{x})$的自变量看作解空间Ω上的随机变量$\boldsymbol{X}$，假设其概率分布为$P(\boldsymbol{X})$。

(3) 如果目标函数值$f(\boldsymbol{X}=\boldsymbol{x})$与取值概率$P(\boldsymbol{X}=\boldsymbol{x})$存在负相关，即目标函数值$f(\boldsymbol{X}=\boldsymbol{x})$越小，则取值概率$P(\boldsymbol{X}=\boldsymbol{x})$越大，那么就可以应用MCMC采样算法对概率分布$P(\boldsymbol{X})$进行采样，然后将函数$f(\boldsymbol{X})$在样本数据集$D$上的最优解当作整个解空间$\Omega$上最优解的近似解。

如果解空间中$\boldsymbol{x}$处的函数值$f(\boldsymbol{X}=\boldsymbol{x})$越小，采样算法在$\boldsymbol{x}$处的取值概率$P(\boldsymbol{X}=\boldsymbol{x})$越大，则$\boldsymbol{x}$包含于样本数据集$D$中的可能性也就越大，因此样本数据集的最小值$\min\limits_{\boldsymbol{x}\in D} f(\boldsymbol{x})$等于或接近最优解$\min\limits_{\boldsymbol{x}\in\Omega} f(\boldsymbol{x})$的可能性也就越大。

为什么目标函数$f(\boldsymbol{X})$会与概率分布$P(\boldsymbol{X})$存在负相关呢？这个问题比较玄妙。为便于理解，下面先从几个比较特殊的马尔可夫链开始讲起。

1. 三种特殊的马尔可夫链

在马尔可夫链中，状态空间是离散的，可记作$S=\{\boldsymbol{s}_1,\boldsymbol{s}_2,\cdots,\boldsymbol{s}_n,\cdots\}$；状态转移概率$P(\boldsymbol{X}^t|\boldsymbol{X}^{t-1})$可表示成状态转移矩阵$\boldsymbol{A}=[p_{ij}]$的形式，其中$p_{ij}\equiv P(\boldsymbol{X}^t=\boldsymbol{s}_j|\boldsymbol{X}^{t-1}=\boldsymbol{s}_i)$；平稳分布$P(\boldsymbol{X})$通常记作$\boldsymbol{\pi}$，其中$\boldsymbol{\pi}(\boldsymbol{s}_i)\equiv P(\boldsymbol{X}=\boldsymbol{s}_i)$。

1) 等概率转移马尔可夫链

假设马尔可夫链只有n种状态(有限状态)，将状态空间记作$S=\{\boldsymbol{s}_1,\boldsymbol{s}_2,\cdots,\boldsymbol{s}_n\}$；$n$种状态之间进行等概率转移(即$p_{ij}=1/n$)，其状态转移矩阵$\boldsymbol{A}$为

$$\boldsymbol{A}=\begin{bmatrix} 1/n & 1/n & \cdots & 1/n \\ 1/n & 1/n & \cdots & 1/n \\ \vdots & \vdots & \ddots & \vdots \\ 1/n & 1/n & \cdots & 1/n \end{bmatrix}$$

这种等概率转移马尔可夫链是一种平稳马尔可夫链，且经一次状态转移即可收敛于一个等

概率多项分布(记作$\boldsymbol{\pi}$)。因为任意给出初始概率分布$\boldsymbol{\pi}^0$,则

$$\boldsymbol{A}\boldsymbol{\pi}^0=\begin{bmatrix}1/n & 1/n & \cdots & 1/n\\ 1/n & 1/n & \cdots & 1/n\\ \vdots & \vdots & \ddots & \vdots\\ 1/n & 1/n & \cdots & 1/n\end{bmatrix}\begin{bmatrix}\boldsymbol{\pi}^0(\boldsymbol{s}_1)\\ \boldsymbol{\pi}^0(\boldsymbol{s}_2)\\ \vdots\\ \boldsymbol{\pi}^0(\boldsymbol{s}_n)\end{bmatrix}=\begin{bmatrix}1/n\\ 1/n\\ \vdots\\ 1/n\end{bmatrix}\equiv\boldsymbol{\pi}$$

注:$\sum_{i=1}^{n}\boldsymbol{\pi}^0(\boldsymbol{s}_i)=\boldsymbol{\pi}^0(\boldsymbol{s}_1)+\boldsymbol{\pi}^0(\boldsymbol{s}_2)+\cdots+\boldsymbol{\pi}^0(\boldsymbol{s}_n)=1$。

2) 仅在相邻状态间转移的马尔可夫链

假设马尔可夫链仅在相邻状态间进行转移,图 6-25 给出一个这种马尔可夫链的状态转移示意图。图 6-25 中的四种状态都只能直接转移至与之相邻的状态,例如状态 2 只能转移至相邻的状态 1 和状态 3,但不能转移至状态 4。当然,图 6-25 中的每种状态都可以间接转移至任意不相邻的状态,例如状态 2 可以经状态 3 间接转移至状态 4,因此这种马尔可夫链也是可遍历的。

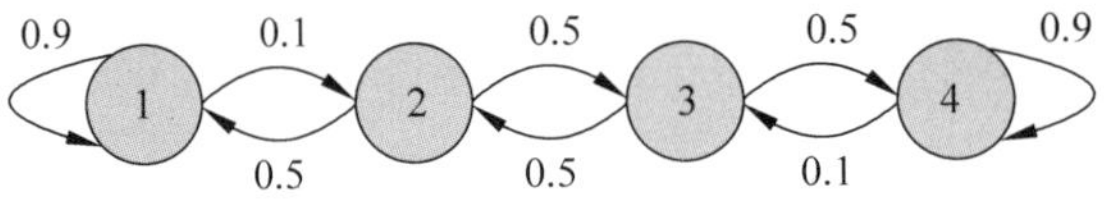

图 6-25 仅在相邻状态间转移的马尔可夫链

图 6-25 所示的马尔可夫链的状态转移矩阵为

$$\boldsymbol{A}=\begin{bmatrix}p_{11} & p_{21} & p_{31} & p_{41}\\ p_{12} & p_{22} & p_{32} & p_{42}\\ p_{13} & p_{23} & p_{33} & p_{43}\\ p_{14} & p_{24} & p_{34} & p_{44}\end{bmatrix}=\begin{bmatrix}0.9 & 0.5 & 0 & 0\\ 0.1 & 0 & 0.5 & 0\\ 0 & 0.5 & 0 & 0.1\\ 0 & 0 & 0.5 & 0.9\end{bmatrix}$$

这个状态转移矩阵所定义的马尔可夫链恰好是平稳马尔可夫链(注:取不同概率值就有可能变成非平稳马尔可夫链)。任给初始概率分布$\boldsymbol{\pi}^0$,例如分别取向量 $\boldsymbol{v}_1=(0.7,0.1,0.1,0.1)^{\mathrm{T}}$、$\boldsymbol{v}_2=(0.3,0.3,0.3,0.1)^{\mathrm{T}}$ 作为初始概率分布,然后迭代计算其后续状态,这样就能观察到图 6-25 所示马尔可夫链的收敛过程与收敛结果(参见图 6-26)。从图 6-26 可以看出,初始概率分布$\boldsymbol{v}_1$、$\boldsymbol{v}_2$ 经过大约 300 次状态转移后都收敛于平稳分布$\boldsymbol{\pi}$。

$$\boldsymbol{\pi}=(0.41666667,0.08333333,0.08333333,0.41666667)^{\mathrm{T}}$$

在随机过程中,依概率在相邻状态间进行转移也称作状态的**随机游走**(random walk)。对于客观世界中的系统,其状态变化通常是相邻状态间的渐变而不会是跳变,因此随机游走是一种比较普遍的状态转移方式。判定状态之间是否相邻,这与具体问题相关,例如判断空间位置状态相邻与判断围棋棋局状态相邻的方法是完全不同的。在状态空间 S 中,通常将与状态 $\boldsymbol{s}_i$ 相邻的状态集合称作状态 $\boldsymbol{s}_i$ 的邻域,记作 $N(\boldsymbol{s}_i)$。对于离散系统,状态的随机游走过程就构成了一个马尔可夫链,可以基于马尔可夫链来研究离散系统的变化过程。

3) 固体退火过程

对固体(例如金属)加热,其内能随温度上升而不断增大;粒子逐渐脱离开其平衡位置,变得越来越自由;到达熔解温度后粒子排列从原来的有序状态(固态)变成无序状态(液

```
In [8]: import numpy as np

A = np.array([[0.9,0.1,0,0], [0.5,0,0.5,0], [0,0.5,0,0.5], [0,0,0.1,0.9]]).T
v1 = np.array([0.7,0.1,0.1,0.1]).reshape(4,1)
v2 = np.array([0.3,0.3,0.3,0.1]).reshape(4,1)

for t in range(500):
    v1 = np.matmul(A, v1)  # Av1
    if (t%100==0):
        print("v1-", t+1, ":", v1.T[0])
for t in range(500):
    v2 = np.matmul(A, v2)  # Av2
    if (t%100==0):
        print("v2-", t+1, ":", v2.T[0])

v1- 1 : [0.68 0.12 0.06 0.14]
v1- 101 : [0.41699137 0.08335596 0.0833107  0.41634196]
v1- 201 : [0.41666705 0.08333336 0.08333331 0.41666628]
v1- 301 : [0.41666667 0.08333333 0.08333333 0.41666667]
v1- 401 : [0.41666667 0.08333333 0.08333333 0.41666667]
v2- 1 : [0.42 0.18 0.16 0.24]
v2- 101 : [0.4167749  0.08334088 0.08332579 0.41655843]
v2- 201 : [0.4166668  0.08333334 0.08333332 0.41666654]
v2- 301 : [0.41666667 0.08333333 0.08333333 0.41666667]
v2- 401 : [0.41666667 0.08333333 0.08333333 0.41666667]
```

图 6-26　观察图 6-25 所示马尔可夫链的收敛过程与收敛结果

态)。停止加热,观察退火(即冷却)过程,固体内能随温度下降而不断降低;粒子运动逐渐减弱,其排列渐趋有序,并在每个温度 T 下达成平衡态;最后在常温时达到基态,内能降为最小。

不同粒子排列表示固体处于不同状态,将所有可能的粒子排列称作固体的状态空间,记作 $S=\{\boldsymbol{s}_1,\boldsymbol{s}_2,\cdots,\boldsymbol{s}_n,\cdots\}$。不同粒子排列状态具有不同的内能,将固体处于状态 $\boldsymbol{s}_i\in S$ 时的内能记作 $E(\boldsymbol{s}_i)$,$E(\boldsymbol{s}_i)\geqslant 0$。在退火过程中,固体处于何种状态具有随机性。一方面,粒子排列倾向于内能较低的状态;另一方面,热运动又妨碍粒子排列落入低能状态。将固体状态记作随机变量 $\boldsymbol{X}$,则固体退火过程是一个随机变量 $\boldsymbol{X}$ 随时间变化的马尔可夫链,其状态转移遵循如下 **Metropolis 准则**:假设当前状态为 $\boldsymbol{s}_i$,随机选择下一状态 $\boldsymbol{s}_j\in S$,若内能降低,即 $E(\boldsymbol{s}_j)\leqslant E(\boldsymbol{s}_i)$,则接受状态转移,即依概率 $a_{ij}=1$ 从状态 $\boldsymbol{s}_i$ 转移至状态 $\boldsymbol{s}_j$;否则依概率接受转移,即若内能上升,$E(\boldsymbol{s}_j)>E(\boldsymbol{s}_i)$,则依概率 $a_{ij}=\mathrm{e}^{\frac{E(s_i)-E(s_j)}{KT}}$ 从状态 $\boldsymbol{s}_i$ 转移至状态 $\boldsymbol{s}_j$,式中的 $T>0$ 表示温度,$K>0$ 为波尔兹曼常数,$E(\boldsymbol{s}_i)$、$E(\boldsymbol{s}_j)$ 分别表示状态处于 $\boldsymbol{s}_i$、$\boldsymbol{s}_j$ 时的内能。

Metropolis 准则描述的内容实际上是一种状态转移方法,即转移接受-拒绝法。其过程是:假设当前状态为 $\boldsymbol{s}_i$,先随机选择下一状态 $\boldsymbol{s}_j$,这相当于以等概率转移作为建议转移概率 $Q(\boldsymbol{X}^t\mid\boldsymbol{X}^{t-1})=[q_{ij}]$,然后再依接受概率 $A(\boldsymbol{X}^t\mid\boldsymbol{X}^{t-1})=[a_{ij}]$ 接受转移,最终状态 $\boldsymbol{s}_i$ 到 $\boldsymbol{s}_j$ 的转移概率为 $p_{ij}=q_{ij}a_{ij}$,其中接受概率 a_{ij} 由状态内能决定,即

$$a_{ij}=\begin{cases}1, & E(\boldsymbol{s}_j)\leqslant E(\boldsymbol{s}_i)\\ \mathrm{e}^{\frac{E(s_i)-E(s_j)}{KT}}, & E(\boldsymbol{s}_j)>E(\boldsymbol{s}_i)\end{cases}\tag{6-46a}$$

或写成如下等价形式

$$a_{ij}=\min(1,\mathrm{e}^{\frac{E(s_i)-E(s_j)}{KT}})\tag{6-46b}$$

其中,$E(\boldsymbol{s}_i)\equiv E(\boldsymbol{X}=\boldsymbol{s}_i)$ 通常也称作**能量函数**。遵循 Metropolis 准则进行状态转移的马尔

可夫链是一个平稳马尔可夫链,其平稳分布$\boldsymbol{\pi}$ 为

$$\boldsymbol{\pi}(\boldsymbol{s}_i) \equiv P(\boldsymbol{X}=\boldsymbol{s}_i) = \frac{1}{Z}\mathrm{e}^{-\frac{E(\boldsymbol{s}_i)}{KT}}, \quad \boldsymbol{s}_i \in S \tag{6-47}$$

其中,Z 为归一化因子,$Z=\sum_{\boldsymbol{s}_j \in S}\mathrm{e}^{-\frac{E(\boldsymbol{s}_j)}{KT}}$。读者可以验证一下,式(6-47)的平稳分布$\boldsymbol{\pi}$ 满足马尔可夫链的细致平稳条件,即

$$\boldsymbol{\pi}(\boldsymbol{s}_i)p_{ij} = \boldsymbol{\pi}(\boldsymbol{s}_j)p_{ji}, \quad \forall \boldsymbol{s}_i, \boldsymbol{s}_j \in S$$

在温度 T 下,如果退火过程足够缓慢,则固体状态能够进行充分转移,最终将进入温度 T 的平衡态,即固体状态的概率分布收敛至式(6-47)的平稳分布。将温度 T 下的平稳分布记作$\boldsymbol{\pi}_T$,即

$$\boldsymbol{\pi}_T \equiv \begin{bmatrix} \boldsymbol{\pi}_T(\boldsymbol{s}_1) \\ \boldsymbol{\pi}_T(\boldsymbol{s}_2) \\ \vdots \\ \boldsymbol{\pi}_T(\boldsymbol{s}_n) \\ \vdots \end{bmatrix} \equiv \begin{bmatrix} P_T(\boldsymbol{X}=\boldsymbol{s}_1) \\ P_T(\boldsymbol{X}=\boldsymbol{s}_2) \\ \vdots \\ P_T(\boldsymbol{X}=\boldsymbol{s}_n) \\ \vdots \end{bmatrix} = \frac{1}{Z_T}\begin{bmatrix} \mathrm{e}^{-\frac{E(\boldsymbol{s}_1)}{KT}} \\ \mathrm{e}^{-\frac{E(\boldsymbol{s}_2)}{KT}} \\ \vdots \\ \mathrm{e}^{-\frac{E(\boldsymbol{s}_n)}{KT}} \\ \vdots \end{bmatrix} \tag{6-48}$$

其中,Z_T 为归一化因子,$Z_T=\sum_{\boldsymbol{s}_j \in S}\mathrm{e}^{-\frac{E(\boldsymbol{s}_j)}{KT}}$。式(6-48)表明,如果 $E(\boldsymbol{s}_i)<E(\boldsymbol{s}_j)$,则$\boldsymbol{\pi}_T(\boldsymbol{s}_i)>\boldsymbol{\pi}_T(\boldsymbol{s}_j)$,也即固体进入平衡态后,处于低能状态的概率大于高能状态。

固体继续冷却,温度 T 缓慢下降,求平稳分布$\boldsymbol{\pi}_T(\boldsymbol{s}_i)$对 T 的偏导,观察其随温度 T 变化的趋势,有

$$\frac{\partial\, \boldsymbol{\pi}_T(\boldsymbol{s}_i)}{\partial T} = \frac{\boldsymbol{\pi}_T(\boldsymbol{s}_i)}{KT^2}\left[E(\boldsymbol{s}_i) - \sum_{\boldsymbol{s}_j \in S}E(\boldsymbol{s}_j)\,\boldsymbol{\pi}_T(\boldsymbol{s}_j)\right] = \frac{\boldsymbol{\pi}_T(\boldsymbol{s}_i)}{KT^2}[E(\boldsymbol{s}_i) - \overline{E_T}]$$

其中,$\overline{E_T}=\sum_{\boldsymbol{s}_j \in S}E(\boldsymbol{s}_j)\,\boldsymbol{\pi}_T(\boldsymbol{s}_j)$ 为温度 T 时的内能均值。可以看出,

$$\frac{\partial\, \boldsymbol{\pi}_T(\boldsymbol{s}_i)}{\partial T} = \begin{cases} >0, & \text{如果 } E(\boldsymbol{s}_i)>\overline{E_T}\text{,即 } \boldsymbol{s}_i \text{ 的内能高于均值} \\ <0, & \text{如果 } E(\boldsymbol{s}_i)<\overline{E_T}\text{,即 } \boldsymbol{s}_i \text{ 的内能低于均值} \end{cases} \tag{6-49}$$

式(6-49)表明,随着温度 T 的上升,固体落入高能(高于均值)状态的概率单调上升,而落入低能(低于均值)状态的概率单调下降。反过来,随着温度 T 的下降,固体落入低能状态的概率单调上升,而落入高能状态的概率单调下降。可以证明,如果 $T\to 0$(即趋向于绝对温度),则固体依概率 1 落入最低内能状态(**注**:可能有多个最低能状态,它们的内能相等)。

总结如下,固体退火过程可被定义为一种基于内能进行状态转移的马尔可夫链模型。这种模型在固体状态 $\boldsymbol{X}$ 的能量函数 $E(\boldsymbol{X}=\boldsymbol{s}_i)$与概率分布 $P(\boldsymbol{X}=\boldsymbol{s}_i)$之间存在着负相关,即如果退火过程足够缓慢,则固体处于低能状态的概率大于高能状态;最终的温度越低,固体处于低能状态的概率就越大;如果 $T\to 0$,则固体依概率 1 落入最低内能状态。

2. 模拟退火算法

固体退火过程的 Metropolis 准则是 1953 年由 N. Metropolis 等人提出的。受其启发，W. K. Hastings 等人于 1970 年提出了转移接受-拒绝法构建平稳马尔可夫链并进行蒙特卡洛仿真的 MH 采样算法。S. Kirkpatrick 等人于 1983 年进一步将基于内能进行状态转移的思想引入组合优化问题研究中，将待优化目标模拟成某种内能，从而建立起目标函数 $f(\boldsymbol{X})$与概率分布 $P(\boldsymbol{X})$之间的联系，并在此基础上提出了**模拟退火算法**(simulated annealing algorithm)。

模拟退火算法的基本原理是：基于 Metropolis 准则所建立的马尔可夫链在目标函数 $f(\boldsymbol{X})$与概率分布 $P(\boldsymbol{X})$之间存在着负相关，即概率 $P(\boldsymbol{X}=\boldsymbol{x})$越大，则目标函数 $f(\boldsymbol{X})$在 $\boldsymbol{x}$ 处的函数值越小；应用 MH 采样算法对马尔可夫链进行采样，则最小值处样本被采集到的概率最大，也即算法最终求得最优解的概率最大。模拟退火算法是一种迭代算法，其求解组合优化问题的过程大致可分为三步。

第一步：将组合优化问题中自变量 $\boldsymbol{x}$ 的解空间 Ω 模拟成随机变量 $\boldsymbol{X}$ 的状态空间 S，将目标函数 $f(\boldsymbol{x})$模拟成能量函数 $E(\boldsymbol{X}=\boldsymbol{x})$，按照 Metropolis 准则建立马尔可夫链，然后任选初始状态(即初始解)$\boldsymbol{x}^0 \in S$，从某个较高的起始温度 T 开始进入下面的模拟退火过程。

第二步：在温度 T 下，使用 MH 采样算法对马尔可夫链进行 N 次迭代采样，$t=1,2,\cdots,N$，计算每次采样数据 $\boldsymbol{x}^t$ 的目标函数值 $f(\boldsymbol{x}^t)$，保留当前最优解 $\boldsymbol{x}^*$ 与最小值 $f(\boldsymbol{x}^*)$，最优解相当于最低能量处的状态。

第三步：按步长 $\Delta T>0$ 缓慢降低温度，即 $T=T-\Delta T$，然后重复第二步的采样过程，直到温度 T 降至某个最低温度(或算法达到某种结束条件，例如最优值趋于稳定)，将当前所保留的最优解 $\boldsymbol{x}^*$ 作为组合优化问题的近似解。

模拟退火算法中有几个超参数，即起始温度(即最高温度)$T_{\max}$、结束温度(即最低温度)$T_{\min}$、降温步长 ΔT、温度 T 下的采样次数 N 等，它们需人工设定。下面给出模拟退火算法具体的实现细节。

(1) 随机选择一个初始解(即初始状态)$\boldsymbol{x}^0 \in S$，计算目标函数值 $f(\boldsymbol{x}^0)$；将其作为最优解 $\boldsymbol{x}^*$ 和最小值 $f(\boldsymbol{x}^*)$保留起来，即 $\boldsymbol{x}^*=\boldsymbol{x}^0$，$f(\boldsymbol{x}^*)=f(\boldsymbol{x}^0)$。

(2) 设置起始温度 $T=T_{\max}$、采样计数 $t=1$。

(3) 从解(即状态)$\boldsymbol{x}^{t-1}$ 的邻域 $N(\boldsymbol{x}^{t-1})$中随机选择一个新解(即下一状态)$\boldsymbol{x}^t$，并计算新的目标函数值 $f(\boldsymbol{x}^t)$。**注**：如何选择新解与具体问题相关。

(4) 如果 $f(\boldsymbol{x}^t)\leqslant f(\boldsymbol{x}^{t-1})$，则接受新解 $\boldsymbol{x}^t$ 并转至第(6)步。

(5) 如果 $f(\boldsymbol{x}^t)>f(\boldsymbol{x}^{t-1})$，则进行转移接受-拒绝，即生成一个[0,1]区间均匀分布的随机数 u，若 $u\leqslant e^{\frac{f(\boldsymbol{x}^{t-1})-f(\boldsymbol{x}^t)}{T}}$，则接受新解 $\boldsymbol{x}^t$ 并转至第(6)步；否则拒绝新解并转回第(3)步重新选择新解。

(6) 如果 $f(\boldsymbol{x}^t)<f(\boldsymbol{x}^*)$，则保留最优解 $\boldsymbol{x}^*=\boldsymbol{x}^t$，最小值 $f(\boldsymbol{x}^*)=f(\boldsymbol{x}^t)$，若采样计数 t 已达到指定采样次数 N，则转至第(7)步；否则 $t<N$，将采样计数 t 加 1，即 $t=t+1$，转回第(3)步继续下一个采样。

(7) 若温度 T 还未降到结束温度(即最低温度)$T_{\min}$，则按步长 ΔT 降温，即 $T=T-$

ΔT，并重置采样计数 $t=1$，转回第(3)步继续下一轮采样；否则算法结束，将当前最优解 $\boldsymbol{x}^*$ 作为组合优化问题的近似解。

3. 遗传算法

利用迭代方法求解最优化问题，例如求解函数 $f(\boldsymbol{x})$ 的最小化问题 $\min\limits_{\boldsymbol{x}\in S} f(\boldsymbol{x})$，通常是从任意初始解 $\boldsymbol{x}^0$ 开始，通过迭代不断寻找新解，直至找到满足条件的最优解。每次迭代都是基于上一个解 $\boldsymbol{x}^{t-1}$ 来选择当前新解 $\boldsymbol{x}^t$，这种迭代过程可以被看作一种从状态 $\boldsymbol{x}^{t-1}$ 到状态 $\boldsymbol{x}^t$ 的转移过程。迭代算法的关键是如何进行状态转移才能使目标函数值变小，即 $f(\boldsymbol{x}^t)\leqslant f(\boldsymbol{x}^{t-1})$，并能最终收敛至最小值 $f(\boldsymbol{x}^*)=\min\limits_{\boldsymbol{x}\in S} f(\boldsymbol{x})$。例如，梯度下降法、牛顿法等迭代算法是根据目标函数 $f(\boldsymbol{x})$ 的导数来做**确定性**状态转移，而模拟退火算法使用的则是依概率做**随机**状态转移。这里再介绍一种依概率进行随机状态转移的最优化迭代算法，这就是**遗传算法**(Genetic Algorithm，GA)。

遗传算法是由 J. Holland 等人于 20 世纪 70 年代提出的。其核心思想是模拟生物进化的遗传机制，将迭代算法的状态转移过程看作父代繁殖子代的过程。具体来说，生物遗传过程就是父代生育子代并将基因遗传给子代的过程，其中有三个关键环节，即**选择**(selection)、**交叉**(crossover)和**变异**(mutation)。

选择：生物种群遵循"物竞天择，适者生存"原则繁殖下一代，即环境适应能力强、具有竞争优势的个体，其生育机会多，概率大。与此类似，遗传算法首先从待优化问题的解空间(即状态空间)中随机选择一组候选解(即状态)作为模拟的初始种群，每个候选解 $\boldsymbol{x}$ 相当于一个种群个体，其适应能力(或竞争能力)用目标函数 $f(\boldsymbol{x})$ 来衡量，函数值大的候选解表示其适应能力强。

交叉：依概率(适应能力强则概率大)选择种群中的个体，然后进行交配并生育子代，子代的基因由来自父母双方(统称为父代)的两条染色体(染色体即基因组)交叉组合而成。遗传算法模拟种群的交配繁殖过程，依概率在种群中选择候选解(称作父代状态)进行两两交叉，生成新解(称作子代状态)。

变异：在遗传过程中，子代的基因可能发生变异，变异后的子代通常对环境的适应能力更强。遗传算法则是对交叉生成的新解依概率进行模拟变异，变异后的新解通常其目标函数值会变大，并最终趋向于最大值(即对环境的适应能力最大)。

将交叉变异后的子代(或与父代合起来)作为新的种群。生物进化就是不断重复上述"选择-交叉-变异"的遗传过程。遗传算法则是将这样的"选择-交叉-变异"过程看作父代状态 $\boldsymbol{x}^{t-1}$ 到子代状态 $\boldsymbol{x}^t$ 的转移过程，并在此过程中寻找使目标函数值最大的状态(即最优解 $\boldsymbol{x}^*$)。可以看出，遗传算法的状态转移不是从一个状态到另一个状态，而是从一组状态(即一个种群)到另一组状态进行转移，这实际上是在同时处理多个候选解。这种做法有利于全局择优，也有利于并行处理。下面就以一个求函数最大值的例子来讲解遗传算法的实现细节。

举例：试求图 6-27 所示函数 $f(x)=x\sin(15x)+2$ 在 $[0,1)$ 区间的最大值。请注意，最大化与最小化问题可以互相转换，例如对函数 $f(x)$ 的最小化问题可转换为对 $-f(x)$ 的最大化问题。

使用遗传算法求解函数 $f(x)=x\sin(15x)+2$ 在 $[0,1)$ 区间最大值的算法步骤如下。

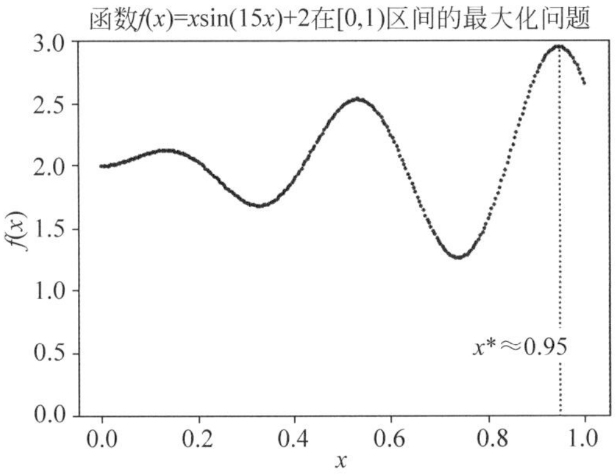

图 6-27　函数最大化问题示例

(1) **编码**。编码就是将待优化问题中自变量 $\boldsymbol{x}$ 的**解空间** Ω 转换为离散**状态空间** S，并进一步将其编码成遗传算法的**染色体空间** B。例如将待求解问题的连续解空间 $\Omega=[0,1)$ 均匀离散化成 256 个不同取值，即 256 个状态，第 i 个状态 $s_i=i/256$，则状态空间 $S=\{s_0, s_1,\cdots,s_{255}\}$；用 8 位**二进制编码**将状态 s_i 模拟表示成染色体 $\boldsymbol{b}_i=b_{i1}b_{i2}\cdots b_{i8}$ 的形式，则染色体空间 $B=\{\boldsymbol{b}_0,\boldsymbol{b}_1,\cdots,\boldsymbol{b}_{255}\}$，例如

染色体 $\boldsymbol{b}_0=00000000$，对应状态 $s_0=0/256$；

染色体 $\boldsymbol{b}_1=00000001$，对应状态 $s_1=1/256$；

…

染色体 $\boldsymbol{b}_{255}=11111111$，对应状态 $s_{255}=255/256$。

注 1：染色体空间 B 与待优化问题的解空间 Ω 一一对应，每条染色体代表一个可能的生物个体，分别对应解空间中的一个可行解。

注 2：用目标函数 $f(x)$ 来衡量染色体(即生物个体)的适应能力，即 $f(\boldsymbol{b}_i)=f(i/256)$，函数值大的染色体表示其适应能力强。

注 3：一条染色体包含 8 位二进制编码，每个二进制位相当于一个基因，也即染色体是一个包含 8 个基因的基因组。后续算法步骤将对染色体中的基因(即二进制位)进行交叉、变异。

注 4：遗传算法的每一步都有多种实现方案，例如，除二进制编码外，还可以使用浮点编码、符号编码等不同编码方案。本例的目的是帮助读者从原理上理解遗传算法，因此讲解时只选择某一种常用方案进行讲解。

(2) **初始化**。首先人工设定遗传算法所需的超参数，其中包括**种群规模** N(例如 $N=10$)和**变异概率** P_m(例如 $P_m=0.1$ 或 0.01)。从染色体空间 B 中随机选择 N 个染色体作为模拟的**初始种群**(即初始解)，将其记作 $X^0=\{\boldsymbol{x}_1^0,\boldsymbol{x}_2^0,\cdots,\boldsymbol{x}_N^0\}$；计算初始种群中各染色体的目标函数值 $f(\boldsymbol{x}_i^0)$，保存其中的最优解 $\boldsymbol{x}^*=\min\limits_{\boldsymbol{x}_i^0\in X^0} f(\boldsymbol{x}_i^0)$；设置**遗传代数** $t=1$，然后进入下面的"选择-交叉-变异"过程。

(3) **选择**。首先基于第 $t-1$ 代种群 $X^{t-1}=\{\boldsymbol{x}_1^{t-1},\boldsymbol{x}_2^{t-1},\cdots,\boldsymbol{x}_N^{t-1}\}$ 中各染色体的目标函数值 $f(\boldsymbol{x}_i^{t-1})$ 来计算**繁殖概率**：

$$P(\boldsymbol{x}_i^{t-1})=\frac{1}{Z}f(\boldsymbol{x}_i^{t-1}),\quad i=1,2,\cdots,N$$

其中 Z 为归一化因子，$Z=\sum_{j=1}^{N} f(\boldsymbol{x}_j^{t-1})$；然后依繁殖概率(为离散型多项分布)进行 N 次抽样(例如使用轮盘赌采样算法)，得到 N 个参与交配繁殖的**父代染色体样本** $D=\{\boldsymbol{d}_1, \boldsymbol{d}_2, \cdots, \boldsymbol{d}_N\}$，其中 $\boldsymbol{d}_i \in X^{t-1}$。**注**：第 $t-1$ 代种群 X^{t-1} 中适应能力强的染色体可能被抽中多次，适应能力差的染色体可能一次也未被抽中(即被淘汰)。

(4) **交叉**。将父代染色体样本 D 中的 N 条染色体按顺序(或随机)两两进行交叉组合，生成新的子代染色体。例如将 $\boldsymbol{d}_1=b_{11}b_{12}\cdots b_{18}$、$\boldsymbol{d}_2=b_{21}b_{22}\cdots b_{28}$ 作为父代染色体进行交叉组合(例如各取 4 位)，可按**双亲双子**方式生成如下两条新的子代染色体 $\boldsymbol{d}_1'$ 和 $\boldsymbol{d}_2'$。

$$\boldsymbol{d}_1'=b_{11}b_{12}b_{13}b_{14}b_{25}b_{26}b_{27}b_{28}, \quad \boldsymbol{d}_2'=b_{21}b_{22}b_{23}b_{24}b_{15}b_{16}b_{17}b_{18}$$

同理，对 $\boldsymbol{d}_3$、$\boldsymbol{d}_4$ 进行交叉组合可生成 $\boldsymbol{d}_3'$ 和 $\boldsymbol{d}_4'$，……，最终得到新的**子代染色体样本** $D'=\{\boldsymbol{d}_1', \boldsymbol{d}_2', \cdots, \boldsymbol{d}_N'\}$。

(5) **变异**。依变异概率 P_m 对子代染色体样本 D' 中的染色体进行变异，例如将染色体 $\boldsymbol{d}_i'$ 中的某一位基因反置(即 0 变成 1，或 1 变成 0)；然后将 D' 作为**新一代种群**(第 t 代) $X^t=\{\boldsymbol{x}_1^t, \boldsymbol{x}_2^t, \cdots, \boldsymbol{x}_N^t\}$，其中 $\boldsymbol{x}_i^t$ 即为依概率 P_m 变异后的 $\boldsymbol{d}_i'$；计算第 t 代种群中各染色体的目标函数值 $f(\boldsymbol{x}_i^t)$ 并更新最优解 $\boldsymbol{x}^*$。

(6) **重复迭代**。将遗传代数 t 加 1，即 $t=t+1$，然后重复第(3)～(5)步的"选择-交叉-变异"过程，直至遗传代数达到规定次数(或算法达到某种结束条件，例如最优值趋于稳定)时算法结束。

(7) **解码**。对所保存的最优解 $\boldsymbol{x}^*$(即某个染色体 $\boldsymbol{b}_i$)进行解码，将解码后的结果(即染色体 $\boldsymbol{b}_i$ 所对应的状态 s_i)作为待优化问题最终的近似解。例如，使用遗传算法求解图 6-27 所示函数的最大化问题，所求得的近似解为 $\boldsymbol{x}^*=242/256\approx 0.95$。

4. 直观理解 MCMC 最优化算法

确定性迭代和**随机迭代**是两大类不同的迭代算法。确定性迭代算法(例如梯度下降法、牛顿法)总是向着更优方向进行迭代，即新解 $\boldsymbol{x}^t$ 要比上一个解 $\boldsymbol{x}^{t-1}$ 更优，例如最小化问题要求 $f(\boldsymbol{x}^t)\leqslant f(\boldsymbol{x}^{t-1})$，最大化问题则要求 $f(\boldsymbol{x}^t)\geqslant f(\boldsymbol{x}^{t-1})$。随机迭代算法(例如模拟退火算法、遗传算法)的迭代条件有所不同，即如果新解 $\boldsymbol{x}^t$ 比上一个解 $\boldsymbol{x}^{t-1}$ 更优，则接受迭代，否则依概率接受迭代。图 6-28 给出一个函数最小化问题示意图，其中的②和④是两个极值点，但只有②是最小值点。确定性迭代算法可能会陷入局部最优，这与初始解 $\boldsymbol{x}^0$ 的选择有关。例如在图 6-28 中，如果初始解 $\boldsymbol{x}^0$ 选择的是①，则确定性迭代算法会收敛至全局最优解②；如果初始解 $\boldsymbol{x}^0$ 选择的是③，则确定性迭代算法会停留在极值点④并将其当作最优解，而这个解仅是局部最优。

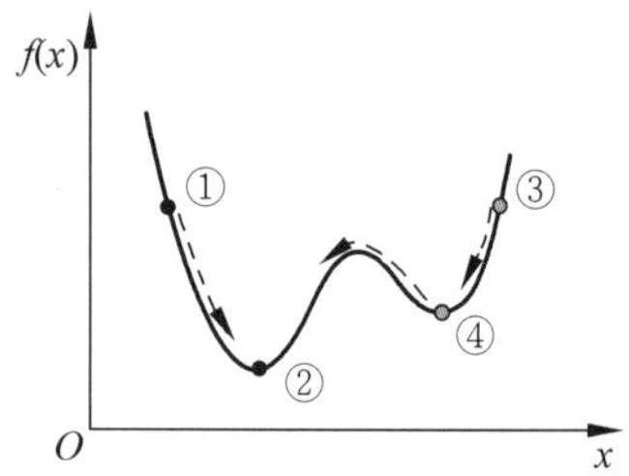

图 6-28 函数最小化问题示意图

随机迭代算法可以在一定程度上缓解局部最优的问题。例如在图 6-28 中，如果初始解 $\boldsymbol{x}^0$ 选择的是③，则模拟退火算法在到达极值点④时还有可能继续迭代到②，而不是停留在④，并最终将②作为全局最优解。遗传算法则是通过选择多个初始解(即种群)，例如将①和③都纳入种群，然后并行迭代，因此算法最终也会收敛至全局最优解②。

MCMC 最优化算法属于随机迭代算法，其算法基础是马尔可夫链和蒙特卡洛仿真。模拟退火算法是 MCMC 最优化算法的代表。遗传算法的算法思想虽来源于生物遗传进化，但在依概率进行状态转移这一点上与 MCMC 最优化算法完全一致，可以说是殊途同归。

6.3.3 MCMC 互评算法

假设有 n 个成员组成的集合 $S=\{s_1,s_2,\cdots,s_n\}$，现在希望以互评方式为每位成员打分，记成员 s_i 的得分为 p_i。可以将全体成员的得分归一化，使得 $\sum_{i=1}^{n}p_i=1$，然后将 p_i 看作成员 s_i 在集合中的权重，权重越大说明其重要程度越高。成员互评的规则是：

- 成员 s_i 以投票因子 p_{ij} 的形式为成员 s_j 打分，打分结果为 $p_{ij}p_i$。这相当于成员 s_i 将自己的权重 p_i 按投票因子 p_{ij} 转移给 s_j。可以看出，打分者的权重 p_i 越高，或其投票因子 p_{ij} 越高，则被打分者 s_j 的得分越高。
- 打分者 s_i 的投票因子 p_{ij} 应满足 $\sum_{j=1}^{n}p_{ij}=1$，即打分者所投出的投票因子之和为 1。
- 被打分者 s_j 的最后得分（即权重）p_j 为所有成员（包括 s_j 给自己的自评）打分结果的总和，其数学形式为

$$p_j=\sum_{i=1}^{n}p_ip_{ij},\quad j=1,2,\cdots,n \tag{6-50}$$

从式(6-50)可以看出，互评过程是一个成员权重间相互依赖的递归过程。如果将集合 $S=\{s_1,s_2,\cdots,s_n\}$ 中各成员的权重分布看作随机变量 X 在值域 $S=\{s_1,s_2,\cdots,s_n\}$ 上的概率分布，即

$$\boldsymbol{P}(X)=\begin{bmatrix}P(X=s_1)\\P(X=s_2)\\\vdots\\P(X=s_n)\end{bmatrix}\equiv\begin{bmatrix}p_1\\p_2\\\vdots\\p_n\end{bmatrix},\quad 其中\sum_{i=1}^{n}p_i=1$$

则互评过程可以看作一个随机变量 X 随时间 t 变化的马尔可夫链；其状态空间为 $S=\{s_1,s_2,\cdots,s_n\}$，也即将每个成员 s_i 看作一个状态取值，该状态的取值概率对应成员 s_i 的权重；该马尔可夫链的状态转移矩阵为

$$\boldsymbol{A}=\begin{bmatrix}p_{11}&p_{21}&\cdots&p_{n1}\\p_{12}&p_{22}&\cdots&p_{n2}\\\vdots&\vdots&\ddots&\vdots\\p_{1n}&p_{2n}&\cdots&p_{nn}\end{bmatrix},\quad 其中\sum_{j=1}^{n}p_{ij}=1,i=1,2,\cdots,n$$

状态转移矩阵 **A** 中第 i 列、第 j 行的元素 p_{ij} 表示状态 s_i 到 s_j 的转移概率，它对应成员 s_i 投给 s_j 的投票因子。若记 t 时刻的概率分布（即权重分布）为

$$\boldsymbol{\pi}^t=\begin{bmatrix}\boldsymbol{\pi}^t(s_1)\\\boldsymbol{\pi}^t(s_2)\\\vdots\\\boldsymbol{\pi}^t(s_n)\end{bmatrix}=\begin{bmatrix}P(X^t=s_1)\\P(X^t=s_2)\\\vdots\\P(X^t=s_n)\end{bmatrix},\quad t=1,2,\cdots$$

则式(6-50)的互评过程可改写为如下状态转移过程。

$$\boldsymbol{\pi}^t(s_j)=\sum_{s_i\in S}\boldsymbol{\pi}^{t-1}(s_i)p_{ij},\quad j=1,2,\cdots,n \tag{6-51}$$

式(6-51)还可以进一步简写为$\boldsymbol{\pi}^t=\boldsymbol{A}\boldsymbol{\pi}^{t-1}$。

总结如下：对于 n 个成员组成的集合 $S=\{s_1,s_2,\cdots,s_n\}$，可以使用马尔可夫链作为其**互评模型**，并由此衍生出 **MCMC 互评算法**。本节以美国 Google 公司的 PageRank **网页排名算法**为例，具体讲解互评模型的建模过程及其互评算法。

1. PageRank 网页排名模型

用户使用搜索引擎检索信息，搜索引擎需对检索到的成千上万个网页进行排序(或称排名)，然后再反馈给用户。网页排名时该如何评判网页的重要程度或信息价值呢？美国 Google 公司的 L. Page 等人借鉴学术论文被引用次数来评判学术价值的思想，于 1998 年提出了 PageRank 网页排名算法。其核心思想是：如果一个网页被很多其他网页链接，则说明该网页比较重要，应具有较高的 PageRank 值(简称 PR 值)；如果被一个 PR 值很高的网页链接，则被链接网页的 PR 值也应相应提高。

网页排名可以看作网页之间以链接形式开展的一种互评过程，据此可以建立一个网页排名的 **PageRank 马尔可夫链**，其具体描述如下。

状态空间：假设互联网上共有 n 个网页，则所有网页的集合即构成马尔可夫链的状态空间，记作 $S=\{s_1,s_2,\cdots,s_n\}$。状态空间的含义是，将每个网页 s_i 看作一个状态取值，该状态的取值概率 $P(X=s_i)$ 对应网页 s_i 的 PR 值(也即重要程度)。

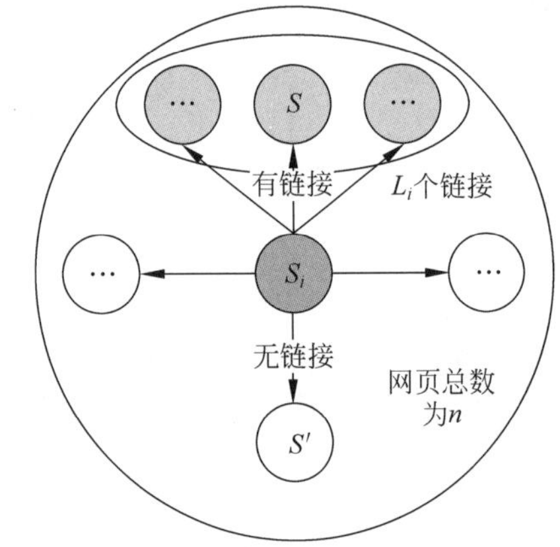

图 6-29 PageRank 马尔可夫链的状态转移示意图

状态转移概率：用户浏览网页的过程可看作一个网页依概率随机游走的过程。将网页(也即状态) s_i 到 s_j 的转移概率记作 p_{ij}，其含义是网页 s_i 将自己的 PR 值按投票因子 p_{ij} 转移给 s_j。PageRank 马尔可夫链按如下规则来设计状态转移概率：对任一网页 s_i(参见图 6-29)，假设 s_i 包含 L_i 个指向其他网页的链接，则 s_i 将自己的 PR 值按比例 P 均匀转移给这 L_i 个被链接的网页；剩余 PR 值(即 $1-P$)则被均匀转移给所有网页(包括 s_i 自己，共 n 个)。

例如在图 6-29 中，网页 s_i 到 s 有一个链接，则 s_i 到 s 的转移概率为$\dfrac{P}{L_i}+\dfrac{1-P}{n}$；而网页 s_i 到 s'没有链接，因此 s_i 到 s'的转移概率为$\dfrac{1-P}{n}$。总结如下，在 PageRank 马尔可夫链中，状态 s_i 到 s_j 的转移概率 p_{ij} 为

$$p_{ij}=\begin{cases}\dfrac{1-P}{n}, & s_i\text{ 到 }s_j\text{ 没有链接}\\[2mm] \dfrac{P}{L_i}+\dfrac{1-P}{n}, & s_i\text{ 到 }s_j\text{ 有链接}\end{cases},\quad \forall s_i,s_j\in S \tag{6-52}$$

其中，$0<P<1$ 为超参数，需人工设定；$L_i\neq 0$ 为网页 s_i 包含的链接数。**注**：若 $L_i=0$，即

网页 s_i 不包含任何链接，则 s_i 到任意 s_j 的转移概率均为：$p_{ij}=1/n$。

2. PageRank 网页排名算法

PageRank 网页排名算法就是要计算不同时刻 PageRank 马尔可夫链的概率分布（即网页权重分布）$\boldsymbol{\pi}^t$，$t=1,2,\cdots$。其算法过程是，任给初始分布 $\boldsymbol{\pi}^0$，然后迭代计算概率分布 $\boldsymbol{\pi}^t$，即 $\boldsymbol{\pi}^t=\boldsymbol{A}\boldsymbol{\pi}^{t-1}$，其中 $\boldsymbol{A}=[p_{ij}]$ 为状态转移矩阵；将 t 时刻状态 s_i 的概率值 $\boldsymbol{\pi}^t(s_i)$ 换算成对应网页的 PR 值，并据此对网页排名进行迭代更新。

PageRank 网页排名算法的关键问题是，其迭代过程最终能得到稳定的网页排名吗？换句话说，PageRank 马尔可夫链最终能收敛至唯一平稳分布 $\boldsymbol{\pi}$ 吗？

3. PageRank 马尔可夫链的收敛性

之前的 6.2.3 节曾分别给出判定马尔可夫链收敛性的平稳分布条件（参见式(6-39)）和细致平稳条件（参见式(6-40)），下面再以定义和定理的形式给出一种通过状态转移矩阵判定马尔可夫链收敛性的方法。

定义 6-6　若 $\boldsymbol{p}=(p_1,p_2,\cdots,p_n)^{\mathrm{T}}$ 为一非负（即 $p_i\geqslant 0$）向量，且各元素之和为 1（即 $\sum_{i=1}^{n}p_i=1$），则称向量 $\boldsymbol{p}$ 为**概率向量**（probability vector）。

定义 6-7　若 $\boldsymbol{A}=[a_{ij}]_{n\times n}$ 为一非负（即 $a_{ij}\geqslant 0$）矩阵，且每一列元素之和为 1（即每一列均为**概率向量**），则称矩阵 $\boldsymbol{A}$ 为**随机矩阵**（stochastic matrix）。

定理 6-7　若 $\boldsymbol{A}=[a_{ij}]_{n\times n}$ 为随机矩阵，则 $\lambda_1=1$ 为 $\boldsymbol{A}$ 的一个特征值，且 $\boldsymbol{A}$ 的其他特征值 λ 均满足 $|\lambda|\leqslant 1$。

定理 6-8（佩龙定理）　若 $\boldsymbol{A}=[a_{ij}]_{n\times n}$ 为一正的矩阵（即 $a_{ij}>0$），则 $\boldsymbol{A}$ 有一个正的实特征值 λ_1，它具有如下性质。

- λ_1 为特征方程 $\det(\boldsymbol{A}-\lambda\boldsymbol{I})=0$ 的一个单根；
- λ_1 有一个正的特征向量 $\boldsymbol{\pi}$；
- 若 λ 是 $\boldsymbol{A}$ 的任意其他特征值，则 $|\lambda|<\lambda_1$。

定理 6-9　若 $\boldsymbol{A}=[a_{ij}]_{n\times n}$ 为一正的随机矩阵，则 $\lambda_1=1$ 为 $\boldsymbol{A}$ 的一个特征值，且 $\boldsymbol{A}$ 的其他特征值 λ 均满足 $|\lambda|<1$；以 $\boldsymbol{A}$ 为状态转移矩阵的马尔可夫链必定是平稳马尔可夫链，它将唯一收敛至特征值 $\lambda_1=1$ 所属的特征向量 $\boldsymbol{\pi}$，即 $\boldsymbol{A}\boldsymbol{\pi}=\boldsymbol{\pi}$。

显然，按照式(6-52)所示状态转移概率所设计的 PageRank 马尔可夫链，其状态转移矩阵是一个正的随机矩阵。根据定理 6-9，PageRank 马尔可夫链必定是一个平稳马尔可夫链，即任给初始分布 $\boldsymbol{\pi}^0$，该马尔可夫链都会随时间推移从非平稳过程逐步演变成一个平稳过程，其概率分布也会收敛至唯一平稳分布 $\boldsymbol{\pi}$。平稳分布 $\boldsymbol{\pi}$ 对应网页的权重分布，它是稳定的，PageRank 网页排名算法据此对网页进行排名。

6.4　隐马尔可夫模型

隐马尔可夫模型（Hidden Markov Model，**HMM**）是一种结构比较简单的贝叶斯网，如图 6-30(a)所示。

HMM 描述的是这样一种概率模型：对某个随时间变化的随机过程持续观测 N 次，得

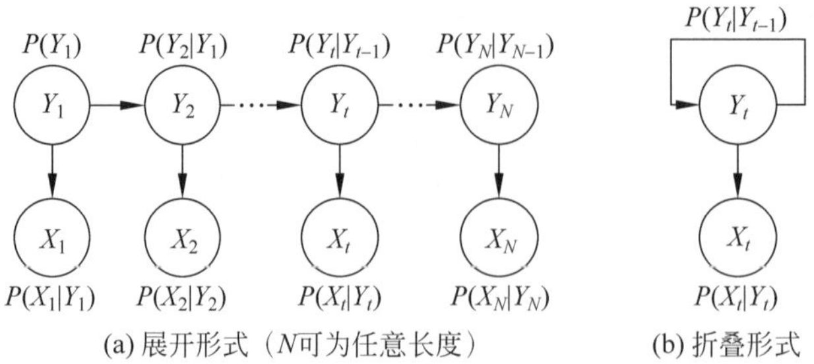

图 6-30　HMM

到 N 个观测样本，将它们记作一个**观测变量**序列($X_1, X_2, \cdots, X_N$)；观测变量由观测时刻的某种内部状态决定，将 N 个观测变量所对应的内部状态记作一个**状态变量**序列($Y_1, Y_2, \cdots, Y_N$)，这些状态变量是不可观测的隐变量；状态变量($Y_1, Y_2, \cdots, Y_N$)满足齐次马尔可夫链条件，即任意时刻的状态 Y_t 仅条件依赖于其前一个状态 Y_{t-1} 且条件概率 $P(Y_t | Y_{t-1})$不随时间变化；观测变量 X_t 仅条件依赖于当前时刻的状态变量 Y_t 且条件概率 $P(X_t | Y_t)$不随时间变化。

HMM 属于生成式模型，它描述了随机变量($Y_1, Y_2, \cdots, Y_N, X_1, X_2, \cdots, X_N$)之间的联合概率分布，例如，图 6-30(a)所示 HMM 的联合概率分布为

$$P(Y_1, Y_2, \cdots, Y_N, X_1, X_2, \cdots, X_N) = P(Y_1)P(X_1 \mid Y_1)\sum_{t=2}^{N} P(Y_t \mid Y_{t-1})P(X_t \mid Y_t) \tag{6-53}$$

其中，HMM 的长度 N 由观测变量序列的长度决定，它不是固定的，观测次数越多则序列越长。换句话说，HMM 能够处理可变长度的观测序列，因此图 6-30(a)的展开形式有时也被简化为图 6-30(b)的折叠形式。

HMM 主要用于处理时间(或一维)序列数据，例如语音识别(参见图 6-31)。语音识别模型可表示成一个隐马尔可夫模型 HMM，其中可观测的是由麦克风采集到的声音信号，声音信号即为观测变量；声音信号背后的不可观测状态是对应文字的拼音(或音标)，更准确地说是一个由**音素**组成的序列，音素为不可观测的状态变量。语音识别问题就是根据可观测的声音信号序列(即图 6-31 中的特征 $\boldsymbol{x}_1 \cdots \boldsymbol{x}_N$)来预测其背后对应的音素序列(即图 6-31 中的音素 $\boldsymbol{y}_1 \cdots \boldsymbol{y}_N$)，也可以将预测出的音素序列作为语音信号的语义表示。**注：**关于 HMM 语音识别模型的详细内容，读者可参阅相关的文献资料[8]。

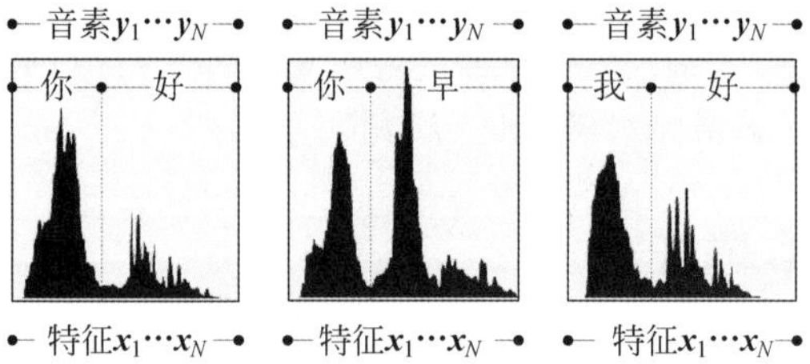

图 6-31　语音识别问题

6.4.1　HMM的形式化表示及其三个基本问题

HMM有自己的一套术语、符号和算法，本节主要讲解HMM的形式化表示及其三个基本问题。

1. HMM的形式化表示

HMM包含五个要素，即**状态空间** S、**观测空间** O、**状态转移矩阵** $\boldsymbol{A}$（所描述的是状态转移概率）、**状态观测矩阵** $\boldsymbol{B}$（所描述的是状态观测概率）和状态的**初始概率分布** $\boldsymbol{\pi}$，可记作一个五元组 $\langle S, O, \boldsymbol{A}, \boldsymbol{B}, \boldsymbol{\pi} \rangle$。

1）状态空间

HMM通常只有有限种状态，其状态变量为离散型。假设HMM有 n 种不同的状态，其状态空间可记作 $S=\{\boldsymbol{s}_1, \boldsymbol{s}_2, \cdots, \boldsymbol{s}_n\}$。状态不可观测，其取值通常为标量（也可以是向量）。

2）观测空间

HMM的观测变量可以是离散型也可以是连续型，其值域称作观测空间。为便于讲解，这里仅考虑离散型的情况。假设HMM观测变量的值域只包含 m 种可能的观测值，其观测空间记作 $O=\{\boldsymbol{o}_1, \boldsymbol{o}_2, \cdots, \boldsymbol{o}_m\}$。观测值依赖于观测时刻模型所处的状态。观测值通常为向量（也可以是标量）。

3）状态转移矩阵

HMM的状态转移概率不随时间 t 变化，可将其表示成一个状态转移矩阵，记作 $\boldsymbol{A}=[a_{ij}]_{n\times n}$，其中 a_{ij} 表示状态从 $\boldsymbol{s}_i$ 转移至 $\boldsymbol{s}_j$ 的概率，即

$$a_{ij} \equiv P(Y_t = \boldsymbol{s}_j \mid Y_{t-1} = \boldsymbol{s}_i), \quad i=1,2,\cdots,n, j=1,2,\cdots,n$$

4）状态观测矩阵

HMM的状态观测概率不随时间 t 变化，可将其表示成一个状态观测矩阵，记作 $\boldsymbol{B}=[b_i(\boldsymbol{o}_k)]_{n\times m}$，其中 $b_i(\boldsymbol{o}_k)$ 表示状态为 $\boldsymbol{s}_i$ 时其观测值等于 $\boldsymbol{o}_k$ 的概率，即

$$b_i(\boldsymbol{o}_k) \equiv P(X_t = \boldsymbol{o}_k \mid Y_t = \boldsymbol{s}_i), \quad i=1,2,\cdots,n, k=1,2,\cdots,m$$

状态观测概率也称作状态**输出**（emission）概率。

5）初始概率分布

HMM将模型状态在起始时刻的初始概率分布 $P(Y_1)$ 表示成一个概率向量，记作 $\boldsymbol{\pi}=(\pi_1, \pi_2, \cdots, \pi_n)^{\mathrm{T}}$，其中 π_i 表示模型在起始时刻状态为 $\boldsymbol{s}_i$ 的概率，即

$$\pi_i \equiv P(Y_1 = \boldsymbol{s}_i), \quad i=1,2,\cdots,n$$

给定状态空间 S 和观测空间 O，则构建HMM就是要确定模型的三组参数，即状态转移矩阵 $\boldsymbol{A}$、状态观测矩阵 $\boldsymbol{B}$ 和状态初始概率分布 $\boldsymbol{\pi}$，将它们合并记作：$\boldsymbol{\lambda}=(\boldsymbol{A}, \boldsymbol{B}, \boldsymbol{\pi})$。在已知状态空间 S 和观测空间 O 的情况下，可以用参数 $\boldsymbol{\lambda}=(\boldsymbol{A}, \boldsymbol{B}, \boldsymbol{\pi})$ 来指代一个HMM。

2. HMM观测样本的生成过程

一个HMM观测样本是一个由多个观测值组成的序列。对HMM进行观测，可观测任意多个时刻。假设观测 N 个时刻（即时刻 $1\sim N$），那就得到一个长度为 N 的观测序列样本。给定参数 $\boldsymbol{\lambda}=(\boldsymbol{A}, \boldsymbol{B}, \boldsymbol{\pi})$，则HMM的运行规律就确定了，其生成观测序列样本的过程如下。

(1) HMM 从起始时刻 $t=1$ 开始,首先依初始概率分布$\boldsymbol{\pi}$ 生成初始状态 $\boldsymbol{y}_1 \in S$。

(2) 根据状态 $\boldsymbol{y}_t$,依观测概率矩阵 $\boldsymbol{B}$ 生成其观测值 $\boldsymbol{x}_t \in O$。

(3) 根据状态 $\boldsymbol{y}_t$,依转移概率矩阵 $\boldsymbol{A}$ 转移至下一状态 $\boldsymbol{y}_{t+1} \in S$。

(4) 若 $t<N$,则 $t=t+1$,转第(2)步继续观测;否则观测结束,本次观测所生成的观测序列样本为$(\boldsymbol{x}_1,\boldsymbol{x}_2,\cdots,\boldsymbol{x}_N)$。

给定参数$\boldsymbol{\lambda}=(\boldsymbol{A},\boldsymbol{B},\boldsymbol{\pi})$,可以使用蒙特卡洛仿真在计算机上模拟上述生成过程,得到 HMM 的观测序列样本。

3. HMM 的三个基本问题

HMM 描述的是一组状态变量$(Y_1,Y_2,\cdots,Y_N)$和观测变量$(X_1,X_2,\cdots,X_N)$的联合概率分布 $P(Y_1,Y_2,\cdots,Y_N,X_1,X_2,\cdots,X_N)$(参见式(6-53))。在实际应用中,HMM 主要涉及如下三个基本问题,即评估问题、解码问题和学习问题。

1) 评估问题

假设有 K 个 HMM,$\boldsymbol{\lambda}_k=(\boldsymbol{A}_k,\boldsymbol{B}_k,\boldsymbol{\pi}_k)$,$k=1,2,\cdots,K$。给定任意长度 N 的观测序列样本$(\boldsymbol{x}_1,\boldsymbol{x}_2,\cdots,\boldsymbol{x}_N)$,可以分别计算各 HMM 生成该样本的概率,即

$$P(X_1=\boldsymbol{x}_1,X_2=\boldsymbol{x}_2,\cdots,X_N=\boldsymbol{x}_N;\boldsymbol{\lambda}_k),\quad k=1,2,\cdots,K$$

然后将生成概率最大的 HMM 作为样本的最优生成模型。计算观测序列样本的生成概率,这相当于评估 HMM 与观测序列样本的匹配度,因此被称作“评估问题”。换句话说,HMM 的评估问题实际上是一个“概率计算问题”。

图 6-31 所示的语音识别问题可以看作是一个 HMM 评估问题。语音识别系统首先为每个字词分别建立一个 HMM,识别时将语音信号转换为特征序列$(\boldsymbol{x}_1,\boldsymbol{x}_2,\cdots,\boldsymbol{x}_N)$,特征序列即观测序列,然后评估其与各 HMM 的匹配度(即计算各 HMM 的生成概率),将匹配度最大 HMM 所代表的字词作为识别结果。

评估问题的核心:已知联合概率分布 $P(Y_1,Y_2,\cdots,Y_N,X_1,X_2,\cdots,X_N)$,需要计算其边缘概率 $P(X_1,X_2,\cdots,X_N)$。

2) 解码问题

已知 HMM 参数$\boldsymbol{\lambda}=(\boldsymbol{A},\boldsymbol{B},\boldsymbol{\pi})$,给定任意长度 N 的观测序列样本$(\boldsymbol{x}_1,\boldsymbol{x}_2,\cdots,\boldsymbol{x}_N)$,求条件概率最大的状态序列$(\boldsymbol{y}_1^*,\boldsymbol{y}_2^*,\cdots,\boldsymbol{y}_N^*)$,即

$$(\boldsymbol{y}_1^*,\boldsymbol{y}_2^*,\cdots,\boldsymbol{y}_N^*)=\underset{(\boldsymbol{y}_1,\boldsymbol{y}_2,\cdots,\boldsymbol{y}_N)}{\operatorname{argmax}} P(Y_1=\boldsymbol{y}_1,Y_2=\boldsymbol{y}_2,\cdots,Y_N=\boldsymbol{y}_N \mid X_1=\boldsymbol{x}_1,X_2=\boldsymbol{x}_2,\cdots,X_N=\boldsymbol{x}_N)$$

这就是“解码问题”。换句话说,解码问题就是对观测序列背后最有可能的状态序列进行预测,因此解码问题也称作“预测问题”。所预测出的状态序列通常被当作观测序列的语义表示(或称作语义特征)。

解码问题的核心:已知联合概率分布 $P(Y_1,Y_2,\cdots,Y_N,X_1,X_2,\cdots,X_N)$,需要计算其条件概率 $P(Y_1,Y_2,\cdots,Y_N \mid X_1,X_2,\cdots,X_N)$。

3) 学习问题

学习问题就是给定任意长度 N 的观测序列样本$(\boldsymbol{x}_1,\boldsymbol{x}_2,\cdots,\boldsymbol{x}_N)$,然后通过学习算法对 HMM 进行训练,求得最优参数$\boldsymbol{\lambda}^*=(\boldsymbol{A}^*,\boldsymbol{B}^*,\boldsymbol{\pi}^*)$,也即

$$\boldsymbol{\lambda}^* = \underset{\boldsymbol{\lambda}}{\operatorname{argmax}}\, P(X_1=\boldsymbol{x}_1, X_2=\boldsymbol{x}_2, \cdots, X_N=\boldsymbol{x}_N; \boldsymbol{\lambda})$$

$$= \underset{\boldsymbol{\lambda}}{\operatorname{argmax}} \sum_{(\boldsymbol{y}_1,\boldsymbol{y}_2,\cdots,\boldsymbol{y}_N)} P(Y_1=\boldsymbol{y}_1, Y_2=\boldsymbol{y}_2, \cdots, Y_N=\boldsymbol{y}_N, X_1=\boldsymbol{x}_1, X_2=\boldsymbol{x}_2, \cdots, X_N=\boldsymbol{x}_N; \boldsymbol{\lambda})$$

训练 HMM 的样本数据只有观测序列样本$(\boldsymbol{x}_1, \boldsymbol{x}_2, \cdots, \boldsymbol{x}_N)$，但没有其对应的状态序列$(\boldsymbol{y}_1, \boldsymbol{y}_2, \cdots, \boldsymbol{y}_N)$（因为很难或无法标注），因此 HMM 学习属于无监督学习。

“隐马尔可夫模型”与“马尔可夫链”的中文名称很接近，实际上它们确实都存在马尔可夫性，结构上也同属贝叶斯网，但它们的关注点有很大不同。马尔可夫链将模型看作随机变量随时间（或空间等）变化的过程，重点关注其平稳分布与平稳条件。而隐马尔可夫模型与普通贝叶斯网一样，是将模型看作随机变量序列的联合概率分布，重点关注如何基于联合概率分布来计算边缘概率或条件概率，也即概率推理。

HMM 中的评估问题、解码问题都属于概率推理问题，可以将贝叶斯网的概率推理方法直接应用于 HMM，例如求和消元、和-积消元、信念传播等精确推理方法，或者使用直接采样、吉布斯采样等近似推理方法。由于 HMM 的特殊结构，可以为 HMM 设计非常高效的精确推理方法，例如为评估问题设计的**前向算法**或**后向算法**、为解码问题设计的 **Viterbi 算法**等。这些算法的设计思路与信念传播算法很类似，都是基于动态规划思想将运算所需的中间结果保存起来以避免重复计算，进而提高算法效率。

另外，HMM 的学习问题是一种含隐变量的最优化问题，因为 HMM 中的状态变量是隐变量。可以基于 EM 算法来设计 HMM 学习算法，**Baum-Welch** 算法就是这样一种专为 HMM 设计的学习算法。

4. 数学符号

为便于后续算法讲解，这里先对其中的某些数学符号做一下简化。

1）随机变量序列

$Y_{1:t} \equiv (Y_1, Y_2, \cdots, Y_t)$，　$X_{1:t} \equiv (X_1, X_2, \cdots, X_t)$

$Y_{1:N} \equiv (Y_1, Y_2, \cdots, Y_N)$，　$X_{1:N} \equiv (X_1, X_2, \cdots, X_N)$

$Y_{1:N}$ 的值域记作 $\Omega_{YN} \equiv \{(\boldsymbol{y}_1, \boldsymbol{y}_2, \cdots, \boldsymbol{y}_N) \mid \boldsymbol{y}_1 \in S, \boldsymbol{y}_2 \in S, \cdots, \boldsymbol{y}_N \in S\}$

$X_{1:N}$ 的值域记作 $\Omega_{XN} \equiv \{(\boldsymbol{x}_1, \boldsymbol{x}_2, \cdots, \boldsymbol{x}_N) \mid \boldsymbol{x}_1 \in O, \boldsymbol{x}_2 \in O, \cdots, \boldsymbol{x}_N \in O\}$

2）样本序列

$$\boldsymbol{y}_{1:t} \equiv (\boldsymbol{y}_1, \boldsymbol{y}_2, \cdots, \boldsymbol{y}_t), \quad \boldsymbol{x}_{1:t} \equiv (\boldsymbol{x}_1, \boldsymbol{x}_2, \cdots, \boldsymbol{x}_t)$$

3）概率符号

$P(\boldsymbol{y}_{1:t}) \equiv P(Y_1=\boldsymbol{y}_1, Y_2=\boldsymbol{y}_2, \cdots, Y_t=\boldsymbol{y}_t)$

$P(\boldsymbol{x}_{1:t}) \equiv P(X_1=\boldsymbol{x}_1, X_2=\boldsymbol{x}_2, \cdots, X_t=\boldsymbol{x}_t)$

$P(\boldsymbol{y}_{1:t}, \boldsymbol{x}_{1:t}) \equiv P(Y_1=\boldsymbol{y}_1, Y_2=\boldsymbol{y}_2, \cdots, Y_t=\boldsymbol{y}_t, X_1=\boldsymbol{x}_1, X_2=\boldsymbol{x}_2, \cdots, X_t=\boldsymbol{x}_t)$

6.4.2　HMM 的三个基本算法

HMM 是一个关于状态变量$(Y_1, Y_2, \cdots, Y_N)$和观测变量$(X_1, X_2, \cdots, X_N)$的概率模型，其联合概率分布为

$$P(Y_{1:N}, X_{1:N}) \equiv P(Y_1, Y_2, \cdots, Y_N, X_1, X_2, \cdots, X_N)$$

$$= P(Y_1)P(X_1 \mid Y_1)\sum_{t=2}^{N} P(Y_t \mid Y_{t-1})P(X_t \mid Y_t)$$

可以使用如下的符号系统来描述这个 HMM。

- 状态空间：$S=\{\boldsymbol{s}_1,\boldsymbol{s}_2,\cdots,\boldsymbol{s}_n\}$。
- 观测空间：$O=\{\boldsymbol{o}_1,\boldsymbol{o}_2,\cdots,\boldsymbol{o}_m\}$。
- 状态转移矩阵：$\boldsymbol{A}=[a_{ij}]_{n\times n}, a_{ij}\equiv P(Y_t=\boldsymbol{s}_j|Y_{t-1}=\boldsymbol{s}_i)$。
- 状态观测矩阵：$\boldsymbol{B}=[b_i(\boldsymbol{o}_k)]_{n\times m}, b_i(\boldsymbol{o}_k)\equiv P(X_t=\boldsymbol{o}_k|Y_t=\boldsymbol{s}_i)$。
- 状态的初始概率分布：$\boldsymbol{\pi}=(\pi_1,\pi_2,\cdots,\pi_n)^{\mathrm{T}}, \pi_i\equiv P(Y_1=\boldsymbol{s}_i)$。

本节介绍 HMM 的三个基本算法，即求解评估问题的前向算法或后向算法、求解解码问题的 Viterbi 算法，还有求解学习问题的 Baum-Welch 算法。

1. 评估问题：前向算法或后向算法

评估问题就是已知 HMM 参数$\boldsymbol{\lambda}=(\boldsymbol{A},\boldsymbol{B},\boldsymbol{\pi})$，求给定观测序列样本$(\boldsymbol{x}_1,\boldsymbol{x}_2,\cdots,\boldsymbol{x}_N)$的边缘概率 $P(\boldsymbol{x}_{1:N})$，即 $P(\boldsymbol{x}_{1:N})\equiv P(X_1=\boldsymbol{x}_1,X_2=\boldsymbol{x}_2,\cdots,X_N=\boldsymbol{x}_N)$。

可以直接使用求和消元方法求解边缘概率 $P(\boldsymbol{x}_{1:N})$，即

$$P(\boldsymbol{x}_{1:N})=\sum_{Y_{1:N}}P(Y_{1:N},\boldsymbol{x}_{1:N})=\sum_{\boldsymbol{y}_{1:N}\in\Omega_{YN}}P(\boldsymbol{y}_{1:N},\boldsymbol{x}_{1:N})$$

但求和消元方法的效率很差，其算法复杂度为 $O(n^N)$。前向算法、后向算法是两种专门求解 HMM 评估问题的迭代算法，其算法思路是：基于动态规划思想将每次运算得到的中间结果保存起来，这样可以避免后续重复计算，从而提高算法效率。前向算法与后向算法的算法复杂度均为 $O(Nn^2)$。

1）前向算法

如果将前 t 个观测值为$(\boldsymbol{x}_1,\boldsymbol{x}_2,\cdots,\boldsymbol{x}_t)$且 t 时刻状态为 $\boldsymbol{s}_i$ 的联合概率记作 $\alpha_t(\boldsymbol{s}_i)$，即

$$\alpha_t(\boldsymbol{s}_i)\equiv P(X_1=\boldsymbol{x}_1,X_2=\boldsymbol{x}_2,\cdots,X_t=\boldsymbol{x}_t,Y_t=\boldsymbol{s}_i),\quad i=1,2,\cdots,n \tag{6-54}$$

则前 $t+1$ 个观测值为$(\boldsymbol{x}_1,\boldsymbol{x}_2,\cdots,\boldsymbol{x}_t,\boldsymbol{x}_{t+1})$且 $t+1$ 时刻状态为 $\boldsymbol{s}_j$ 的联合概率可记作 $\alpha_{t+1}(\boldsymbol{s}_j)$。可以按如下迭代公式来计算 $\alpha_{t+1}(\boldsymbol{s}_j)$。

$$\begin{aligned}\alpha_{t+1}(\boldsymbol{s}_j)&\equiv P(X_1=\boldsymbol{x}_1,X_2=\boldsymbol{x}_2,\cdots,X_t=\boldsymbol{x}_t,X_{t+1}=\boldsymbol{x}_{t+1},Y_{t+1}=\boldsymbol{s}_j)\\&=\left[\sum_{i=1}^{n}\alpha_t(\boldsymbol{s}_i)a_{ij}\right]b_j(\boldsymbol{x}_{t+1}),\quad j=1,\cdots,n\end{aligned} \tag{6-55}$$

其中，$\alpha_t(\boldsymbol{s}_i)$、$\alpha_{t+1}(\boldsymbol{s}_j)$分别被称作 t 时刻和 $t+1$ 时刻的**前向概率**。可以看出，将 t 时刻的前向概率$\alpha_t(\boldsymbol{s}_i)$作为中间结果，可以很方便地计算出 $t+1$ 时刻的前向概率 $\alpha_{t+1}(\boldsymbol{s}_i)$。

前向算法就是依据式(6-55)的迭代公式来求解边缘概率 $P(\boldsymbol{x}_{1:N})$的，其算法过程如下。

(1) 计算前向概率初始值 $\alpha_1(\boldsymbol{s}_i)$，即

$$\alpha_1(\boldsymbol{s}_i)=\pi_i b_i(\boldsymbol{x}_1),\quad i=1,2,\cdots,n$$

(2) 迭代计算前向概率 $\alpha_{t+1}(\boldsymbol{s}_j)$，即

$$\alpha_{t+1}(\boldsymbol{s}_j)=\left[\sum_{i=1}^{n}\alpha_t(\boldsymbol{s}_i)a_{ij}\right]b_j(\boldsymbol{x}_{t+1}),\quad t=1,\cdots,N-1;\ j=1,2,\cdots,n$$

(3) 迭代结束后再计算边缘概率 $P(\boldsymbol{x}_{1:N})$，即

$$P(\boldsymbol{x}_{1:N})=\sum_{j=1}^{n}\alpha_N(\boldsymbol{s}_j)$$

2）后向算法

使用后向算法求解 HMM 评估问题的效果与前向算法相同，算法思路也差不多。后向算法将 t 时刻状态为 $\boldsymbol{s}_i$ 且 $t+1$ 时刻之后观测值为 $(\boldsymbol{x}_{t+1},\boldsymbol{x}_{t+2},\cdots,\boldsymbol{x}_N)$ 的联合概率记作 $\beta_t(\boldsymbol{s}_i)$，即

$$\beta_t(\boldsymbol{s}_i) \equiv P(Y_t=\boldsymbol{s}_i, X_{t+1}=\boldsymbol{x}_{t+1},\cdots,X_N=\boldsymbol{x}_N) \tag{6-56}$$

然后进行反向迭代，其迭代公式为

$$\begin{aligned}\beta_{t-1}(\boldsymbol{s}_j) &\equiv P(Y_{t-1}=\boldsymbol{s}_j, X_t=\boldsymbol{x}_t, X_{t+1}=\boldsymbol{x}_{t+1},\cdots,X_N=\boldsymbol{x}_N)\\ &=\sum_{i=1}^{n}[a_{ji}b_i(\boldsymbol{x}_t)\beta_t(\boldsymbol{s}_i)],\quad t=N,N-1,\cdots,2;\ j=1,2,\cdots,n\end{aligned} \tag{6-57}$$

其中，$\beta_t(\boldsymbol{s}_i)$、$\beta_{t-1}(\boldsymbol{s}_j)$分别被称作 t 时刻和 $t-1$ 时刻的**后向概率**。

后向算法依据式(6-57)的迭代公式来求解边缘概率 $P(\boldsymbol{x}_{1:N})$，其算法过程如下。

（1）计算后向概率初始值 $\beta_N(\boldsymbol{s}_i)$，即

$$\beta_N(\boldsymbol{s}_i)=1,\quad i=1,\cdots,n$$

（2）迭代计算后向概率 $\beta_{t-1}(\boldsymbol{s}_j)$，即

$$\beta_{t-1}(\boldsymbol{s}_j)=\sum_{i=1}^{n}[a_{ji}b_i(\boldsymbol{x}_t)\beta_t(\boldsymbol{s}_i)],\quad t=N,N-1,\cdots,2;\ j=1,2,\cdots,n$$

（3）迭代结束后再计算边缘概率 $P(\boldsymbol{x}_{1:N})$，即

$$P(\boldsymbol{x}_{1:N})=\sum_{j=1}^{n}[\pi_j b_j(\boldsymbol{x}_1)\beta_1(\boldsymbol{s}_j)]$$

2. Viterbi 算法

解码问题就是已知 HMM 参数$\boldsymbol{\lambda}=(\boldsymbol{A},\boldsymbol{B},\boldsymbol{\pi})$，求给定观测序列样本$(\boldsymbol{x}_1,\boldsymbol{x}_2,\cdots,\boldsymbol{x}_N)$时条件概率最大的状态序列$(\boldsymbol{y}_1^*,\boldsymbol{y}_2^*,\cdots,\boldsymbol{y}_N^*)$，即

$$\begin{aligned}(\boldsymbol{y}_1^*,\boldsymbol{y}_2^*,\cdots,\boldsymbol{y}_N^*)=\underset{(\boldsymbol{y}_1,\boldsymbol{y}_2,\cdots,\boldsymbol{y}_N)}{\operatorname{argmax}}\ &P(Y_1=\boldsymbol{y}_1,Y_2=\boldsymbol{y}_2,\cdots,Y_N=\boldsymbol{y}_N \mid\\ &X_1=\boldsymbol{x}_1,X_2=\boldsymbol{x}_2,\cdots,X_N=\boldsymbol{x}_N)\end{aligned}$$

可以使用 Viterbi 算法来求解 HMM 解码问题，该算法也是基于动态规划思想设计出来的。Viterbi 算法将状态经$(\boldsymbol{y}_1,\boldsymbol{y}_2,\cdots,\boldsymbol{y}_{t-1})$在 t 时刻到达 $\boldsymbol{s}_i$ 且观测序列为$(\boldsymbol{x}_1,\boldsymbol{x}_2,\cdots,\boldsymbol{x}_t)$的最大概率记作 $\delta_t(\boldsymbol{s}_i)$，即

$$\delta_t(\boldsymbol{s}_i)\equiv\max_{\boldsymbol{y}_{1:t-1}}P(\boldsymbol{y}_{1:t-1},Y_t=\boldsymbol{s}_i,\boldsymbol{x}_{1:t}),\quad i=1,2,\cdots,n \tag{6-58}$$

因此状态经$(\boldsymbol{y}_1,\boldsymbol{y}_2,\cdots,\boldsymbol{y}_{t-1},\boldsymbol{y}_t)$在 $t+1$ 时刻到达 $\boldsymbol{s}_j$ 且观测序列为$(\boldsymbol{x}_1,\boldsymbol{x}_2,\cdots,\boldsymbol{x}_t,\boldsymbol{x}_{t+1})$的最大概率可记作 $\delta_{t+1}(\boldsymbol{s}_j)$。可以按如下迭代公式来计算 $\delta_{t+1}(\boldsymbol{s}_j)$。

$$\begin{aligned}\delta_{t+1}(\boldsymbol{s}_j)&\equiv\max_{\boldsymbol{y}_{1:t}}P(\boldsymbol{y}_{1:t},Y_{t+1}=\boldsymbol{s}_j,\boldsymbol{x}_{1:t+1})\\ &=[\max_{\boldsymbol{s}_i\in S}\delta_t(\boldsymbol{s}_i)a_{ij}]b_j(\boldsymbol{x}_{t+1}),\quad j=1,2,\cdots,n\end{aligned} \tag{6-59}$$

另外，Viterbi 算法还将 $t+1$ 时刻状态到达 $\boldsymbol{s}_j$ 且其前一时刻（即 t 时刻）观测序列为$(\boldsymbol{x}_1,\boldsymbol{x}_2,\cdots,\boldsymbol{x}_t)$概率最大时的状态 $\boldsymbol{s}_i$ 记作 $\psi_{t+1}(\boldsymbol{s}_j)$，即

$$\psi_{t+1}(\boldsymbol{s}_j)\equiv\underset{\boldsymbol{s}_i\in S}{\operatorname{argmax}}[\delta_t(\boldsymbol{s}_i)a_{ij}],\quad t=1,\cdots,N-1,j=1,2,\cdots,n \tag{6-60}$$

然后 Viterbi 算法依据式(6-59)、式(6-60)来求解解码问题，其算法过程如下。

(1) 计算初始值 $\delta_1(\boldsymbol{s}_i)$,即

$$\delta_1(\boldsymbol{s}_i)=\pi_i b_i(\boldsymbol{x}_1),\quad i=1,2,\cdots,n$$

(2) 迭代计算 $\delta_t(\boldsymbol{s}_j)$ 和 $\psi_t(\boldsymbol{s}_j)$,即

$$\begin{cases}\delta_t(\boldsymbol{s}_j)=[\max\limits_{\boldsymbol{s}_i\in S}\delta_{t-1}(\boldsymbol{s}_i)a_{ij}]b_j(\boldsymbol{x}_t)\\ \psi_t(\boldsymbol{s}_j)=\underset{\boldsymbol{s}_i\in S}{\operatorname{argmax}}[\delta_{t-1}(\boldsymbol{s}_i)a_{ij}]\end{cases},\quad t=2,\cdots,N,j=1,2,\cdots,n$$

(3) 迭代结束后再倒推找出最优状态序列$(\boldsymbol{y}_1^*,\boldsymbol{y}_2^*,\cdots,\boldsymbol{y}_N^*)$,即

$$\boldsymbol{y}_N^*=\underset{\boldsymbol{s}_i\in S}{\operatorname{argmax}}\,\delta_N(\boldsymbol{s}_i)$$

$$\boldsymbol{y}_{t-1}^*=\psi_t(\boldsymbol{y}_t^*),\quad t=N,\cdots,2$$

3. Baum-Welch 算法

学习问题就是给定观测序列样本,求最优 HMM 参数$\boldsymbol{\lambda}^*=(\boldsymbol{A}^*,\boldsymbol{B}^*,\boldsymbol{\pi}^*)$,即

$$\begin{aligned}\boldsymbol{\lambda}^*&=\underset{\boldsymbol{\lambda}}{\operatorname{argmax}}\,P(X_1,X_2,\cdots,X_N;\boldsymbol{\lambda})\\&=\underset{\lambda}{\operatorname{argmax}}\sum_{Y_{1:N}}P(Y_1,Y_2,\cdots,Y_N,X_1,X_2,\cdots,X_N;\boldsymbol{\lambda})\end{aligned}$$

其中的状态变量$(Y_1,Y_2,\cdots,Y_N)$是隐变量,因此这是一种含隐变量的最优化问题。求解 HMM 学习问题可以使用 Baum-Welch 算法,这是一种基于 EM 算法思想所设计的迭代算法。

在 HMM 学习问题中,训练数据只有观测序列样本$(\boldsymbol{x}_1,\boldsymbol{x}_2,\cdots,\boldsymbol{x}_N)$,但没有其对应的状态序列$(\boldsymbol{y}_1,\boldsymbol{y}_2,\cdots,\boldsymbol{y}_N)$,因此 Baum-Welch 算法就是要根据观测序列样本$(\boldsymbol{x}_1,\boldsymbol{x}_2,\cdots,\boldsymbol{x}_N)$来求最优参数$\boldsymbol{\lambda}^*=(\boldsymbol{A}^*,\boldsymbol{B}^*,\boldsymbol{\pi}^*)$,也即

$$\begin{aligned}\boldsymbol{\lambda}^*&=\underset{\boldsymbol{\lambda}}{\operatorname{argmax}}\,P(X_1=\boldsymbol{x}_1,X_2=\boldsymbol{x}_2,\cdots,X_N=\boldsymbol{x}_N;\boldsymbol{\lambda})\\&=\underset{\boldsymbol{\lambda}}{\operatorname{argmax}}\sum_{y_{1:N}\in\Omega_{YN}}P(\boldsymbol{y}_{1:N},\boldsymbol{x}_{1:N};\boldsymbol{\lambda})\end{aligned}$$

Baum-Welch 算法包含大量的概率计算,计算时会用到之前讲解的前向概率与后向概率。这里先给出算法将要用到的两个重要计算公式。

$$P(Y_t=\boldsymbol{s}_i,\boldsymbol{x}_{1:N})=\alpha_t(\boldsymbol{s}_i)\beta_t(\boldsymbol{s}_i)\tag{6-61a}$$

$$P(Y_t=\boldsymbol{s}_i,Y_{t+1}=\boldsymbol{s}_j,\boldsymbol{x}_{1:N})=\alpha_t(\boldsymbol{s}_i)a_{ij}b_j(\boldsymbol{x}_{t+1})\beta_{t+1}(\boldsymbol{s}_j)\tag{6-61b}$$

对 $P(Y_t=\boldsymbol{s}_i,\boldsymbol{x}_{1:N})$中的 Y_t 进行求和消元即可求得 $P(\boldsymbol{x}_{1:N})$,根据式(6-61a)有

$$P(\boldsymbol{x}_{1:N})=\sum_{i=1}^{n}P(Y_t=\boldsymbol{s}_i,\boldsymbol{x}_{1:N})=\sum_{i=1}^{n}\alpha_t(\boldsymbol{s}_i)\beta_t(\boldsymbol{s}_i)$$

同理,对 $P(Y_t=\boldsymbol{s}_i,Y_{t+1}=\boldsymbol{s}_j,\boldsymbol{x}_{1:N})$中的 Y_t、Y_{t+1} 进行求和消元也可以求得 $P(\boldsymbol{x}_{1:N})$,根据式(6-61b)有

$$P(\boldsymbol{x}_{1:N})=\sum_{i=1}^{n}\sum_{j=1}^{n}P(Y_t=\boldsymbol{s}_i,Y_{t+1}=\boldsymbol{s}_j,\boldsymbol{x}_{1:N})=\sum_{i=1}^{n}\sum_{j=1}^{n}\alpha_t(\boldsymbol{s}_i)a_{ij}b_j(\boldsymbol{x}_{t+1})\beta_{t+1}(\boldsymbol{s}_j)$$

下面具体讲解 Baum-Welch 算法。给定观测序列$(\boldsymbol{x}_1,\boldsymbol{x}_2,\cdots,\boldsymbol{x}_N)$,将状态在 t 时刻为 $\boldsymbol{s}_i$ 的条件概率记作 $\gamma_t(\boldsymbol{s}_i)$,$t=1,\cdots,N$。

$$\gamma_t(\boldsymbol{s}_i)\equiv P(Y_t=\boldsymbol{s}_i\mid\boldsymbol{x}_{1:N})=\frac{P(Y_t=\boldsymbol{s}_i,\boldsymbol{x}_{1:N})}{P(\boldsymbol{x}_{1:N})}$$

$$=\frac{\alpha_t(\boldsymbol{s}_i)\beta_t(\boldsymbol{s}_i)}{\sum_{j=1}^{n}\alpha_t(\boldsymbol{s}_j)\beta_t(\boldsymbol{s}_j)},\quad i=1,2,\cdots,n \tag{6-62}$$

再将状态在 t 时刻为 $\boldsymbol{s}_i$ 且 $t+1$ 时刻转到 $\boldsymbol{s}_j$ 的条件概率记作 $\xi_t(\boldsymbol{s}_i,\boldsymbol{s}_j)$，$t=1,\cdots,N-1$。

$$\xi_t(\boldsymbol{s}_i,\boldsymbol{s}_j)\equiv P(Y_t=\boldsymbol{s}_i,Y_{t+1}=\boldsymbol{s}_j\mid \boldsymbol{x}_{1:N})=\frac{P(Y_t=\boldsymbol{s}_i,Y_{t+1}=\boldsymbol{s}_j,\boldsymbol{x}_{1:N})}{P(\boldsymbol{x}_{1:N})}$$

$$=\frac{\alpha_t(\boldsymbol{s}_i)a_{ij}b_j(\boldsymbol{x}_{t+1})\beta_{t+1}(\boldsymbol{s}_j)}{\sum_{k=1}^{n}\sum_{l=1}^{n}\alpha_t(\boldsymbol{s}_k)a_{kl}b_l(\boldsymbol{x}_{t+1})\beta_{t+1}(\boldsymbol{s}_l)},\quad i,j=1,2,\cdots,n \tag{6-63}$$

然后，Baum-Welch 算法按照 EM 过程对 HMM 参数 $\boldsymbol{\lambda}=(\boldsymbol{A},\boldsymbol{B},\boldsymbol{\pi})$ 进行迭代更新，其算法过程如下。

(1) 对于现有或任意初始参数 $\boldsymbol{\lambda}=(\boldsymbol{A},\boldsymbol{B},\boldsymbol{\pi})$，其中包括各状态 $\boldsymbol{s}_i$ 的转移概率 a_{ij}、观测概率 $b_i(\boldsymbol{o}_k)$ 和初始概率 π_i，然后根据观测序列样本 $(\boldsymbol{x}_1,\boldsymbol{x}_2,\cdots,\boldsymbol{x}_N)$ 迭代执行如下的 E 步和 M 步。

(2) **E 步**：按照式(6-62)计算给定观测序列 $(\boldsymbol{x}_1,\boldsymbol{x}_2,\cdots,\boldsymbol{x}_N)$ 时状态在 t 时刻为 $\boldsymbol{s}_i$ 的条件概率 $\gamma_t(\boldsymbol{s}_i)$，再按照式(6-23)计算给定观测序列 $(\boldsymbol{x}_1,\boldsymbol{x}_2,\cdots,\boldsymbol{x}_N)$ 时状态在 t 时刻为 $\boldsymbol{s}_i$ 且 $t+1$ 时刻转到 $\boldsymbol{s}_j$ 的条件概率 $\xi_t(\boldsymbol{s}_i,\boldsymbol{s}_j)$。

(3) **M 步**：按如下公式迭代更新 HMM 参数。

$$\begin{cases} a_{ij}=\dfrac{\sum_{t=1}^{N-1}\xi_t(\boldsymbol{s}_i,\boldsymbol{s}_j)}{\sum_{t=1}^{N-1}\gamma_t(\boldsymbol{s}_i)} \\ b_i(\boldsymbol{o}_k)=\dfrac{\sum_{t=1}^{N}[\gamma_t(\boldsymbol{s}_i)I(\boldsymbol{x}_t=\boldsymbol{o}_k)]}{\sum_{t=1}^{N}\gamma_t(\boldsymbol{s}_i)}, \quad i,j=1,\cdots,n;\ k=1,2,\cdots,m \\ \pi_i=\gamma_1(\boldsymbol{s}_i) \end{cases} \tag{6-64}$$

注 1：在更新 a_{ij} 的式子中，分母可理解为给定观测序列 $(\boldsymbol{x}_1,\boldsymbol{x}_2,\cdots,\boldsymbol{x}_N)$ 时从状态 $\boldsymbol{s}_i$ 转出的总量，分子则为总量中转至 $\boldsymbol{s}_j$ 的数量，两者之比即为新的 a_{ij} 的估计量。

注 2：在更新 $b_i(\boldsymbol{o}_k)$ 的式子中，$I(x_t=\boldsymbol{o}_k)$ 为指示函数，即

$$I(\boldsymbol{x}_t=\boldsymbol{o}_k)=\begin{cases}1, & \boldsymbol{x}_t=\boldsymbol{o}_k \\ 0, & \boldsymbol{x}_t\neq\boldsymbol{o}_k\end{cases}$$

注 3：在更新 $b_i(\boldsymbol{o}_k)$ 的式子中，分母是给定观测序列 $(\boldsymbol{x}_1,\boldsymbol{x}_2,\cdots,\boldsymbol{x}_N)$ 时状态为 $\boldsymbol{s}_i$ 的总量，分子则是总量中观测值为 $\boldsymbol{o}_k$ 的数量，两者之比即为新的 $b_i(\boldsymbol{o}_k)$ 的估计量。

注 4：$\gamma_1(\boldsymbol{s}_i)$ 是给定观测序列 $(\boldsymbol{x}_1,\boldsymbol{x}_2,\cdots,\boldsymbol{x}_N)$ 时起始状态(即 $t=1$)为 $\boldsymbol{s}_i$ 的概率，将其作为新的 π_i 的估计量。

(4) 重复上述 E 步和 M 步，直至收敛，将最新的 a_{ij}、$b_i(\boldsymbol{o}_k)$、π_i 作为 HMM 的最优参数 $\boldsymbol{\lambda}^*=(\boldsymbol{A}^*,\boldsymbol{B}^*,\boldsymbol{\pi}^*)$。

6.4.3 HMM 建模与实验

本节讨论 HMM 实际建模过程中需考虑的问题，以及如何搭建 HMM 实验环境。

1. HMM 建模过程中需考虑的问题

在实际应用过程中，HMM 建模还有一些细节需要考虑。

1）关于状态空间 $S=\{\boldsymbol{s}_1,\boldsymbol{s}_2,\cdots,\boldsymbol{s}_n\}$

HMM 中的状态是隐含的，不可观测，因此状态空间通常难以定义。例如，为汉语语音识别问题建立 HMM 模型，其状态空间到底是什么呢？汉语拼音有 23 个声母和 24 个韵母，可以简单地认为每个声母或韵母代表一个音素，每个音素对应一种语音状态，这时语音识别共有 47 种状态。如果考虑声母与韵母之间、字与字之间的过渡状态，则还应当考虑每个音素与前后音素的组合，这时语音识别状态最多会增加到 47^3 种。如果再将汉语的四声考虑进来，则状态数会更多。可以看出，确定 HMM 状态空间，需要具体问题具体分析。

2）关于观测空间 $O=\{\boldsymbol{o}_1,\boldsymbol{o}_2,\cdots,\boldsymbol{o}_m\}$

HMM 中的观测值不一定是原始数据，而是经特征提取后的特征数据。例如，在语音识别问题中，一段连续语音信号需先切分成**帧**（例如 20ms 一帧），然后提取每一帧语音的特征，这样一段连续语音信号被转换为一个语音特征序列，这个特征序列才是最终 HMM 需要处理的观测序列。因此 HMM 观测空间可能是原始数据的值域，也可能是特征数据的值域。

3）关于状态观测概率 $\boldsymbol{B}=[b_i(\boldsymbol{o}_k)]_{n\times m}$

HMM 中的状态都是离散的，因此状态转移概率是多项分布，可以用状态转移矩阵的形式来表示。但 HMM 中的观测值可以是离散的，也可以是连续的。如果观测值是离散的，则状态观测概率可以表示成矩阵形式。如果观测值是连续的，则状态观测概率只能用概率密度函数的形式来表示。常用的状态观测概率分布有高斯分布（或高斯混合分布），这时 Baum-Welch 学习算法要学习的参数不再是离散形式的 $b_i(\boldsymbol{o}_k)$，而是高斯分布中的均值、方差等参数（这里不再展开其具体细节）。

4）关于序列长度 N

之前讲解 HMM 时经常用到序列长度 N，其实这个参数在建模时并不重要。HMM 模型有五个要素，即 $\langle S,O,\boldsymbol{A},\boldsymbol{B},\boldsymbol{\pi}\rangle$，其中并不涉及序列长度 N。序列长度 N 是在给定观测序列 $(\boldsymbol{x}_1,\boldsymbol{x}_2,\cdots,\boldsymbol{x}_N)$ 之后才确定的，即 N＝观测序列的长度。

HMM 可以处理任意长度的序列，即 N 不是某个固定的量。例如，可以计算 HMM 生成 10 个长度观测序列 $(\boldsymbol{x}_1,\boldsymbol{x}_2,\cdots,\boldsymbol{x}_{10})$ 的概率 $P(\boldsymbol{x}_1,\boldsymbol{x}_2,\cdots,\boldsymbol{x}_{10})$，也可以计算生成 20 个长度观测序列 $(\boldsymbol{x}_1,\boldsymbol{x}_2,\cdots,\boldsymbol{x}_{20})$ 的概率 $P(\boldsymbol{x}_1,\boldsymbol{x}_2,\cdots,\boldsymbol{x}_{20})$。换句话说，一个 HMM 可以生成任意长度的序列，因此 HMM 建模时通常是通过状态转移图（而不是图 6-30 所示的有向无环图）来分析问题的。图 6-32 给出两种常见的 HMM 状态转移图结构，其中一个是全连接的，另一个是从左向右连接的。

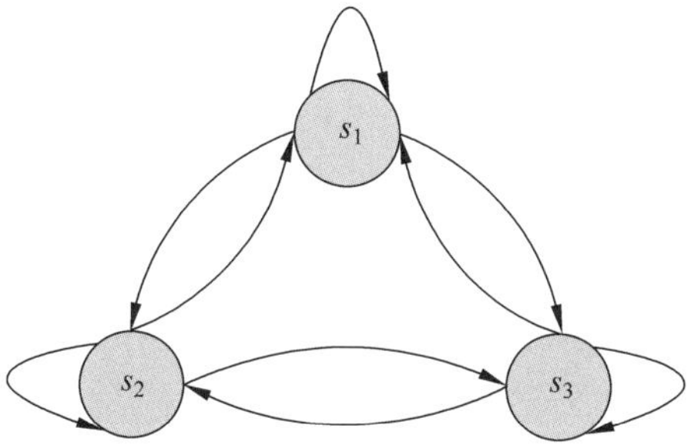

(a) 全连接

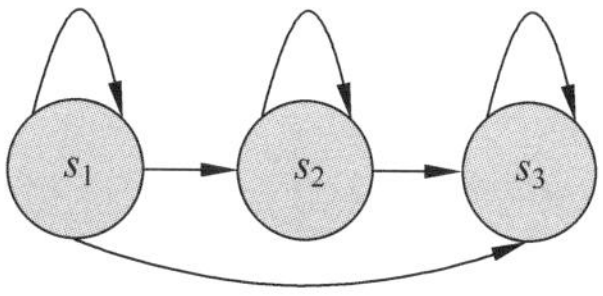

(b) 从左向右连接

图 6-32 两种常见的 HMM 状态转移图结构

2. 搭建 HMM 实验环境

可以使用 Python 语言进行 HMM 实验，这里推荐使用一个开源的 HMM 类库 **hmmlearn** 来搭建实验环境。下面简单介绍 hmmlearn 库的安装使用。

(1) **安装**。安装 hmmlearn 类库需使用 Python 的 **pip** 命令，具体如下。

```
pip install hmmlearn
```

如果是在 Anaconda 中安装，则应当先选择环境(例如 base)中的 Open Terminal 菜单(参见图 6-33)，进入终端状态，然后再使用 pip 命令进行安装。

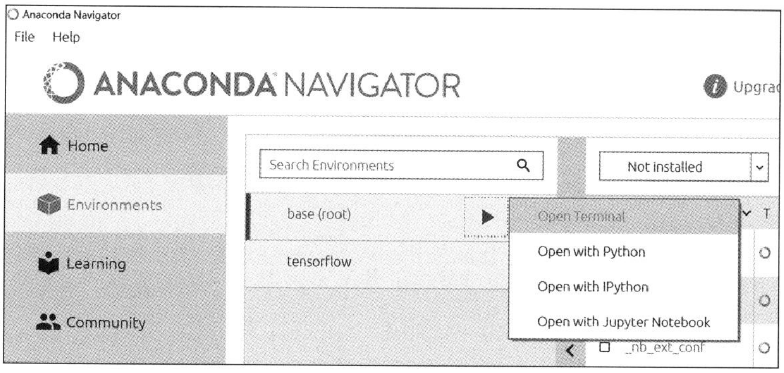

图 6-33 在 Anaconda 中安装 hmmlearn

(2) **说明文档**。见 https://hmmlearn.readthedocs.org/en/stable。

(3) hmmlearn 库中的三个 **HMM 类**。hmmlearn 库提供了三种不同的 HMM 模型，它们被定义成三个 HMM 类，并统一存放在 hmm 模块中。

MultinomialHMM：状态的观测值为离散型，其观测概率为多项分布。

GaussianHMM：状态的观测值为连续型，其观测概率为高斯分布。

GMMHMM：状态的观测值为连续型，其观测概率为混合高斯分布。

(4) HMM 类中的三个方法。每个 HMM 类都有如下三个重要方法。

score()：计算观测序列的生成概率，即评估问题。

predict()：预测观测序列背后的状态序列，即解码问题。

fit()：使用观测序列训练 HMM 参数，即学习问题。

6.5 无向图模型

给定一组随机变量 $\boldsymbol{X}=\{X_1,X_2,\cdots,X_n\}$，可以用有向图或无向图的形式来描述其概率模型，即概率图模型。概率图模型中的每个结点对应一个随机变量，每条边表示两端结点所对应的随机变量之间存在某种**依赖关系**（可表示成条件概率的形式）或**相关关系**（可表示成联合概率的形式）。例如，如果将每天的天气看作随机变量，则是否带雨伞与当天的天气之间存在比较明确的依赖关系；而明天的天气与今天的天气之间则没有明显的依赖关系，它们具有一定的相关关系。

如果随机变量之间存在明确的依赖关系，则可以使用有向无环图描述其概率模型，这种有向无环图概率模型就是 6.1 节所介绍的**贝叶斯网**；如果随机变量之间存在相关性但没有明确的依赖关系，则可以使用无向图（有环或无环均可）描述其概率模型，这种无向图概率模型被称作马尔可夫网（Markov network）。

本节介绍无向图形式的马尔可夫网，重点讲解马尔可夫网中两种常用的模型，即**马尔可夫随机场**（Markov Random Field，MRF）和**条件随机场**（Conditional Random Field，CRF），这两种模型都具有马尔可夫性。

6.5.1 马尔可夫随机场

马尔可夫随机场是一种无向图，可记作 G；其中每个结点对应一个随机变量，将结点集合记作 $\boldsymbol{X}=\{X_1,X_2,\cdots,X_n\}$；每条边表示两端结点所对应的随机变量 X_i、X_j 之间存在相关性，可用某种函数 $\psi_{ij}(X_i,X_j)$ 表示相关性并将图中边的集合记作 $\boldsymbol{E}=\{\psi_{ij}(X_i,X_j)\mid X_i,X_j\in\boldsymbol{X}\}$。图 6-34 给出三种典型的马尔可夫随机场示意图。

1. 无向图中的术语

定义 6-8 对于无向图 G 中的某个结点子集 C，如果 C 中任意两个结点之间都有边连接，则称子集 C 为图 G 的一个**团**（clique）；如果一个团不被任一其他团所包含，即它不是任一其他团的真子集，则称该团为图 G 的一个**极大团**（maximal clique）。

例如，图 6-34(a)是一个无向图，其中有两个团，即$\{X_1,X_2\}$和$\{X_2,X_3\}$，且这两个团均为极大团；图 6-34(b)也是一个无向图，其中有五个团，即$\{X_1,X_2\}$、$\{X_1,X_3\}$、$\{X_2,X_3\}$、$\{X_3,X_4\}$和$\{X_1,X_2,X_3\}$，且$\{X_3,X_4\}$、$\{X_1,X_2,X_3\}$为极大团。

定义 6-9 在无向图概率模型 G 中，可以用定义在团 C 上的非负实函数 $\psi_C(\boldsymbol{X}_C)\geqslant 0$ 来描述团中随机变量间的相关性，这样的函数称作团 C 的**势函数**（potential function）。

例如在图 6-34(a)中，可以用势函数 $\psi_{12}(X_1,X_2)$描述团$\{X_1,X_2\}$中 X_1 与 X_2 的相关性，用势函数 $\psi_{23}(X_2,X_3)$描述团$\{X_2,X_3\}$中 X_2 与 X_3 的相关性；在图 6-34(b)中，可以用势函数 $\psi_{12}(X_1,X_2)$、$\psi_{13}(X_1,X_3)$、$\psi_{23}(X_2,X_3)$分别描述团$\{X_1,X_2\}$、$\{X_1,X_3\}$、$\{X_2,X_3\}$中两个随机变量间的相关性，也可以将这三个函数合并起来，即 $\psi_{123}(X_1,X_2,X_3)\equiv\psi_{12}(X_1,X_2)\psi_{13}(X_1,X_3)\psi_{23}(X_2,X_3)$，将其作为描述极大团$\{X_1,X_2,X_3\}$中三个随机变量间相关性的势函数。势函数描述了随机变量间的相关性，其作用与联合概率分布有些

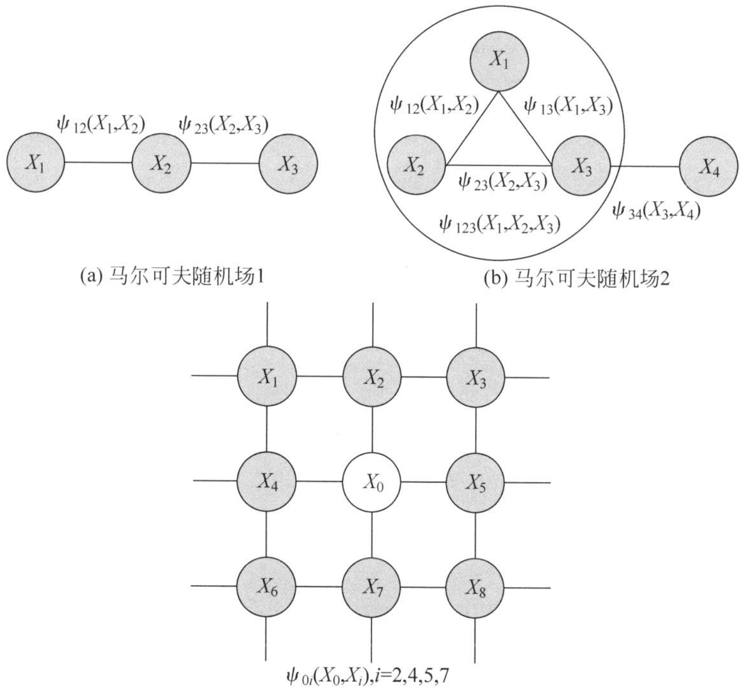

(a) 马尔可夫随机场1

(b) 马尔可夫随机场2

(c) 马尔可夫随机场3

图 6-34　三种典型的马尔可夫随机场示意图

类似。

定义 6-10　在无向图 G 中，若结点集 A 中的结点到结点集 B 中的结点都必须经过结点集 C，则称结点集 A、B 被结点集 C 分离，C 称为**分离集**(separating set)。

例如，在图 6-34(a)中，结点集$\{X_2\}$是$\{X_1\}$和$\{X_3\}$的分离集；在图 6-34(b)中，结点集$\{X_3\}$是$\{X_1, X_2\}$和$\{X_4\}$的分离集。

2. 马尔可夫随机场

定义 6-11　对于无向图概率模型 G，如果给定 G 中任一变量 X_i 的邻接变量 $N(X_i)$，X_i 都条件独立于所有其他非邻接变量，即

$$P(X_i, X_j \mid N(X_i)) = P(X_i \mid N(X_i))P(X_j \mid N(X_i)),\quad X_j \neq X_i \text{ 且 } X_j \notin N(X_i) \tag{6-65}$$

或写成

$$P(X_i \mid \boldsymbol{X} - \{X_i\}) = P(X_i \mid N(X_i)) \tag{6-66}$$

则称概率模型 G 是一个**马尔可夫随机场**。其中，$\boldsymbol{X} - \{X_i\}$表示结点集合 $\boldsymbol{X} = \{X_1, X_2, \cdots, X_n\}$中除 X_i 之外的所有其他变量；$N(X_i)$表示所有与 X_i 邻接的变量，即与 X_i 之间有边连接的变量。

例如图 6-34(a)是一个 MRF，给定 X_2 时 X_1 与 X_3 条件独立，即 $P(X_1, X_3 | X_2) = P(X_1 | X_2)P(X_3 | X_2)$；图 6-34(b)也是一个 MRF，给定 $N(X_1) = \{X_2, X_3\}$时 X_1 与其非邻接变量 X_4 条件独立，即 $P(X_1, X_4 | X_2, X_3) = P(X_1 | X_2, X_3)P(X_4 | X_2, X_3)$。

对于 MRF 中的任一变量，如果给定其邻接变量，则该变量条件独立于所有其他非邻接

变量,这称作 MRF 的**局部马尔可夫性**(local Markov property)。MRF 还存在另外两种条件独立性：一是**全局马尔可夫性**(global Markov property),即在 MRF 中,给定结点集 A、B 的分离集 C,则结点集 A、B 条件独立,即 $P(A,B|C)=P(A|C)P(B|C)$；二是**成对马尔可夫性**(pairwise Markov property),即对于 MRF 中任意两个非邻接变量 X_i、X_j,如果给定所有其他变量,则 X_i 与 X_j 条件独立,即 $P(X_i,X_j|\boldsymbol{X}-\{X_i,X_j\})=P(X_i|\boldsymbol{X}-\{X_i,X_j\})P(X_j|\boldsymbol{X}-\{X_i,X_j\})$。可以证明,上述三种马尔可夫性是等价的。

3. 吉布斯分布

定义 6-12 对于无向图概率模型 G,如果其联合概率分布 $P(\boldsymbol{X})$可分解为所有团(或所有极大团)上势函数的乘积,即

$$P(\boldsymbol{X})=\frac{1}{Z}\prod_{C\in C_G}\psi_C(\boldsymbol{X}_C) \tag{6-67}$$

则称概率分布 $P(\boldsymbol{X})$是一个**吉布斯分布**(Gibbs distribution)。其中,C_G 为图 G 中所有团(或所有极大团)的集合；$\psi_C(\boldsymbol{X}_C)\geqslant 0$ 为定义在团(或极大团)$C\in C_G$ 上的势函数；Z 为归一化因子,$Z=\sum_{\boldsymbol{X}}\left[\prod_{C\in C_G}\psi_C(\boldsymbol{X}_C)\right]$。

定理 6-10(Hammersley-Clifford 定理) 马尔可夫随机场的概率分布是吉布斯分布,可表示为所有团(或所有极大团)上势函数的乘积；具有吉布斯分布的无向图模型是马尔可夫随机场,具有马尔可夫随机场的局部、全局和成对马尔可夫性。

根据定理 6-10,MRF 的联合概率分布可以表示成式(6-67)的形式。例如,图 6-34(a)所示 MRF 的联合概率分布为

$$P(X_1,X_2,X_3)=\frac{1}{Z}\psi_{12}(X_1,X_2)\psi_{23}(X_1,X_3),\quad Z=\sum_{X_1,X_2,X_3}\psi_{12}(X_1,X_2)\psi_{23}(X_2,X_3)$$

图 6-34(b)所示 MRF 的联合概率分布为

$$P(X_1,X_2,X_3,X_4)=\frac{1}{Z}\psi_{12}(X_1,X_2)\psi_{13}(X_1,X_3)\psi_{23}(X_2,X_3)\psi_{34}(X_3,X_4)$$

$$Z=\sum_{X_1,X_2,X_3,X_4}\psi_{12}(X_1,X_2)\psi_{13}(X_1,X_3)\psi_{23}(X_2,X_3)\psi_{34}(X_3,X_4)$$

或使用极大团势函数将联合概率分布写成

$$P(X_1,X_2,X_3,X_4)=\frac{1}{Z}\psi_{123}(X_1,X_2,X_3)\psi_{34}(X_3,X_4)$$

$$Z=\sum_{X_1,X_2,X_3,X_4}\psi_{123}(X_1,X_2,X_3)\psi_{34}(X_3,X_4)$$

其中,$\psi_{123}(X_1,X_2,X_3)\equiv\frac{1}{Z'}\psi_{12}(X_1,X_2)\psi_{13}(X_1,X_3)\psi_{23}(X_2,X_3)$,$Z'$为归一化因子。

4. 常用势函数

势函数 $\psi_C(\boldsymbol{X}_C)\geqslant 0$ 应当为非负实函数,通常由人工设定,其作用是定量刻画团 C 中各随机变量间的相关性。势函数 $\psi_C(\boldsymbol{X}_C)$反映了团 C 中各随机变量取值的某种偏好,例如在所偏好的变量取值上定义较大的函数值。例如,若团$\{X_1,X_2\}$中的两个变量倾向于取相同的值,则可以在团$\{X_1,X_2\}$上定义如下势函数 $\psi_{12}(X_1,X_2)$。

$$\psi_{12}(X_1=x_1,X_2=x_2)=\begin{cases}1.5, & x_1=x_2\\ 0.1, & x_1\neq x_2\end{cases} \tag{6-68}$$

势函数从物理学借鉴而来，指数函数是一种常用势函数形式。例如，可以将团 C 的势函数 $\psi_C(\boldsymbol{X}_C)$ 定义成如下指数函数形式。

$$\psi_C(\boldsymbol{X}_C)=\mathrm{e}^{-E(\boldsymbol{X}_C)} \tag{6-69}$$

其中，$E(\boldsymbol{X}_C)$ 是定义在团 C 上的能量函数。可以看出，式(6-69)所描述概率模型的特点是团 C 的能量 $E(\boldsymbol{X}_C)$ 越小，则势函数 $\psi_C(\boldsymbol{X}_C)$ 就越大，这相当于概率 $P(\boldsymbol{X}_C)$ 越大。能量函数 $E(\boldsymbol{X}_C)$ 的常见形式为

$$E(\boldsymbol{X}_C)=\sum_{X_i,X_j\in C,i\neq j}\alpha_{ij}X_iX_j+\sum_{X_i\in C}\beta_iX_i \tag{6-70}$$

其中，α_{ij} 和 β_i 是参数。式(6-70)等号右边的第二项相当于对单个结点的能量（相当于动能）求和，第一项则是对相邻结点间的能量（相当于势能）求和。换句话说，团 C 的能量等于其动能与势能的总和。

5. MRF 的建模与概率推理

如果使用 MRF 为一组随机变量 $\boldsymbol{X}=\{X_1,X_2,\cdots,X_n\}$ 建立概率模型，首先需要确定哪些随机变量存在相关性，然后选择某种势函数（例如式(6-68)或式(6-69)）来描述这种相关性，这样就建立了一个 MRF 概率模型。MRF 以无向图的形式描述了随机变量 $\boldsymbol{X}=\{X_1,X_2,\cdots,X_n\}$ 的联合概率分布 $P(\boldsymbol{X})$。可以基于 MRF 所描述的联合概率分布来查询其中某些随机变量的边缘概率或条件概率，这就是 MRF 的概率推理。

与贝叶斯网一样，MRF 的联合概率分布 $P(\boldsymbol{X})$ 也被分解成一组因子函数（即势函数）的乘积（参见式(6-67)）。可以使用 6.1.3 节讲解的求和消元法、和-积消元算法和信念传播算法等对 MRF 进行精确推理。也可以使用 6.3.1 节讲解的基于马尔可夫链和蒙特卡洛仿真的 MH 采样算法对 MRF 进行模拟采样，然后基于所生成的样本数据集 D 进行概率估计，这就是 MRF 的近似推理。

在实际应用中，MRF 中的随机变量（状态变量）通常是不可观测的，需要通过另一组随机变量（观测变量）才能对 MRF 模型进行观测。在 MRF 基础上增加观测变量，这样所得到的概率模型就是条件随机场。

6.5.2 条件随机场

给定一组随机变量 $\boldsymbol{X}=\{X_1,X_2,\cdots,X_n\}$，马尔可夫随机场、贝叶斯网都是为联合概率分布 $P(\boldsymbol{X})$ 建模，这属于生成式模型。如果给定一组**状态变量** $\boldsymbol{Y}=\{Y_1,Y_2,\cdots,Y_k\}$ 和一组**观测变量** $\boldsymbol{X}=\{X_1,X_2,\cdots,X_n\}$，希望为条件概率 $P(\boldsymbol{Y}|\boldsymbol{X})$ 建模，则可以使用条件随机场，这属于判别式模型。条件随机场是无向图，可以具有任意的图结构，只要它能描述变量间的条件独立性关系即可。图 6-35 给出两种典型的条件随机场示意图。

1. 条件随机场

定义 6-13 给定一组状态变量 $\boldsymbol{Y}=\{Y_1,Y_2,\cdots,Y_k\}$ 和一组观测变量 $\boldsymbol{X}=\{X_1,X_2,\cdots,$

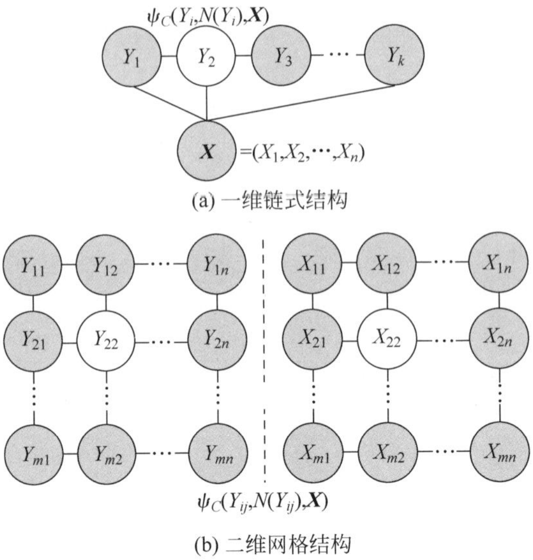

图 6-35　两种典型的条件随机场示意图

$X_n\}$，可以用无向图 G 描述其条件概率分布 $P(\boldsymbol{Y}|\boldsymbol{X})$，图中的结点表示状态变量或观测变量，边表示两端结点所对应的变量之间存在相关性。如果图 G 的每个状态变量 Y_i 都满足马尔可夫性，即

$$P(Y_i,Y_j \mid N(Y_i),\boldsymbol{X}) = P(Y_i \mid N(Y_i),\boldsymbol{X})P(Y_j \mid N(Y_i),\boldsymbol{X}),\quad Y_j \neq Y_i \text{ 且 } Y_j \notin N(Y_i) \tag{6-71}$$

或写成

$$P(Y_i \mid \boldsymbol{Y}-\{Y_i\},\boldsymbol{X}) = P(Y_i \mid N(Y_i),\boldsymbol{X}) \tag{6-72}$$

则称条件概率模型 G 是一个**条件随机场**(CRF)。

在实际应用中，CRF 的状态变量 $\boldsymbol{Y}$ 通常为不可观测的隐变量，用于表示待标注的类别标签，因此状态变量也称作**标注变量**。另外，状态变量 $\boldsymbol{Y}$ 原则上不需要与观测变量 $\boldsymbol{X}$ 一一对应，但实际应用中它们通常都具有相同的结构，变量个数也一致，也即 $k=n$。

图 6-35(a)是一种常用的**链式结构** CRF，主要用于描述一维序列的条件概率模型，例如自然语言处理中的词性标注模型(观测变量 $\boldsymbol{X}$ 为单词序列，状态变量 $\boldsymbol{Y}$ 为词性序列)。注：图 6-35(a)中的观测变量 $\boldsymbol{X}$ 被表示成随机向量的形式。链式结构 CRF 主要关注两种类型的团：一是状态变量 Y_i 及其下一个状态变量 Y_{i+1} 与观测变量 $\boldsymbol{X}$ 组成的团 $C_i^{YYX}=\{Y_i, Y_{i+1},\boldsymbol{X}\}$，其势函数可记作 $\psi_i^{YYX}(Y_i,Y_{i+1},\boldsymbol{X})$，$i=1,2,\cdots,k-1$；二是单个状态变量 Y_i 与观测变量 $\boldsymbol{X}$ 组成的团 $C_i^{YX}=\{Y_i,\boldsymbol{X}\}$，其势函数可记作 $\psi_i^{YX}(Y_i,\boldsymbol{X})$，$i=1,2,\cdots,k$。与 MRF 一样，CRF 所描述的条件概率分布 $P(\boldsymbol{Y}|\boldsymbol{X})$ 也是吉布斯分布，可分解为图中所有团(或所有极大团)上势函数的乘积。例如，图 6-35(a)所示的链式结构 CRF 的条件概率分布 $P(\boldsymbol{Y}|\boldsymbol{X})$ 可表示为

$$P(\boldsymbol{Y} \mid \boldsymbol{X}) = \frac{1}{Z}\left[\prod_{i=1}^{k-1}\psi_i^{YYX}(Y_i,Y_{i+1},\boldsymbol{X})\right]\left[\prod_{i=1}^{k}\psi_i^{YX}(Y_i,\boldsymbol{X})\right] \tag{6-73}$$

其中，Z 为归一化因子。

图 6-35(b)是一种常用的**网格结构** CRF(m 行 n 列)，主要用于描述二维序列的条件概率模型，例如图像处理中的图像分割模型(观测变量 $\boldsymbol{X}$ 为各像素的像素值，状态变量 $\boldsymbol{Y}$ 为分割标注)。网格结构 CRF 主要关注三种类型的团：一是状态变量 $Y_{i,j}$ 及其相邻的下一列状态变量 $Y_{i,j+1}$ 与观测变量 $\boldsymbol{X}$ 组成的团 $C_{i,j}^{YYX}=\{Y_{i,j},Y_{i,j+1},\boldsymbol{X}\}$，其势函数可记作 $\psi_{i,j}^{YYX}(Y_{i,j},Y_{i,j+1},\boldsymbol{X})$，$i=1,2,\cdots,m$，$j=1,2,\cdots,n-1$；二是状态变量 $Y_{i,j}$ 及其相邻的下一行状态变量 $Y_{i+1,j}$ 与观测变量 $\boldsymbol{X}$ 组成的团 $C_{i,j}^{YYX}=\{Y_{i,j},Y_{i+1,j},\boldsymbol{X}\}$，其势函数可记作 $\psi_{i,j}^{YYX}(Y_{i,j},Y_{i+1,j},\boldsymbol{X})$，$i=1,2,\cdots,m-1$，$j=1,2,\cdots,n$；三是状态变量 $Y_{i,j}$ 与观测变量 $\boldsymbol{X}$ 组成的团 $C_{i,j}^{YX}=\{Y_{i,j},\boldsymbol{X}\}$，其势函数可记作 $\psi_{i,j}^{YX}(Y_{i,j},\boldsymbol{X})$，$i=1,2,\cdots,m$，$j=1,2,\cdots,n$。网格结构 CRF 的条件概率分布也是吉布斯分布，可分解为图中所有团(或所有极大团)上势函数的乘积，例如，图 6-35(b)所示的网格结构 CRF 的条件概率分布 $P(\boldsymbol{Y}|\boldsymbol{X})$可表示为

$$P(\boldsymbol{Y}\mid\boldsymbol{X})=\frac{1}{Z}\left[\prod_{i=1}^{m}\prod_{j=1}^{n-1}\psi_{i,j}^{YYX}(Y_{i,j},Y_{i,j+1},\boldsymbol{X})\right]\left[\prod_{i=1}^{m-1}\prod_{j=1}^{n}\psi_{i,j}^{YYX}(Y_{i,j},Y_{i+1,j},\boldsymbol{X})\right]\times\left[\prod_{i=1}^{m}\prod_{j=1}^{n}\psi_{i,j}^{YX}(Y_{i,j},\boldsymbol{X})\right] \tag{6-74}$$

其中，Z 为归一化因子。

2. 常用势函数

CRF 通常采用指数形式的势函数并引入能量函数。例如，图 6-35(a)所示的链式结构 CRF 中的势函数可以定义为

$$\psi_{i}^{YYX}(Y_{i},Y_{i+1},\boldsymbol{X})=\mathrm{e}^{-E_{i}^{P}(Y_{i},Y_{i+1},\boldsymbol{X})},\quad \psi_{i}^{YX}(Y_{i},\boldsymbol{X})=\mathrm{e}^{-E_{i}^{K}(Y_{i},\boldsymbol{X})} \tag{6-75}$$

其中，$E_{i}^{P}(Y_{i},Y_{i+1},\boldsymbol{X})$和 $E_{i}^{K}(Y_{i},\boldsymbol{X})$为能量函数，$E_{i}^{P}(Y_{i},Y_{i+1},\boldsymbol{X})$表示给定观测变量 $\boldsymbol{X}$ 时状态变量 Y_i 与 Y_{i+1} 间势能的期望，$E_{i}^{K}(Y_{i},\boldsymbol{X})$表示给定观测变量 $\boldsymbol{X}$ 时状态变量 Y_i 动能的期望。即

$$\begin{cases}E_{i}^{P}(Y_{i},Y_{i+1},\boldsymbol{X})=\sum\limits_{Y_{i},Y_{i+1}}\mathrm{energy}(Y_{i},Y_{i+1},\boldsymbol{X})P(Y_{i},Y_{i+1})\\ E_{i}^{K}(Y_{i},\boldsymbol{X})=\sum\limits_{Y_{i}}\mathrm{energy}(Y_{i},\boldsymbol{X})P(Y_{i})\end{cases}$$

如果采用式(6-75)的势函数，则式(6-73)可改写为

$$P(\boldsymbol{Y}\mid\boldsymbol{X})=\frac{1}{Z}\mathrm{e}^{-\left[\sum\limits_{i=1}^{k-1}E_{i}^{P}(Y_{i},Y_{i+1},\boldsymbol{X})+\sum\limits_{i=1}^{k}E_{i}^{K}(Y_{i},\boldsymbol{X})\right]} \tag{6-76}$$

其中，Z 为归一化因子。

式(6-76)与多分类逻辑斯蒂回归所使用的 softmax 函数非常相似，可以认为 CRF 是逻辑斯蒂回归模型的扩展(从单个变量 Y 扩展到一个变量序列 $\boldsymbol{Y}$)。在实际应用中，*CRF* 主要用作分类模型，例如词性标注模型(一维链式结构)或图像分割模型(二维网格结构)。例如使用一维链式结构 *CRF* 进行分类，就是给定观测序列 $\boldsymbol{x}=(x_1,x_2,\cdots,x_n)$，求式(6-76)的最优(具有最大后验概率)状态序列 $\boldsymbol{y}^*=(y_1^*,y_2^*,\cdots,y_k^*)$，即

$$\boldsymbol{y}^*=\underset{\boldsymbol{y}}{\operatorname{argmax}}\,P(\boldsymbol{Y}=\boldsymbol{y}\mid\boldsymbol{X}=\boldsymbol{x})$$

$$= \underset{(y_1,y_2,\cdots,y_k)}{\operatorname{argmin}} \left[\sum_{i=1}^{k-1} E_i^P(y_i, y_{i+1}, \boldsymbol{x}) + \sum_{i=1}^{k} E_i^K(y_i, \boldsymbol{x}) \right] \tag{6-77}$$

式(6-77)是一个最优化问题，可以使用 Viterbi 算法或模拟退火算法等进行求解。至于能量函数 $E_i^P(Y_i, Y_{i+1}, \boldsymbol{X})$、$E_i^K(Y_i, \boldsymbol{X})$ 该如何定义，这与具体的应用场景有关，读者可参阅相关的文献资料[9]和[10]。

6.6 本章习题

一、单选题

1. 下列关于概率图模型的描述中，错误的是(　　)。

   A. 可以用有向图或无向图来描述概率模型，这就是概率图模型

   B. 使用有向图(有环或无环均可)描述的概率模型称作贝叶斯网

   C. 使用无向图(有环或无环均可)描述的概率模型称作马尔可夫网

   D. 隐马尔可夫模型 HMM 属于有向图形式的贝叶斯网

2. 给定随机变量 X 和 Y，其完整的概率模型是(　　)。

   A. $P(X,Y)$　　B. $P(X)$ 和 $P(Y)$

   C. $P(X|Y)$　　D. $P(Y|X)$

3. 对联合概率 $P(\boldsymbol{X},\boldsymbol{Y})$ 求和消元，下列计算公式正确的是(　　)。

   A. $P(\boldsymbol{X}) = \sum_{\boldsymbol{Y}} P(\boldsymbol{X},\boldsymbol{Y})$　　B. $P(\boldsymbol{X}) = \sum_{\boldsymbol{X}} P(\boldsymbol{X},\boldsymbol{Y})$

   C. $P(\boldsymbol{X}) = \sum_{\boldsymbol{x} \in \Omega_{\boldsymbol{X}}} P(\boldsymbol{x},\boldsymbol{Y})$　　D. $P(\boldsymbol{Y} \mid \boldsymbol{X}) = \sum_{\boldsymbol{x} \in \Omega_{\boldsymbol{X}}} P(\boldsymbol{x},\boldsymbol{Y})$

4. 假设 $\boldsymbol{X}$ 与 $\boldsymbol{Y}$ 相互独立(或称边缘独立)，下列(　　)是错误的。

   A. $P(\boldsymbol{X},\boldsymbol{Y}) = P(\boldsymbol{X})P(\boldsymbol{Y})$　　B. $P(\boldsymbol{X}|\boldsymbol{Y}) = P(\boldsymbol{X})$

   C. $P(\boldsymbol{X},\boldsymbol{Y}|\boldsymbol{Z}) = P(\boldsymbol{X}|\boldsymbol{Z})P(\boldsymbol{Y}|\boldsymbol{Z})$　　D. $P(\boldsymbol{Y}|\boldsymbol{X}) = P(\boldsymbol{Y})$

5. 下列关于生成式模型、判别式模型的描述中，错误的是(　　)。

   A. 生成式模型指的是联合概率分布，例如 $P(\boldsymbol{X},\boldsymbol{Y})$、$P(\boldsymbol{X},\boldsymbol{Y},\boldsymbol{Z})$ 等

   B. 生成式模型可生成样本或导出其他概率分布(例如边缘概率、条件概率等)

   C. 判别式模型指的是某个特定的条件概率分布(或与其等价的判别函数)

   D. 朴素贝叶斯分类器和逻辑斯谛回归分类器都属于判别式模型

6. 在贝叶斯网中，结点 X 的马尔可夫覆盖 MB(X)不包含结点 X 的(　　)。

   A. 父结点　　B. 子结点

   C. 子结点的父结点　　D. 子结点的子结点

7. 对贝叶斯网进行精确推理的算法不包括(　　)。

   A. 求和消元法　　B. 和-积消元算法

   C. 信念传播算法　　D. 蒙特卡洛仿真

8. 应用蒙特卡洛仿真方法求解问题的过程不包括(　　)。

   A. 构造与待求解问题等价的概率模型

   B. 按照概率模型(即概率分布)进行模拟采样

C. 通过样本统计量求得问题的近似解

D. 构建具有唯一平稳分布的马尔可夫链

9. 应用蒙特卡洛仿真对贝叶斯网做近似推理,其三种采样算法不包括(　　)。

A. 直接采样　　B. 吉布斯采样

C. MH 采样　　D. 近似采样

10. 下列关于马尔可夫链的描述中,错误的是(　　)。

A. 马尔可夫链中的随机变量均为离散型

B. 马尔可夫链中各随机变量的值域相同

C. 马尔可夫链中各随机变量仅条件依赖于其前一个变量

D. 齐次马尔可夫链指的是条件概率 $P(X^{t+1}|X^t)$随时间变化

11. 马尔可夫链的三个要素中不包括(　　)。

A. 状态空间 S　　B. 状态转移矩阵 $\boldsymbol{A}$

C. 状态观测矩阵 $\boldsymbol{B}$　　D. 初始概率分布$\boldsymbol{\pi}^0$

12. 下列关于平稳马尔可夫链$\langle S, \boldsymbol{A}, \boldsymbol{\pi}^0\rangle$的描述中,错误的是(　　)。

A. 任给初始分布$\boldsymbol{\pi}^0$,它都能唯一收敛至平稳分布$\boldsymbol{\pi}$

B. 其状态空间存在概率分布$\boldsymbol{\pi}$,使得 $\boldsymbol{A\pi}=\boldsymbol{\pi}$

C. 其状态转移概率 $P(X^{t+1}|X^t)$不随时间变化

D. 必定收敛但平稳分布可能有多个

13. 构建平稳马尔可夫链且唯一收敛至给定分布$\boldsymbol{\pi}$的充分条件不包括(　　)。

A. 满足细致平稳条件　　B. 满足平稳分布条件

C. 状态可遍历　　D. 状态观测概率不随时间变化

14. 使用 MCMC 采样算法对联合概率分布 $P(\boldsymbol{X})$进行采样,所采集的样本数据集可用于(　　)。

A. 估计联合概率分布 $P(\boldsymbol{X})$的参数

B. 对联合概率分布 $P(\boldsymbol{X})$做近似推理,估计其边缘概率或条件概率

C. 估计某个函数 $f(\boldsymbol{x})$在概率分布 $P(\boldsymbol{X})$上的数学期望

D. 估计某个函数 $f(\boldsymbol{x})$的最优值(或最优解)

15. 下列关于组合优化问题的描述中,错误的是(　　)。

A. 如果解空间是离散且有限的,则最优化问题被称为组合优化问题

B. 理论上,穷举法(或称状态空间搜索)无法求得组合优化问题的最优解

C. MCMC 最优化算法是一种能在较低复杂度下求得组合优化问题近似解的方法

D. 连续解空间的最优化问题可通过离散化将其转换为组合优化问题

16. 下列关于 MCMC 互评算法的描述中,错误的是(　　)。

A. 互评过程是一个成员权重间相互依赖的递归过程

B. 互评过程可以看作一个随机变量 X 随时间 t 变化的马尔可夫链

C. 对于多个成员组成的集合,可使用 HMM 作为其互评模型

D. 网页排名借鉴了学术论文被引用次数来评判学术价值的思想

17. 下列关于 HMM 的描述中,错误的是(　　)。

A. HMM 描述的是一种联合概率分布模型,也即生成式模型

B. HMM包含一组随时间变化且不可观测的状态变量
C. HMM包含一组对状态变量的观测变量
D. HMM的状态转移概率与观测概率均随时间变化而变化

18. HMM的三个基本问题不包括(　　)。
A. 评估问题　　B. 解码问题
C. 学习问题　　D. 互评问题

19. 下列关于无向图概率模型的描述中,错误的是(　　)。
A. 无向图概率模型被称作马尔可夫网
B. 马尔可夫网的无向图中不能有环路
C. 马尔可夫随机场属于马尔可夫网
D. 条件随机场属于马尔可夫网

20. 下列关于MRF的描述中,错误的是(　　)。
A. MRF具有局部、全局和成对马尔可夫性
B. MRF的局部、全局和成对马尔可夫性不是完全等价的
C. MRF的概率分布是吉布斯分布
D. 具有吉布斯分布的无向图模型是MRF

二、讨论题

1. 简述生成式模型、判别式模型以及它们之间的区别。
2. 简述贝叶斯网及其存在的两种条件独立性。
3. 简述和-积消元法求解贝叶斯网中边缘概率的过程。
4. 简述应用蒙特卡洛仿真求解问题的三个主要步骤。
5. 简述使用轮盘赌算法对多项分布进行采样的算法过程。
6. 给定概率分布的密度函数 $p(x)$,简述使用接受-拒绝算法的采样原理。
7. 简述对贝叶斯网进行吉布斯采样的采样过程。
8. 简述马尔可夫链并给出其形式化表示。
9. 简述模拟退火算法的算法原理与基本步骤。
10. 试给出PageRank网页排名模型的形式化表示。
11. 试给出HMM的形式化表示。
12. 简述马尔可夫随机场与吉布斯分布之间的关系。

第7章

神经网络基础

本章学习要点

- 深入理解神经元模型的工作原理,它是神经网络的来处。
- 了解前馈神经网络的结构,重点学习隐层和输出层的作用、表示及设计方法,初步理解深度学习的概念和基本原理。
- 认真学习神经网络模型的前向计算与反向求导过程,并在此基础上深入理解反向传播算法的基本原理和代码结构。
- 搭建 TensorFlow 神经网络编程环境,掌握张量及其计算、计算图与自动微分的基本方法,实际练习 TensorFlow 底层接口编程。
- 熟练掌握使用 Keras 高层接口搭建神经网络模型的基本方法。

人类大脑的神经系统是由超百亿**神经元**(neuron)细胞组成的网络,它是人类智能的物质基础。**人工神经网络**(Artificial Neural Network,ANN,简称**神经网络**)是受生物神经系统启发而提出的一种数学模型,目前广泛应用于机器学习和人工智能。一般来说,“神经网络是由具有适应性的简单单元组成的广泛并行互连的网络,它的组织能够模拟生物神经系统对真实世界所做出的交互反应”(T. Kohonen)。

7.1 神经元模型

神经元的基本功能是接受、整合、传导和输出信息。将大量神经元组合在一起形成网络,其功能就会变得非常强大。本节首先从神经元开始讲起,它是神经网络的来处。

7.1.1 生物神经元与 M-P 神经元模型

1. 生物神经元

生物神经元是神经系统最基本的结构与功能单位,它由**细胞体**(soma)和**突触**(neurite)

两部分组成(参见图 7-1)。**突触**还分**树突**(dendrite)和**轴突**(axon)两种。树突是直接由细胞体扩张突出的短的分枝,其作用是接受其他神经元传导过来的电化学信号;轴突长且末端有少量分枝,其作用是向其他神经元输出电化学信号。树突相当于神经元的输入系统,轴突则相当于神经元的输出系统。

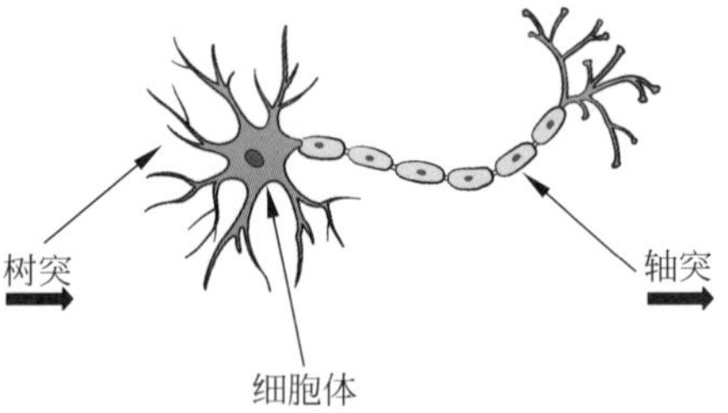

图 7-1 生物神经元

生物神经元的工作原理:一个神经元有两种状态,即**兴奋**状态或**抑制**状态;平时处于抑制状态的神经元,其树突接受其他神经元传导过来的兴奋电位;多个输入在神经元中进行综合、叠加;如果叠加后的兴奋总量超过某个阈值,神经元就会被激活进入兴奋状态并经轴突向其他神经元输出兴奋电位;激活后的神经元有一个短暂的不应期,在此期间会保持兴奋,然后恢复平静并回到抑制状态。

2. M-P 神经元模型

1943 年,心理学家 McCulloch 和数学家 Pitts 合作提出了神经元的形式化数学模型,这就是 **M-P 神经元模型**(参见图 7-2(a))。

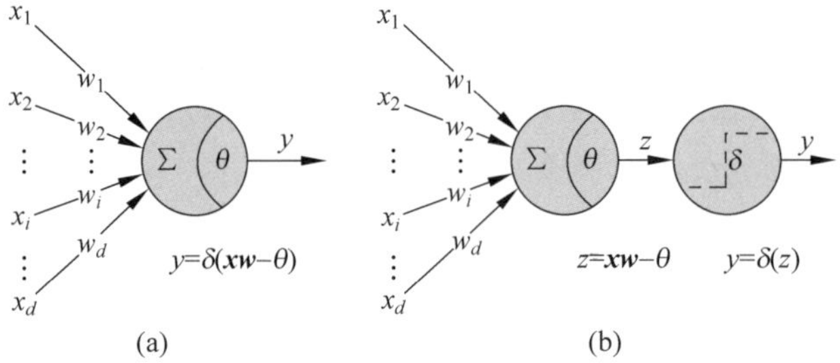

图 7-2 M-P 神经元模型

在图 7-2(a)所示的 M-P 神经元模型中,圆圈中的($\sum,\theta$)相当于神经元的细胞体;左侧的($x_1,x_2,\cdots,x_d$)相当于其他 d 个神经元传导过来的**输入**,记作行向量 $\boldsymbol{x}=(x_1,x_2,\cdots,x_d)$;这些输入经树突以不同联结强度($\omega_1,\omega_2,\cdots,\omega_d$)被送入神经元进行叠加(即**加权求和**),联结强度称作**权重**(weight),记作列向量$\boldsymbol{\omega}=(\omega_1,\omega_2,\cdots,\omega_d)^{\mathrm{T}}$;然后将叠加结果与**阈值** θ 进行比较,若达到或超过阈值则**激活**神经元并产生**输出** $y=1$,否则抑制神经元并产生输出 $y=0$。上述过程可表示成式(7-1)的数学形式(注:将输入 $\boldsymbol{x}$ 表示成行向量,权重$\boldsymbol{\omega}$ 表示成列向量,这样可以在后续向量点积或矩阵相乘时避免转置)。

$$y=\delta(\boldsymbol{x\omega}-\theta)=\begin{cases}1, & \boldsymbol{x\omega}-\theta\geqslant 0\\ 0, & \boldsymbol{x\omega}-\theta<0\end{cases} \tag{7-1}$$

其中,$\delta(\cdot)$是用来决定是否激活神经元的**阶跃函数**;$\boldsymbol{x\omega}$ 为加权求和运算,即

$$\boldsymbol{x\omega}=\omega_1x_1+\omega_2x_2+\cdots+\omega_dx_d$$

可以更明确地将式(7-1)拆分成两步计算(参见图 7-2(b)),即先加权求和,再激活。这两步计算可表示成式(7-2a)和式(7-2b)的数学形式。

$$z=\boldsymbol{x\omega}-\theta=\omega_1x_1+\omega_2x_2+\cdots+\omega_dx_d-\theta \tag{7-2a}$$

$$y=\delta(z)=\begin{cases}1, & z\geqslant 0\\ 0, & z<0\end{cases} \tag{7-2b}$$

除阶跃函数 $\delta(z)$ 外，神经元模型还可以选用其他形式的函数来决定是否激活神经元（详见 7.1.2 节），这种用于决定是否激活神经元的函数统称为**激活函数**（activation function）。

3. 阈值与偏置

如果记 $b\equiv-\theta$，则式(7-2)可进一步改写成式(7-3)的形式。

$$z=\boldsymbol{x\omega}+b=\omega_1x_1+\omega_2x_2+\cdots+\omega_dx_d+b \tag{7-3a}$$

$$y=\delta(z)=\begin{cases}1, & z\geqslant 0\\ 0, & z<0\end{cases} \tag{7-3b}$$

式(7-3a)是一个线性函数式，b 是式中的一个固定偏移量（即截距），神经元模型将其称作**偏置**（bias）。也可以将式(7-3a)、式(7-3b)合并起来，缩写成式(7-4)的形式。

$$y=\delta(\boldsymbol{x\omega}+b)=\begin{cases}1, & \boldsymbol{x\omega}+b\geqslant 0\\ 0, & \boldsymbol{x\omega}+b<0\end{cases} \tag{7-4}$$

对于可接受 d 个输入的神经元模型，其参数包含 d 个权重 $\boldsymbol{\omega}=(\omega_1,\omega_2,\cdots,\omega_d)^{\mathrm{T}}$ 和一个偏置 b，共 $d+1$ 个。这些参数需通过样本数据和学习算法来训练求解。只要确定出神经元模型的参数，今后任给 d 维输入向量 $\boldsymbol{x}=(x_1,x_2,\cdots,x_d)$，都可以按式(7-3)或式(7-4)来预测其输出 y（注：y 是一个标量）。

4. Hebb 学习规则

1949 年，心理学家 Hebb 提出神经元之间突触联结强度可变的假设，并据此提出了神经元的学习规则。Hebb 学习规则的基本思想：假设神经元接受来自另一神经元 i 的输出 $x_i\in\{0,1\}$ 并产生自己的输出 $y\in\{0,1\}$，若这两个神经元同时兴奋（即 $x_i=1,y=1$），则与神经元 i 的联结强度 ω_i（即权重）就应得到加强。

假设神经元接受来自其他 d 个神经元的输出 $\boldsymbol{x}=(x_1,x_2,\cdots,x_d)$ 并产生自己的输出 y，则 Hebb 学习规则可描述为

$$\omega_i\leftarrow\omega_i+\Delta\omega_i,\quad \Delta\omega_i=\alpha\cdot\Delta yx_i,\quad i=1,2,\cdots,d \tag{7-5}$$

其中，$\Delta\omega_i$ 是对第 i 个权重 ω_i 的加强量（即增量），$\alpha>0$ 为学习率（例如 0.1）。

给定训练集 $D_{\text{train}}=\{(\boldsymbol{x}_1,y_1),(\boldsymbol{x}_2,y_2),\cdots,(\boldsymbol{x}_m,y_m)\}$，可以基于 Hebb 学习规则为式(7-4)所描述的神经元模型设计如下学习算法。

(1) 设定初始参数 $\boldsymbol{\omega}^0$、b^0（例如 $\boldsymbol{\omega}^0=0,b^0=0$），然后进入下面的迭代过程。

(2) 第 k 轮迭代：从训练集 D_{train} 中随机选取一个样本数据 $(\boldsymbol{x}_t,y_t)$，首先计算预测值 y，则

$$y=\delta(\omega_1^{k-1}x_{t1}+\omega_2^{k-1}x_{t2}+\cdots+\omega_d^{k-1}x_{td}+b^{k-1}) \tag{7-6}$$

然后迭代更新参数，即

$$\begin{cases}\omega_i^k=\omega_i^{k-1}+\alpha\cdot(y_t-y)x_{ti}, & i=1,2,\cdots,d\\ b^k=b^{k-1}+\alpha\cdot(y_t-y)\end{cases} \tag{7-7}$$

(3) 重复第(2)步的迭代过程，直至达到结束条件（例如达到指定的训练次数）。

5. 感知机模型

1957 年，神经物理学家 Rosenblatt 首先将神经元模型付诸工程实践，提出了**感知机**(perceptron，或称作**感知器**)模型。感知机模型在本质上就是一个如图 7-2 所示的 M-P 神经元模型，Rosenblatt 基于 Hebb 学习规则为其设计了**感知机学习算法**(即式(7-6)、式(7-7)所描述的迭代算法)，并将其应用于图像识别问题(属于分类问题)。由单个神经元组成的感知机模型，其模型表现力比较弱，只能应用于简单的机器学习任务(例如只能解决线性可分问题)。

7.1.2 常用激活函数

除阶跃函数外，神经元模型通常还会选用其他形式的激活函数，其目的是让激活函数连续、可导，这样就能基于梯度下降法来设计学习算法。图 7-3 给出四种常用激活函数，即阶跃函数、sigmoid 函数、ReLU 函数和 tanh 函数。

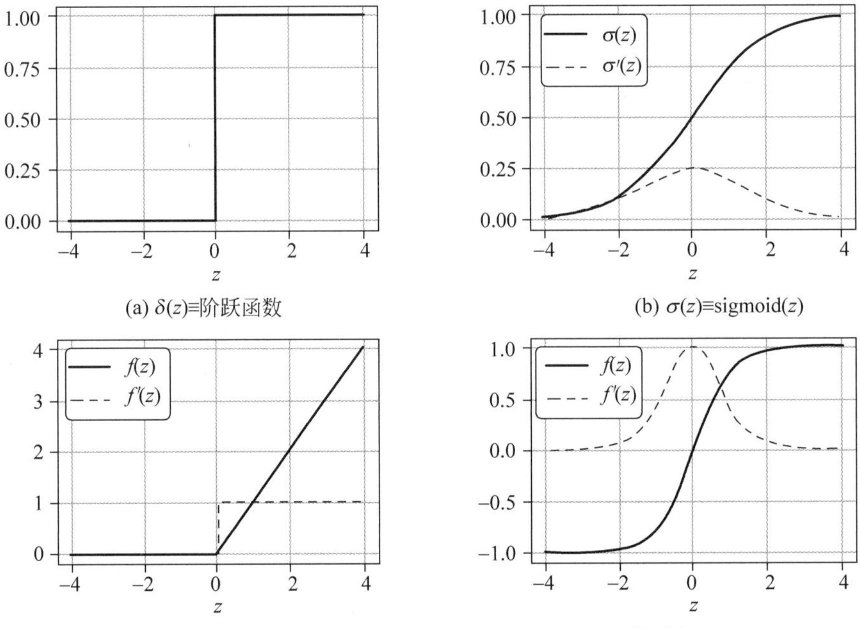

(a) $\delta(z)$≡阶跃函数　(b) $\sigma(z)$≡sigmoid(z)

(c) $f(z)$≡ReLU(z)　(d) $f(z)$≡tanh(z)

图 7-3　四种常用激活函数以及它们的导数

1. 阶跃函数

如果采用图 7-3(a)所示的阶跃函数 $\delta(z)$ 作为激活函数，则神经元模型的数学形式为式(7-3)或式(7-4)。仔细分析一下，式(7-3)、式(7-4)所描述的神经元模型相当于一个通过超平面"$\boldsymbol{x\omega}+b=0$"进行二分类的模型，这与线性支持向量机模型(参见 4.2 节、4.3 节)非常相似。换句话说，采用阶跃函数作为激活函数的神经元模型就相当于一个线性支持向量机模型。

阶跃函数是一种理想激活函数，主要用于描述神经元模型的工作原理。阶跃函数的特点：在原点处不连续、不可导；在非原点处虽连续、可导，但导数均为0。

神经网络通常会基于梯度下降法来设计学习算法。给定训练集 $D_{\text{train}}=\{(\boldsymbol{x}_1,y_1),(\boldsymbol{x}_2,y_2),\cdots,(\boldsymbol{x}_m,y_m)\}$，假设损失函数为 $L(\boldsymbol{\theta})$，其中 $\boldsymbol{\theta}$ 为需要学习的参数，梯度下降法任给初始参数 $\boldsymbol{\theta}^0$，然后通过迭代求解最优参数 $\boldsymbol{\theta}^*$，其第 k 轮迭代的公式为

$$\boldsymbol{\theta}^k=\boldsymbol{\theta}^{k-1}-\alpha\cdot\nabla L(\boldsymbol{\theta}^{k-1}) \tag{7-8}$$

其中，$\alpha>0$ 为学习率；$\nabla L(\boldsymbol{\theta}^{k-1})$ 为损失函数 $L(\boldsymbol{\theta})$ 在 $\boldsymbol{\theta}^{k-1}$ 处的梯度。

从式(7-8)可以看出，梯度下降法要求梯度 $\nabla L(\boldsymbol{\theta}^{k-1})$ 不能处处为0，否则 $\boldsymbol{\theta}^k=\boldsymbol{\theta}^{k-1}$，即参数 $\boldsymbol{\theta}$ 不能迭代更新。因此实际应用通常不会选择阶跃函数，而是会选择其他具有梯度的激活函数(例如 sigmoid 函数)。

2. sigmoid 函数

sigmoid 函数即S形函数，如图7-3(b)所示。**逻辑斯谛函数**(参见2.5.2节)是S形函数的代表，神经网络有时直接将逻辑斯谛函数称作 sigmoid 函数(注：后面再提到 sigmoid 函数时指的就是逻辑斯谛函数)。sigmoid 函数的特点是：处处连续、可导，且当 $z\to\pm\infty$ 时导数趋向于零；函数功能是将任意实数输入 $z\in(-\infty,+\infty)$"压缩"到具有概率意义的(0,1)区间。sigmoid 函数(通常记作 σ)及其导数的数学形式为

$$\sigma(z)\equiv\text{sigmoid}(z)=\frac{1}{1+\mathrm{e}^{-z}},\quad \sigma(z)\in(0,1) \tag{7-9a}$$

$$\sigma'(z)=\sigma(z)\cdot[1-\sigma(z)]=\frac{1}{1+\mathrm{e}^{-z}}\cdot\frac{\mathrm{e}^{-z}}{1+\mathrm{e}^{-z}},\quad \sigma'(z)\in(0,0.25] \tag{7-9b}$$

改用 sigmoid 函数之后，神经元模型(参见式(7-3))的数学形式可表示为

$$z=\boldsymbol{x\omega}+b=\omega_1x_1+\omega_2x_2+\cdots+\omega_dx_d+b \tag{7-10a}$$

$$y=\sigma(z)=\frac{1}{1+\mathrm{e}^{-z}} \tag{7-10b}$$

仔细分析一下，式(7-10)所描述的神经元模型与逻辑斯谛回归分类器(参见3.1.3节)非常相似。换句话说，采用 sigmoid 函数作为激活函数的神经元模型就相当于一个逻辑斯谛回归模型。

3. ReLU 函数

ReLU(Rectified Linear Unit)函数也称作**修正线性单元**函数，如图7-3(c)所示。ReLU 函数的特点：在原点处连续、不可导；在非原点处连续、可导；函数及其导数的计算非常简单。ReLU 函数(假设记作 f)及其导数的数学形式为

$$f(z)\equiv\text{ReLU}(z)=\max(0,z)=\begin{cases}z, & z\geqslant 0\\ 0, & z<0\end{cases},\quad f(z)\in[0,+\infty) \tag{7-11a}$$

$$f'(z)=\begin{cases}1, & z\geqslant 0\\ 0, & z<0\end{cases},\quad f'(z)\in\{0,1\} \tag{7-11b}$$

其中，式(7-11b)强制定义了 ReLU 函数在原点处可导且导数为1。

当 $z\geqslant 0$ 时(即神经元激活时)，ReLU 函数的导数恒为1。这个特性使其在深度神经网络中得到广泛应用(参见7.3.3节)。

4. tanh 函数

sigmoid 函数是将任意实数输入 $z\in(-\infty,+\infty)$"压缩"到(0,1)区间。如果希望将输入 $z\in(-\infty,+\infty)$"压缩"到(−1,1)区间,则可以改用 tanh 函数,如图 7-3(d)所示。tanh 函数也称作**双曲正切**函数,其特点与 sigmoid 函数类似。tanh 函数(假设记作 f)及其导数的数学形式为

$$f(z)\equiv\tanh(z)=\frac{e^z-e^{-z}}{e^z+e^{-z}},\quad f(z)\in(-1,1) \tag{7-12a}$$

$$f'(z)=1-f^2(z)=1-\left[\frac{e^z-e^{-z}}{e^z+e^{-z}}\right]^2,\quad f'(z)\in(0,1) \tag{7-12b}$$

可以很容易地验证,tanh 函数与 sigmoid 函数存在如下关系:

$$\tanh(z)=\frac{e^z-e^{-z}}{e^z+e^{-z}}=2\sigma(2z)-1$$

5. 无激活函数

神经元模型也可以没有激活函数。如果去掉图 7-2(b)中的激活函数 δ,则神经元模型的数学形式可改写为

$$y=\boldsymbol{x\omega}+b=\omega_1x_1+\omega_2x_2+\cdots+\omega_dx_d+b \tag{7-13}$$

仔细分析一下式(7-13),可以看出无激活函数的神经元模型实际上就是一个线性回归模型。

7.1.3 小批量梯度下降算法

如果神经元模型选用 sigmoid 函数、ReLU 函数、tanh 函数等连续、可导的激活函数,则可以基于梯度下降法来设计学习算法。梯度下降法是一种迭代算法(参见 2.3.2 节),常用于求解无约束最优化问题。假设损失函数为 $L(\boldsymbol{\theta})$,其中 $\boldsymbol{\theta}$ 为需要学习的参数,梯度下降法就是任给初始参数 $\boldsymbol{\theta}^0$,然后通过迭代求解最优参数 $\boldsymbol{\theta}^*=\underset{\boldsymbol{\theta}}{\operatorname{argmin}}\,L(\boldsymbol{\theta})$。其迭代公式为

$$\boldsymbol{\theta}^k=\boldsymbol{\theta}^{k-1}-\alpha\cdot\nabla L(\boldsymbol{\theta}^{k-1}) \tag{7-14}$$

其中,$\alpha>0$ 为学习率;$\nabla L(\boldsymbol{\theta}^{k-1})$ 为损失函数 $L(\boldsymbol{\theta})$ 在 $\boldsymbol{\theta}^{k-1}$ 处的梯度。

给定训练集 $D_{\text{train}}=\{(\boldsymbol{x}_1,y_1),(\boldsymbol{x}_2,y_2),\cdots,(\boldsymbol{x}_m,y_m)\}$,原始梯度下降法的损失函数 $L(\boldsymbol{\theta})$ 被定义为训练集所有样本点误差之和(或平均值)。每次迭代必须先计算全部 m 个样本点的误差,这样才能更新一次参数,因此原始梯度下降法也称作**批量梯度下降法**(Batch Gradient Descent,BGD)。批量梯度下降法的不足之处是更新一次参数所需的计算量大,因此更新速度较慢。**随机梯度下降法**(Stochastic Gradient Descent,SGD)对此做了修改,每次迭代只是随机选择一个样本点来计算误差,这样可以降低计算量,提高参数更新速度。随机梯度下降法的不足之处是学习过程可能会随样本的切换而产生振荡或相互抵消,难以收敛。**小批量梯度下降法**(Mini-Batch Gradient Descent,MBGD)则是批量梯度下降法与随机梯度下降法的折中,即每次迭代时随机选择若干个样本点(即小批量,mini-batch)来计算误差,更新参数。

神经网络通常使用小批量梯度下降法来设计学习算法,本节讲解其中的几个重要概念,以及学习算法的代码结构。

1. 批次

给定训练集 $D_{\text{train}}=\{(\boldsymbol{x}_1,y_1),(\boldsymbol{x}_2,y_2),\cdots,(\boldsymbol{x}_m,y_m)\}$，其样本容量为 m。小批量梯度下降法首先设定**批次大小**(记作 batch_size，属于超参数)，然后将训练集 D_{train} 中的 m 个样本数据拆分成若干个**批次**(batch)，这样所拆分出的总的**批次数**(记作 batch)为

$$\text{batch}=\text{向下取整}(m\div \text{batch\_size}) \tag{7-15}$$

其中“向下取整”的含义是拆分后剩余的数量不足 batch_size 的样本数据将被弃用。

2. 代次

小批量梯度下降法将训练集 D_{train} 拆分成 batch 个批次，并将损失函数 $L(\boldsymbol{\theta})$ 定义为批次内各样本点的损失之和(或平均值)，然后基于梯度下降法对参数$\boldsymbol{\theta}$ 进行迭代更新。其迭代过程为：假设初始参数为$\boldsymbol{\theta}^0$，依次取出各批次的样本子集 $D_{\text{train}}^j(j=1,2,\cdots,\text{batch})$，然后基于 D_{train}^j 进行梯度下降。整个迭代过程共进行 batch 个批次，完成这 batch 个批次就意味着训练集数据被完整使用了一遍，并学习到一个比初始参数$\boldsymbol{\theta}^0$ 更优的新参数$\boldsymbol{\theta}^{\text{batch}}$，这被称作完成一个**代次**(epoch)的学习(或训练)。

通常，小批量梯度下降法需经多个代次的学习才能取得满意的训练效果。将每一代次学习到的新参数$\boldsymbol{\theta}^{\text{batch}}$ 作为下一代次的初始参数$\boldsymbol{\theta}^0$，这样就能学习到比上一代次更优的参数。学习算法总的**代次数**(记作 epoch)是一个超参数，需人工设定。

3. 打散

基于小批量梯度下降法设计学习算法，需在每个代次学习之前随机打乱训练集 D_{train} 中样本数据的次序，这样可以降低学习算法因次序固定而陷入局部最小的可能性。随机打乱样本数据的次序，称作**打散**(shuffle，或称洗牌)。

4. 学习算法的代码结构

给定样本容量为 m 的训练集 $D_{\text{train}}=\{(\boldsymbol{x}_1,y_1),(\boldsymbol{x}_2,y_2),\cdots,(\boldsymbol{x}_m,y_m)\}$，基于小批量梯度下降法设计学习算法，其算法代码应当具有如算法 7-1 所示的三重循环结构。

算法 7-1：基于小批量梯度下降法的学习算法代码结构	
1.	**初始化**：设定代次数 epoch(例如 10)、批次大小 batch_size(例如 128)、梯度下降迭代次数 iters(例如 20)；计算总的批次数 batch＝向下取整($m\div$batch_size)；设定学习率 α(例如 0.01)；初始化参数$\boldsymbol{\theta}^0$ 等
2.	for **i** in range(**epoch**)：　　　# 第 1 重循环：**代次循环**，共循环 epoch 次
3.	随机打乱训练集 D_{train} 中样本数据的次序，即将样本数据**打散**
4.	for **j** in range(**batch**)：　　# 第 2 重循环：**批次循环**，共循环 batch 次
5.	for **k** in range(**iters**)：　# 第 3 重循环：**梯度下降循环**，共循环 iters 次
6.	基于第 j 个批次样本 D_{train}^j 计算损失函数的梯度$\nabla L(\boldsymbol{\theta}^{k-1})$
7.	**参数迭代**：$\boldsymbol{\theta}^k=\boldsymbol{\theta}^{k-1}-\alpha\cdot\nabla L(\boldsymbol{\theta}^{k-1})$
8.	**梯度下降循环结束**表示完成了第 j 批次样本的梯度下降，取下一批次样本继续进行梯度下降，直至批次循环结束
9.	**批次循环**结束表示完成了第 i 代次的学习，最后一次迭代的参数$\boldsymbol{\theta}^k$ 即为第 i 代次的最优参数，将其作为下一代次的初始参数$\boldsymbol{\theta}^0$；返回步骤 2 继续第 $i+1$ 代次的学习。
10.	**代次循环结束**则整个学习算法结束，将最后一个代次的最优参数$\boldsymbol{\theta}^k$ 作为最终的最优参数$\boldsymbol{\theta}^*$

7.2 神经网络

在 7.1.2 节常用激活函数的讨论中已有如下结论：采用阶跃函数作为激活函数的神经元模型相当于一个线性支持向量机模型；采用 sigmoid 函数作为激活函数的神经元模型则相当于一个逻辑斯谛回归模型；无激活函数的神经元模型实际上就是一个线性回归模型。可以看出，单个神经元模型只能处理线性可分问题或线性回归问题，其模型表现力较弱，无法处理更加复杂的非线性机器学习问题。

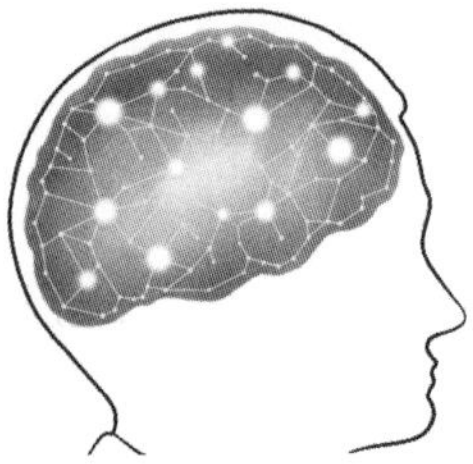

图 7-4 神经网络成就人类智能

虽然单个神经元的功能非常简单，但是将数量巨大的神经元组合在一起形成网络，其功能就会变得非常强大。人类大脑就是一个由超百亿神经元细胞组成的神经网络(参见图 7-4)，神经网络成就了人类高度发达的智能。正是基于这种认识，机器学习将多个(或大量)神经元连接起来，形成一个“人工”神经网络(以下简称为神经网络)模型，这样就能极大提高模型表现力，使之满足复杂机器学习任务的要求。

在神经网络中，各神经元之间该如何排列、连接才能使神经网络具有高度发达的智能呢？目前，神经科学或神经生理学还不能给出明确答案。神经元之间的排列及连接方式称作神经网络的**拓扑结构**。为便于数学建模，简化学习算法，机器学习在设计神经网络时通常会尽可能选择简单、规整的网络结构。

本节讲解神经网络中最基本，同时也是最经典的一种网络结构，即**多层前馈神经网络**(multi-layer feedforward neural network)，或称作**多层感知机**(Multi-Layer Perceptron, MLP)。

7.2.1 多层前馈神经网络

多层前馈神经网络(参见图 7-5(a))首先将神经元划分成层(layer，或称作**网络层**)，层与层之间串行堆叠。每层包含多个并行排列的神经元(图中的每个○表示一个神经元)。**相邻层**神经元之间**全连接**(fully connected)，**同层或跨层**神经元之间**无连接**。按照从输入到输出的方向，每个网络层将前一层的输出作为本层的输入，然后将本层的输出作为下一层的输入，这种不存在环或回路的结构称作**前馈式**(feed forward)结构。

图 7-5(a)所示神经网络包含三种不同的网络层，即**输入层**(input layer)、**隐层**(hidden layer，或称隐含层)和**输出层**(output layer)。其中的输入层是神经网络对外的输入接口(用于输入特征数据)，所输入的特征数据 $\boldsymbol{x}=(x_1,x_2,\cdots,x_d)$经隐层、输出层做逐层处理，最终通过输出层对外输出结果 $\boldsymbol{y}=(y_1,y_2,\cdots,y_n)$。下面逐一对输入层、隐层和输出层进行讲解。

1. 输入层

输入层仅表示向神经网络输入的特征数据$(x_1,x_2,\cdots,x_d)$，通常将这 d 个特征数据表示成一个 d 维行向量 $\boldsymbol{x}=(x_1,x_2,\cdots,x_d)$。可以将 $\boldsymbol{x}$ 中的每个分量 x_i 看作外界其他某

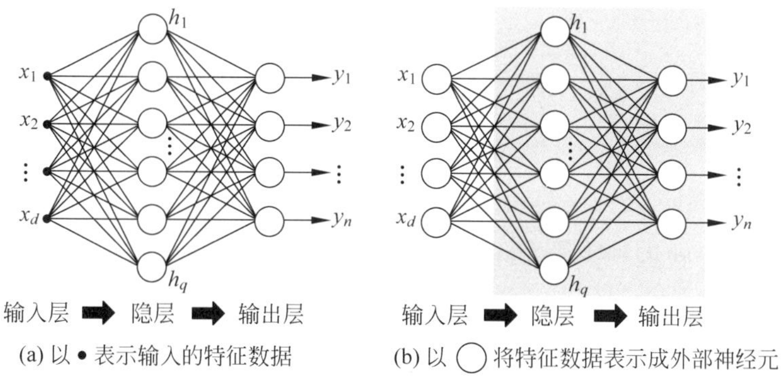

图 7-5　两层前馈神经网络

个神经元 x_i 的输出，这时可以将图 7-5(a)表示成图 7-5(b)的形式。在图 7-5(b)的输入层中，每个输入分量 x_i 被画成神经元的形式，但它们属于外部神经元，其功能仅仅是向神经网络提供输入。输入层**不计入**神经网络的层数，因此图 7-5(a)、图 7-5(b)都属于**两层**前馈神经网络。

由于习惯沿袭的原因，目前图 7-5(b)的输入层画法比较流行(注：图中阴影区域是本书添加的，用于标明网络的层数)。相比较而言，图 7-5(a)的输入层画法比较清晰，网络层数更容易辨认，本书采用这种画法。

2. 隐层

输入层输入的特征数据 $\boldsymbol{x}=(x_1,x_2,\cdots,x_d)$首先被送入隐层进行处理。隐层由一组并行排列的神经元组成，其神经元数量属于超参数，需人工设定。假设隐层包含 q 个神经元，则隐层有：

- $d\times q$ 个**权重**，记作矩阵 $\boldsymbol{W}=[\omega_{ik}]_{d\times q}$，其中第 i 行第 k 列的元素 ω_{ik} 表示第 i 个输入分量 x_i 到第 k 个隐层神经元的权重，$i=1,2,\cdots,d$，$k=1,2,\cdots,q$。
- q 个**偏置**，记作行向量 $\boldsymbol{b}=(b_1,b_2,\cdots,b_q)$，其中 b_k 表示第 k 个隐层神经元的偏置，$k=1,2,\cdots,q$。
- q 个**输出**，记作行向量 $\boldsymbol{h}=(h_1,h_2,\cdots,h_q)$，其中 h_k 表示第 k 个隐层神经元的输出，$k=1,2,\cdots,q$。

其中，$d\times q$ 个权重、q 个偏置为隐层的参数，共 $d\times q+q$ 个，它们需通过样本数据和学习算法来训练求解(详见 7.3 节)。

隐层通常选用 ReLU 函数或 sigmoid 函数作为激活函数。若选用 sigmoid 函数作为激活函数(通常记作 σ)，则隐层第 k 个神经元的输出 h_k 可表示为

$$z_k=\omega_{1k}x_1+\omega_{2k}x_2+\cdots+\omega_{dk}x_d+b_k \tag{7-16a}$$

$$h_k=\sigma(z_k)=\frac{1}{1+\mathrm{e}^{-z_k}} \tag{7-16b}$$

其中，$k=1,2,\cdots,q$。隐层 q 个神经元的输出 $\boldsymbol{h}=(h_1,h_2,\cdots,h_q)$被继续输入给输出层，交由输出层继续进行处理。如果记行向量 $\boldsymbol{z}=(z_1,z_2,\cdots,z_q)$，则式(7-16)可表示成如下矩阵形式。

$$z = xW + b = (x_1, x_2, \cdots, x_d)\begin{bmatrix} \omega_{11} & \omega_{12} & \cdots & \omega_{1q} \\ \omega_{21} & \omega_{22} & \cdots & \omega_{2q} \\ \vdots & \vdots & \ddots & \vdots \\ \omega_{d1} & \omega_{d2} & \cdots & \omega_{dq} \end{bmatrix} + (b_1, b_2, \cdots, b_q)$$

$$h = \sigma(z) = (\sigma(z_1), \sigma(z_2), \cdots, \sigma(z_q))$$

给定样本容量为 m 的训练集 $D_{\text{train}} = \{(\boldsymbol{x}_1, \boldsymbol{y}_1), (\boldsymbol{x}_2, \boldsymbol{y}_2), \cdots, (\boldsymbol{x}_m, \boldsymbol{y}_m)\}$，如果将 m 个训练样本的特征数据 $(\boldsymbol{x}_1, \boldsymbol{x}_2, \cdots, \boldsymbol{x}_m)^{\mathrm{T}}$ 依次输入给隐层，则隐层将产生 m 个输出 $(\boldsymbol{h}_1, \boldsymbol{h}_2, \cdots, \boldsymbol{h}_m)^{\mathrm{T}}$。可以记

$$\boldsymbol{X}_{m\times d} = \begin{bmatrix} \boldsymbol{x}_1 \\ \boldsymbol{x}_2 \\ \vdots \\ \boldsymbol{x}_m \end{bmatrix} = \begin{bmatrix} x_{11} & x_{12} & \cdots & x_{1d} \\ x_{21} & x_{22} & \cdots & x_{2d} \\ \vdots & \vdots & \ddots & \vdots \\ x_{m1} & x_{m2} & \cdots & x_{md} \end{bmatrix}$$

$$\boldsymbol{H}_{m\times q} = \begin{bmatrix} \boldsymbol{h}_1 \\ \boldsymbol{h}_2 \\ \vdots \\ \boldsymbol{h}_m \end{bmatrix} = \begin{bmatrix} h_{11} & h_{12} & \cdots & h_{1q} \\ h_{21} & h_{22} & \cdots & h_{2q} \\ \vdots & \vdots & \ddots & \vdots \\ h_{m1} & h_{m2} & \cdots & h_{mq} \end{bmatrix}$$

$$\boldsymbol{B}_{m\times q} = \begin{bmatrix} \boldsymbol{b} \\ \boldsymbol{b} \\ \vdots \\ \boldsymbol{b} \end{bmatrix} = \begin{bmatrix} b_1 & b_2 & \cdots & b_q \\ b_1 & b_2 & \cdots & b_q \\ \vdots & \vdots & \ddots & \vdots \\ b_1 & b_2 & \cdots & b_q \end{bmatrix}$$

将 m 个训练样本的特征数据 $\boldsymbol{X}_{m\times d}$ 依次输入给隐层，则隐层的 m 个输出 $\boldsymbol{H}_{m\times q}$ 可表示为如下矩阵运算：

$$\boldsymbol{Z}_{m\times q} = \boldsymbol{X}_{m\times d}\boldsymbol{W}_{d\times q} + \boldsymbol{B}_{m\times q} \tag{7-17a}$$

$$\boldsymbol{H}_{m\times q} = \sigma(\boldsymbol{Z}_{m\times q}) \tag{7-17b}$$

3. 输出层

输出层接受隐层 q 个神经元的输出 $\boldsymbol{h} = (h_1, h_2, \cdots, h_q)$，然后将其作为输入继续处理，得到处理结果 $\boldsymbol{y} = (y_1, y_2, \cdots, y_n)$，该结果为整个神经网络最终对外输出的结果。总结如下，神经网络通过输入层接受外界输入的 d 个特征数据 $\boldsymbol{x} = (x_1, x_2, \cdots, x_d)$，然后依次经过隐层和输出层进行处理，最终由输出层向外界输出 n 个处理结果 $\boldsymbol{y} = (y_1, y_2, \cdots, y_n)$。

神经网络输出层神经元的数量由应用需求决定。假设神经网络需向外输出 n 个结果，则输出层就应包含 n 个神经元，这时输出层有：

- $q \times n$ 个**权重**，记作矩阵 $\boldsymbol{U} = [u_{kj}]_{q\times n}$，其中第 k 行第 j 列的元素 u_{kj} 表示第 k 个隐层神经元的输出 h_k 到第 j 个输出层神经元的权重，$k = 1, 2, \cdots, q$，$j = 1, 2, \cdots, n$。
- n 个**偏置**，记作行向量 $\boldsymbol{v} = (v_1, v_2, \cdots, v_n)$，其中 v_j 表示第 j 个输出层神经元的偏置，$j = 1, 2, \cdots, n$。
- n 个**输出**，记作行向量 $\boldsymbol{y} = (y_1, y_2, \cdots, y_n)$，其中 y_j 表示第 j 个输出层神经元的输

出，$j=1,2,\cdots,n$。

其中，$q\times n$ 个权重、n 个偏置为输出层的参数，共 $q\times n+n$ 个，它们需通过样本数据和学习算法来训练求解(详见 7.3 节)。

给定样本容量为 m 的训练集 $D_{\text{train}}=\{(\boldsymbol{x}_1,\boldsymbol{y}_1),(\boldsymbol{x}_2,\boldsymbol{y}_2),\cdots,(\boldsymbol{x}_m,\boldsymbol{y}_m)\}$，如果将 m 个训练样本的特征数据 $\boldsymbol{X}_{m\times d}=(\boldsymbol{x}_1,\boldsymbol{x}_2,\cdots,\boldsymbol{x}_m)^{\mathrm{T}}$ 依次输入给隐层，则隐层将产生 m 个输出 $\boldsymbol{H}_{m\times q}=(\boldsymbol{h}_1,\boldsymbol{h}_2,\cdots,\boldsymbol{h}_m)^{\mathrm{T}}$ 并继续输入给输出层；同理，输出层在接受 m 个输入之后也会产生 m 个输出，即神经网络的最终输出为$(\boldsymbol{y}_1,\boldsymbol{y}_2,\cdots,\boldsymbol{y}_m)^{\mathrm{T}}$。可以记

$$\boldsymbol{Y}_{m\times n}=\begin{bmatrix}\boldsymbol{y}_1\\\boldsymbol{y}_2\\\vdots\\\boldsymbol{y}_m\end{bmatrix}=\begin{bmatrix}y_{11}&y_{12}&\cdots&y_{1n}\\y_{21}&y_{22}&\cdots&y_{2n}\\\vdots&\vdots&\ddots&\vdots\\y_{m1}&y_{m2}&\cdots&y_{mn}\end{bmatrix}$$

$$\boldsymbol{V}_{m\times n}=\begin{bmatrix}\boldsymbol{v}\\\boldsymbol{v}\\\vdots\\\boldsymbol{v}\end{bmatrix}=\begin{bmatrix}v_1&v_2&\cdots&v_n\\v_1&v_2&\cdots&v_n\\\vdots&\vdots&\ddots&\vdots\\v_1&v_2&\cdots&v_n\end{bmatrix}$$

则输出层(假设无激活函数)的 m 个输出 $\boldsymbol{Y}_{m\times n}$ 可表示为如下矩阵运算。

$$\boldsymbol{Y}_{m\times n}=\boldsymbol{H}_{m\times q}\boldsymbol{U}_{q\times n}+\boldsymbol{V}_{m\times n}\tag{7-18}$$

7.2.2 输出层的设计

每个神经网络都必须有且只有一个输出层，其神经元数量由应用需求决定，不能随意设置。针对不同应用需求，神经网络被分为**二分类**模型、**多分类**模型和**回归**模型，它们会以不同方式来设计输出层及其激活函数。

1. 二分类模型的输出层

假设有 n 个类别$\{c_1,c_2,\cdots,c_n\}$，分类模型就是给定 d 维**样本特征** $\boldsymbol{x}$，然后基于**后验概率** $P(Y=c_j|\boldsymbol{x})$进行决策分类，将**样本类别** Y 判定为后验概率最大的 c_j。可以基于图 7-5 的前馈神经网络建立特征 $\boldsymbol{x}$ 到后验概率 $P(Y=c_j|\boldsymbol{x})$的计算模型，即输入特征数据 $\boldsymbol{x}=(x_1,x_2,\cdots,x_d)$，输出后验概率 $p_j=P(Y=c_j|\boldsymbol{x})$，$j=1,2,\cdots,n$；然后将样本类别(记作 y)判定为后验概率最大的 c_j，即 $y=\underset{j=1,2,\cdots,n}{\operatorname{argmax}}\, p_j$。

如果只有两个类别(分别记作 0、1)，则使用二分类神经网络模型。其输出层只需要一个神经元，如图 7-6(a)所示，输出结果 p_1 为正类的后验概率，即 $p_1=P(Y=1|\boldsymbol{x})$。二分类模型输出层的神经元通常选用 sigmoid 函数作为激活函数，该神经元的输出 $p_1\in(0,1)$可表示为

$$z_1=u_{11}h_1+u_{21}h_2+\cdots+u_{q1}h_q+v_1\tag{7-19a}$$

$$p_1=\operatorname{sigmoid}(z_1)=\frac{1}{1+\mathrm{e}^{-z_1}}\tag{7-19b}$$

其中，u_{k1} 为第 k 个隐层神经元到输出层神经元的权重，$k=1,2,\cdots,q$；v_1 为输出层神经元

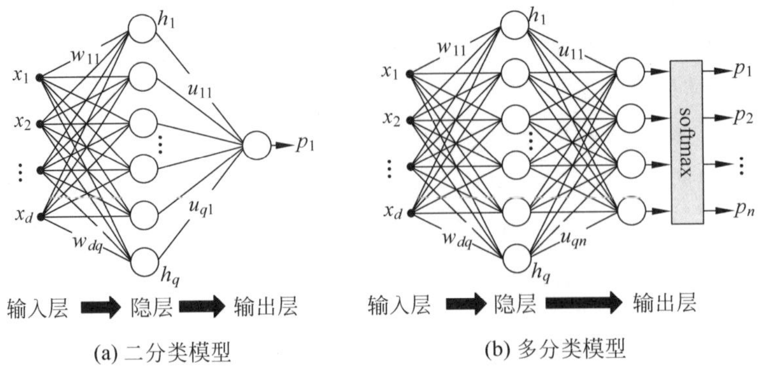

图 7-6 基于神经网络的分类模型

的偏置。给定样本的特征数据 $\boldsymbol{x}$，如果 $p_1 \geqslant 0.5$，则将样本判定为正类，即 $y=1$；否则将样本判定为负类，即 $y=0$。

2. 多分类模型的输出层

假设分类模型有 $n>2$ 个类别$\{c_1, c_2, \cdots, c_n\}$，这时就要使用多分类神经网络模型。其输出层需有 n 个神经元，如图 7-6(b)所示，输出结果 p_j 为各类别的后验概率，即 $p_j = P(Y=c_j \mid \boldsymbol{x})$。多分类模型输出层的各神经元本身并没有激活函数，它们使用 softmax 函数作为统一的激活函数，各神经元的输出 $p_j \in (0,1)$可表示为

$$z_j = u_{1j}h_1 + u_{2j}h_2 + \cdots + u_{qj}h_q + v_j \tag{7-20a}$$

$$p_j = \text{softmax}(z_j) = \frac{e^{z_j}}{\sum e^{z_j}} \tag{7-20b}$$

其中，u_{kj} 为第 k 个隐层神经元到第 j 个输出层神经元的权重，$k=1,2,\cdots,q$，$j=1,2,\cdots,n$；v_j 为第 j 个输出层神经元的偏置；$\sum e^{z_j} = \sum_{j=1}^{n} e^{z_j}$ 为归一化系数；各类别后验概率 p_j 之和等于 1，即 $\sum_{j=1}^{n} p_j = 1$。给定样本的特征数据 $\boldsymbol{x}$，首先通过神经网络计算各类别的后验概率 p_j，然后将样本类别判定为后验概率最大的 c_j，即 $y = \underset{j=1,2,\cdots,n}{\text{argmax}}\, p_j$。

多分类时通常会对样本类别进行 one-hot 编码，例如类别 c_1 的 one-hot 编码为 $10\cdots0$，c_2 的 one-hot 编码为 $01\cdots0$，c_n 的 one-hot 编码为 $00\cdots1$。换句话说，类别 c_j 的 one-hot 编码可记作 $y^1 y^2 \cdots y^n$，其中 y^j 为 1，其他位均为 0。

3. 回归模型的输出层

神经网络也可以用作回归模型，这时输出层神经元可以不需要激活函数，其输出结果为连续值，即

$$y_j = u_{1j}h_1 + u_{2j}h_2 + \cdots + u_{qj}h_q + v_j \tag{7-21}$$

或者为输出层神经元添加 sigmoid 函数，这样可以将输出结果压缩到(0,1)区间，即

$$z_j = u_{1j}h_1 + u_{2j}h_2 + \cdots + u_{qj}h_q + v_j \tag{7-22a}$$

$$y_j = \text{sigmoid}(z_j) = \frac{1}{1+e^{-z_j}} \tag{7-22b}$$

其中，u_{kj} 为第 k 个隐层神经元到第 j 个输出层神经元的权重，$k=1,2,\cdots,q$，$j=1,2,\cdots,n$；v_j 为第 j 个输出层神经元的偏置。

如果回归模型的输出层只包含一个神经元(网络结构可参看图 7-6(a))，则输出结果只有一个，这属于简单回归；如果输出层包含多个神经元(网络结构可参看图 7-5(a))，则输出结果有多个，这属于多重回归。

7.2.3 隐层的设计

本质上，机器学习就是利用有限数量的样本数据来寻找样本特征 $\boldsymbol{x}$ 与预测变量 $\boldsymbol{y}$ 之间的依赖关系 $\boldsymbol{y}=f(\boldsymbol{x};\boldsymbol{\theta})$。其中，$f(\boldsymbol{x};\boldsymbol{\theta})$ 为表示依赖关系的函数，函数值 $\boldsymbol{y}$ 称作样本特征 $\boldsymbol{x}$ 的预测值；$\boldsymbol{\theta}\in\Omega$ 为广义的函数参数。

通常，机器学习是从一组预设的备选函数集合 $\{f(\boldsymbol{x};\boldsymbol{\theta})\}$ 中来寻找最优(即误差最小)函数 $f(\boldsymbol{x};\boldsymbol{\theta}^*)$。这组预设的备选函数集合 $\{f(\boldsymbol{x};\boldsymbol{\theta})\}$ 被称为机器学习模型的**假设空间**，记作 $H=\{f(\boldsymbol{x};\boldsymbol{\theta})\}$。如果假设空间 H 中的 $f(\boldsymbol{x};\boldsymbol{\theta})$ 都具有相同的函数形式，则参数 $\boldsymbol{\theta}$ 与 $f(\boldsymbol{x};\boldsymbol{\theta})$ 存在一一对应的关系，在此意义下可记 $\boldsymbol{\theta}\equiv f(\boldsymbol{x};\boldsymbol{\theta})$。

1. 机器学习模型的复杂度

根据统计学习理论，机器学习模型的泛化误差上界(参见 4.1.3 节)与经验误差(即训练误差) $R_{\text{emp}}(\boldsymbol{\theta})$、假设空间复杂度(用 VC 维 d_{VC} 表示)成正比，与训练集的样本容量 m 成反比，即

$$R(\boldsymbol{\theta})\leqslant R_{\text{emp}}(\boldsymbol{\theta})+\Delta\left(\frac{d_{\text{VC}}}{m}\right) \tag{7-23}$$

其中，$R(\boldsymbol{\theta})$ 表示泛化误差；不等式的右侧表示泛化误差的上界，其中第一项 $R_{\text{emp}}(\boldsymbol{\theta})$ 是经验误差，第二项 $\Delta(\cdots)$ 称作**置信范围**，参数 $\frac{d_{\text{VC}}}{m}$ 表示置信范围 Δ 与 d_{VC} 成正比且与 m 成反比。

对机器学习来说，提高模型复杂度(也即假设空间 H 的复杂度)可以增强模型表达能力，降低经验误差。例如，增加备选函数数量或使用更复杂的函数形式可以提高模型复杂度，这样模型假设空间 H 中包含真实模型的可能性就会变大，所学习到的最优模型的经验误差 $R_{\text{emp}}(\boldsymbol{\theta})$ 将会降低(如果假设空间 H 确实包含真实模型则经验误差会降到 0)。但从式(7-23)可以看出，提高模型复杂度虽然可以降低经验误差 $R_{\text{emp}}(\boldsymbol{\theta})$，但同时其 VC 维 d_{VC} 会增大，这将增加模型的泛化误差。机器学习应合理调节模型的复杂度，对经验误差和置信范围做适当平衡或折中，最终让两者之和(即模型泛化误差的上界)最小。

2. 神经网络模型的复杂度

神经网络模型的复杂度主要体现在两个方面：一是隐层数；二是隐层神经元数。神经网络可以通过添加隐层、增加隐层神经元数量来提高模型复杂度。注：输出层是必需的，其神经元数量也由应用需求决定，不能随意设置。

对单个神经元(参见图 7-2)来说，如果不设置激活函数，则其函数模型可表示为

$$y\equiv f(\boldsymbol{x};\boldsymbol{\omega},b)=\boldsymbol{x}\boldsymbol{\omega}+b=\omega_1x_1+\omega_2x_2+\cdots+\omega_dx_d+b$$

该模型属于线性回归模型，其假设空间是一个线性函数集合，可记作 $H=\{f(\boldsymbol{x};\boldsymbol{\omega},b)\mid f(\boldsymbol{x};\boldsymbol{\omega},b)=\boldsymbol{x\omega}+b\}$，其中$(\boldsymbol{\omega},b)$为模型参数。如果为神经元添加 sigmoid 激活函数，则模型就变成逻辑斯谛回归模型，其假设空间是一个非线性函数集合，可记作 $H=\{f(\boldsymbol{x};\boldsymbol{\omega},b)\mid f(\boldsymbol{x};\boldsymbol{\omega},b)=\mathrm{sigmoid}(\boldsymbol{x\omega}+b)\}$。单个神经元模型比较简单，表达能力也有限，难以描述更加复杂的机器学习问题。

如果将多个(或大量)神经元组合成一个如图 7-7 所示的多层前馈神经网络，其中包含 L 个隐层和一个输出层，共 $L+1$ 个网络层。该神经网络的输入为 $\boldsymbol{x}=(x_1,x_2,\cdots,x_d)$，经隐层 1 处理得到 $\boldsymbol{h}^1$，然后经隐层 2 处理得到 $\boldsymbol{h}^2$，……，再经隐层 L 处理得到 $\boldsymbol{h}^L$，最后经输出层处理并输出 $\boldsymbol{y}=(y_1,y_2,\cdots,y_n)$。

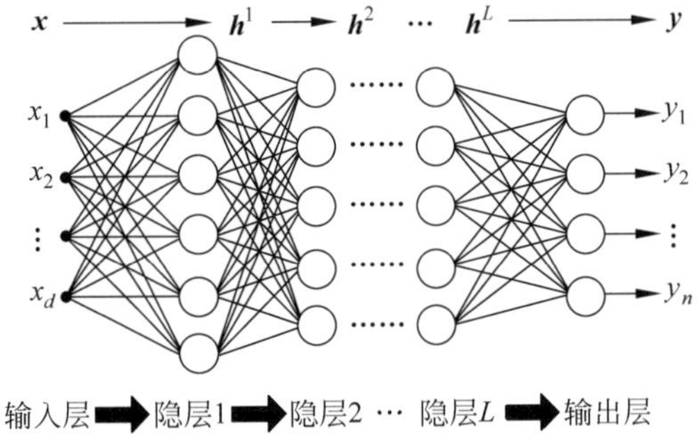

图 7-7 多层前馈神经网络

假设所有网络层均采用 sigmoid 函数作为激活函数，则各网络层所对应的函数模型可表示为

$$\boldsymbol{h}^1\equiv f^1(\boldsymbol{x};\boldsymbol{W}^1,\boldsymbol{b}^1)=\mathrm{sigmoid}(\boldsymbol{x}\boldsymbol{W}^1+\boldsymbol{b}^1)$$
$$\boldsymbol{h}^2\equiv f^2(\boldsymbol{h}^1;\boldsymbol{W}^2,\boldsymbol{b}^2)=\mathrm{sigmoid}(\boldsymbol{h}^1\boldsymbol{W}^2+\boldsymbol{b}^2)$$
$$\cdots$$
$$\boldsymbol{h}^L\equiv f^L(\boldsymbol{h}^{L-1};\boldsymbol{W}^L,\boldsymbol{b}^L)=\mathrm{sigmoid}(\boldsymbol{h}^{L-1}\boldsymbol{W}^L+\boldsymbol{b}^L)$$
$$\boldsymbol{y}\equiv f^{L+1}(\boldsymbol{h}^L;\boldsymbol{U},\boldsymbol{v})=\mathrm{sigmoid}(\boldsymbol{h}^L\boldsymbol{U}+\boldsymbol{v})$$

这时图 7-7 所示神经网络模型的假设空间 H 是一个非常复杂的复合函数集合 $\{f(\boldsymbol{x};\boldsymbol{\theta})\}$，即

$$\begin{cases}f(\boldsymbol{x};\boldsymbol{\theta})=f^{L+1}(f^L(\cdots(f^2(f^1(\boldsymbol{x};\boldsymbol{W}^1,\boldsymbol{b}^1)))))\\ \boldsymbol{\theta}=(\boldsymbol{W}^1,\boldsymbol{b}^1;\boldsymbol{W}^2,\boldsymbol{b}^2;\cdots;\boldsymbol{W}^L,\boldsymbol{b}^L;\boldsymbol{U},\boldsymbol{v})\end{cases}\tag{7-24}$$

直观上看，添加隐层、增加神经元数量可以提高模型复杂度，增强模型的表达能力。理论上也可以证明：即使只有一个隐层，只要它包含足够多的神经元，则神经网络就能以任意精度逼近任意复杂的连续函数(详细证明可参阅参考文献[11])。

机器学习应合理调节模型复杂度(不是越复杂越好)，这样才能使模型的泛化误差更小。神经网络的突出优点就是通过增减隐层或其神经元数量即可调节模型复杂度，非常直观、便捷。但在实际应用中，一个神经网络到底应该包含多少个隐层、每个隐层需包含多少个神经元，这仍是个未决问题。针对某个具体问题来设计神经网络，网络的隐层数、各隐层的神经元数都属于超参数，需凭经验或通过试验来确定。

7.2.4 隐层与深度学习

人类的学习过程是一个通过抽象提取内在特征,并最终形成概念与知识的过程。特征提取可认为是一个独立问题,大多数机器学习模型都将特征提取看作正式学习之前的一个预处理过程。通常,特征提取需要人工干预,其工作或者完全由人承担,或者由人设计特征,再通过算法交由计算机完成。从原始数据中先提取特征,然后再基于特征进行学习,这称作**基于特征的机器学习**。

神经网络能够通过"隐层+输出层"将特征提取与机器学习融为一体,整个过程无须人工干预,这是神经网络的一大优点。隐层的作用相当于是特征提取,它对原始数据进行抽象,自动提取出反映数据内在本质的特征。神经网络模型可认为是直接从原始数据中学习,因此也称作**基于数据的机器学习**。

隐层在神经网络中占有非常重要的地位。神经网络只要包含隐层,则可以称作**多层神经网络**。每增加一个隐层,模型复杂度就会提高一点,模型也会多增加一组权重参数 $\boldsymbol{W}$ 和偏置参数 $\boldsymbol{b}$。当隐层达到一定数量(例如八、九层)时,神经网络模型就可以称作**深度神经网络**(Deep Neural Network,DNN)或**深度学习**(deep learning)模型。

1. 基于特征的机器学习

基于特征进行机器学习的过程(参见图 7-8):首先从原始观测数据(例如识别文字时所看到的文字图像)中提取出能够描述事物的特征(例如提取出文字的笔画特征),然后基于特征建立数学模型(例如建立描述文字书写方法的笔画模型),这种数学模型(或称知识库、规则库)就是经过学习所得到的**知识**(knowledge)。今后可以运用知识来解决具体问题(例如基于笔画模型来认字,即文字识别)。

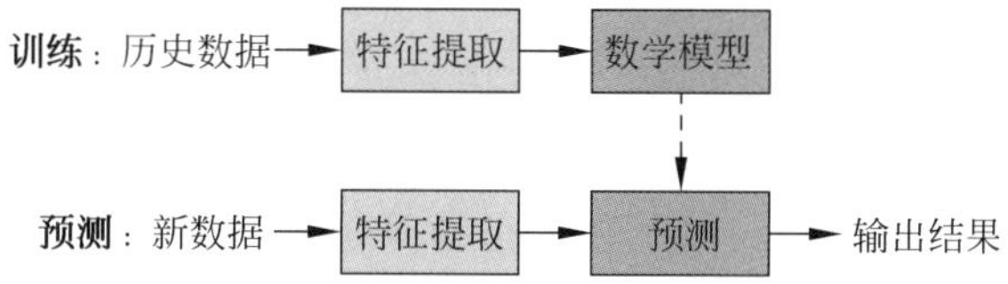

图 7-8 基于特征的机器学习

特征提取是一个从数据到概念的抽象过程。而抽象是人类与生俱来的一种高级思维能力,目前对它的生理及心理机制还不是很清楚。对人类来说非常简单的特征提取问题,但对计算机来说却极为困难。例如图 7-9 所示的"永"字,即使它的写法变化很大,但我们人类都能轻松地提取其笔画特征。目前还不清楚为什么我们能做到这样,因此也无法在计算机上

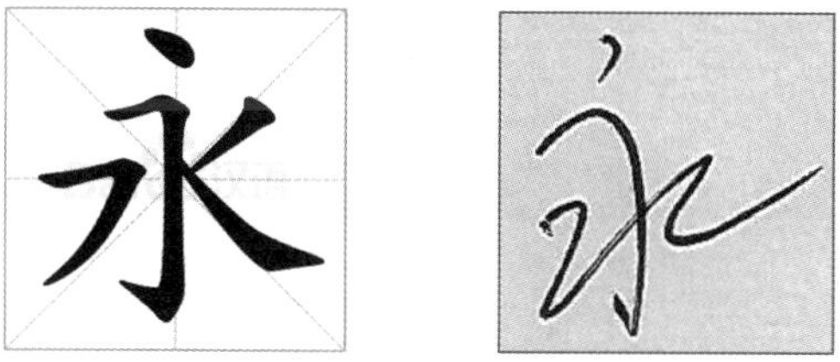

(a) 印刷体 (b) 手写体

图 7-9 两种不同写法的"永"字

重现这种能力。

从原始数据到概念,原始数据只具有低层语义,而概念则具有高层语义。两种语义之间的差别如此之大,以至于被称作**语义鸿沟**。让计算机按照人的概念将特征从原始数据中提取出来,这本身就是一件十分困难的事情,因此基于特征的机器学习也难以达到满意的效果。

2. 基于数据的机器学习

神经网络模型能够直接从原始数据中学习,是一种基于数据的机器学习。神经网络不再具有明确的特征提取过程,它通过"隐层+输出层"将特征提取与机器学习融为一体(参见图 7-10)。隐层的作用就是特征提取,提取特征后再交由输出层进行预测。整个过程完全由计算机完成,无须人工干预。

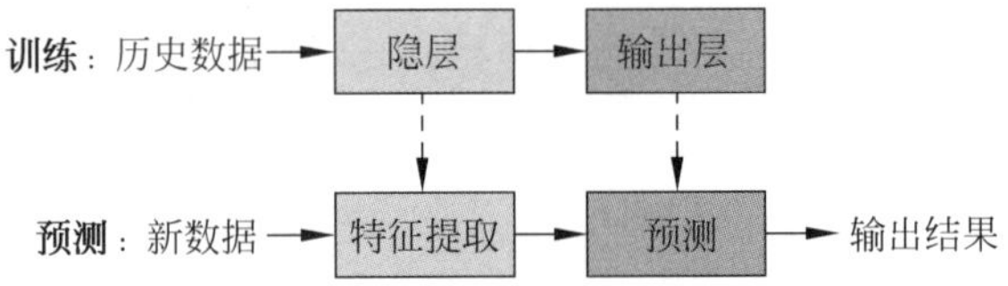

图 7-10 基于数据的机器学习

隐层不是按照人的概念来提取特征,而是按照神经元的规则对原始数据进行综合,综合结果就是隐层所提取的特征。这些特征能够反映原始数据的某种内在本质,但不一定符合人的概念。从人的角度,隐层所提取的特征不可解释,即不具有可解释性。隐层所提取的特征也被称作原始数据的"语义特征"或"语义表示"。

如果神经网络包含多个隐层,这意味着神经网络会对原始数据进行多级特征提取。每个隐层都是对上一级特征进行再次抽象,提取出下一级特征,最后再交由输出层进行预测并输出结果。

3. 深度学习

实践表明,增加隐层数会让神经网络产生由量变到质变的效果。如果隐层达到一定数量(例如八、九层),则神经网络模型就称作深度学习模型。目前基于神经网络的深度学习已在围棋、人脸识别、机器翻译、电子商务、搜索引擎等领域取得了突破性进展,它作为新一代机器学习方法正引领人工智能向纵深发展。

除增加隐层数之外,深度学习还会在前馈神经网络基础上对网络结构做适当调整,例如采用非全连接层以减少参数个数、引入环或回路等非前馈式结构以处理序列数据等(详情参见第 8 章)。

深度学习会引发一些新问题,例如增加隐层数可能引起**梯度爆炸**(gradient exploding)或**梯度消失**(gradient vanishing)等问题,这就需要对神经元的激活函数做适当调整。另外,深度学习模型的表达能力非常强,很容易因样本数据不足而产生**过拟合**(overfitting)现象,这就需要设计更完善的学习算法(详情参见 7.3.3 节)。

7.3 反向传播算法

多层前馈神经网络首先将神经元划分成层,然后层与层串行堆叠。每个网络层(隐层或输出层,不含输入层)都有自己的一组权重参数和偏置参数,需为这些参数设计学习算法,然后使用样本数据集对参数进行训练。本节将基于图 7-11 的两层前馈神经网络来讲解神经网络中最为经典的一种学习算法,它就是**反向传播**(Back Propagation,BP)算法。注:多层前馈神经网络因 BP 算法得以成功应用,因此有时也称作 BP 网络。目前 BP 算法不仅仅用于多层前馈神经网络,还可应用于其他结构的神经网络。

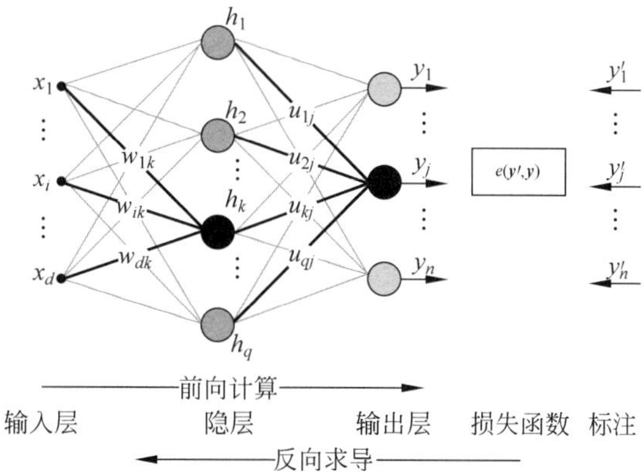

图 7-11 两层前馈神经网络的前向计算与反向求导

7.3.1 模型参数及其学习算法

图 7-11 是一个两层前馈神经网络,其中包含一个隐层和一个输出层。隐层、输出层都有自己的输入、输出,也分别包含各自的权重参数和偏置参数。

1. 隐层

隐层包含 q 个神经元,有 d 个输入 $\boldsymbol{x}=(x_1,\cdots,x_i,\cdots,x_d)$、$q$ 个输出 $\boldsymbol{h}=(h_1,\cdots,h_k,\cdots,h_q)$,其参数包括 $d\times q$ 个权重参数、q 个偏置参数。记隐层第 k 个神经元的权重和偏置参数为$\boldsymbol{\theta}_k^h$,即

$$\boldsymbol{\theta}_k^h=(\omega_{1k},\cdots,\omega_{ik},\cdots,\omega_{dk},b_k),\quad k=1,2,\cdots,q$$

2. 输出层

输出层包含 n 个神经元,有 q 个输入(即隐层的输出 $\boldsymbol{h}$)、n 个输出 $\boldsymbol{y}=(y_1,\cdots,y_j,\cdots,y_n)$,其参数包括 $q\times n$ 个权重参数、n 个偏置参数。记输出层第 j 个神经元的权重和偏置参数为$\boldsymbol{\theta}_j^y$,即

$$\boldsymbol{\theta}_j^y=(u_{1j},\cdots,u_{kj},\cdots,u_{qj},v_j),\quad j=1,2,\cdots,n$$

3. 激活函数

假设隐层和输出层神经元都选用 sigmoid 函数作为激活函数,则图 7-11 的神经网络可看作一个回归模型且输出结果被压缩至(0,1)区间。注:之所以看作回归模型而不是分类模型,其目的是简化问题,但不会影响对反向传播算法的理解。

4. 损失函数

对于单个样本数据$(\boldsymbol{x},\boldsymbol{y}')$,其中 $\boldsymbol{x}=(x_1,\cdots,x_i,\cdots,x_d)$为样本特征,$\boldsymbol{y}'=(y'_1,\cdots,$

$y'_j,\cdots,y'_n$)为样本 $\boldsymbol{x}$ 的真实值(即标注),可以将图 7-11 神经网络模型的损失函数 e 定义成式(7-25)的形式(类似于一个 n 维均方误差)。

$$e(\boldsymbol{y}',\boldsymbol{y})=\frac{1}{2}\sum_{j=1}^{n}(y'_j-y_j)^2 \tag{7-25}$$

其中,$\boldsymbol{y}=(y_1,y_2,\cdots,y_n)$为神经网络模型对样本 $\boldsymbol{x}$ 的预测值;将式中的 n 维均方误差系数由 $1/n$ 改为 $1/2$,这样可以简化求导且最优化结果不变。

5. 函数的参数表示

从整体上看,图 7-11 所示的神经网络的函数模型 f 是一个从输入 $\boldsymbol{x}$ 到输出 $\boldsymbol{y}$ 的映射,模型参数为$\boldsymbol{\theta}\equiv(\boldsymbol{\theta}_1^h,\cdots,\boldsymbol{\theta}_k^h,\cdots,\boldsymbol{\theta}_q^h,\boldsymbol{\theta}_1^y,\cdots,\boldsymbol{\theta}_j^y,\cdots,\boldsymbol{\theta}_n^y)$,其数学形式可表示为

$$\boldsymbol{y}=f(\boldsymbol{x};\boldsymbol{\theta})\equiv f(\boldsymbol{x};\boldsymbol{\theta}_1^h,\cdots,\boldsymbol{\theta}_k^h,\cdots,\boldsymbol{\theta}_q^h,\boldsymbol{\theta}_1^y,\cdots,\boldsymbol{\theta}_j^y,\cdots,\boldsymbol{\theta}_n^y) \tag{7-26}$$

综合式(7-25)和式(7-26),有

$$e(\boldsymbol{y}',\boldsymbol{y})=e(\boldsymbol{y}',f(\boldsymbol{x};\boldsymbol{\theta}))\equiv e(\boldsymbol{y}',\boldsymbol{x};\boldsymbol{\theta}) \tag{7-27}$$

可以看出,损失函数 $e(\boldsymbol{y}',\boldsymbol{y})$是一个复合函数,并且可改写成带参数的形式 $e(\boldsymbol{y}',\boldsymbol{x};\boldsymbol{\theta})$。

6. 基于梯度下降法进行参数学习

给定损失函数 $e(\boldsymbol{y}',\boldsymbol{x};\boldsymbol{\theta})$,其中$\boldsymbol{\theta}$ 为需要学习的参数。梯度下降法首先对参数进行随机初始化,然后迭代求解最优参数,其迭代公式为

$$\boldsymbol{\theta}=\boldsymbol{\theta}-\alpha\cdot\nabla e(\boldsymbol{y}',\boldsymbol{x};\boldsymbol{\theta}) \tag{7-28}$$

其中,$\alpha(>0)$为学习率;$\nabla e(\boldsymbol{y}',\boldsymbol{x};\boldsymbol{\theta})$为损失函数 $e(\boldsymbol{y}',\boldsymbol{x};\boldsymbol{\theta})$在前一轮参数取值处的梯度。例如,对输出层第 j 个神经元参数$\boldsymbol{\theta}_j^y=(u_{1j},\cdots,u_{kj},\cdots,u_{qj},v_j)$进行迭代的公式为

$$\begin{cases} u_{kj}=u_{kj}-\alpha\cdot\dfrac{\partial e}{\partial u_{kj}} \\ v_j=v_j-\alpha\cdot\dfrac{\partial e}{\partial v_j} \end{cases},\quad j=1,2,\cdots,n;\ k=1,2,\cdots,q \tag{7-29}$$

对隐层第 k 个神经元参数$\boldsymbol{\theta}_k^h=(\omega_{1k},\cdots,\omega_{ik},\cdots,\omega_{dk},b_k)$进行迭代的公式为

$$\begin{cases} \omega_{ik}=\omega_{ik}-\alpha\cdot\dfrac{\partial e}{\partial \omega_{ik}} \\ b_k=b_k-\alpha\cdot\dfrac{\partial e}{\partial b_k} \end{cases},\quad k=1,2,\cdots,q;\ i=1,2,\cdots,d \tag{7-30}$$

可以看出,给定单个样本数据$(\boldsymbol{x},\boldsymbol{y}')$,基于梯度下降法进行参数学习的关键是如何求解损失函数 $e(\boldsymbol{y}',\boldsymbol{x};\boldsymbol{\theta})$对各神经元参数$\boldsymbol{\theta}$ 的偏导数。

7.3.2 前向计算与反向求导

基于梯度下降法对神经网络的参数进行学习,其关键是求解损失函数 $e(\boldsymbol{y}',\boldsymbol{y})$对各神经元参数的偏导数。损失函数 $e(\boldsymbol{y}',\boldsymbol{y})$是一种复合函数,对复合函数的操作主要有前向计算与反向求导两种。

1. 复合函数的前向计算与反向求导

已知 $x\to y$ 的复合函数 $y=f(g(x))$,若令 $z=g(x)$,则复合函数可表示为

$$z=g(x),\quad y=f(z) \tag{7-31}$$

若给定输入 x_0 求输出 y_0,则可以按如下步骤分两步进行计算。

$$z_0=g(x_0),\quad y_0=f(z_0) \tag{7-32}$$

这种从输入 x 到输出 y 方向的分步计算过程"$x\to z\to y$"称作复合函数 $f(g(x))$的**前向计算**或**前向传播**过程。

如果求复合函数 $y=f(g(x))$的导数$\dfrac{\mathrm{d}y}{\mathrm{d}x}$,则可以按**链式法则**$\left(\text{即先求}\dfrac{\mathrm{d}y}{\mathrm{d}z},\text{再求}\dfrac{\mathrm{d}z}{\mathrm{d}x}\right)$进行求导,即

$$\frac{\mathrm{d}y}{\mathrm{d}x}=\frac{\mathrm{d}y}{\mathrm{d}z}\cdot\frac{\mathrm{d}z}{\mathrm{d}x} \tag{7-33}$$

这种从输出 y 到输入 x 方向的分步求导过程"$\dfrac{\mathrm{d}y}{\mathrm{d}z}\to\dfrac{\mathrm{d}z}{\mathrm{d}x}$"被称作复合函数 $f(g(x))$的**反向求导**或**反向传播**过程。

这里举例说明一下复合函数的前向计算与反向求导过程。例如下面的复合函数 $y=\sigma(g(x))$,其中

$$z=g(x)\equiv\omega x+b,\quad y=\sigma(z)\equiv\frac{1}{1+\mathrm{e}^{-z}}$$

该复合函数的前向计算过程为:给定输入 x_0 和当前参数 ω_0、b_0,按如下步骤计算并输出 y_0。

$$z_0=g(x_0)=\omega_0x_0+b_0,\quad y_0=\sigma(z_0)=\frac{1}{1+\mathrm{e}^{-z_0}}$$

对复合函数求导,就是求复合函数在某个参数取值处的导数。例如,若将函数 $g(x)$中的 x、ω、b 均看作可变参数(即变量),求复合函数 $y=\sigma(g(x))$在参数$\boldsymbol{\theta}_0=(x_0,\omega_0,b_0)$处的导数$\left.\dfrac{\mathrm{d}y}{\mathrm{d}x}\right|_{\boldsymbol{\theta}_0}$、$\left.\dfrac{\mathrm{d}y}{\mathrm{d}\omega}\right|_{\boldsymbol{\theta}_0}$、$\left.\dfrac{\mathrm{d}y}{\mathrm{d}b}\right|_{\boldsymbol{\theta}_0}$,则依链式法则这三个导数分别为

$$\begin{cases}\left.\dfrac{\mathrm{d}y}{\mathrm{d}x}\right|_{\boldsymbol{\theta}_0}=\left.\dfrac{\mathrm{d}y}{\mathrm{d}z}\right|_{\boldsymbol{\theta}_0}\cdot\left.\dfrac{\mathrm{d}z}{\mathrm{d}x}\right|_{\boldsymbol{\theta}_0}=\sigma(z_0)[1-\sigma(z_0)]\cdot\omega_0\\ \left.\dfrac{\mathrm{d}y}{\mathrm{d}\omega}\right|_{\boldsymbol{\theta}_0}=\left.\dfrac{\mathrm{d}y}{\mathrm{d}z}\right|_{\boldsymbol{\theta}_0}\cdot\left.\dfrac{\mathrm{d}z}{\mathrm{d}\omega}\right|_{\boldsymbol{\theta}_0}=\sigma(z_0)[1-\sigma(z_0)]\cdot x_0\\ \left.\dfrac{\mathrm{d}y}{\mathrm{d}b}\right|_{\boldsymbol{\theta}_0}=\left.\dfrac{\mathrm{d}y}{\mathrm{d}z}\right|_{\boldsymbol{\theta}_0}\cdot\left.\dfrac{\mathrm{d}z}{\mathrm{d}b}\right|_{\boldsymbol{\theta}_0}=\sigma(z_0)[1-\sigma(z_0)]\cdot 1\end{cases}$$

其中,$y=\sigma(z)$为 sigmoid 函数,其导数为$\dfrac{\mathrm{d}y}{\mathrm{d}z}=\sigma(z)[1-\sigma(z)]$;$\sigma(z_0)$需通过前向计算求得。总结如下,求复合函数 $y=\sigma(g(x))$在$\boldsymbol{\theta}_0=(x_0,\omega_0,b_0)$处导数的计算过程包含一次前向计算和一次反向求导。

(1) 做前向计算,即

$$z_0=g(x_0)=\omega_0x_0+b_0$$

$$y_0=\sigma(z_0)=\frac{1}{1+\mathrm{e}^{-z_0}}$$

(2) 做反向求导,即

$$\left.\frac{\mathrm{d}y}{\mathrm{d}z}\right|_{\boldsymbol{\theta}_0}=\sigma(z_0)[1-\sigma(z_0)]=y_0(1-y_0)$$

$$\left.\frac{\mathrm{d}y}{\mathrm{d}x}\right|_{\boldsymbol{\theta}_0}=\left.\frac{\mathrm{d}y}{\mathrm{d}z}\right|_{\boldsymbol{\theta}_0}\cdot\omega_0,\quad \left.\frac{\mathrm{d}y}{\mathrm{d}\omega}\right|_{\boldsymbol{\theta}_0}=\left.\frac{\mathrm{d}y}{\mathrm{d}z}\right|_{\boldsymbol{\theta}_0}\cdot x_0,\quad \left.\frac{\mathrm{d}y}{\mathrm{d}b}\right|_{\boldsymbol{\theta}_0}=\left.\frac{\mathrm{d}y}{\mathrm{d}z}\right|_{\boldsymbol{\theta}_0}\cdot 1$$

2. 损失函数的前向计算与反向求导

基于梯度下降法对神经网络的参数进行学习,其关键是求解损失函数 $e(\boldsymbol{y}',\boldsymbol{y})$ 对各神经元参数的偏导数。其中的损失函数 $e(\boldsymbol{y}',\boldsymbol{y})$ 是一个复合函数,而且是一个多级复合函数。

图 7-11 的神经网络包含一个隐层(q 个神经元)和一个输出层(n 个神经元),从中各选取一个神经元作为代表,即隐层的第 k 个神经元、输出层的第 j 个神经元,然后将关注点聚焦到这两个神经元上,具体分析损失函数 $e(\boldsymbol{y}',\boldsymbol{y})$ 的前向计算和反向求导过程。

给定单个样本数据 $(\boldsymbol{x},\boldsymbol{y}')$,其中 $\boldsymbol{x}=(x_1,\cdots,x_i,\cdots,x_d)$ 为样本特征,$\boldsymbol{y}'=(y_1',\cdots,y_j',\cdots,y_n')$ 为样本的真实值,$\boldsymbol{y}=(y_1,\cdots,y_j,\cdots,y_n)$ 为该样本的预测值,图 7-12(a)、图 7-12(b) 分别给出了损失函数 $e(\boldsymbol{y}',\boldsymbol{y})$ 前向计算与反向求导,式(7-34a)、式(7-34b)则分别给出了它们具体的计算过程。

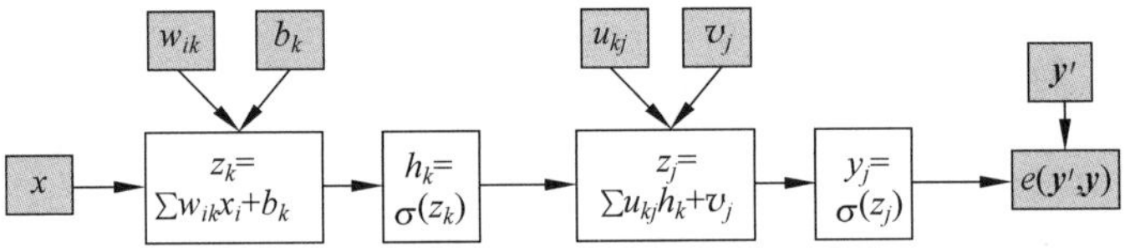

(a) 前向计算

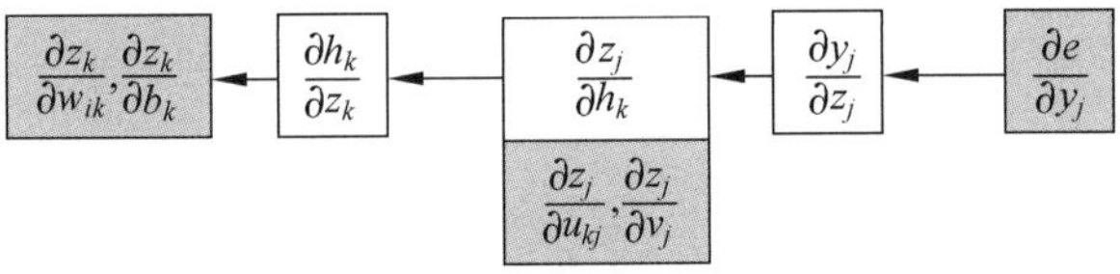

(b) 反向求导

图 7-12 损失函数的前向计算与反向求导

$$\begin{cases}z_k=\omega_{1k}x_1+\cdots+\omega_{ik}x_i+\cdots+\omega_{dk}x_d+b_k, & h_k=\sigma(z_k)=\dfrac{1}{1+\mathrm{e}^{-z_k}}\\[2ex] z_j=u_{1j}h_1+\cdots+u_{kj}h_k+\cdots+u_{qj}h_q+v_j, & y_j=\sigma(z_j)=\dfrac{1}{1+\mathrm{e}^{-z_j}}\\[2ex] e(\boldsymbol{y}',\boldsymbol{y})=\dfrac{1}{2}\displaystyle\sum_{j=1}^{n}(y_j'-y_j)^2\end{cases}\tag{7-34a}$$

$$\begin{cases}\dfrac{\partial e}{\partial y_j}=y_j-y_j';\quad \dfrac{\partial y_j}{\partial z_j}=\sigma(z_j)[1-\sigma(z_j)]=y_j(1-y_j)\\[2ex] \dfrac{\partial z_j}{\partial h_k}=u_{kj};\quad \dfrac{\partial z_j}{\partial u_{kj}}=h_k,\quad \dfrac{\partial z_j}{\partial v_j}=1\\[2ex] \dfrac{\partial h_k}{\partial z_k}=\sigma(z_k)[1-\sigma(z_k)]=h_k(1-h_k);\quad \dfrac{\partial z_k}{\partial \omega_{ik}}=x_i,\quad \dfrac{\partial z_k}{\partial b_k}=1\end{cases}\tag{7-34b}$$

式(7-34)中,$k=1,2,\cdots,q$,$j=1,2,\cdots,n$。

3. 损失函数对各神经元参数的偏导数

给定单个样本数据$(\boldsymbol{x},\boldsymbol{y}')$,其中 $\boldsymbol{x}=(x_1,\cdots,x_i,\cdots,x_d)$为特征数据,$\boldsymbol{y}'=(y'_1,\cdots,y'_j,\cdots,y'_n)$为样本的真实值。首先按照式(7-34a)进行前向计算,即

$$\boldsymbol{x}\to z_k\to h_k\to z_j\to y_j$$

然后利用上述结果,并按链式法则和式(7-34b)对各神经元参数进行反向求导,如下所述。

1) 求损失函数 $e(\boldsymbol{y}',\boldsymbol{y})$对输出层各神经元参数的偏导数

$$\begin{cases}\dfrac{\partial e}{\partial u_{kj}}=\dfrac{\partial e}{\partial y_j}\cdot\dfrac{\partial y_j}{\partial z_j}\cdot\dfrac{\partial z_j}{\partial u_{kj}}=e_j^y\cdot h_k\\[2ex]\dfrac{\partial e}{\partial v_j}=\dfrac{\partial e}{\partial y_j}\cdot\dfrac{\partial y_j}{\partial z_j}\cdot\dfrac{\partial z_j}{\partial v_j}=e_j^y\cdot 1\end{cases}\tag{7-35a}$$

其中,

$$e_j^y\equiv\frac{\partial e}{\partial y_j}\cdot\frac{\partial y_j}{\partial z_j}=(y_j-y'_j)\cdot\sigma'(z_j)=(y_j-y'_j)\cdot y_j(1-y_j),\quad j=1,2,\cdots,n$$

可以将 e_j^y 简单理解为输出层第 j 个神经元对误差的贡献度。

2) 求损失函数 $e(\boldsymbol{y}',\boldsymbol{y})$对隐层各神经元参数的偏导数

$$\begin{cases}\dfrac{\partial e}{\partial \omega_{ik}}=\displaystyle\sum_{j=1}^{n}\left(\dfrac{\partial e}{\partial y_j}\cdot\dfrac{\partial y_j}{\partial z_j}\cdot\dfrac{\partial z_j}{\partial h_k}\cdot\dfrac{\partial h_k}{\partial z_k}\cdot\dfrac{\partial z_k}{\partial \omega_{ik}}\right)=e_k^h\cdot x_i\\[2ex]\dfrac{\partial e}{\partial b_k}=\displaystyle\sum_{j=1}^{n}\left(\dfrac{\partial e}{\partial y_j}\cdot\dfrac{\partial y_j}{\partial z_j}\cdot\dfrac{\partial z_j}{\partial h_k}\cdot\dfrac{\partial h_k}{\partial z_k}\cdot\dfrac{\partial z_k}{\partial b_k}\right)=e_k^h\cdot 1\end{cases}\tag{7-35b}$$

其中,

$$\begin{aligned}e_k^h&\equiv\sum_{j=1}^{n}\left(\frac{\partial e}{\partial y_j}\cdot\frac{\partial y_j}{\partial z_j}\cdot\frac{\partial z_j}{\partial h_k}\cdot\frac{\partial h_k}{\partial z_k}\right)\\&=\left[\sum_{j=1}^{n}(e_j^y\cdot u_{kj})\right]\cdot\sigma'(z_k)=\left[\sum_{j=1}^{n}(e_j^y\cdot u_{kj})\right]\cdot h_k(1-h_k),\quad k=1,2,\cdots,q\end{aligned}$$

可以将 e_k^h 简单理解为隐层第 k 个神经元对误差的贡献度,它需通过输出层的误差贡献度 e_j^y 来计算。这种"损失函数 $e(\boldsymbol{y}',\boldsymbol{y})\to$输出层 $e_j^y\to$隐层 e_k^h"的反向计算过程称作**误差反向传播**(或**反向微分法**)。

3) 求多隐层时损失函数 $e(\boldsymbol{y}',\boldsymbol{y})$对各隐层的偏导数

神经网络可以添加隐层,提高模型复杂度。多隐层时,反向求导也是先求输出层偏导,然后再逐层反向求各隐层的偏导。

图 7-11 的神经网络包含一个隐层 $\boldsymbol{h}$(q 个神经元)和一个输出层 $\boldsymbol{y}$(n 个神经元),可以在隐层 $\boldsymbol{h}$ 之前再添加一个隐层 $\boldsymbol{h}'$。假设隐层 $\boldsymbol{h}'$包含 q'个神经元,有 d'个输入 $\boldsymbol{x}'=(x'_1,\cdots,x'_i,\cdots,x'_{d'})$、$q'$个输出 $\boldsymbol{h}'=(h'_1,\cdots,h'_k,\cdots,h'_{q'})$,其参数包括 $d'\times q'$个权重参数、q'个偏置参数。记隐层 $\boldsymbol{h}'$第 k 个神经元的权重和偏置参数为$\boldsymbol{\theta}_k^{h'}$,则

$$\boldsymbol{\theta}_k^{h'}=(\omega'_{1k},\cdots,\omega'_{ik},\cdots,\omega'_{dk},b'_k),\quad k=1,2,\cdots,q'$$

按链式法则可推导出损失函数 $e(\boldsymbol{y}',\boldsymbol{y})$对隐层 $\boldsymbol{h}'$各神经元参数的偏导数为

$$\begin{cases}\dfrac{\partial e}{\partial \omega'_{ik}} = e_k^{h'} \cdot x'_i \\ \dfrac{\partial e}{\partial b'_k} = e_k^{h'} \cdot 1\end{cases} \tag{7-35c}$$

其中，$e_k^{h'}$ 可理解为隐层 $\boldsymbol{h}'$ 第 k 个神经元对误差的贡献度，它需通过隐层 $\boldsymbol{h}$ 的误差贡献度 e_j^h 来反向计算，即

$$e_k^{h'} = \left[\sum_{j=1}^{q}(e_j^h \cdot \omega_{kj})\right] \cdot \sigma'(z'_k) = \left[\sum_{j=1}^{q}(e_j^h \cdot \omega_{kj})\right] \cdot h'_k(1-h'_k), \quad k=1,2,\cdots,q'$$

由于引入了误差贡献度，式(7-35c)看起来与式(7-35a)、式(7-35b)都很相似。

从式(7-35c)还可以看出，反向求导每增加一层，求导公式的右侧就会增加若干项连乘，其中包括各层激活函数的导数 $\sigma'(z)$。其数学形式可描述成式(7-36)的样子。

$$\frac{\partial e}{\partial \boldsymbol{\theta}_k^{h'}} = \cdots\sigma'(z_j)\cdots\sigma'(z_k)\cdots\sigma'(z'_k)\cdots \tag{7-36}$$

注意：多个大于1的连乘项可能使乘积变得很大（甚至因存储限制而导致溢出），这种现象称作**梯度爆炸**；多个小于1的连乘项可能使乘积变得很小（甚至因精度限制而导致梯度为零），这种现象称作**梯度消失**。例如，多隐层时使用 sigmoid 激活函数 $\sigma(z)$ 就容易产生梯度消失现象，因为其导数取值 $0<\sigma'(z)\leqslant 0.25$。梯度爆炸或消失都会使梯度下降法失效，梯度爆炸会导致参数更新出现错误，梯度消失则会使参数因梯度为零而得不到更新。这两个问题将留待7.3.3节解决。

给定样本数据$(\boldsymbol{x},\boldsymbol{y}')$，使用梯度下降法训练神经网络时应首先设定初始参数$\boldsymbol{\theta}^0$，然后进行迭代。第 k 轮迭代时先按式(7-34a)进行一次前向计算，保存隐层 $\boldsymbol{h}$ 和输出层 $\boldsymbol{y}$ 的计算结果；然后按式(7-35)计算损失函数 $e(\boldsymbol{y}',\boldsymbol{y})$ 对输出层和隐层在参数 $\boldsymbol{\theta}^{k-1}$ 处的偏导数；再将偏导数代入式(7-28)进行参数迭代更新。重复上述迭代过程，这就是反向传播算法的基本雏形。

7.3.3 反向传播算法

反向传播算法（简称 BP 算法）是神经网络最为常用的一种学习算法，其算法基础就是反向求导和梯度下降法。其中的梯度下降法经过多年发展已逐步演变出很多变体，代表性的有：**小批量**(mini-batch)梯度下降法（参见7.1.3节）、带**动量**(momentum)的随机梯度下降法、**RMSProp**(Root Mean Square Prop)算法和 **Adam**(Adaptive moment)算法等（参见参考文献[12]）。

神经网络需要学习的参数$\boldsymbol{\theta}$ 包括所有隐层和输出层的权重、偏置。下面先给出基于小批量梯度下降的 BP 算法代码结构（参见算法7-2），然后再对其中的实现细节展开讨论。

算法7-2：基于小批量梯度下降法的 BP 算法代码结构	
1.	**初始化**：设定代次数 epoch（例如10）、批次大小 batch_size（例如128）、梯度下降迭代次数 iters（例如20）；计算总的批次数 batch＝向下取整($m \div$ batch_size)；设定学习率 α（例如0.01）；初始化参数$\boldsymbol{\theta}^0$ 等

续表

2.	for **i** in range(**epoch**):　　　# 第 1 重循环:**代次循环**,共循环 epoch 次
3.	随机打乱训练集 D_{train} 中样本数据的次序,即将样本数据打散
4.	for **j** in range(**batch**):　　　# 第 2 重循环:**批次循环**,共循环 batch 次
5.	for **k** in range(**iters**):　　　# 第 3 重循环:**梯度下降循环**,共循环 iters 次
6.	基于第 j 个批次样本 D_{train}^{j} 计算式(7-37)所示损失函数的**梯度**$\nabla e(\boldsymbol{\theta}^{k-1})$,具体计算过程如式(7-34a)和式(7-35)所示
7.	按照式(7-38)进行**参数迭代**:$\boldsymbol{\theta}^{k}=\boldsymbol{\theta}^{k-1}-\alpha\cdot\nabla e(\boldsymbol{\theta}^{k-1})$
8.	**梯度下降循环结束**表示完成了第 j 批次样本的梯度下降,取下一批次样本继续进行梯度下降,直至批次循环结束
9.	**批次循环结束**表示完成了第 i 代次的学习,最后一次迭代的参数$\boldsymbol{\theta}^{k}$ 即为第 i 代次的最优参数,将其作为下一代次的初始参数$\boldsymbol{\theta}^{0}$;返回步骤 2 继续第 $i+1$ 代次的学习
10.	**代次循环结束**则整个学习算法结束,将最后一个代次的最优参数$\boldsymbol{\theta}^{k}$ 作为最终的最优参数$\boldsymbol{\theta}^{*}$

1. 基于代次、批次的梯度下降

给定样本容量为 m 的训练集 $D_{\text{train}}=\{(\boldsymbol{x}_1,\boldsymbol{y}_1'),(\boldsymbol{x}_2,\boldsymbol{y}_2'),\cdots,(\boldsymbol{x}_m,\boldsymbol{y}_m')\}$,其中 $\boldsymbol{x}_i$ 为第 i 个样本的特征,$\boldsymbol{y}_i'=(y_{i1}',\cdots,y_{ij}',\cdots,y_{in}')$为样本 $\boldsymbol{x}_i$ 对应的真实值(注:训练集通常应当先进行预处理,参见 2.2 节)。每代次训练前,BP 算法会首先将训练集 D_{train} 打散(即随机打乱样本次序),然后将其均匀拆分成若干个批次(记每批次的样本个数为 batch_size),再基于每个批次进行梯度下降。

如果使用均方误差来定义损失函数(例如回归模型),则基于批次的损失函数 e 被定义为

$$\begin{cases} e_i(\boldsymbol{y}_i',\boldsymbol{y}_i;\boldsymbol{\theta})=\dfrac{1}{2}\sum\limits_{j=1}^{n}(y_{ij}'-y_{ij})^2, \quad i=1,2,\cdots,\text{batch\_size} \\ e(\boldsymbol{\theta})=\dfrac{1}{\text{batch\_size}}\sum\limits_{i=1}^{\text{batch\_size}} e_i(\boldsymbol{y}_i',\boldsymbol{y}_i;\boldsymbol{\theta}) \end{cases} \tag{7-37a}$$

其中,$\boldsymbol{y}_i=(y_{i1},\cdots,y_{ij},\cdots,y_{in})$为神经网络模型对样本 $\boldsymbol{x}_i$ 的预测值。

如果是 n 个类别的分类模型,则通常会基于交叉熵来定义损失函数,即

$$\begin{cases} e_i(\boldsymbol{y}_i',\boldsymbol{p}_i;\boldsymbol{\theta})=\sum\limits_{j=1}^{n}y_{ij}'\ln p_{ij}, \quad i=1,2,\cdots,\text{batch\_size} \\ e(\boldsymbol{\theta})=\dfrac{1}{\text{batch\_size}}\sum\limits_{i=1}^{\text{batch\_size}} e_i(\boldsymbol{y}_i',\boldsymbol{p}_i;\boldsymbol{\theta}) \end{cases} \tag{7-37b}$$

其中,$\boldsymbol{y}_i'=(y_{i1}',\cdots,y_{ij}',\cdots,y_{in}')$为样本 $\boldsymbol{x}_i$ 对应的真实类别标注(n 类的 one-hot 编码);$\boldsymbol{p}_i=(p_{i1},\cdots,p_{ij},\cdots,p_{in})$为神经网络模型对样本 $\boldsymbol{x}_i$ 的预测概率(n 个类别的后验概率分布)。

有了基于批次的损失函数 $e(\boldsymbol{\theta})$,则基于批次进行梯度下降的参数迭代公式为

$$\boldsymbol{\theta}^{k}=\boldsymbol{\theta}^{k-1}-\alpha\cdot\nabla e(\boldsymbol{\theta}^{k-1}) \tag{7-38a}$$

其中,$\alpha(>0)$为学习率;$\nabla e(\boldsymbol{\theta}^{k-1})$为损失函数 $e(\boldsymbol{\theta})$在$\boldsymbol{\theta}^{k-1}$ 处的梯度。

总结如下,由于引入了代次循环、批次循环,再加上梯度下降法的迭代循环,整个 BP 算法就构成了一个**三重循环**结构。

2. 提高算法收敛速度

在式(7-38a)的参数迭代公式中，学习率 $\alpha(>0)$ 是一个超参数，用于控制更新参数时的步长(即更新幅度)。如果学习率 α 过小，则每次迭代时参数的更新幅度很小，收敛速度慢。可以增大学习率来提高收敛速度，但如果学习率 α 过大则参数可能会更新过头，这将使参数在极值点两边来回振荡，难以收敛。因此，提高算法收敛速度不能简单通过增大学习率来实现。

目前，提高 BP 算法收敛速度的方法有两种：一是通过累积梯度来调节更新步长；二是通过自适应学习率来调节更新步长。

1) 带动量的梯度下降法

带**动量**梯度下降法的基本思想：每次参数迭代时，其更新步长不仅仅依赖本次梯度 $\nabla e(\boldsymbol{\theta}^{k-1})$，还要综合考虑之前累积的梯度。其参数迭代公式为

$$\begin{cases} \boldsymbol{v}^k(\boldsymbol{\theta}) = \gamma \cdot \boldsymbol{v}^{k-1}(\boldsymbol{\theta}) + \alpha \cdot \nabla e(\boldsymbol{\theta}^{k-1}) \\ \boldsymbol{\theta}^k = \boldsymbol{\theta}^{k-1} - \boldsymbol{v}^k(\boldsymbol{\theta}) \end{cases} \tag{7-38b}$$

其中，$\boldsymbol{v}^{k-1}(\boldsymbol{\theta})$ 为各参数的**历史动量**(即之前累积的梯度)，$\boldsymbol{v}^0(\boldsymbol{\theta})=0$；历史动量再叠加上本次梯度 $\nabla e(\boldsymbol{\theta}^{k-1})$ 即为**当前动量** $\boldsymbol{v}^k(\boldsymbol{\theta})$；将当前动量 $\boldsymbol{v}^k(\boldsymbol{\theta})$ 作为参数的更新步长；$\alpha(>0)$ 为学习率，γ 为**动量系数**(通常设为 0.9 左右)。

引入动量后，如果本次梯度与之前累积的梯度反向则相互抵消，更新步长会变小(减少振荡)；如果同向则更新步长会变大(提高收敛速度)。

2) 自适应学习率

自适应(adaptive)学习率的基本思想：降低更新频繁参数的学习率(即减小更新步长以避免振荡)，增大更新较少参数的学习率(增大更新步长以提高收敛速度)。由 G. Hinton 提出的 **RMSProp** 算法就是一种比较典型的自适应学习率算法，其参数迭代公式为

$$\begin{cases} E^k(\boldsymbol{\theta}) = 0.9 \cdot E^{k-1}(\boldsymbol{\theta}) + 0.1 \cdot [\nabla e(\boldsymbol{\theta}^{k-1})]^2 \\ \boldsymbol{\theta}^k = \boldsymbol{\theta}^{k-1} - \dfrac{\alpha}{\sqrt{E^k(\boldsymbol{\theta}) + \varepsilon}} \cdot \nabla e(\boldsymbol{\theta}^{k-1}) \end{cases} \tag{7-38c}$$

其中，$E^{k-1}(\boldsymbol{\theta})$ 相当于各参数的**历史能量**(即之前累积的梯度平方)，$E^0(\boldsymbol{\theta})=0$；历史能量再叠加上本次梯度 $\nabla e(\boldsymbol{\theta}^{k-1})$ 的平方即为**当前能量** $E^k(\boldsymbol{\theta})$；然后用当前能量 $E^k(\boldsymbol{\theta})$ 来调节学习率 α，其中引入一个小常量 ε(例如 10^{-8})以防止分母为零。调节后，能量大(即更新频繁)的参数其学习率会变小，能量小(即更新较少)的参数则学习率会变大。

也可以将自适应学习率与带动量梯度下降法结合起来，例如 **Adam** 算法就是按这种思想设计出来的一种梯度下降算法。

3. 面向深度学习的 BP 算法

神经网络每增加一个隐层，其模型复杂度与表达能力就会相应提高一点。当隐层达到一定数量(例如八、九层)时，神经网络模型就可称作一个深度学习模型。直接将 BP 算法应用于深度学习模型会遇到两个致命问题：一是梯度消失或梯度爆炸问题；二是过拟合问题。为此，BP 算法还需要在具体的实现细节上做进一步完善。

1) 梯度消失或梯度爆炸问题

神经网络每增加一个隐层，其反向求导公式就会增加若干项连乘，其中包括各层激活函

数的导数 σ'(参见 7.3.2 节的式(7-36))。假设神经网络包含 L 个隐层和一个输出层,则其第一隐层参数$\boldsymbol{\theta}^1$ 的反向求导公式就是形如式(7-39)所示的样子。

$$\frac{\partial e}{\partial \boldsymbol{\theta}^1}=y\sigma' h^L \cdots \omega\sigma' h^{L-1} \cdots \omega\sigma' h^1 \cdots \omega\sigma' x \tag{7-39}$$

其中,y 表示输出层的输出分量;σ'表示各层激活函数的导数;$h^L \sim h^1$ 表示各隐层的输出;ω 表示各层的权重参数;x 表示输入层的输入分量。

从式(7-39)可以看出,深度学习模型中参数的梯度是一个包含很多项的连乘,而且越靠近输入层则连乘项越多。多个大于 1 的连乘项就可能产生梯度爆炸,而多个小于 1 的连乘项则可能产生梯度消失,这两种问题都会导致梯度下降法失效。对此,BP 算法可以在以下三个方面进行完善。

- **将隐层激活函数改为 ReLU 函数**。式(7-39)包含多个激活函数导数项。如果隐层都使用 sigmoid 激活函数 $\sigma(z)$,则容易产生梯度消失现象,因为其导数取值较小,$0<\sigma'(z)\leqslant 0.25$。可以将隐层激活函数改为 ReLU 函数。修改之后,对于已激活神经元($z\geqslant 0$),其导数 $\text{ReLU}'(z)=1$,反向求导时不会产生梯度爆炸或消失;对于未激活神经元($z<0$),其导数 $\text{ReLU}'(z)=0$,反向求导时立即阻断传播(梯度消失)。使用 ReLU 函数时,未激活神经元不参与参数迭代。ReLU 函数后续的改进版对此做了微调,这就是 **LeakyReLU** 函数。该函数(假设记作 f)及其导数的数学形式为

$$f(z)\equiv \text{LeakyReLU}(z)=\begin{cases} z, & z\geqslant 0 \\ \alpha z, & z<0 \end{cases} \tag{7-40a}$$

$$f'(z)=\begin{cases} 1, & z\geqslant 0 \\ \alpha, & z<0 \end{cases} \tag{7-40b}$$

其中,α 为常量,通常设为某个较小的数值(例如 0.01)。

- **合理初始化权重参数**。式(7-39)还包含各网络层的权重参数 ω。设置初始权重时不要过大或过小,这样可以降低梯度爆炸或梯度消失发生的可能性。例如,可以使用截断正态分布来随机生成权重参数。
- **批次标准化**(batch normalization)。如果基于批次来进行梯度下降,则前向计算时可以先对各隐层的批次输出进行标准化,然后再输出给下一层,这就是批次标准化(参见参考文献[13])。批次标准化的目的是尽量防止式(7-39)中 $h^1 \sim h^L$ 的取值过大或过小。

2) 过拟合问题

在机器学习中,如果模型过于简单,则会因学习能力不足而无法拟合训练样本(即训练误差较大),这种现象就是**欠拟合**。如果模型非常复杂,学习能力很强,则会因训练样本不足而出现训练误差小但泛化误差大的情况,这种现象就是**过拟合**。使用神经网络很容易构建出非常复杂的深度学习模型,其学习能力超强,深度学习更容易发生过拟合现象。对此,BP 算法可以在以下三个方面进行完善。

- **正则化**。解决过拟合问题的常规方法就是正则化(参见 2.4 节),即在损失函数中引入正则化项。如果正则化项采用 L_2 范数,则式(7-37)中基于批次的损失函数 $e(\boldsymbol{\theta})$ 可定义为

$$e(\boldsymbol{\theta}) = \frac{1}{\text{batch\_size}} \sum_{i=1}^{\text{batch\_size}} e_i(\boldsymbol{y}'_i, \boldsymbol{y}_i; \boldsymbol{\theta}) + \lambda \sum_{\theta_i \in \boldsymbol{\theta}} \theta_i^2 \tag{7-41}$$

其中,($\lambda \geqslant 0$)为超参数(表示正则化强度),需人工设定或通过交叉验证来选择;θ_i 为神经网络的各项参数(权重或阈值)。

- **早停**(early stopping)。解决过拟合问题的第二种方法是早停,即训练模型时除训练集外还额外提供一个验证集。训练集用于梯度下降、更新参数;验证集用于评估当前模型的泛化性能。每代次或批次迭代结束后分别计算训练集和验证集的误差,如果训练集误差降低但验证集误差升高,则停止训练,将验证集误差最小的参数作为模型的训练结果。
- **dropout**(可称作为**参数剔除法**)。这也是在神经网络中采用的一种解决过拟合问题的方法。其核心思想:在每批次迭代前随机剔除某些神经元连接(或者将上一层的某些输出强制置零以断开其与下一层的连接),被剔除的连接权重不会得到更新(即不参与实际训练),批次迭代结束后再恢复所有断开的连接。不同批次所断开的神经元连接不一样,它们是随机的。dropout 方法可在一定程度上减轻神经网络训练过程中的过拟合问题。

7.4 TensorFlow 机器学习框架

在学习了神经网络的基本原理之后,本节开始讲解如何基于 TensorFlow 机器学习框架来编写程序,实际练习神经网络模型的搭建、训练与使用。TensorFlow 是由 Google 公司主导的一个开源机器学习平台(https://tensorflow.google.cn/),其中包含各种工具、库和社区资源,它能让开发者轻松构建和部署机器学习相关的应用。

TensorFlow 为机器学习设计了较为完善的软件架构和接口规范,并以 API (Application Programming Interface,应用编程接口)的形式提供了丰富的类库和函数库。这些类库或函数库相当于一组程序零件,程序员只要按 TensorFlow 软件架构和接口规范将这些零件组装起来,就能轻松开发出自己的机器学习应用。通常,将针对某种应用所设计的软件架构、接口规范以及 API 称作一个软件开发**框架**(framework)。TensorFlow 就是这样一种软件开发框架,主要用于神经网络与深度学习领域的应用开发。

TensorFlow API 支持 Python、C++、Java 等主流计算机语言的开发,程序员只需下载对应语言的安装包就可以在自己的计算机上搭建起 TensorFlow 编程环境。本书使用 Python 语言来讲解 TensorFlow 编程开发。

7.4.1 TensorFlow 及其安装

TensorFlow 有两个版本,分别是 TensorFlow 1(已逐步被淘汰)和 TensorFlow 2。本书使用 TensorFlow 2。在安装 TensorFlow 2 之前,必须先安装好 Python 编程环境(Python 3.5 以上版本)。本书使用的是 Anaconda 集成开发环境(参见 2.1 节),下面具体讲解如何在 Anaconda 中下载安装 TensorFlow 2。

1. 创建 TensorFlow 开发环境

可以在 Anaconda 中创建多个独立的**开发环境**(environment)。多个开发环境之间互不干扰,它们可以使用不同的 Python 版本、安装不同的开发包。Anaconda 在安装之后默认有一个名为 base 的基本 Python 开发环境。这里再为 TensorFlow 创建一个新的开发环境,以便与其他应用完全隔离开。在 Anaconda 主界面中(参见图 7-13)选择菜单 **Environments→Create**,进入 Create new environment 对话框。

图 7-13　在 Anaconda 主界面中选择菜单 Environments→Create

在图 7-14 的对话框中为新环境命名(Name,例如 **tensorflow-2**),然后选择开发包(Packages)及其版本号(例如 **Python 3.8**)。单击 **Create** 按钮,Anaconda 将自动下载(要求计算机联网)并安装相关的 Python 开发环境。

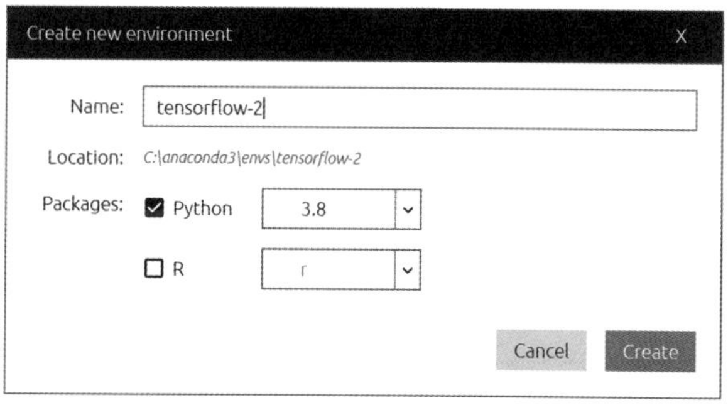

图 7-14　Create new environment 对话框

安装结束后，将会看到如图 7-15 所示的新开发环境 **tensorflow-2**。目前该环境只安装了 Python 语言及其基本开发包，还需继续下载、安装 TensorFlow 2 相关的开发包。

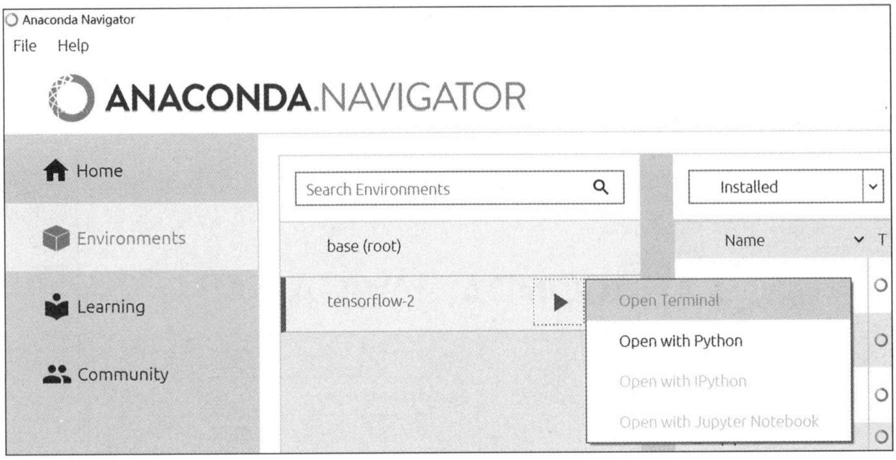

图 7-15 新的开发环境 tensorflow-2

单击开发环境 tensorflow-2 右侧的图标(类似于播放图标，参见图 7-15)进入其命令行终端(Terminal)，然后使用 Python 语言的 **pip** 命令来下载、安装 TensorFlow 2 开发包(参见图 7-16)。

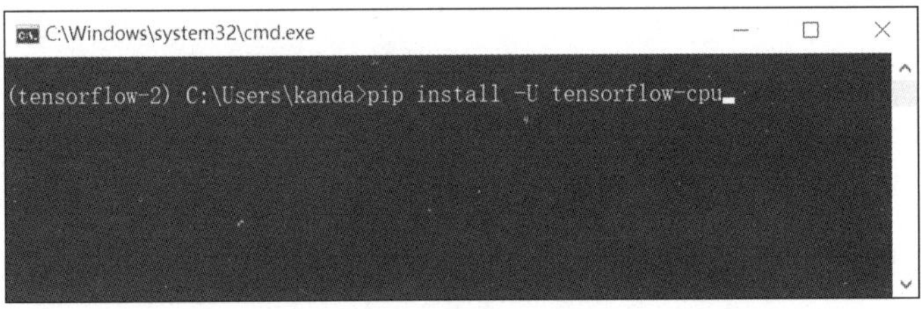

图 7-16 开发环境 tensorflow-2 的命令行终端

作为学习用途，暂时只下载、安装 TensorFlow 的 CPU 版本(不需安装 GPU 版本)，其 pip 命令如下：

```
pip install -U tensorflow-cpu
```

该命令将从 **PyPI**(Python Package Index)官方网站(https://pypi.org/)自动下载、安装最新版本的 TensorFlow 开发包(2021 年 5 月的最新版本为 2.5 版)。如果境外网站下载的网速过慢，可以改从设在中国大陆的 PyPI 镜像服务器下载，常用的镜像服务器如下。

- 清华大学镜像服务器：https://pypi.tuna.tsinghua.edu.cn/simple；
- 阿里云镜像服务器：https://mirrors.aliyun.com/pypi/simple；
- 豆瓣网镜像服务器：http://pypi.douban.com/simple/。

从镜像服务器下载需用选项"-i"指明网址，例如从清华大学镜像服务器下载、安装 TensorFlow 的 pip 命令为：

```
pip install -U tensorflow-cpu -i https://pypi.tuna.tsinghua.edu.cn/simple
```

至此，TensorFlow 机器学习框架（其中包含 NumPy）的开发环境全部搭建完成。如果需要其他额外的开发包，可以继续使用 pip 命令进行安装。为便于可视化，这里应继续安装两个可视化开发包，即 **matplotlib** 和 **tensorboard**。

2. 验证 TensorFlow 开发环境

在 Anaconda 主界面中选择菜单 **Home**（参见图 7-17），将 Applications on 设置为 tensorflow-2，然后安装（Install）并启动（Launch）记事本程序 **Jupyter**，这样就可以在浏览器中编写并运行基于 TensorFlow 的机器学习程序了。

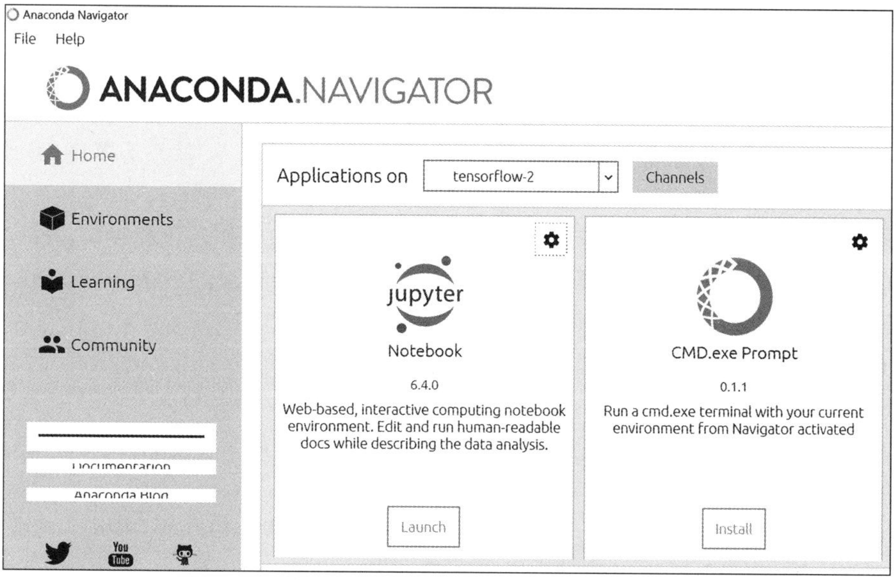

图 7-17　选择 TensorFlow 开发环境

启动 Jupyter 记事本程序会自动打开浏览器。首先新建一个 Jupyter 记事本文件，然后编写如图 7-18 所示的 Python 代码，导入 TensorFlow 库并检查其版本号。如果代码能够正常运行（按 Ctrl+Enter 组合键运行代码）并显示出版本号（例如 2.5.0），则说明 TensorFlow 2 的开发环境安装成功。在此基础上，下面将正式进入 TensorFlow 编程。

```
In [1]: # 导入两个最基本的TensorFlow包
        import tensorflow as tf          # 导入包tensorflow
        from tensorflow import keras     # 导入包tensorflow.keras
        print(tf.__version__)            # 显示TensorFlow的版本号

        import numpy as np               # 也可以导入NumPy
        2.5.0
```

图 7-18　导入 TensorFlow 库并检查其版本号

7.4.2　TensorFlow 底层接口编程

TensorFlow 机器学习框架的底层核心是**张量**（tensor）及其运算、**计算图**（dataflow graph）与自动微分，两者相加就是“基于张量的计算图”（TensorFlow）。

TensorFlow 提供了丰富的数据结构类与算法函数，它们统称为 **TensorFlow API**。程序员使用 TensorFlow API 可以大大减轻神经网络编程的工作量。TensorFlow API **分底层接口**(low-level API)和**高层接口**(high-level API，即 Keras)两种，本节讲解底层接口编程。注：学习底层接口编程需具备一定的程序设计基础。读者可跳过本节剩余内容，直接去学习高层接口编程(见 7.5 节)。

由于 TensorFlow API 所包含的类和函数非常多，因此它以

包 · 子包 · 模块 · 类(或函数)

package · subpackage · module · class(or function)

的形式将它们组织起来，以方便程序员查找、使用。在 Python 语言中，包和子包分别对应文件系统的目录、子目录；模块对应的则是 .py 文件；模块里的类或函数就是定义在 .py 文件中的类、函数。

TensorFlow API 的包名是 **tensorflow**(通常简写为 **tf**)，其中包含若干模块，另外还有一个 Keras 子包。这里列出 TensorFlow API 各主要模块的功能。

(1) **tf** 包：TensorFlow 将最基础的类或函数直接定义在包的初始化模块(__init__.py)中，例如 Tensor、Variable、GradientTape 等基础类，另外还有 sqrt、exp、matmul、reduce_mean 等基础函数。

- tf · **nn** 模块：提供一组描述神经元运算的函数，例如 sigmoid、ReLU、softmax、moments 等；
- tf · **random** 模块：提供一组生成随机数的函数，例如 normal、truncated_normal、uniform、set_seed 等；
- tf · **summary** 模块：提供一组记录日志文件的函数，例如 create_file_writer、scalar、graph、image 等，所记录的日志文件可使用 TensorBoard 进行可视化分析；
- tf · **data** 模块：提供一组数据集类，例如 Dataset 等。

(2) tf · **keras** 子包：这个子包提供了一组神经网络高层编程接口(称作 **Keras** API)，其初始化模块(__init__.py)直接定义了两个描述神经网络模型的类(Model 和 Sequential)。

- tf · keras · **layers** 模块：提供一组描述网络层的类，例如 Layer、Dense、Conv2D、LSTM 等；
- tf · keras · **optimizers** 模块：提供一组描述最优化算法的优化器类，例如 SGD、RMSprop、Adam 等；
- tf · keras · **losses** 模块：提供一组损失函数(例如 MSE、categorical_crossentropy 等)，或描述损失函数的类，例如 MeanSquaredError、CategoricalCrossentropy 等；
- tf · keras · **datasets** 模块：其中包含一组数据集加载函数(load_data)，使用这些函数就可以加载 Keras 提供的用于练习的样本数据集，例如 boston_housing、mnist 等；
- tf · keras · **models** 模块：提供一组管理模型的函数，例如 save_model、load_model 等。

下面就通过具体的程序实例来快速学习 TensorFlow 的基本用法。注：详情请参阅 TensorFlow 官方网站(https://tensorflow.google.cn/)上的 API 文档。

1. 张量类型

在 TensorFlow 中，**标量**(scalar)、**向量**(vector)、**矩阵**(matrix)或高维数据被统称为**张**

量(tensor),并用**形状**(shape)或**维度**(dimension)来区分它们。TensorFlow 提供了一个 Tensor 类来表示张量类型。可以通过 Python 语言的 list、Pandas 的 DataFrame、NumPy 的 ndarray 来生成 Tensor 对象(或称实例),也可以通过 Tensor 对象的 numpy()方法将其转换为 ndarray 对象。Tensor 类型的使用方法与 list、ndarray 等非常类似(例如索引、切片等)。比对图 7-19 中的代码与运行结果,了解 Tensor 对象的创建与使用方法。**关注点**:创建张量的函数 tf.constant()、张量的形状(**shape**)、张量中元素的数据类型(**dtype**)。附上函数 tf.constant()的简要说明。

```
tf.constant(value, shape = None, dtype = None, name = 'Const')
```

```
In [2]: # 张量类型: tf.Tensor, 张量具有不同维度
        a = 1.0                                          # 标量 (Python)
        print("a, type(a):", a, ",", type(a))
        b = tf.constant(1.0)                             # 0维张量 (即标量)
        print("b:", b);  print()

        c = tf.constant([1,2,3], dtype=tf.int32)        # 1维张量 (即向量)
        print("c:", c);
        print("c.numpy():", c.numpy());  print()

        d = tf.constant([[1,2,3],[4,5,6]])              # 2维张量 (即矩阵)
        print("d:", d);  print(d.numpy())

        a, type(a): 1.0 , <class 'float'>
        b: tf.Tensor(1.0, shape=(), dtype=float32)

        c: tf.Tensor([1 2 3], shape=(3,), dtype=int32)
        c.numpy(): [1 2 3]

        d: tf.Tensor(
        [[1 2 3]
         [4 5 6]], shape=(2, 3), dtype=int32)
        [[1 2 3]
         [4 5 6]]
```

图 7-19　Tensor 对象的创建与使用方法

2. 常张量与变张量

在训练神经网络的过程中,样本数据($\boldsymbol{x}$,$\boldsymbol{y}'$)是已知量,相当于是常量;各神经元的权重与阈值则是需要被训练的参数,相当于是变量。TensorFlow 用 Tensor 类表示**常张量**,用 Variable 类表示**变张量**。两者的用法基本相同,但 Variable 类多了一个重要属性,即 **trainable**,用于表示是否参与训练。比对图 7-20 中的代码与运行结果,了解常张量 Tensor 与变张量 Variable 的区别。**关注点**:tf.Variable 类的构造方法,这里附上其简要说明。

```
tf.Variable(
    initial_value = None, trainable = None, validate_shape = True, caching_device = None,
    name = None, variable_def = None, dtype = None, import_scope = None, constraint = None,
    synchronization = tf.VariableSynchronization.AUTO,
    aggregation = tf.compat.v1.VariableAggregation.NONE, shape = None
)
```

3. 随机生成张量

可以使用伪随机数来生成符合特定分布的张量,例如正态分布、截断正态分布、均匀分布等。比对图 7-21 中的代码与运行结果,了解随机生成张量的方法。**关注点**:tf.random.normal()、truncated_normal()和 uniform()这三个函数的用法,这里附上其简要说明。

```
In [3]: # 常张量 - tf.Tensor  变张量 - tf.Variable
        c = tf.constant([1,2,3], dtype=tf.int32)  # 常张量
        print("c:", c)
        print("c.numpy():", c.numpy());  print()

        x = tf.Variable([1,2,3], dtype=tf.int32)  # 变张量
        print("x:", x)
        print("x.numpy():", x.numpy())
        print("x.trainable=", x.trainable)

        c: tf.Tensor([1 2 3], shape=(3,), dtype=int32)
        c.numpy(): [1 2 3]

        x: <tf.Variable 'Variable:0' shape=(3,) dtype=int32, numpy=array([1,
        2, 3])>
        x.numpy(): [1 2 3]
        x.trainable= True
```

图 7-20　常张量 Tensor 与变张量 Variable

```
tf.random.normal(
    shape, mean = 0.0, stddev = 1.0, dtype = tf.dtypes.float32, seed = None, name = None
)
tf.random.truncated_normal(
    shape, mean = 0.0, stddev = 1.0, dtype = tf.dtypes.float32, seed = None, name = None
)
tf.random.uniform(
    shape, minval = 0, maxval = None, dtype = tf.dtypes.float32, seed = None, name = None
)
```

```
In [4]: # 生成正态分布的常张量
        a = tf.random.normal(shape=(3,), mean=0, stddev=1,
                             seed=2021, dtype=tf.float32)
        print("a:", a)

        # 生成截断正态分布的常张量
        # 取值范围: [mean -2*stddev, mean +2*stddev]
        b = tf.random.truncated_normal(shape=(3,), mean=0, stddev=1)
        print("b:", b)

        # 生成均匀分布的常张量
        c = tf.random.uniform(shape=(3,), minval=0, maxval=5)
        print("c:", c)

        a: tf.Tensor([ 0.15266371 -0.5130927  -0.27536014], shape=(3,), dtyp
        e=float32)
        b: tf.Tensor([ 1.0394828  -0.7439093   0.23318541], shape=(3,), dtyp
        e=float32)
        c: tf.Tensor([1.9966108 0.5570364 3.1996055], shape=(3,), dtype=floa
        t32)
```

图 7-21　随机生成张量

4. 将常张量转换为变张量

伪随机数生成的是常张量，可以将其转换为变张量。比对图 7-22 中的代码与运行结果，了解将常张量转换为变张量的方法。

5. 批次数据标准化

机器学习通常需要对数值型特征进行标准化（例如 Min-Max 或 z-score 标准化，参见 2.2.5 节）。如果使用小批量梯度下降法训练模型，则可以按批次进行标准化。图 7-23 给

```
In [5]: # 生成特定分布的常张量，例如正态分布、均匀分布等
        a = tf.random.truncated_normal(shape=(2,3), mean=0, stddev=1)
        print("a:", a); print()

        # 将常张量包装成变张量
        w = tf.Variable(a); print("w:", w)

        a: tf.Tensor(
        [[-0.5244627  -0.16188091  1.5301024 ]
         [ 1.2919745  -0.086021     0.06994686]], shape=(2, 3), dtype=float3
        2)

        w: <tf.Variable 'Variable:0' shape=(2, 3) dtype=float32, numpy=
        array([[-0.5244627 , -0.16188091,  1.5301024 ],
               [ 1.2919745 , -0.086021  ,  0.06994686]], dtype=float32)>
```

图 7-22 将常张量转换为变张量

```
In [6]: X = tf.constant([[1,2,3],[4,5,6]], dtype=tf.float32)
        print("X:", X);
        m = tf.nn.moments(X, axes=0)  # 按列求X的均值、方差
        print("X_mean=", m[0].numpy())
        print("X_variance=", m[1].numpy()); print()
        # 按列对X进行 z-score标准化
        X1 = tf.nn.batch_normalization(X, mean=m[0], variance=m[1],
                              offset=0, scale=1, variance_epsilon=0.001)
        print("X1:", X1)

        X: tf.Tensor(
        [[1. 2. 3.]
         [4. 5. 6.]], shape=(2, 3), dtype=float32)
        X_mean= [2.5 3.5 4.5]
        X_variance= [2.25 2.25 2.25]

        X1: tf.Tensor(
        [[-0.9997779  -0.9997778  -0.9997779 ]
         [ 0.9997778   0.99977803  0.9997778 ]], shape=(2, 3), dtype=float3
        2)
```

图 7-23 使用 TensorFlow 进行 z-score 标准化

出一种使用 TensorFlow 进行 z-score 标准化的方法。**关注点**：tf.nn.moments()、tf.nn.batch_normalization()这两个函数的用法，这里附上其简要说明。

```
tf.nn.moments(x, axes, shift = None, keepdims = False, name = None)
tf.nn.batch_normalization(x, mean, variance, offset, scale, variance_epsilon, name = None)
```

注：按批次进行 z_score 标准化(batch_normalization)的公式为

$$x_1 = \frac{x-\mu}{\sqrt{\sigma^2+\varepsilon}}$$

其中，μ、σ^2 分别为批次数据 $X=\{x\}$ 的均值和方差；ε 为一小常量(防止分母为零)；x_1 是特征 x 标准化之后的结果。

6. 张量的算术运算

对张量进行加、减、乘、除等算术运算，就是在两个张量的对应元素之间进行运算。如果两个张量的维度不一致(例如二维与一维进行运算)，TensorFlow 会自动对低维张量进行扩展，这被称作**广播**(broadcasting)。比对图 7-24 中的代码与运行结果，了解张量算术运算的规则与广播机制。**关注点**：通常只有元素类型相同(例如 dtype 都为 tf.int32)的张量才能在一起运算。

```
In [7]: # 张量的算术运算：对应元素之间进行算术运算
        a = tf.constant([1,2,3,4,5,6], shape=(2,3), dtype=tf.int32)
        b = tf.ones(shape=(3,), dtype=tf.int32)
        print(a.numpy(), ","); print(b.numpy()); print()

        print("a+1=",a+1)  # 自动扩展（broadcasting，广播）
        print("a+b=",a+b); print("2*a=",2*a); print("a*b=",a*b)

        [[1 2 3]
         [4 5 6]] ,
        [1 1 1]

        a+1= tf.Tensor(
        [[2 3 4]
         [5 6 7]], shape=(2, 3), dtype=int32)
        a+b= tf.Tensor(
        [[2 3 4]
         [5 6 7]], shape=(2, 3), dtype=int32)
        2*a= tf.Tensor(
        [[ 2  4  6]
         [ 8 10 12]], shape=(2, 3), dtype=int32)
        a*b= tf.Tensor(
        [[1 2 3]
         [4 5 6]], shape=(2, 3), dtype=int32)
```

图 7-24　张量的算术运算

7. 张量的函数运算

对张量进行函数运算，可能是对各元素单独进行运算，例如 square()函数；也可能是对元素整体进行运算，例如 argmax()函数(参见图 7-25)。**关注点**：常用函数的功能、参数及其返回值的数据类型(通常为张量)，这里附上一些常用函数的简要说明。

```
tf.square(x, name = None)
tf.sqrt(x, name = None)
tf.exp(x, name = None)
tf.shape(input, out_type = tf.dtypes.int32, name = None)
tf.reshape(tensor, shape, name = None)
tf.size(input, out_type = tf.dtypes.int32, name = None)
tf.zeros(shape, dtype = tf.dtypes.float32, name = None)
tf.argmax(input, axis = None, output_type = tf.dtypes.int64, name = None)
tf.one_hot(
    indices, depth, on_value = None, off_value = None, axis = None, dtype = None, name = None
)
...
```

```
In [8]: # 张量的函数运算：对元素单独运算或对整体进行运算
        a = tf.constant([1,4,9], dtype=tf.float32)
        print(a.numpy()); print()

        print("a**2=", a**2)                  # 平方运算
        print("square(a)=", tf.square(a))     # 平方函数
        print("argmax(a)=", tf.argmax(a))     # 返回最大元素索引的函数

        [1. 4. 9.]

        a**2= tf.Tensor([ 1. 16. 81.], shape=(3,), dtype=float32)
        square(a)= tf.Tensor([ 1. 16. 81.], shape=(3,), dtype=float32)
        argmax(a)= tf.Tensor(2, shape=(), dtype=int64)
```

图 7-25　张量的函数运算

8. 张量的矩阵乘法

矩阵乘法要求张量的维度不小于 2。一维行向量或列向量需转换为单行或单列矩阵形式才能参与矩阵乘法运算。如果张量的维度大于 2,则矩阵乘法是对张量的后两个维度进行运算。矩阵乘法可以使用运算符@,也可以使用函数 tf. **matmul**()(参见图 7-26)。**关注点**:矩阵乘法运算时前后两个张量的维度,以及运算结果的维度。

```
In [9]: # 张量的矩阵乘法: 要求维度≥2
        W = tf.constant([1,2,3,4,5,6], shape=(3,2))
        x = tf.ones(shape=(2,1), dtype=tf.int32)
        print(W.numpy(), ","); print(x.numpy()); print()

        z = W @ x              # 矩阵乘法运算符: @
        # z = tf.matmul(W, x)  # 矩阵乘法函数: matmul()
        print("W @ x =",z)

        [[1 2]
         [3 4]
         [5 6]] ,
        [[1]
         [1]]

        W @ x = tf.Tensor(
        [[ 3]
         [ 7]
         [11]], shape=(3, 1), dtype=int32)
```

图 7-26　张量的矩阵乘法

9. 张量的转置

可以对张量进行转置,或者在矩阵乘法时先转置再相乘。比对图 7-27 中的代码与运行结果,了解张量转置的方法。**关注点**:tf. matmul()、tf. transpose()这两个函数的用法,这里附上其简要说明。

```
tf.matmul(
        a, b, transpose_a = False, transpose_b = False, adjoint_a = False, adjoint_b = False,
        a_is_sparse = False, b_is_sparse = False, name = None
)
tf.transpose(a, perm = None, conjugate = False, name = 'transpose')
```

```
In [10]: # 张量的矩阵乘法: 转置后再相乘 - tf.transpose
         W = tf.constant([1,2,3,4,5,6], shape=(2,3))
         x = tf.ones(shape=(2,1), dtype=tf.int32)
         print(W.numpy(), ","); print(x.numpy()); print()

         # W_T = tf.transpose(W);  z = W_T @ x  # 先转置, 再相乘
         z = tf.matmul(W, x, transpose_a=True, transpose_b=False)
         print("W_T @ x =",z)

         [[1 2 3]
          [4 5 6]] ,
         [[1]
          [1]]

         W_T @ x = tf.Tensor(
         [[5]
          [7]
          [9]], shape=(3, 1), dtype=int32)
```

图 7-27　张量的转置

10. 记录并生成计算图

可以使用 TensorFlow 的 **Graph** 类将计算过程记录成计算图，然后写入日志文件(参见图 7-28(a))，再用第三方提供的 **TensorBoard** 可视化工具查看日志文件中的计算图(参见图 7-28(b))。除计算图外，日志文件和 TensorBoard 可视化工具更多地用于记录神经网络的训练过程(例如损失、误差、正确率等数据)，然后进行可视化分析。**关注点**：tf. Graph 类、tf. summary 模块。

```
In [11]: g = tf.Graph()          # 创建计算图对象
         with g.as_default():   # 使用计算图对象记录计算过程
             x = tf.ones(shape=(1,2), dtype=tf.float32)
             W = tf.constant([1,2,3,4,5,6],
                             shape=(2,3), dtype=tf.float32)
             z = x @ W
             h = tf.nn.sigmoid(z)

         # 创建日志文件（需指明其目录位置），然后保存计算图
         writer = tf.summary.create_file_writer(r"D:\mylogs")
         with writer.as_default():  # 将计算图写入日志文件
             tf.summary.graph(g)
         writer.flush(); print("Graph OK.")

         Graph OK.
```

(a) 记录计算图并写入日志文件

```
In [12]: # 加载（或重新加载）TensorBoard魔法命令
         %load_ext tensorboard
         # %reload_ext tensorboard

         # 在jupyter中启动TensorBoard日志文件监控服务
         %tensorboard --logdir D:\mylogs --host=localhost
         # 如有问题，请在命令行终端输入上面这条命令（不含%），
         # 然后在浏览器中查看日志：http://localhost:6006/
```

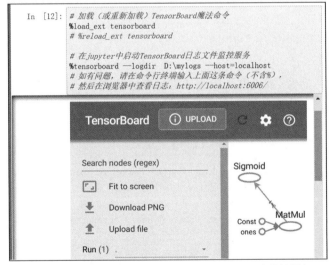

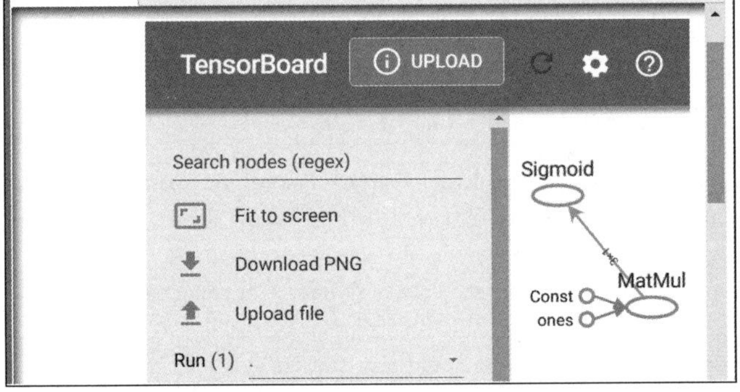

(b) 在Jupiter（或命令行终端）中启动Tensorboard日志监控服务

图 7-28 记录并生成计算图

11. 记录计算图并进行自动微分

可以使用 TensorFlow 的 **GradientTape** 类创建对象，然后通过该对象记录计算过程(即计算图)并进行自动微分(反向微分法)，最后再基于微分结果求函数梯度(即各训练参数的偏导)。训练参数指的是属性 trainable 为 True 的 Variable 对象；或通过 **watch**()方法添加的张量对象。比对图 7-29 中的代码与运行结果，了解计算图的记录、自动微分与反向求导的方法。**关注点**：tf. GradientTape 类的用法。

```
In [13]: # 记录计算过程并进行自动微分
         x1 = tf.constant(1.0)  # 常张量
         x2 = tf.Variable(2.0)  # 变张量
         with tf.GradientTape() as g:     # 记录计算过程
             g.watch(x1)  # 常张量需主动添加才能自动微分
             y = x1**2 + 5*x2 + 8

         # 基于微分结果求梯度（也即各项偏导数）
         dy_dx = g.gradient(y, [x1,x2]);  print(dy_dx)

         [<tf.Tensor: shape=(), dtype=float32, numpy=2.0>, <tf.Tensor: shape=
         (), dtype=float32, numpy=5.0>]
```

图 7-29 记录计算图并进行自动微分

12. 梯度下降法

利用 **GradientTape** 类的自动微分与反向求导功能，可以很容易地实现一个简单的梯度下降算法。比对图 7-30 中的代码与运行结果，了解梯度下降法的实现方法（示例代码只做一次迭代）。**关注点**：tf. GradientTape 类的用法。

```
In [14]: # 梯度下降法
         x = tf.random.uniform( shape=(1,3) )  # 样本特征x
         W = tf.random.normal(  shape=(3,5) )  # 初始化权重矩阵W
         b = tf.random.normal(  shape=(5,)  )  # 初始化偏置向量b
         # 将常张量包装成变张量，这样才能自动微分
         W = tf.Variable(W);  b = tf.Variable(b)
         # 跟踪偏置b的变化
         print("b=", b.numpy().reshape(-1))

         # 记录前向计算过程并进行自动微分
         with tf.GradientTape(persistent=True) as g:
             z = x @ W + b
             y = tf.nn.sigmoid(z)  # 激活函数
             L = tf.square(y -1)   # 损失函数

         # 计算梯度（即W和b的偏导数）并进行梯度下降
         dL_dW = g.gradient(L, W);  # 求权重W的偏导
         W = W - 0.01*dL_dW;        # 对权重W做一次迭代
         dL_db = g.gradient(L, b);  # 求偏置b的偏导
         print("dL/db=", dL_db.numpy().reshape(-1))
         b = b - 0.01*dL_db;        # 对偏置b做一次迭代
         print("b_new=", b.numpy().reshape(-1))

         b= [ 0.04768512 -0.00709868  0.36404985  0.6008929  -0.7548124 ]
         dL/db= [-0.22379673 -0.29602954 -0.27766207 -0.1385543  -0.08855416]
         b_new= [ 0.04992309 -0.00413839  0.36682647  0.6022785  -0.7539269 ]
```

图 7-30 梯度下降法的示例代码与运行结果

13. 将训练集包装成 Dataset 对象

小批量梯度下降法会首先将训练集打散（即随机打乱样本次序），然后将其均匀拆分成若干批次，最后再基于每个批次进行梯度下降。TensorFlow 提供一个数据集类 **Dataset**，可以将训练集包装成 Dataset 对象，这样就能很方便地实现打散、批次等功能。比对图 7-31 中的代码与运行结果，了解 Dataset 类的用法。**关注点**：tf. Dataset 类的用法。

本节讲解了如何使用 TensorFlow 实现张量及其运算、计算图与自动微分等基本功能，其中用到的类或函数都属于 TensorFlow 的底层 API。下面我们就基于这些底层接口来搭建神经网络，练习神经网络编程，并将之前所学的神经网络知识应用于实战。

```
In [15]: # 将list、DataFrame、ndarray等包装成Dataset对象
         ds = tf.data.Dataset.from_tensor_slices(
                                    [1, 2, 3, 4, 5, 6, 7, 8])
         print( list(ds.as_numpy_iterator()) )

         # shuffle：随机打乱样本次序
         ds1 = ds.shuffle(buffer_size=8)
         print( "shuffle:", list(ds1.as_numpy_iterator()) )

         # batch：将数据集拆分成批次
         ds2 = ds1.batch(3, drop_remainder=True)
         for i, (x) in enumerate(ds2):  # 按批次遍历数据集
             print("batch", i, ":", x)

         [1, 2, 3, 4, 5, 6, 7, 8]
         shuffle: [6, 4, 8, 1, 7, 3, 2, 5]
         batch 0 : tf.Tensor([8 4 2], shape=(3,), dtype=int32)
         batch 1 : tf.Tensor([3 5 1], shape=(3,), dtype=int32)
```

图 7-31　将训练集包装成 Dataset 对象

7.4.3　使用 TensorFlow 底层接口搭建神经网络

第 2 章曾使用线性回归方法建立了一个波士顿房价预测模型，其中用到了 scikit-learn 库和波士顿房价(boston_housing)数据集。本节将改用神经网络来搭建这个房价预测模型(回归模型)，并使用 TensorFlow 的底层 API 编写程序，具体实现这个模型。

使用 TensorFlow 搭建神经网络模型的主要工作有加载数据集、对数据集进行预处理、设计并搭建神经网络、编写训练(fit，即学习)算法和预测(predict)算法，最后使用训练集训练模型，并使用测试集对模型进行测试、评估。将上述工作编写成 Python 程序，可以按图 7-32 所示的代码结构来组织程序代码。

```
In [16]: # 1. 加载波士顿房价数据集
         pass  # 用空语句pass占位，代码暂缺

         # 2. 对数据集进行预处理
         def preProcessing(X, verbose=0):  # 特征选择与标准化
             pass

         # 3. 设计并搭建神经网络
         pass

         # 4. 编写预测算法
         def predict(X):  # 前向计算
             pass

         # 5. 编写学习算法
         def fit(X, Y):  # BP算法
             pass

         # 6. 训练并测试模型
         pass
```

图 7-32　神经网络模型的代码结构

1. 加载波士顿房价数据集

TensorFlow 的 tf・keras・datasets 模块包含一组数据集加载函数(load_data)，使用这些函数就可以加载 Keras 提供的用于练习的样本数据集(例如 boston_housing、mnist 等)。使用函数 load_data()加载波士顿房价数据集(其他数据集与此类似)的方法是：

```
tf.keras.datasets.boston_housing.load_data(
    path='boston_housing.npz', test_split=0.2, seed=113
)
```

函数 load_data()会自动将数据集拆分为训练集和测试集，并以 numpy.ndarray 的形式返回，详见图 7-33 所示的代码与运行结果。**关注点**：数据集的样本数和形状；首次加载数据集时需联网，函数 load_data()会将网上下载的数据集文件保存至本地硬盘(用户的账户文件夹)，再次加载时会直接从本地加载。也可以将数据集文件复制到其他文件夹(例如将数据集文件集中管理)，然后从该文件夹加载(加载时需给定文件名)。

```
In [17]: # 加载波士顿房价数据集（首次加载时会自动从网上下载）
         (X_train,Y_train), (X_test, Y_test) = \
                        keras.datasets.boston_housing.load_data()
         # 下载后自动保存至用户文件夹（Windows），例如
         # "C:\Users\kanda\.keras\datasets\boston_housing.npz"
         # 今后可以给定文件名，从本地加载：load_data(path="文件名")

         print("X_train:", X_train.shape, " Y_train:", Y_train.shape)
         print("X_test:", X_test.shape, "  Y_test:", Y_test.shape)
         print(X_train[0], "=> ", Y_train[0])

         X_train: (404, 13)  Y_train: (404,)
         X_test: (102, 13)   Y_test: (102,)
         [  1.23247   0.        8.14      0.        0.538     6.142    91.7
            3.9769    4.      307.       21.      396.9      18.72   ] => 1
         5.2
```

图 7-33　加载波士顿房价数据集

2. 对数据集进行预处理

波士顿房价数据集包含 13 项房屋特征(X_train、X_test)，还有一项真实房价标注(Y_train、Y_test)。假设神经网络模型只选择第 3(是否河景房)、5(房间数)、12(低层人口比例)这三项特征，并对房间数和低层人口比例进行 z－score 标准化(参见 2.2.4 节)。

图 7-34(a)的示例代码给出一个数据预处理函数 preprocessing()，其中演示了特征选择和数据标准化的方法。仔细阅读图 7-34(a)中的 Python 代码，并与图 7-34(b)中的运行结果进行比对。**关注点**：要准确了解数据集的形状(shape)；熟练掌握张量的索引、切片、合并等方法；通常只有元素类型相同(例如 dtype 都为 tf.float64)的张量才能在一起运算。

3. 设计并搭建神经网络

前馈神经网络输入层的维数(可记作 d)由所选择特征数据的维数决定，例如波士顿房价数据集包含 13 项房屋特征，但只选择其中的 3 项特征，因此 $d=3$；输出层的维数(即输出层神经元的数量，可记作 n)由输出数据决定，例如房价预测回归模型只需要输出一个房价数据，因此 $n=1$。设计预测房价的多层前馈神经网络，主要是确定其隐层的层数、各隐层的神经元数量与激活函数。隐层及各隐层神经元的数量是超参数，通常需凭经验或通过交叉验证来确定。

假设预测房价的多层前馈神经网络只有一个隐层(即两层前馈神经网络，如图 7-35 所示)，隐层神经元数量(可记作 q)为 5，即 $q=5$。

图 7-35 所示神经网络的**参数**包括：

- 隐层的权重 $\boldsymbol{W}_{d\times q}$ 和偏置 $\boldsymbol{b}_q$，可记作

```
In [18]: # 房价特征数据预处理 (verbose => 控制是否显示预处理过程)
def preprocessing(X, verbose=0):  # 特征选择与标准化
    # 特征选择
    X1 = X[:, [5,12]]  # RM-房间数、LSTAT-低层人口比例
    X1 = tf.constant(X1, dtype=tf.float64);
    if (verbose==1):  print(X1[:3])
    m_v = tf.nn.moments(X1, axes=0)  # 按列求均值、方差
    if (verbose==1):
        print("mean=", m_v[0].numpy())
        print("variance=", m_v[1].numpy());  print()
    # 按列进行z-score标准化
    X1 = tf.nn.batch_normalization(X1, m_v[0], m_v[1],
            offset=0, scale=1, variance_epsilon=0.001)
    if (verbose==1):  print(X1[:3].numpy())
    X2 = X[:, [3]];  # 再添加特征项: CHAS-是否河景房
    X2 = tf.constant(X2, dtype=tf.float64);
    if (verbose==1):  print("CHAS=", X2[:3]);  print()
    # 合并: RM-房间数、LSTAT-低层人口比例、CHAS-是否河景房
    X_new = tf.concat([X1, X2], axis=1)
    return X_new  # 返回经预处理得到的新数据集

X_new_train = preprocessing(X_train, 1)  # 训练集预处理
print(X_new_train[:3].numpy(),",", Y_train[:3])
X_new_test = preprocessing(X_test)         # 测试集预处理
```

(a) 示例代码

```
tf.Tensor(
[[ 6.142 18.72 ]
 [ 7.61   3.11 ]
 [ 4.97   3.26 ]], shape=(3, 2), dtype=float64)
mean= [ 6.26708168 12.74081683]
variance= [ 0.50255144 52.49815206]

[[-0.17626732  0.82521234]
 [ 1.89246421 -1.32918973]
 [-1.82787042 -1.3084876 ]]
CHAS= tf.Tensor(
[[0.]
 [0.]
 [0.]], shape=(3, 1), dtype=float64)

[[-0.17626732  0.82521234  0.        ]
 [ 1.89246421 -1.32918973  0.        ]
 [-1.82787042 -1.3084876   0.        ]] , [15.2 42.3 50. ]
```

(b) 运行结果

图 7-34　对波士顿房价数据集进行预处理的示例代码与运行结果

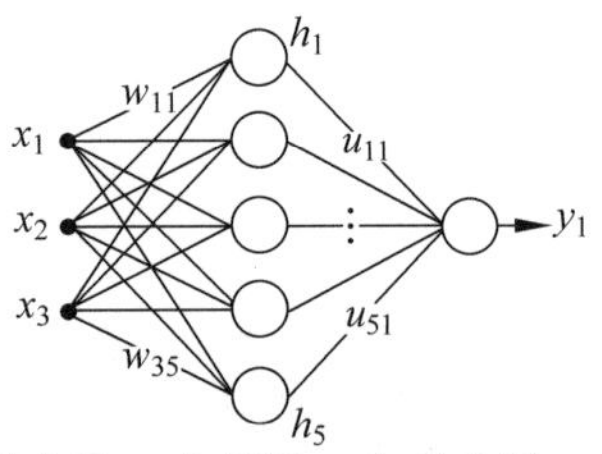

图 7-35　预测房价的两层前馈神经网络(回归模型)

$$\boldsymbol{W}_{d\times q}=\boldsymbol{W}_{3\times 5}=\begin{bmatrix}\omega_{11} & \omega_{12} & \omega_{13} & \omega_{14} & \omega_{15}\\ \omega_{21} & \omega_{22} & \omega_{23} & \omega_{24} & \omega_{25}\\ \omega_{31} & \omega_{32} & \omega_{33} & \omega_{34} & \omega_{35}\end{bmatrix}$$

$$\boldsymbol{b}_q=\boldsymbol{b}_5=[b_1,b_2,b_3,b_4,b_5]$$

- 输出层的权重 $\boldsymbol{U}_{q\times n}$ 和偏置 $\boldsymbol{v}_n$，可记作

$$\boldsymbol{U}_{q\times n}=\boldsymbol{U}_{5\times 1}=\begin{bmatrix}u_{11}\\u_{21}\\u_{31}\\u_{41}\\u_{51}\end{bmatrix},\quad \boldsymbol{v}_n=\boldsymbol{v}_1=[v_1]$$

如果以 $m=40$ 个房屋样本作为一个**批次**，则它们的特征数据可记作如下矩阵

$$\boldsymbol{X}_{m\times d}=\boldsymbol{X}_{40\times 3}=\begin{bmatrix}\boldsymbol{x}_1\\\boldsymbol{x}_2\\\vdots\\\boldsymbol{x}_{40}\end{bmatrix}=\begin{bmatrix}x_{11}&x_{12}&x_{13}\\x_{21}&x_{22}&x_{23}\\\vdots&\vdots&\vdots\\x_{40,1}&x_{40,2}&x_{40,3}\end{bmatrix}$$

这时隐层(假设使用 sigmoid 函数)的输出可记作

$$\boldsymbol{H}_{m\times q}=\boldsymbol{H}_{40\times 5}=\begin{bmatrix}\boldsymbol{h}_1\\\boldsymbol{h}_2\\\vdots\\\boldsymbol{h}_{40}\end{bmatrix}=\begin{bmatrix}h_{11}&h_{12}&\cdots&h_{15}\\h_{21}&h_{22}&\cdots&h_{25}\\\vdots&\vdots&\ddots&\vdots\\h_{40,1}&h_{40,2}&\cdots&h_{40,5}\end{bmatrix}$$

且可表示为如下的矩阵运算

$$\boldsymbol{Z}_{m\times q}=\boldsymbol{X}_{m\times d}\boldsymbol{W}_{d\times q}+\boldsymbol{b}_q,\quad \boldsymbol{H}_{m\times q}=\sigma(\boldsymbol{Z}_{m\times q})$$

同理，输出层(回归模型无激活函数)的输出可记作

$$\boldsymbol{Y}_{m\times n}=\boldsymbol{H}_{40\times 1}=\begin{bmatrix}y_{11}\\y_{21}\\\vdots\\y_{40,1}\end{bmatrix},\quad 且\ \boldsymbol{Y}_{m\times n}=\boldsymbol{H}_{m\times q}\boldsymbol{U}_{q\times n}+\boldsymbol{v}_n$$

注：这里请关注权重、偏置、特征(批次)、隐层输出(批次)、输出层输出(批次)这五种数据的形状与组织方式，并在后续编程时严格按照上述内容来定义和使用 TensorFlow 张量。

图 7-36(a)给出了使用 TensorFlow 底层接口搭建房价预测神经网络的示例代码，其主要工作就是定义并初始化权重、偏置这两种参数张量；图 7-36(b)给出了示例代码的运行结果。**关注点**：权重通常使用截断正态分布进行初始化；偏置通常将初始值设为 0；权重和偏置应包装成变张量，这样才能利用 GradientTape 类的求导功能进行训练；将权重、偏置等参数张量定义为全局变量，以便后续程序共享访问。

4. 编写预测算法

预测算法就是给定输入特征 X，然后计算神经网络模型的输出结果(即预测结果)Y，这个过程就是神经网络的前向计算过程。图 7-36 所搭建的房价预测神经网络模型还没有训练，其参数是被随机初始化的。可以先编写预测算法，使用还未训练的模型进行预测并查看其结果，以便与训练之后的预测结果进行比对。

图 7-37 将预测算法编写成函数 predict()，然后使用测试集对未训练的模型进行测试，查看预测的均方误差；另外还显示了前三个样本的预测值与真实值。可以看出未经训练的

```
In [19]: # 初始化网络结构：两层前馈神经网络（回归模型）
         d = 3   # 输入层特征维度
         q = 5   # 隐层神经元数
         n = 1   # 输出层神经元数

         # 初始化隐层参数：权重矩阵、偏置向量
         W = tf.random.truncated_normal(shape=(d,q),
                                 mean=0, stddev=1, dtype=tf.float64)
         W = tf.Variable(W)    # 将W包装成变张量
         b = tf.Variable( tf.zeros(shape=(q,), dtype=tf.float64) )

         # 初始化输出层参数：权重矩阵、偏置向量
         U = tf.random.truncated_normal(shape=(q,n),
                                 mean=0, stddev=1, dtype=tf.float64)
         U = tf.Variable(U)    # 将U包装成变张量
         v = tf.Variable( tf.zeros(shape=(n,), dtype=tf.float64) )

         print(W); print(b)  # 查看隐层参数的初始化结果
         # 神经网络参数被定义为全局变量：W、b、U、v
```

(a) 示例代码

```
<tf.Variable 'Variable:0' shape=(3, 5) dtype=float64, numpy=
array([[-0.30305598, -1.08393831,  0.04571325, -1.32018092, -0.63924
38 ],
       [ 0.907422  , -0.11927478,  0.40183748,  0.37678932, -0.16690
952],
       [-0.77064137,  0.48737812, -1.0903152 ,  0.93492954,  0.09855
68 ]])>
<tf.Variable 'Variable:0' shape=(5,) dtype=float64, numpy=array([0.,
0., 0., 0., 0.])>
```

(b) 运行结果

图 7-36 搭建房价预测神经网络的示例代码与运行结果

```
In [20]: def predict(X):            # 前向计算
             global W, b, U, v   # 引入神经网络参数（全局变量）
             # 先计算隐层：X => H
             Z = X @ W + b              # 加权和
             H = tf.nn.sigmoid(Z)       # 激活函数
             # 再计算输出层：H => Y
             Y = H @ U + v             # 加权和
             return Y                  # 返回计算结果

         # 先用未训练的模型进行预测，查看预测结果
         Y = predict(X_new_test)
         Y1 = tf.reshape(Y, -1)     # 将单列矩阵转换为一维张量
         e = keras.metrics.MSE(Y_test, Y1)         # 均方误差
         print("MSE=", e)
         print("Y_predict=", Y1[:3].numpy())       # 预测房价
         print("Y_true=", Y_test[:3])              # 真实房价

         MSE= tf.Tensor(613.1287410921934, shape=(), dtype=float64)
         Y_predict= [ 1.10629942  0.33280953 -0.07778357]
         Y_true= [ 7.2 18.8 19. ]
```

图 7-37 预测函数 predict()的定义与调用

模型,其预测误差是比较大的。**关注点**：两个张量的形状必须一致才能使用 MSE()函数计算它们之间的均方误差；调整张量的形状可使用 tf. reshape()函数(附上其简要说明)。

```
tf.reshape(tensor, shape, name = None)
```

5. 编写学习算法

使用 TensorFlow 底层 API 可以很方便地实现神经网络学习算法。图 7-38 给出一个完整的基于 BP 算法(参见 7.3.3 节)的学习算法示例代码,代码被编写成一个训练函数 fit()。**关注点**：主体算法流程是一个三重循环(代次循环、批次循环、梯度下降迭代循环)；算法使用

TensorFlow 的 Dataset 对象管理批次数据；使用 GradientTape 对象记录计算过程并进行反向求导；损失函数采用基于批次的均方误差。

```
In [21]: def fit(X, Y):  # 学习算法：BP算法
             global W, b, U, v  # 引入神经网络参数（全局变量）
             # 初始化BP算法的超参数
             epoch = 5          # 代次
             batch_size = 40    # 批次大小
             iters = 20         # 梯度下降法的迭代次数
             alpha = 0.01       # 学习率
             # 将训练集包装成TensorFlow的Dataset对象
             DS_train = tf.data.Dataset.from_tensor_slices((X, Y))
             for i in range(epoch):                                # 循环1：代次迭代
                 ds = DS_train.shuffle(buffer_size=500)               # 打散
                 ds = ds.batch(batch_size, drop_remainder=True)  # 建立批次
                 for j, (X, Y_true) in enumerate(ds):   # 循环2：枚举批次
                     for k in range(iters):              # 循环3：梯度下降迭代
                         # 记录前向计算过程并进行自动微分
                         with tf.GradientTape(persistent=True) as g:
                             g.watch(W);  g.watch(b);
                             g.watch(U);  g.watch(v)
                             # 隐层前向计算
                             Z = X @ W + b;  H = tf.nn.sigmoid(Z)
                             # 输出层前向计算
                             Y = H @ U + v
                             # 计算损失函数：均方误差
                             Y1 = tf.reshape(Y, -1)
                             loss = keras.losses.MSE(Y_true, Y1)
                         # 求损失函数对各参数的偏导，然后迭代更新参数
                         dW = g.gradient(loss, W);  W = W - alpha*dW
                         db = g.gradient(loss, b);  b = b - alpha*db
                         dU = g.gradient(loss, U);  U = U - alpha*dU
                         dv = g.gradient(loss, v);  v = v - alpha*dv
                 # 每代次训练结束后，显示均方误差
                 print("epoch", i+1, ": loss=", loss.numpy())
             print ("Training end, loss=", loss);  print()
```

图 7-38　基于 BP 算法的神经网络学习算法

6. 训练并测试模型

搭建房价预测神经网络模型的最后一步就是使用训练集数据对模型进行训练，学习最优的模型参数(即各网络层的权重和偏置)，然后用测试集对模型进行测试、评估。图 7-39 给出对一个对神经网络模型进行训练、测试和评估的示例代码。运行代码就可以观察到模型的训练过程和测试结果。可以将测试结果与训练前的结果(参见图 7-37)进行比对。**关注点**：回归模型通常使用均方误差作为评价指标；比对训练误差与测试误差，评估模型的

```
In [22]: fit(X_new_train, Y_train)  # 使用训练集训练神经网络

         # 使用测试集对模型进行测试，查看预测结果
         Y = predict(X_new_test)
         Y1 = tf.reshape(Y, -1)        # 将单列矩阵转换为一维张量
         e = keras.metrics.MSE(Y_test, Y1)          # 均方误差
         print("MSE=", e.numpy())
         print("Y_predict=", Y1[:3].numpy())        # 预测房价
         print("Y_true=", Y_test[:3])               # 真实房价

         epoch 1 : loss= 42.799480393196646
         epoch 2 : loss= 14.690607899715303
         epoch 3 : loss= 36.12564260012298
         epoch 4 : loss= 30.12586891579965
         epoch 5 : loss= 7.7411271991392825
         Training end, loss= tf.Tensor(7.7411271991392825, shape=(), dtype=fl
         oat64)

         MSE= 22.900662131842214
         Y_predict= [10.74481449 17.49209332 22.31122751]
         Y_true= [ 7.2 18.8 19. ]
```

图 7-39　神经网络模型的训练、测试和评估的示例代码与运行结果

泛化性能。

本节使用 TensorFlow 底层接口,实现了一个从零开始搭建神经网络模型的完整过程。通过这个实现过程,读者一方面可以深入了解神经网络的基本原理,另一方面也能感受到 TensorFlow 底层接口编程具有一定难度,工作量也比较大。实际工作中,可以改用 TensorFlow 的高层接口来搭建神经网络模型,这就是 Keras 高层接口建模。

7.5 Keras 高层接口建模

Keras(号角,来自希腊语)是一个用 Python 语言编写的专门用于神经网络与深度学习的高层接口(或称作 **Keras API**)。如果想借助机器学习开展自己的研究或应用,但又不想编写太多程序代码,那么 Keras 就是一个非常好的机器学习建模工具。Keras 能让科学家、工程师摆脱编程困扰,迅速将神经网络与深度学习引入自己的研究开发工作。注:如果是神经网络或深度学习建模则可以选用 Keras,否则应选用其他 Python 库(例如 scikit-learn)。

Keras 实际上是一个第三方开源 Python 库,在机器学习领域具有广泛的影响力。为此,TensorFlow 从第 2 版开始引入 Keras,将其作为自己的高层接口。安装 TensorFlow 2 时,Keras API 将作为其中的一个子包被同时安装。

7.5.1 从编程到装配

Keras 的核心是模型类 **Model** 以及构成模型的网络层类 **Layer**。这是两个基类(相当于两个大类),实际应用通常是使用它们下面的子类(即大类下细分的小类)。模型类 Model 下最常用的子类是堆叠式神经网络模型类 **Sequential**(或称顺序模型类);网络层类 Layer 下最常用的子类是全连接网络层类 **Dense**。

在程序设计中,**类**(class)像是一张设计图纸,用类定义**对象**(object)就相当于按照图纸制造**程序零件**(或称作**实例**,instance)。例如,使用 Sequential 类就可以制造一个堆叠式神经网络模型(可将其命名为 nn)。其 Python 代码如下:

```
from tensorflow.keras import models   # 导入keras子包的models模块
nn = models.Sequential()               # 定义一个堆叠式神经网络对象nn
```

模型 nn 还只是一个框架,其中未包含任何网络层或神经元。可以用 Dense 类再制造一个全连接网络层零件(可将其命名为 fcl),然后添加到模型 nn 中。其 Python 代码如下:

```
from tensorflow.keras import layers  # 导入keras子包的layers模块

# 制造一个全连接网络层零件fcl,包含64个神经元,激活函数为sigmoid
fcl = layers.Dense(units=64, activation='sigmoid')
# 将零件fcl装配(添加)到模型nn中
nn.add( fcl )

# 可以将零件的制造指令与装配指令合并成一条指令
nn.add( layers.Dense(units=64, activation='sigmoid') )
print(nn.name)  # 显示模型nn的名称
```

关注点：在程序设计中，对象具有类所规定的属性和方法。属性是描述对象的数据，方法是操作对象的函数。例如，模型 nn 是堆叠式神经网络类 Sequential 的对象，具有类 Sequential 所规定的属性（例如 name）和方法（例如 add），其中属性 nn.name 保存了模型 nn 的名称，方法 nn.add()则是向模型添加网络层的函数。关于 Keras 中类的详细情况，请参阅 TensorFlow 官方网站（https://tensorflow.google.cn/）上的 API 说明文档。

Keras 用 Python 语言编写了搭建神经网络模型所需的全部代码，并以类的语法形式提供给用户使用。对用户来说，Keras 能将神经网络建模工作从复杂的编程转换为简单的装配。下面具体讲解使用 Keras 高层接口搭建神经网络模型的完整流程，共五个环节，依次是搭建神经网络模型、配置模型、训练模型、评估模型和应用模型。

1. 搭建神经网络模型

搭建神经网络模型之前需先设计好网络结构。假设搭建一个两层前馈神经网络模型，其中包含一个隐层和一个输出层；隐层包含 64 个神经元，激活函数为 ReLU；输出层包含 10 个神经元，激活函数为 softmax（多分类模型）。使用 Keras 搭建这个神经网络模型的示例代码如下：

```
# 搭建神经网络模型
from tensorflow.keras import models   # 导入keras子包的models模块
from tensorflow.keras import layers   # 导入keras子包的layers模块

nn = models.Sequential()               # 定义一个堆叠式神经网络对象nn
nn.add( layers.Dense(units=64, activation='relu') )   # 先添加隐层
nn.add( layers.Dense(units=10, activation='softmax'))  # 再添加输出层
```

关注点：使用 Keras 类定义对象时通常需设定对象的参数，例如使用 Dense 定义网络层对象时需设定神经元数量和激活函数。如果后续试验结果不理想则可以通过修改参数来调整模型设计方案，这个过程称作**调参**（即调节参数）。

2. 配置模型

配置（compile）模型指的是设定神经网络模型的**损失函数**（loss）、**优化器**（optimizer，即优化算法）和**评价指标**（metrics）等关键选项。例如，将神经网络模型 nn 的损失函数设为**分类交叉熵**（categorical crossentropy）、优化算法设为**随机梯度下降法**（SGD）、评价指标设为**正确率**（accuracy）。其示例代码如下：

```
# 配置（compile）模型：通过字符串指定损失函数、优化算法和评价指标
nn.compile(loss='categorical_crossentropy',
           optimizer='sgd',
           metrics=['accuracy'])
```

也可以对神经网络模型做更专业的配置。例如，通过定义随机梯度下降类 SGD 的对象，可以进一步指定**学习率**（learning rate）等更专业的参数。其示例代码如下：

```
# 更专业地配置（compile）模型：通过对象可以更进一步设定参数细节
from tensorflow import keras   # 导入keras子包

nn.compile(loss=keras.losses.categorical_crossentropy,
           optimizer=keras.optimizers.SGD(learning_rate=0.01),
           metrics=['accuracy'])
```

关注点：配置模型需具备神经网络的基本知识，例如配置优化器时应对常用优化算法有一定了解(但不需要很深入)。

3. 训练模型

在完成神经网络模型的搭建与配置之后，下一步就是用训练集来**训练**(fit)模型参数。例如用训练集(X_train，Y_train)来训练模型 nn。其示例代码如下：

```
# 训练（fit）模型：数据集可以是NumPy的ndarray，或TensorFlow的张量
nn.fit(X_train, Y_train, epochs=5, batch_size=32)

# 可使用Pandas做数据预处理，再用to_numpy方法将DataFrame转换为ndarray
```

其中，X_train 为特征数据集，Y_train 为标注数据集，epochs 指定训练代次，batch_size 指定批次大小。**关注点**：Keras 虽然提供若干练习用的样本数据集，但并不提供数据预处理功能。可以使用 Pandas 进行数据预处理，然后用 DataFrame 的 to_numpy()方法将数据集转换为 NumPy 的 ndarray 数组。Keras 可以接受的数据集格式有 NumPy 数组、TensorFlow 张量等。

4. 评估模型

在训练好模型之后，下一步就是对模型进行**测试**(test)和**评估**(evaluate)。其目的是评估模型的泛化性能(即对新数据的预测能力)，因此评估时不能用训练集，而应使用另外的测试集。例如，用测试集(X_test，Y_test)来评估模型 nn，其示例代码如下：

```
# 评估（evaluate）模型：使用测试集对模型进行测试、评估
loss_and_metrics = nn.evaluate(X_test, Y_test)
```

其中，X_test 为测试集的特征数据，Y_test 为测试集的标注数据，函数将返回损失值和评价指标值。**关注点**：回归模型通常使用**均方误差**(mean squared error)来度量模型的损失和性能；分类模型通常使用**分类交叉熵**(categorical crossentropy)来度量损失，用**正确率**(accuracy)来度量性能。损失与性能的度量方法是在配置模型时设定的。

5. 应用模型

如果经评估模型 nn 的性能指标能够达到要求，则可以将模型应用于对新数据的**预测**(predict)。例如，使用模型 nn 对新数据 X 进行预测并返回预测值 Y，其示例代码如下：

```
# 应用模型：应用模型对新数据X 进行预测
Y = nn.predict( X )
```

至此，使用 Keras 高层接口搭建神经网络模型的五个环节已全部完成。可以看出，使用 Keras 高层接口搭建神经网络模型就像是在执行一个产品的制造、装配、检验过程，整个过程简单且规范。注：Keras 在使用上与 scikit-learn 非常相似，例如函数 fit()、predict()等的使用方法都基本相同。

7.5.2 使用 Keras 高层接口建立回归模型

7.4.3 节曾使用 TensorFlow 底层接口搭建了一个预测房价的神经网络回归模型，本节

将改用 Keras 高层接口来重新搭建这个模型。通过对比可以看出，使用 Keras 高层接口进行神经网络建模要比 TensorFlow 底层接口简单得多。

为便于讲解，这里将使用 Keras 高层接口搭建房价预测模型的代码分成四段，即加载数据集并进行预处理、搭建神经网络模型、训练模型并查看训练过程、测试并评估模型。读者可通过阅读代码，进一步加深对 Keras 高层接口建模过程的理解。

1. 加载数据集并进行预处理

图 7-40 给出了加载波士顿房价数据集并进行预处理的示例代码，其中的预处理函数 preprocessing()如图 7-34(a)所示(这里不再重复)。

```
In [23]: import tensorflow as tf         # 导入包tensorflow
         from tensorflow import keras    # 导入包tensorflow.keras

         # 加载波士顿房价数据集（首次加载时会自动从网上下载）
         (X_train,Y_train), (X_test, Y_test) = \
                         keras.datasets.boston_housing.load_data()
         # 数据预处理
         X_new_train = preprocessing(X_train, 1)   # 训练集预处理
         X_new_test = preprocessing(X_test)        # 测试集预处理
```

图 7-40 加载波士顿房价数据集并进行预处理的示例代码

2. 搭建神经网络模型

预测房价的神经网络回归模型如图 7-35 所示，其中包含一个隐层(5 个神经元)和一个输出层(1 个神经元)，输入层的房屋特征有 3 项(即是否河景房、房间数和低层人口比例)。图 7-41 给出了使用 Keras 高层接口搭建该模型的示例代码与运行结果。**关注点**：Kreas 中的模型对象或网络层对象在定义后通常应调用其 **build**()方法进行参数初始化，调用时需给定输入数据的维度(即 shape)；通过 **summary**()方法可以查看模型的基本信息，请理解其中**参数总数**(Total params：26)、**可训练参数**(Trainable params：26)的含义。

```
In [24]: # 使用Keras高层接口搭建神经网络模型：隐层 (5) + 输出层 (1)
         network = keras.Sequential()
         network.add( keras.layers.Dense(5, activation='sigmoid') )
         # 输出层：不带激活函数，或带激活函数sigmoid
         network.add( keras.layers.Dense(1, activation=None) )
         # 指定输入层特征形状 (3) ，生成并初始化模型参数
         network.build( input_shape=(None, 3) )
         network.summary()  # 查看所生成的模型

         # 配置神经网络模型的损失函数、优化算法、评价指标
         network.compile(
             loss=keras.losses.MeanSquaredError(),
             optimizer=keras.optimizers.SGD(learning_rate=0.01, momentum=0.0),
             metrics=['mse'] )

         Model: "sequential"
         _________________________________________________________________
         Layer (type)                 Output Shape              Param #
         =================================================================
         dense (Dense)                (None, 5)                 20
         _________________________________________________________________
         dense_1 (Dense)              (None, 1)                 6
         =================================================================
         Total params: 26
         Trainable params: 26
         Non-trainable params: 0
         _________________________________________________________________
```

图 7-41 使用 Keras 高层接口搭建预测房价的神经网络回归模型的示例代码与运行结果

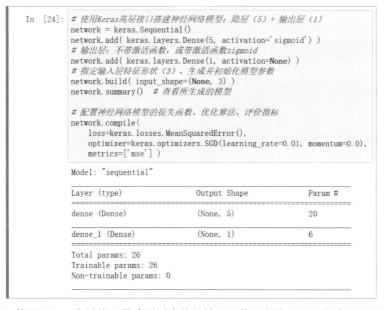

3. 训练模型并查看训练过程

使用预处理后的训练集来训练模型并查看训练过程，图 7-42 给出其示例代码与运行结果。**关注点**：通过各代次训练结束后所显示的**损失**(loss)和**均方误差**(MSE)下降情况来看，模型参数随着迭代次数的增加被逐步优化。注：Keras 将**权重**(weight)称作**核**(kernel)。

```
In [25]: # 查看模型中可训练的参数
         for p in network.trainable_variables:
             print(p.name, p.shape)

         # 使用预处理后的训练集来训练模型，查看训练过程
         history = network.fit(X_new_train, Y_train,
                         batch_size=40, epochs=5, shuffle=True)

         dense/kernel:0 (3, 5)
         dense/bias:0 (5,)
         dense_1/kernel:0 (5, 1)
         dense_1/bias:0 (1,)
         Epoch 1/5
         11/11 [==============================] - 1s 3ms/step - loss: 386.170
         3 - MSE: 386.1703
         Epoch 2/5
         11/11 [==============================] - 0s 2ms/step - loss: 129.560
         4 - MSE: 129.5604
         Epoch 3/5
         11/11 [==============================] - 0s 1ms/step - loss: 66.2499
         -MSE: 66.2499
         Epoch 4/5
         11/11 [==============================] - 0s 2ms/step - loss: 54.1946
         -MSE: 54.1946
         Epoch 5/5
         11/11 [==============================] - 0s 2ms/step - loss: 47.4178
         -MSE: 47.4178
```

图 7-42 训练模型并查看训练过程的示例代码与运行结果

4. 测试并评估模型

使用预处理后的测试集来测试、评估模型，图 7-43 给出其示例代码与运行结果。**关注点**：回归模型通常使用均方误差作为评价模型性能的指标；另外通过比对房价的预测值与真实值可以直观了解模型的误差情况。

```
In [26]: # 评估回归模型：均方误差
         loss = network.evaluate(X_new_test, Y_test, verbose=0)
         print("[loss, MSE]=", loss); print()

         # 使用模型进行预测
         Y = network.predict(X_new_test)
         Y1 = tf.reshape(Y, -1)
         print("Y_predict=", Y1[:3])   # 预测房价
         print("Y_true=", Y_test[:3])  # 真实房价

         [loss, MSE]= [38.39145278930664, 38.39145278930664]

         Y_predict= tf.Tensor([10.452427 17.731415 23.243357], shape=(3,), dt
         ype=float32)
         Y_true= [ 7.2 18.8 19. ]
```

图 7-43 测试并评估模型的示例代码与运行结果

7.5.3　使用 Keras 高层接口建立分类模型

本节通过手写数字识别问题来讲解如何使用 Keras 高层接口建立一个神经网络分类模型。TensorFlow 提供了一个手写数字数据集(名为 MNIST),其中包含六万个手写数字样本图像,每幅图像的大小为 28×28=784(像素)。

1. 加载并查看 MNIST 数据集

图 7-44 给出了加载并查看 MNIST 手写数字数据集的示例代码与运行结果,请关注数据集的样本数和形状。

```
In [27]: # 加载 MNIST手写数字数据集（首次加载时会自动从网上下载）
         (X_train, Y_train), (X_test, Y_test) = \
                             keras.datasets.mnist.load_data()
         # 下载后自动保存至用户文件夹（Windows），例如
         # "C:\Users\kanda\.keras\datasets\mnist.npz"

         print("X_train:", X_train.shape, "Y_train:", Y_train.shape)
         print("X_test:", X_test.shape, "Y_test:", Y_test.shape)
         print(X_train[0][10:16, 10:16], "=>", Y_train[0])

         X_train: (60000, 28, 28) Y_train: (60000,)
         X_test: (10000, 28, 28) Y_test: (10000,)
         [[  1 154 253  90   0   0]
          [  0 139 253 190   2   0]
          [  0  11 190 253  70   0]
          [  0   0  35 241 225 160]
          [  0   0   0  81 240 253]
          [  0   0   0   0  45 186]] => 5
```

图 7-44　加载并查看 MNIST 手写数字数据集的示例代码与运行结果

可以使用 Matplotlib 显示出手写数字图像,这样更加直观。图 7-45 给出其示例代码与运行结果。

```
In [28]: import matplotlib.pyplot as plt
         %matplotlib inline

         # 显示手写数字图像
         plt.imshow(X_train[0], cmap='gray')
         plt.show()
```

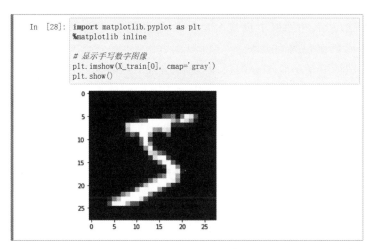

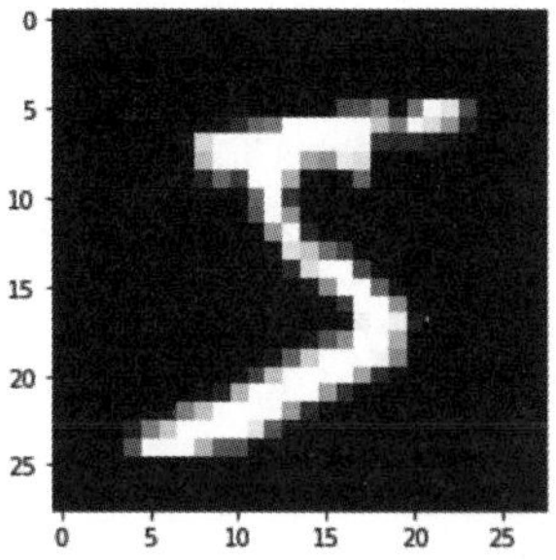

图 7-45　使用 Matplotlib 显示出的手写数字图像"5"的示例代码与运行结果

2. 数据预处理

手写数字识别的特征数据是大小为 28×28 像素、像素值为 0～255 的二维灰度图像;类别标注为 0～9 的数值。数据预处理应当将 28×28 像素的图像数据**扁平化**(flatten),使

其展开成 784 维的特征数据；然后对像素值进行 Min－Max 标准化，使其取值范围处于[0，1]区间。因为是分类模型，所以还要对类别标注进行 one－hot 编码，这样才能使用分类交叉熵来定义损失函数。

图 7-46 的示例代码将上述预处理过程定义成一个函数 preprocessing_mnist()，然后调用该函数对训练集做预处理。**关注点**：示例代码使用 TensorFlow 底层接口进行预处理，例如 tf.reshape()、tf.one-hot()这两个函数。也可以使用 NumPy、Pandas 或 scikit-learn 来对数据进行预处理。

```
In [29]: # 手写数字数据集：预处理
def preprocessing_mnist(X, Y, verbose=0):
    # 将图像特征从二维扁平化成一维，然后标准化
    X1 = tf.constant(X, dtype=tf.float32)
    X2 = tf.reshape(X1, (-1, 28*28))
    if (verbose==1): print(X1.shape, "=>", X2.shape)
    X_new = X2 / 255.0  # Min-Max标准化

    # 对类别进行one-hot编码
    Y_new = tf.one_hot(Y, depth=10)
    if (verbose==1): print(Y[0], "=>", Y_new[0])
    # 返回新数据集
    return (X_new, Y_new)

# 训练集预处理
(X_new_train, Y_new_train) = \
            preprocessing_mnist(X_train, Y_train, 1)

(60000, 28, 28) => (60000, 784)
5 => tf.Tensor([0. 0. 0. 0. 0. 1. 0. 0. 0. 0.], shape=(10,), dtype=f
loat32)
```

图 7-46 手写数字数据集的预处理示例代码与运行结果

3. 设计并搭建神经网络模型

将识别手写数字的模型设计成一个前馈神经网络，其输入层维数由特征数据决定，这个维数应当为 784；而输出层神经元数量则由类别数量决定，这个数量应当为 10。这里假设为模型设计两个隐层，其中隐层 1 包含 128 个神经元，隐层 2 包含 64 个神经元，并且两个隐层都选用 ReLU 函数作为激活函数。

手写数字识别模型是一个多分类模型，输出层激活函数应当采用 softmax 函数。最终，手写数字识别模型被设计成一个如图 7-47 所示的三层前馈神经网络。

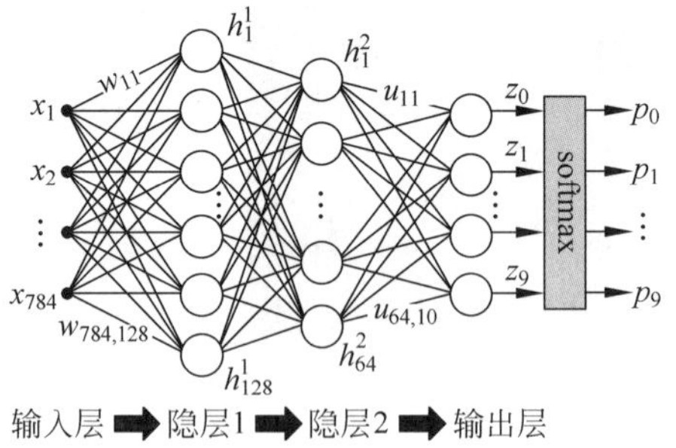

图 7-47 识别手写数字的三层前馈神经网络(多分类模型)

手写数字识别模型输出层的各神经元本身并没有激活函数，其输出 z_j 可表示为

$$z_j = u_{1j}h_1^2 + u_{2j}h_2^2 + \cdots + u_{64,j}h_{64}^2 + v_j, \quad j = 0,1,\cdots,9$$

其中，u_{kj} 为隐层 2 的第 k 个神经元到输出层第 j 个神经元的权重，v_j 为输出层第 j 个神经元的偏置，$(h_1^2, h_2^2, \cdots, h_{64}^2)$为隐层 2 的 64 个输出。

输出 z_j 经 softmax 函数**归一化**处理后即可得到十个类别（数字 0～9）的后验概率 p_j，即

$$p_j = \text{softmax}(z_j), \quad j = 0, 1, \cdots, 9$$

最后再按照后验概率 p_j 来进行分类决策，将样本类别 y 判定为 p_j 最大的数字，即

$$y = \underset{j=0,1,\cdots,9}{\text{argmax}}\, p_j$$

实际搭建多分类模型时可以省略 softmax 函数，因为可以直接根据输出 z_j 进行分类决策，其分类结果是一样的，即

$$y = \underset{j=0,1,\cdots,9}{\text{argmax}}\, z_j \equiv \underset{j=0,1,\cdots,9}{\text{argmax}}\, p_j$$

需要注意的是，省略 softmax 函数虽然对分类结果没有影响，但对损失函数的计算有影响。因为多分类模型通常以分类交叉熵作为损失函数，计算分类交叉熵需基于后验概率 p_j 来计算。Keras 解决这个问题的方法是，如果省略了 softmax 函数，则应设定选项“from_logits=True”，这样在计算分类交叉熵时会自动根据输出 z_j（Keras 将其称作 **logits**）计算出后验概率 p_j，然后再从后验概率 p_j 计算分类交叉熵。

图 7-48 给出了使用 Keras 高层接口搭建图 7-47 所示神经网络模型的示例代码（其中省略了 softmax 函数）与运行结果。**关注点**：因为省略了 softmax 函数，所以设置分类交叉熵损失时应设定选项“**from_logits**=True”；分类模型的评价性能通常为**正确率**（accuracy）。

```
In [30]: # 搭建神经网络：隐层（128）+ 隐层（64）+ 输出层（10）
network = keras.Sequential()
network.add( keras.layers.Dense(128, activation='relu') )
network.add( keras.layers.Dense(64, activation='relu') )

# 输出层：输出后验概率，可以省略激活函数softmax
network.add( keras.layers.Dense(10, activation=None) )
# network.add(keras.layers.Dense(10, activation='softmax'))

# 指定输入层特征形状（28*28=784），生成并初始化模型参数
network.build(input_shape=(None, 28*28))
network.summary()  # 查看模型

# 配置神经网络模型的损失函数、优化算法、评价指标
network.compile(
    loss=keras.losses.CategoricalCrossentropy(from_logits=True),
    optimizer=keras.optimizers.SGD(learning_rate=0.01, momentum=0.0),
    metrics=['accuracy'] )
# 若输出层不带softmax则from_logits=True，否则应为False
```

(a) 示例代码

```
Model: "sequential_1"
_________________________________________________________________
Layer (type)                 Output Shape              Param #
=================================================================
dense_2 (Dense)              (None, 128)               100480
_________________________________________________________________
dense_3 (Dense)              (None, 64)                8256
_________________________________________________________________
dense_4 (Dense)              (None, 10)                650
=================================================================
Total params: 109,386
Trainable params: 109,386
Non-trainable params: 0
_________________________________________________________________
```

(b) 运行结果

图 7-48　搭建图 7-47 所示神经网络模型的示例代码（输出层无 softmax 函数）与运行结果

4. 训练模型

使用预处理后的训练集来训练模型并查看训练过程，图 7-49 给出其示例代码与运行结果。**关注点**：通过各代次训练结束后所显示的**损失**(loss)下降和**正确率**(accuracy)上升情况来看，模型参数随着迭代次数的增加被逐步优化。

```
In [31]: # 查看模型中可训练的参数
         for p in network.trainable_variables:
             print(p.name, p.shape)

         # 使用预处理后的训练集来训练模型，查看训练过程
         history = network.fit(X_new_train, Y_new_train,
                         batch_size=100, epochs=5, shuffle=True)

         dense_2/kernel:0 (784, 128)
         dense_2/bias:0 (128,)
         dense_3/kernel:0 (128, 64)
         dense_3/bias:0 (64,)
         dense_4/kernel:0 (64, 10)
         dense_4/bias:0 (10,)
         Epoch 1/5
         600/600 [==============================] - 2s 2ms/step - loss: 1.052
         5 - accuracy: 0.7367
         Epoch 2/5
         600/600 [==============================] - 1s 2ms/step - loss: 0.427
         6 - accuracy: 0.8859
         Epoch 3/5
         600/600 [==============================] - 1s 2ms/step - loss: 0.348
         2 - accuracy: 0.9030
         Epoch 4/5
         600/600 [==============================] - 1s 2ms/step - loss: 0.311
         5 - accuracy: 0.9124
         Epoch 5/5
         600/600 [==============================] - 1s 2ms/step - loss: 0.287
         3 - accuracy: 0.9180
```

图 7-49　训练模型并查看训练过程的示例代码与运行结果

5. 测试并评估模型

使用预处理后的测试集来测试、评估模型，图 7-50 给出其示例代码与运行结果。**关注点**：分类模型通常使用正确率作为评价模型性能的指标；另外分类模型输出的是后验概率 p_j(或与其等价的输出 z_j)，应使用 tf.**argmax**()函数进行分类决策，求出具有最大后验概率的类别标注 y。

```
In [32]: # 测试集预处理
         (X_new_test,Y_new_test) = preprocessing_mnist(X_test, Y_test)

         # 评估分类模型：正确率
         loss = network.evaluate(X_new_test, Y_new_test, verbose=0)
         print("[loss, accuracy]=", loss); print()

         # 使用模型进行预测：后验概率
         Z = network.predict(X_new_test); print(Z[:3])
         # 基于后验概率进行分类决策
         Y = tf.argmax(Z[:3], axis=1)  # 与下式等价
         # Y = tf.argmax(tf.nn.softmax(Z[:3], axis=1), axis=1)
         print("Y_predict=", Y.numpy()); print("Y_true=", Y_test[:3])

         [loss, accuracy]= [0.26714688539505005, 0.9223999977111816]

         [[-0.56986463 -6.7322745   1.293395    1.584487   -4.0774865  -1.787
         1563
           -7.9333773   7.7752705  -1.2642012   1.3322827 ]
          [ 1.4139974  -3.7926512   7.1271605   1.4052023  -8.125756    1.878
         6964
            2.7624362  -7.8414197   0.6538188  -8.581058  ]
          [-4.5821333   5.0504303   0.3059835  -0.11776385 -2.3049812  -1.125
         1761
           -0.20165813  0.13732474 -0.35043502 -1.4814522 ]]
         Y_predict= [7 2 1]
         Y_true= [7 2 1]
```

图 7-50　测试并评估模型的示例代码与运行结果

7.6　本章习题

一、单选题

1. 下列不属于神经元基本功能的是(　　)。
   A. 接受信息　　B. 整合信息
   C. 输出信息　　D. 显示信息
2. 下列关于感知机的描述中,错误的是(　　)。
   A. 感知机在本质上就是一个 M-P 神经元模型
   B. 感知机模型是基于 Hebb 学习规则设计学习算法的
   C. 感知机模型可应用于图像分类问题
   D. 感知机模型可应用于非线性可分的分类问题
3. 实际应用中,下列函数中不属于常用激活函数的是(　　)。
   A. 阶跃函数　　B. sigmoid 函数
   C. ReLU 函数　　D. tanh 函数
4. 如果使用 sigmoid 激活函数,则 M-P 神经元模型就相当于一个(　　)。
   A. 线性支持向量机模型　　B. 逻辑斯谛回归模型
   C. 线性回归模型　　D. 朴素贝叶斯模型
5. 基于小批量梯度下降法设计学习算法,其算法代码的三重循环结构中不包括(　　)。
   A. 代次循环　　B. 批次循环
   C. 训练集循环　　D. 梯度下降循环
6. 下列关于多层前馈神经网络的描述中,错误的是(　　)。
   A. 多层前馈神经网络将神经元划分成层
   B. 多层前馈神经网络的层与层之间串行堆叠
   C. 相邻层神经元之间全连接,同层或跨层神经元之间无连接
   D. 多层前馈神经网络中可能存在环或回路
7. 假设隐层包含 q 个神经元并接受 d 个输入,则隐层共有(　　)个权重参数。
   A. q　　B. d
   C. $d\times q$　　D. $d+q$
8. 下列关于神经网络模型复杂度的描述中,错误的是(　　)。
   A. 可以添加隐层来提高神经网络的模型复杂度
   B. 可增加隐层神经元数量来提高神经网络的模型复杂度
   C. 可以增加输出层神经元数量来提高神经网络的模型复杂度
   D. 能够直观便捷地调节模型复杂度,这是神经网络的突出优点
9. 下列关于深度学习的描述中,错误的是(　　)。
   A. 当隐层超过一定数量时,神经网络就可称作深度学习模型
   B. 基于神经网络可以非常方便地构造深度学习模型
   C. 深度学习模型可以采用非全连接层以减少参数个数
   D. 深度学习模型的网络结构中不允许存在环或回路

10. 下列算法中不属于深度学习模型常用学习算法的是(　　)。
A. 梯度下降法　　B. 带动量的梯度下降法
C. Adam 算法　　D. 信念传播算法
11. 在深度学习模型中,对解决梯度消失或爆炸问题无效的方法是(　　)。
A. 将隐层的 sigmoid 激活函数改为 ReLU 函数
B. 合理初始化权重参数,例如使用截断正态分布来初始化权重参数
C. 批次标准化,即对隐层输出按批次先做标准化,然后再传给下一层
D. 采样正则化技术,即在损失函数中引入正则化项
12. TensorFlow 2 机器学习框架的核心功能不包括(　　)。
A. 张量及其运算　　B. 计算图与自动微分
C. Keras 高层接口　　D. ndarray 数组
13. TensorFlow 2 机器学习框架中的变张量类是(　　)。
A. Tensor 类　　B. Variable 类
C. Graph 类　　D. GradientTape 类
14. Keras 高层接口中的全连接网络层类是(　　)。
A. Dense 类　　B. Layer 类
C. Model 类　　D. Sequential 类
15. Keras 高层接口中配置模型的方法是(　　)。
A. 调用模型的 compile()函数　　B. 调用模型的 fit()函数
C. 调用模型的 evaluate()函数　　D. 调用模型的 predict()函数

二、讨论题

1. 试给出 M-P 神经元模型的形式化表示。
2. 试写出神经网络中四种常用激活函数及其导数的解析式。
3. 简述小批量梯度下降法的算法过程。
4. 试给出两层前馈神经网络的形式化表示。
5. 简述多层前馈神经网络中输出层的设计方法。
6. 简述多层前馈神经网络中隐层的设计方法。
7. 简述神经网络中特征提取的实现方法。
8. 简述复合函数 $y=f(g(x))$的前向计算与反向求导过程。
9. 简述带动量梯度下降法的算法思想。
10. 简述 TensorFlow 2 机器学习框架为神经网络编程提供的主要功能。

三、编程实践题

请使用 scikit-learn 库提供的鸢尾花数据集(Iris plants dataset)和 Keras 高层接口设计一个神经网络分类模型。具体的实验步骤如下。

(1) 使用函数 sklearn.datasets.load_iris()加载鸢尾花数据集。

(2) 查看数据集说明(https://scikit-learn.org/stable/datasets/toy_dataset.html#iris-dataset),并对数据集进行必要的预处理。

(3) 使用函数 sklearn.model_selection.train_test_split()将数据集按 8∶2 的比例拆分成训练集和测试集。

(4) 使用 Keras 高层接口建立一个神经网络分类模型,并使用训练集进行训练。

(5) 计算模型在测试集上的正确率。

提示:需在 TensorFlow 开发环境中添加安装 Pandas 和 scikit-learn 库。

第8章

深 度 学 习

本章学习要点

- 了解卷积神经网络的基本原理与编程方法。
- 了解循环神经网络的基本原理与编程方法。
- 了解自编码器的基本原理与编程方法。
- 了解变分推断的基本思想。
- 了解生成对抗网络的基本原理与编程方法。
- 通过延伸阅读了解深度学习最新的研究动态。

深度学习就是通过增加隐层数量，让神经网络产生由量变到质变的效果。如果隐层达到一定数量（例如八、九层），则神经网络就称作深度学习模型。增加隐层数量会引发一些新的问题，例如可能引起梯度爆炸或梯度消失或因模型学习能力过强而产生过拟合等问题，第 7 章对此已做过详细讲解并给出了具体解决办法（详情参见 7.3.3 节）。除增加隐层数量之外，深度学习还会针对不同应用需求对网络结构做适当调整，例如采用非全连接层以减少参数个数、引入环或回路等非前馈式结构以处理序列数据等。

2006 年，G. Hinton 首先提出了**深度学习**（deep learning）的概念，自此各种深度学习模型如雨后春笋般涌现出来。本章选择其中比较有代表性的几种模型进行讲解，例如**卷积神经网络**（Convolutional Neural Network，CNN）、**循环神经网络**（Recurrent Neural Network，RNN）、**自编码器**（AutoEncoder，AE）和**生成对抗网络**（Generative Adversarial Network，GAN）等。虽然这些模型曾拥有辉煌灿烂的历史，但它们远非机器学习发展的终点。本章介绍它们的目的是让读者汲取前人经验，激发创新灵感。

8.1 卷积神经网络

卷积神经网络具有前馈式结构，其最主要的特点是模型中包含**卷积**（convolution）运算。卷积是一种重要的数学运算，并在信号处理（例如语音信号处理、数字图像处理等）领域得到广泛应用。在神经网络中引入卷积运算，其作用：一是引入已有领域知识，这样就能在相关理论指导下开展网络模型设计工作，减少盲目性；二是将隐层的全连接改为局部连接，这样能够大幅减少网络参数，降低训练难度，同时也有利于设计层数更多的深度模型。

8.1.1　信号的特征提取

在**信号处理**(signal processing)领域，信号变换及特征提取的研究历史已经很长并已积累了非常深厚的理论基础。通常，一维序列信号被称为**时域**(time domain)信号，例如语音信号；二维阵列信号则被称为**空域**(spatial domain)信号，例如图像信号。时域信号、空域信号都属于原始数据。

1. 信号的频域与滤波

信号分析与处理的常规方法是，通过傅里叶变换将时域或空域信号变换至**频域**(frequency domain)进行分析，然后设计**滤波器**(filter)并通过**滤波**(filtering)对信号进行频域处理或提取信号的频域特征。随着计算机的发展，信号处理进入数字化时代。**数字信号处理**(Digital Signal Processing，DSP)的方法通常是，通过频域分析设计出滤波器，然后将其转回时域(或空域)，最终在时域(或空域)中实现滤波或特征提取等处理功能。时域(或空域)中的信号处理指的是直接对原始数字信号进行处理，这么做的好处是可以省去信号变换与逆变换的计算过程。

频域的滤波运算在时域或空域被转换为一种等价运算，这就是**卷积**运算；而滤波器则被转换为一种等价的算子，即**卷积核**(convolution kernel)。使用卷积核与原始数字信号进行卷积运算就相当于滤波，不同卷积核能产生不同的滤波效果。例如，**平滑**(smoothing)卷积核可以实现**低通**(low-pass)滤波，得到低频特征；**锐化**(sharpening)卷积核则可以实现**高通**(high-pass)滤波，得到高频特征。

2. 数字图像的频域特征

这里以数字图像为例，先在直观上认识一下频域特征及其滤波过程。图 8-1 给出一幅人脸图像及其滤波过程：首先设计卷积核(相当于滤波器)，然后与原始图像进行卷积运算(相当于滤波)，再对卷积结果进行**下采样**(downsampling 或 subsampling，相当于缩小图像)，这样就提取出了图像的某种频域特征。设计不同卷积核可以得到不同滤波效果并提取出不同的频域特征。例如图 8-1 设计了两种不同的卷积核：一是平滑卷积核，使用该卷积核会得到一种模糊效果，所提取的特征属于低频特征(可简单理解为图像的亮度特征)；二是锐化卷积核，它会得到一种锐化效果，所提取的特征属于高频特征(可简单理解为图像的边缘特征)。另外，因为滤波后图像的频宽会缩小，可通过下采样进行数据降维，剔除冗余数据。

更进一步理解，像素点的频域特征描述的是以该像素点为中心的一个局部小区域的区域特征，其中低频特征描述的是区域亮度水平(例如亮度均值，可通过加权求和求得)，高频特征描述的则是区域亮度差异(例如亮度差值，可通过加权求差求得)。低频属于共性特征，高频属于差异性特征。和而不同是世界的本原，同时提取低频和高频特征也就是求同存异，这是保证特征完备性的关键。

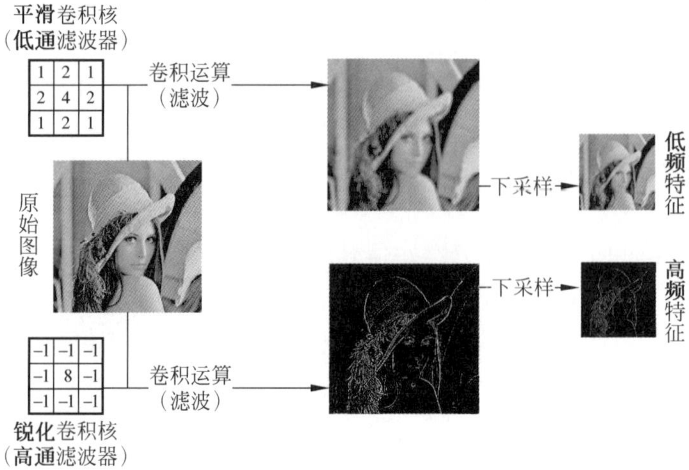

图 8-1 数字图像的频域特征及其滤波过程

卷积运算可简单理解为对某个区域内的像素点进行加权求和(或求差)运算,卷积核就是加权求和(或求差)时的权重系数。加权求和与求差在本质上是一样的,将权重系数由正值改为负值就是将求和运算改为求差运算。卷积运算时卷积核的大小(例如 3×3、4×4 或 5×5 等)决定了卷积区域的大小,这个卷积区域也称作**感受野**(receptive field)。

总结如下,对原始图像数据进行一次卷积和一次下采样,这就完成了一次对图像局部小区域特征的提取过程。这种局部小区域特征称作图像的**局部特征**(local feature)。关于卷积运算,这里还有如下两点需做进一步说明。

- 卷积是使用同一组权值系数(即卷积核)进行的一组加权求和运算。对某幅图像进行一次卷积运算,其计算过程是对图像中的每个像素点都进行一次加权求和运算。这个过程可形象地理解为将卷积核看作一个**卷积窗**,首先将卷积窗套在第一个像素点上进行加权求和;然后移动卷积窗,将卷积窗依次套在每个像素点上进行加权求和;最终所有像素点加权求和的结果才是整个图像的卷积结果。
- 如果是彩色图像,则每个像素点包含**红**(red)、**绿**(green)、**蓝**(blue)三个颜色**通道**(channel)的亮度值(俗称 RGB 值)。提取彩色图像的局部特征需分别提取三个颜色通道的局部特征,或将它们累加成一个局部特征。

3. 从微观特征到宏观特征

图 8-1 给出了从原始图像提取局部特征的过程。可以对所提取的局部特征图像继续进行特征提取,这就构成了一个多级特征提取过程。从原始数据提取局部特征,再从局部特征提取更上一级的局部特征,这种多级特征提取过程在本质上是一个从微观到宏观的抽象过程。越往上,特征就越抽象,越能反映图像的宏观性质。

4. 将神经网络的隐层改造为卷积层

在神经网络中,隐层的作用是提取特征并将其传给输出层,输出层再基于这些特征进行预测(例如回归或分类)。提出卷积神经网络的初衷是语音和图像识别,因此将已有语音或图像特征提取过程中的卷积思想应用于隐层设计是非常自然的想法。

在隐层设计中应用卷积思想的方法也非常简单,其关键步骤就是将全连接改为局部连接。假设隐层包含 q 个神经元且无激活函数，其输入为 $\boldsymbol{x}=(x_1,x_2,\cdots,x_d)$，则全连接时隐层第 k 个神经元的输出 h_k 可表示为

$$h_k=\sum_{i=1}^{d}\omega_{ik}x_i+b_k,\quad k=1,2,\cdots,q \tag{8-1a}$$

其中，ω_{ik} 表示第 i 个输入分量 x_i 到第 k 个隐层神经元的权重；b_k 表示第 k 个隐层神经元的偏置。如果将全连接改为局部连接，则第 k 个神经元的输出 h_k 可表示为

$$h_k=\sum_{x_i\in N(k)}\omega_{ik}x_i+b_k,\quad k=1,2,\cdots,q \tag{8-1b}$$

其中，$N(k)$表示隐层第 k 个神经元的感受野(也即卷积区域)。

对比式(8-1a)和式(8-1b)可以看出，全连接或局部连接中的加权求和操作在本质上都属于卷积运算，只是它们的卷积区域不同。全连接是对全体输入做卷积，而局部连接只对感受野内的输入做卷积。将全连接改为局部连接，这种局部连接的隐层被赋予了一个专有名称：**卷积层**(convolution layer)。如果从卷积思想出发，卷积层神经元中的偏置 b_k 是没有意义的。在实际应用中，卷积层神经元可以有偏置，也可以没有偏置。

8.1.2　卷积的实现细节

本节讲解卷积运算与卷积层的具体实现细节，其中包括**局部连接与权值共享**、**填充**、**步长**、**卷积核**、**通道**、**下采样**等。

1. 局部连接与权值共享

图 8-2(a)给出一个全连接隐层的示意图，其中隐层的输入为 $\boldsymbol{x}=(x_1,x_2,\cdots,x_m)$，输出为 $\boldsymbol{h}=(h_1,h_2,\cdots,h_m)$。为便于讨论，这里假设所有隐层神经元都无偏置、无激活函数。下面将关注点聚焦到第 5 个神经元 h_5 上，其输出为

$$h_5=\omega_{15}x_1+\omega_{25}x_2+\cdots+\omega_{m5}x_5$$

其中，ω_{i5} 为第 i 个输入分量 x_i 到第 5 个神经元的权重。如果将全连接改成局部连接(假设为 3-连接，如图 8-2(b)所示)，则第 5 个神经元其输出为

$$h_5=\omega_{45}x_4+\omega_{55}x_5+\omega_{65}x_6$$

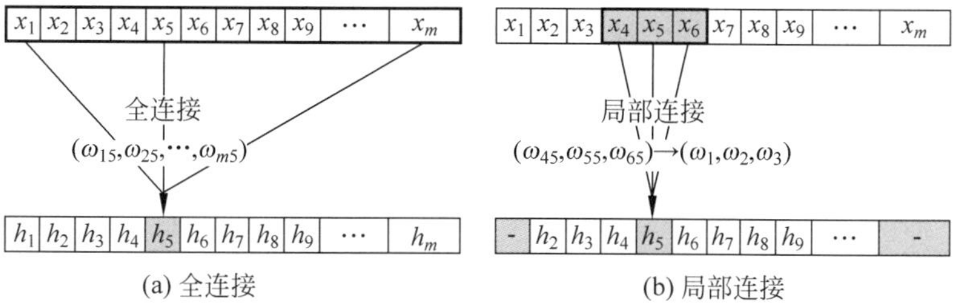

图 8-2　全连接与局部连接

图 8-2(a)所示的全连接隐层共有 $m\times m$ 个权重参数，而图 8-2(b)所示的 3-连接隐层则只有 $3\times m$ 个权重参数。可以看出，局部连接可以有效减少隐层的权重参数。

针对局部连接时隐层中各神经元的权重参数，如果再假设它们不随位置变化(称作**局部不变性**或**权值共享**)，则可以进一步降低权重参数的数量。例如，假设图 8-2(b)所示的 3-连

接隐层中各神经元 h_k 的权重参数($\omega_{k-1,k}$,ω_{kk},$\omega_{k+1,k}$)都一样,则只需 3 个权重参数(ω_1,ω_2,ω_3)就够了,这时各隐层神经元的输出可统一写成

$$h_k=\omega_1 x_{k-1}+\omega_2 x_k+\omega_3 x_{k+1},\quad k=1,2,\cdots,m \tag{8-2a}$$

式(8-2a)所描述的 m 次加权求和运算合在一起称作一次卷积运算,可将其简记为

$$\boldsymbol{h}=\boldsymbol{x}\otimes \boldsymbol{f} \tag{8-2b}$$

其中,$\otimes$为卷积运算符,$\boldsymbol{x}=(x_1,x_2,\cdots,x_m)$是被卷积的信号,$\boldsymbol{f}=(\omega_1,\omega_2,\omega_3)$为卷积核,$\boldsymbol{h}=(h_1,h_2,\cdots,h_m)$是卷积结果。式(8-2b)中的 $\boldsymbol{x}$、$\boldsymbol{f}$ 都是一维的,这称作一维卷积运算。一维卷积运算的结果(例如 $\boldsymbol{h}$)也是一维的。

总结如下,如果使用局部连接和权值共享,则隐层的加权求和运算就属于卷积运算,这样的隐层称作卷积层。使用卷积层可以大幅减少网络参数,降低训练难度。

2. 填充

仔细观察图 8-2(b)可以发现,卷积运算时边缘信号会出现**无效**(invalid)数据。例如对 h_1 进行卷积运算,有

$$h_1=\omega_1 x_0+\omega_2 x_1+\omega_3 x_2$$

其中 x_0 为空值,因此 h_1 为无效数据。而对 h_m 进行卷积运算时,

$$h_m=\omega_1 x_{m-1}+\omega_2 x_m+\omega_3 x_{m+1}$$

其中 x_{m+1} 为空值,因此 h_m 也为无效数据。

如果卷积运算时只保留**有效**(valid)数据,则卷积结果的长度会比原始信号短。如果希望卷积结果的长度与原始信号**一致**(same),则需在原始信号的两边进行**填充**(padding),例如在原始信号 $\boldsymbol{x}$ 的两边补 0,如图 8-3 所示。

3. 步长

如果将卷积核看作一个卷积窗,卷积时先将卷积窗套在信号 x_1 上进行加权求和,然后移动卷积窗进行下一次加权求和。如果移动卷积窗时每次只移一格(例如将卷积窗中心从 x_1 移到 x_2、再移到 x_3……),则称**卷积步长**(strides)为 1(即 strides=1),其卷积结果与原始信号长度一致(参见图 8-3);如果每次移动两格(例如将卷积窗中心从 x_1 移到 x_3、再移到 x_5……),则称卷积步长为 2(即 strides=2),其卷积结果为原始信号长度的一半(参见图 8-4)。

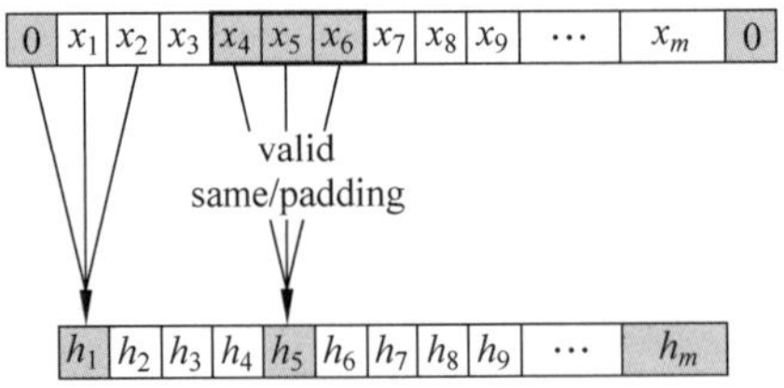

图 8-3 在原始信号的两边补 0(填充)

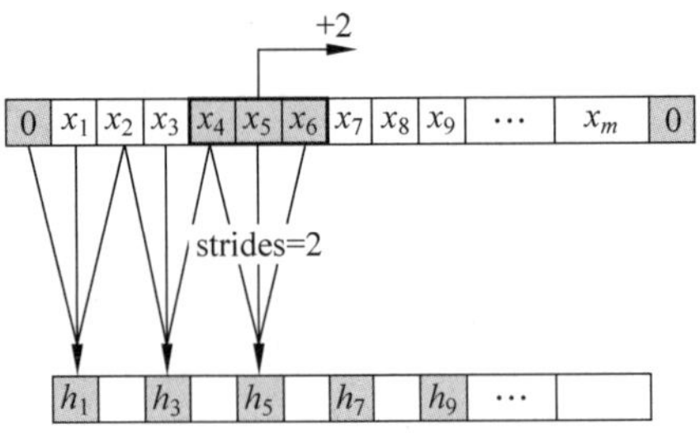

图 8-4 卷积步长为 2 的情形

4. 卷积核

卷积可以选用不同大小的卷积核,例如 1、2、3、4、5 等。**卷积核尺寸**(kernel size)越大,则参与加权求和运算的信号就越多,同时信号边缘出现的无效数据也越多。

例如，图 8-2(b)所用卷积核 $\boldsymbol{f}=(\omega_1,\omega_2,\omega_3)$的宽度为 3(即 kernel_size=3)，计算 h_5 时参与加权求和运算的信号就有 3 个(即 x_4、x_5、x_6)，同时信号边缘出现的无效数据各有 1 个；而图 8-5 所用卷积核 $\boldsymbol{f}=(\omega_1,\omega_2,\omega_3,\omega_4,\omega_5)$的长度为 5(即 kernel_size=5)，计算 h_5 时参与加权求和运算的信号就有 5 个(即 x_3、x_4、x_5、x_6、x_7)，同时信号边缘出现的无效数据各有 2 个(即 h_1、h_2，还有 h_{m-1}、h_m)。

卷积核的功能相当于频域的滤波器。可以为同一输入信号设计多个大小相同但权重系数不同的卷积核，每个卷积核提取一种频域特征，这样就能同时提取多个具有不同频域特性的特征。另外，卷积核的尺寸越大，则所提取的特征越接近宏观；卷积核尺寸越小，所提取的特征就越接近微观。

5. 通道

数字信号由一组采样数据组成，其中每个采样点所包含数值的数量称作数字信号的**通道数**(channels)。每个采样点可能只有一个数值(**单通道**)，则通道数为 1(即 channels=1)；采样点也可能包含多个数值(**多通道**)，例如彩色数字图像中每个像素点包含 r、g、b 三个数值，其通道数为 3(即 channels=3)。

对单通道信号进行卷积，其卷积核也为单通道。单通道卷积比较简单，图 8-2～图 8-5 所示的卷积均为单通道卷积。如果是对多通道信号进行卷积，则卷积核也应为多通道且通道数必须与信号的通道数相等。图 8-6 给出一个对多通道信号进行卷积的示意图。

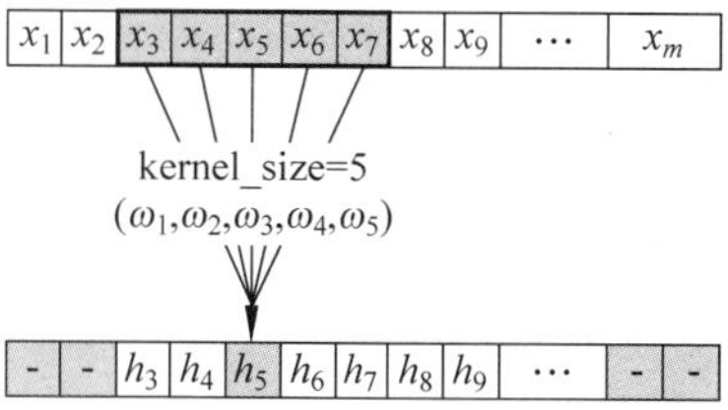

图 8-5　卷积核尺寸为 5 的情形

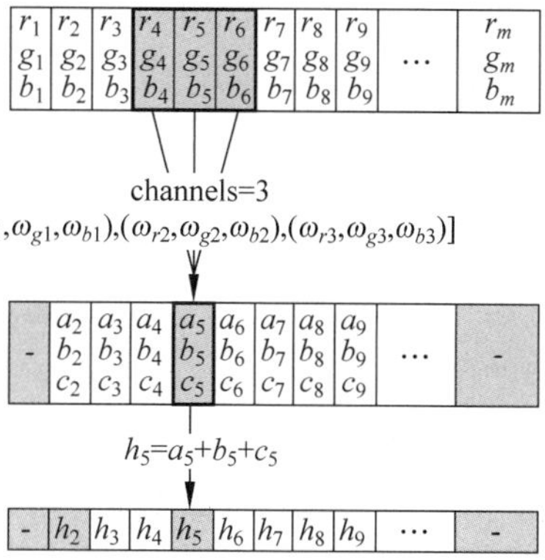

图 8-6　对多通道信号进行卷积的示意图

图 8-6 所示的信号 $\boldsymbol{x}=[(r_1,g_1,b_1),(r_2,g_2,b_2),\cdots,(r_m,g_m,b_m)]$是一个由$(r,g,b)$组成的三通道信号；卷积核 $\boldsymbol{f}=[(\omega_{r1},\omega_{g1},\omega_{b1}),(\omega_{r2},\omega_{g2},\omega_{b2}),(\omega_{r3},\omega_{g3},\omega_{b3})]$包含 3 个元素(即 kernel_size=3)，每个元素还包含$(\omega_r,\omega_g,\omega_b)$3 个通道(即 channels=3)。卷积时先按通道分别卷积，例如

$$\begin{cases}a_5=\omega_{r1}r_4+\omega_{r2}r_5+\omega_{r3}r_6\\ b_5=\omega_{g1}g_4+\omega_{g2}g_5+\omega_{g3}g_6\\ c_5=\omega_{b1}b_4+\omega_{b2}b_5+\omega_{b3}b_6\end{cases}$$

三个通道的卷积结果为：$\boldsymbol{y}=[(a_2,b_2,c_2),\cdots,(a_{m-1},b_{m-1},c_{m-1})]$。注：假设选用 valid 方式，即不填充，只保留有效元素。再将三个通道的卷积结果累加起来，例如

$$h_5=a_5+b_5+c_5$$

将累加结果作为最终的卷积结果，即 $\boldsymbol{h}=[h_2,h_3,\cdots,h_{m-1}]$。注意，在卷积神经网络中，单个卷积核的多通道卷积结果为单通道；设计多个卷积核，其卷积结果才为多通道。

6. 下采样(池化)

因为滤波后信号的频宽会缩小，可通过下采样对数据进行降维，其目的是剔除冗余数据。实现下采样的第一种方法是在卷积时选择大于 1 的步长(即 strides>1)，按步长间隔进行卷积，这样可以减少卷积次数，提高计算效率(参见图 8-4)。卷积结果的大小由步长 strides、卷积核大小 kernel_size 和填充方式 same/valid 共同决定，其计算方法为

$$m'=\begin{cases}\left\lceil\dfrac{m}{\text{strides}}\right\rceil, & \text{same}\\ \left\lceil\dfrac{m-\text{kernel\_size}+1}{\text{strides}}\right\rceil, & \text{valid}\end{cases}\tag{8-3}$$

其中，m 为原始信号大小，m'为卷积结果的大小，$\lceil * \rceil$表示向上取整。

实现下采样的第二种方法是**池化**(pooling)。池化的工作原理与卷积类似，所不同的是：卷积是对感受野(卷积窗)内的输入信号进行加权求和；而池化则是求取感受野(池化窗)内输入信号的最大值(max pooling，**最大池化**)或平均值(average pooling，**平均池化**)。进行池化操作需指定池化窗的**尺寸**(pool size)、**步长**(strides)、**填充方式**(same/valid)等超参数。选择大于 1 的步长(即 strides>1)，然后按步长间隔进行池化，这样也可以实现下采样。池化结果的大小由步长 strides、池化窗尺寸 pool_size 和填充方式 same/valid 共同决定，其计算方法为

$$m'=\begin{cases}\left\lceil\dfrac{m}{\text{strides}}\right\rceil, & \text{same}\\ \left\lceil\dfrac{m-\text{pool\_size}+1}{\text{strides}}\right\rceil, & \text{valid}\end{cases}\tag{8-4}$$

其中，m 为原始信号大小，m'为池化结果的大小，$\lceil * \rceil$表示向上取整。

在神经网络模型中，通常是将卷积层的步长设为 2(即 strides=2)，这样可以同时实现"滤波+下采样"的功能(如图 8-4 所示)；或者将卷积层的步长设为 1(即 strides=1)，然后在卷积层之后紧跟一个**池化层**(pooling layer)，其作用就是通过池化(pool_size=2、strides=2)实现下采样(如图 8-7 所示)。

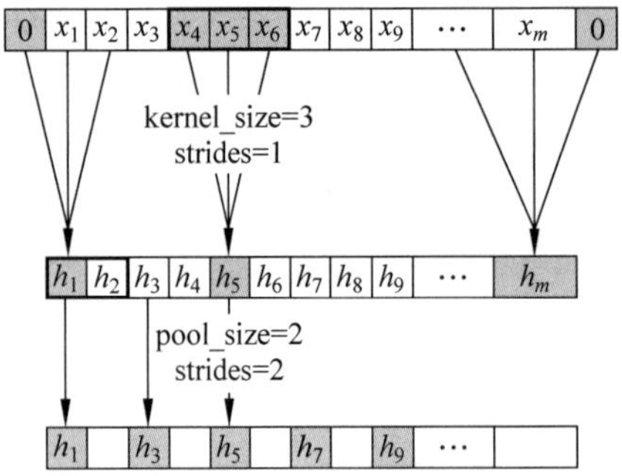

图 8-7 通过"卷积+池化"实现"滤波+下采样"

另外还需要注意的是，卷积中的卷积窗(即卷积核)包含权重参数，它们需要训练；而池化中的池化窗只是一个框，其中没有任何需要训练的参数。因此，在神经网络中添加池化层不会增加训练参数的数量。

7. 从一维扩展到二维

如果输入信号是一维的，则应当使用一维卷积(或池化)。一维卷积在单通道时的卷积核也是一维的，多通道时的卷积核是二维的(即尺寸和通道)。同理，一维池化的池化窗与此类似。

如果输入信号是二维的，则应当使用二维卷积(或池化)。二维卷积(或池化)主要应用于图像数据，可将之前讲解的一维卷积(或池化)方法无缝推广到二维。例如，对灰度图像(单通道)进行二维卷积，其卷积核也是二维的(参见图 8-8)；对彩色图像(三通道)进行二维卷积，其卷积核是三维的(即长、宽、通道)。

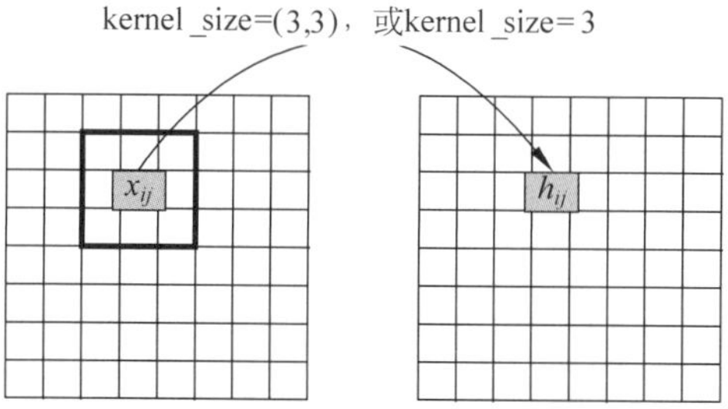

图 8-8 对灰度图像(单通道)进行二维卷积

二维卷积核的长、宽可以不同，例如 kernel_size=(2,3)。实际应用中，通常会选用长、宽相同的卷积核，例如 kernel_size=(3,3)，这时可将卷积核尺寸简记为 kernel_size=3。二维卷积核在移动时有两个步长，例如 strides=(2,3)表示每次移动 2 行 3 列。如果两个步长相同，例如 strides=(2,2)，这时可将步长简记为 strides=2。

同理，二维池化的窗口尺寸(pool_size)、移动步长(strides)也是二维的，其用法与记法和二维卷积窗相同。

8.1.3 卷积神经网络的基本结构

卷积神经网络属于前馈式神经网络，主要由卷积层和全连接层两种结构组成。其中，卷积层用作隐层(可继续细化成卷积、池化两部分)；而输出层使用的则是全连接层。

第一个卷积神经网络是 1987 年由 A. Waibel 提出的时间延迟网络(Time Delay Neural Network，TDNN)，它被应用于语音识别问题。1998 年，Y. LeCun 等人设计了名为 **LeNet-5** 的卷积神经网络，它在手写数字识别问题上取得了非常好的效果。LeNet-5 是卷积神经网络的典型代表，它奠定了卷积神经网络的基本结构。图 8-9 给出了 LeNet-5 的网络结构。

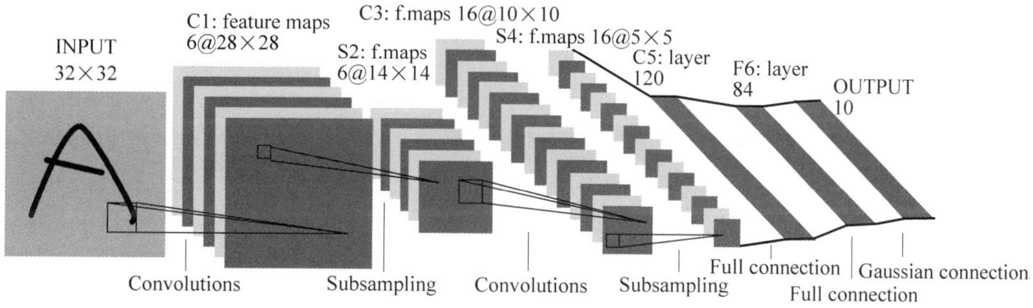

图 8-9 LeNet-5 的网络结构(引自参考文献[14])

1. LeNet-5 模型说明

图 8-9 所示的 LeNet-5 卷积神经网络共包含 7 层。这里按从前到后的顺序，对其中的每一层进行详细说明。

(1) **C1** 层：**卷积层**，通过 6 个卷积核(即 filters＝6)提取出 6 种不同特征。卷积核的大小为 kernel_size＝5×5、卷积步长为 strides＝1、无填充(即 valid)。输入信号为 32×32 的灰度图像(单通道)，卷积输出为 28×28 的特征图像(6 通道)，即 32×32×1→28×28×6。

(2) **S2** 层：**池化层**，接受 C1 层输入的特征图像(6 通道)，然后池化并进行下采样。池化窗的大小为 pool_size＝2×2、池化步长为 strides＝2、无填充(即 valid)。输入信号为 28×28 的特征图像(6 通道)，池化输出为 14×14 的特征图像(6 通道)，即 28×28×6→14×14×6。注：按现在的观点，可以将卷积层 C1 和池化层 S2 合起来算作一个卷积层。

(3) **C3** 层：**卷积层**(与 C1 类似)，接受 S2 层输入的特征图像(6 通道)，通过 16 个卷积核(即 filters＝16)进一步提取 16 种不同特征。输入信号为 14×14 的特征图像(6 通道)，卷积输出为 10×10 的特征图像(16 通道)，即 14×14×6→10×10×16。

(4) **S4** 层：**池化层**(与 S2 类似)，接受 C3 层输入的特征图像(16 通道)，然后池化并进行下采样。输入信号为 10×10 的特征图像(16 通道)，池化输出为 5×5 的特征图像(16 通道)，即 10×10×16→5×5×16。

(5) **C5** 层：**全连接层**，包含 120 个神经元。接受 S4 层输入的 5×5 特征图像(16 通道)，将其扁平化成一维特征(即 5×5×16＝400)。输入信号长度为 400，输出结果长度为 120，即 400→120。

(6) **F6** 层：**全连接层**，包含 84 个神经元。接受 C5 层输入的信号，信号长度为 120，输出结果长度为 84，即 120→84。注：84＝7×12，84 个神经元所输出的特征信息相当于 7×12 字形点阵所携带的信息量。

(7) **OUTPUT** 层：**全连接层**，包含 10 个神经元。接受 F6 层输入的信号，信号长度为 84，输出结果长度为 10，即 84→10。这是最后的输出层，输出结果可看作手写数字图像分别属于 0～9 这 10 个类的后验概率。在此基础上进行分类决策，最终实现手写数字识别的功能。

2. LeNet-5 模型的创新点

可以通过样本数据和学习算法对 LeNet-5 卷积神经网络中各网络层的参数进行学习，其中卷积层学习到的权重参数实际上就是卷积核，也即特征提取所用的滤波器。以往这些滤波器都是由人工设计的，现在 LeNet-5 将其改为由学习算法从样本数据中自动学习。这是 LeNet-5 模型的第一大创新点。

神经网络模型通过添加隐层、增加隐层神经元数量可以很方便地进行扩展，也即神经网络具有可扩展性。LeNet-5 将卷积运算引入神经网络，这就使得模型扩展工作可以在信号处理相关理论的指导下进行。这是 LeNet-5 模型的第二大创新点，它让神经网络的扩展工作不再是盲目的、不可捉摸的，而是变得有章可循、易于理解。对于设计深度学习模型来说，这一点尤为重要。

2006 年，G. Hinton 提出的深度学习思想激发了人们对深度神经网络的研究热情。LeNet-5 模型因其良好的扩展性和可理解性，迅速成为深度学习的参考模型。受 LeNet-5

模型的启发,人们提出了很多新的、层数更多、性能更好的深度学习模型,其中代表性的模型有:

- AlexNet(2012 年,8 层)。
- VGG(2014 年,19 层)。
- GoogLeNet(2014 年,22 层)。
- ResNet(2015 年,152 层)。
- DenseNet(2017 年,大于 100 层)。

3. 深度学习中的问题与创新

随着网络层数的增加,深度学习模型很快就遇到了一些非常严重的问题,例如梯度消失或梯度爆炸、过拟合、参数增长过快等。在解决上述问题的过程中涌现了很多创新性成果,例如各种改进的反向传播算法、ReLU 激活函数、批次标准化、dropout 等(参见 7.3.3 节);另外还有各种抑制参数过快增长的方法,例如权值共享、卷积核小型化、快捷连接(shortcut connection)或称跳跃连接(skip connection)等;最后还有提高算力的 GPU(Graphics Processing Unit)并行计算方法等,这些成果都极大地推动了深度学习的研究与发展。

2019 年 3 月 27 日,ACM(国际计算机学会)宣布将 2018 年图灵奖授予 G. Hinton、Y. Bengio 和 Y. LeCun(参见图 8-10),以表彰他们在深度学习领域的开创性工作与卓越贡献。

G. Hinton(辛顿)

Y. Bengio(本吉奥)

Y. LeCun(乐昆)

图 8-10 三位深度学习领域的图灵奖获得者(2018 年)

本节详细地介绍了 LeNet-5 模型的网络结构和工作原理,8.1.4 节将使用 TensorFlow 对 LeNet-5 模型进行编程实战。另外精选了两篇经典的论文(参见参考文献[14]、[15]),供读者延伸阅读。对于本书列出的文献,读者可以通过“百度学术”进行搜索和下载。

8.1.4 LeNet-5 模型编程实战

本节首先介绍 TensorFlow 中的卷积函数 tf. nn. **conv2d**()和卷积层类 keras. layers. **Conv2D**,然后再编程实现 LeNet-5 卷积神经网络,为 MNIST 手写数字数据集建立一个分类模型。因为手写数字是二维图像,因此本节将关注点聚焦在二维卷积上(一维卷积会更简单一些)。

1. 二维卷积函数与卷积层类

首先新建一个 Jupyter 记事本文件,然后导入两个最基本的 TensorFlow 包,另外再导入 Keras 子包中的网络层模块 layers(参见图 8-11)。

```
In [1]: # 导入两个最基本的TensorFlow包
        import tensorflow as tf          # 导入包tensorflow
        from tensorflow import keras     # 导入包tensorflow.keras

        from tensorflow.keras import layers   # 导入layers模块
```

图 8-11　导入 TensorFlow 相关的包和模块

比对图 8-12 中的代码与运行结果，了解二维卷积函数 conv2d()的使用细节。**关注点**：使用 TensorFlow 对二维图像进行卷积时，需按 shape=(批次大小，高度，宽度，通道数)的形状将图像数据 **input** 组织成**四维张量**；二维滤波器 **filters**(也即卷积核，包含一组权重系数)也应按 shape=(滤波器高度，滤波器宽度，输入通道数，输出通道数)的形状设计成**四维张量**；应准确理解卷积步长 **strides**、填充方式 **padding** 的含义。附上二维卷积函数 conv2d()的简要说明。

```
tf.nn.conv2d(input, filters, strides, padding, name = None)
Input: A 4 - D tensor of shape (batch, height, width, channels)
Filters: A 4 - D tensor of shape (filter_height, filter_width, in_ channels, out_channels)
```

```
In [2]: # 认识卷积：定义4维张量，观察它们的卷积结果
        X = tf.ones(shape=(1, 7, 7, 1), dtype=tf.float32)
        W = tf.random.normal(shape=(3, 3, 1, 2), dtype=tf.float32)

        # 卷积：观察填充、不填充的区别
        Y1 = tf.nn.conv2d(X, W, strides=1, padding='SAME')
        print("SAME-1:", X.shape, "=>", Y1.shape)
        Y2 = tf.nn.conv2d(X, W, strides=1, padding='VALID')
        print("VALID-1:", X.shape, "=>", Y2.shape)

        # 卷积：改变步长，观察卷积结果
        Y1 = tf.nn.conv2d(X, W, strides=2, padding='SAME')
        print("SAME-2:", X.shape, "=>", Y1.shape)
        Y2 = tf.nn.conv2d(X, W, strides=2, padding='VALID')
        print("VALID-2:", X.shape, "=>", Y2.shape)

        SAME-1: (1, 7, 7, 1) => (1, 7, 7, 2)
        VALID-1: (1, 7, 7, 1) => (1, 5, 5, 2)
        SAME-2: (1, 7, 7, 1) => (1, 4, 4, 2)
        VALID-2: (1, 7, 7, 1) => (1, 3, 3, 2)
```

图 8-12　二维卷积函数 conv2d()

Keras 高层接口将卷积层相关的参数和函数封装成类，例如二维卷积层类 Conv2D。比对图 8-13 中的代码与运行结果，了解二维卷积层类 Conv2D 的用法。**关注点**：使用 Conv2D 类定义对象就是创建一个卷积层；参数 **filters** 指定滤波器数(每个滤波器产生一个通道的输出)，参数 **kernel_size** 指定卷积核尺寸(也即滤波器尺寸)；若 c1 为卷积层类 Conv2D 的对象，则 c1(X)表示对输入 X 执行前向计算并返回结果(注：这是 Python 语法中的拦截方法 **__call__**，参见图 8-14)。附上二维卷积层类 Conv2D 的构造方法。

```
keras.layers.Conv2D(
    filters, kernel_size, strides = (1, 1), padding = 'valid',
    data_format = None, dilation_rate = (1, 1), groups = 1, activation = None,
    use_bias = True, kernel_initializer = 'glorot_uniform',
    bias_initializer = 'zeros', kernel_regularizer = None,
    bias_regularizer = None, activity_regularizer = None, kernel_constraint = None,
    bias_constraint = None, ** kwargs
)
```

```
In [3]: # Keras的卷积层类: Conv2D
        # 注意: 输入张量的维数要 >= 4维
        X = tf.ones(shape=(1, 7, 7, 1), dtype=tf.float32)

        c1 = layers.Conv2D(filters=2, kernel_size=3,
                           strides=1, padding='same')
        # 指定输入层特征形状, 生成并初始化模型参数
        # c1.build(input_shape=(None, 7, 7, 1))

        # 或者: 第一次前向计算时会自动生成并初始化模型参数
        Y1 = c1(X)
        print("same:", X.shape, "=>", Y1.shape)

        # 将填充方式改为 valid, 观察卷积结果
        c2 = layers.Conv2D(filters=2, kernel_size=3,
                           strides=1, padding='valid')
        Y2 = c2(X); print("valid:", X.shape, "=>", Y2.shape)

        same: (1, 7, 7, 1) => (1, 7, 7, 2)
        valid: (1, 7, 7, 1) => (1, 5, 5, 2)
```

图 8-13　二维卷积层类 Conv2D

Python 类中有一些被隐式调用的方法(也即函数),它们被称为**拦截方法**(或称作**运算符重载**方法),例如__init__()、__call__()、__add__()等。比对图 8-14 中的代码与运行结果,了解 Python 类中拦截方法的隐式调用。**关注点**:Keras 中所有的模型类、网络层类都有拦截方法__init__()、__call__(),应熟悉它们的隐式调用方法。

```
In [4]: # Python的拦截方法(或称运算符重载方法)
        class Area:
            def __init__(self, weight=0):  # 拦截方法: 构造方法
                self.w = weight
            def __call__(self, x=0):       # 拦截方法: 计算 w * x
                return (self.w * x)
            def mul(self, x=0):            # 普通方法: 计算 w * x
                return (self.w * x)

        a = Area(2)                     # 隐式调用拦截方法: __init__( )
        print("a(5):", a(5))            # 隐式调用拦截方法: __call__( )
        print("a.mul(5):", a.mul(5))    # 显式调用普通方法: mul( )

        a(5): 10
        a.mul(5): 10
```

图 8-14　Python 类中的拦截方法和普通方法

2. 加载数据集并进行预处理

加载 MNIST 手写数字数据集并进行预处理。手写数字识别的特征数据是大小为 28×28 像素、像素值为 0～255 的二维灰度图像;类别标注为 0～9 的数值。数据预处理应当按 shape=(批次大小,高度,宽度,通道数)的形状将图像数据组织成 4 维张量;然后对像素值进行 Min-Max 标准化,使其取值范围处于[0,1]区间;因为是分类模型,所以还要对类别标注进行 one-hot 编码,这样才能使用分类交叉熵来定义损失函数。

图 8-15 的示例代码将上述预处理过程定义成一个函数 preprocessing_mnist(),然后调用该函数对训练集做预处理。

3. 搭建 LeNet-5 卷积神经网络

图 8-16 给出了使用 Keras 高层接口搭建 LeNet-5 卷积神经网络的示例代码与运行结果。**关注点**:Keras 高层接口将池化层相关的参数和函数封装成类,例如二维池化层类 keras.layers.**MaxPooling2D**(或 MaxPool2D);使用扁平化层类 keras.layers.**Flatten** 实现扁

```
In [5]: # 手写数字数据集：预处理
def preprocessing_mnist(X, Y, verbose=0):
    # 按（批次大小，高度，宽度，通道数）组织图像数据
    X1 = tf.constant(X, dtype=tf.float32)
    X2 = tf.reshape(X1, shape=(-1, 28, 28, 1))
    if (verbose==1): print(X1.shape, "=>", X2.shape)
    X_new = X2 / 255.0  # Min-Max标准化

    #  对类别进行one-hot编码
    Y_new = tf.one_hot(Y, depth=10)
    if (verbose==1): print(Y[0], "=>", Y_new[0])
    # 返回新数据集
    return (X_new, Y_new)

# 加载MNIST手写数字数据集
(X_train, Y_train), (X_test, Y_test) = \
                keras.datasets.mnist.load_data()
# 训练集预处理
(X_new_train, Y_new_train) = \
            preprocessing_mnist(X_train, Y_train, 1)

(60000, 28, 28) => (60000, 28, 28, 1)
5 => tf.Tensor([0. 0. 0. 0. 0. 1. 0. 0. 0. 0.], shape=(10,), dtype=f
loat32)
```

图 8-15 手写数字数据集的预处理示例代码与运行结果

```
In [6]: cnn = keras.Sequential()
# 卷积层1: (b, 28, 28, 1) => (b, 28, 28, 6)
cnn.add( layers.Conv2D(filters=6, kernel_size=5, strides=1,
           padding='same', use_bias=False) )
# 池化层1: (b, 28, 28, 6) => (b, 14, 14, 6)
cnn.add( layers.MaxPooling2D(pool_size=2, strides=2) )

# 卷积层2: (b, 14, 14, 6) => (b, 10, 10, 16)
cnn.add( layers.Conv2D(filters=16, kernel_size=5, strides=1,
           padding='valid', use_bias=False) )
# 池化层2: (b, 10, 10, 16) => (b, 5, 5, 16)
cnn.add( layers.MaxPooling2D(pool_size=2, strides=2) )

# Flatten（扁平化）层: (b, 5, 5, 16) => (b, 400)
cnn.add( layers.Flatten() )

# 2个全连接层: (b, 400) => (b, 120) => (b, 84)
cnn.add( layers.Dense(120, activation='relu') )
cnn.add( layers.Dense(84, activation='relu') )

#输出层: (b, 84) => (b, 10)
cnn.add( layers.Dense(10, activation=None) )

# 输入特征:（批次大小，图像高度，图像宽度，通道数）
cnn.build(input_shape=(None, 28, 28, 1))
cnn.summary()
```

(a) 示例代码

```
Model: "sequential"
_________________________________________________________________
Layer (type)                 Output Shape              Param #
=================================================================
conv2d_2 (Conv2D)            (None, 28, 28, 6)         150
_________________________________________________________________
max_pooling2d (MaxPooling2D) (None, 14, 14, 6)         0
_________________________________________________________________
conv2d_3 (Conv2D)            (None, 10, 10, 16)        2400
_________________________________________________________________
max_pooling2d_1 (MaxPooling2 (None, 5, 5, 16)          0
_________________________________________________________________
flatten (Flatten)            (None, 400)               0
_________________________________________________________________
dense (Dense)                (None, 120)               48120
_________________________________________________________________
dense_1 (Dense)              (None, 84)                10164
_________________________________________________________________
dense_2 (Dense)              (None, 10)                850
=================================================================
Total params: 61,684
Trainable params: 61,684
Non-trainable params: 0
_________________________________________________________________
```

(b) 运行结果

图 8-16 搭建 LeNet-5 卷积神经网络的示例代码与运行结果

平化功能；观察并对比卷积层、池化窗、全连接层的参数数量。附上二维池化层类 MaxPooling2D 的构造方法。

```
keras.layers.MaxPooling2D(pool_size = (2, 2), strides = None, padding = 'valid')
```

4. 配置并训练模型

使用预处理后的训练集来训练模型并查看训练过程，图 8-17 给出其示例代码与运行结果。**关注点**：不管什么样的网络结构，使用 Keras 配置、训练模型的代码都差不多，非常容易掌握；可以尝试选择不同的优化算法和参数，查看训练结果会有什么变化。

```
# 配置神经网络模型的损失函数、优化算法、评价指标
cnn.compile(
    loss=keras.losses.CategoricalCrossentropy(from_logits=True),
    optimizer=keras.optimizers.SGD(learning_rate=0.01),
    metrics=['accuracy'] )
# 若输出层不带softmax则from_logits=True，否则应为False

# 使用预处理后的训练集来训练模型，查看训练过程
history = cnn.fit(X_new_train, Y_new_train,
                  batch_size=200, epochs=5, shuffle=True)
```

```
Epoch 1/5
300/300 [==============================] - 14s 45ms/step - loss: 1.4738 - accuracy: 0.5476
Epoch 2/5
300/300 [==============================] - 15s 49ms/step - loss: 0.3782 - accuracy: 0.8882
Epoch 3/5
300/300 [==============================] - 15s 49ms/step - loss: 0.2730 - accuracy: 0.9180
Epoch 4/5
300/300 [==============================] - 15s 50ms/step - loss: 0.2204 - accuracy: 0.9327
Epoch 5/5
300/300 [==============================] - 14s 47ms/step - loss: 0.1903 - accuracy: 0.9428
```

图 8-17 配置并训练模型的示例代码与运行结果

5. 可视化训练过程

Keras 将神经网络模型的训练过程记录在 keras.callbacks.**History** 对象中，可以使用 Matplotlib 对其进行可视化，图 8-18 给出其示例代码与运行结果。**关注点**：通过可视化分析，大致估计训练所需的代次数。

```
In [8]: # 可视化训练过程：history
        import matplotlib.pyplot as plt
        %matplotlib inline

        # 查看正确率随训练代次变化的过程
        plt.plot(history.history['正确率'])
        plt.title('训练历史')
        plt.ylabel('正确率');  plt.xlabel('训练代次')
        plt.show()
```

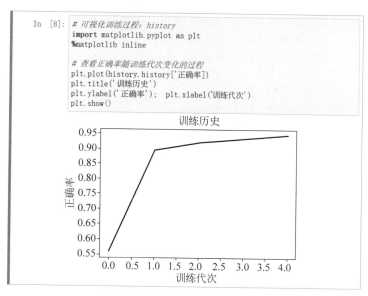

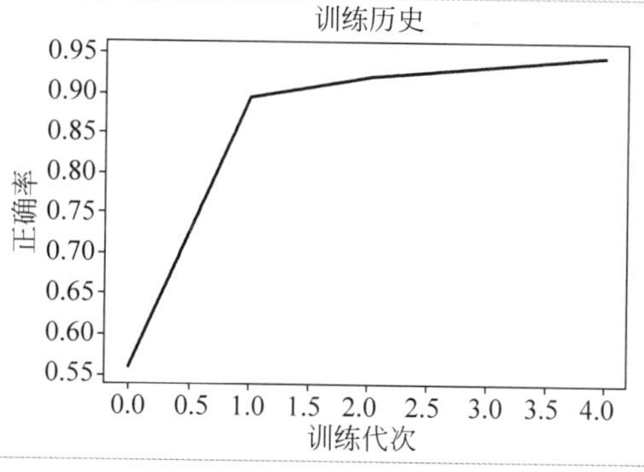

图 8-18 可视化训练过程的示例代码与运行结果

6. 测试并评估模型

使用预处理后的测试集来测试、评估模型，图 8-19 给出其示例代码与运行结果。**关注点**：将评估结果与 7.5.3 节的前馈神经网络进行比对，进一步体会卷积神经网络的设计思想。

```
In [9]: # 测试集预处理
        (X_new_test, Y_new_test)= preprocessing_mnist(X_test, Y_test)
        # 评估分类模型：正确率
        loss = cnn.evaluate(X_new_test, Y_new_test, verbose=0)
        print("[loss, accuracy]=", loss); print()

        # 使用模型进行预测：后验概率
        Z = cnn.predict(X_new_test); print(Z[:3])
        # 基于后验概率进行分类决策
        Y = tf.argmax(Z[:3], axis=1)
        print("Y_predict=", Y.numpy()); print("Y_true=", Y_test[:3])

[loss, accuracy]= [0.15712657570838928, 0.9527000188827515]

[[ -2.5218854   -7.508826    -0.42154723   1.7361368   -4.0981426
   -1.7509928  -11.728072    10.591282    -3.891381     1.4107102 ]
 [  1.1368572    1.8568789    7.975153     3.0714388  -10.983183
    1.0435925    2.611832   -11.087962     0.7704664  -13.625445  ]
 [ -3.7649298    5.6192064    0.11002292  -0.5187376   -1.5312974
   -1.897356    -0.02613714  -1.1872141    0.02058497  -2.7962246 ]]
Y_predict= [7 2 1]
Y_true= [7 2 1]
```

图 8-19　测试并评估模型的示例代码与运行结果

8.2　循环神经网络

自然语言处理(Natural Language Processing，NLP)是机器学习的一个重要研究方向，它所处理的主要是序列数据。例如一句话、一篇文章，它们可被看作一个字或词的序列。处理序列型数据的关键是如何提取数据背后的含义，或称作**语义**(semantic)特征。语义特征可看作语义的某种**表示**(representation)，它反映了序列数据的本质。

循环神经网络主要用于处理序列型数据，例如**语音识别**(speech recognition)、**机器翻译**(machine translation)、**文本情感分析**(text sentiment analysis)、**行情预测**(market forecast)等，其核心思想是基于神经网络为序列型数据建立语义特征提取模型。

8.2.1　序列数据的语义特征

序列数据的语义特征具有如下特点：一是序列中每个数据都有自己独立的含义(这里将其称作词义)；二是序列数据中的词义会互相影响、互相依赖，需根据上下文才能确定词义并最终形成序列的整体含义(这里将其称作语义)。例如“我吃苹果”与“我用苹果”，前一个“苹果”的词义是水果，而后一个“苹果”可能指的是手机品牌，需根据上下文才能确定“苹果”的词义并最终理解整句话的语义。本节具体讨论序列数据中语义特征的建模与提取方法。

1. 语义特征的概率模型

该如何描述序列数据中各词义之间的上下文依赖关系呢？HMM(隐马尔可夫模型，参见 6.4 节)是一种能够描述这种上下文依赖关系的概率模型。可以将序列数据看作观测变量($X_1, X_2, \cdots, X_N$),而将语义特征看作其背后的隐变量($H_1, H_2, \cdots, H_N$),然后使用 HMM 来描述它们的联合概率分布(参见图 8-20(a))。注：隐变量也可称作状态变量。

HMM 是一种生成式概率模型,它描述了观测变量与隐变量之间的联合概率分布。例如图 8-20(a)所示 HMM 的联合概率分布为

$$P(H_1, H_2, \cdots, H_N, X_1, X_2, \cdots, X_N) = P(H_0) \sum_{t=1}^{N} P(H_t \mid H_{t-1}) P(X_t \mid H_t) \quad (8\text{-}5)$$

其中,HMM 的长度 N 由观测变量(即序列数据)的长度决定,观测变量可为任意长度。换句话说,HMM 能够处理可变长度的序列数据(例如不同长度的句子),因此图 8-20(a)的展开形式有时也简化为图 8-20(b)的折叠形式。

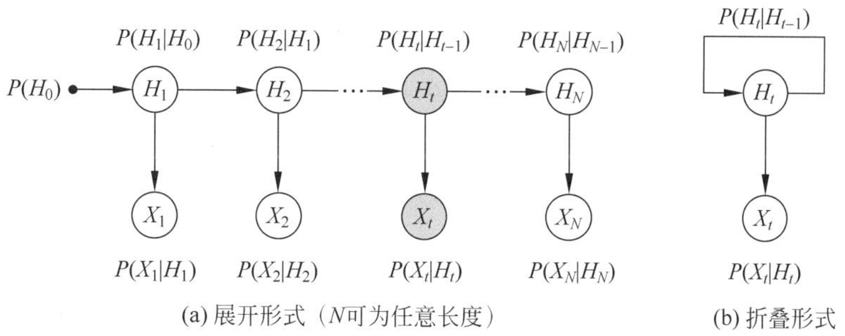

图 8-20　HMM

可以为序列数据及其语义特征建立 HMM 概率模型,并使用样本数据进行训练。今后任给序列数据($x_1, x_2, \cdots, x_N$),可以使用训练好的 HMM 推理出其后验概率分布 $P(h_1, h_2, \cdots, h_N \mid x_1, x_2, \cdots, x_N)$,并将后验概率最大的隐变量取值($h_1^*, h_2^*, \cdots, h_N^*$)作为序列数据($x_1, x_2, \cdots, x_N$)的语义特征。

总结如下,可以通过建立概率模型来提取序列数据的语义特征。HMM 只能处理离散、有限的语义空间,无法将其推广至复杂、连续的语义空间,但 HMM 为描述上下文依赖关系提供了一种非常有借鉴价值的链式结构。

2. 语义特征的映射模型

对于自然语言处理中的词汇表,该如何对它们进行编码呢？例如,给定"苹果""香蕉""芒果""樱桃"四个词,可以使用 one-hot **编码**和**词特征向量**(word feature vector,简称**词向量**)两种形式来表示它们,如表 8-1 所示。其中,词向量是用实数来表示词汇在不同特征维

表 8-1　one-hot 编码和词向量

编号	词	one-hot 编码	词向量及其含义		
			词向量	特征 1：红色	特征 2：圆形
1	苹果	(1,0,0,0)	(0.7,0.8)	0.7	0.8
2	香蕉	(0,1,0,0)	(0.1,0.2)	0.1	0.2
3	芒果	(0,0,1,0)	(0.5,0.3)	0.5	0.3
4	樱桃	(0,0,0,1)	(0.9,0.8)	0.9	0.8

度上的可能性，例如“苹果”为红色的可能性为 0.7，为圆形的可能性为 0.8，则其词向量即可表示为(0.7,0.8)。

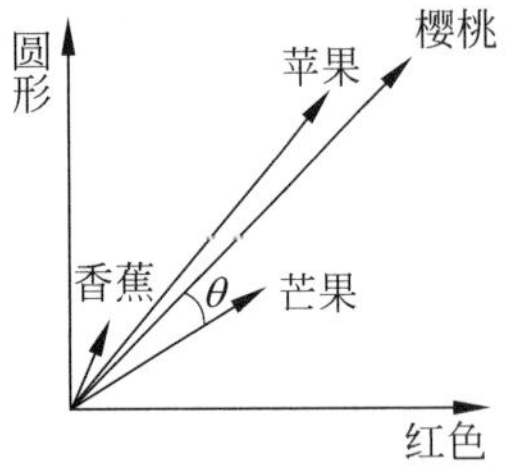

图 8-21　词向量及其余弦相似度

从表 8-1 很容易看出，one-hot 编码的维数比较大，例如一万条词汇的编码维数即为一万维，而词向量的维数可以小很多。另外，词向量是连续型实数编码，其表示能力比 one-hot 编码要强。最为重要的是，one-hot 编码完全丢失了词汇的词义特征，而词向量可在一定程度上保留词义特征。图 8-21 画出了表 8-1 中 4 个词在“红色-圆形”特征空间中所对应的 4 个词向量。

词向量之间夹角 θ 的大小可以反映两个词在词义上的相似程度。夹角 θ 越小则词义越接近，反之越大则词义相差越远，$0 \leqslant \theta \leqslant 180°$。可以改用夹角余弦 $\cos\theta$ 来度量词义的相似程度，$-1 \leqslant \cos\theta \leqslant 1$。例如，两个同义词特征向量的夹角 $\theta = 0°$，则 $\cos\theta = 1$；两个反义词特征向量的夹角 $\theta = 180°$，则 $\cos\theta = -1$。两个向量之间夹角的余弦 $\cos\theta$ 称作这两个向量的**余弦相似度**(cosine similarity)。

很难通过人工方式定义出词向量，一般是通过机器学习方法来学习“词汇→向量”(word to vector)的映射关系。假设词汇数量为 N，将词义特征的维数设定为 n(即特征 1～特征 n)，则词汇到向量的映射关系可表示成表 8-2 形式的词向量映射表(或称作词向量查询表)。

表 8-2　词向量映射表

词汇编号	词向量
1	$(v_{11}, v_{12}, \cdots, v_{1n})$
2	$(v_{21}, v_{22}, \cdots, v_{2n})$
…	…
N	$(v_{N1}, v_{N2}, \cdots, v_{Nn})$

表 8-2 中的$(v_{i1}, v_{i2}, \cdots, v_{in})$是需要机器学习的参数，可将它们表示成式(8-6)的矩阵形式。

$$\boldsymbol{W2V} = \begin{bmatrix} v_{11} & v_{12} & \cdots & v_{1n} \\ v_{21} & v_{22} & \cdots & v_{2n} \\ \vdots & \vdots & \ddots & \vdots \\ v_{N1} & v_{N2} & \cdots & v_{Nn} \end{bmatrix} \tag{8-6}$$

通过机器学习方法所学习到的词向量可在一定程度上保留词义特征，但很难对这些特征进行解读。如果将词向量看作**嵌入**(embed)在高维 one-hot 编码空间中的低维词义特征，则可以通过降维方法进行提取，因此词向量有时也称作**词嵌入**(word embedding)。

总结如下，可以用词向量的形式来表示词汇的词义特征；词向量可以通过机器学习方法进行学习。将这个结论推广到一个句子、一篇文章，乃至整个序列型数据：可以用特征向量的形式来表示序列数据的整体语义特征(可称作**语义向量**)；然后将提取语义特征的过程抽象成一个“序列数据→语义向量”的映射模型，使用神经网络能很方便地实现这个模型。

8.2.2　RNN神经元与RNN网络层

给定d维序列数据$(\boldsymbol{x}_1,\boldsymbol{x}_2,\cdots,\boldsymbol{x}_N)$，其中$\boldsymbol{x}_t=(x_{t1},x_{t2},\cdots,x_{td})$，$t=1,2,\cdots,N$。假设将语义特征的维数设定为$q$(即特征1～特征$q$)，则$t$时刻(或称第$t$个)语义向量可记作$\boldsymbol{h}_t=(h_{t1},h_{t2},\cdots,h_{tq})$。语义向量$\boldsymbol{h}_t$存在如下两种依赖关系。

- 语义向量$\boldsymbol{h}_t$依赖于t时刻的数据$\boldsymbol{x}_t$，可以将这种依赖关系抽象成一个映射$f_{\boldsymbol{xh}}$：$\boldsymbol{x}_t \rightarrow \boldsymbol{h}_t$，其功能是从当前时刻的数据中提取语义特征；
- 语义向量$\boldsymbol{h}_t$还依赖于$t-1$时刻的语义向量$\boldsymbol{h}_{t-1}$，可以将这种依赖关系抽象成映射$f_{\boldsymbol{hh}}$：$\boldsymbol{h}_{t-1} \rightarrow \boldsymbol{h}_t$，其功能是从**累积语义**(或称**历史语义**)中提取当前时刻的语义特征。

循环神经网络就是设计一种专门的RNN神经元来实现上述两种映射，然后用链式结构将多个RNN神经元连接成一个RNN网络层，最终实现从序列数据$(\boldsymbol{x}_1,\boldsymbol{x}_2,\cdots,\boldsymbol{x}_N)$中提取语义向量$(\boldsymbol{h}_1,\boldsymbol{h}_2,\cdots,\boldsymbol{h}_N)$的功能。

1. RNN神经元

映射$f_{\boldsymbol{xh}}$：$\boldsymbol{x}_t \rightarrow \boldsymbol{h}_t$相当于从当前时刻的数据$\boldsymbol{x}_t=(x_{t1},x_{t2},\cdots,x_{td})$中提取语义向量$\boldsymbol{h}_t=(h_{t1},h_{t2},\cdots,h_{tq})$，可以使用一个包含$q$个神经元的全连接层(因为输出$\boldsymbol{h}_t$是$q$维向量)来模拟这个映射。其数学形式可描述为

$$\boldsymbol{h}_t=\boldsymbol{x}_t\boldsymbol{W}_{\boldsymbol{xh}}+\boldsymbol{b}_{\boldsymbol{xh}} \tag{8-7a}$$

其中，$\boldsymbol{W}_{\boldsymbol{xh}}$为$d\times q$的权重矩阵；$\boldsymbol{b}_{\boldsymbol{xh}}$为$1\times q$的偏置向量；假设$q$个神经元都未添加激活函数。

同理，映射$f_{\boldsymbol{hh}}$：$\boldsymbol{h}_{t-1} \rightarrow \boldsymbol{h}_t$相当于从累积语义$\boldsymbol{h}_{t-1}=(h_{t-1,1},h_{t-1,2},\cdots,h_{t-1,q})$中提取当前时刻的语义向量$\boldsymbol{h}_t=(h_{t1},h_{t2},\cdots,h_{tq})$，也可以使用一个包含$q$个神经元的全连接层来模拟这个映射。其数学形式可描述为

$$\boldsymbol{h}_t=\boldsymbol{h}_{t-1}\boldsymbol{W}_{\boldsymbol{hh}}+\boldsymbol{b}_{\boldsymbol{hh}} \tag{8-7b}$$

其中，$\boldsymbol{W}_{\boldsymbol{hh}}$为$q\times q$的权重矩阵；$\boldsymbol{b}_{bh}$为$1\times q$的偏置向量；假设$q$个神经元都未添加激活函数。

将式(8-7a)和式(8-7b)的两个全连接层合并起来形成一种新形式的网络层，它能实现从$(\boldsymbol{x}_t,\boldsymbol{h}_{t-1})$到$\boldsymbol{h}_t$的映射，可记作$f$：$(\boldsymbol{x}_t,\boldsymbol{h}_{t-1}) \rightarrow \boldsymbol{h}_t$。其功能是将当前时刻数据$\boldsymbol{x}_t$和前一时刻累积语义$\boldsymbol{h}_{t-1}$中所蕴含的语义特征综合起来，然后将其作为当前时刻的累积语义$\boldsymbol{h}_t$。这种新形式的网络层称作一个**RNN神经元**，其数学形式可描述为

$$\boldsymbol{h}_t=\boldsymbol{x}_t\boldsymbol{W}_{\boldsymbol{xh}}+\boldsymbol{h}_{t-1}\boldsymbol{W}_{\boldsymbol{hh}}+\boldsymbol{b} \tag{8-8a}$$

其中，$\boldsymbol{W}_{\boldsymbol{xh}}$和$\boldsymbol{W}_{\boldsymbol{hh}}$是RNN神经元所包含的两个权重矩阵；$\boldsymbol{b}$为$1\times q$的偏置向量。

可以为式(8-8a)所描述的RNN神经元添加激活函数，例如tanh函数，这时RNN神经元的数学形式可描述为

$$\boldsymbol{h}_t=\tanh(\boldsymbol{x}_t\boldsymbol{W}_{\boldsymbol{xh}}+\boldsymbol{h}_{t-1}\boldsymbol{W}_{\boldsymbol{hh}}+\boldsymbol{b}) \tag{8-8b}$$

一个RNN神经元可以为序列数据提取出一个时刻(例如t时刻)的语义特征。图8-22(a)给出了RNN神经元(t时刻)的工作原理图；图8-22(b)则给出了RNN神经元的画法，图中**A**表示式(8-8a)或式(8-8b)所描述的算法过程。注意，一个RNN神经元相当于两个全

连接网络层,其输出是一个向量(不是标量)。

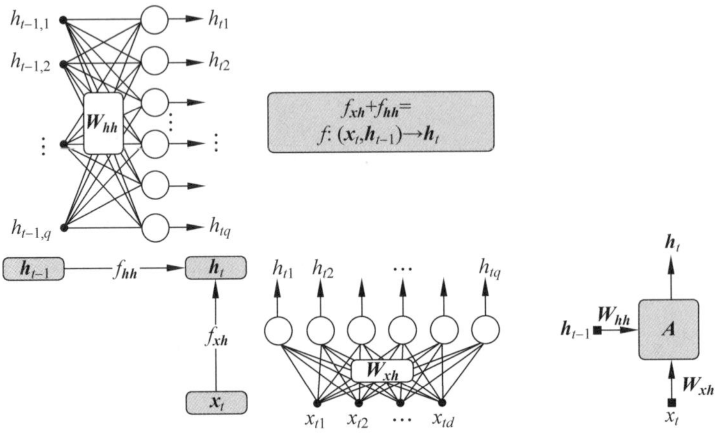

(a) RNN神经元的工作原理图 (b) RNN神经元图形

图 8-22 RNN 神经元

2. RNN 网络层

一个 RNN 神经元只能提取一个时刻(例如 t 时刻)的语义特征。给定长度为 N 的序列数据($\boldsymbol{x}_1,\boldsymbol{x}_2,\cdots,\boldsymbol{x}_N$),则需要 N 个 RNN 神经元才能提取出全部 N 个时刻的语义特征($\boldsymbol{h}_1,\boldsymbol{h}_2,\cdots,\boldsymbol{h}_N$),这才是序列数据完整的语义特征。

因为不同时刻的语义特征会互相影响、互相依赖,所以可以借鉴 HMM 的链式结构来描述这种上下文依赖关系。以链式结构将 N 个 RNN 神经元连接起来,并给定初始语义向量 $\boldsymbol{h}_0$,这就构成了一个完整的 RNN,如图 8-23(a)所示。在实际应用中,RNN 通常只是作为神经网络的一个网络层使用,因此这里明确将其称作 **RNN 网络层**。

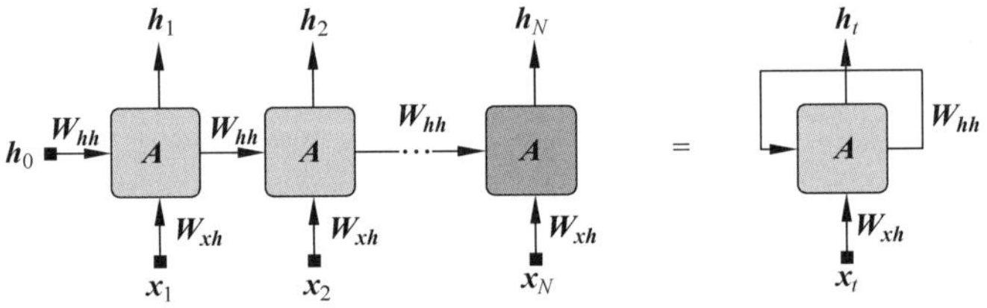

(a) 展开形式 (b) 折叠形式

图 8-23 RNN 网络层

为简化模型,RNN 网络层通常会让所有 RNN 神经元使用相同的权重参数(即权值共享),这时可将 RNN 网络层表示成图 8-23(b)的折叠形式。

RNN 网络层中神经元的数量由序列数据的长度决定。给定长度为 N 的序列数据($\boldsymbol{x}_1$,$\boldsymbol{x}_2,\cdots,\boldsymbol{x}_N$),则 RNN 网络层应包含 N 个 RNN 神经元并执行 N 次前向运算,最终会输出 N 个语义向量($\boldsymbol{h}_1,\boldsymbol{h}_2,\cdots,\boldsymbol{h}_N$)。

3. 将 RNN 网络层作为神经网络的隐层

在神经网络中,隐层的作用是提取特征并将其传输给输出层,输出层再基于这些特征进行预测(例如回归或分类)。当处理图像数据时,神经网络通常会选用卷积层作为隐层,用于提取图像特征。而处理序列数据时,神经网络通常会选用RNN网络层作为隐层,用于提取序列数据的语义特征。

给定长度为N的序列数据($\boldsymbol{x}_1,\boldsymbol{x}_2,\cdots,\boldsymbol{x}_N$),则RNN网络层会提取出$N$个时刻的语义向量($\boldsymbol{h}_1,\boldsymbol{h}_2,\cdots,\boldsymbol{h}_N$)。其中的$\boldsymbol{h}_N$既可以理解为最后时刻(即时刻$N$)的语义特征,也可以理解为整个序列(即时刻$1\sim N$)的累积语义特征(也即序列的整体语义)。

如果需要对序列的整体语义进行预测(例如文本情感分析、市场预测等),则可以应用RNN网络层来提取语义特征,并将最后时刻的语义向量$\boldsymbol{h}_N$作为序列整体语义送入后续的网络层或输出层。只使用最后时刻的语义向量$\boldsymbol{h}_N$,这样可以简化模型。图8-24给出了面向这种应用的神经网络结构示意图。

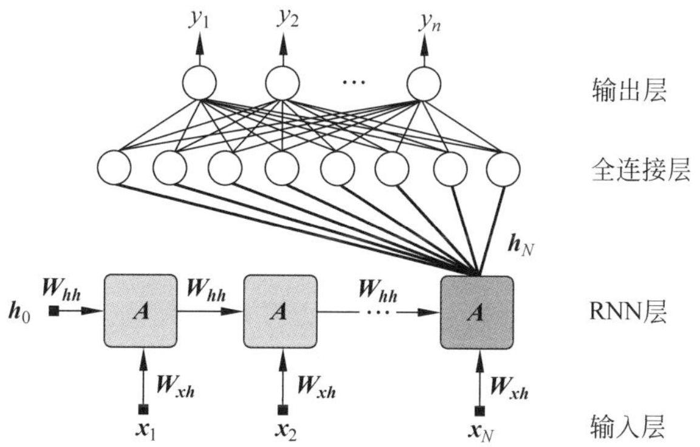

图8-24　在神经网络中应用RNN网络层的结构示意图(之一)

如果神经网络所处理的是自然语言,则需要为神经网络添加**词嵌入层**,其目的是将词的编号映射成词向量。例如,用于文本情感分析的神经网络就需要添加词嵌入层,它将原始输入的词汇编号序列($x_1,x_2,\cdots,x_N$)映射成词向量序列($\boldsymbol{v}_1,\boldsymbol{v}_2,\cdots,\boldsymbol{v}_N$)。图8-25给出了带词嵌入层的神经网络结构示意图。

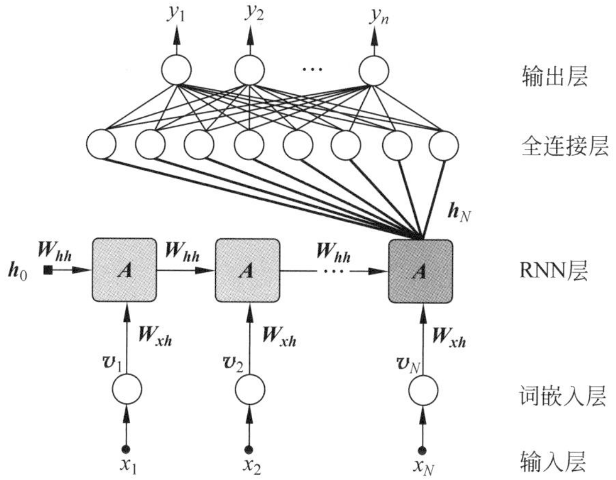

图8-25　在神经网络中应用RNN网络层的结构示意图(之二)

如果神经网络的功能是机器翻译,则RNN网络层需保留所有时刻的语义向量($\boldsymbol{h}_1,\boldsymbol{h}_2,\cdots,\boldsymbol{h}_N$)并将它们送入后续网络层。每个时刻的$\boldsymbol{h}_t$可理解为句子中第$t$个词的词义特征,后续网络层根据词义进行翻译(假设是直译)。图8-26给出了这种机器翻译神经网络的结构示意图。注：目前机器翻译使用的并不是这种神经网络结构，而是 seq2seq 或 encoder-decoder 架构，图 8-26 仅仅是一个教学用的示意图。

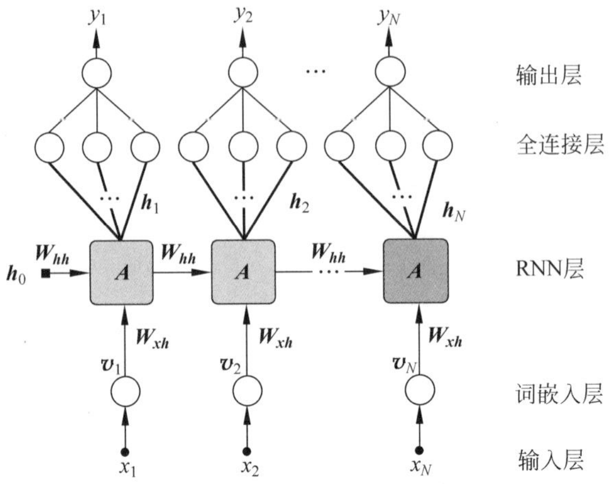

图 8-26　在神经网络中应用 RNN 网络层的结构示意图(之三)

在神经网络中应用 RNN 网络层，其网络结构可根据应用灵活调整，例如叠加多个 RNN 网络层来实现多级特征提取。另外，前面所介绍的 RNN 网络层是单向的，只能描述上下文依赖关系中的"上文"依赖。可以设计双向 RNN 网络层，这样就能描述完整的上下文依赖关系。本节详细介绍了 RNN 神经元和 RNN 网络层，8.2.3 节将使用 TensorFlow 中的 Keras 高层接口进行 RNN 模型编程实战。

8.2.3　RNN 模型编程实战

本节首先了解一下 Keras 高层接口中的词嵌入层类 keras.layers.**Embedding**、序列填充函数 keras.preprocessing.sequence.**pad_sequences**()、RNN 网络层类 keras.layers.**SimpleRNN**，然后再编程实现一个包含词嵌入层、RNN 网络层的神经网络，为 IMDB 影评数据集建立一个情感分类模型。

1. 词嵌入层类 Embedding

首先新建一个 Jupyter 记事本文件，然后导入两个最基本的 TensorFlow 包，另外再导入 Keras 子包中的网络层模块 layers(参见图 8-27)。

```
In [1]: # 导入两个最基本的TensorFlow包
        import tensorflow as tf          # 导入包tensorflow
        from tensorflow import keras     # 导入包tensorflow.keras

        from tensorflow.keras import layers   # 导入layers模块
```

图 8-27　导入 TensorFlow 相关的包和模块

比对图 8-28 中的代码与运行结果，了解词嵌入层类 Embedding 的编程细节。**关注点**：准确理解词向量及其维数。附上词嵌入层类 Embedding 的构造方法。

```
keras.layers.Embedding(input_dim, output_dim, input_length = None)
```

```
In [2]: # Keras中的词嵌入层类: Embedding
        # 指定词汇表大小=5、词向量维度=3
        we = layers.Embedding(input_dim=5, output_dim=3)
        we.build(input_shape=(None, None))
        print("table=", we.embeddings)

        # 随机生成包含4个词的编号序列
        x = tf.random.uniform(shape=(4,),
                              minval=0, maxval=5, dtype=tf.int32)
        v = we(x)  # 将词编号映射成词向量
        print("word=", x); print("vector=", v)

        table= <tf.Variable 'embeddings:0' shape=(5, 3) dtype=float32, numpy
        =
        array([[ 0.04758663,  0.02580819,  0.02314529],
               [-0.01190387, -0.02806256, -0.04360358],
               [ 0.03469086,  0.03450802,  0.03846921],
               [-0.00338076,  0.03048018,  0.04572257],
               [-0.00220538,  0.02327397, -0.02777015]], dtype=float32)>
        word= tf.Tensor([4 1 4 3], shape=(4,), dtype=int32)
        vector= tf.Tensor(
        [[-0.00220538  0.02327397 -0.02777015]
         [-0.01190387 -0.02806256 -0.04360358]
         [-0.00220538  0.02327397 -0.02777015]
         [-0.00338076  0.03048018  0.04572257]], shape=(4, 3), dtype=float3
        2)
```

图 8-28 词嵌入层类 Embedding 的示例代码与运行结果

比对图 8-29 中的代码与运行结果，了解序列填充函数 pad_sequences()的用法。**关注点**：参数 **maxlen** 指定序列长度，不足时填充（由参数 **value** 指定），超出时截断。附上序列填充函数 pad_sequences()的简要说明。

```
keras.preprocessing.sequence.pad_sequences(
    sequences, maxlen = None, dtype = 'int32', padding = 'pre', truncating = 'pre', value = 0.0
)
```

```
In [3]: # Keras中的序列数据预处理模块: sequence
        from keras.preprocessing import sequence

        x = [[1], [2, 3], [4, 5, 6]]  # 3个不等长的序列样本
        # 将样本序列填充或截断成统一长度
        x1 = sequence.pad_sequences(x, maxlen=2, value=0)
        print("x1=", x1); print()
        x2 = sequence.pad_sequences(x, maxlen=4, value=-1)
        print("x2=", x2)

        x1= [[0 1]
         [2 3]
         [5 6]]

        x2= [[-1 -1 -1  1]
         [-1 -1  2  3]
         [-1  4  5  6]]
```

图 8-29 序列填充函数 pad_sequences()的示例代码与运行结果

比对图 8-30 中的代码与运行结果，了解 RNN 网络层类 SimpleRNN 的编程细节。**关注点**：参数 units 指定 RNN 神经元输出的语义向量的维度，use_bias 指定是否使用偏置，return_sequences 指定是否输出所有时刻的语义向量（可只输出最后时刻的语义向量）；需按 shape=（批次大小，序列长度，词向量长度）的形状将序列数据组织成**三维张量**，然后输入给 RNN 网络层。附上 RNN 网络层类 SimpleRNN 的构造方法。

```
keras.layers.SimpleRNN(
```

```
    units, activation = 'tanh', use_bias = True,
    dropout = 0.0, recurrent_dropout = 0.0, return_sequences = False
)
```

```
In [4]: # Keras中的RNN网络层类：SimpleRNN
        # 按（批次大小，序列长度，词向量长度）组织输入的序列数据
        X = tf.random.normal(shape=(1, 4, 2))

        # 定义RNN网络层对象
        sr1 = layers.SimpleRNN(units=10, activation='tanh',
                               use_bias=True, return_sequences=True)
        # 前向计算，第一次前向计算时会自动生成并初始化模型参数
        Y1 = sr1(X); print(X.shape, "=>", Y1.shape)

        # 定义RNN网络层对象，换一种参数，观察输出结果的变化
        sr2 = layers.SimpleRNN(units=10, activation='tanh',
                               use_bias=True, return_sequences=False)
        Y2 = sr2(X); print(X.shape, "=>", Y2.shape)

        (1, 4, 2) => (1, 4, 10)
        (1, 4, 2) => (1, 10)
```

图 8-30　RNN 网络层类 SimpleRNN 的示例代码与运行结果

2. 加载数据集并进行预处理

图 8-31 给出了加载并查看 IMDB 影评数据集的示例代码与运行结果。**关注点**：数据集的样本数和形状，其中包含 25 000 个影评样本，影评有长有短；用 1 表示正面评价，用 0 表示负面评价；加载数据集时只保留其中出现频率最高的 10 000 个词汇。

```
In [5]: # 加载IMDB影评数据集（首次加载时会自动从网上下载）
        import warnings  # 屏蔽警告性错误
        warnings.filterwarnings("ignore", category=Warning)

        (X_train, Y_train), (X_test, Y_test) = \
                    keras.datasets.imdb.load_data(num_words=10000)
        # 下载后自动保存至用户文件夹（Windows），例如
        # "C:\Users\kanda\.keras\datasets\imdb.npz"
        # "C:\Users\kanda\.keras\datasets\imdb_word_index.json"

        print("X_train:", X_train.shape, " Y_train:", Y_train.shape)
        print("X_test:", X_test.shape, "  Y_test:", Y_test.shape)
        print(X_test[0], "=> ", Y_test[0])

        X_train: (25000,)  Y_train: (25000,)
        X_test: (25000,)   Y_test: (25000,)
        [1, 591, 202, 14, 31, 6, 717, 10, 10, 2, 2, 5, 4, 360, 7, 4, 177, 57
        60, 394, 354, 4, 123, 9, 1035, 1035, 1035, 10, 10, 13, 92, 124, 89,
        488, 7944, 100, 28, 1668, 14, 31, 23, 27, 7479, 29, 220, 468, 8, 12
        4, 14, 286, 170, 8, 157, 46, 5, 27, 239, 16, 179, 2, 38, 32, 25, 794
        4, 451, 202, 14, 6, 717] => 0
```

图 8-31　加载 IMDB 影评数据集的示例代码与运行结果

图 8-32 给出了查看 IMDB 影评数据完整词汇表的示例代码与运行结果。

对 IMDB 影评数据集进行预处理，通过填充或截断将长度不等的影评统一成 80 个单词的编号序列，图 8-33 给出其示例代码与运行结果。

3. 搭建影评数据情感分类的神经网络

图 8-34 给出了使用 Keras 高层接口搭建影评数据情感分类神经网络的示例代码与运行结果。**关注点**：需按 shape=(批次大小，序列长度)的形状将序列编号数据组织成**二维张量**并输入给词嵌入层；词嵌入层将其转成 shape=(批次大小，序列长度，词向量长度)的词向量数据(**三维张量**)再输入给 RNN 网络层；输出层通常使用全连接层进行预测(回归或分类)。

```
In [6]: # 读取数据集中的词汇表：返回一个Python字典
        index = keras.datasets.imdb.get_word_index()
        print("词汇表大小:", len(index))
        i = 0
        for (k,v) in index.items():  # 显示其中的5个单词
            print(k, ":", v);  i = i + 1
            if (i == 5):  break
        print("......")

        词汇表大小: 88584
        fawn : 34701
        tsukino : 52006
        nunnery : 52007
        sonja : 16816
        vani : 63951
        ......
```

图 8-32　查看 IMDB 影评数据完整的词汇表的示例代码与运行结果

```
In [7]: #IMDB影评数据集：预处理，将影评长度统一成80
        X_new_train = sequence.pad_sequences(X_train, maxlen=80)
        X_new_test = sequence.pad_sequences(X_test, maxlen=80)
        print(X_new_test[0], "=> ", Y_test[0])

        [   0    0    0    0    0    0    0    0    0    0    0    0    1  591
          202   14   31    6  717   10   10    2    2    5    4  360    7    4
          177 5760  394  354    4  123    9 1035 1035 1035   10   10   13   92
          124   89  488 7944  100   28 1668   14   31   23   27 7479   29  220
          468    8  124   14  286  170    8  157   46    5   27  239   16  179
            2   38   32   25 7944  451  202   14    6  717] =>  0
```

图 8-33　对 IMDB 影评数据集进行预处理的示例代码与运行结果

```
In [8]: # 影评的情感分析：正面评价或负面评价
        # 影评分类模型：1个嵌入层 + 1个RNN层 + 2个全连接层
        N = 10000       # 单词总数
        n = 100         # 词向量长度
        maxlen = 80     # 句子长度
        h = 64          # RNN输出的维数

        rnn = keras.Sequential()
        # 嵌入词向量层：(b,80) => (b,80,100)
        rnn.add( layers.Embedding(input_dim=N, output_dim=n,
                                  input_length=maxlen) )

        # 标准RNN层：(b,80,100) => (b,64)
        rnn.add( layers.SimpleRNN(units=h, dropout=0.5,
                         use_bias=False, return_sequences=False))

        # 全连接隐层：(b,64) => (b,32)
        rnn.add( layers.Dense(32, activation='relu') )

        # 全连接输出层：(b,32) => (b,1), sigmoid激活函数（可省略）
        rnn.add( layers.Dense(1, activation='sigmoid') )
        #rnn.add( layers.Dense(1, activation=None) )

        rnn.build(input_shape=(None, maxlen, n))
        rnn.summary()
```

(a) 示例代码

```
Model: "sequential"
_________________________________________________________________
Layer (type)                 Output Shape              Param #
=================================================================
embedding_1 (Embedding)      (None, 80, 100)           1000000
_________________________________________________________________
simple_rnn_2 (SimpleRNN)     (None, 64)                10496
_________________________________________________________________
dense (Dense)                (None, 32)                2080
_________________________________________________________________
dense_1 (Dense)              (None, 1)                 33
=================================================================
Total params: 1,012,609
Trainable params: 1,012,609
Non-trainable params: 0
_________________________________________________________________
```

(b) 运行结果

图 8-34　搭建影评数据情感分类的神经网络的示例代码与运行结果

4. 配置并训练模型

使用预处理后的训练集来训练模型并查看训练过程，图 8-35 给出其示例代码与运行结果。**关注点**：不管什么样的网络结构，使用 Keras 配置、训练模型的代码都差不多，非常容易掌握；二分类时，通过定义 BinaryCrossentropy 类的对象来指定交叉熵损失函数。附上二分类交叉熵类 BinaryCrossentropy 的构造方法。

```
keras.losses.BinaryCrossentropy(
    from_logits = False, label_smoothing = 0, name = 'binary_crossentropy'
)
```

```
In [9]: # 配置影评模型的损失函数、优化算法、评价指标
rnn.compile(
    loss=keras.losses.BinaryCrossentropy(from_logits=False),
    optimizer=keras.optimizers.Adam(learning_rate=0.001),
    metrics=['accuracy'] )
# 若输出层不带softmax则from_logits=True，否则应为False

# 使用预处理后的训练集来训练模型，查看训练过程
history = rnn.fit(X_new_train, Y_train,
                  batch_size=300, epochs=5, shuffle=True)

Epoch 1/5
84/84 [==============================] - 13s 136ms/step - loss: 0.55
57 - accuracy: 0.6986
Epoch 2/5
84/84 [==============================] - 11s 133ms/step - loss: 0.33
92 - accuracy: 0.8563
Epoch 3/5
84/84 [==============================] - 9s 112ms/step - loss: 0.261
6 - accuracy: 0.8951
Epoch 4/5
84/84 [==============================] - 10s 125ms/step - loss: 0.19
90 - accuracy: 0.9238
Epoch 5/5
84/84 [==============================] - 11s 131ms/step - loss: 0.15
41 - accuracy: 0.9416
```

图 8-35 配置并训练模型的示例代码与运行结果

5. 测试并评估模型

使用预处理后的测试集来测试、评估模型，图 8-36 给出其示例代码与运行结果。**关注点**：输出层输出的是后验概率，需根据后验概率进行二分类决策，应关注相关代码的细节。

```
In [10]: # 评估影评分类模型：正确率
loss = rnn.evaluate(X_new_test, Y_test, verbose=0)
print("[loss, accuracy]=", loss); print()

# 使用模型进行预测：后验概率
P = rnn.predict(X_new_test); print( P[:10].reshape(-1) )
# 基于后验概率进行分类决策
Y = []
for p in P:
    if (p >= 0.5):  Y.append(1)
    else:           Y.append(0)
print("Y_predict=", Y[:10])
print("Y_true    =", Y_test[:10])

[loss, accuracy]= [0.5338574051856995, 0.8241999745368958]

[0.02799425 0.9994585  0.49789172 0.11630583 0.99898684 0.97944987
 0.99530935 0.00269023 0.9849602  0.98262715]
Y_predict= [0, 1, 0, 0, 1, 1, 1, 0, 1, 1]
Y_true    = [0 1 1 0 1 1 1 0 0 1]
```

图 8-36 测试并评估模型的示例代码与运行结果

8.2.4 LSTM 模型

给定长度为 N 的序列数据($\boldsymbol{x}_1,\boldsymbol{x}_2,\cdots,\boldsymbol{x}_t,\cdots,\boldsymbol{x}_N$)，使用 RNN 网络层可以提取出 N 个时刻的语义特征($\boldsymbol{h}_1,\boldsymbol{h}_2,\cdots,\boldsymbol{h}_t,\cdots,\boldsymbol{h}_N$)。其中每个时刻的 $\boldsymbol{h}_t$ 都依赖于其前一时刻的 $\boldsymbol{h}_{t-1}$，因此 $\boldsymbol{h}_t$ 可理解为时刻 $1\sim t$ 的累积语义。或者更明确地说，累积语义 $\boldsymbol{h}_t$ 是由历史语义 $\boldsymbol{h}_{t-1}$ 和当前语义(即当前数据 $\boldsymbol{x}_t$ 所含语义)两部分叠加而成的，即

$$\boldsymbol{h}_t=\tanh(\boldsymbol{h}_{t-1}\boldsymbol{W}_{hh}+\boldsymbol{x}_t\boldsymbol{W}_{xh}+\boldsymbol{b}),\quad t=1,2,\cdots,N \tag{8-9}$$

式(8-9)所描述的 RNN 神经元称作**标准 RNN**(standard RNN)神经元。借用**门控电路**(gated circuit)的画法，可以将标准 RNN 模型的计算图绘制成图 8-37 的形式，图中的有向线段表示数据流(相当于电流)。注：图 8-37～图 8-40 引自参考文献[17]。

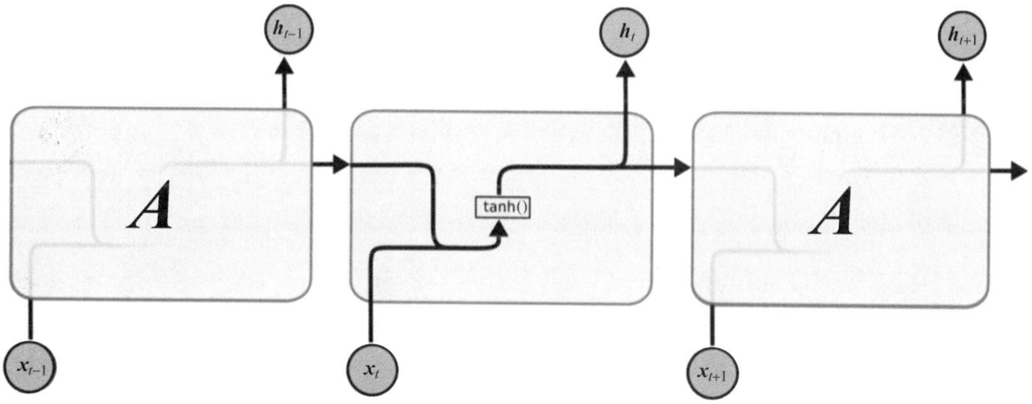

图 8-37　标准 RNN 模型的计算图

在标准 RNN 模型中，累积语义 $\boldsymbol{h}_t$ 能够包含近期的历史语义，但更早期的历史语义会被逐步淡忘。这种保存近期历时语义的能力称为**短期记忆**(short-term memory)能力，标准 RNN 模型具有短期记忆能力。

1. LSTM 模型

在自然语言处理中，上下文依赖关系可能只依赖于邻近单词，也可能依赖于之前的句子或段落等更大范围内的单词。1997 年，S. Hochreiter 等人提出了**长短期记忆**(Long Short-Term Memory，LSTM)模型，其目的是让 RNN 模型具有更长的短期记忆能力。LSTM 模型精心设计了一套复杂的门控机制，如图 8-38 所示。这样可以更好地控制历史语义与当前语义的混合比例，最终实现长期记忆与短期记忆的平衡。

在标准 RNN 模型中，RNN 神经元输出的语义特征是 $\boldsymbol{h}_t$(t 时刻)，该语义特征是历史语义 $\boldsymbol{h}_{t-1}$ 与当前语义(即当前数据 $\boldsymbol{x}_t$ 所含语义)两部分**简单叠加**后的累积语义。LSTM 神经元对此做了两处重大修改。

(1) 将 t 时刻的语义特征 $\boldsymbol{h}_t$ 改为：首先改用**语义状态**(cell state，记作 $\boldsymbol{C}_t$)来表示内部语义，然后再按一定**比例系数**(记作 $\boldsymbol{o}_t$)向外输出**语义特征**(记作 $\boldsymbol{h}_t$)。

(2) 将语义状态 $\boldsymbol{C}_t$ 看作一种**累积语义状态**，它由**历史语义状态** $\boldsymbol{C}_{t-1}$ 和**当前语义状态** $\widetilde{\boldsymbol{C}}_t$ 两部分按**不同比例系数**(分别记作 $\boldsymbol{f}_t$、$\boldsymbol{i}_t$)混合而成。

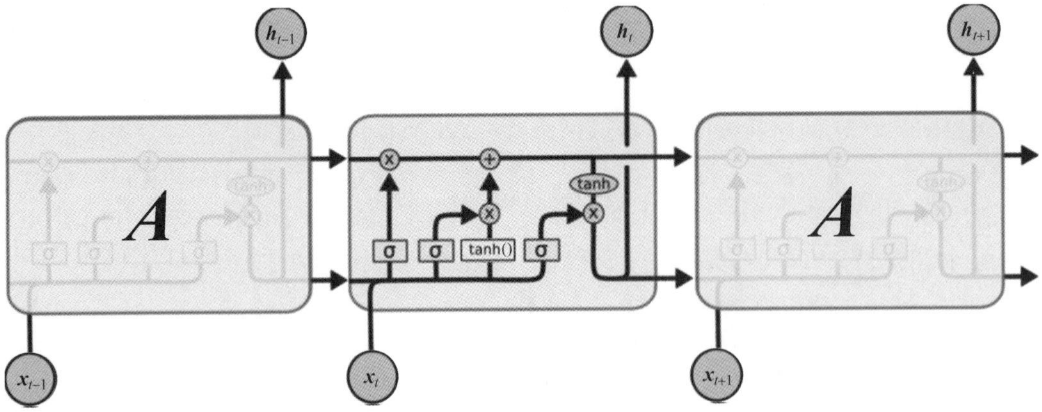

图 8-38　LSTM 模型的计算图

LSTM 神经元通过门控机制实现上述计算过程，其中主要包括三个门(参见图 8-39)。

- **遗忘门(forget gate)**：用于控制历史语义状态 $\boldsymbol{C}_{t-1}$ 的比例 $\boldsymbol{f}_t$(相当于遗忘一部分)。
- **输入门(input gate)**：用于控制当前语义状态 $\widetilde{\boldsymbol{C}}_t$(即当前输入$[\boldsymbol{h}_{t-1},\boldsymbol{x}_t]$所含语义)的比例 $\boldsymbol{i}_t$。
- **输出门(output gate)**：用于控制向外输出语义特征 $\boldsymbol{h}_t$ 的比例 $\boldsymbol{o}_t$。

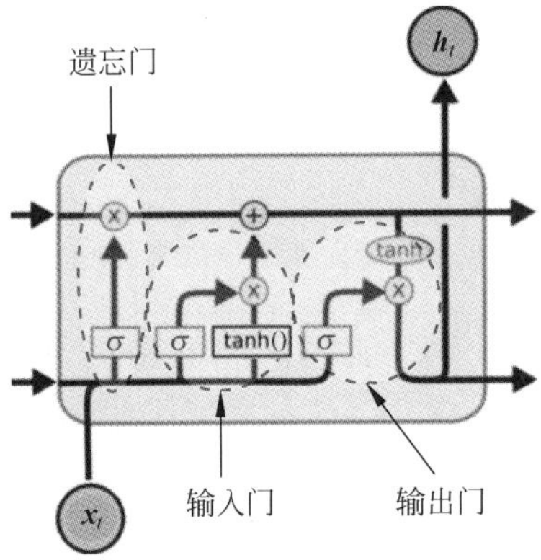

图 8-39　LSTM 神经元的门控机制(虚线椭圆或圆的部分)

2. LSTM 神经元的前向计算过程

LSTM 神经元完整的前向计算过程可分为四步，下面逐一进行讲解。

(1) 计算遗忘比例系数 $\boldsymbol{f}_t$，用于控制历史语义状态 $\boldsymbol{C}_{t-1}$ 的比例(参见图 8-40(a))。

$$\boldsymbol{f}_t=\sigma([\boldsymbol{h}_{t-1},\boldsymbol{x}_t]\boldsymbol{W}_f+\boldsymbol{b}_f) \tag{8-10a}$$

其中，$\sigma(\cdot)$表示 sigmoid 激活函数，$\boldsymbol{W}_f$ 为权重矩阵，$\boldsymbol{b}_f$ 为偏置向量。

(2) 计算当前语义状态 $\widetilde{\boldsymbol{C}}_t$ 及其比例系数 $\boldsymbol{i}_t$(参见图 8-40(b))。

$$\begin{cases}\widetilde{\boldsymbol{C}}_t=\tanh([\boldsymbol{h}_{t-1},\boldsymbol{x}_t]\boldsymbol{W}_C+\boldsymbol{b}_C)\\ \boldsymbol{i}_t=\sigma([\boldsymbol{h}_{t-1},\boldsymbol{x}_t]\boldsymbol{W}_i+\boldsymbol{b}_i)\end{cases} \tag{8-10b}$$

其中，激活函数改用 $\tanh(\cdot)$，$\boldsymbol{W}_C$、$\boldsymbol{W}_i$ 为权重矩阵，$\boldsymbol{b}_C$、$\boldsymbol{b}_i$ 为偏置向量。

（3）将历史语义状态 $\boldsymbol{C}_{t-1}$ 和当前语义状态 $\widetilde{\boldsymbol{C}}_t$ 分别按比例系数 $\boldsymbol{f}_t$、$\boldsymbol{i}_t$ 叠加起来，得到当前时刻的累积语义状态 $\boldsymbol{C}_t$（参见图 8-40(c)）。

$$\boldsymbol{C}_t = \boldsymbol{f}_t \times \boldsymbol{C}_{t-1} + \boldsymbol{i}_t \times \widetilde{\boldsymbol{C}}_t \tag{8-10c}$$

（4）最后计算输出比例系数 $\boldsymbol{o}_t$，并按 $\boldsymbol{o}_t$ 向外输出语义特征 $\boldsymbol{h}_t$（参见图 8-40(d)）。

$$\begin{cases} \boldsymbol{o}_t = \sigma([\boldsymbol{h}_{t-1}, \boldsymbol{x}_t]\boldsymbol{W}_o + \boldsymbol{b}_o) \\ \boldsymbol{h}_t = \boldsymbol{o}_t \times \tanh(\boldsymbol{C}_t) \end{cases} \tag{8-10d}$$

其中，$\boldsymbol{W}_o$ 为权重矩阵，$\boldsymbol{b}_o$ 为偏置向量。

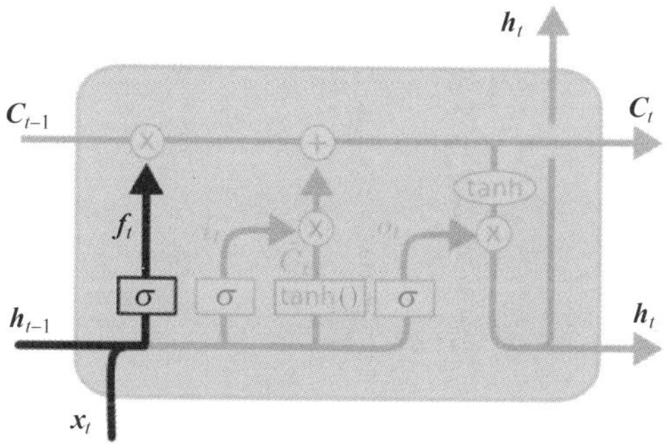

(a) 计算遗忘比例系数 $\boldsymbol{f}_t$

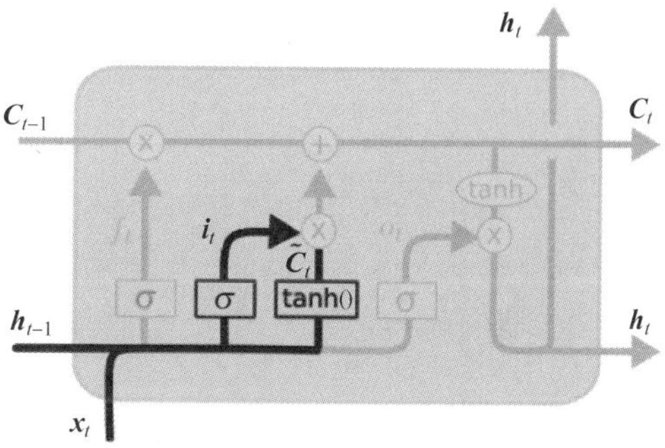

(b) 计算当前语义状态 $\widetilde{\boldsymbol{C}}_t$ 及其比例系数 $\boldsymbol{i}_t$

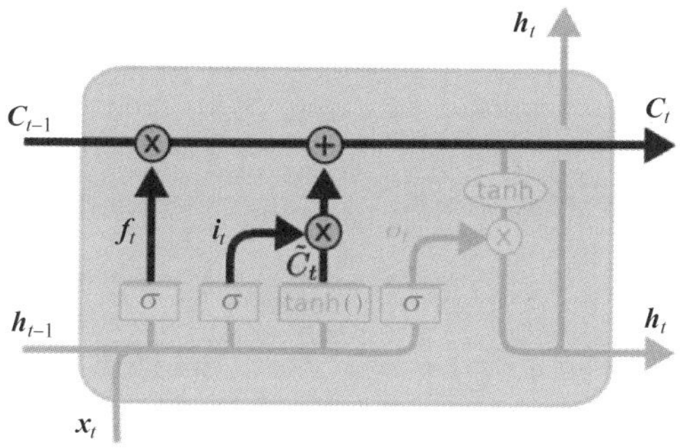

(c) 按比例系数叠加 $\boldsymbol{C}_{t-1}$ 和 $\widetilde{\boldsymbol{C}}_t$ 求得 $\boldsymbol{C}_t$

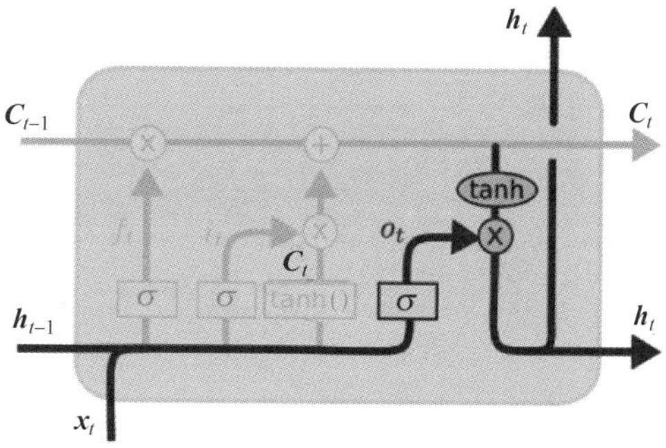

(d) 向外输出语义特征 $\boldsymbol{h}_t$

图 8-40　LSTM 神经元的前向计算过程

以链式结构将多个 LSTM 神经元连接起来，这样就构成了一个 **LSTM 网络层**（参见图 8-38）。从前向计算过程可以看出，LSTM 神经元比较复杂，模型参数也很多。后来陆续提出了一些简化版的 LSTM 模型，例如**门控循环单元**（Gated Recurrent Unit，GRU）模型。LSTM 模型、GRU 模型等都属于循环神经网络，它在网络结构、应用方式上都与标准 RNN 模型基本相同。

3. LSTM 模型编程实战

TensorFlow 中的 Keras 高层接口也为 LSTM 模型专门提供了一个 **LSTM** 网络层类，其使用方法与标准 RNN 网络层类 SimpleRNN 非常相似。这里给出 LSTM 网络层类的构造方法。

```
keras.layers.LSTM(
    units, activation = 'tanh', recurrent_activation = 'sigmoid',
    use_bias = True, dropout = 0.0, recurrent_dropout = 0.0,
    return_sequences = False, return_state = False
)
```

8.2.3 节曾使用标准 RNN 网络层类实现了一个包含词嵌入层、RNN 网络层的神经网络，其目的是为 IMDB 影评数据集建立情感分类模型。如果改用 LSTM 网络层类来实现这个模型，则只需在搭建神经网络时将 SimpleRNN 类改为 LSTM 类即可，其他代码(例如数据集加载与预处理、模型配置与训练、模型测试与评估等)无需任何修改。

图 8-41 给出了改用 LSTM 来搭建影评数据情感分类神经网络的示例代码与运行结果。对照图 8-34 的标准 RNN 示例代码，其中唯一的修改之处就是将 SimpleRNN 类改为 LSTM 类。

```
In [11]: # 影评的情感分析：将标准RNN网络层 改为 LSTM层
         # 影评分类模型：1个嵌入层 + 1个LSTM层 + 2个全连接层
         N = 10000      # 单词总数
         n = 100        # 词向量长度
         maxlen = 80    # 句子长度
         h = 64         # LSTM输出的维数

         lstm = keras.Sequential()
         # 嵌入词向量层：(b, 80) => (b, 80, 100)
         lstm.add( layers.Embedding(input_dim=N, output_dim=n,
                                    input_length=maxlen) )

         # LSTM层：(b, 80, 100) => (b, 64)
         lstm.add( layers.LSTM(units=h, dropout=0.5,
                               use_bias=False, return_sequences=False))

         # 全连接隐层：(b, 64) => (b, 32)
         lstm.add( layers.Dense(32, activation='relu') )

         # 全连接输出层：(b, 32) => (b, 1), sigmoid激活函数（可省略）
         lstm.add( layers.Dense(1, activation='sigmoid') )
         #lstm.add( layers.Dense(1, activation=None) )

         lstm.build(input_shape=(None, maxlen, n))
         lstm.summary()
```

(a) 示例代码

```
Model: "sequential_1"
_________________________________________________________________
Layer (type)                 Output Shape              Param #
=================================================================
embedding_2 (Embedding)      (None, 80, 100)           1000000
_________________________________________________________________
lstm (LSTM)                  (None, 64)                41984
_________________________________________________________________
dense_2 (Dense)              (None, 32)                2080
_________________________________________________________________
dense_3 (Dense)              (None, 1)                 33
=================================================================
Total params: 1,044,097
Trainable params: 1,044,097
Non-trainable params: 0
_________________________________________________________________
```

(b) 运行结果

图 8-41 改用 LSTM 来搭建影评数据情感分类的神经网络的示例代码与运行结果

本节比较详细地介绍了标准 RNN 和 LSTM 模型，另外精选了几篇经典的论文(参见参考文献[16]~[19])，供读者延伸阅读。

8.3 自编码器

本节介绍一种新的神经网络应用，其功能是对原始数据进行**编码**(encoding)，然后再通过**解码**(decoding)恢复出原始数据（或称作重建数据），这种神经网络模型称作**自编码器**(AutoEncoder，AE)。自编码器在结构和原理上与普通神经网络没有什么大的区别，但其设计思想非常具有创新性。

8.3.1 深入理解神经网络

神经网络将神经元划分成层，层与层之间通过堆叠构成复杂的模型结构。神经网络模型通过输入层接受外部输入的原始数据 $\boldsymbol{x}=(x_1,x_2,\cdots,x_d)$，然后经隐层、输出层做逐层处理，最终通过输出层向外输出结果 $\boldsymbol{y}=(y_1,y_2,\cdots,y_n)$。其中，隐层的作用相当于从原始数据 $\boldsymbol{x}$ 中提取出特征 $\boldsymbol{z}$，然后交由输出层进行预测（回归或分类）并输出预测结果 $\boldsymbol{y}$。换句话说，神经网络模型实现了一个“原始数据 $\boldsymbol{x}\rightarrow$特征 $\boldsymbol{z}\rightarrow$预测结果 $\boldsymbol{y}$”的映射过程，如图 8-42 所示。

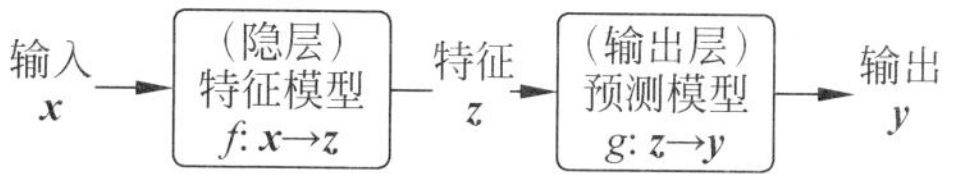

图 8-42 “原始数据 $\boldsymbol{x}\rightarrow$特征 $\boldsymbol{z}\rightarrow$预测结果 $\boldsymbol{y}$”的映射过程

1. 神经网络是一种数学建模新方法

神经网络模型具有良好的扩展性，通过添加隐层或增加神经元数量就可以很方便地提高模型复杂度，增强模型的表达能力。只要有足够的隐层和神经元数量，则神经网络模型就能以任意精度逼近任意复杂的函数。

函数实际上是一种**映射**，例如从原始数据 $\boldsymbol{x}$ 提取特征 $\boldsymbol{z}$ 就是一种映射或称作函数，可记作 $f:\boldsymbol{x}\rightarrow\boldsymbol{z}$；从特征 $\boldsymbol{z}$ 到预测结果 $\boldsymbol{y}$ 也是一种映射或函数，可记作 $g:\boldsymbol{z}\rightarrow\boldsymbol{y}$。神经网络在本质上就是一种“映射”模型，并且能够模拟任意复杂的映射，可称得上是一种“万能”模型。

数学建模是研究客观世界的基本方法，其目的就是建立描述不同事物之间关系的数学模型。对于一些非常复杂的问题（例如人工智能中的很多问题），使用传统数学方法或统计方法进行数学建模需要非凡的想象力和极其深厚的数学基础。现在，可以利用神经网络搭建一个“万能模型”，然后利用样本数据和学习算法对模型进行训练，这样就能比较容易地建立起神经网络式的数学模型。

神经网络是一种数学建模新方法，它能在一无所知（例如模型的数学形式是什么、模型包含哪些变量等）的情况下进行建模。实践表明这种方法具有良好的建模效果，并且可应用于比较复杂的问题。

2. 将现有理论融入神经网络

神经网络也像是一种“傻瓜”模型，使用神经网络建模不需太多的数学知识。但另一方面这也意味着神经网络建模具有一定的**盲目性**，缺乏在理论指导下的科学的设计方法。另外，使用神经网络所建立的模型就像是一个黑盒子，其工作原理通常难以解释清楚。

因为神经网络建模具有盲目性(或者说缺乏问题的针对性)，这往往会导致模型过于复杂、参数过多且存在很多无效参数等问题。如果在神经网络建模过程中引入已有的领域知识，这样就能**在相关理论指导下**开展模型设计工作，减少盲目性。例如，卷积神经网络引入的信号处理领域的卷积计算和频域分析思想、循环神经网络借鉴了统计学习中的隐马尔可夫模型和降维方法，这些思想或方法对于简化模型都非常有帮助。

充分融合现有理论是神经网络创新发展的一个重要方向，它既能让神经网络如虎添翼，也能让现有理论焕发新的生机。

3. 神经网络模型具有良好的适应性和扩展性

神经网络模型可根据不同应用需求进行灵活调整，具有非常好的适应性和扩展性。例如，图 8-43 给出一种新的神经网络应用，其工作过程是从原始数据 $\boldsymbol{x}$ 提取特征 $\boldsymbol{z}$，然后再根据特征 $\boldsymbol{z}$ 重建数据(记作 $\boldsymbol{x}'$)，也即“原始数据 $\boldsymbol{x}\rightarrow$特征 $\boldsymbol{z}\rightarrow$重建数据 $\boldsymbol{x}'$”的映射。这个工作过程实际上是一个编码-解码的过程，或称作一个**压缩-解压**缩过程。这种神经网络模型也因其功能(而不是其他原因)而被称作**自编码器**。

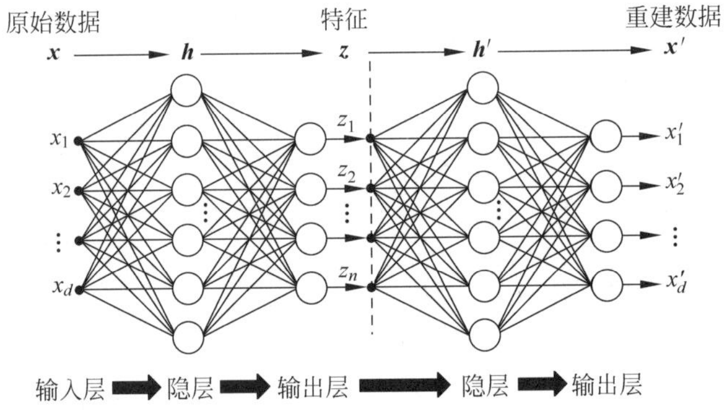

图 8-43　自编码器模型示意图

图 8-43 的自编码器模型可看作由两个前馈神经网络组成的(以中间的竖虚线为界)。其中左边的称作**编码器**(encoder)，其功能是从原始数据 $\boldsymbol{x}$ 中提取特征 $\boldsymbol{z}$；右边的称作**解码器**(decoder)，其功能是根据特征 $\boldsymbol{z}$ 重建数据 $\boldsymbol{x}'$(可能与原始数据存在误差)。

8.3.2 自编码器及其编程实战

自编码器模型(参见图 8-43)的设计思想非常具有创新性，这主要表现在：

- 自编码器创新性地将神经网络模型应用于数据**编码-解码**这个新的应用领域。
- 自编码器是一种**无监督学习**模型(无须对样本数据进行任何人工标注)，其学习策略是让样本的重建数据 $\boldsymbol{x}'=(x_1',x_2',\cdots,x_d')$与原始数据 $\boldsymbol{x}=(x_1,x_2,\cdots,x_d)$之间误差最小。若损失函数 $l(\boldsymbol{\theta})$使用均方误差则可表示为

$$l(\boldsymbol{\theta})=\sum_{i=1}^{d}(x_i-x_i')^2$$

其中，$\boldsymbol{\theta}$ 是神经网络的模型参数。

- 编码器与解码器是两个神经网络，**训练时**将它们合在一起训练；**使用时**将编码器与解码器分开，用编码器编码(然后存储或传输)，用解码器解码。

自编码器在结构和原理上与普通神经网络没有什么大的区别。下面就使用 Keras 高层接口对自编码器进行编程实战，为 MNIST 手写数字数据集搭建一个编码-解码模型。首先新建一个 Jupyter 记事本文件，然后导入两个最基本的 TensorFlow 包，另外再导入 Keras 子包中的网络层模块 layers、损失函数模块 losses、评价指标模块 metrics(参见图 8-44)。

```
In [1]: # 导入两个最基本的TensorFlow包
        import tensorflow as tf        # 导入包tensorflow
        from tensorflow import keras   # 导入包tensorflow.keras

        from tensorflow.keras import layers    # 导入layers模块
        from tensorflow.keras import losses    # 导入losses模块
        from tensorflow.keras import metrics   # 导入metrics模块
```

图 8-44 导入 TensorFlow 相关的包和模块

1. 定义自己的神经网络模型类

之前在搭建神经网络模型时使用的是 Keras 高层接口提供的堆叠式神经网络类 **Sequential**，然后向其中添加网络层对象，例如 **Dense**、**Conv2D**、**SimpleRNN**、**LSTM** 等类的对象，最后再为模型配置损失函数、优化算法和评价指标，这样就完成了神经网络模型的搭建工作。

如果堆叠式神经网络类 Sequential 不能满足特定的应用需求，这时就需要定义自己的神经网络类。当遇到如下情况时就可能需要定义自己的神经网络类：

- 特殊的模型结构或应用需求，例如自编码器需要将两个神经网络模型合在一起训练；
- 需要设计自己的前向计算过程，例如添加额外的运算步骤；
- 需要设计自己的学习算法，或定义自己的损失函数等；
- 需要设计自己的性能评价指标；
- ……

定义自己的神经网络类时可以继承 Keras 高层接口中的神经网络模型类 Model，这样就能充分利用 Model 类已有的功能，然后重写需要修改部分的代码。图 8-45 给出了自定义神经网络类的示例代码与运行结果。可通过示例代码及其注释，了解自定义神经网络类的编程细节。**关注点**：了解重写构造方法 **__init__**()、前向计算方法 **call**()、单步训练方法 **train_step**()时需要写哪些内容；另外，还需了解这些方法是如何被调用的。注：学习本部分内容需具备面向对象程序设计以及 Python 语言相关的基础知识。

2. 加载数据集并进行预处理

加载 MNIST 手写数字数据集并进行预处理。自编码器不需要加载标注数据(即 0～9 的类别标注)，只需加载大小为 28×28 像素、像素值为 0～255 的二维灰度图像(参见图 8-46(a))，然后将其扁平化成一维数据(长度为 784 像素，参见图 8-46(b))。

3. 自定义编码器类与解码器类

自编码器模型是由编码器和解码器两个前馈神经网络组成的，这里分别将它们定义成

```
In [2]: # 继承Keras的模型类Model，定义自己的神经网络模型
        class MyModel(keras.Model):
            def __init__(self):  # 构造方法
                # 先调用超类构造方法
                super(MyModel, self).__init__(name="my_model")
                # 然后添加网络层，搭建自己的神经网络模型

            # 拦截方法：将间接调用另一个方法call()
            def __call__(self, inputs=0, training=None):
                return self.call(inputs, training)
            def call(self, inputs=0, training=None):
                # 此处编写前向计算的算法代码
                if (training):  # 训练过程
                    pass        # 例如 Dropout
                else:           # 推理过程
                    pass
                return inputs*2  # 返回前向计算结果

            @property               # 属性装饰器
            def metrics(self):      # 定义自己的属性方法
                return 6            # 返回模型当前的性能指标

            # 训练模型的方法：将间接调用另一个方法train_step()
            def fit(self, inputs):
                for epoch in range(1):          # 代次循环
                    for batch in range(2):      # 批次循环
                        for step in range(2):   # 梯度下降循环
                            # 每批次迭代更新一次参数（一步，即step）
                            self.train_step(inputs)
            def train_step(self, data):
                # 此处编写一次（一步）梯度下降的算法代码
                print("fit(x): data=", data)
```

(a) 自定义神经网络类MyModel

```
In [3]: # 使用自定义神经网络类
        nn = MyModel()              # 隐式调用拦截方法：__init__()
        print("nn(5):", nn(5))      # 隐式调用拦截方法：__call__()
        print("nn.metrics:", nn.metrics)  # 调用模型的属性方法
        nn.fit(8)                   # 训练模型

        nn(5): 10
        nn.weight: 6
        fit(x): data= 8
        fit(x): data= 8
        fit(x): data= 8
        fit(x): data= 8
```

(b) 自定义神经网络类MyModel

图 8-45 自定义神经网络类的示例代码与运行结果

一个编码器类 Encoder 和一个解码器类 Decoder。图 8-47 给出了这两个自定义神经网络类的示例代码(其网络结构参见图 8-43)。可通过示例代码及其注释，了解编码器类与解码器类的编程细节。**关注点**：编码器类 **Encoder** 包含两个全连接层(d1、d2)并重写了前向计算方法 call()，它从 784 像素的原始图像中提取出 64 个特征(相当于特征维数被降低了 91.8%)；解码器类 **Decoder** 也是包含两个全连接层(d3、d4)并重写了前向计算方法 call()，它根据 64 个特征重建一个 784 像素的新图像；编码器和解码器将被合并到一个新的自编码器模型(AutoEncoder 类)中，然后放在一起共同训练(参见图 8-48)。

4. 自定义自编码器类

自定义一个自编码器类 **AutoEncoder**，其中包含一个编码器和一个解码器，然后重写前向计算方法 call()和单步训练方法 train_step()，图 8-48 给出其示例代码。可通过示例代码及其注释，了解自编码器类的编程细节。**关注点**：可关注单步训练方法 **train_step**()的编程细节(梯度下降算法)；了解两个重要函数的用法，它们分别是 tf. **GradientTape** 类中的反向求导函数 **gradient**()和 tf. keras. optimizers. **Optimizer** 类中的梯度下降函数 **apply_gradients**()，

```
In [4]: # 加载MNIST手写数字数据集（首次加载时会自动从网上下载）
        (X_train,_), (X_test, _) = \
                        keras.datasets.mnist.load_data()
        # 下载后自动保存至用户文件夹（Windows），例如
        # "C:\Users\kanda\.keras\datasets\mnist.npz"

        print("X_train:", X_train.shape)
        print("X_test:", X_test.shape)

        X_train: (60000, 28, 28)
        X_test: (10000, 28, 28)
```

(a) 加载MNIST手写数字数据集

```
In [5]: # 手写数字数据集：预处理
        def preprocessing_mnist(X, verbose=0):
            # 将图像特征从二维扁平化成一维，然后标准化
            X1 = tf.constant(X, dtype=tf.float32)
            X2 = tf.reshape(X1, (-1, 28*28))
            if (verbose==1):  print(X1.shape, "=>", X2.shape)
            X_new = X2 / 255.0  # Min-Max标准化
            return X_new        # 返回新数据集

        # 对训练集和测试集进行预处理
        X_new_train = preprocessing_mnist(X_train, 1)
        X_new_test = preprocessing_mnist(X_test, 1)

        (60000, 28, 28) => (60000, 784)
        (10000, 28, 28) => (10000, 784)
```

(b) 对训练集和测试集进行预处理

图 8-46　加载 MNIST 手写数字数据集并进行预处理

```
In [6]: # 自编码器 AutoEncoder
        x_dim = 28*28   # 图像维度
        z_dim = 64      # 特征维度

        class Encoder(keras.Model):  # 编码器类
            def __init__(self):      # 构造方法
                super(Encoder, self).__init__(name="encoder")
                self.d1 = layers.Dense(128, activation='relu')
                self.d2 = layers.Dense(z_dim, activation='sigmoid')
            def call(self, inputs, training=None):  # 前向计算
                h = self.d1(inputs)
                z = self.d2(h)
                return z

        class Decoder(keras.Model):  # 解码器类
            def __init__(self):
                super(Decoder, self).__init__(name="decoder")
                self.d3 = layers.Dense(128, activation='relu')
                self.d4 = layers.Dense(x_dim, activation='sigmoid')
            def call(self, inputs, training=None):
                h = self.d3(inputs)
                y = self.d4(h)
                return y
```

图 8-47　自定义编码器类与解码器类的示例代码

这里附上这两个函数的简要说明。

gradient(target, sources, output_gradients = None)
apply_gradients(grads_and_vars, name = None)

5. 搭建并配置自编码器神经网络

使用之前定义的编码器类 Encoder、解码器类 Decoder 和自编码器类 AutoEncoder 搭

```
In [7]: class AutoEncoder(keras.Model):  # 自解码器类
            def __init__(self, encoder, decoder):
                super(AutoEncoder, self).__init__(name="auto_encoder")
                self.encoder = encoder  # 添加编码器
                self.decoder = decoder  # 添加解码器
                self.loss_tracker = metrics.Mean(name="my_loss")
                self.mse_tracker = metrics.Mean(name="my_mse")

            def call(self, inputs, training=None):  # 前向计算
                z = self.encoder(inputs)  # 编码
                y = self.decoder(z)       # 解码
                return y

            @property
            def metrics(self):  # 属性方法
                return [self.loss_tracker, self.mse_tracker]

            # 重写一次（一步）梯度下降的算法代码
            # 通常应包括前向计算、损失计算、反向传播和度量更新
            def train_step(self, data):
                with tf.GradientTape() as tape:
                    z = self.encoder(data)        # 前向计算
                    y = self.decoder(z)
                    loss = losses.MSE(data, y)    # 损失计算
                    loss = tf.reduce_mean(loss)
                # 梯度下降：反向求导，然后梯度下降
                grads = tape.gradient(loss, self.trainable_weights)
                # self.optimizer 由 model.compile()方法指定
                self.optimizer.apply_gradients(
                            zip(grads, self.trainable_weights) )
                # 记录损失与误差（此处均使用均方误差），用fit()时将被显示出来
                self.loss_tracker.update_state(loss)
                self.mse_tracker.update_state(loss)
                return { 'my_loss': self.loss_tracker.result(),
                         'my_mse': self.mse_tracker.result() }
```

图 8-48 自编码器类的示例代码

建一个自编码器神经网络模型，图 8-49 给出其示例代码与运行结果。**关注点**：自定义神经网络类的用法与堆叠式神经网络类 Sequential 非常相似，例如使用 **build**()方法生成并初始化模型参数、使用 **summary**()方法查看模型参数、使用 **compile**()方法配置模型、使用 **fit**()方法训练模型等。这些方法都是从神经网络模型类 Model 中继承来的。注：Sequential 类也是从 Model 类继承了这些方法。

6. 训练自编码器模型

使用预处理后的训练集来训练模型并查看训练过程，图 8-50 给出其示例代码与运行结果。**关注点**：训练自编码器的训练集不包含标注数据(即 0～9 的类别标注)，只包含预处理后的图像数据。

7. 测试自编码器模型的编码-解码效果

使用训练好的自编码器模型对测试集图像进行编码-解码，查看解码后的重建图像，图 8-51 给出其示例代码与运行结果。**关注点**：对比原图和编码-解码后的重建图像，感受自编码器的压缩效果。

8. 将编码器和解码器单独保存成模型文件

编码器与解码器是两个神经网络，**训练时**将它们合在一起训练；**使用时**将编码器与解码器分开，用编码器编码、解码器解码。这里将训练好的编码器 encoder 与解码器 decoder 单独保存成 TensorFlow 的**模型文件**(.tf 格式)，然后重新将它们加载到内存(可重新命名模型，例如 encoder1、decoder1)。图 8-52 给出保存及加载模型的示例代码。**关注点**：了解

```
In [8]: # 搭建自编码器神经网络
        encoder = Encoder()   # 创建编码器对象
        encoder.build(input_shape=(None, x_dim))
        encoder.summary()

        decoder = Decoder()   # 创建解码器对象
        decoder.build(input_shape=(None, z_dim))
        decoder.summary()

        # 创建自编码器对象：编码器 + 解码器
        aenn = AutoEncoder(encoder, decoder)
        aenn.build(input_shape=(None, x_dim))
        aenn.summary()

        # 配置优化器，类定义中已指定了损失函数和度量
        aenn.compile( optimizer = keras.optimizers.Adam(0.001) )
```

(a) 示例代码

```
Model: "encoder"
_________________________________________________________________
Layer (type)                 Output Shape              Param #
=================================================================
dense (Dense)                multiple                  100480
_________________________________________________________________
dense_1 (Dense)              multiple                  8256
=================================================================
Total params: 108,736
Trainable params: 108,736
Non-trainable params: 0
_________________________________________________________________
Model: "decoder"
_________________________________________________________________
Layer (type)                 Output Shape              Param #
=================================================================
dense_2 (Dense)              multiple                  8320
_________________________________________________________________
dense_3 (Dense)              multiple                  101136
=================================================================
Total params: 109,456
Trainable params: 109,456
Non-trainable params: 0
_________________________________________________________________
Model: "auto_encoder"
_________________________________________________________________
Layer (type)                 Output Shape              Param #
=================================================================
encoder (Encoder)            multiple                  108736
_________________________________________________________________
decoder (Decoder)            multiple                  109456
=================================================================
Total params: 218,196
Trainable params: 218,192
Non-trainable params: 4
_________________________________________________________________
```

(b) 运行结果

图 8-49 搭建自编码器神经网络的示例代码与运行结果

```
In [9]: # 训练自编码器模型
        history = aenn.fit(X_new_train, epochs=5, batch_size=128)

        Epoch 1/5
        469/469 [==============================] - 2s 3ms/step - my_loss: 0.
        0613 - my_mse: 0.0613A: 0s - my_loss: 0.0712 - my_
        Epoch 2/5
        469/469 [==============================] - 2s 4ms/step - my_loss: 0.
        0361 - my_mse: 0.0361
        Epoch 3/5
        469/469 [==============================] - 2s 5ms/step - my_loss: 0.
        0267 - my_mse: 0.0267
        Epoch 4/5
        469/469 [==============================] - 2s 4ms/step - my_loss: 0.
        0226 - my_mse: 0.0226
        Epoch 5/5
        469/469 [==============================] - 2s 4ms/step - my_loss: 0.
        0196 - my_mse: 0.0196
```

图 8-50 训练自编码器模型的示例代码与运行结果

```
In [10]: import matplotlib.pyplot as plt
         %matplotlib inline

         # 使用模型进行编码-解码：查看解码后的图像
         Y = aenn.predict(X_new_test);  print(Y[:2])

         # 显示原图与编码-解码的图像
         plt.subplot(2,2,1)
         plt.imshow(X_test[0], cmap='gray')   # 原图1
         plt.subplot(2,2,2)
         img = Y[0].reshape(28, 28)     # 编码-解码图1
         plt.imshow(img, cmap='gray')

         plt.subplot(2,2,3)
         plt.imshow(X_test[1], cmap='gray')   # 原图2
         plt.subplot(2,2,4)
         img = Y[1].reshape(28, 28)     # 编码-解码图2
         plt.imshow(img, cmap='gray')
```

(a) 示例代码

```
[[0.00052258 0.00024804 0.00020358 ... 0.00014856 0.00023103 0.00032
085]
 [0.00031644 0.00023118 0.00058466 ... 0.0002642  0.00021672 0.00040
832]]

Out[10]: <matplotlib.image.AxesImage at 0x1d096dd1c70>
```

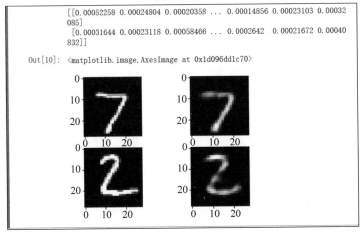

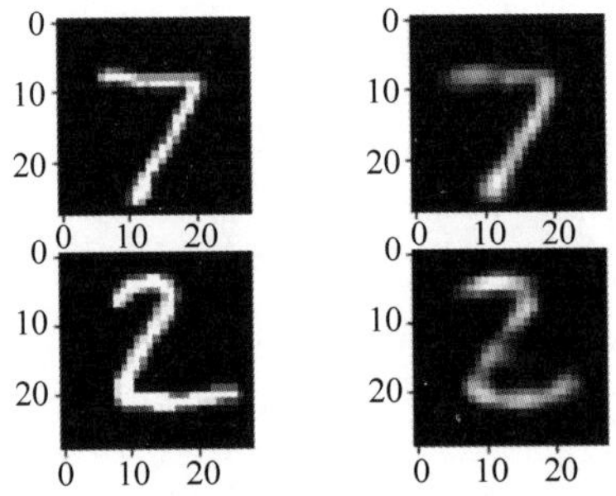

(b) 运行结果（左侧为原图，右侧为重建图）

图 8-51　测试自编码器模型的示例代码与运行结果

```
In [11]: # 将编码器、解码器合起来训练，训练好之后可分开使用
         # 可以将编码器、解码器单独保存成模型文件（.tf格式）
         encoder.save('encoder.tf', save_format='tf')
         decoder.save('decoder.tf', save_format='tf')
         del encoder;  del decoder   # 删除模型

         # 重新从文件中加载编码器、解码器
         encoder1 = keras.models.load_model('encoder.tf')
         decoder1 = keras.models.load_model('decoder.tf')

         INFO:tensorflow:Assets written to: encoder.tf\assets
         INFO:tensorflow:Assets written to: decoder.tf\assets
         WARNING:tensorflow:No training configuration found in save file, so
         the model was *not* compiled. Compile it manually.
         WARNING:tensorflow:No training configuration found in save file, so
         the model was *not* compiled. Compile it manually.
```

图 8-52　保存及加载模型的示例代码

两个重要函数的用法，它们分别是 tf. keras. **Model** 类中的保存模型函数 **save**()、tf. keras. **models** 模块中的加载模型函数 **load_model**()，下面附上这两个函数的简要说明。

```
save(filepath, overwrite = True, include_optimizer = True, save_format = None)
load_model(filepath, custom_objects = None, compile = True)
```

9. 使用重新加载的编码器和解码器

使用重新加载的编码器 encoder1、解码器 decoder1 对测试集图像进行编码—解码，查看解码后的重建图像。图 8-53 给出其示例代码与运行结果，其运行结果与图 8-51(b)完全相同。

```
In [12]: # 使用重新加载的编码器进行编码（压缩）
         Z = encoder1.predict(X_new_test);  print("编码: ", Z.shape)
         # 使用重新加载的解码器进行解码（解压缩）
         Y = decoder1.predict(Z);           print("解码: ", Y.shape)

         # 显示原图与编码-解码的图像
         plt.subplot(2,2,1)
         plt.imshow(X_test[0], cmap='gray')  # 原图1
         plt.subplot(2,2,2)
         img = Y[0].reshape(28, 28)   # 编码-解码图1
         plt.imshow(img, cmap='gray')

         plt.subplot(2,2,3)
         plt.imshow(X_test[1], cmap='gray')  # 原图2
         plt.subplot(2,2,4)
         img = Y[1].reshape(28, 28)   # 编码-解码图2
         plt.imshow(img, cmap='gray')

         编码: (10000, 64)
         解码: (10000, 784)
```

图 8-53 测试重新加载的编码器和解码器的示例代码与运行结果

本节详细介绍了自编码器及其编程过程。可以看出，在没有利用任何额外知识（也即完全盲目）的情况下，单纯利用神经网络的表达能力和学习能力就能建立一个比较理想的编码-解码模型。

8.3.3 变分法与 KL 散度

本节开始讲解另一种自编码器，它通过变分法建立概率模型，然后基于概率分布重建数据，这就是**变分自编码器**（Variational AutoEncoder，VAE）。

8.3.2 节讲解的自编码器模型是一个"原始数据 $\boldsymbol{x}$→特征 $\boldsymbol{z}$→重建数据 $\boldsymbol{x}'$"的映射模型。以统计学习的观点来看，原始数据 $\boldsymbol{x}$ 是可以观测的随机变量（记作 X），而特征 $\boldsymbol{z}$ 则属于不可观测的随机变量（即隐变量，记作 Z）。可以为观测变量 X 和隐变量 Z 建立联合概率分布 $P(X,Z)$（参见图 8-54）。联合概率分布 $P(X,Z)$ 是最完整的概率模型，其他分布例如 $P(X)$、$P(Z)$、$P(Z|X)$、$P(X|Z)$ 等，均可通过概率推理由 $P(X,Z)$ 导出。除概率推理外，对概率模型的常规操作还有参数估计、仿真采样等。

在概率模型中，为了处理那些未知且复杂的概率分布，可以将某种已知且简单的概率分布作为其近似分布，这种使用近似分布来逼近真实分布的方法称为**变分法**（variational method，出自泛函分析，类似于**微分法**）。使用变分法可以有效简化概率模型的参数估计或概率推理算法。为了度量近似分布与真实分布之间的差异，人们还提出了 **KL 散度**（Kullback-Leibler divergence）的概念。

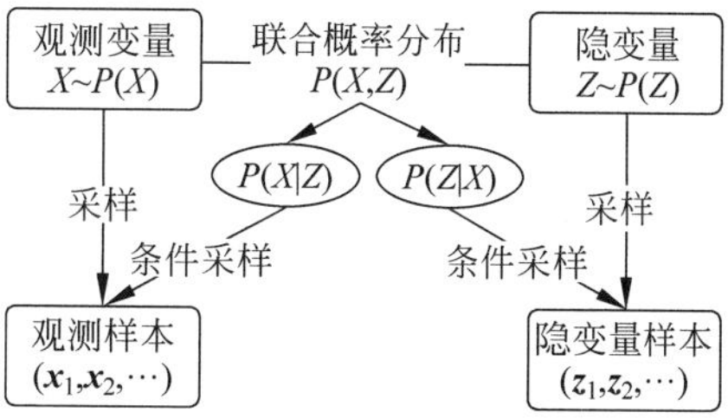

图 8-54 含隐变量的概率模型

本节首先介绍 KL 散度、变分法等基础知识，8.3.4 节再具体讲解变分自编码器。

1. KL 散度

KL 散度也称**相对熵**(relative entropy)，主要用于度量两个概率分布之间的差异。给定随机变量 X 上的两个概率分布 $Q(X)$、$P(X)$，则 $Q(X)$ 相对于 $P(X)$ 的 KL 散度被定义为

$$\mathrm{KL}(Q \parallel P) = \sum_X Q(X) \ln \frac{Q(X)}{P(X)} \tag{8-11a}$$

若 X 为连续型随机变量，则 KL 散度可写成积分形式，即

$$\mathrm{KL}(Q \parallel P) = \sum_X Q(X) \ln \frac{Q(X)}{P(X)} \equiv \int_X q(x) \ln \frac{q(x)}{p(x)} \mathrm{d}x \tag{8-11b}$$

其中，$q(x)$、$p(x)$ 分别为 $Q(X)$、$P(X)$ 的概率密度函数。

KL 散度具有非负性，即任给两个概率分布 $Q(X)$、$P(X)$，都有 $\mathrm{KL}(Q \parallel P) \geqslant 0$。

$$\begin{aligned}\mathrm{KL}(Q \parallel P) &= \sum_X Q(X) \ln \frac{Q(X)}{P(X)} = -\sum_X Q(X) \ln \frac{P(X)}{Q(X)} \\ &\geqslant -\ln\left[\sum_X Q(X) \cdot \frac{P(X)}{Q(X)}\right] (\text{注：Jensen 不等式}) \\ &= -\ln\left[\sum_X P(X)\right] = -\ln 1 = 0\end{aligned}$$

另外，当且仅当 $Q(X) = P(X)$ 时，$\mathrm{KL}(Q \parallel P) = 0$。

对于 d 维随机向量 $\boldsymbol{X} = (X_1, X_2, \cdots, X_d)$，假设各分量 X_i 之间相互独立，则 $Q(\boldsymbol{X})$ 相对于 $P(\boldsymbol{X})$ 的 KL 散度被定义为

$$\mathrm{KL}(Q \parallel P) = \sum_{i=1}^{d} \mathrm{KL}(Q_i(X_i) \parallel P_i(X_i)) \tag{8-11c}$$

其中，$Q_i(X_i)$、$P_i(X_i)$ 均为分量 X_i 上的概率分布。

2. 含隐变量的参数估计问题——EM 算法

图 8-54 是一个含隐变量的概率模型。假设观测变量 X、隐变量 Z 服从参数为 $\boldsymbol{\theta}$ 的联合概率分布 $P(X, Z; \boldsymbol{\theta})$。给定观测样本 $\boldsymbol{x}$，其对数似然函数为

$$\ln P(\boldsymbol{x}; \boldsymbol{\theta}) = \ln\left[\sum_Z P(\boldsymbol{x}, Z; \boldsymbol{\theta})\right] \tag{8-12}$$

最大化式(8-12)的对数似然函数即可求得最优参数 $\boldsymbol{\theta}^*$。

$$\boldsymbol{\theta}^* = \underset{\boldsymbol{\theta}}{\operatorname{argmax}} \ln P(\boldsymbol{x}; \boldsymbol{\theta}) \tag{8-13}$$

因为对数似然函数 $\ln P(\boldsymbol{x}; \boldsymbol{\theta})$ 包含隐变量 Z，因此式(8-13)是一种含隐变量的最优化问题，通常使用 EM 算法进行求解(详见 5.2 节)。

EM 算法适用于数学形式已知(只是参数 $\boldsymbol{\theta}$ 未知)且相对简单的概率模型，例如高斯混合模型、三硬币模型等。但通常情况下隐变量 Z 的真实概率分布是未知且复杂的，这时就需要使用变分法将某种已知且简单的概率分布作为其近似分布，然后再进行求解。

3. 概率推理问题——变分推断

如果已知观测变量 X、隐变量 Z 的联合概率分布 $P(X, Z)$，希望推断后验概率 $P(Z|X)$，这就属于概率推理问题(参见 6.1 节)。可以利用概率图模型定义出联合概率分布

$P(X,Z)$，然后使用求和消元法、和-积消元算法或信念传播算法等对后验概率 $P(Z|X)$进行精确推理；也可以使用 MCMC 采样算法采集样本数据，然后基于样本数据对后验概率 $P(Z|X)$做近似推理(也即参数估计)。注意，即使已知联合概率分布 $P(X,Z)$，其后验概率 $P(Z|X)$的数学形式仍可能是未知的，或者非常复杂。

如果后验概率 $P(Z|X)$未知或非常复杂，则可以使用变分法做近似推理，这就是**变分推断**(variational inference)。变分推断的核心思想：利用某种简单的概率分布 $Q(Z|X)$(例如正态分布)来逼近真实分布 $P(Z|X)$；给定条件样本 $\boldsymbol{x}$，通过最大化对数似然函数$\ln P(\boldsymbol{x})$求得最优分布 $Q^*(Z|\boldsymbol{x})$，然后将其作为真实分布 $P(Z|\boldsymbol{x})$的近似分布。

变分推断通过变分法将一个概率推理问题转换为一个最优化问题，下面给出其具体的算法过程。给定条件样本 $\boldsymbol{x}$，其对数似然函数为 $\ln P(\boldsymbol{x})$。变分推断对 $\ln P(\boldsymbol{x})$做如下变形：

$$\ln P(\boldsymbol{x}) = \ln\left[\sum_Z P(\boldsymbol{x},Z)\right] = \ln\left[\sum_Z Q(Z \mid \boldsymbol{x})\left(\frac{P(\boldsymbol{x},Z)}{Q(Z \mid \boldsymbol{x})}\right)\right]$$

$$\geqslant \sum_Z\left[Q(Z \mid \boldsymbol{x})\ln\left(\frac{P(\boldsymbol{x},Z)}{Q(Z \mid \boldsymbol{x})}\right)\right] \text{(注：Jensen 不等式)}$$

不等式的右侧即为对数似然函数 $\ln P(\boldsymbol{x})$的下界，可记作

$$B(Q) \equiv \sum_Z\left[Q(Z \mid \boldsymbol{x})\ln\left(\frac{P(\boldsymbol{x},Z)}{Q(Z \mid \boldsymbol{x})}\right)\right] \tag{8-14}$$

其中，$P(\boldsymbol{x},Z)$是已知的。最大化式(8-14)的下界函数 $B(Q)$，求解最优分布 Q^*，即

$$Q^* = \underset{Q}{\arg\max}\, B(Q)$$

然后将最优分布 $Q^*(Z|\boldsymbol{x})$作为真实分布 $P(Z|\boldsymbol{x})$的近似分布，这样就完成了后验概率的近似推理过程。

4. 依概率分布重建数据问题——变分自编码器

自编码器模型将数据重建的过程看作一个“原始数据 $\boldsymbol{x}$→特征 $\boldsymbol{z}$→重建数据 $\boldsymbol{x}'$”的映射过程。以统计学习的观点来看，数据只是被观测到的表象(记作随机变量 X)，特征才是隐藏在表象背后的内在本质(即隐变量，记作随机变量 Z)。数据重建的过程可看作一个依概率分布进行抽样的过程(参见图 8-55)，即先根据原始样本 $\boldsymbol{x}$ 估计特征的概率分布，即后验概率 $P(Z|\boldsymbol{x})$；然后依后验概率 $P(Z|\boldsymbol{x})$抽样得到特征样本 $\boldsymbol{z}$；最后再依观测概率 $P(X|\boldsymbol{z})$观测得到重建样本 $\boldsymbol{x}'$。

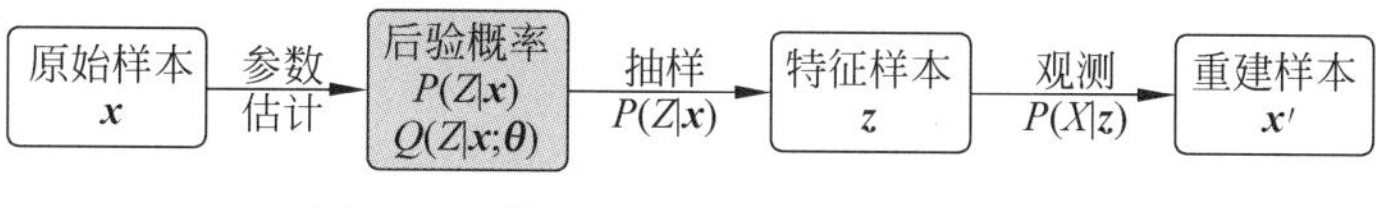

图 8-55　依概率分布重建数据的过程

特征 Z 是隐藏在数据背后的内在本质，依概率分布重建数据就是希望重建数据的特征能够符合后验概率分布 $P(Z|\boldsymbol{x})$。由于后验概率 $P(Z|\boldsymbol{x})$的真实分布是未知的，或许还非常复杂，因此重建数据的关键就是如何估计出这个真实分布。

通过变分法可以用某种简单的可参数化概率分布 $Q(Z|\boldsymbol{x};\boldsymbol{\theta})$(例如正态分布)来逼近真实的后验概率分布 $P(Z|\boldsymbol{x})$；然后给定原始样本 $\boldsymbol{x}$，最大化其对数似然函数 $\ln P(\boldsymbol{x})$求得最优参数$\boldsymbol{\theta}^*$；最终将 $Q(Z|\boldsymbol{x};\boldsymbol{\theta}^*)$作为真实分布 $P(Z|\boldsymbol{x})$的近似分布。利用变分法建立概

率模型，然后依概率分布重建数据，这样的自编码器称作**变分自编码器**。

可以看出，变分自编码器在估计后验概率分布 $P(Z|\boldsymbol{x})$ 时就运用了变分推断的思想。给定原始样本 $\boldsymbol{x}$，其重建样本 $\boldsymbol{x}'$ 的对数似然函数 $\ln P(\boldsymbol{x}';\boldsymbol{\theta})$ 也应当具有式(8-15)所示的下界函数 $B(\boldsymbol{\theta})$，即

$$\ln P(\boldsymbol{x}';\boldsymbol{\theta}) \geqslant B(\boldsymbol{\theta}) = \sum_{Z}\left[Q(Z \mid \boldsymbol{x};\boldsymbol{\theta})\ln\left(\frac{P(\boldsymbol{x}',Z)}{Q(Z \mid \boldsymbol{x};\boldsymbol{\theta})}\right)\right] \tag{8-15}$$

最大化下界函数 $B(\boldsymbol{\theta})$ 即可求得最优参数 $\boldsymbol{\theta}^*$，即

$$\boldsymbol{\theta}^* = \underset{\boldsymbol{\theta}}{\operatorname{argmax}}\, B(\boldsymbol{\theta})$$

然后将最优分布 $Q(Z|\boldsymbol{x};\boldsymbol{\theta}^*)$ 作为真实分布 $P(Z|\boldsymbol{x})$ 的近似分布。

8.3.4 变分自编码器

自编码器使用神经网络为数据重建实现了一个“原始数据 $\boldsymbol{x}\rightarrow$ 特征 $\boldsymbol{z}\rightarrow$ 重建数据 $\boldsymbol{x}'$”的映射模型。自编码器在设计时具有很强的盲目性，其映射过程也没有可解释性。变分自编码器则是通过变分法建立概率模型，然后基于概率分布重建数据。可以使用神经网络来实现变分自编码器，为数据重建搭建一个“变分自编码器神经网络”模型，如图 8-56 所示(图中上半部分为变分自编码器的概率模型，下半部分为对应的神经网络模型)。

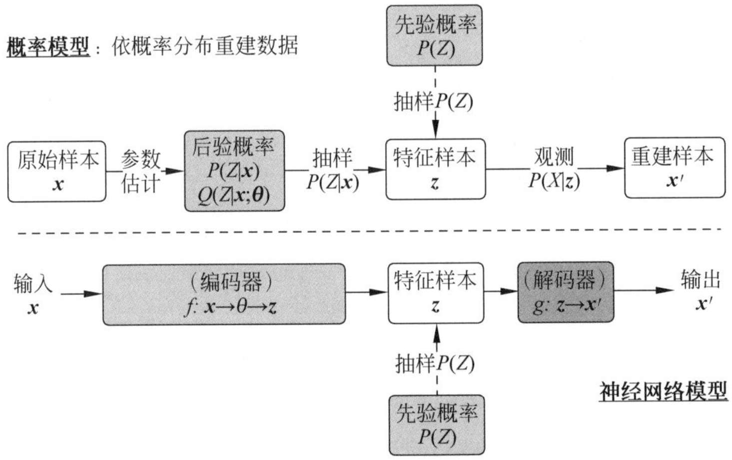

图 8-56　变分自编码器的神经网络模型

在图 8-56 中，变分自编码器的神经网络模型看起来仍是一个“原始数据 $\boldsymbol{x}\rightarrow$ 特征 $\boldsymbol{z}\rightarrow$ 重建数据 $\boldsymbol{x}'$”的映射模型，但其网络设计是在概率模型的思想指导下进行的。其中：

- **编码器**的功能是用“输入 $\boldsymbol{x}\rightarrow$ 参数 $\boldsymbol{\theta}$”的映射来模拟后验概率的参数估计过程，$\boldsymbol{\theta}$ 就是变分法中近似分布 $Q(Z|\boldsymbol{x};\boldsymbol{\theta})$ 的参数；用“参数 $\boldsymbol{\theta}\rightarrow$ 特征样本 $\boldsymbol{z}$”的映射来模拟依概率分布 $Q(Z|\boldsymbol{x};\boldsymbol{\theta})$ 抽样得到特征样本 $\boldsymbol{z}$ 的过程。编码器实现的是一个两步映射，即 $f:\boldsymbol{x}\rightarrow\boldsymbol{\theta}\rightarrow\boldsymbol{z}$。其中第一步映射 $f:\boldsymbol{x}\rightarrow\boldsymbol{\theta}$ 在本质上描述的是后验概率分布 $P(Z|\boldsymbol{x})$，更准确地说是其近似分布 $Q(Z|\boldsymbol{x};\boldsymbol{\theta})$。
- **解码器**的功能是用“特征样本 $\boldsymbol{z}\rightarrow$ 输出 $\boldsymbol{x}'$”的映射来模拟依观测概率 $P(X|\boldsymbol{z})$ 抽样

得到重建样本 $\boldsymbol{x}'$ 的过程。编码器所实现的映射是 $g: \boldsymbol{z} \to \boldsymbol{x}'$，该映射在本质上描述的是观测概率分布 $P(X|\boldsymbol{z})$。

可以看出，变分自编码器在设计上具有明确的概率意义，其映射过程也很容易解释清楚。下面给出使用神经网络搭建变分自编码器模型的具体实现细节。

1. 使用神经网络搭建变分自编码器模型

神经网络在本质上是一种"映射"模型。任何算法过程都必须被转换为某种映射，然后才能用神经网络来实现。例如在搭建变分自编码器模型时，对概率分布 $Q(Z|\boldsymbol{x};\boldsymbol{\theta})$ 进行参数估计的过程被转换为"输入 $\boldsymbol{x} \to$ 参数 $\boldsymbol{\theta}$"的映射、依概率分布 $Q(Z|\boldsymbol{x};\boldsymbol{\theta})$ 进行抽样的过程也被转换为"参数 $\boldsymbol{\theta} \to$ 特征样本 $\boldsymbol{z}$"的映射（称作**采样函数**）。

在神经网络中，全连接层是实现映射的基本形式，使用上也最简单。如果所处理的是图像数据，则可以使用卷积层来实现映射。使用神经网络搭建变分自编码器模型，还要使用原始样本数据 $\boldsymbol{x}$ 对模型进行训练。如果使用反向传播算法来训练变分自编码器模型，那就应当事先确定好**损失函数**。

下面重点讲解变分自编码器神经网络模型中的损失函数和采样函数。

2. 变分自编码器的损失函数

变分自编码器使用极大似然估计方法来估计后验概率近似分布 $Q(Z|\boldsymbol{x};\boldsymbol{\theta})$ 的最优参数 $\boldsymbol{\theta}^*$。给定原始样本 $\boldsymbol{x}$，其重建样本 $\boldsymbol{x}'$ 的对数似然函数 $\ln P(\boldsymbol{x}')$ 应当具有式(8-15)所示的下界函数 $B(\boldsymbol{\theta})$，即

$$\ln P(\boldsymbol{x}') \geqslant B(\boldsymbol{\theta}) = \sum_{Z}\left[Q(Z \mid \boldsymbol{x};\boldsymbol{\theta})\ln\left(\frac{P(\boldsymbol{x}',Z)}{Q(Z \mid \boldsymbol{x};\boldsymbol{\theta})}\right)\right]$$

最大化下界函数 $B(\boldsymbol{\theta})$ 即可求得最优参数 $\boldsymbol{\theta}^*$，即

$$\boldsymbol{\theta}^* = \underset{\boldsymbol{\theta}}{\operatorname{argmax}}\, B(\boldsymbol{\theta})$$

为定义损失函数，变分自编码器继续对下界函数 $B(\boldsymbol{\theta})$ 做如下分解：

$$\begin{aligned}
B(\boldsymbol{\theta}) &= \sum_{Z}\left[Q(Z \mid \boldsymbol{x};\boldsymbol{\theta})\ln\left(\frac{P(\boldsymbol{x}' \mid Z)\cdot P(Z)}{Q(Z \mid \boldsymbol{x};\boldsymbol{\theta})}\right)\right] \\
&= \sum_{Z}\left[Q(Z \mid \boldsymbol{x};\boldsymbol{\theta})\ln P(\boldsymbol{x}' \mid Z)\right] + \sum_{Z}\left[Q(Z \mid \boldsymbol{x};\boldsymbol{\theta})\ln\left(\frac{P(Z)}{Q(Z \mid \boldsymbol{x};\boldsymbol{\theta})}\right)\right] \\
&= E_{Z\sim Q}\left[\ln P(\boldsymbol{x}' \mid Z)\right] - \mathrm{KL}(Q(Z \mid \boldsymbol{x};\boldsymbol{\theta}) \parallel P(Z))
\end{aligned}$$

然后将损失函数 $l(\boldsymbol{\theta})$ 定义为下界函数 $B(\boldsymbol{\theta})$ 的相反数，即

$$l(\boldsymbol{\theta}) = -B(\boldsymbol{\theta}) = \mathrm{KL}(Q(Z \mid \boldsymbol{x};\boldsymbol{\theta}) \parallel P(Z)) - E_{Z\sim Q}\left[\ln P(\boldsymbol{x}' \mid Z)\right] \tag{8-16}$$

最大化下界函数 $B(\boldsymbol{\theta})$，就等价于最小化损失函数 $l(\boldsymbol{\theta})$，即

$$\boldsymbol{\theta}^* = \underset{\boldsymbol{\theta}}{\operatorname{argmax}}\, B(\boldsymbol{\theta}) = \underset{\boldsymbol{\theta}}{\operatorname{argmin}}\, l(\boldsymbol{\theta})$$

式(8-16)的损失函数 $l(\boldsymbol{\theta})$ 由两项组成，最小化 $l(\boldsymbol{\theta})$ 就是要最小化其中的第一项 $\mathrm{KL}(Q(Z|\boldsymbol{x};\boldsymbol{\theta}) \parallel P(Z))$，这是一个 **KL 散度**；同时要最大化（因为减号的原因）其中的第二项 $E_{Z\sim Q}[\ln P(\boldsymbol{x}'|Z)]$，这是一个**数学期望**。下面对这两项做详细讲解。

3. 损失函数中的 KL 散度

式(8-16)的损失函数 $l(\boldsymbol{\theta})$ 中的第一项是 $\mathrm{KL}(Q(Z|\boldsymbol{x};\boldsymbol{\theta}) \parallel P(Z))$，它表示特征 Z 的后验

分布 $Q(Z|\boldsymbol{x};\boldsymbol{\theta})$ 相对于先验分布 $P(Z)$ 的 KL 散度(即两者之间的差异程度)。最小化这个 KL 散度就是让特征的后验分布尽可能接近其先验分布。为了计算 $\mathrm{KL}(Q(Z|\boldsymbol{x};\boldsymbol{\theta})\|P(Z))$,变分自编码器需对其中的先验分布 $P(Z)$、后验分布的近似分布 $Q(Z|\boldsymbol{x};\boldsymbol{\theta})$ 做出假设。

(1) 先验分布 $P(Z)$:在对特征 Z 一无所知的情况下假设其服从标准正态分布,即 $P(Z)=N(0,1)$,这是一个较为合理的假设。

(2) 后验分布的近似分布 $Q(Z|\boldsymbol{x};\boldsymbol{\theta})$:如果特征 Z 的先验概率 $P(Z)$ 服从标准正态分布,则在给定原始样本 $\boldsymbol{x}$ 的情况下假设其后验概率服从正态分布,即 $Q(Z|\boldsymbol{x};\boldsymbol{\theta})=N(\boldsymbol{\mu},\boldsymbol{\sigma}^2)$,这也是一个相对合理的假设。

利用上述两个假设可以推导出 $\mathrm{KL}(Q(Z|\boldsymbol{x};\boldsymbol{\theta})\|P(Z))$ 的解析形式。例如,假设特征 $\boldsymbol{Z}=(Z_1,Z_2,\cdots,Z_{d_z})$ 为 d_z 维随机向量,各分量 Z_i 之间相互独立,并且

$$P(Z_i)\equiv N(0,1),\quad Q(Z_i\mid\boldsymbol{x};\boldsymbol{\theta})\equiv N(\mu_i,\sigma_i^2),\quad i=1,2,\cdots,d_z$$

则各分量 Z_i 的 KL 散度为

$$\begin{aligned}\mathrm{KL}[Q(Z_i\mid\boldsymbol{x};\boldsymbol{\theta})\|P(Z_i)]&=\sum_{Z_i}\left[Q(Z_i\mid\boldsymbol{x};\boldsymbol{\theta})\ln\left(\frac{Q(Z_i\mid\boldsymbol{x};\boldsymbol{\theta})}{P(Z_i)}\right)\right]\\&=E_{Z\sim Q}[\ln Q(Z_i\mid\boldsymbol{x};\boldsymbol{\theta})-\ln P(Z_i)]\text{(注:改成数学期望的形式)}\\&=E_{Z\sim Q}\left[\ln\left(\frac{1}{\sqrt{2\pi}\sigma_i}\mathrm{e}^{\frac{-(z_i-\mu_i)^2}{2\sigma_i^2}}\right)-\ln\left(\frac{1}{\sqrt{2\pi}}\mathrm{e}^{\frac{-z_i^2}{2}}\right)\right]\\&=E_{Z\sim Q}\left[-\ln\sigma_i-\frac{(z_i-\mu_i)^2}{2\sigma_i^2}+\frac{z_i^2}{2}\right]\text{(注:省略部分推导过程)}\\&=-\ln\sigma_i+0.5\sigma_i^2+0.5\mu_i^2-0.5,\quad i=1,2,\cdots,d_z\end{aligned}\tag{8-17}$$

特征 $\boldsymbol{Z}$ 的整体 KL 散度为各分量 KL 散度之和(或平均值),即

$$\mathrm{KL}[Q(\boldsymbol{Z}\mid\boldsymbol{x};\boldsymbol{\theta})\|P(\boldsymbol{Z})]=\sum_{i=1}^{d_z}\mathrm{KL}[Q(Z_i\mid\boldsymbol{x};\boldsymbol{\theta})\|P(Z_i)]\tag{8-18}$$

4. 损失函数中的数学期望

式(8-16)的损失函数 $l(\boldsymbol{\theta})$ 中的第二项是 $E_{Z\sim Q}[\ln P(\boldsymbol{x}'\mid Z)]=\sum_{Z}[Q(Z\mid\boldsymbol{x};\boldsymbol{\theta})\ln P(\boldsymbol{x}'\mid Z)]$,它是重建数据的对数似然函数 $\ln P(\boldsymbol{x}'|Z)$ 在概率分布 $Q(Z|\boldsymbol{x};\boldsymbol{\theta})$ 下的数学期望。最大化这个数学期望就是优化重建性能。由于数学期望 $E_{Z\sim Q}[\ln P(\boldsymbol{x}'|Z)]$ 难以计算,为此变分自编码器神经网络模型在实现时做了三处简化。

(1) 用单次采样结果作为数学期望的近似:首先依概率 $Q(Z|\boldsymbol{x};\boldsymbol{\theta})$ 抽样一次得到特征样本 $\boldsymbol{z}$,然后再依条件概率 $P(X|\boldsymbol{z})$ 观测到重建样本 $\boldsymbol{x}'$,将这个单次采样的对数似然函数 $\ln P(\boldsymbol{x}'|\boldsymbol{z})$ 作为数学期望 $E_{Z\sim Q}[\ln P(\boldsymbol{x}'|Z)]$ 的估计值,即 $E_{Z\sim Q}[\ln P(\boldsymbol{x}'|Z)]\approx\ln P(\boldsymbol{x}'|\boldsymbol{z})$。通过近似处理,损失函数中第二项数学期望的最大化问题即被简化成了对单次采样的最大化问题。

(2) 最大化单次采样的对数似然函数 $\ln P(\boldsymbol{x}'|\boldsymbol{z})$,其含义是让重建数据的概率分布 $P(\boldsymbol{x}'|\boldsymbol{z})$ 尽可能接近原始分布 $P(\boldsymbol{x})$。进一步假设原始数据 $\boldsymbol{x}$ 和重建数据 $\boldsymbol{x}'$ 均服从 0-1 分布(或称 Bernoulli 分布),则最大化对数似然函数 $\ln P(\boldsymbol{x}'|\boldsymbol{z})$ 就等价于最小化如下交叉熵:

$$H(P(\boldsymbol{x}),P(\boldsymbol{x}'\mid \boldsymbol{z}))=-[P(\boldsymbol{x})\ln P(\boldsymbol{x}'\mid \boldsymbol{z})+(1-P(\boldsymbol{x}))\ln(1-P(\boldsymbol{x}'\mid \boldsymbol{z}))] \tag{8-19a}$$

(3) 变分自编码器通过 Min-Max 标准化将原始数据 $\boldsymbol{x}$ 转换为其对应的概率 $P(\boldsymbol{x})$，再通过输出层的 sigmoid 激活函数将重建数据 $\boldsymbol{x}'$ 也转换为其对应的概率 $P(\boldsymbol{x}'|\boldsymbol{z})$，这样式(8-19a)即被改成式(8-19b)的形式。

$$H(\boldsymbol{x},\boldsymbol{x}')=-[\boldsymbol{x}\ln\boldsymbol{x}'+(1-\boldsymbol{x})\ln(1-\boldsymbol{x}')] \tag{8-19b}$$

通常，原始数据 $\boldsymbol{x}=(x_1,x_2,\cdots,x_d)$、重建数据 $\boldsymbol{x}'=(x'_1,x'_2,\cdots,x'_d)$ 为向量形式(假设为 d 维)，这时式(8-19b)应改写成式(8-19c)的形式。

$$\begin{cases}H(x_i,x'_i)=-[x_i\ln x'_i+(1-x_i)\ln(1-x'_i)]\\ H(\boldsymbol{x},\boldsymbol{x}')=\sum_{i=1}^{d}H(x_i,x'_i)\end{cases} \tag{8-19c}$$

式(8-19c)的交叉熵是损失函数 $l(\boldsymbol{\theta})$ 中数学期望 $E_{Z\sim Q}[\ln P(\boldsymbol{x}'|Z)]$ 的简化形式，它反映了重建数据 $\boldsymbol{x}'$ 与原始数据 $\boldsymbol{x}$ 之间的误差，因此可将其称作**重建损失**。综合式(8-18)的 KL 散度和式(8-19c)的重建损失，最终变分自编码器的**损失函数** $l(\boldsymbol{\theta})$ 可以完整写成式(8-20)的形式。

$$\begin{aligned}l(\boldsymbol{\theta})&=\mathrm{KL}(Q(Z\mid \boldsymbol{x};\boldsymbol{\theta})\parallel P(Z))-E_{Z\sim Q}[\ln P(\boldsymbol{x}\mid Z)]\\ &=\sum_{i=1}^{d_z}\mathrm{KL}[Q(Z_i\mid \boldsymbol{x};\boldsymbol{\theta})\parallel P(Z_i)]+\sum_{i=1}^{d}H(x_i,x'_i)\end{aligned} \tag{8-20}$$

5. 特征样本的采样函数

使用神经网络搭建变分自编码器模型时，需要将编码器中依后验概率分布 $Q(Z|\boldsymbol{x};\boldsymbol{\theta})$ 进行抽样的过程转成一个"参数 $\boldsymbol{\theta}\to$ 特征样本 $\boldsymbol{z}$"的映射。可以定义**采样函数**来实现这个映射，将采样函数记作 $\boldsymbol{z}=\mathrm{sampling}(\boldsymbol{\theta})$。如果假设后验概率分布 $Q(Z|\boldsymbol{x};\boldsymbol{\theta})$ 服从正态分布，即 $Q(Z|\boldsymbol{x};\boldsymbol{\theta})=N(\boldsymbol{\mu},\boldsymbol{\sigma}^2)$，则可以将采样函数定义成如下形式

$$\boldsymbol{z}=\mathrm{sampling}(\boldsymbol{\mu},\boldsymbol{\sigma})=\boldsymbol{\mu}+\boldsymbol{\sigma}\cdot\boldsymbol{\varepsilon} \tag{8-21}$$

其中，$\boldsymbol{\varepsilon}$ 为采自标准正态分布 $N(0,1)$ 的样本。

式(8-21)的采样函数的作用是将标准正态分布 $N(0,1)$ 的样本 $\boldsymbol{\varepsilon}$ 改造成普通正态分布 $N(\boldsymbol{\mu},\boldsymbol{\sigma}^2)$ 的样本 $\boldsymbol{z}$。这种采样方法称作 **reparameterization trick**，其目的是让概率分布参数 $(\boldsymbol{\mu},\boldsymbol{\sigma})$ 以变量形式参与到神经网络的前向计算过程中，这样就能计算其梯度，然后通过反向传播算法进行学习。

6. 进一步理解概率分布的先验与后验

在变分自编码器神经网络模型中(参见图 8-56)，编码器实现的是一个两步映射，即 $f:\boldsymbol{x}\to\boldsymbol{\theta}\to\boldsymbol{z}$，该映射在本质上描述的是特征 Z 的后验概率分布 $P(Z|X)$；编码器实现的映射是 $g:\boldsymbol{z}\to\boldsymbol{x}'$，该映射在本质上描述的是数据 X 的观测概率分布 $P(X|Z)$。可以认为在使用样本数据对模型训练之后，编码器学习到了特征 Z 的后验概率分布 $P(Z|X)$，解码器则学习到了数据 X 的观测概率分布 $P(X|Z)$。

下面对特征 Z 的**后验概率** $P(Z|X)$ 与**先验概率** $P(Z)$ 之间的关系做进一步理解。回顾一下求和消元法求边缘概率的公式：

$$P(Z)=\sum_X P(X,Z)=\sum_X P(X)P(Z\mid X) \tag{8-22}$$

换个角度来看式(8-22)：$P(Z)$是随机变量 Z 的先验概率，$P(Z|X)$是 Z 在给定证据变量 X 条件下的后验概率；先验概率 $P(Z)$是后验概率 $P(Z|X)$在 $P(X)$分布下的**数学期望**。换句话说，先验概率 $P(Z)$反映的是特征 Z 在全体数据 X 上的**共性**分布，而后验概率 $P(Z|X)$反映的则是特征 Z 在给定数据 $X=\boldsymbol{x}$ 上的**个性**分布。

变分自编码器神经网络模型在训练好之后，任给新的数据样本 $\boldsymbol{x}$，可以使用编码器依后验概率分布 $P(Z|\boldsymbol{x})$抽样(相当于编码)得到特征样本 $\boldsymbol{z}$，然后再使用解码器进行解码得到重建数据 $\boldsymbol{x}'$。这个过程就相当于普通自编码器的编码-解码过程，其中的特征样本 $\boldsymbol{z}$ 相当于数据样本 $\boldsymbol{x}$ 的编码。

思考一下，如果不给原始样本数据 $\boldsymbol{x}$、不从后验概率分布 $P(Z|\boldsymbol{x})$中采样，而是直接从先验概率分布 $P(Z)$中采集特征样本 $\boldsymbol{z}$ 并送入解码器解码，它会得到什么样的解码结果呢？注：参见图 8-56 中顶部和底部的依“先验概率 $P(Z)$”抽样。

先验概率 $P(Z)$反映的是特征 Z 在全体数据 X 上的**共性**分布，从中采集特征样本 $\boldsymbol{z}$ 将会解码出新的数据 $\boldsymbol{x}'$。这种新数据 $\boldsymbol{x}'$不是对某个原始样本 $\boldsymbol{x}$ 的重建，而是依据全体数据 X 的共性特征所**创作**(或称作生成)的新样本。

7. 小结

变分自编码器神经网络模型分为编码器和解码器两部分。**训练模型时**需将编码器和解码器放在一起训练，编码器学习到的是特征 Z 的后验概率分布 $P(Z|\boldsymbol{x})$，解码器学习到的是数据 X 的观测概率分布 $P(X|\boldsymbol{z})$。**使用模型时**应当将编码器和解码器分开，即编码器接受样本数据 $\boldsymbol{x}$ 并依后验概率分布 $P(Z|\boldsymbol{x})$抽样得到特征样本 $\boldsymbol{z}$(编码过程)；解码器接受特征样本 $\boldsymbol{z}$ 并依观测概率分布 $P(X|\boldsymbol{z})$抽样得到重建数据 $\boldsymbol{x}'$(解码过程)。

变分自编码器模型在训练好之后还可以**抛开**编码器，将解码器单独当作一个**生成模型**使用，即不给原始样本数据 $\boldsymbol{x}$，直接从先验概率分布 $P(Z)$中采集特征样本 $\boldsymbol{z}$ 并送入解码器，由解码器按照所学习到的观测概率分布 $P(X|\boldsymbol{z})$来**自动生成**新的样本数据 $\boldsymbol{x}'$。先验概率分布 $P(Z)$通常被设为标准正态分布 $N(0,1)$。

从对数据的“回归或分类”预测到自编码器的“编码-解码”，再到变分自编码器的“自动生成”，神经网络的创新思想在不断升华。

8.3.5 变分自编码器编程实战

本节使用 Keras 高层接口进行变分自编码器神经网络模型编程实战。其**功能**与 8.3.2 节的自编码器相同，都是为 MNIST 手写数字数据集搭建一个编码-解码模型；**数据集**也是直接使用已处理好的训练集 X_new_train 和测试集 X_new_test(参见图 8-46)。

变分自编码器神经网络模型在程序代码结构上与自编码器基本相同，都是先自定义三个类，即变分编码器类 **VEncoder**、变分解码器类 **VDecoder**、变分自编码器类 **VAE**，然后定义对象搭建模型并对模型进行配置、训练和测试。所不同的是，变分自编码器需增加一个采样函数 **sampling**()；另外，变分自编码器类 VAE 的单步训练方法 **train_step**()在计算损失函数时比较复杂(参见式(8-20))。

为简单起见，这里在搭建神经网络时全部采用**全连接层**(共 6 层)，如图 8-57 所示。图 8-57 中的左半部分(以特征样本 $\boldsymbol{z}$ 为界)为变分编码器，右半部分为变分解码器。需要关

注的是**变分编码器的输出层**(即图中的第 3 个全连接层 $\boldsymbol{d}_3$):它被分成了 d_mean 和 d_log_var 两个,分别输出后验概率分布 $Q(Z|\boldsymbol{x};\boldsymbol{\theta})$(正态分布)的均值$\boldsymbol{\mu}$ 和方差$\boldsymbol{\sigma}^2$(实际上是方差的对数 $\ln\boldsymbol{\sigma}^2$);然后通过采样函数 **sampling()**输出特征样本 $\boldsymbol{z}$。这些内容必须在变分编码器类 VEncoder 的前向计算方法 call()中准确体现出来。另外,变分解码器输出的是重建数据 $\boldsymbol{x}'=(x_1',x_2',\cdots,x_d')$,这里将其改记作 $\boldsymbol{y}=(y_1,y_2,\cdots,y_d)$以尊重神经网络的符号习惯。

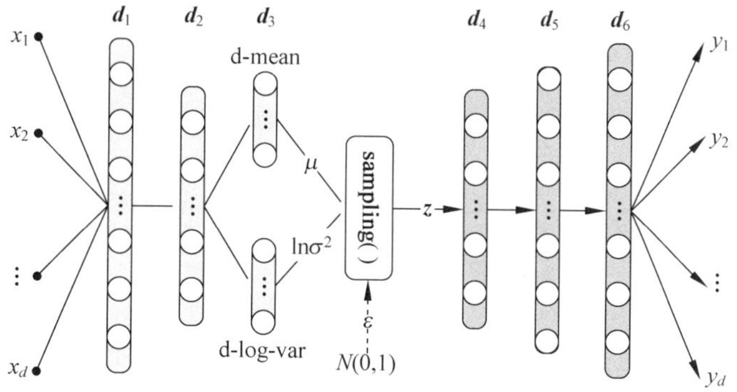

图 8-57 变分自编码器的网络结构示意图

MNIST 数据集中手写数字图像的大小为 28×28=784(像素)。如果设定编码器从手写数字图像中提取出 10 个特征,每个特征的正态分布包含一个均值和一个方差,则图 8-57 的变分自编码器神经网络就相当于如下的映射模型:

原始图像 $\boldsymbol{x}_{784}$ → 正态分布参数($\boldsymbol{\mu}_{10}$,$\ln\boldsymbol{\sigma}_{10}^2$) → 特征样本 $\boldsymbol{z}_{10}$ → 重建图像 $\boldsymbol{y}_{784}$

下面就按代码顺序,给出变分自编码器神经网络模型的完整示例代码。

1. 定义采样函数 sampling()

定义采样函数 sampling(),实现依正态分布 $N(\boldsymbol{\mu},\boldsymbol{\sigma}^2)$抽样的功能。图 8-58 给出其示例代码。

```
In [13]: # 变分自编码器 Variational AutoEncoder
         # 采样 (Reparameterization trick) : z = mean + std_var * e
         def sampling(z_mean, z_log_var):  # 采样函数
             batch = tf.shape(z_mean)[0];  dim = tf.shape(z_mean)[1]
             # sample shape = (batch, z_dim)
             epsilon = tf.random.normal( shape=(batch, dim) )
             z_var = tf.exp(z_log_var);  z_std_var = tf.sqrt(z_var)
             return z_mean + z_std_var * epsilon
```

图 8-58 采样函数 sampling()的示例代码

2. 定义变分编码器类 VEncoder 和变分解码器类 VDecoder

按图 8-57 所示的网络结构分别定义一个变分编码器类 VEncoder 和变分解码器类 VDecoder。定义类时需继承 Keras 高层接口中的 Model 类,并重写其中的构造方法和前向计算方法。图 8-59 给出其示例代码。

3. 变分自编码器类 VAE

继承 Keras 高层接口中的 Model 类,定义一个变分自编码器类 VAE。图 8-60 给出其示例代码(因代码过长而被分成两段),应重点关注单步训练方法 **train_step()**中 KL 散度和

```
In [14]: # 变分自编码器 Variational AutoEncoder
x_dim = 28*28  # 图像维度
z_dim = 10     # 特征维度

class VEncoder(keras.Model):  # 变分编码器类
    def __init__(self):          # 构造方法
        super(VEncoder, self).__init__(name="v_encoder")
        self.d1 = layers.Dense(128, activation='relu')
        self.d2 = layers.Dense(64, activation='relu')
        self.d_mean = layers.Dense(z_dim, name="d_mean")
        self.d_log_var = layers.Dense(z_dim, name="d_log_var")
    def call(self, inputs, training=None):  # 前向计算
        h1 = self.d1(inputs)
        h2 = self.d2(h1)
        z_mean = self.d_mean(h2)
        z_log_var = self.d_log_var(h2)
        z = sampling(z_mean, z_log_var)  # 采样
        return (z_mean, z_log_var, z)

class VDecoder(keras.Model):  # 变分解码器类
    def __init__(self):
        super(VDecoder, self).__init__(name="v_decoder")
        self.d4 = layers.Dense(64, activation='relu')
        self.d5 = layers.Dense(128, activation='relu')
        self.d6 = layers.Dense(x_dim)          # 无激活函数
    def call(self, inputs, training=None):  # 前向计算
        h4 = self.d4(inputs)
        h5 = self.d5(h4)
        y = self.d6(h5)
        return y
```

图 8-59 变分编码器类和解码器类的示例代码

```
In [15]: class VAE(keras.Model):  # 变分自编码器类
    def __init__(self, encoder, decoder):
        super(VAE, self).__init__(name="vae")
        self.encoder = encoder  # 添加编码器
        self.decoder = decoder  # 添加解码器
        self.total_loss_tracker = metrics.Mean(name="total_loss")
        self.reconstruction_loss_tracker = \
                    metrics.Mean(name="reconstruction_loss")
        self.kl_loss_tracker = metrics.Mean(name="kl_loss")

    def call(self, inputs, training=None):  # 前向计算
        (z_mean, z_log_var, z) = self.encoder(inputs)
        y = self.decoder(z)
        return y

    @property
    def metrics(self):  # 属性方法
        return [self.total_loss_tracker,
                self.reconstruction_loss_tracker,
                self.kl_loss_tracker]
```

(a) 代码前半段

```
    # 重写一次（一步）梯度下降的算法代码
    # 通常应包括前向计算、损失计算、反向传播和度量更新
    def train_step(self, data):
        with tf.GradientTape() as tape:
            (z_mean, z_log_var, z) = self.encoder(data)
            y = self.decoder(z)
            # 计算KL散度
            kl_loss = 0.5 * (-z_log_var + tf.exp(z_log_var) + z_mean**2 - 1)
            kl_loss = tf.reduce_mean(tf.reduce_sum(kl_loss, axis=1))
            # 计算重建损失
            reconstruction_loss = tf.nn.sigmoid_cross_entropy_with_logits(data, y)
            reconstruction_loss = tf.reduce_mean(
                        tf.reduce_sum(reconstruction_loss, axis=1) )
            # 计算总损失
            total_loss = kl_loss + reconstruction_loss
        # 梯度下降：反向求导，然后梯度下降
        grads = tape.gradient(total_loss, self.trainable_weights)
        # self.optimizer 由 model.compile()方法指定
        self.optimizer.apply_gradients(
                    zip(grads, self.trainable_weights) )
        # 记录损失与误差（此处均使用均方误差），用fit()时将被显示出来
        self.total_loss_tracker.update_state(total_loss)
        self.reconstruction_loss_tracker.update_state(reconstruction_loss)
        self.kl_loss_tracker.update_state(kl_loss)
        return {"loss": self.total_loss_tracker.result(),
                "reconstruction_loss": self.reconstruction_loss_tracker.result(),
                "kl_loss": self.kl_loss_tracker.result() }
```

(b) 代码后半段

图 8-60 变分自编码器类 VAE 的示例代码

重建损失的计算过程。

4. 搭建、配置和训练模型

使用已定义好的三个类(即变分编码器类 VEncoder、变分解码器类 VDecoder、变分自编码器类 VAE)创建对象,然后搭建一个完整的变分自编码器神经网络模型,配置模型的优化器(即指定优化算法)并用训练集对模型进行训练。图 8-61 给出其示例代码。

```
In [16]: # 搭建变分自编码器神经网络
vencoder = VEncoder()  # 创建变分编码器对象
vencoder.build(input_shape=(None, x_dim))
vencoder.summary()

vdecoder = VDecoder()  # 创建变分解码器对象
vdecoder.build(input_shape=(None,z_dim))
vdecoder.summary()

# 创建变分自编码器对象: 编码器 + 解码器
vae = VAE(vencoder, vdecoder)
vae.build(input_shape=(None, x_dim))
vae.summary()

# 配置优化器, 类定义中已指定了损失函数和度量
vae.compile( optimizer = keras.optimizers.Adam(0.001) )

# 训练变分自编码器模型
history = vae.fit(X_new_train, epochs=5, batch_size=128)
```

图 8-61　搭建、配置和训练模型的示例代码

5. 使用模型进行"编码-解码"

使用训练好的模型对测试集进行"编码-解码",查看图像的重建效果。图 8-62 给出其

```
In [17]: import matplotlib.pyplot as plt
%matplotlib inline

# 使用模型进行编码-解码: 查看解码后的图像
(_, _, Z) = vencoder(X_new_test)
Y_logits = vdecoder(Z);  Y = tf.sigmoid(Y_logits)

# 显示原图与编码-解码的图像
plt.subplot(2,2,1)
plt.imshow(X_test[0], cmap='gray')         # 原图1
plt.subplot(2,2,2)
img = tf.reshape(Y[0], shape=(28, 28))  # 编码-解码图1
plt.imshow(img, cmap='gray')

plt.subplot(2,2,3)
plt.imshow(X_test[1], cmap='gray')         # 原图2
plt.subplot(2,2,4)
img = tf.reshape(Y[1], shape=(28, 28))  # 编码-解码图2
plt.imshow(img, cmap='gray')
```

(a) 示例代码

```
Out[17]: <matplotlib.image.AxesImage at 0x2d47268ab20>
```

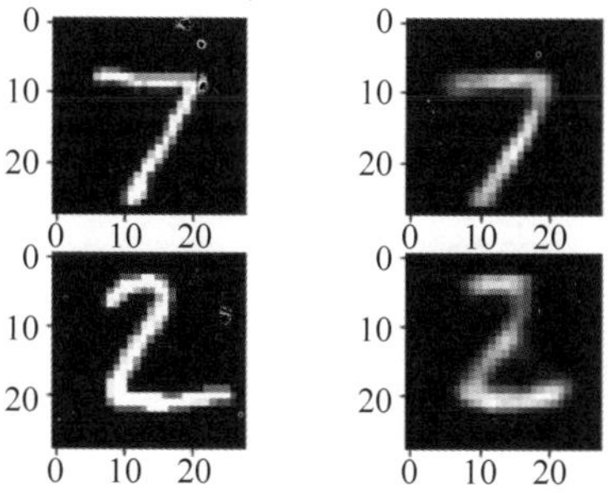

(b) 运行结果

图 8-62　测试模型"编码-解码"效果的示例代码与运行结果

示例代码与运行结果。与图 8-51 自编码器的重建效果(64 个特征)进行比对，可以看出变分自编码器(只有 10 个特征)在性能上有较大提升。

6. 使用模型"自动生成"图像

将训练好的变分自编码器模型中的解码器单独拿出来，不给原始样本数据 $\boldsymbol{x}$，直接将标准正态分布样本作为特征样本 $\boldsymbol{z}$ 送入解码器，查看解码所得到的图像(即自动生成的图像)。图 8-63 给出其示例代码与运行结果。可以看出，虽然自动生成的图像有些怪异，但它确实保持了手写数字图像的风格，或者说是在手写数字图像样本的基础上做了某种程度的"创作"。

```
In [18]: # 使用解码器自动生成的手写数字图像
Z = tf.random.normal(shape=(4,z_dim), mean=0.0, stddev=1.0)
Y_logits = vdecoder(Z);  Y = tf.sigmoid(Y_logits)

# 显示自动生成的手写数字图像
plt.subplot(2,2,1)
img = tf.reshape(Y[0], shape=(28, 28))    # 生成图1
plt.imshow(img, cmap='gray')
plt.subplot(2,2,2)
img = tf.reshape(Y[1], shape=(28, 28))    # 生成图2
plt.imshow(img, cmap='gray')

plt.subplot(2,2,3)
img = tf.reshape(Y[2], shape=(28, 28))    # 生成图3
plt.imshow(img, cmap='gray')
plt.subplot(2,2,4)
img = tf.reshape(Y[3], shape=(28, 28))    # 生成图4
plt.imshow(img, cmap='gray')
```

(a) 示例代码

```
Out[18]: <matplotlib.image.AxesImage at 0x2d4719577c0>
```

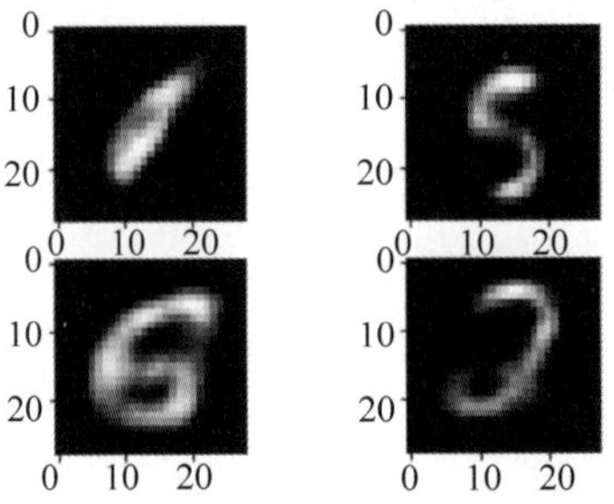

(b) 运行结果

图 8-63　测试模型"自动生成"效果的示例代码与运行结果

本节比较详细地介绍了自编码器与变分自编码器模型，另外精选了两篇经典的论文(参见参考文献[20]、[21])，供读者延伸阅读。

8.4　生成对抗网络

回顾一下变分自编码器模型中的解码器，任给标准正态分布 $N(0,1)$ 的特征样本 $\boldsymbol{z}$，解码器就能生成一个与手写数字非常相似的图像 $\boldsymbol{x}'$(参见图 8-63)，这非常神奇。在未输入任何原始样本 $\boldsymbol{x}$ 的情况下却能输出新样本 $\boldsymbol{x}'$，这时的解码器相当于一种能自动生成新样本的生成模型，因此它被改称为**生成器**(generator)模型(参见图 8-64)。

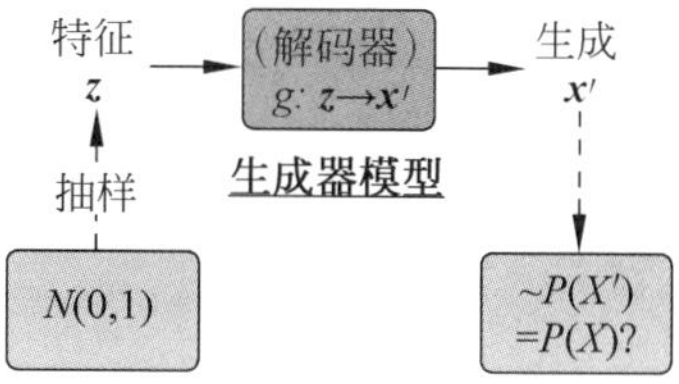

图 8-64　生成器模型

生成器模型需要先通过学习算法对原始样本 $\boldsymbol{x}$ 进行学习，然后才能自动生成新样本 $\boldsymbol{x}'$，这相当于在学习的基础上进行再创作。和回归模型、分类模型、编码-解码模型相比，生成器模型体现了一种全新设计理念，它为机器学习赋予了“**创作**”的能力。

8.4.1　生成器的工作原理

关于生成器有两个问题需要讨论：一是生成器生成的新样本 $\boldsymbol{x}'$与原始样本 $\boldsymbol{x}$ 之间存在什么样的联系；二是生成器如何通过神经网络来生成新样本 $\boldsymbol{x}'$（现将其改称为**生成样本**）。有时也将生成样本 $\boldsymbol{x}'$称作**伪造**(fake)样本，将原始样本 $\boldsymbol{x}$ 称作**真实**(real)样本。

1. 样本之间的相似性

生成器模型的生成样本 $\boldsymbol{x}'$应当与原始样本 $\boldsymbol{x}$ 之间存在某种相似性，否则就不是“创作”而是“杜撰”了。所谓两个样本是相似的，通常指的是它们出自同一概率分布。如果将生成器模型中的生成样本 $\boldsymbol{x}'$记作随机变量 $X'\sim P(X')$、原始样本 $\boldsymbol{x}$ 记作随机变量 $X\sim P(X)$，则生成样本与原始样本的相似性就在于它们服从相同的概率分布，即 $P(X')=P(X)$。

2. 可以将标准正态分布映射成任意分布

图 8-64 所示的生成器模型在本质上是一个“特征样本 $\boldsymbol{z}\to$生成样本 $\boldsymbol{x}'$”的映射模型，可将其记作函数 g，即 $\boldsymbol{x}'=g(\boldsymbol{z})$。任给标准正态分布 $N(0,1)$的特征样本 $\boldsymbol{z}$，则生成样本 $\boldsymbol{x}'$的概率分布 $P(X')$由函数 $g(\boldsymbol{z})$决定。

通过设计不同形式的函数 $g(\boldsymbol{z})$，可以将标准正态分布样本**改造成**任意分布的样本（这也是生成器中“生成”这个词的含义）。换句话说，通过设计不同形式的函数 $g(\boldsymbol{z})$，可以将标准正态分布映射成任意分布。例如，若将函数设计为 $g(\boldsymbol{z})=\boldsymbol{\mu}+\boldsymbol{\sigma}\cdot\boldsymbol{z}$，则 $\boldsymbol{x}'=g(\boldsymbol{z})$服从正态分布 $N(\boldsymbol{\mu},\boldsymbol{\sigma}^2)$；若将函数设计为 $g(\boldsymbol{z})=\dfrac{\boldsymbol{z}}{10}+\dfrac{\boldsymbol{z}}{\|\boldsymbol{z}\|}$，则 $\boldsymbol{x}'=g(\boldsymbol{z})$服从某种环形分布，如图 8-65 所示（其中 z_1、z_2 均为标准正态分布的样本）。

在生成器模型中，生成样本的概率分布 $P(X')$由映射函数 $g(\boldsymbol{z})$决定。之前已经将生成样本 $\boldsymbol{x}'$记作随机变量 $X'\sim P(X')$，这里再将特征样本 $\boldsymbol{z}$ 记作随机变量 $Z\sim P(Z)$，则概率分布 $P(X')$与 $P(Z)$存在如下关系

$$P(X')=\sum_Z P(X',Z)=\sum_Z P(X'\mid Z)P(Z) \tag{8-23a}$$

若特征样本的概率分布 $P(Z)$为标准正态分布，即 $P(Z)=N(0,1)$，则

$$P(X')=\sum_Z P(X'\mid Z)N(0,1) \tag{8-23b}$$

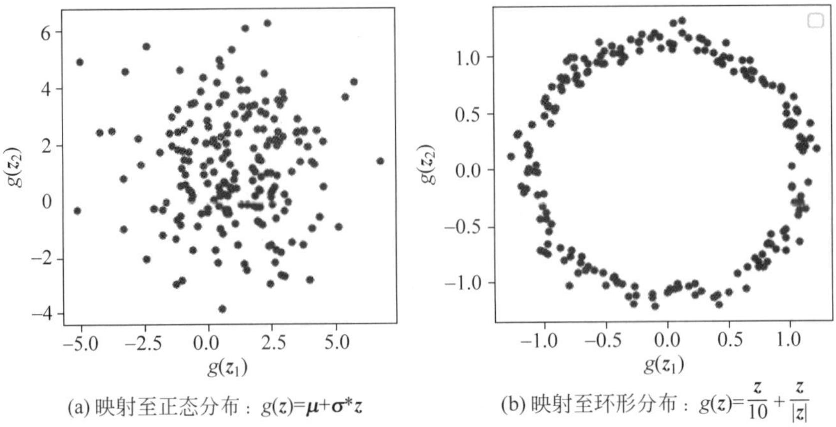

图 8-65 将标准正态分布 $N(0,1)$ 映射至任意分布

式(8-23b)表明：给定标准正态分布 $N(0,1)$，则生成样本的概率分布 $P(X')$ 由条件概率 $P(X'|Z)$ 决定。可以看出，生成器模型的映射函数 $g(\boldsymbol{z})$ 在本质上描述的就是条件概率(或称观测概率)分布 $P(X'|Z)$。

3. 让生成器模型生成指定分布的样本

通过设计不同形式的映射函数 $g(\boldsymbol{z})$，生成器模型可以将标准正态分布 $N(0,1)$ 映射成任意分布 $P(X')$。如果给定某个真实概率分布 $P(X)$，希望设计一个映射函数 $g(\boldsymbol{z})$ 使得生成样本服从这个真实分布，即 $P(X')=P(X)$。例如，假设手写数字图像的真实分布为 $P(X)$，该设计一个什么样的映射函数 $g(\boldsymbol{z})$ 才能让生成样本服从这个真实分布呢？换句话说，设计一个什么样的映射函数才能让生成器模型能够生成看起来非常“真实”的手写数字图像呢？图 8-66 给出一种基于神经网络实现映射函数 $g(\boldsymbol{z})$ 的生成器模型，这种模型称作**生成网络**(或继续称作**生成器**，generator)。

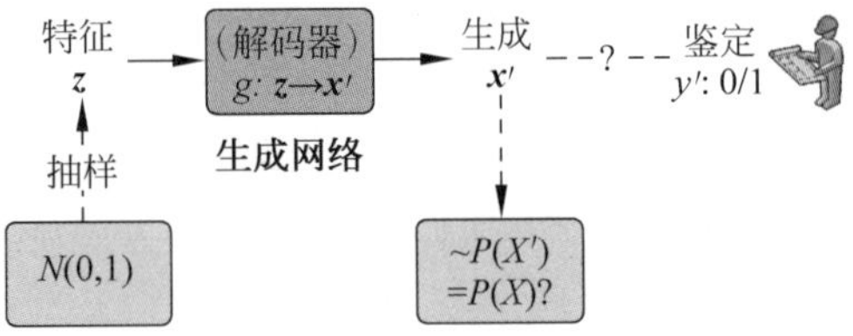

图 8-66 生成网络

生成网络使用神经网络来模拟映射函数 $g(\boldsymbol{z})$，然后通过训练迭代更新模型参数(相当于迭代更新了映射函数)，最终使得模型的生成样本能够服从真实分布或接近于真实分布。其训练过程是：首先随机初始化模型参数；然后依标准正态分布 $N(0,1)$ 抽样得到特征样本 $\boldsymbol{z}$，生成网络将 $\boldsymbol{z}$ 映射到一个生成样本 $\boldsymbol{x}'$；由人工判断该样本“像”或是“不像”，即判断样本 $\boldsymbol{x}'$ 是否来自于真实分布 $P(X)$，若“像”则标注为 1，否则标注为 0；再根据标注结果 y' 计算损失函数并通过学习算法进行参数迭代。不断重复抽取特征样本并对参数进行迭代的过程，模型的生成样本将越来越接近于真实分布 $P(X)$，并最终收敛于 $P(X)$。

本节详细讲解了生成器的基本原理及其神经网络实现(即生成网络)。图 8-66 生成网络模型的最大问题在于训练过程需要由人工对生成样本进行标注。能否再设计一个二分类神经网络，由它代替人工完成样本标注的工作呢？答案是肯定的，这样的二分类神经网络称作**判别网络**（或简称为**判别器**，discriminator）。

8.4.2　生成对抗网络概述

训练生成网络需要额外再设计一个判别网络，这样可以代替人工对生成样本进行标注（二分类）。判别网络同样也需要训练。将生成网络与判别网络合在一起共同训练，这样的神经网络称作**生成对抗网络**（Generative Adversarial Network，GAN），如图 8-67 所示。图 8-67 中的生成网络、判别网络就是两个普通的神经网络模型，可以使用全连接层、卷积层等来搭建。生成对抗网络是 2014 年由 Ian Goodfellow 提出的。

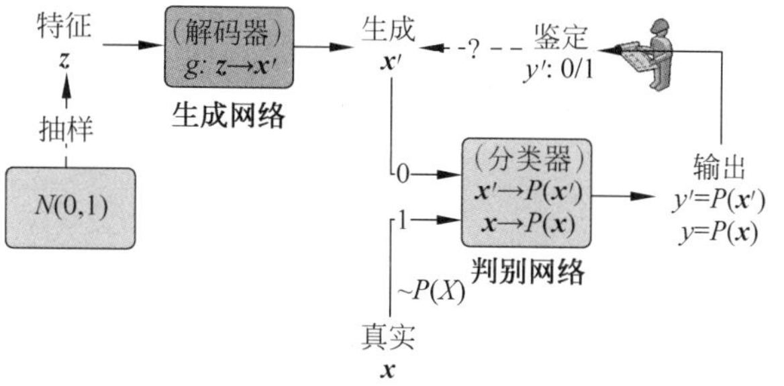

图 8-67　生成对抗网络

1. 生成对抗网络说明

生成对抗网络将生成网络与判别网络合在一起训练，训练好之后再将生成网络拿出来单独作为生成模型使用。训练判别网络需要提供来自真实分布 $P(X)$ 的样本 $\boldsymbol{x}$（例如真实的手写数字图像），训练生成网络则需要依赖判别网络的标注结果。生成对抗网络的完整训练过程如下。

(1) 依标准正态分布 $N(0,1)$ 抽样得到特征样本 $\boldsymbol{z}$。

(2) 生成网络输入特征样本 $\boldsymbol{z}$，然后输出生成样本 $\boldsymbol{x}'$。

(3) 将生成样本 $\boldsymbol{x}'$（**反类**，标注为 0）和真实样本 $\boldsymbol{x}$（**正类**，标注为 1）合并在一起，将其作为训练集对判别网络进行训练。注：判别网络就是一个二分类神经网络，其输出结果为样本属于正类的概率，即 $P(\boldsymbol{x})$ 表示真实样本 $\boldsymbol{x}$ 被判别网络判定为正类的概率，$P(\boldsymbol{x}')$ 表示生成样本 $\boldsymbol{x}'$ 被判别网络判定为正类的概率。

(4) 在判别网络训练好之后，再依标准正态分布 $N(0,1)$ 抽样得到特征样本 $\boldsymbol{z}$ 并通过生成网络得到生成样本 $\boldsymbol{x}'$；然后将其传给判别网络并输出生成样本 $\boldsymbol{x}'$ 为正类（即属于真实分布）的概率 $P(\boldsymbol{x}')$；将 $P(\boldsymbol{x}')$ 作为标注结果 y' 返回给生成网络，生成网络据此计算损失函数并通过学习算法进行训练。

(5) 重复上述过程，最终完成对生成网络和判别网络的训练。

认真思考一下生成对抗网络的训练过程。一开始，生成网络的性能很差，判别网络能轻易分辨出生成样本 $\boldsymbol{x}'$ 和真实样本 $\boldsymbol{x}$，即 $P(\boldsymbol{x}')$ 都较小（<0.5）、$P(\boldsymbol{x})$ 都较大（$\geqslant 0.5$）；随着训练次数的增加，生成网络的性能不断提高，生成样本 $\boldsymbol{x}'$ 越来越像真实样本，即 $P(\boldsymbol{x}')$ 越来

越大，这时判别器的性能开始逐步降低；最终，生成网络所生成的样本真假难辨，即 $P(X')=P(X)$，判别器会将所有生成样本都误判为真实样本，训练至此结束。

训练生成网络和判别网络的学习算法与普通神经网络没有什么区别，可以使用梯度下降法、RMSProp 算法、Adam 算法等常用反向传播算法。唯一需要注意的是，生成网络和判别网络具有不同的损失函数（即学习策略）。

2. 判别网络的损失函数 $l_D(\theta)$

判别网络要实现的是二分类模型，因此其**输出层**只包含一个神经元且应选用 sigmoid 激活函数。判别网络的**训练集**由等量（假设为 m 个）的生成样本 $\boldsymbol{x}'$（**反类**，标注为 0）和真实样本 $\boldsymbol{x}$（**正类**，标注为 1）所组成，其输出为各样本属于正类的概率，即 $P(\boldsymbol{x}')$、$P(\boldsymbol{x})$。判别网络的**学习策略**是最大化二分类的正确率，也即让生成样本 $\boldsymbol{x}'$ 的输出概率 $P(\boldsymbol{x}')$ 尽可能小，同时让真实样本 $\boldsymbol{x}$ 的输出概率 $P(\boldsymbol{x})$ 尽可能大。其对应的损失函数通常选用**二分类交叉熵**（binary cross entropy）。

对于单个训练样本 $(\boldsymbol{x},y)$，如果它通过判别网络后的输出概率为 $P(\boldsymbol{x})$，则其二分类交叉熵被定义为

$$H=-[y\ln P(\boldsymbol{x})+(1-y)\ln(1-P(\boldsymbol{x}))]=\begin{cases}-\ln P(\boldsymbol{x}), & y=1\\ -\ln(1-P(\boldsymbol{x})), & y=0\end{cases} \tag{8-24}$$

对于包含多个样本的训练集，其二分类交叉熵被定义为所有训练样本二分类交叉熵的均值。

判别网络通常将训练集的二分类交叉熵作为损失函数，最小化该损失函数即可求得最优参数 $\boldsymbol{\theta}^*$。例如，假设判别网络的训练集包含 m 个真实样本 $(\boldsymbol{x},1)$ 和 m 个生成样本 $(\boldsymbol{x}',0)$，则其损失函数即为

$$l_D(\boldsymbol{\theta})=-\frac{1}{2m}\left[\sum_{i=1}^{m}\ln P(\boldsymbol{x}_i;\boldsymbol{\theta})+\sum_{i=1}^{m}\ln(1-P(\boldsymbol{x}'_i;\boldsymbol{\theta}))\right] \tag{8-25}$$

其中，$\boldsymbol{\theta}$ 为判别网络的模型参数，$l_D(\boldsymbol{\theta})$ 为判别网络的损失函数。最小化该损失函数即可求得最优参数 $\boldsymbol{\theta}^*$，即

$$\boldsymbol{\theta}^*=\underset{\boldsymbol{\theta}}{\arg\min}\, l_D(\boldsymbol{\theta}) \tag{8-26}$$

注：训练判别网络时只训练判别网络参数 $\boldsymbol{\theta}$，不包含生成网络的参数。

3. 生成网络的损失函数 $l_G(\boldsymbol{\varphi})$

生成网络首先依标准正态分布 $N(0,1)$ 抽样得到特征样本 $\boldsymbol{z}$，然后生成一个样本 $\boldsymbol{x}'$。生成网络的**学习策略**是最大化判别网络对生成样本 $\boldsymbol{x}'$ 分类的误判率，其目的是让生成样本 $\boldsymbol{x}'$ 的输出概率 $P(\boldsymbol{x}')$ 尽可能大，使得判别网络将其误判为正类（即标注本来为 0 却被标注为 1）。可以将这种学习策略所对应的**损失函数**设计为训练样本 $(\boldsymbol{x}',1)$ 的二分类交叉熵，即

$$l_G(\boldsymbol{\varphi})=-\ln P(\boldsymbol{x}';\boldsymbol{\theta})=-\ln P(g(\boldsymbol{z};\boldsymbol{\varphi});\boldsymbol{\theta}) \tag{8-27}$$

其中，$l_G(\boldsymbol{\varphi})$ 为生成网络的损失函数；$\boldsymbol{\varphi}$ 为生成网络的模型参数；$\boldsymbol{\theta}$ 为判别网络的模型参数；$g(\boldsymbol{z};\boldsymbol{\varphi})$ 表示生成网络的映射函数，即 $\boldsymbol{x}'=g(\boldsymbol{z};\boldsymbol{\varphi})$。

注：训练生成网络时只训练生成网络参数 $\boldsymbol{\varphi}$，不包含判别网络参数 $\boldsymbol{\theta}$。

若一次采集 m 个特征样本 $\boldsymbol{z}_i$ 并生成 m 个样本 $\boldsymbol{x}'_i$，则生成网络的损失函数被定义为各样本损失函数的均值，即

$$l_G(\boldsymbol{\varphi}) = -\frac{1}{m}\sum_{i=1}^{m}\ln P(\boldsymbol{x}'_i;\boldsymbol{\theta}) = -\frac{1}{m}\sum_{i=1}^{m}\ln P(g(\boldsymbol{z}_i;\boldsymbol{\varphi});\boldsymbol{\theta}) \tag{8-28}$$

训练生成网络就是要最小化式(8-28)的损失函数,求得最优参数$\boldsymbol{\varphi}^*$,即

$$\boldsymbol{\varphi}^* = \underset{\boldsymbol{\varphi}}{\operatorname{argmin}}\, l_G(\boldsymbol{\varphi}) \tag{8-29}$$

本节详细讲解了生成对抗网络的基本原理及其训练过程。在实际应用中,生成对抗网络还需针对具体问题为生成网络、判别网络设计合理的网络结构,例如为图像应用引入卷积层;另外还可以调整生成网络、判别网络的损失函数以提高模型训练效,例如将二分类交叉熵改为 Wasserstein 距离。下面重点介绍两种具有代表性的生成对抗网络,并使用手写数字图像数据集进行编程实战。

8.4.3 DCGAN 及其编程实战

DCGAN(Deep Convolutional Generative Adversarial Network,**深度卷积生成对抗网络**)是针对图像应用而设计的一种生成对抗网络,因其包含卷积运算而得名。DCGAN 中的判别网络就是一个普通的卷积神经网络,其中引入了卷积层对图像进行卷积运算和下采样(可缩小图像)。DCGAN 中的生成网络比较特别,其中引入了**转置卷积**(transposed convolution)**层**对图像进行转置卷积运算和**上采样**(upsampling,可放大图像)。

本节首先介绍转置卷积,然后使用 Keras 高层接口具体搭建一个生成手写数字图像的 DCGAN 模型,其判别网络、生成网络的网络结构如图 8-68 所示。图中 C1、C2 为卷积层,Flatten 为扁平化层,Dense 为全连接层,Reshape 为修改形状层,TC1、TC2、TC3 为转置卷积层。

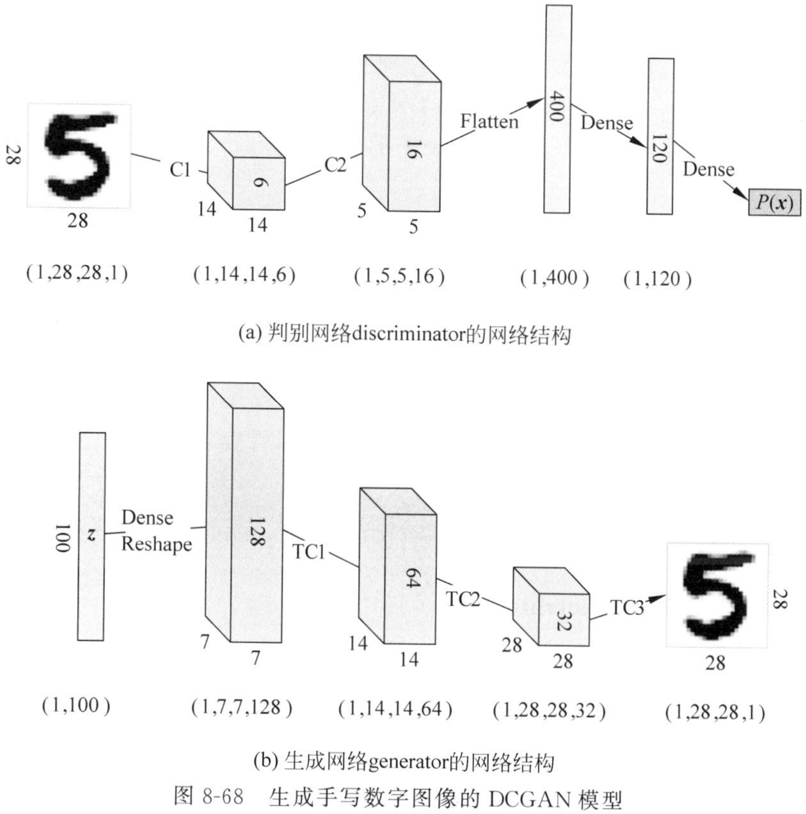

图 8-68　生成手写数字图像的 DCGAN 模型

为进行编程实战，这里首先新建一个 Jupyter 记事本文件，然后导入两个最基本的 TensorFlow 包，另外再导入 Keras 子包中的网络层模块 layers、损失函数模块 losses、评价指标模块 metrics、优化器模块 optimizers（参见图 8-69）。

```
In [1]: # 导入两个最基本的TensorFlow包
        import tensorflow as tf          # 导入包tensorflow
        from tensorflow import keras     # 导入包tensorflow.keras

        from tensorflow.keras import layers       # 导入layers模块
        from tensorflow.keras import losses       # 导入losses模块
        from tensorflow.keras import metrics      # 导入metrics模块
        from tensorflow.keras import optimizers   # 导入optimizers模块
```

图 8-69　导入 TensorFlow 相关的包和模块

1. 转置卷积

转置卷积可简单理解为通过卷积核和卷积运算实现的一种插值运算，并以此实现上采样（例如放大图像）的目的。设计不同卷积核即可得到不同的插值运算结果。Keras 高层接口专门提供一个二维转置卷积层类 keras.layers.**Conv2DTranspose**，其中可以设置多个卷积核 filters 以输出多个插值结果，也可以设置不同步长 strides 以控制放大倍数。这里给出二维转置卷积层类 Conv2DTranspose 构造方法的简要说明。

```
keras.layers.Conv2DTranspose(
    filters, kernel_size, strides = (1, 1), padding = 'valid', activation = None, use_bias = True
)
```

进行二维转置卷积时，需按 shape=（批次大小，高度，宽度，通道数）的形状将输入数据组织成**四维张量**，这与二维卷积是一样的（参见 8.1.4 节）。另外，关于卷积核 filters、步长 strides、填充方式 padding 等的含义，它们与二维卷积也是一样的（参见 8.1.2 节）。图 8-70 给出一个示例代码，可比对图中的代码与运行结果，了解二维转置卷积层类 Conv2DTranspose 的用法。**关注点**：当 padding='same'时，放大倍数=strides。

```
In [2]: X = tf.ones(shape=(1, 7, 7, 128), dtype=tf.float32)
        TC1 = layers.Conv2DTranspose( filters=32, kernel_size=5,
                        strides=1, padding='same', activation="relu" )
        TC2 = layers.Conv2DTranspose( filters=32, kernel_size=5,
                        strides=2, padding='same', activation="sigmoid")

        Y1 = TC1(X)   # 转置卷积层 TC1的步长为1, 因此 Y1的大小与 X一致
        Y2 = TC2(X)   # 转置卷积层 TC2的步长为2, 因此 Y1的大小比 X放大一倍

        print("X:", X.shape)
        print("Y1:", Y1.shape, "  Y2:", Y2.shape)

        X: (1, 7, 7, 128)
        Y1: (1, 7, 7, 32)   Y2: (1, 14, 14, 32)
```

图 8-70　转置卷积层类 Conv2DTranspose 的示例代码与运行结果

2. 搭建生成网络模型 generator

按图 8-68(b)所示的网络结构搭建一个手写数字图像的生成网络（或称作生成器）模型 generator，图 8-71 给出其示例代码。**关注点**：Keras 高层接口以网络层类的形式实现了很多常用功能，例如修改形状层类 Reshape、扁平化层类 Flatten、激活函数层类 LeakyReLU/

Softmax/ReLU、输入层类 InputLayer、批次标准化层类 BatchNormalization 等,使用起来非常方便,

```
In [3]: # 生成对抗网络: DCGAN
        x_dim = 28*28   # 图像维度
        z_dim = 100     # 特征维度

        # 搭建生成器模型(含全连接层、转置卷积层)
        generator = keras.Sequential(
            [
                keras.layers.InputLayer( input_shape=(z_dim,) ),
                # 全连接层: (batch, 100) => (batch, 7*7*128)
                layers.Dense(7 * 7 * 128),
                # Reshape: (batch, 7*7*128) => (batch, 7,7,128)
                layers.Reshape((7, 7, 128)),
                # 转置卷积层1: (batch, 7,7,128) => (batch, 14,14,64)
                layers.Conv2DTranspose(filters=64, kernel_size=5, strides=2,
                                       padding="same", use_bias=False),
                layers.LeakyReLU(alpha=0.2),
                # 转置卷积层2: (batch, 14,14,64) => (batch, 28,28,32)
                layers.Conv2DTranspose(filters=32, kernel_size=5, strides=2,
                                       padding="same", use_bias=False),
                layers.LeakyReLU(alpha=0.2),
                # 转置卷积层3: (batch, 28,28,32) => (batch, 28,28,1)
                layers.Conv2DTranspose(filters=1, kernel_size=5, strides=1,
                    padding="same", use_bias=False, activation="sigmoid"),
            ],
            name="generator",
        )
        generator.summary()
```

图 8-71　搭建生成网络模型 generator 的示例代码

3. 搭建判别网络模型 discriminator

按图 8-68(a)所示的网络结构搭建一个手写数字图像的判别网络(或称作判别器)模型 discriminator,图 8-72 给出其示例代码。

```
In [4]: # 搭建判别器模型(含卷积层、全连接层)
        discriminator = keras.Sequential(
            [
                keras.layers.InputLayer( input_shape=(28, 28, 1) ),
                # 卷积层1: (b,28,28,1) => (b,14,14,6)
                layers.Conv2D(filters=6, kernel_size=5, strides=2,
                              padding="same", use_bias=False),
                layers.LeakyReLU(alpha=0.2),
                # 卷积层2: (b,14,14,6) => (b,5,5,16)
                layers.Conv2D(filters=16, kernel_size=5, strides=2,
                              padding="valid", use_bias=False),
                layers.LeakyReLU(alpha=0.2),
                # Flatten(扁平化)层: (b,5,5,16) => (b,400)
                layers.Flatten(),
                # 全连接层: (b,400) => (b,120)
                layers.Dense(120, activation=None),
                layers.LeakyReLU(alpha=0.2),
                # 全连接层(二分类输出层): (b,64) => (b,1)
                layers.Dense(1, activation="sigmoid"),
            ],
            name="discriminator",
        )
        discriminator.summary()
```

图 8-72　搭建判别网络模型 discriminator 的示例代码

4. 定义 DCGAN 类

继承 Keras 高层接口中的 Model 类,定义一个手写数字图像的生成对抗网络类 DCGAN。图 8-73 给出其示例代码(因代码过长而被分成三段)。**关注点**:理解单步训练方法 **train_step()**中的训练过程,即先训练判别网络(判别器),再训练生成网络(生成器);理

解判别网络、生成网络的损失函数(参见 8.4.2 节)。

```
In [5]: class DCGAN(keras.Model):  # 实现 DCGAN生成对抗网络模型
            def __init__(self, discriminator, generator):
                super(DCGAN, self).__init__()
                self.discriminator = discriminator
                self.generator = generator

            def compile(self, d_optimizer, g_optimizer):
                super(DCGAN, self).compile()
                self.d_optimizer = d_optimizer
                self.g_optimizer = g_optimizer
                self.d_loss_metric = keras.metrics.Mean(name="d_loss")
                self.g_loss_metric = keras.metrics.Mean(name="g_loss")

            @property
            def metrics(self):
                return [self.d_loss_metric, self.g_loss_metric]
```

(a) 代码第一段

```
            def train_step(self, X_real):
                batch_size = tf.shape(X_real)[0]  # 取得批次大小
                k = 3          # 先训练 k次判别器, 再训练 1次生成器
                for i in range(k):  # 训练判别器
                    # 依标准正态分布抽样得到特征向量z: (batch, 100)
                    Z = tf.random.normal( shape=(batch_size, z_dim))
                    # 对z解码得到生成图像: (batch, 100) => (batch, 28, 28, 1)
                    X_fake = self.generator(Z)
                    # 将生成图像与真实图像合并成一个数据集 D_X
                    D_X = tf.concat([X_fake, X_real], axis=0)
                    # 为数据集X_train指定标签labels: 生成图像-0, 真实图像-1
                    D_labels = tf.concat(
                        [tf.zeros((batch_size, 1)), tf.ones((batch_size, 1))],
                        axis=0 )
                    # 先训练判别器: discriminator, 不更新生成器的参数
                    with tf.GradientTape() as tape:
                        Y = self.discriminator(D_X)
                        # 计算判别器的损失: 二分类交叉熵
                        D_loss = losses.binary_crossentropy(D_labels, Y)
                        D_loss = tf.reduce_mean(D_loss)
                    grads = tape.gradient(D_loss,
                                          self.discriminator.trainable_weights)
                    self.d_optimizer.apply_gradients(
                        zip(grads, self.discriminator.trainable_weights) )
```

(b) 代码第二段

```
                # 再训练 1次生成器: generator, 不更新判别器的参数
                # 依标准正态分布抽样得到特征向量z: (batch, 100)
                Z = tf.random.normal( shape=(batch_size, z_dim))
                # 希望生成器生成的图像都是真实图像, 即G_labels为1
                G_labels = tf.ones((batch_size, 1))
                with tf.GradientTape() as tape:
                    Y = self.discriminator( self.generator(Z) )
                    # 计算生成器的损失: 二分类交叉熵
                    G_loss = losses.binary_crossentropy(G_labels, Y)
                    G_loss = tf.reduce_mean(G_loss)
                grads = tape.gradient(G_loss,
                                      self.generator.trainable_weights)
                self.g_optimizer.apply_gradients(
                    zip(grads, self.generator.trainable_weights) )

                # 记录训练过程中判别器与生成器的损失
                self.d_loss_metric.update_state(D_loss)
                self.g_loss_metric.update_state(G_loss)
                return {
                    "d_loss": self.d_loss_metric.result(),
                    "g_loss": self.g_loss_metric.result(),
                }
```

(c) 代码第三段

图 8-73　定义 DCGAN 类的示例代码

5. 搭建并配置 DCGAN 模型

图 8-74 给出了搭建并配置 DCGAN 模型的示例代码。

```
In [6]: dcgan = DCGAN(discriminator=discriminator, generator=generator)

        dcgan.compile(
            d_optimizer=optimizers.Adam(learning_rate=0.001, beta_1=0.5),
            g_optimizer=optimizers.Adam(learning_rate=0.001, beta_1=0.5),
        )
```

图 8-74 搭建并配置 DCGAN 模型的示例代码

6. 加载手写数字图像数据集

加载手写数字图像数据集并进行预处理，图 8-75 给出其示例代码与运行结果。**关注点**：由于 DCGAN 模型的训练速度比较慢，因此本例只选择了 1/10 的样本数据（前 6000 幅手写数字图像）作为训练集。

```
In [7]: # 加载 MNIST 手写数字数据集（首次加载时会自动从网上下载）
        (X_train,_), (X_test, _) = \
                        keras.datasets.mnist.load_data()
        # 下载后自动保存至用户文件夹（Windows），例如
        # "C:\Users\kanda\.keras\datasets\mnist.npz"
        print("X_train:", X_train.shape)

        # 对训练集进行预处理
        X1 = tf.constant(X_train[:6000], dtype=tf.float32)
        X2 = tf.reshape(X1, shape=(-1, 28, 28, 1))
        X_new_train = X2 / 255.0  # Min-Max标准化
        print("X_new_train:", X_new_train.shape)

        X_train: (60000, 28, 28)
        X_new_train: (6000, 28, 28, 1)
```

图 8-75 手写数字图像数据集加载及预处理的示例代码与运行结果

7. 训练 DCGAN 模型

图 8-76 给出了训练 DCGAN 模型的示例代码与运行结果。**关注点**：DCGAN 模型比较难收敛，一般需要训练很多代次（例如 100 代次以上）。

```
# DCGAN比较难收敛，一般需要训练很多代次（例如 100代次以上）
history = dcgan.fit(X_new_train, epochs=10, batch_size=128)

Epoch 1/10
47/47 [==============================] - 25s 468ms/step - d_loss: 0.3000 - g_loss: 1.9324
Epoch 2/10
47/47 [==============================] - 20s 435ms/step - d_loss: 0.3552 - g_loss: 1.7646
Epoch 3/10
47/47 [==============================] - 21s 455ms/step - d_loss: 0.4829 - g_loss: 1.5636
Epoch 4/10
47/47 [==============================] - 21s 441ms/step - d_loss: 0.5698 - g_loss: 1.1611
Epoch 5/10
47/47 [==============================] - 21s 453ms/step - d_loss: 0.5333 - g_loss: 1.2304
Epoch 6/10
47/47 [==============================] - 21s 437ms/step - d_loss: 0.5254 - g_loss: 1.2210
Epoch 7/10
47/47 [==============================] - 20s 435ms/step - d_loss: 0.4941 - g_loss: 1.3141
Epoch 8/10
47/47 [==============================] - 20s 428ms/step - d_loss: 0.4676 - g_loss: 1.3967
Epoch 9/10
47/47 [==============================] - 21s 444ms/step - d_loss: 0.4576 - g_loss: 1.4534
Epoch 10/10
47/47 [==============================] - 21s 449ms/step - d_loss: 0.4515 - g_loss: 1.4377
```

图 8-76 训练 DCGAN 模型的示例代码与运行结果

8. 测试 DCGAN 中生成器的生成效果

在 DCGAN 模型训练好之后，应当抛开判别器 discriminator，将其中的生成器 generator 单独拿出来使用。首先依标准正态分布 $N(0,1)$随机生成特征样本 z，然后使用生成器 generator 进行解码即可生成手写数字图像，查看生成效果。图 8-77 给出其示例代码与运行结果。

```
In [9]: import matplotlib.pyplot as plt
        %matplotlib inline

        # 使用生成器自动生成手写数字图像，查看效果
        Z = tf.random.normal( shape=(4, z_dim) )
        X_fake = generator(Z)

        # 显示自动生成的手写数字图像
        plt.subplot(2,2,1)
        img = tf.reshape(X_fake[0], shape=(28, 28))    # 生成图1
        plt.imshow(img, cmap='gray')
        plt.subplot(2,2,2)
        img = tf.reshape(X_fake[1], shape=(28, 28))    # 生成图2
        plt.imshow(img, cmap='gray')

        plt.subplot(2,2,3)
        img = tf.reshape(X_fake[2], shape=(28, 28))    # 生成图3
        plt.imshow(img, cmap='gray')
        plt.subplot(2,2,4)
        img = tf.reshape(X_fake[3], shape=(28, 28))    # 生成图4
        plt.imshow(img, cmap='gray')
```

(a) 示例代码

Out[9]: <matplotlib.image.AxesImage at 0x1f835f4a730>

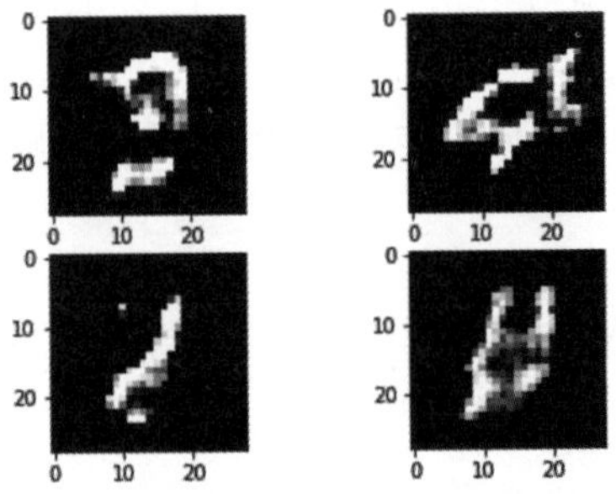

(b) 生成效果（训练10个代次）

Out[9]: <matplotlib.image.AxesImage at 0x2a301039580>

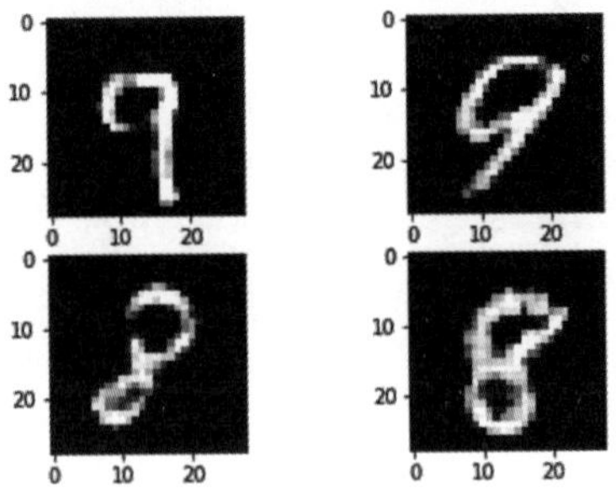

(c) 生成效果（训练100个代次）

图 8-77 测试 DCGAN 中生成器的示例代码与运行结果

8.4.4 WGAN 及其编程实战

在之前讲解的生成对抗网络中,判别网络使用二分类交叉熵作为损失函数。对于单个训练样本$(\boldsymbol{x},y)$,如果通过判别网络后的输出概率为$P(\boldsymbol{x})$,则其二分类交叉熵 H 被定义为

$$H=-[y\ln P(\boldsymbol{x})+(1-y)\ln(1-P(\boldsymbol{x}))]=\begin{cases}-\ln P(\boldsymbol{x}), & y=1\\ -\ln(1-P(\boldsymbol{x})), & y=0\end{cases}$$

图 8-78 给出了二分类交叉熵 H 随概率$P(\boldsymbol{x})$的变化趋势。可以看出,当概率$P(\boldsymbol{x})$过小(接近于 0)或过大(接近于 1)时,二分类交叉熵 H 要么趋向于无穷大,要么趋向于 0,这会导致反向传播算法出现梯度爆炸或梯度消失问题。注: KL 散度(或 JS 散度)也会出现与二分类交叉熵类似的问题。

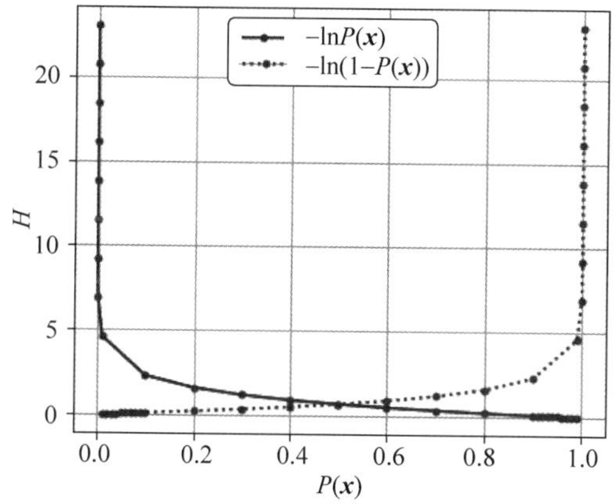

图 8-78　二分类交叉熵 H 随概率 $P(\boldsymbol{x})$的变化趋势

2017 年,M. Arjovsky 等人提出在生成对抗网络中改用 Wasserstein 距离作为损失函数,这样可以有效提高模型训练的稳定性和有效性。使用 Wasserstein 距离作为损失函数的生成对抗网络称为 **WGAN**(Wasserstein GAN)。

1. Wasserstein 距离

Wasserstein 距离又称 Earth-Mover 距离或推土机距离,也是一种度量概率分布之间差异的方法。给定随机变量 X 上的两个概率分布 $P(X)$、$Q(X)$,则 $P(X)$与 $Q(X)$之间的 Wasserstein 距离被定义为

$$W(P,Q)=\inf_{\gamma\in\prod(P,Q)}[E_{(x,y)\sim\gamma}(\|x-y\|)] \tag{8-30}$$

其中,$\prod(P,Q)$ 表示分布 $P(X)$、$Q(X)$所有可能的联合分布的集合;对于每个可能的联合分布 γ,计算距离 $\|x-y\|$ 的期望 $E_{(x,y)\sim\gamma}[\|x-y\|]$,$(x,y)$为来自联合分布 γ 的样本;不同联合分布 γ 有不同的期望 $E_{(x,y)\sim\gamma}[\|x-y\|]$,inf[·]表示这些期望的下确界;这个下确界就是分布 $P(X)$、$Q(X)$之间的 Wasserstein 距离。

式(8-30)是 Wasserstein 距离的一个概念性定义,比较抽象,另外也不能把它当作计算 Wasserstein 距离的公式使用。图 8-79 给出一个直观描述 Wasserstein 距离的示意图。

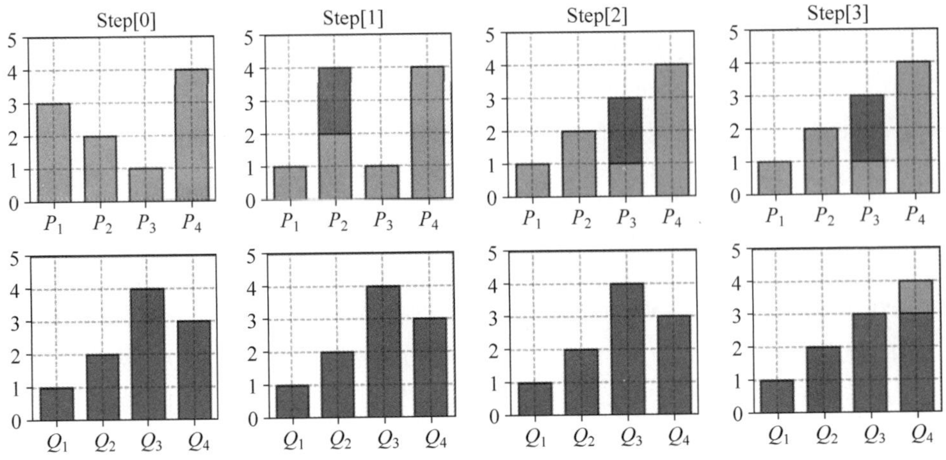

图 8-79 描述 Wasserstein 距离的示意图(引自参考文献[23])

图 8-79 上半部分模拟的是一个离散概率分布 $P(X)$,下半部分模拟的则是另一个离散概率分布 $Q(X)$。可以这两个概率分布看作两组"土堆",现在要用推土机将它们推成一样的形状,需要推掉的"土"就是两个分布之间的误差。

- Step [0]:计算累积误差 δ_1,$\delta_1 = P_1 - Q_1 = 3-1=2$;
- Step [1]:计算累积误差 δ_2,$\delta_2 = \delta_1 + P_2 - Q_2 = 2+2-2=2$;
- Step [2]:计算累积误差 δ_3,$\delta_3 = \delta_2 + P_3 - Q_3 = 2+1-4=-1$;
- Step [3]:计算累积误差 δ_4,$\delta_4 = \delta_3 + P_4 - Q_4 = -1+4-3=0$;
- Wasserstein 距离:$W(P,Q) = \sum |\delta_i| = 5$。

2. WGAN 模型说明

WGAN 在网络结构上与普通生成对抗网络没有什么区别,最主要的区别是损失函数。WGAN 的**学习策略**是最小化生成样本输出概率 $P(X')$与真实样本输出概率 $P(X)$之间的 Wasserstein 距离。这里省略复杂的推导过程,直接给出 WGAN 中判别网络和生成网络损失函数的计算公式。

1) 判别网络损失函数的计算公式

这里将判别网络所实现的映射模型记作函数 $d(\boldsymbol{x};\boldsymbol{\theta})$,$\boldsymbol{\theta}$ 为模型参数。WGAN 中判别网络的输出层不需要添加激活函数(例如 sigmoid)。

假设判别网络的训练集包含一个真实样本 $\boldsymbol{x}$ 和一个生成样本 $\boldsymbol{x}'$,则其损失函数的计算公式为

$$l_D(\boldsymbol{\theta}) = d(\boldsymbol{x}';\boldsymbol{\theta}) - d(\boldsymbol{x};\boldsymbol{\theta}) + \lambda \cdot (\|\nabla d(\bar{\boldsymbol{x}};\boldsymbol{\theta})\|_2 - 1)^2 \tag{8-31}$$

其中,$d(\boldsymbol{x}';\boldsymbol{\theta})$、$d(\boldsymbol{x};\boldsymbol{\theta})$分别为生成样本 $\boldsymbol{x}'$、真实样本 $\boldsymbol{x}$ 通过判别网络(无 sigmoid 激活函数)后的输出;λ 为正则化系数;$(\|\nabla d(\bar{\boldsymbol{x}};\theta)\|_2 - 1)^2$ 为正则化项,或称作**梯度惩罚**(gradient penalty)项;$\bar{\boldsymbol{x}}$ 为真实样本 $\boldsymbol{x}$ 与生成样本 $\boldsymbol{x}'$的线性插值,即

$$\bar{\boldsymbol{x}} = t\boldsymbol{x} + (1-t)\boldsymbol{x}',\quad t \in [0,1]$$

对于包含多个样本的训练集,则损失函数为所有训练样本损失的均值。最小化该损失函数即可求得判别网络的最优参数$\boldsymbol{\theta}^*$。

2）生成网络损失函数的计算公式

WGAN 中的生成网络不需要做任何改变。生成网络首先依标准正态分布 $N(0,1)$ 抽样得到特征样本 $\boldsymbol{z}$，然后生成一个样本 $\boldsymbol{x}'$，其损失函数的计算公式为

$$l_G(\boldsymbol{\varphi}) = -d(\boldsymbol{x}'; \boldsymbol{\theta}) = -d(g(\boldsymbol{z}; \boldsymbol{\varphi}); \boldsymbol{\theta}) \tag{8-32}$$

其中，$\boldsymbol{\varphi}$ 为生成网络的模型参数；$\boldsymbol{\theta}$ 为判别网络的模型参数；$g(\boldsymbol{z}; \boldsymbol{\varphi})$ 表示生成网络的映射函数，即 $\boldsymbol{x}' = g(\boldsymbol{z}; \boldsymbol{\varphi})$。

若一次采集 m 个特征样本 $\boldsymbol{z}_i$ 并生成 m 个样本 $\boldsymbol{x}'_i$，则生成网络的损失函数即为所有训练样本损失的均值。最小化该损失函数即可求得生成网络的最优参数 $\boldsymbol{\varphi}^*$。

3. WGAN 编程实战

这里改用 WGAN 来实现 8.4.3 节中 DCGAN 的功能，也即搭建一个生成手写数字图像的 WGAN 模型。其中需要修改的地方主要有：

（1）重新定义一个 **WGAN** 类，重写其中的单步训练方法 **train_step()**，按照 WGAN 的要求来计算损失函数并进行反向传播；

（2）在 WGAN 类增加一个计算梯度惩罚项的方法 **gradient_penalty()**；

（3）去掉判别器中输出层的激活函数 sigmoid；

（4）改用随机梯度下降法（keras. optimizers. SGD）来训练 WGAN 模型。

图 8-80 给出定义 WGAN 类的示例代码（因代码过长而被分成三段）。

```
In [12]: class WGAN(keras.Model):  # 实现 WGAN生成对抗网络模型
             def __init__(self, discriminator, generator):
                 super(WGAN, self).__init__()
                 self.discriminator = discriminator
                 self.generator = generator

             def compile(self, d_optimizer, g_optimizer):
                 super(WGAN, self).compile()
                 self.d_optimizer = d_optimizer
                 self.g_optimizer = g_optimizer
                 self.d_loss_metric = keras.metrics.Mean(name="d_loss")
                 self.g_loss_metric = keras.metrics.Mean(name="g_loss")

             @property
             def metrics(self):
                 return [self.d_loss_metric, self.g_loss_metric]
```

(a) 代码第一段

```
             def gradient_penalty(self, X_real, X_fake):  # 计算梯度惩罚项
                 batch_size = tf.shape(X_real)[0]
                 t = tf.random.uniform( shape=[batch_size, 1, 1, 1] )
                 t = tf.broadcast_to(t, tf.shape(X_real))
                 # 在真假图片之间通过插值生成一个图片
                 X_inter = t*X_real + (1-t)*X_fake  # 生成一个线性插值样本
                 with tf.GradientTape() as tape:
                     tape.watch([X_inter])
                     Y_inter = self.discriminator(X_inter)
                 grads = tape.gradient(Y_inter, X_inter)          # 计算梯度
                 grads_d0 = tf.shape(grads)[0]
                 grads = tf.reshape(grads, shape=[grads_d0,-1])
                 gp = tf.norm(grads, axis=1)          # 计算梯度向量的L2范数
                 gp = tf.reduce_mean( (gp-1.0)**2 )          # 计算梯度惩罚项
                 return gp
```

(b) 代码第二段

图 8-80 定义 WGAN 类的示例代码

```
def train_step(self, X_real):
    batch_size = tf.shape(X_real)[0]   # 取得批次大小
    k = 3          # 先训练 k次判别器，再训练 1次生成器
    for i in range(k):  # 训练判别器
        # 依标准正态分布抽样得到特征向量z: (batch,100)
        Z = tf.random.normal( shape=(batch_size, z_dim))
        # 对z解码得到生成图像: (batch,100) => (batch, 28,28,1)
        X_fake = self.generator(Z)
        # 先训练判别器: discriminator, 不更新生成器的参数
        with tf.GradientTape() as tape:
            Y_fake = self.discriminator(X_fake)
            Y_real = self.discriminator(X_real)
            gp = self.gradient_penalty(X_real, X_fake)  # 计算梯度惩罚项
            # 计算判别器的损失: 最小化生成图像的预测值, 最大化真实图像的预测值
            D_loss = tf.reduce_mean(Y_fake) - tf.reduce_mean(Y_real) + 10.0*gp
        grads = tape.gradient(D_loss,
                              self.discriminator.trainable_weights)
        self.d_optimizer.apply_gradients(
            zip(grads, self.discriminator.trainable_weights) )  # 只训练判别器

    # 再训练 1次生成器: generator, 不更新判别器的参数
    # 依标准正态分布抽样得到特征向量z: (batch,100)
    Z = tf.random.normal( shape=(batch_size, z_dim))
    with tf.GradientTape() as tape:
        Y_fake = self.discriminator( self.generator(Z) )
        # 计算生成器的损失: 最大化生成图像的预测值 Y_fake
        G_loss = -tf.reduce_mean(Y_fake)   # 将 -Y_fake作为损失函数
    grads = tape.gradient(G_loss,
                          self.generator.trainable_weights)
    self.g_optimizer.apply_gradients(
        zip(grads, self.generator.trainable_weights) )  # 只训练生成器

    # 记录训练过程中判别器与生成器的损失
    self.d_loss_metric.update_state(D_loss)
    self.g_loss_metric.update_state(G_loss)
    return {
        "d_loss": self.d_loss_metric.result(),
        "g_loss": self.g_loss_metric.result(),
    }
```

(c) 代码第三段

图 8-80 （续）

在 WGAN 模型训练好之后，将其中的生成器 generator 单独拿出来。首先依标准正态分布 $N(0,1)$随机生成特征样本 z，然后使用生成器 generator 进行解码即可生成手写数字图像，查看生成效果(参见图 8-81)。

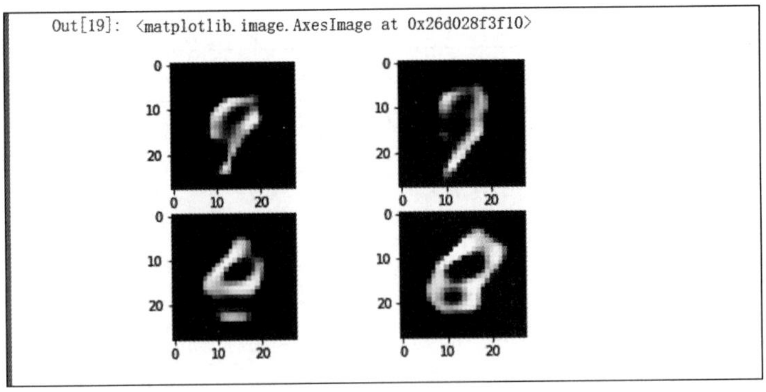

图 8-81 WGAN 的生成效果(训练 100 个代次)

本节比较详细地介绍了生成对抗网络模型，另外精选了三篇经典的论文(参见参考文献[22]~[24])，供读者延伸阅读。

8.5 结束语

本书通过 8 章的讲解,详细介绍了机器学习的基本原理与核心思想。机器学习就是从历史数据出发,利用计算机挖掘知识,发现规律,从而实现对客观世界的建模和预测。机器学习是人工智能研究的前沿领域,其发展日新月异,新思想、新方法、新应用不断涌现。本书的目的是传授基础知识,但更多的是汲取历史经验,激发创新灵感。在此衷心祝愿读者能够借助本书,成功开启自己的创新创业之旅。

8.6 本章习题

一、单选题

1. 下列模型中不属于典型的深度学习模型的是(　　)。
   A. CNN　　B. RNN　　C. VAE　　D. k-means
2. 下列关于卷积神经网络的描述中,错误的是(　　)。
   A. 卷积神经网络具有前馈式结构
   B. 卷积神经网络因包含卷积运算而得名
   C. 卷积层与全连接层的区别在于局部连接和权值共享
   D. 卷积神经网络中不能含有全连接层
3. 下列思想或技术中与深度学习无关的是(　　)。
   A. ReLU　　B. Dropout　　C. GPU　　D. SVM
4. 下列关于序列型数据的描述中错误的是(　　)。
   A. 序列中各数据的含义只与其前一个数据有关
   B. 序列中各数据的含义需根据上下文才能最终确定
   C. 序列数据除每个数据的含义之外,还有序列的整体含义
   D. 处理序列型数据的关键是如何描述上下文之间的依赖关系
5. 下列模型中处理的不是序列型数据的是(　　)。
   A. HMM　　B. RNN
   C. LSTM　　D. SVM
6. 下列关于词汇编码的描述中错误的是(　　)。
   A. 词汇编码可以使用 one-hot 编码
   B. 词汇编码可以使用词向量
   C. 词向量可在一定程度上保留词义特征
   D. 相同的词汇表,使用词向量时的编码维数通常比 one-hot 编码大
7. 下列关于 RNN 神经元的描述中错误的是(　　)。
   A. RNN 神经元可以为序列数据提取当前时刻的语义特征
   B. RNN 神经元描述了当前语义对当前数据和历史语义的依赖关系
   C. 一个 RNN 神经元相当于两个全连接网络层
   D. 多个 RNN 神经元可以用树形结构连接起来形成一个 RNN 网络层

8. 下列门中不属于 LSTM 神经元的门是(　　)。

A. 遗忘门　　B. 输入门　　C. 输出门　　D. 安全门

9. 下列关于神经网络的描述中错误的是(　　)。

A. 神经网络是一种数学建模新方法

B. 神经网络是对现有数学建模方法的颠覆

C. 神经网络具有良好的适应性和扩展性

D. 神经网络在本质上是一种“映射”模型

10. 下列关于自编码器的描述中错误的是(　　)。

A. 自编码器模型可看作由两个前馈神经网络组成的

B. 自编码器实现了一个编码-解码过程

C. 自编码器实现了一个无损压缩-解压缩过程

D. 自编码器是一种无监督学习模型

11. 下列关于 KL 散度的描述中错误的是(　　)。

A. KL 散度主要用于度量两个概率分布之间的差异

B. KL 散度的取值范围是[0,1]区间

C. 两个相同概率分布的 KL 散度为 0

D. KL 散度也称作相对熵

12. 下列关于变分自编码器的描述中错误的是(　　)。

A. 变分自编码器通过变分法建立概率模型

B. 变分自编码器基于概率分布重建数据

C. 变分自编码器的编码-解码过程不具有可解释性

D. 可以使用神经网络来搭建变分自编码器模型

13. 下列关于先验概率 $P(Z)$ 与后验概率 $P(Z|X)$ 的描述中错误的是(　　)。

A. 先验概率 $P(Z)$ 是后验概率 $P(Z|X)$ 在 $P(X)$ 分布下的数学期望

B. 先验概率 $P(Z)$ 反映的是 Z 在全体 X 上的共性分布

C. 后验概率 $P(Z|X)$ 反映的是 Z 在给定 X 上的个性分布

D. 后验概率 $P(Z|X)$ 是 X 在给定 Z 上的条件概率

14. 下列关于生成对抗网络的描述中错误的是(　　)。

A. 生成对抗网络包含一个生成网络和一个判别网络

B. 生成对抗网络将生成网络与判别网络合在一起共同训练

C. 训练生成对抗网络的目的主要是为了训练判别网络

D. 训练生成对抗网络的关键是如何定义损失函数

15. 下列关于生成对抗网络的描述中错误的是(　　)。

A. 生成对抗网络可以使用卷积层

B. 生成对抗网络可以使用转置卷积层

C. 生成对抗网络不能使用全连接层

D. 生成对抗网络可以在损失函数中引入 Wasserstein 距离

二、讨论题

1. 假设步长为 1、只保留有效数据，分别计算 $\boldsymbol{x}=(1,2,3,3,2,1,5,1,2,3)$ 与 $\boldsymbol{f}_1=(1,$

2,1)、$\boldsymbol{f}_2=(-1,0,1)$的卷积。

2. 简述卷积神经网络中卷积核的含义及其与权重系数的关系。

3. 试给出 RNN 神经元的形式化表示。

4. 试给出 LSTM 神经元的形式化表示。

5. LSTM 神经元包含哪几个门？简述各个门的功能。

6. 简述自编码器的工作原理。

7. 简述变分自编码器中编码器、解码器的工作原理。

8. 试推导变分自编码器的损失函数。

9. 简述先验概率 $P(Z)$与后验概率 $P(Z|X)$之间的关系。

10. 简述生成对抗网络中判别网络的作用。

参考文献

[1] 边肇祺.模式识别[M].北京：清华大学出版社，2000.

[2] 李航.统计学习方法[M].北京：清华大学出版社，2012.

[3] VAPNIK V N.统计学习理论的本质[M].张学工，译.北京：清华大学出版社，2000.

[4] 周志华.机器学习[M].北京：清华大学出版社，2016.

[5] RUSSELL S J,NORVIG P.人工智能：一种现代的方法[M].殷建平，等译.北京：清华大学出版社，2013.

[6] KOLLER D,FRIEDMAN N.概率图模型：原理与技术[M].王飞跃，韩素青，译.北京：清华大学出版社，2015.

[7] 龙良曲.TensorFlow深度学习：深入理解人工智能算法设计[M].北京：清华大学出版社，2020.

[8] RABINER L. A tutorial on hidden Markov model and selected applications in speech recognition[C]. In Proceedings of the IEEE,1989,77(2): 257-286.

[9] LAFFERTY J, MCCALLUM A, PEREIRA F. Conditional random fields: probabilistic models for segmenting and labeling sequence data[C]. In Proceedings of the 18th International Conference on Machine Learning (ICML),2001: 282-289.

[10] DENG H,CLAUSI D A. Unsupervised image segmentation using a simple MRF model with a new implementation scheme[J]. Pattern Recognition,2004,37(12): 2323-2335.

[11] HORNIC K, STINCHCOMBE M, WHITE H. Multilayer feedforward networks are universal approximators[J]. Neural Networks,1989,2(5): 359-366.

[12] RUDER S. An overview of gradient descent optimization algorithms[EB/OL]. [2021-08-31]. https://arxiv. org/pdf/1609. 04747. pdf.

[13] LOFFE S, SZEGEDY C. Batch Normalization: Accelerating Deep Network Training by Reducing Internal Covariate Shift[EB/OL]. [2021-08-31]. https://arxiv. org/pdf/1502. 03167. pdf.

[14] LECUN Y,BOTTOU L,BENGIO Y,et al. Gradient-based learning applied to document recognition [C]. In Proceedings of the IEEE,1998,86(11): 2278-2324.

[15] HE K M,ZHANG X Y ,REN S Q,et al. Deep Residual Learning for Image Recognition[EB/OL]. [2021-08-31]. https://arxiv. org/pdf/1512. 03385. pdf.

[16] KARPATHY A. The Unreasonable Effectiveness of Recurrent Neural Networks[EB/OL]. [2021-08-31]. http://karpathy. github. io/2015/05/21/rnn-effectiveness/.

[17] OLAH C. Understanding LSTM Networks[EB/OL]. [2021-08-31]. https://colah. github. io/posts/2015-08-Understanding-LSTMs/.

[18] HOCHREITER S,SCHMIDHUBER J. Long Short-Term Memory[J]. Neural Computation,1997,9(8): 1735-1780.

[19] BENGIO Y, DUCHARME R, VINCENT P, et al. A Neural Probabilistic Language Model[J]. Journal of Machine Learning Research,2003,3: 1137-1155.

[20] DOERSCH C. Tutorial on Variational Autoencoders[EB/OL]. [2021-08-31]. https://arxiv. org/pdf/1606. 05908v3. pdf.

[21] KINGMA D P, WELLING M. Auto-Encoding Variational Bayes[EB/OL]. [2021-08-31]. https://arxiv. org/pdf/1312. 6114v1. pdf.

[22] RADFORD A, METZ L, CHINTALA S. Unsupervised Representation Learning with Deep

Convolutional Generative Adversarial Networks[EB/OL]. [2021-08-31]. https://arxiv.org/pdf/1511.06434.pdf.

[23] ARJOVSKY M, CHINTALA S, BOTTOU L. Wasserstein GAN[EB/OL]. [2021-08-31]. https://arxiv.org/pdf/1701.07875.pdf.

[24] WENG L L. From GAN to WGAN[EB/OL]. [2021-08-31]. https://arxiv.org/pdf/1904.08994.pdf.

图书资源支持

感谢您一直以来对清华版图书的支持和爱护。为了配合本书的使用，本书提供配套的资源，有需求的读者请扫描下方的“书圈”微信公众号二维码，在图书专区下载，也可以拨打电话或发送电子邮件咨询。

如果您在使用本书的过程中遇到了什么问题，或者有相关图书出版计划，也请您发邮件告诉我们，以便我们更好地为您服务。

我们的联系方式：

地　　址：北京市海淀区双清路学研大厦 A 座 714

邮　　编：100084

电　　话：010-83470236　010-83470237

客服邮箱：2301891038@qq.com

QQ：2301891038（请写明您的单位和姓名）

资源下载：关注公众号“书圈”下载配套资源。

资源下载、样书申请

书圈

图书案例

清华计算机学堂

观看课程直播